PHILIPPIKA
Altertumswissenschaftliche Abhandlungen
Contributions to the Study
of Ancient World Cultures

Herausgegeben von / Edited by
Joachim Hengstl, Elizabeth Irwin,
Andrea Jördens, Torsten Mattern,
Robert Rollinger, Kai Ruffing, Orell Witthuhn

160

2022
Harrassowitz Verlag · Wiesbaden

Volker Losemann
Antike und Nationalsozialismus

Gesammelte Schriften zur Wissenschafts- und Rezeptionsgeschichte II

Herausgegeben von
Claudia Deglau, Kerstin Droß-Krüpe,
Patrick Reinard und Kai Ruffing

2022
Harrassowitz Verlag · Wiesbaden

Bis Band 60: Philippika. Marburger altertumskundliche Abhandlungen.

Bibliografische Information der Deutschen Nationalbibliothek
Die Deutsche Nationalbibliothek verzeichnet diese Publikation in der Deutschen Nationalbibliografie; detaillierte bibliografische Daten sind im Internet über https://dnb.de/ abrufbar.

Bibliographic information published by the Deutsche Nationalbibliothek
The Deutsche Nationalbibliothek lists this publication in the Deutsche Nationalbibliografie; detailed bibliographic data are available on the internet at https://dnb.de/.

Informationen zum Verlagsprogramm finden Sie unter
https://www.harrassowitz-verlag.de/

Gedruckt auf alterungsbeständigem Papier.
Druck und Verarbeitung: Hubert & Co., Göttingen
Printed in Germany

ISSN 1613-5628 eISSN 2701-8091
ISBN 978-3-447-11839-2 eISBN 978-3-447-39277-8

Volker Losemann

Inhalt

Teil I:
Dissertation

Teil II:
Aufsätze zur Wissenschafts- und Rezeptionsgeschichte

Nationalsozialismus

Arminius und die Germanen

Sparta

Teil III: Register

Vorwort der Herausgeber

Es ist uns eine sehr große Freude, dieses Buch der Fachwelt anlässlich des 80. Geburtstags von Volker Losemann vorlegen zu können! Wir teilen mit Volker Losemann viele schöne Erinnerungen an die gemeinsame Zeit im althistorischen Seminar an der Philipps-Universität Marburg, wobei zwei von uns ihn nicht nur in der Zeit als wissenschaftliche Mitarbeiterinnen und Mitarbeiter, sondern auch bereits als Studierende in seinen Lehrveranstaltungen kennenlernen durften. Die gemeinsamen Jahre im 10. Stock des C-Turms waren für uns alle prägend und werden uns stets sehr positiv und lebhaft im Gedächtnis bleiben.

Neben diesen schönen Erinnerungen haben wir mit Volker Losemann auch ein großes Interesse an der althistorischen Wissenschafts- und Rezeptionsgeschichte gemeinsam, das nicht zuletzt von ihm geweckt und gefördert wurde. Die von Karl Christ einst initiierte wissenschaftsgeschichtliche Forschungstradition, die das Marburger Seminar für Jahrzehnte geprägt hat, wurde in ganz besonderer Art und Weise von Volker Losemann verkörpert und fortgeführt. Im Bereich der Wissenschafts- und Rezeptionsgeschichte entstanden verschiedene studentische Abschlussarbeiten, Tagungsaktivitäten,[1] Aufsätze oder Sammelbände[2] bis hin zu akademischen Qualifikationsschriften,[3] die ohne seinen Einfluss, d.h. ohne das durch ihn erfolgte Erwecken eines tiefen Interesses an Wissenschafts- und Rezeptionsgeschichte, wohl nicht oder zumindest nicht in diesem Maße realisiert worden wären.

---

1 Vgl. z.B. die Tagungsberichte von K. Weiand, Konstruktion und Verargumentierung von Antike in Nordamerika, 1763–1809, 12.11.2009 – 13.11.2009 Marburg, in: H-Soz-Kult, 11.12.2009, www.hsozkult.de/conferencereport/id/tagungsberichte-2898 [24. Februar 2022] und C. Deglau, 140 Jahre Seminar für Alte Geschichte in Marburg, 19.04.2012 – 20.04.2012 Marburg, in: H-Soz-Kult, 20.06.2012, www.hsozkult.de/conferencereport/id/tagungsberichte-4288 [24. Februar 2022].

2 Vgl. z.B. U. Niggemann / K. Ruffing (Hrsg.), Antike als Modell in Nordamerika? Konstruktion und Verargumentierung 1763–1809 (HZ Beih. 55), München 2011; K. Droß-Krüpe (Hrsg.), Great Women on Stage. The Reception of Women Monarchs from Antiquity in Baroque Opera, Wiesbaden 2017; V. Losemann / K. Ruffing (Hrsg.), In solo barbarico ... Das Seminar für Alte Geschichte der Philipps-Universität Marburg bis in die 1960er Jahre, unter Mitarbeit v. C. Deglau / P. Reinard (Academia Marburgensis 14), Münster / New York 2018; C. Deglau / P. Reinard (Hrsg.), Aus dem Tempel und dem ewigen Genuß des Geistes verstoßen? Karl Marx und sein Einfluss auf die Altertums- und Geschichtswissenschaften (Philippika 126), Wiesbaden 2020.

3 C. Deglau, Der Althistoriker Franz Hampl zwischen Nationalsozialismus und Demokratie. Kontinuität und Wandel im Fach Alte Geschichte (Philippika 115), Wiesbaden 2017; K. Droß-Krüpe, Semiramis, de qua innumerabilia narrantur. Rezeption und Verargumentierung der Königin von Babylon von der Antike bis in die opera seria des Barock (CleO 25), Wiesbaden 2020.

Dissertation

Es war uns von daher ein großes Anliegen und – wie eingangs gesagt – ein sehr großes Vergnügen, den nun vorliegenden Band zu erstellen und herauszugeben. Ihm liegt auch ein fachliches Desiderat zugrunde: Volker Losemanns im Jahr 1975 in Marburg angenommene Dissertation ‚Nationalsozialismus und Antike. Studien zur Entwicklung des Faches Alte Geschichte 1933–1945' wurde 1977 – als Band 7 in der Reihe ‚Historische Perspektiven' (hrsg. v. Bernd Martin, Han-Jürgen Puhle, Wolfgang Schieder, Gottfried Schramm u. Heinrich August Winkler) – publiziert und löste starke Reaktionen in der Fachwelt aus. Auch noch im dritten Jahrzehnt nach dem Ende der nationalsozialistischen Herrschaft hatte man in Fachkreisen kein gesteigertes Interesse, die dunkelsten Jahre deutscher Geschichte und die Geschichte des eigenen Faches in denselben aufzuarbeiten. Es herrschte vielmehr ein Nebel des bewussten Verdrängens und Vergessens vor. Wissenschaftsgeschichtliche Studien, wie sie von Karl Christ[4] begonnen und mit Fokus auf die

4 Hier sei exemplarisch nur auf einige der bekanntesten Arbeiten von Karl Christ verwiesen: Römische Geschichte und deutsche Geschichtswissenschaft, München 1982; Römische Geschichte und Wissenschaftsgeschichte, Bd. 3: Wissenschaftsgeschichte, Darmstadt 1983; Von Gibbon zu Rostovtzeff. Leben und Werk führender Althistoriker, Darmstadt ³1989; Neue Profile der Alten Geschichte, Darmstadt 1990; Griechische Geschichte und Wissenschaftsgeschichte (Historia-Einzelschriften 106), Stuttgart 1997; Hellas. Griechische Geschichte und deutsche Geschichtswissenschaft, München 1999; Klios Wandlungen. Die deutsche Althistorie vom Neuhumanismus bis heute, München 2006; Der andere Stauffenberg. Der Historiker und Dichter Alexander von Stauffenberg, München 2008. Ein wichtiger Einfluss für Christs wissenschaftsgeschichtliches Interesse, welches er auch an seine Schülerinnen und Schüler weitergab, war Arnaldo Momigliano; vgl. K. Christ, Arnaldo Momigliano und die deutsche Geschichts- und Altertumswissenschaft, in: ders., Griechische Geschichte, 171–182 (= Arnaldo Momigliano e la storiografia tedesca dell'antichità, in: Rivista Storica Italiana C (1988) 313–325); zum Einfluss auf in Marburg entstandene Arbeiten vgl. ebd., 181f.; zu Momigliano und Christ vgl. auch L. Polverini, Karl Christ e la storiografia italiana, in: Losemann / Ruffing, In solo barbarico (wie Anm. 2), 269–279; Chr. Kunst, Karl Christ (Ordinarius 1965–1988), in: ebd. 252–267, bes. 261f.; H.-J. Drexhage, Der Althistoriker Karl Christ. Eine Würdigung des Seminars für Alte Geschichte, in: V. Losemann (Hrsg.), Alte Geschichte zwischen Wissenschaft und Politik. Gedenkschrift Karl Christ, unter Mitarbeit v. K. Droß / S. Velte (Philippika 29), Wiesbaden 2009, 19–24, hier 21; L. Polverini, Arnaldo Momigliano (mit einem Anhang), in: ebd. 163–179; allgemein zu Momigliano vgl. K. Christ, Der Apologet der Geschichte. Arnaldo Momigliano und die Geschichte der Historiographie. Eine Einführung, in: A. Momigliano, Wege in die Alte Welt. Mit einer Einführung v. K. Christ, Berlin 1991, 7–18. Ein reger deutsch-italienischer Austausch fand auch zwischen Karl Christ und Emilio Gabba statt und führte u.a. zu zwei wissenschaftshistorisch orientierten Bänden: K. Christ / E. Gabba (Hrsg.), Römische Geschichte und Zeitgeschichte in der deutschen und italienischen Altertumswissenschaft während des 19. und 20. Jahrhunderts I: Caesar und Augustus (Biblioteca di Athenaeum 12), Como 1989; E. Gabba / K. Christ (Hrsg.), Römische Geschichte und Zeitgeschichte in der deutschen und italienischen Altertumswissenschaft während des 19. und 20. Jahrhunderts II: L'Impero Romano fra Storia Generale e Storia Locale (Biblioteca di Athenaum 16), Como 1991. Aus dem ersten Band stammt der in diesem Buch wieder abgedruckte Beitrag ‚Arminius und Augustus. Die römisch-germanische Auseinandersetzung im Deutschen Geschichtsbild' **[Nr. 5]**.

NS-Zeit von Volker Losemann intensiv und zielstrebig fortgeführt wurden,[5] wurden vielfach ignoriert oder marginalisiert, nicht selten aber auch strikt und polemisch abgelehnt oder als ‚Nestbeschmutzung' abqualifiziert. Sehr trefflich hat dies unlängst z.B. Helen Roche in einer Rezension formuliert: Sie spricht von „the ‚grotesque' difficulties, or even censorship", gegen die sich Losemann sowie andere Forschende im Bereich der Wissenschaftsgeschichte hätten behaupten müssen.[6] Losemanns Dissertation färbte auch auf seinen ‚Doktorvater' ab: Karl Christ galt innerhalb der althistorischen ‚Community' aufgrund seiner wissenschaftsgeschichtlichen Studien lange Zeit – wie Stefan Rebenich formuliert – als „Außenseiter" und die Arbeit seines Schülers ließ „ihn endgültig zu einem Häretiker in seinem Feld werden".[7]

Die damaligen Widerstände – zu Recht wurde jüngst von einer „vergangenheitsvergessenen Disziplin"[8] gesprochen – werden heute oft ausgeblendet bzw. es erscheint jüngeren Generationen von Forscherinnen und Forschern schwierig, sich die von rigiden Vorbehalten geprägte einseitige Wahrnehmung zu vergegenwärtigen. Gegen solcherlei Gegenwind entwickelte sich Losemanns Monographie dennoch schnell zu einem Standardwerk, das nicht nur für die althistorische Wissenschafts- und Fachgeschichte eine zentrale und bis heute prägende Bedeutung erlangte, sondern auch generell für zeitgeschichtliche Forschungen zur Geistesgeschichte und Wissenschaftspolitik des Dritten Reiches einflussreich wurde. Zu Recht wurde das Buch mehrfach als unersetzliche „Pionierarbeit"[9] ge-

---

5 Die Wissenschaftsgeschichte blieb zwischen ‚Lehrer' und ‚Schüler' ein, was wenig verwundert, intensives ‚lebenslanges' Gesprächs- und Diskussionsthema, wie man bspw. Losemanns Anmerkungen über ‚Den anderen Stauffenberg', Christs letztes Buch, entnehmen darf; vgl. V. Losemann, Alte Geschichte zwischen Wissenschaft und Politik – Anstelle eines Vorworts, in: Losemann, Alte Geschichte (wie Anm. 4), 1–9. Von den anderen wissenschaftsgeschichtlich ausgerichteten Arbeiten, die von Christ angeregt und betreut wurden, sei hier exemplarisch nur auf drei Arbeiten verwiesen, die andeuten, wie weitläufig die disziplinhistorische Perspektive von Christ und seinen ‚Schülern' gewesen ist: G. Wirth, Die Entwicklung der Alten Geschichte an der Philipps-Universität Marburg. Eine Untersuchung zu Entstehung, Inhalten und Funktion einer historischen Disziplin (Academia Marbugensis 2), Marburg 1977; I. Stahlmann, Imperator Caesar Augustus. Studien zur Geschichte des Principatsverständnisses in der deutschen Altertumswissenschaft bis 1945, Darmstadt 1988; M. Tschirner, Moses I. Finley. Studien zu Leben, Werk und Rezeption, Diss. Marburg 1994; vgl. das Verzeichnis der von Karl Christ angeregten Dissertationen in: Losemann, Alte Geschichte (wie Anm. 4), 419f.

6 H. Roche, Rez. ‚Klio und die Nationalsozialisten', in: CR 69,2 (2019) 666–667.

7 St. Rebenich, C. H. Beck 1763–2013. Der kulturwissenschaftliche Verlag und seine Geschichte, München 2013, 633.

8 St. Rebenich, Die Deutschen und ihre Antike. Eine wechselvolle Beziehung, Stuttgart 2021, 314; vgl. allgemein zum ‚Schweigen' über die NS-Zeit auch V. Losemann, Nationalsozialismus und Antike. Bemerkungen zur Forschungsgeschichte, in: B. Näf (Hrsg.), Antike und Altertumswissenschaft in der Zeit von Faschismus und Nationalsozialismus, Cambridge u.a. 2001, 71–88 [= Klio und die Nationalsozialisten 161–174].

9 Vgl. z.B. Christ, Klios Wandlungen (wie Anm. 4), 58; M. Pesditschek, Wien war anders – Das Fach Alte Geschichte und Altertumskunde, in: M. G. Ash (Hrsg.), Geiteswissenschaften im Nationalsozialismus. Das Beispiel der Universität Wien, Göttingen 2010, 288, Anm. 3; Deglau, Althistoriker (wie Anm. 3), 12f.; vgl. zur Würdigung der Dissertationsschrift auch das Vorwort in ‚Klio und die

würdigt, die bis heute der unbedingte Ausgangspunkt für wissenschaftsgeschichtliche Studien zur Entwicklung der Alten Geschichte in der NS-Zeit sein muss.

Die Dissertation ist seit Jahrzehnten vergriffen und wird nur vereinzelt in Antiquariaten offeriert. Deshalb sehen wir 45 Jahre nach dem Ersterscheinen in einer Wiederveröffentlichung ein dringliches Bedürfnis und einen wichtigen disziplinübergreifenden Mehrwert. Mit der neuerlichen Publikation soll auch die Erinnerung an die Widerstände gegen ein Aufarbeiten der NS-Vergangenheit lebendig bleiben.

Klio und die Nationalsozialisten

Dabei versteht sich das vorliegende Buch als Fortsetzung bzw. als Vervollständigung eines Vorhabens, das im Jahr 2017 anlässlich des 75. Geburtstags von Volker Losemann seinen Anfang genommen hat. Damals wurde unter dem Titel ‚Klio und die Nationalsozialisten. Gesammelte Schriften zur Wissenschafts- und Rezeptionsgeschichte' – erschienen als Band 106 der Philippika-Reihe – ein erster Teil von Volker Losemanns ‚Kleinen Schriften' herausgegeben.[10] In diesem wurden die nachfolgenden dreizehn Aufsätze wieder abgedruckt und damit einem breiteren Lesepublikum neuerlich zugänglich gemacht:

- Programme deutscher Althistoriker in der „Machtergreifungsphase" (1980)
- Zur Konzeption der NS-Dozentenlager (1980)
- Reformprojekte der NS-Hochschulpolitik (1994)
- Auf dem Wege zur „Alternativ-Universität". Die „Hohe Schule" Alfred Rosenbergs und die „Wissenschaftsarbeit" der NSV in Marburg (1994)
- Die Altertumswissenschaften in der Zeit des Nationalsozialismus (1996)
- *Die Dorer* im Deutschland der dreißiger und vierziger Jahre (1998)

Nationalsozialisten' (IX–X mit weiteren Literaturhinweisen). Ferner sei auf Rezensionen des gerade genannten Buches verwiesen, in denen ebenfalls die Dissertation angesprochen wird: M. Willing würdigt diese mit folgenden Worten: „Die Pionierstudie erwies sich als innovativ und mutig, da sie nicht nur auf eine größere Menge ungedruckter Archivalien zurückgriff, sondern auch angesehene Althistoriker mit ihrer NS-Vergangenheit konfrontierte" (in: H-Soz-Kult, 05.02.2018, www.hsozkult.de/publicationreview/id/reb-26618 [27. Dezember 2021]); vgl. auch H. Roche, die in ihrer bereits angemerkten Besprechung ausführt: „L.'s work has rightly been hailed as pioneering in its efforts to bring to light the ideological distortions and academic opportunism to which Classical and ancient historical scholarship were subjected during the Third Reich" (in: CR 69,2 (2019) 666f.). Hingewiesen sei auch auf den Beitrag von Josef Wiesehöfer in diesem Band.

10 V. Losemann, Klio und die Nationalsozialisten. Gesammelte Schriften zur Wissenschafts- und Rezeptionsgeschichte (Philippika 106), hrsg. v. C. Deglau / P. Reinard / K. Ruffing, Wiesbaden 2017; zu diesem Band vgl. M. Willing, in: H-Soz-Kult, 05.02.2018, www.hsozkult.de/publicationreview/id/reb-26618 [27. Dezember 2021]; B. Näf, in: sehepunkte 18 (2018), Nr. 2; 15.02.2018, www.sehepunkte.de/2018/02/30954.html [27. Dezember 2021]; F.-R. Hausmann, in: Informationsmittel für Bibliotheken (IFB), http://informationsmittel-fuer-bibliotheken.de/showfile.php?id=8476 [27. Dezember 2021]; H. Roche, in: CR 69,2 (2019) 666–667.

- Die „Krise der Alten Welt“ und der Gegenwart. Franz Altheim und Karl Kerényi im Dialog (1998)
- Nationalsozialismus und Antike. Bemerkungen zur Forschungsgeschichte (2001)
- „Ein Staatsgedanke aus Blut und Boden“. R. W. Darré und die Agrargeschichte Spartas (2005)
- Classics in the Second World War (2007)
- Denkmäler, völkische Bewegung und Wissenschaft. Die römisch-germanische Auseinandersetzung in der Sicht des 19. und 20. Jahrhunderts (2008)
- Die „Zeitgeschichte der Alten Geschichte“ (2009)
- „Statt Deutschland sollte man künftig Arminien sagen!“ Bemerkungen zur Terminologie der römisch-germanischen Auseinandersetzung (2010)

Ausgangspunkt seiner weiteren Forschungen war für Volker Losemann stets das Themenfeld seiner Dissertation.[11] Er leistete dadurch wegweisende wissenschafts-, disziplin- und rezeptionsgeschichtliche Pionierarbeit und eröffnete weitführende Forschungsfragen, die er über viele Jahrzehnte konsequent verfolgt und weiterentwickelt hat.

Das vorliegende Buch stellt nun nicht nur diese wichtige erste Monographie wieder zur Verfügung, sondern bietet weitere Einzelbeiträge, die sich thematisch mit ‚Klio und die Nationalsozialisten‘ ergänzen. Diese inhaltliche Zusammengehörigkeit drückt sich auch im Titel des Buches aus. Während sich der Haupttitel ‚Antike und Nationalsozialismus‘ von der Dissertation ableitet, lautet der Untertitel ‚Gesammelte Schriften zur Wissenschafts- und Rezeptionsgeschichte II‘ und knüpft damit explizit an ‚Klio und die Nationalsozialisten‘ an.

Zur Auswahl der Einzelbeiträge

Bei der Auswahl der Einzelbeiträge waren zwei Aspekte für uns entscheidend. Zum einen wurden Beiträge aufgrund ihrer inhaltlichen Orientierung ausgesucht. Sie sollten das weite Themenfeld der Dissertation ergänzen bzw. vertiefen und ferner auch direkt an die Themenbereiche der Aufsätze anschließen, die in ‚Klio und die Nationalsozialisten‘ versammelt sind. Nicht nur innerhalb dieser Publikation, sondern innerhalb beider Bänder der ‚Kleinen Schriften‘ soll eine Kohärenz entstehen.

Zum anderen war es uns auch ein Anliegen, entlegen publizierte Artikel für ein breiteres Lesepublikum zugänglich zu machen. Dies gilt insbesondere für die beiden als **Nr. 7a** und **Nr. 7b** abgedruckten Beiträge. Diese erschienen in einem materialreichen Begleitka-

11 Vgl. das Schriftenverzeichnis in ‚Klio und die Nationalsozialisten‘ (wie Anm. 10), XIII–XVII. Zu ergänzen ist diesem Verzeichnis zu einem der bereits in Anm. 2 genannte Tagungsband ‚In solo barbarico‘ sowie zum anderen der in das vorliegende Buch aufgenommene Aufsatz ‚Berlin sey Sparta. Bemerkungen zur preußischen Spartarezeption‘ [**Nr. 11**], der als Originalpublikation in S. T. Farrington (Hrsg.), Enthousiasmos. Essays in Ancient Philosophy, History, and Literature. Festschrift for Eckart Schütrumpf on his 80th Birthday, Baden-Baden 2019, 297–302 erschienen ist.

talog[12] zu einer vielbeachteten Ausstellung zur Rezeptionsgeschichte von Arminius bzw. Hermann dem Cherusker. Die Veröffentlichung erfolgte im Jahr 2009 im Selbstverlag des althistorischen Seminars der Philipps-Universität Marburg. Volker Losemann und Barbara Stiewe hatten diese Ausstellung, die u.a. an der Philipps-Universität Marburg sowie im Trierer Stadtarchiv gezeigt wurde, im Rahmen einer gemeinsamen Lehrveranstaltung konzipiert. Die heute vergriffene Publikation ist nur in wenigen Universitätsbibliotheken verfügbar, weshalb es uns wichtig erschien, gerade auch diese beiden Einzeltexte von Volker Losemann in diesen Band aufzunehmen.

Eine vollständige Aufnahme sämtlicher Aufsätze sowie weiterer Publikationen von Volker Losemann konnte in beiden Bänden aus Platzgründen nicht erfolgen; der interessierte Leser kann sich einen Überblick mittels dem in Anm. 11 angeführten Schriftenverzeichnis verschaffen.

Zur Benutzung dieses Buches

Das Buch ist inhaltlich in zwei Teile gegliedert: Zunächst wird die Dissertation (**Nr. 1**) samt dem Originalanhang – bestehend aus einer Liste der Besetzungen althistorischer Lehrstühle im Deutschen Reich von 1933 bis 1945 (**Nr. 1a**), einem Abkürzungsverzeichnis (**Nr. 1b**), einem Quellen- und Literaturverzeichnis (**Nr. 1c**), einer englischsprachigen Zusammenfassung (**Nr. 1d**) und einem Kurzlebenslauf (**Nr. 1e**) – wieder abgedruckt. Dabei wurde allerdings das Register der Dissertation ausgelassen. Es wurde in ein Gesamtregister integriert, welches die Dissertation und die Einzelbeiträge umfasst. In Kombination mit dem Register von ‚Klio und die Nationalsozialisten' kann ein Großteil des Losemann'schen Werks nun gut und schnell erschlossen werden.

Auf die Dissertation folgen dann elf Einzelbeiträge, die in drei sich freilich inhaltlich vielfach überschneidende Themenbereiche (Nationalsozialismus – Arminius und die Germanen – Sparta) gegliedert sind. Innerhalb der Themenbereiche stehen die Beiträge, bei denen es sich um Aufsätze (**Nr. 2–6**; **Nr. 8**; **Nr. 10–11**), einen langen Lexikonartikel (**Nr. 9**) oder Katalogbeträge (**Nr. 7a–b**) handelt, in chronologischer Reihenfolge.

Alle Beiträge sind im Inhaltsverzeichnis durchnummeriert, wobei die beiden 2009 publizierten und bereits angesprochenen Katalogtexte („... wie hoch, sittenrein und erhaben unsere Vorfahren waren." Die Rezeption der „Germania" des Tacitus im Nationalsozialismus; „Varus" und „Hermann / Che Guevara" im Teutoburger Wald. Zugänge zu Arminius / Hermann in den 1970er und 1980er Jahren) aufgrund ihrer inhaltlichen Zusammengehörigkeit als eine Nummer (**Nr. 7a** und **Nr. 7b**) zusammengefasst sind.

Die Dissertation sowie die Aufsätze wurden gegenüber den Originalpublikationen inhaltlich nicht verändert. Es handelt sich also nicht um eine neue Auflage, sondern um einen Nachdruck. Lediglich hinsichtlich Zitations- und Abkürzungssystematik in den

12 V. Losemann / B. Stiewe (Hrsg.), Katalog zur Ausstellung ‚Arminius / Hermann und die Deutschen. Ein nationaler Mythos'. Ein studentisches Ausstellungsprojekt in der Universitätsbibliothek Marburg (30. April–21. Juni 2009), Marburg 2009.

Anmerkungen wurden die Beiträge vereinheitlicht, wobei die jeweilige Form der Quellen- und Literaturangabe aber nicht grundsätzlich verändert wurde. Eine Ausnahme stellen die Dissertation sowie die Aufsätze **Nr. 2**, **Nr. 3** und **Nr. 8** dar: Hier wurden zwecks Lesefreundlichkeit die ursprünglichen Endnoten in einen Fußnotenapparat umgewandelt.

Die Seitenumbrüche der Originalpublikationen wurden im Text stets in eckigen Klammern sowie durch Kursiv- und Fett-Setzung markiert; auch Querverweise auf Seitenzahlen oder auf Anmerkungen innerhalb einzelner Beiträge wurden in gleicher Weise eingefügt.

Wenn innerhalb eines Beitrags auf Publikationen verwiesen wird, die auch in diesem Buch Aufnahme gefunden haben, steht jeweils in eckigen Klammern sowie in Fettdruck ein entsprechender Verweis durch Angabe der Nummerierung. Bei Aufsätzen, die bereits in ‚Klio und die Nationalsozialisten' erschienen sind, wurde in den Anmerkungen sowie in Literaturverzeichnissen ebenfalls in eckigen Klammern ein entsprechender Verweis eingesetzt.

Im Inhaltsverzeichnis der Dissertation stehen lediglich die Seitenzahlen des vorliegenden Bandes. Auf eine Angabe der Originalseitenzahl wurde hier verzichtet.

Aus technischen und rechtlichen Gründen war es leider nicht möglich, sämtliche Abbildungen nochmals abzudrucken. Dies betrifft die Aufsätze **Nr. 6, Nr. 7b** und **Nr. 8**: In **Nr. 6** muss für vier Abbildungen auf die Erstpublikation verwiesen werden, in **Nr. 7b** für eine Abbildung; an entsprechender Stelle steht jeweils eine Anmerkung. In **Nr. 8** konnte die Abb. 3 ausgelassen werden, da sie mit Abb. 2 in **Nr. 7a** identisch ist; an entsprechender Stelle ist dies in **Nr. 8** ebenfalls angemerkt.

Dank

Besonders möchten wir uns bei Josef Wiesehöfer bedanken, der den Band durch eine wissenschaftliche Würdigung der Dissertation bereichert und das in Rede stehende Werk zugleich in einen wissenschaftsgeschichtlichen Kontext einordnet.

Bei der redaktionellen Arbeit haben wir hervorragende Unterstützung erhalten, für die wir uns bei Pia Breit, Lucien-Aydin Gassen, Julia Lehn, Anna Maibaum, Franziska Thurau, Anna Zappala und besonders Peter Meis sehr herzlich bedanken müssen. Ohne ihren steten Einsatz wäre dieser Band nicht möglich gewesen.

Für die Erlaubnis des Nachdrucks der hier vereinten Publikationen gilt unser Dank den einzelnen Verlagen, namentlich Academia, Dorste, Edizioni New Press, Harrassowitz, Hoffmann und Campe, Leykam, dem Landesverband Lippe, Metzler, Springer, Vandenhoeck und Ruprecht, der Wissenschaftlichen Buchgesellschaft und dem Worms Verlag.

Zudem haben wir Herrn Stephan Specht, Frau Ulrike Melzow und dem Team vom Harrassowitz Verlag für die sehr gute Zusammenarbeit bei der Drucklegung des Bandes zu danken. Ebenso gilt unser Dank den Philippika-Herausgebern für die Aufnahme in die Reihe. Dass nach ‚Klio und die Nationalsozialisten. Gesammelte Schriften zur Wissenschafts- und Rezeptionsgeschichte' nun auch ‚Antike und Nationalsozialismus.

Gesammelte Schriften zur Wissenschafts- und Rezeptionsgeschichte II‘ in der Reihe erscheint, freut uns sehr!

Schließlich gilt unser ganz besonderer Dank Volker Losemann! Wie eingangs gesagt, teilen wir mit ihm sehr schöne Erinnerungen an unsere gemeinsame Zeit in Marburg. Es freut uns ganz besonders, dass wir ihm das vorliegende Buch zu einem sehr erfreulichen Anlass, einem runden Geburtstag, zueignen können. In diesem Sinne möchten wir die im Marburger Seminar bei solchen Anlässen früher traditionell verwendeten Worte zitierten, mit welchen auch Hans-Joachim Drexhage sein Geleitwort[13] in ‚Klio und die Nationalsozialisten‘ beschlossen hat:

AD MULTOS ANNOS!

Berlin / Bochum / Kassel / Trier im Februar 2022
die Herausgeber

13 Vgl. Klio und die Nationalsozialisten (wie Anm. 10), VII–VIII.

Volker Losemann, Nationalsozialismus und Antike, Hamburg 1977

Eine Würdigung

1981 wurde an die Direktoren des Instituts für Altertumskunde und des Seminars für Alte Geschichte der Westfälischen Wilhelms-Universität zu Münster vom Sohn eines ehemaligen Direktors der Wunsch herangetragen, ein Porträt des eben verstorbenen Vaters in die „Ahnengalerie“ des Institutes aufzunehmen, die in der gemeinsamen Bibliothek der beiden Institutionen zu finden war. Das Bild des gräzistischen Lehrstuhlinhabers zwischen 1937 und 1945, der gegen den Willen der Fakultät als nichthabilitierter, dem neuen Staat ideologisch-programmatisch überaus genehmer Philologe berufen worden war, hing deshalb kurze Zeit neben dem des 1942 im Lager Theresienstadt aufgrund der Lebensbedingungen dort zu Tode gekommenen Althistorikers Friedrich Münzer. Der Autor dieser Zeilen und seine Kollegen und Freunde Alfred Kneppe und Hans-Joachim Drexhage, die damals alle als wissenschaftliche Assistenten in der Alten Geschichte bzw. dem Institut für die Didaktik der Geschichte tätig waren, waren dank der hier zu würdigenden Dissertation von Volker Losemann und seines Aufsatzes zu den „Programme(n) deutscher Althistoriker in der ‚Machtergreifungsphase‘“ (Quaderni di Storia 11, 1980, 35–105)[1] mit der doch so höchst gegensätzlichen Vita beider Gelehrter zwischen 1933 und 1942 bzw. 1945 vertraut. Da sich damals zugleich der Todestag Münzers (20. Oktober 1942) zum vierzigsten Male jährte, beschlossen sie, auf der Grundlage der von Losemann bereitgestellten Informationen und eigenen Aktenstudiums, eine Gedenkschrift für den großen Prosopographen zu verfassen.[2]

---

1 Wiederabgedruckt in: V. Losemann, Klio und die Nationalsozialisten. Gesammelte Schriften zur Wissenschafts- und Rezeptionsgeschichte, hrsg. v. C. Deglau, P. Reinard u. K. Ruffing, Wiesbaden 2017, 3–41.

2 A. Kneppe / J. Wiesehöfer, Friedrich Münzer. Ein Althistoriker zwischen Kaiserreich und Nationalsozialismus. Zum 20. Oktober 1982. Mit einem kommentierten Schriftenverzeichnis von Hans-Joachim Drexhage, Bonn 1983. – Im Verlaufe der Anfertigung dieser Arbeit stellte sich im Übrigen heraus, dass der gräzistische Kollege Münzers, anders als manch anderer, sich höchst hilfsbereit gegenüber dem Verfolgten verhalten hatte. Die Versagung der Wiedereinstellung und Emeritierung des wissenschaftlich Kompromittierten, dessen menschliche Integrität auch die Entnazifizierungsakten dokumentieren, wurde Ende der 1940er Jahre ja dann auch nur mit den Berufungsumständen und der mangelnden wissenschaftlichen Qualifikation, nicht etwa seinem Verhalten

Eine Erkenntnis des Studiums der Lebensumstände Münzers zwischen 1933 und 1942 war, dass sein Schicksal, abgesehen von wenigen kurzen und aus heutiger Sicht wenig erhellenden Nachrufen geraume Zeit nach Kriegsende,[3] im eigenen Fach in Deutschland bis zum Erscheinen der Dissertation Losemanns im Jahre 1977 mehr oder weniger totgeschwiegen worden war und dass Münzer dieses Los mit manch anderem ermordeten oder vertriebenen Fachkollegen teilte. Wie erst kürzlich wieder zu Recht betont und an vielen Beispielen erläutert wurde,[4] steht dies mit mehreren Umständen und Entwicklungen in ursächlichem Zusammenhang: erstens, der viel zu seltenen und/oder zugleich oft genug oberflächlichen Reflexion der Wahrnehmung und Erfahrung von Diktatur und Krieg durch die damaligen Fachvertreter, die mit nur wenigen Ausnahmen nach 1945 in ihren Stellungen verblieben waren. Dass dabei dem Schicksal der ehemaligen Kollegen und Kolleginnen nur wenig Aufmerksamkeit geschenkt wurde oder, wie in den Fällen der Exilanten, die Versuche der ‚Erinnerungsarbeit' und des Anknüpfens an frühere Formen der Zusammenarbeit zuweilen recht unsensibel daherkamen, ist in den letzten Jahren oft genug dokumentiert worden. Auch wurde die aufrechte Haltung und Zivilcourage widerständiger Kolleginnen und Kollegen, die ihr Verhalten selbst in der Regel eher zurückhaltend kommentierten, nur in den seltensten Fällen zur Selbstreflexion genutzt. Die Vergangenheitsvergessenheit der altertumswissenschaftlichen Disziplinen hielt im Übrigen auch deshalb lange an, weil beim Tode eines renommierten NS-affinen Fachvertreters Freunde, Schüler oder ehemalige Kollegen oft genug dafür sorgten, dass in Nachrufen Vita und Schrifttum des Verstorbenen zwischen 1933 und 1945 übergangen, beschönigt oder nur oberflächlich reflektiert wurden.

Der Mangel an Selbsterkenntnis der Generation der akademischen Lehrer (und Schüler), der im Übrigen bis in die 1970er Jahre nicht nur in den Altertumswissenschaften, sondern in fast allen Wissenschaftsdisziplinen zu beobachten war, steht zweitens in Wechselbeziehung zu einer inhaltlichen wie methodischen Kontinuitätsproblematik. Diese äußerte sich nach 1945 im Anknüpfen an methodische Vorbilder des 19. und beginnenden 20. Jahrhunderts ebenso wie in der gezielten Auswahl ‚ungefährlicher' bzw. der Vermeidung ideologisch ‚verbrannter' oder für rassengeschichtliche Konstrukte ‚missbrauchter' Themenfelder. Es war die Lösung des Dilemmas einer Forschung, die durch eine in den Graden allerdings höchst unterschiedliche Übernahme von NS-Ideologemen korrumpiert war, Zugeständnisse an die politischen Vorgaben der Machthaber gemacht oder sich in positivistische Kärrnerarbeit geflüchtet hatte. Kein Wunder also, dass in Deutschland, aufs Ganze gesehen, viele der außerhalb des Landes aufgeworfenen und diskutierten neuen Fragestellungen und Methodenansätze erst relativ spät ein Echo fan-

als akademischer Lehrer und Bürger in der NS-Zeit, begründet. Gleiches gilt letztlich für die endgültige Ablehnung einer Aufnahme unter die „Ahnen" der Institute (C. Schulte, Das Institut für Altertumskunde an der Westfälischen Wilhelms-Universität Münster 1914–1958. Kontinuitäten und Diskontinuitäten in Lehrstuhlbesetzung und Wissenschaftsbetrieb, Ph. Diss. Münster 2017, 51–69).

3 Vgl. etwa M. Gelzer, Friedrich Münzer in memoriam, in: Historia 2 (1953/54) 378–380.

4 St. Rebenich, Die Deutschen und ihre Antike. Eine wechselvolle Beziehung, Stuttgart 2021, bes. 312–314.

den. Auf Inhalte und Methoden der Altertumswissenschaften in Deutschland wirkten zudem auch die Fachdiskurse der Zeit des ‚Kalten Kriegs' zurück, die mit ihrer berechtigten Kritik an östlichen teleologisch-weltanschaulichen Geschichtskonstrukten oder an kommunistischen Herrschaftsmethoden zugleich von einer Auseinandersetzung mit der jüngsten deutschen Vergangenheit ablenkten. Allerdings führten auch sie die Historik im Sinne eines „vermeintlichen Objektivismus wertfreier Quelleninterpretation"[5] eng, und zugleich sorgten Abendlandideologie, nicht unproblematische Europabilder und das oft genug die Singularität der NS-Verbrechen relativierende Totalitarismuskonzept als Vermeidungsstrategien dafür, dass man unangenehmer Selbsterkenntnis aus dem Weg gehen konnte.

Umso mehr anzuerkennen sind bei dieser Ausgangslage die Ende der 1960er Jahre unternommenen Bemühungen des Marburger Ordinarius für Alte Geschichte Karl Christ, der immerhin selbst dankbarer Schüler eines durch NS-Nähe ‚belasteten' Fachvertreters war, die Geschichte des eigenen Faches zwischen 1933 und 1945 näher zu beleuchten. Auf wieviel persönlichen und institutionellen Widerstand dieser Versuch damals stieß, ist allein daran ablesbar, dass ein Antrag an die Deutsche Forschungsgemeinschaft zur Förderung des Vorhabens innerhalb von fünf Tagen abschlägig beschieden wurde und Christ sich gezwungen sah, seinen Antrag zurückzuziehen. Die Antragsunterlagen wurden im Übrigen bereits 1975 in der DFG vernichtet.[6] Die Ressentiments der Fächer gegen Selbstreflexion und Vergangenheitspolitik waren bis in die 1990er Jahre und sogar darüber hinaus nicht zu übersehen.

Die oben bereits erwähnte und hier wieder abgedruckte, 1975 abgeschlossene und 1977 in leicht gekürzter Form in Hamburg veröffentlichte Dissertation des Christ-Schülers Volker Losemann war die bedeutendste Frucht dieser Bemühungen um persönliche und disziplinäre Selbstreflexion. Die Veröffentlichung dieser Arbeit, die damals zweifellos einer Hochschulkarriere des Dissertanten eher abträglich war, ist deshalb, aber vor allem auch aus inhaltlichen Gründen als ein Wendepunkt der fachlichen Auseinandersetzung mit der Geschichte der altertumswissenschaftlichen Disziplin(en) im Nationalsozialismus anzusehen.[7] Vor allem als Geschichte der Institutionen und der Wissenschaftspolitik konzipiert, gelingt es ihr, sowohl die personale, als auch die (z.T. bereits zuvor angelegte) inhaltlich-methodische Neuausrichtung der Altertumswissenschaften nach 1933 aufzuzeigen: durch die Darstellung der an den deutschen bzw. deutschsprachigen altertumswissenschaftlichen Instituten und Einrichtungen vollzogenen ‚Säuberung' –

5 Rebenich, Die Deutschen, 313.

6 V. Losemann, Nationalsozialismus und Antike. Bemerkungen zur Forschungsgeschichte, in: B. Näf (Hrsg.), Antike und Altertumswissenschaft in der Zeit von Faschismus und Nationalsozialismus. Kolloquium Zürich 1998, Mandelbachtal / Cambridge 2001, 71–88, 79f. [wieder abgedruckt in: Losemann, Klio und die Nationalsozialisten, 161–174].

7 Vgl. die Rezensionen von J. Bleicken, in: Historische Zeitschrift 227 (1978) 631f. (s. dazu auch J. Cobet, Der Gelehrte als Lehrer in der Zeit der Anfechtung. Ansprache auf der Gedenkfeier für Jochen Bleicken am 29. Oktober 2005 in Göttingen, in: Göttinger Forum für die Altertumswissenschaft 8 (2005) 59–72, 66); R. Nickel, in: Gymnasium 86 (1979) 96f.; Franz Georg Maier, in: Gnomon 53 (1981) 215f.

einer Analyse, die weder das Schicksal der vertriebenen, ermordeten oder entlassenen Fachkollegen, noch den damit verbundenen inhaltlich-methodischen Substanzverlust und die Interessen der Beteiligten und Begünstigten ausspart; durch die Beschäftigung mit der Besetzung althistorischer Lehrstühle vor dem Hintergrund widerstreitender NS-Wissenschaftskonzepte; und durch die Untersuchung der Selbstdarstellung der Fächer im Rahmen von „Dozentenlagern“ und „Kriegseinsatz“-Tagungen, -Vorträgen und -Veröffentlichungen. Schließlich widmet sich die Arbeit auch noch der Rolle der Altertumswissenschaften im Rahmen der SS-„Forschungsgemeinschaft Das Ahnenerbe“ und des von Alfred Rosenberg inaugurierten Konkurrenz-Projektes einer nationalsozialistisch ausgerichteten Eliteuniversität, der „Hohen Schule“, nicht zuletzt deren Abteilung „Institut für indogermanische Geistesgeschichte“, die unter der Leitung des ehemaligen Kieler Gräzisten Richard Harder stand.

Vier Vorzüge zeichnen die Arbeit nach Ansicht des Autors besonders aus, Qualitäten, die das Buch bis heute zu einem nichtüberholten Standardwerk machen: zum ersten die auf intensivem quellenkritischem Archiv- und Aktenstudium sowie der genauen Lektüre der Veröffentlichungen der NS-Zeit beruhende breite Quellenbasis, zum zweiten die inhaltliche Solidität der Arbeit, zum dritten der Umfang und die Systematik der Untersuchung, schließlich viertens das Bemühen des Autors, nicht als „Straf-“, sondern als eine Art „Untersuchungsrichter“ (Stefan Rebenich) zu agieren. Sicher würde man heute, wie Franz Georg Maier 1981 in seiner Rezension andeutete, zuweilen deutlichere Worte zum Verhalten einzelner Gelehrter oder Institutionen finden können, ohne die Unparteilichkeit des Historikers aufs Spiel zu setzen, doch sei hier noch einmal an die akademische und allgemeinpolitische Situation im Deutschland der 1970er Jahren erinnert, die es nicht nur Gelehrten wie Christ und Losemann nicht eben leicht machte, die Rolle ihrer Fächer zwischen 1933 und 1945 zu reflektieren, sondern die der Aufarbeitung der NS-Vergangenheit (nicht zuletzt der Shoa) insgesamt wenig wohlwollend gegenüberstand. Und eigentlich hat sich ja erst seit der deutschen Wiedervereinigung im politischen, wissenschaftlichen und gesellschaftlichen Diskurs eine umfangreiche und tiefschürfende Erinnerungskultur entwickelt.[8]

Losemanns Arbeit schlug 1977 nicht nur erste Schneisen in den umfangreichen Themenkomplex „Antike und Nationalsozialismus“, sie kam dabei auch auf Voraussetzungen und Nachwirkungen NS-zeitlicher altertumswissenschaftlicher Antikeimaginierungen und -deutungen zu sprechen und benannte als erste die Schwierigkeiten sowie Grenzen und Möglichkeiten von Urteilsbildungen. Wie das zu Beginn erwähnte Beispiel Friedrich Münzers zeigt, wurden in dem Buch aber auch manche „einfache“ und doch höchst

8 Allerdings ist die Sehnsucht nach dem Schlussstrich, wie sie etwa erst kürzlich ein bekannter Frühneuzeithistoriker in einem führenden deutschen Journal (hier gegenüber dem Shoahgedenken) äußerte (vgl. den Kommentar von N. Frei, in: SZ 3.2.2022), nicht zu überhören. Ein Aufschrei in unserer Zunft blieb im Übrigen aus.

überfällige Antworten[9] gegeben: dies gilt etwa für die Fragen nach den Opfern der NS-Hochschul- und Rassepolitik ebenso wie für solche nach den wenigen ‚widerständigen' Wissenschaftler(inne)n, deren mutige Distanz zum Regime in Tat oder Schrift fassbar ist.

Es verwundert nicht, dass bereits vor dem berühmten Frankfurter Historikertag von 1998, der das Thema Geschichtswissenschaft und Nationalsozialismus in den Fokus der historischen Fachbetrachtung rückte und dabei auch eine breitere gebildete Öffentlichkeit erreichte,[10] weitere althistorische Arbeiten das Thema Antike und Nationalsozialismus themenspezifisch und/oder personen- und institutionengeschichtlich zu beleuchten suchten; Arbeiten, die ihren durch Losemanns Pionierstudie[11] empfangenen Impetus nicht leugnen konnten oder wollten und trotzdem nicht immer die Qualität der Vorbildstudie erreichten.[12] Zu den so erzielten erheblichen Forschungsfortschritten haben im Übrigen Karl Christ und Volker Losemann in nicht unerheblichem Maße selbst beigetragen.[13] Soeben sind diese Bemühungen und Fortschritte noch einmal, in der bereits erwähnten Arbeit von Stefan Rebenich, als Teil einer „wechselvolle(n) Beziehung"sgeschichte zwischen den Deutschen und der von ihnen höchst unterschiedlich imaginierten Antike zusammenfassend vorgestellt und gewürdigt worden.[14]

Allerdings sind trotz aller Bemühungen, ähnlich den Desiderata der historischen Beschäftigung mit der NS-Zeit insgesamt, bis heute noch viele wissenschafts- und rezeptionshistorische, die NS-Zeit betreffende, Forschungsfelder in den Altertumswissenschaften unbeackert geblieben; als Beispiele seien hier stellvertretend nur genannt: die immer noch fehlenden umfassenden Geschichten einiger deutscher altertumswissenschaftlicher Institute und Einrichtungen;[15] biographische Studien zu vielen damals wirkenden oder verfolgten Fachvertretern in Deutschland; Studien zu den vertriebenen, verfolgten oder ermordeten Altertumswissenschaftlern in Osteuropa und zu ihren Forschungseinrich-

9 J. Malitz, Römertum im „Dritten Reich": Hans Oppermann, in: P. Kneissl / V. Losemann (Hrsg.), Imperium Romanum. Studien zu Geschichte und Rezeption. Festschrift für K. Christ zum 75. Geburtstag, Stuttgart 1998, 519–543, 519.

10 W. Schulze / O. G. Oexle (Hrsg.), Deutsche Historiker im Nationalsozialismus, Frankfurt 1999.

11 Vgl. K. Christ, Klios Wandlungen. Die deutsche Althistorie vom Neuhumanismus bis heute, München 2006, 58: „Pionierleistung, die als Ganzes bis heute unübertroffen ist". Zu weiteren Würdigungen der Arbeit als „bahnbrechende" und „grundlegende" Studie vgl. das Vorwort der Herausgeber in: Losemann, Klio und die Nationalsozialisten, IXf.

12 U. Walter, Frankfurter Allgemeine Zeitung 22.8.2014, 10.

13 Vgl. für Losemann die im ersten Band seiner „Kleinen Schriften" (Klio und die Nationalsozialisten) gesammelten Einzelstudien sowie den mit H.-E. Mittig verfassten Überblicksartikel zum „Nationalsozialismus" in: Der Neue Pauly 15/1 (2001) 723–767; für Christ nicht zuletzt seine wissenschaftsgeschichtliche Gesamtdarstellung: Klios Wandlungen.

14 Die wichtigsten anderen bis heute zum Thema erschienenen Arbeiten finden sich im Fußnotenapparat zum 14. Kapitel dieser bereits oben zitierten Arbeit von Rebenich (Die Deutschen, 449–459, bes. 449f.).

15 Hier ist die u.a. ebenfalls von Losemann mitverantwortete Geschichte des Marburger Instituts durchaus als vorbildlich zu bezeichnen: V. Losemann / K. Ruffing (Hrsg.), In solo barbarico … : das Seminar für Alte Geschichte der Philipps-Universität Marburg von seinen Anfängen bis in die 1960er Jahre, unter Mitarbeit von C. Deglau / P. Reinard, Münster / New York 2017.

tungen; Darstellungen von themenspezifischen Forschungsentwicklungen vor, während und nach der NS-Zeit; Antikebilder in einer breiteren deutschen, europäischen und nichteuropäischen Öffentlichkeit zwischen 1933 und 1945. Der Autor dieser Zeilen sieht mit der Dissertation und den übrigen Arbeiten von Volker Losemann auch für diese Themenfelder viele Grundlagen bereits gelegt. Zugleich ist er sich sicher, dass auch der verehrte Marburger Kollege selbst noch manchem Desiderat abhelfen wird.

Josef Wiesehöfer

Teil I:
Dissertation

Nr. 1

Originalpublikation: Volker Losemann, Nationalsozialismus und Antike. Studien zur Entwicklung des Faches Alte Geschichte 1933–1945 (Historische Perspektiven 7), Hoffmann und Campe, Hamburg 1977, 283 S.

Nationalsozialismus und Antike. Studien zur Entwicklung des Faches Alte Geschichte 1933–1945

Inhaltsverzeichnis

[7] Vorwort

Die Frage nach der Rolle der Wissenschaften im Dritten Reich ist vor allem in den sechziger Jahren Gegenstand z.T. heftiger Auseinandersetzungen an den Universitäten gewesen. Dennoch steht bis heute eine umfassende Analyse der Wissenschaftspolitik des Dritten Reiches aus. Bisher hat man den Gesamtkomplex vorwiegend im Zusammenhang mit Vorgängen an einzelnen Universitäten oder der Entwicklung nationalsozialistischer Institutionen behandelt. In diesem größeren Rahmen bedarf auch die Rolle der Geschichtswissenschaft in der Zeit des Nationalsozialismus einer systematischen Untersuchung.

Die Geschichtswissenschaft gehörte immer in die Reihe der ideologisch bedrohten Fächer. Diese Feststellung gilt in besonderem Maße für die Ära des Nationalsozialismus, in der die Geschichte wie nie zuvor die Funktion einer Legitimationsinstanz gewinnen sollte. Das nationalsozialistische Interesse an der Geschichte fand wohl einen gemeinsamen Nenner in der Rassenlehre, artikulierte sich aber darüber hinaus in der für die NS-Herrschaftsstruktur so typischen Uneinheitlichkeit. Diese Vorstellungswelt der Nationalsozialisten war auf eine prinzipielle Kollision mit wissenschaftlichen Interessen am Forschungsgegenstand „Geschichte“ angelegt. Überlagert, aber nicht aufgehoben wird dieser Spannungszustand von Verbindungslinien, die vom NS-Geschichtsbild zu dem aus dem Kaiserreich tradierten konservativ-nationalliberalen Geschichtsverständnis weiter Teile der Hochschullehrerschaft führten. Hier liegt der Ansatzpunkt für manchen Kompromiß nach der Machtübernahme.

Unabhängig von den fachspezifischen wissenschaftsideologischen Prämissen, die das Verhältnis der jeweiligen Disziplinen zum Nationalsozialismus bestimmt haben, konstituiert sich die nationalsozialistische Hochschulpolitik zunächst in personalpolitischen Maßnahmen, angefangen von der Säuberung der Universitäten aus rassischen und politischen Gründen bis hin zu dem Versuch gezielter nationalsozialistischer Berufungspolitik. Im Mit- und Gegeneinander der daran beteiligten Entscheidungsträger – seien es Individuen oder Institutionen – gewinnt die Universität im Dritten Reich schärfere Konturen.

[8] In der vorliegenden Studie bedeutet die Konzentration auf die Entwicklung des Faches Alte Geschichte Beschränkung auf einen überschaubaren Rahmen, den dieser Bereich der Geschichts- und Altertumswissenschaften sowohl von seinem Forschungsgegenstand als auch von der personellen Kapazität her bietet. In der Konfrontation dieses Faches mit dem NS-Geschichtsbild läßt sich nicht nur die Auseinandersetzung der Geschichts- und Geisteswissenschaften, sondern auch die des in der humanistischen Tradition verankerten Bildungsbürgertums mit der nationalsozialistischen Weltanschauung fassen. Dabei handelt es sich um einen differenzierten Prozeß von Kooperation und Kollision, der sich in traditionellen Arbeitsformen von Lehre und Forschung wie auch in den Keimzellen nationalsozialistischer Wissenschaftsorganisation vollzieht. Diese Befunde ergeben einen konkreten Beitrag zu einer „Typologie des Verhaltens der Hochschullehrer im Dritten Reich“ (Nolte).

Besondere Aufmerksamkeit gilt in der folgenden Untersuchung den Entscheidungsprozessen, die im allgemeinen Bezugsrahmen nationalsozialistischer Hochschul- und

Wissenschaftspolitik stehen. Dabei wird zum einen die Position der der Führerverfassung unterstellten Selbstverwaltungsorgane der Universitäten analysiert, die nicht nur Fach-, sondern in starkem Maße auch ihr Gruppeninteresse vertreten. Die Auswertung umfangreichen Aktenmaterials liefert konkrete Nachweise dafür in den Auseinandersetzungen mit dem zuständigen Reichsministerium und den parteiamtlichen Instanzen, die Einfluß auf die Wissenschaftspolitik des Dritten Reiches zu gewinnen suchten. Das System konkurrierender Kompetenzen gewinnt seine besondere Eigenart durch vielfältige persönliche Querverbindungen, die zwischen den drei Entscheidungsebenen, den Universitäten, den staatlichen und parteiamtlichen Instanzen hin und her liefen. Die Analyse der darin angelegten Möglichkeiten des Interessenausgleichs und Interessenkonflikts zwischen der staatlichen Zentralinstanz, der Parteikanzlei, dem NS-Dozentenbund, dem Amt Rosenberg und Himmlers „Ahnenerbe" erlaubt allgemeine Rückschlüsse auf den Charakter des polykratischen Herrschaftsgefüges des Nationalsozialismus.

Im Laufe meiner Untersuchungen begegnete ich nicht nur Stimmen der Ermutigung; ich hatte mich auch mit offener und zum Teil hinter Mutmaßungen und Befürchtungen versteckter Kritik, die sich oft allein schon gegen die Inangriffnahme des Themas richtete, auseinanderzusetzen. Gleichwohl war ich bemüht, unvoreingenommen an diese Aufgabe heranzugehen und mich nicht von den unterschiedlichen Erwartungshaltungen beeinflussen zu lassen: Im Blick auf den Universitätsalltag zwischen 1933 und 1945 hat eine in dieser Hinsicht unerprobte Generation keinen Anlaß zu einer Haltung vorschneller Anklage. Und die Erfahrung lehrt *[9]* – damit soll keineswegs vordergründiger Apologetik Raum gegeben werden –, daß auch die Geschichtswissenschaft unserer Tage Gefährdungen und Versuchungen ausgesetzt ist, die sich aus der politischen Situation der Gegenwart ergeben.

Bei der vorliegenden Abhandlung handelt es sich um eine erheblich verkürzte Fassung einer Arbeit, die unter dem Titel „Antike und Nationalsozialismus. Studien zur Entwicklung der althistorischen Disziplin 1933 bis 1945" im Sommersemester 1975 vom Fachbereich Geschichtswissenschaften der Philipps-Universität Marburg als Dissertation angenommen wurde.

Ich weiß mich zahlreichen Persönlichkeiten und Institutionen zu Dank verpflichtet. Dieser gilt an erster Stelle meinem verehrten Lehrer, Herrn Prof. Dr. Karl Christ, der die Arbeit angeregt und ihr Zustandekommen mit großer Hilfsbereitschaft in jeder erdenklichen Weise gefördert hat. Zu danken ist sodann den Herausgebern der „Historischen Perspektiven" für die Aufnahme der Arbeit in diese Reihe und für kritische Anregungen; ferner Herrn Prof. Dr. Heinrich A. Winkler und Dr. Ulrich Kluge, Freiburg i. Br., für die weitere Betreuung. Ebenso möchte ich Herrn Prof. Dr. Paul Egon Hübinger (Bonn) und Herrn Prof. Dr. Hellmut Seier (Marburg), der die Arbeit auch als Korreferent mitbetreut hat, für die Durchsicht des Manuskripts und fördernde Kritik Dank sagen. Freundliche Hilfe und Unterstützung habe ich von den Mitarbeitern des Bundesarchivs Koblenz und des Instituts für Zeitgeschichte München in vielfacher Weise erfahren. Für Bereitstellung von Archivalien und zum Teil briefliche Auskünfte danke ich ferner dem Geheimen Staatsarchiv Berlin-Dahlem, dem Stadt-Archiv Goslar, den Universitätsarchiven Gießen, Graz, Köln, Marburg und München sowie Archiv und Rektorat der Universität Münster und dem Schiller-National-Museum Marbach/Cotta-Archiv. Herr Ass. Prof. Dr. Reinhard Bollmus (Trier) hat dankenswerterweise bereitwillig Auskünfte erteilt und schwer zugängliche Literatur zur Verfügung gestellt. Dankbar verpflichtet bin ich meinem Freund Dr. Helmut Neubaus (Marburg), der mir in vielen Gesprächen wertvolle Ratschläge erteilt und mich beim Lesen der Korrekturen unterstützt hat. Widmen möchte ich das vorliegende Buch meinen Eltern und meiner Frau.

Marburg, im Frühjahr 1977
Volker Losemann

[11] Einleitung*

1. Allgemeine Vorbemerkungen

Von den großen faschistischen Bewegungen Europas im 20. Jahrhundert konnte zweifellos der italienische Faschismus das ursprünglichste Verhältnis zur Antike für sich in Anspruch nehmen. Die Beschwörung dieser Tradition beschränkte sich nicht auf die Ableitung des Begriffs „Fascismo" von dem lateinischen „fasces" und die Umformung zahlreicher militärischer Termini, sie fand ihren lebendigen Ausdruck und Höhepunkt vielmehr in der Wiederaufnahme der „tradizione imperiale", die Mussolini nach der Eroberung Äthiopiens verkündete.[1]

Die Auseinandersetzung des Nationalsozialismus mit der Antike erhielt, obwohl sie nicht in der Nationalgeschichte wurzelte, dennoch stärkste Impulse durch die Bewunderung Adolf Hitlers für Griechenland und Rom, der dabei anders als Himmler und Rosenberg wenig Rücksicht auf die germanische Perspektive nahm. Wenn Hitler in Sparta „den klarsten Rassenstaat der Geschichte" wiederfand[2] und die „Römische Geschichte in ganz großen Linien richtig aufgefaßt" für ihn die „beste Lehrmeisterin nicht nur für heute, sondern wohl für alle Zeiten" blieb,[3] wird deutlich, welch hoher Rang dem antiken Beispiel in seiner Weltanschauung zukam. Derartige Äußerungen verdienen nicht allein als bemerkenswerte Zeugnisse nationalsozialistischer Antike-Rezeption Aufmerksamkeit. Ihre eigentliche Bedeutung liegt vielmehr darin, daß von diesen historischen Vorbildern eine direkte Verbindungslinie zu den Weltherrschaftsplänen Hitlers führt und damit die Geschichte – und gerade die Alte Geschichte – für den Nationalsozialismus die Funktion einer „Legitimationsinstanz" gewinnt.[4]

Die deutsche Altertumswissenschaft, deren Teildisziplin Alte Geschichte im Mittelpunkt der vorliegenden Untersuchung steht, fand in der offiziellen Kulturpolitik bei weitem nicht den Rückhalt, den Mussolini den entsprechenden Disziplinen seines Landes

* Bei Verweisungen auf ungedruckte Quellen wird nur in Einzelfällen der Überlieferungszustand der benutzten Dokumente angegeben. Wenn nicht ausdrücklich anders vermerkt, sind die Angaben über Gelehrten-Laufbahnen den Jahrgängen 1926–1970 des ‚Kürschner' (in besonders gelagerten Fällen auch mit Jahrgangs- und Seitenangabe) entnommen.

1 Ugo Piacentini: Über die Rolle des Lateinunterrichtes im faschistischen Italien, in: Das Altertum 10 (1964) 119 (117–126); vgl. auch Ernst Nolte: Der Faschismus in seiner Epoche, 2. Aufl., München 1965, 290.

2 Das Zitat, auf das E. Nolte wohl zuerst hingewiesen hat, entstammt einer Rede aus dem Jahre 1929; vgl. Nolte: Faschismus, 500.

3 Adolf Hitler: Mein Kampf, 444–448. Aufl., München 1939 (Volksausgabe – Zwei Bände in einem Band), 470; dazu generell: Werner Maser: Hitlers ‚Mein Kampf'. Entstehung, Aufbau, Stil, Änderungen, Quellen, Quellenwert, kommentierte Auszüge, München 1966.

4 Vgl. dazu Jochen Thies: Architekt der Weltherrschaft. Die ‚Endziele' Hitlers, Düsseldorf 1976, 188f.

gewährte.[5] Vielmehr sahen sich Althistoriker, Archäologen und Klassische Philologen – und das ist in hohem Maße kennzeichnend für die Bedingungen ihrer Arbeit im „Führerstaat" – bald eher genötigt, in der ideologischen Auseinandersetzung, vor allem mit den deutschtümelnden Anhängern Rosenbergs, ihre *[12]* Position mit den bekanntesten Führerworten über die Antike zu verteidigen. Vom Ausgang dieser Richtungskämpfe hing – einen solchen Eindruck konnte man nach der Machtübernahme gewinnen – die weitere Förderung und damit die Existenz bestimmter Fächer ab.[6] Eine spezielle Abhandlung über die Entwicklung im Dritten Reich liegt bisher weder für die Altertumswissenschaften insgesamt noch für eine ihrer Einzeldisziplinen vor. Der Zugang zu diesem Problemkreis wird nicht zuletzt – darauf ist noch mehrfach zurückzukommen – durch die Organisationsstruktur dieser Fächergruppe erschwert. Das gilt vor allem für die Alte Geschichte, deren Zwischenstellung zwischen Altertums- und Geschichtswissenschaft das Fach bis heute entscheidend geprägt hat. In der Diskussion über die Rolle der deutschen Universität im Dritten Reich, die Mitte der sechziger Jahre in mehreren Vortragsreihen in Gang kam, sind Altertumswissenschaftler nur ganz am Rande, Althistoriker überhaupt nicht aufgetreten.[7] Dem Fortgang der Diskussion sind die Zeitumstände nicht günstig gewesen, zumal manchem Gelehrten die Auseinandersetzung mit der „roten" Universität inzwischen dringlicher schien als die mit der „braunen". Die Bereitschaft der Fachvertreter, sich zu diesem Komplex zu äußern, beschränkt sich in der Regel auf wenige Anmerkungen und Andeutungen in Beiträgen zur Geschichte einzelner Universitäten, in Fest- und Gedächtnisschriften sowie in Nekrologen. Die Summe dieser Äußerungen schließt sich auch nicht annähernd zu einem Bild der Altertumswissenschaft jener Tage zusammen. Vorherrschend scheint immer noch die Haltung zu sein, die ein Historiker 1963 im Rückblick auf die „letzte, gewissermaßen zeitgeschichtliche Phase der Universität

5 Vgl. Piacentini, 118f.; Karl Christ: Zur Beurteilung der Politik des Augustus, in: GWU 19 (1968) 336f., und allgemein Ludwig Curtius: Mussolini und das antike Rom, Köln 1934; vgl. jetzt auch Luciano Canfora: Classicismo e fascismo, in: Quaderni di storia 3 (1976) 15–48.

6 Vgl. dazu unten, *[46ff.]*.

7 Vor allem sind zu nennen Andreas Flitner (Hrsg.): Deutsches Geistesleben und Nationalsozialismus, Tübingen 1965; Universitätstage 1966. Veröffentlichung der Freien Universität Berlin: Nationalsozialismus und die deutsche Universität, Berlin 1966; Die deutsche Universität im Dritten Reich. Eine Vortragsreihe der Universität München, München 1966, und der Einzelbeitrag von E. Nolte: Zur Typologie des Verhaltens der Hochschullehrer im Dritten Reich, in: Aus Politik und Zeitgeschichte, B 46/65 v. 17.11.1965, 3–14. Allein der Römischrechtler Wolfgang Kunkell der Verfasser des Beitrags „Der Professor im Dritten Reich" (in: Die deutsche Universität im Dritten Reich, 105–133), ist der Altertumswissenschaft im weiteren Sinne zuzurechnen. Die Aufgabe, diese Diskussion fortzuführen, bleibt bestehen, obwohl Wolfgang F. Haug inzwischen glaubte, das „Ende des hilflosen Antifaschismus" diagnostizieren zu können; vgl. ders.: Der hilflose Antifaschismus. Zur Kritik der Vorlesungsreihen über Wissenschaft und NS an deutschen Universitäten, 3. Aufl., Frankfurt 1970, 143 (= Nachwort zur 2. Aufl.). Die Grundlinien der Entwicklung im Hochschulbereich sind skizziert bei Karl Dietrich Bracher u.a.: Die nationalsozialistische Machtergreifung. Studien zur Errichtung des totalitären Herrschaftssystems in Deutschland 1933/34, 2. Aufl., Köln 1962, 308ff., und ders.: Die deutsche Diktatur. Entstehung, Struktur, Folgen des Nationalsozialismus, 2. Aufl., Köln 1969, 284ff.

Breslau" auf den Begriff der „Solidarität der Verlegenheit mit wohl allen Universitätshistoriographen" gebracht hat, „in deren Gedenkschriften man immer wieder liest, daß man über die jüngsten Jahrzehnte ihrer Alma Mater nur sehr summarisch und vorläufig etwas aussagen könne."[8]

In anderer Richtung nicht weniger verkrampft sind die meisten Verfasser einschlägiger Beiträge aus der DDR, die eine größere Bereitschaft zeigen, die Rolle der Alten Geschichte im Dritten Reich kritisch zu beleuchten, aber über den Rahmen der Universitätshistoriographie bisher kaum hinausgekommen sind.[9] Wer beklagt, daß „der faschistische deutsche Staat ... die Traditionen des altspartanischen Staates in geradezu verbrecherischer Weise" mißbraucht habe, im gleichen Zusammenhang aber in der Tatsache, daß „durch Beschluß des Politbüros das Institut für Marxismus-Leninismus beim ZK der SED als oberste Leiteinrichtung für die gesamte Geschichtswissenschaft der DDR benannt worden (ist), ... den Sommer einer gründlichen Veränderung der Arbeit auch in der Alten Geschichte" anbrechen sieht, macht sich damit selbst zu einem neuen *[13]* Problem der Wissenschaftsgeschichte und hat in der Sache wenig Überzeugungskraft für sich.[10] Der früheste Versuch zum Thema „Nationalsozialismus und Altertumswissenschaft" nach dem Zusammenbruch des Dritten Reiches entstand sicher nicht zufällig im Jahre 1947 in der heutigen DDR, blieb aber völlig frei von der Anpassung an das sozialistische Geschichtsbild.[11] Der Verfasser Theo Herrle, ein Vertreter der Schulpraxis, hatte sich bereits 1942 unter dem Titel „Das Altertum im Widerschein der Gegenwart" in einer recht kritischen Sammelbesprechung mit der Reihe „Auf dem Wege zum nationalpolitischen Gymnasium" auseinandergesetzt.[12] Die nächste einschlägige Arbeit folgte erst 1965 (!) mit dem ungewöhnlich materialreichen Aufsatz „Altsprachlicher Unterricht im faschistischen Deutschland" des Byzantinisten Johannes Irmscher, eines der führenden Vertreter der gegenwärtigen Altertumswissenschaft der DDR.[13] Ein über die Frage-

---

8 Ludwig Petry: Geistesleben des Ostens im Spiegel der Breslauer Universitätsgeschichte, in: Walter Hubatsch u.a.: Deutsche Universitäten und Hochschulen im Osten, Köln 1964, 103 (86–112).

9 Vgl. Gerhard Schrot: Forschung und Lehre zur Alten Geschichte an der Universität Leipzig, in: WZ Karl-Marx-Univ. Leipzig 8 (1958/59) 323–337; Heinz Schulz-Falkenthal: Zur Entwicklung des Faches Alte Geschichte an der Universität Halle, in: WZ Martin-Luther-Univ. Halle-Wittenberg 10 (1961) 915–926, und Werner Mägdefrau: Zum Kampf um eine neue Geschichtswissenschaft an der Friedrich-Schiller-Universität Jena, in: WZ Friedrich-Schiller-Univ. Jena 15 (1966) 63–77.

10 Rigobert Günther: Geschichte des Altertums im sozialistischen Geschichtsbild, WZ Friedrich-Schiller-Univ. Jena 18, 4, 1969, 118 u. 119 (117–120).

11 Theo Herrle: Nationalsozialismus und Altertumswissenschaft, in: Aufbau 3, 2 (1947) 29–32.

12 Theo Herrle: Das Altertum im Widerschein der Gegenwart, in: Geistige Arbeit 15 (1942) 3f. Kritisch auch ders.: Gegenwartsfragen des altsprachlichen Unterrichts, in: Die Erziehung 12 (1937) 474–479; vgl. auch: Auf dem Wege zum nationalpolitischen Gymnasium. Beiträge zur nationalsozialistischen Ausrichtung des Altsprachlichen Unterrichts, hrsg. auf Veranlassung des Reichssachbearbeiters für alte Sprachen im NSLB in Verbindung mit dem NSD-Dozentenbund, H. 1–9, Frankfurt 1938ff.

13 Jahrbuch für Erziehungs- und Schulgeschichte 5/6 (1965) 225–271 (vgl. zu Herrle: ebd., 226); zusammenfassend ferner ders.: Die Antike im Bildungssystem der Weimarer Republik und der Zeit des Faschismus, in: WZ Friedrich-Schiller-Univ. Jena 18, 4 (1969) 17–25; vgl. auch Rainer Nickel: Der Mythos vom Dritten Reich und das humanistische Gymnasium vor 1945, in: Paedagogica

stellung Irmschers hinausgehender Ansatz, der ausschließlich der nationalsozialistischen Auseinandersetzung mit der Antike gewidmet ist, scheint nicht vorzuliegen.[14]

In einem konzentrierten Überblick über die Geschichte des Faches von B. G. Niebuhr bis zur Gegenwart hat Karl Christ die Grundzüge der Entwicklung der Alten Geschichte im Dritten Reich skizziert und damit zugleich das Arbeitsfeld für eine Reihe von wissenschaftsgeschichtlichen Spezialuntersuchungen abgesteckt.[15] Darüber hinaus hat Christ in mehreren wirkungsgeschichtlich orientierten Beiträgen auch spezielle Aspekte der nationalsozialistischen Geschichtsinterpretation hervorgehoben.[16] Einem wirkungsgeschichtlichen Ansatz folgen unter Einbeziehung nationalsozialistischer Umwertungen auch Alexander Demandt in seinem Aufsatz „Politische Aspekte im Alexanderbild der Neuzeit“[17] und Klaus von See in dem Abriß „Deutsche Germanen-Ideologie vom Humanismus bis zur Gegenwart“[18]. In ähnliche Richtung zielen Edouard Will mit der Studie „Doriens et Ioniens“[19] und Elizabeth Rawson mit ihrer Monographie „The Spartan Tradition in European Thought“[20]. Sie gehören zu den aus verständlichen Gründen nicht sehr zahlreichen ausländischen Äußerungen zu Einzelproblemen des Gesamtthemas „Nationalsozialismus und Antike“, von denen hier noch Arnaldo Momiglianos kritische Auseinandersetzung mit dem Werk Helmut Berves genannt sei.[21] Gerade die wirkungsgeschichtliche Perspektive öffnet den Blick für die weiter zurückreichenden Traditionslinien, die auch in das Geschichtsbild des Nationalsozialismus einmünden.

Der Mediaevist Karl Ferdinand Werner hat ausgehend von seiner Studie „Das NS-Geschichtsbild und die deutsche Geschichtswissenschaft“[22] auf diese Wurzeln des nationalsozialistischen Welt- und Geschichtsbildes und – unter Einbeziehung von Althistorikern – den Anteil der deutschen *[14]* Geschichtswissenschaft an der „Verbreitung eines

---

Historica 10 (1970) 118–128, und ders.: Humanistisches Gymnasium und Nationalsozialismus, in: Paedagogica Historica 12 (1972) 485–503. Die Querverbindungen zum Geschichts- und Sprachunterricht an den Schulen, die im Komplex „Nationalsozialismus und Altertumswissenschaften“ angelegt sind, können in der vorliegenden Arbeit nicht berücksichtigt werden.

14 Den größeren Zusammenhang des Themas hat jetzt Luciano Canfora: Classicismo e fascismo (vgl. oben, *[Anm. 5]*) angesprochen. Der Beitrag ist nicht frei von Überspitzungen.

15 K. Christ: Zur Entwicklung der Alten Geschichte in Deutschland, in: GWU 10 (1971) 577–593. Entsprechende Aufgaben sieht Manfred Fuhrmann: Die Antike und ihre Vermittler, Konstanz 1969, (= Konstanzer Univ.-Reden 9) 20, für den Bereich der Klassischen Philologie.

16 Vgl. K. Christ: Zur Beurteilung der Politik des Augustus, in: GWU 10 (1968) 336f. (329–343); ders.: Zur Beurteilung Hannibals, in: Historia 17 (1968) 488f. (461–495), und ders.: Der Untergang des Römischen Reiches in antiker und moderner Sicht, in: ders. (Hrsg.): Der Untergang des Römischen Reiches, Darmstadt 1970, 17 (1–31).

17 AfK 54 (1972) 325–363.

18 Frankfurt 1970.

19 E. Will: Doriens et Ioniens. Essai sur la valeur du critère ethnique appliqué à l’étude de histoire et de la civilisation grecques, Paris 1956.

20 Oxford 1969.

21 A. Momigliano: Rez. H. Berve, Storia Greca, Bari 1959, in: RSI 71 (1959) 665–672; vgl. dazu Moses I. Finley: The Use and Abuse of History, London 1975, 77.

22 Stuttgart 1967; vgl. dazu František Graus, in: VfZ 17 (1969) 87–95.

wenn nicht voll rassistischen, so doch geistesverwandten Gedankenguts" lange vor Hitler hingewiesen.[23] Darüber hinaus ließ sich die „Anfälligkeit der deutschen Geschichtswissenschaft" für andere Komponenten des NS-Geschichtsbildes, die Verherrlichung des Machtstaates, den Führer- und den Reichsgedanken nachweisen. Werner fand in diesen tieferliegenden „Affinitäten" eine Erklärung dafür, „warum das Bürgertum und seine Universitäten sich Bereiche zu behaupten wußten, die Hitlers Leute gern im Wege der Gleichschaltung beseitigt hätten."[24] Damit ist zugleich die Entwicklung der Geschichtswissenschaft im Dritten Reich in den weiteren sozialgeschichtlichen Zusammenhang der bildungsbürgerlichen Haltung gegenüber dem Nationalsozialismus eingeordnet.[25] K. F. Werner, dem das Verdienst einer ersten umrißhaften Analyse der Gesamtentwicklung zukommt, konnte sich dabei u.a. auf die monumentale Arbeit von Helmut Heiber über „Walter Frank und sein Reichsinstitut für Geschichte des neuen Deutschlands" stützen, der zu dem Ergebnis kam, daß der Versuch, die „Zunft" in den Griff der Partei zu zwingen, aufs Ganze gesehen, gescheitert ist.[26] Auch wenn diese Einsicht inzwischen zum Gemeingut der neueren Forschung geworden ist, steht – wie Georg G. Iggers betont hat – „eine grundlegende Darstellung der deutschen Geschichtswissenschaft zwischen 1933 und 1945" noch aus.[27] Diese Feststellung gilt nicht weniger für das Desiderat einer umfassenden Untersuchung der nationalsozialistischen Wissenschaftspolitik, die von Heiber vorbereitet wird. Wichtige Vorarbeiten dazu liegen in den Studien von Herbert P. Rothfeder, Reinhard Bollmus und Michael H. Kater vor, deren Aufmerksamkeit sich auf Institutionen und Projekte im Dienststellenbereich Himmlers und Rosenbergs konzentriert.[28]

In den bisher genannten Beiträgen, die sowohl von wissenschafts- und wirkungsgeschichtlichen als auch von wissenschaftspolitischen Fragestellungen ausgingen, sind Probleme der Entwicklung der Alten Geschichte zwischen 1933 und 1945 meist nur am Rande angesprochen worden. Die vorliegende Arbeit erhebt nicht den Anspruch einer umfassenden Darstellung der Gesamtentwicklung der althistorischen Disziplin in die-

23 K. F. Werner: Deutsche Historiographie unter Hitler, in: Bernd Faulenbach (Hrsg.): Geschichtswissenschaft in Deutschland. Traditionelle Positionen und gegenwärtige Aufgaben, München 1974, 87 (86–96). In unserem Zusammenhang kann auf die Vorläufer des NS-Geschichtsbildes nicht eingegangen werden.

24 Werner: Historiographie, 93.

25 Vgl. Werner, ebd., 88, und B. Faulenbach: Deutsche Geschichtswissenschaft zwischen Kaiserreich und NS-Diktatur, in: ders. (Hrsg.): Geschichtswissenschaft, 67 (66–85).

26 Stuttgart 1966; vgl. dazu Rudolf Vierhaus: Walter Frank und die Geschichtswissenschaft im nationalsozialistischen Deutschland, in: HZ 207 (1968) 617–627.

27 G. G. Iggers: Deutsche Geschichtswissenschaft. Eine Kritik der traditionellen Geschichtsauffassung von Herder bis zur Gegenwart, 2. Aufl., München 1972, 319.

28 Vgl. H. P. Rothfeder: A Study of Alfred Rosenberg's Organization for National Socialist Ideology, phil. Diss. Michigan (USA) 1963; R. Bollmus: Das Amt Rosenberg und seine Gegner. Studien zum Machtkampf im nationalsozialistischen Herrschaftssystem, Stuttgart 1970; M. H. Kater: Das „Ahnenerbe". Die Forschungs- und Lehrgemeinschaft in der SS, phil. Diss. Heidelberg 1966, und ders.: Das „Ahnenerbe" der SS 1935–1945. Ein Beitrag zur Kulturpolitik des Dritten Reiches, Stuttgart 1974.

sem Zeitraum. Vielmehr geht es um den Versuch einer ersten Bestandsaufnahme in verschiedenen Richtungen. Den Ausgangspunkt bildet ein knapper Abriß über das Verhältnis maßgebender Vertreter der NS-Führungsschicht zur Antike, in dem gewissermaßen Leitlinien genuin nationalsozialistischer Altertumsforschung skizziert werden. In dem ersten größeren Abschnitt werden die unmittelbaren Auswirkungen der Machtübernahme auf die personelle Vertretung des Faches Alte Geschichte an den Hochschulen im Zusammenhang mit der „Säuberung" der deutschen Universitäten behandelt. *[15]* Diese Linie wird weiter ausgezogen mit einem Gesamtüberblick über die personelle Entwicklung bis 1945, auf den die exemplarische Untersuchung von Lehrstuhlbesetzungen folgt. Die damit zusammenhängenden Entscheidungsvorgänge zwischen den Selbstverwaltungsorganen der Universitäten, dem zuständigen Ministerium und den parteiamtlichen Stellen ermöglichen es nicht nur, den Stellenwert der Alten Geschichte in der nationalsozialistischen Hochschulpolitik zu bestimmen, sondern vermitteln auch einen Eindruck von den Aufstiegsbedingungen des wissenschaftlichen Nachwuchses und von der Berufungspolitik. Der erste Hauptteil, in dem vor allem das Universitätsfach mit seinem weiteren Wirkungskreis angesprochen ist, schließt mit einem Abschnitt über die Selbstdarstellung des Faches auf Tagungen und Kongressen sowie im Rahmen neuer Organisations- und Arbeitsformen, die vor allem nach dem Ausbruch des Zweiten Weltkriegs entwickelt wurden. Im zweiten Hauptteil sind schließlich die unterschiedlichen Bedingungen und Möglichkeiten altertumswissenschaftlicher Arbeit in Himmlers Forschungsgemeinschaft „Das Ahnenerbe" und in der „Hohen Schule" Alfred Rosenbergs zu untersuchen. In diesen wie in den vorgenannten Organisations- und Arbeitsformen treten die Althistoriker in der Regel als Altertumswissenschaftler in enger Zusammenarbeit mit Archäologen und Philologen auf. Die Verbindungslinien zu den Nachbardisziplinen, insbesondere zur Klassischen Philologie, sind in der gesamten Darstellung immer dort aufzunehmen, wo sich die Entwicklung der Alten Geschichte nicht aus dem Bezugsrahmen der Altertumswissenschaften lösen läßt. Dennoch können die Vorgänge in den benachbarten Fächern auch nicht annähernd in der Ausführlichkeit behandelt werden wie für die Alte Geschichte, auf die sich vorliegende Untersuchung allein schon aus Raumgründen konzentrieren muß.[29]

In dem hier skizzierten Rahmen findet die Leitfrage nach der Konzeption einer nationalsozialistischen Altertumswissenschaft und dem Grad ihrer Verwirklichung, die im Mittelpunkt dieser Arbeit steht, Antwort von zwei Seiten her: Es geht um die wechselseitigen Aktionen und Reaktionen des Faches bzw. einzelner Fachvertreter auf der einen und der Repräsentanten der nationalsozialistischen Kultur- bzw. Wissenschaftspolitik auf der anderen Seite. Dieser Teil der „nationalsozialistische" Auseinandersetzung mit der Antike trägt vor allem schon aufgrund seiner zwölfjährigen Dauer notwendigerweise stark programmatischen Charakter. Da über diese „äußere" Geschichte des Faches und seine personellen und organisatorischen Gegebenheiten nur wenig bekannt ist, schien

29 Bei der Einbeziehung der Klassischen Philologie müßte das Problem des „Dritten Humanismus" und die Rückwirkung der Diskussion über die Rolle des altsprachlichen Unterrichts auf die Klassische Philologie an den Universitäten berücksichtigt werden.

es zunächst vordringlich, die Grundzüge seiner „politischen" Wissenschaftsgeschichte herauszuarbeiten und die im engeren Sinne „nationalsozialistischen" Ausdrucksformen altertumswissenschaftlicher Arbeit zu berücksichtigen. *[16]* Obwohl in diesem Zusammenhang naturgemäß auch Problemstellungen von Lehre und Forschung angesprochen werden, mußte die Behandlung inhaltlicher Fragen zunächst einmal zurücktreten. Das gilt nicht nur für die Analyse der unmittelbar nach der Machtübernahme entwickelten Programme einer nationalsozialistischen Altertumswissenschaft, sondern auch für die Auseinandersetzung mit Sparta, das zum Symbol einer ursprünglich nationalsozialistischen Antike-Rezeption geworden ist.[30] Der Verfasser, der sich bewußt ist, daß zwischen 1933 und 1945 weiterhin wissenschaftliche Arbeiten hohen Ranges erschienen, deren Autoren keine Kompromisse eingingen, sieht die Aufgabe, für jede Epoche und für jeden Problemkreis zu prüfen, in welchem Ausmaß genuin nationalsozialistische Fragestellungen und Wertungen aufgenommen, diskutiert und zurückgewiesen wurden. Dabei müßte z.B. das Problem der Integration des Alten Orients in die Geschichte des Altertums, an dem sich die lebhaft geführte Diskussion über das Verhältnis von Universal- und Nationalgeschichte entzündete, angesprochen werden. Die Behandlung der „Indogermanen-" und der „Etruskerfrage" wäre ebenso zu berücksichtigen, wie die Bewertung Spartas und der attischen Demokratie, die Einschätzung Alexanders als Führergestalt oder als Initiator der „Verschmelzungspolitik", das Zeitalter der Punischen Kriege, die Beurteilung Hannibals, Caesars oder die des Augustus, die römisch-germanische Auseinandersetzung, das Bild der Spätantike, die Rolle des antiken Judentums und des Christentums und das Kontinuitätsproblem. In die an den inhaltlichen Fragen orientierte Untersuchung wäre auch die Tendenz, die sich im Lehrangebot niedergeschlagen hat, einzubeziehen. Es bedarf keiner Frage, daß diese Aspekte in eine umfassende Analyse der Entwicklung des Faches Alte Geschichte von 1933 bis 1945 einzubringen sind. Diese Aufgabe ist hier freilich nicht in extenso zu leisten. Das Material, das der Verfasser für diesen Komplex zusammengetragen hat, soll zu einem späteren Zeitpunkt vorgelegt werden. In der Konzentration auf die „äußere" Geschichte der althistorischen Disziplin wird hier in erster Linie eine spezielle Fragestellung der Wissenschaftsgeschichte aufgegriffen, der freilich nur in enger Bindung an den zeitgeschichtlichen Rahmen nachgegangen werden kann. Von daher hofft der Verfasser auch einen Beitrag zur Wissenschaftspolitik des Nationalsozialismus leisten zu können.

Im Rahmen der vorliegenden Arbeit waren in beinahe allen Abschnitten in nicht unerheblichem Umfang Archivalien heranzuziehen. Ihre Auswertung darf nur im Hinblick auf die Dienststellenbereiche Himmlers und Rosenbergs annähernde Vollständigkeit beanspruchen. Der Benutzung von Universitätsakten, die Berufungsangelegenheiten und Personalvorgänge berühren, sind durch die Schutzbestimmungen sehr enge Grenzen *[17]* gesetzt. Aus diesem Grunde ließ sich das Quellenmaterial der Universitätsarchive nur in

30 Die dazu vorliegenden Ausarbeitungen des Verf. mußten hier aus Raumgründen ausgeklammert werden. [Vgl. z.B. **Nr. 9** sowie exemplarisch V. Losemann, Klio und die Nationalsozialisten. Gesammelte Schriften zur Wissenschafts- und Rezeptionsgeschichte, hrsg. v. C. Deglau, P. Reinard u. K. Ruffing, Wiesbaden 2017, 3ff. od. 175ff.]

geringem Umfang auswerten.[31] Die für das Thema einschlägigen Bestände entstammen vor allem dem Bundesarchiv, dem ehem. Geheimen Staatsarchiv Berlin-Dahlem und dem Archiv des Instituts für Zeitgeschichte. Archive der DDR waren dem Verfasser bislang nicht zugänglich.[32] Darüber hinaus stand ihm auch die Quellengattung der Gelehrtennachlässe nicht zur Verfügung.[33]

Von der Befragung noch lebender Zeugen ist bewußt Abstand genommen worden. Die mit der Verwendung von Interviews zusammenhängende Problematik ist zu komplex, als daß sie hier in extenso erörtert werden könnte. Der Verfasser verkennt nicht den Wert dieser Methode, weiß aber auch um ihre ganz erheblichen Fehlerquellen. Abgesehen davon, daß eine systematische Befragung aller Beteiligten unmöglich ist, überwiegen bei ihm gerade nach den Erfahrungen mit der Verwendung von „Zeugenschrifttum" in neueren Arbeiten verwandter Themenstellung die Bedenken. Die Auswahl von Zeugen, die dabei zwangsläufig auch gegen den Willen der Autoren zustande kommt, verletzt die „Rechte" derer, die sich einer Befragung nicht stellen wollen oder auch nicht mehr stellen können.[34] Der Verfasser hofft indessen, eine Form der Darstellung gefunden zu haben, die es den unmittelbar Betroffenen ermöglicht, ihren dringend erwünschten Beitrag zu diesem Kapitel der Wissenschaftsgeschichte zu leisten. Daß das aus diesem Personenkreis heraus bisher kaum geschehen ist – und je weiter die Zeit fortschreitet, um so weniger geschehen kann – ist außerordentlich zu bedauern. Im Unterschied zu der Auffassung eines ebenfalls unmittelbar Betroffenen, des 1939 emigrierten und inzwischen verstorbenen Althistorikers Victor Ehrenberg, daß „now it will be best to let all this sink into oblivion",[35] ist der Verfasser der Überzeugung, daß dreißig Jahre nach dem Ende des Dritten Reiches die Zeit für eine nüchterne erste Bestandsaufnahme gekommen sein dürfte.

2. Das Verhältnis der Führungsschicht des Nationalsozialismus zur Antike

Die imponierende Zahl der Belege, die die Hitler-Forschung für das Interesse Hitlers an der Antike zusammengetragen hat, kann und braucht hier nicht annähernd erfaßt

31 Vgl. unten, *[262]* (Quellenverzeichnis), und die Einzelnachweise für brieflich erteilte Auskünfte im Anmerkungsteil.

32 Einem Benutzungsantrag des Verfassers für das Deutsche Zentralarchiv Potsdam wurde nicht entsprochen. Dort wären vor allem die Akten des REM (Amt Wissenschaft) durchzusehen, die Irmscher für seine Fragestellung mit Erfolg benutzt hat (vgl. oben, *[Anm. 13]*).

33 Eine Ausnahme vgl. *[47f. m. Anm. 10]*. Der Bitte des Verfassers, Einsicht in nachgelassene Dokumente Richard Harders (vgl. unten, *[139ff.]*) nehmen zu dürfen, konnte bisher mit Rücksicht auf den Gesundheitszustand des Nachlaßverwalters, Herrn Prof. Dr. Walter Marg (Mainz), nicht entsprochen werden.

34 Zum Problem allgemein: Bodo Scheurig: Einführung in die Zeitgeschichte, 2. Aufl., Berlin 1970, 40ff.; vgl. ferner die Ausführungen von Bollmus, 12, Heiber, 11f., und Kater: AE 1974, 8; dazu auch unten, *[145 m. Anm. 43]*.

35 V. Ehrenberg: Rez. E. Will, Doriens et Ioniens, Paris 1956, in: JHStudies 78 (1958) 156. Die Ergebnisse Wills hat Ehrenberg nicht angezweifelt; vgl. dazu auch Finley, 77.

zu werden.[36] Es gibt keinen Zweifel daran, daß die Beschwörung des antiken Beispiels, die schon in den frühesten Reden und Gesprächen Hitlers begegnet, als ein dauerhaftes Element seiner Vorstellungswelt gelten darf, auch wenn die Authentizität einiger Äußerungen nicht sicher verbürgt ist.[37] In unserem Zusammenhang geht es vor allem darum, die charakteristischen Linien dieser Sicht der Antike *[18]* hervorzuheben, die auch das NS-Geschichtsbild geprägt haben.

Das Programm dieser Geschichtsbetrachtung brachte Hitler in der eingangs zitierten Äußerung über den „Rassenstaat Sparta" auf eine prägnante Formel.[38] Die Grundzüge seines Geschichtsbildes hat er in „Mein Kampf" zusammengefaßt. Allgemein sah er in der Geschichte die „Lehrmeisterin für die Zukunft"[39] oder, wie er an anderer Stelle formulierte: „... man lernt aus ihr gerade die Nutzanwendung für die Gegenwart"[40]. Im Blick auf den Geschichtsunterricht verlangte er eine Kürzung des Stoffes unter Verzicht auf die übliche Überhäufung mit Daten und Namen: „Der Hauptwert liegt im Erkennen der großen Entwicklungslinien."[41] Damit verband sich die Forderung nach einer Weltgeschichte, „in der die Rassenfrage zur dominierenden Stellung erhoben wird".[42] „Die Aufgabe einer künftigen Kultur- und Weltgeschichte", die sich nicht, „wie dies bei unserer heutigen Geschichtswissenschaft leider nur zu oft der Fall ist", auf die bloße „Wiedergabe äußerer Tatsachen" beschränken sollte, umriß Hitler in einer „Skizze der Entwicklung

---

36 Einschlägig dazu P. Villard: Antiquité et Weltanschauung hitlérienne, in: Revue d'histoire de la deuxième guerre mondiale 22, 88 (1972) 1–18. Villard bietet einen guten Überblick über die wichtigsten Äußerungen, hat aber, wie jetzt die Studie von Thies (vgl. oben, *[Anm. 4]*) zeigt, die Hitler-Reden zu wenig berücksichtigt. Auf diese Interessenlinie Hitlers hat in prägnanter Weise E. Nolte (vgl. oben, *[Anm. 2]*) aufmerksam gemacht. Daran sind natürlich auch die Biographen Hitlers nicht vorübergegangen; vgl. z.B. Alan Bullock: Hitler. Eine Studie über Tyrannei, vollständig überarbeitete Neuausgabe, Düsseldorf 1974; Werner Maser: Adolf Hitler. Legende, Mythos, Wirklichkeit, 3. Aufl., München 1972, und Joachim C. Fest: Hitler. Eine Biographie, Frankfurt 1973. Aufschlußreich ferner: Friedrich Heer: Der Glaube des Adolf Hitler. Anatomie einer politischen Religiosität, München 1968. Wichtige Hinweise gibt schließlich Albert Speer in seinen „Erinnerungen" (3. Aufl., Frankfurt 1969) und den „Spandauer Tagebüchern" (Frankfurt 1975). Auf die genannten Werke ist auch für die mit dem Bildungsgang Hitlers zusammenhängenden Fragen zu verweisen.

37 Hier ist vor allem an die Diskussion um Hermann Rauschning: Gespräche mit Hitler, Zürich 1940 (jetzt Wien 1973) zu erinnern; dazu neuerdings positiv Theodor Schieder: Hermann Rauschnings „Gespräche mit Hitler" als Geschichtsquelle, Opladen 1972. Nicht unbestritten auch E. Nolte: Eine frühe Quelle zu Hitlers Antisemitismus, in: HZ 192 (1961) 584–606; vgl. Shaul Esh: Eine neue literarische Quelle Hitlers? Eine methodologische Überlegung, in: GWU 15 (1964) 487–493. In unserem Zusammenhang ist vor allem auf „Mein Kampf" und die „Tischgespräche" zurückzugreifen; vgl. Henry Picker: Hitlers Tischgespräche im Führerhauptquartier 1941–1942, hrsg. v. Percy Ernst Schramm, 2. Aufl., Stuttgart 1965.

38 Vgl. oben, *[11]*. Natürlich fand Hitler auch die antisemitische Komponente der Rassenlehre in der Antike bestätigt; vgl. dazu die Dokumentation von Reginald H. Phelps: Hitlers „grundlegende" Rede über den Antisemitismus, in: VfZ 16 (1968) 407 (390–420).

39 Hitler: Kampf, 468.

40 Ebd., 129.

41 Ebd., 467; vgl. auch 11ff. u. 734.

42 Ebd., 468.

'kulturtragender' Nationen".[43] Im Mittelpunkt steht der „Arier als Kulturbegründer", von ihm ist der Anstoß zu allen Kulturschöpfungen ausgegangen.[44] Von den Kulturbegründern sind Kulturträger wie etwa die Japaner und schließlich die Kulturzerstörer zu trennen. Die arischen Stämme schaffen nach der Unterwerfung fremder Völker in Anpassung an die besonderen Lebensverhältnisse des eroberten Raumes und unter Ausnutzung der „Menge der zur Verfügung stehenden Hilfskräfte an Menschen niederer Art" Kulturen, die ganz die Wesenszüge der Eroberer tragen.[45] Der Untergang dieser Kulturen folgt notwendig dann, wenn die Eroberer das „Prinzip der Reinhaltung ihres Blutes" verletzen und beginnen, sich mit den unterworfenen Völkern zu vermischen. Dem Arier, dem „Begründer des höheren Menschentums überhaupt",[46] stellte Hitler den Juden als „Ferment der Dekomposition" gegenüber.[47] Aus dieser Geschichtslehre ergaben sich zwei Aufgaben für die Praxis des Nationalsozialismus: Sorge für die Reinhaltung des Blutes und Kampf gegen das Judentum mit allen Konsequenzen.

Den Zugang zur griechischen Geschichte hat Hitler nicht nur über Sparta, sondern als verhinderter Architekt über die griechische Baukunst gefunden. Nach einem Zeugnis Albert Speers „sah Hitler in Perikles 'eine Art Parallele' zu sich selber".[48] Im Blick auf das „hellenische Kulturideal ... in seiner vorbildlichen Schönheit" schärfte sich das Bewußtsein Hitlers für die „größere Rassegemeinschaft": „Der Kampf, der heute tobt, geht um ganz große Ziele: eine Kultur kämpft um ihr Dasein, die Jahrtausende in sich verbindet und Griechen- und Germanentum gemeinsam umschließt."[49] Dieser Tatbestand war „im wissenschaftlichen Lehrplan ... für den *[19]* völkischen Staat" ebenso zu berücksichtigen wie die Lehren der römischen Geschichte. Der Kampf um die Entstehung des Weltreiches faszinierte ihn nicht weniger als sein Untergang. „Volkszusammenschlüsse" wie das römische Weltreich, so formulierte er im „Zweiten Buch", können nur bei rassisch verwandten Völkern von Dauer sein und auch nur dann, wenn der Zusammenschluß Ergebnis eines längeren „Hegemoniekampfes" ist. „So hat einst Rom die ladinischen [sic!] Staaten einen nach dem anderen unterworfen, bis endlich seine Kraft genügte, um zum Kristallisationspunkt eines Weltreiches zu werden."[50] Ähnlich vollzog sich nach seinen Vorstellungen

43 Ebd., 320; dazu auch Eberhard Jäckel: Hitlers Weltanschauung. Entwurf einer Herrschaft, Tübingen 1969, 113ff.

44 Vgl. Hitler: Kampf, 317.

45 Ebd., 319.

46 Ebd., 317.

47 Ebd., 743; zur Geschichte dieses Begriffs, der auf Mommsen zurückgeht, vgl. Cornelia Berning: Vom „Abstammungsnachweis" zum „Zuchtwart". Vokabular des Nationalsozialismus, Berlin 1964, 214.

48 Nach Fest, 724 m. Anm. 115 und 526; vgl. Speer: Erinnerungen, 110. Ferner: E. Bauer: Der Staatsmann Perikles – Die Kulturrede des Führers im Spiegel zweitausendjähriger Geschichte, VB. v. 13.9.1935 (Süddeutsche Ausg.); dazu Max Domarus: Hitler, Reden und Proklamationen 1932–1945. Kommentiert von einem deutschen Zeitgenossen, Bd. 1–2, München 1965, hier Bd. 1, 528; zu diesem Komplex jetzt Thies, 70ff.

49 Hitler: Kampf, 470.

50 Hitlers Zweites Buch. Ein Dokument aus dem Jahre 1928. Eingeleitet und kommentiert von Gerhard L. Weinberg, Stuttgart 1961, 129. Im Rahmen einer kritischen Auseinandersetzung mit der

auch die Entstehung des englischen Weltreiches und die Entwicklung des preußischen Staates. Damit sind zwei weitere Schwerpunkte von Hitlers historischem Interesse bezeichnet, die zu den wesentlichen Elementen des nationalsozialistischen Geschichtsbildes gehören.[51]

Zu den Verfehlungen „professorale(r) Geschichtslehre und Geschichtsauffassung" rechnete Hitler das „Gerede der ‚wirtschaftsfriedlichen' Eroberung der Welt" (sic!)[52] Ob es um den Kampf „zwischen Rom und Karthago, zwischen England und Holland oder zwischen England und Frankreich" ging, in jedem Fall – so erläuterte er 1932 den Mitgliedern des Düsseldorfer Industrieclubs – „hat erst der Machtstaat der Wirtschaft die allgemeinen Voraussetzungen für die spätere Blüte geschaffen". In diesem Sinne war es für ihn ausgemacht, „daß es keine karthagische Wirtschaft gab ohne karthagische Flotte und keinen karthagischen Handel ohne karthagische Armee".[53] Das Vergleichspaar „Römisches Weltreich – Englisches Empire" hat Hitler häufig – so etwa im „Hoßbach-Protokoll" – auf das Zeitalter der Punischen Kriege bezogen.[54] Mit dem Ausbruch des Zweiten Weltkriegs begann zwischen England und Deutschland ein rhetorischer Streit um die historische Rollenverteilung. Hitler fühlte sich besonders durch die Erklärung des englischen Premierministers Chamberlain herausgefordert, die dieser nach Verkündung des Kriegszustandes vor dem Unterhaus abgegeben hatte: „Wenn man nun in England erklärt, daß dieser Kampf der Zweite Punische Krieg sei, so steht in der Geschichte nur noch nicht fest, wer in diesem Falle Rom und wer Karthago sein wird. Im ersten war jedenfalls England nicht Rom, denn im ersten Punischen Krieg schon hat wirklich Rom gesiegt; im ersten Weltkrieg aber hat nicht England gesiegt, sondern andere waren die Sieger."[55] In der Kriegszeit griff er, wie aus seinen Tischgesprächen hervorgeht, auch in anderen Zusammenhängen noch häufiger auf das „römische Beispiel" zurück. Neben Lehren, die sich aus der römischen Heeres- und Verwaltungsorganisation ergaben, beschäftigte sich Hitler besonders mit dem Untergang des Römischen Reiches: „Oft denke ich darüber nach, woran die antike Welt zugrunde gegangen ist", äußerte er im Januar 1942. Für den Untergang der Antike führte Hitler *[20]* zwei Gründe an: Einmal machte er die Beschränkung der Kinderzahl durch die zu Reichtum gelangte Herrenschicht ver-

---

paneuropäischen Bewegung des Grafen Coudenhove-Kalergi führte er diesen Gedanken weiter: „Dies alles wäre aber dann keine Verwirklichung der heutigen paneuropäischen Gedankengänge, sondern der Erfolg des Lebenskampfes der kraftvollsten Nation in Europa, und was dann übrig bliebe, würde so wenig ein Paneuropa sein, wie die Einigung der ladinischen Staaten einst etwa ein Pan-Ladinien war" (ebd., 129f.); vgl. Martin Broszat: Betrachtungen zu „Hitlers Zweitem Buch", in: VfZ 9 (1961) 417–429.

51 Hitler: Zweites Buch, 129; vgl. Manfred Schlenke: Das „preußische Beispiel" in Propaganda und Politik des Nationalsozialismus, in: Aus Politik und Zeitgeschichte, B 27/68 v. 3.7.1968, 15–23.

52 Hitler: Kampf, 158.

53 Domarus, Bd. 1, 79f. (Rede v. 27.1.1932).

54 Vgl. Domarus, Bd. 1, 750f.; dazu Walter Bußmann: Zur Entstehung und Überlieferung der „Hoßbach-Niederschrift", in: VfZ 16 (1968) 373–384.

55 Domarus, Bd. 2, 1343 (Chamberlains Erklärung vor dem Unterhaus v. 3.9.1939 und Hitlers Rede im Bürgerbräukeller v. 8.11.1939); vgl. auch ebd., Bd. 2, 1411; zum Problemkreis Rom und Karthago siehe auch unten, *[113ff.]*.

antwortlich, die ihren Nachkommen ein sorgenfreies Leben ermöglichen wollte.[56] An anderer Stelle erklärte er, daß Rom nicht durch Germanen und Hunnen, sondern durch das Christentum „gebrochen" worden sei.[57] Diese an den englischen Althistoriker Gibbon erinnernde Deutung findet sich auch noch in zugespitzter Form: „Das Phänomen der Antike – der Untergang der antiken Welt – war die Mobilisierung des Mobs unter dem Motto Christentum, wobei dieser Begriff (damals) mit Religion so wenig zu tun hatte wie der marxistische Sozialismus (heute) mit der Lösung der sozialen Frage."[58]

Ganz ähnliche Parallelen zog Hitler schon anläßlich seines ersten Zusammentreffens mit Rosenberg bei Dietrich Eckart im Jahre 1919: „Wir hatten", so erinnerte sich Rosenberg, „eine nicht sehr ausführliche Unterhaltung über die bolschewistische Gefahr in dieser aufgewühlten Lage, und er wies dabei auf Zustände bei den späteren Römern hin. Er fügte hinzu: wie das Christentum damals siegen konnte, so liege auch heute eine Möglichkeit für den Kommunismus vor."[59] Die Untergangsvisionen, die häufig in die Beschwörung der abendländischen bzw. europäischen Perspektive einmündeten,[60] gewannen bald größere Aktualität als der unmittelbar an die Antike anknüpfende Besiedlungsplan für die Krim.[61] Die „Strategie des grandiosen Untergangs"[62] verwies ihn im Februar 1945 auf das unvergängliche Vorbild Spartas: „Ein verzweifelter Kampf behält seinen ewigen Wert als Beispiel. Man denke an Leonidas und seine dreihundert Spartaner. Es paßt auf jeden Fall nicht zu unserem Stil, uns wie Schafe schlachten zu lassen. Man mag uns vielleicht ausrotten, aber man wird uns nicht zur Schlachtbank führen können."[63] Ihren eindrucksvollsten Beleg findet Hitlers Bewunderung der Antike bei der vergleichenden Betrachtung von griechischer und germanischer Geschichte. Dabei setzte er sich besonders kritisch mit der Vorgeschichtsforschung im Umkreis Rosenbergs auseinander: „Die eigentlichen Kulturträger", heißt es an einer Stelle, „nicht nur in den letzten Jahrtausenden vor Christus, sondern im 1. Jahrtausend nach Christi Geburt seien die Mittelmeerländer gewesen". Im gleichen Zusammenhang monierte er, „daß bei den Ausgrabungen von Siedlungsstätten unserer Vorfahren aus vorchristlicher Zeit immer sehr viel Geschrei gemacht werde. Er sei gar kein Freund davon. In derselben Zeit, in der unsere Vorfahren die Steintröge und Tonkrüge hergestellt hätten, von denen unsere Vorzeitforscher soviel Aufhebens machten, sei in Griechenland eine Akropolis gebaut worden."[64] Mit der letz-

56 Picker, 171.

57 Ebd., 168.

58 Ebd., 177; vgl. auch Villard, 8f., und Karl Christ: Von Gibbon zu Rostovtzeff, Darmstadt 1972, 8ff.

59 Alfred Rosenberg: Letzte Aufzeichnungen. Ideale und Idole der nationalsozialistischen Revolution, Göttingen 1955, 91; vgl. auch die Darstellung Rosenbergs indem unveröffentlichten Aufsatz von 1934 „Meine Erste Begegnung mit dem Führer", auf die Bollmus, 18 m. Anm. 12, aufmerksam gemacht hat.

60 Vgl. z.B. die Geheimrede Hitlers vor dem Offiziersnachwuchs v. 30.5.1942, in: Picker, 497 (493–504).

61 Vgl. Fest, 937.

62 Ebd., 989.

63 Vgl. H. Trevor-Roper (Hrsg.): Le Testament politique de Hitler, Paris 1959, 67 (Vermerk v. 6.2.1945), zitiert nach der Übersetzung von Fest, 989.

64 Picker, 446.

ten Bemerkung wandelte Hitler – bezeichnenderweise ohne die Tendenz zu verfälschen – offensichtlich eine vielzitierte Äußerung Mussolinis ab, die *[21]* von den Anhängern Rosenbergs mit Empörung aufgenommen worden war. Der „Duce" sah sich – wie er in einer Rede im September 1934 ausführte – durch „dreißig Jahrhunderte der Geschichte" legitimiert, „mit souveränem Mitleid auf gewisse Lehren jenseits der Alpen zu schauen, die von der Nachkommenschaft jener Leute entwickelt werden, welche zu einer Zeit noch Analphabeten waren, als Rom Caesar, Vergil und Augustus hatte."[65]

Aus derartigen Vorlieben Hitlers ergab sich dennoch keine unmittelbare Hinwendung oder Beziehung zur Klassischen Altertums- oder zur Geschichtswissenschaft. Die Wiederaufnahme der Olympia-Grabung unter seiner Schirmherrschaft aus Anlaß der Berliner Olympiade von 1936 trug eher symbolischen Charakter.[66] An die Adresse der Geschichtswissenschaft allgemein richtete er die Empfehlung, „an das römische Weltreich und an die griechische Antike" anzuknüpfen. „Wenn schon Parallelen gezogen werden sollten, so also zwischen jenem geschichtlichen Geschehen und unserer Zeit; suche man etwa nach einem Gegenstück für Friedrich Wilhelm I. und seinen Sohn, Friedrich den Großen, so sei das beste Alexander der Große und sein Vater Philipp."[67] Die zahlreichen formelhaften Bekenntnisse Hitlers zur Antike ließen sich kaum in altertumswissenschaftliche Forschung umsetzen. Das Netz, das man daraus knüpfen konnte, war viel zu weitmaschig für die Entwicklung auch der althistorischen Disziplin zwischen 1933 und 1945 sollten sie sich aber zumindest als Argumentationshilfe gegen konkurrierende Geschichtsbilder der „Bewegung" bewähren.[68]

Das Antike-Erlebnis *Alfred Rosenbergs* ist – wie er selbst bezeugt hat – durch Houston Stewart Charnberlains „Grundlagen des 19. Jahrhunderts" vermittelt, auf die der damals Sechzehnjährige gegen Ende seiner Schulzeit zufällig aufmerksam wurde. „Eine andere Welt stieg vor mir auf: Hellas, Juda, Rom. Und zu allem sagte ich ja, und immer wieder ja ... Die grundsätzliche Erkenntnis des jüdischen Problems hatte mich erfaßt und nicht mehr losgelassen. Was sich später politisch ereignete, erschien mir deshalb notwendig – ich brauchte keinerlei subjektive Erfahrung hinzuzutun. Und was Chamberlain über das

65 Zitiert nach E. Nolte: Der Faschismus von Mussolini zu Hitler, Texte, Bilder, Dokumente, München 1968, 101; zum Zusammenhang der Rede vgl. Jens Petersen: Hitler – Mussolini. Die Entstehung der Achse Berlin – Rom 1933 bis 1936, Tübingen 1973, 370.

66 Vgl. Bericht über die Ausgrabungen in Olympia, Herbst 1936/Frühjahr 1937, in: Archäologischer Anzeiger (1937), 111.

67 Picker, 478.

68 Vgl. dazu Irmscher: Unterricht, 231. In den folgenden Darlegungen über Rosenberg, Himmler, Darré und Rust werden in äußerster Verkürzung jeweils nur die charakteristischen Akzente ihrer Auseinandersetzung mit der Antike hervorgehoben. Damit sind wohl die Vertreter der NS-Führungsschicht ausgewählt worden, in deren Geschichtsbild die Antike einen höheren Rang beanspruchen darf und die, wie am Beispiel Himmlers und Rosenbergs zu zeigen sein wird, zugleich Einfluß auf die Erforschung des Altertums genommen haben. Dem Germanisten Goebbels, der ursprünglich auch das Fach Klassische Philologie belegt hatte, lag das antike Beispiel – das zeigen seine Reden – nicht so nahe wie Hitler; vgl. Helmut Neuhaus: Der Germanist Dr. phil. Joseph Goebbels, in: Zeitschrift für deutsche Philologie 93 (1974) 398–416, und Helmut Heiber (Hrsg.): Goebbels Reden 1932–45, Bd. 1–2, Düsseldorf 1971–1972.

Germanentum sagte, begründete bei mir, was ich beim Lesen germanischer Sagen erlebt hatte.“[69] Auf die starke Abhängigkeit gerade der für unser Thema einschlägigen Partien des „Mythos des 20. Jahrhunderts“ von dem Werk Chamberlains hat Rosenberg auch in seinen „Letzten Aufzeichnungen“ hingewiesen.[70] Ausgehend von „Indiens Schicksalslinie“, die in der „Bastardisierung“ endete, fand er die Lehre vom Rassenkampf „durch Chamberlains Gedanken vom Völkerchaos besonders auch in Hellas und Rom“ bestätigt.[71] In späteren Phasen seines Antike-Studiums, das ganz um das „Problem der Ursachen *[22]* des Untergangs der griechisch-römischen Welt“ zu kreisen schien, brachte ihm die Lektüre H. F. K. Günthers und Gibbons und schließlich auch von J. Burckhardts „Konstantin“ weitere Gewißheit, den richtigen Weg eingeschlagen zu haben.[72]

Im Rückblick aus der Nürnberger Zelle gab Rosenberg freilich nur eine verkürzte Darstellung seiner – mit allem Vorbehalt – „althistorischen“ Interessenlinie. Die zentrale Rolle, die er dem durch und durch entarteten Etruskertum als einem Hauptträger des mittelmeerischen „Rassenchaos“ zugewiesen hatte, blieb unerwähnt.[73] Was Rosenberg hier vor allem in Anlehnung an Albert Grünwedels „Tusca“-Buch an Widerwärtigkeiten entdeckt hatte,[74] erhielt seine Sprengkraft erst dadurch, daß er der katholischen Geistlichkeit die Wesenszüge der etruskischen Priesterschaft verlieh und diese Linie bis zur Gegenwart durchzog: „Der Haruspex siegte, der römische Papst erhob sich als sein unmittelbarer Nachfolger, während die Tempelherrschaft, das Kardinalskollegium, eine Mischung von Priestertum der Etrusko-Syro-Vorderasiaten und der Juden mit dem nordischen Senat Roms darstellt.“[75] In den von katholischer Seite vorgelegten „Studien zum Mythus des XX. Jahrhunderts“ wurden die Quellen dieser Etruskerdarstellung einer kritischen, im Endergebnis für den Parteiideologen vernichtenden Überprüfung unterzogen, die Rosenberg zu der gereizten Antwort „An die Dunkelmänner unserer Zeit“ veranlaßte.[76]

---

69 So die Darstellung Rosenbergs in der (ungedruckten) Niederschrift „Wie der Mythus entstand“ (1935); zitiert nach Bollmus, 21 m. Anm. 27 u. 29.

70 Vgl. Rosenberg: Aufzeichnungen, 132; zu Rosenberg generell und zum „Mythus des 20. Jahrhunderts“ vgl. vor allem Bollmus, insbes. 17ff. und Robert Cecil: The Myth of the Master Race: Alfred Rosenberg and Nazi Ideology, London 1972, insbes. 82ff.

71 Rosenberg: Aufzeichnungen, 132 und ders.: Der Mythus des 20. Jahrhunderts, 87.–90. Aufl., München 1935, 29ff. Nach K. v. See, 91f., hat Rosenberg vor allem den Gedanken präzisiert, „daß sich dieses ‚Völkerchaos‘ zwischen zwei nordische Völkerwellen einschiebt, daß der germanischen schon eine andere indogermanische Völkerwelle vorausgegangen und also schon das alte Rom ‚nordisch betont‘ war“.

72 Rosenberg: Aufzeichnungen, 132.

73 Vgl. dazu Bollmus, 22f., und Rosenberg: Mythus, 60ff.

74 Albert Grünwedel: Tusca, Leipzig 1922; vgl. Rosenberg: Mythus, 62f.; zu Grünwedel (1856–1935) vgl. Bollmus, 23 m. Anm. 47.

75 Rosenberg: Mythus, 67.

76 Die „Studien zum Mythus des XX. Jahrhunderts“ erschienen 1934 und (erweitert) 1935 als Beilage zum „Kirchlichen Anzeiger für die Erzdiözese Köln“; zu den Einzelheiten vgl. Bollmus, 22f. Siehe auch A. Rosenberg: An die Dunkelmänner unserer Zeit. Eine Antwort auf die Angriffe gegen den ‚Mythus des 20. Jahrhunderts‘, München 1935; vgl. auch unten, *[124]*. Von protestantischer Seite erschien Walter Künneth: Antwort auf den Mythus, Berlin 1935. Rosenberg verteidigte sich mit

Die auf dem skizzierten „historischen" Hintergrund angesiedelte „Romfrage" blieb auch weiterhin das Stichwort für seine Auseinandersetzung mit dem Katholizismus und dem Christentum überhaupt und wurde darüber hinaus zum Gegenstand eines Forschungsauftrags erhoben.[77] Demgegenüber gewann die „Germanen-Ideologie" im Kreis um Rosenberg beinahe den Charakter einer „Staatsreligion".[78] Wenn sich „der nordisch-indogermanische Gedanke in Rosenbergs kulturkämpferischer Anti-Rom-Haltung wieder auf die alte Römer-Germanen-Antithese" verengte,[79] war damit nicht nur eine überwiegend negative Akzentuierung der römischen Geschichte vorgegeben. Zumindest teilweise erklärt sich von hier aus der starke antirömische Affekt, den die von Rosenberg forcierte Propaganda für die nationale Vorgeschichtsforschung nicht verleugnen konnte. So sollte, wie Rosenberg im Februar 1935 notierte, in einer Kampagne der Nationalsozialistischen Monatshefte „die römische Weltanschauung ... systematisch von der Vorgeschichte her angegriffen werden".[80] Der Kossinna-Schüler Hans Reinerth, sein Gefolgsmann unter den Prähistorikern, griff diese Argumente bei seinen Aktionen gegen die provinzialrömische und die klassische Archäologie auf. Auch er hatte im „Romanismus in allen seinen Erscheinungsformen" den weltanschaulichen Gegner der Vorgeschichtsforschung entdeckt.[81] Bezeichnenderweise reklamierte Rosenberg *[23]* in den „Letzten Aufzeichnungen" vor allem seinen persönlichen Anteil an der Erforschung der Antike.[82] Auf die entsprechenden Initiativen ist ausführlich zurückzukommen, die Spuren seines ungleich stärker ausgeprägten wissenschaftspolitischen Engagements für die Prähistorie wurden dadurch jedoch nicht verwischt. Heinrich Himmler, Rosenbergs Konkurrent auf dem Feld der Vor- und Frühgeschichtsforschung, hatte sich nicht weniger ausdrucksvoll der

---

Hinweis auf Karl Otfried Müller: Die Etrusker, 1828; er hatte das Werk in der Neubearbeitung von W. Deecke, Bd. 1–2, Stuttgart 1877 (NDr. Graz 1966), benutzt; vgl. Bollmus, 257, Anm. 50. Bestätigung hätte Rosenberg – das sollte man auch berücksichtigen – bis zu einem gewissen Grad sogar bei Theodor Mommsen finden können, dessen „Urteil über die etruskische Religion ... sich bedenklich in die Nähe der krankhaften Phantasien Grünwedels begibt". Ambros Pfiffig: Einführung in die Etruskologie. Probleme, Methoden, Ergebnisse, Darmstadt 1972, 66.

77 Ein Teilergebnis liegt vor in dem „Handbuch der Romfrage". Unter der Mitwirkung einer Arbeitsgemeinschaft von Forschern und Politikern hrsg. v. Alfred Rosenberg, Bd. 1, A–K, München 1940; vgl. besonders den Artikel „Etrusker" (394–409), dazu Bollmus, 257f. (Anm. 50) und 292 (Anm. 79); vgl. auch unten, *[140f.]*.

78 K. v. See, 93.

79 Ebd., 94.

80 Hans-Günther Seraphim (Hrsg.): Das politische Tagebuch Alfred Rosenbergs 1934/35 und 1939/40, Göttingen 1956, 57. Die Bemerkung v. 24.2.1935 stand im Zusammenhang mit einer Aktion gegen den Münchener Kardinal Faulhaber, der sich schon in seinen Adventspredigten von 1933 kritisch mit der neuen Germanenverehrung auseinandergesetzt hatte; vgl. „Judentum, Christentum, Germanentum". Adventspredigten von Kardinal Faulhaber, München 1934, und Leonore Siegele-Wenschkewitz: Nationalsozialismus und Kirchen. Religionspolitik von Partei und Staat bis 1935, Düsseldorf 1974.

81 Vgl. Hans Reinerth: Süddeutschlands germanische Sendung, VB v. 21.10.1936 (Norddeutsche Ausg.); zu den Einzelheiten vgl. Heiber, 255ff., und Bollmus, 153ff.

82 Vgl. Rosenberg: Aufzeichnungen, 132 und 203.

„Germanisierung der deutschen Geschichte“ verschrieben.[83] In dem „Julspruch“ von 1935 „Ewiger und älter als Rom, ewiger und älter ist Deutschland“ brachte er dieses Programm auf eine kurze Formel.[84] Die Ahnen- bzw. Germanenverehrung war auch für den ursprünglich stark an die katholische Kirche gebundenen Himmler, der dann zu einem der schärfsten Gegner des Christentums wurde, nichts anderes als ein „Religionsersatz“.[85] Das Germanenbild Himmlers formte sich, wie seine „Leseliste“ aus den Jahren 1919 bis 1934 belegt, etwa an der Lektüre von Felix Dahns „Ein Kampf um Rom“, die ihm „die Geschichte eines herrlichen, guten Volkes echter Germanen“ vermittelte.[86] Ganz ähnliche Anregungen empfing er von Tacitus' „Germania“ oder, um ein letztes Beispiel zu nennen, von Gustav Freytags Buch „Aus der Römerzeit“.[87] Daneben fehlte natürlich auch die ganze Reihe der antisemitischen und völkischen Kampfschriften nicht, deren Kenntnis auch bei Hitler und Rosenberg vorauszusetzen ist.[88] Nachhaltig haben ihn schließlich die Schriften H. F. K. Günthers beeindruckt.[89] Hinweise für eine Beschäftigung mit der griechisch-römischen Antike im engeren Sinne liegen im Falle Himmlers nicht vor. Auch in seinen Reden nach 1933 hat sich Himmler nur gelegentlich auf antike Parallelen bezogen.[90] Dies ist vor allem deshalb erstaunlich, weil Himmler als Sohn eines Klassischen Philologen und als Absolvent eines humanistischen Gymnasiums entsprechende Anregungen leichter hätte aufgreifen können.[91] Von daher sind auch die brieflichen Auslassungen des „Reichsführers“ nur schwer verständlich.[92]

Einen Zugang zur Antike ganz eigener Art fand schließlich der spätere Reichsbauernführer und Minister für Ernährung und Landwirtschaft *Richard Walther Darré*. Als Diplomlandwirt kam er, wie er in seinem 1929 erschienenen Buch „Das Bauerntum als Lebensquell der Nordischen Rasse“ ausführte, „von der Haustiergeschichte zur menschlichen Vorgeschichte und im besonderen zur menschlichen Rassenkunde“.[93] Als Fachmann für dieses Gebiet hatte sich Darré zuvor mit dem Aufsatz „Das Schwein als Krite-

83 Josef Ackermann: Heinrich Himmler als Ideologe, Göttingen 1970, 53; vgl. Kater: AE 1974, 17ff.

84 Vgl. Ackermann, 53.

85 Vgl. ebd., 17ff., und 40ff.

86 Zitiert nach Ackermann, 35; zur Leseliste ebd., 25. Ein Abdruck der Leseliste findet sich bei Bradley F. Smith: Heinrich Himmler: A Nazi in the Making, 1900–1926, Stanford 1971, 173–179.

87 Vgl. Ackermann, 35, Anm. 93.

88 Vgl. ebd., 25ff.

89 Vgl. ebd., 110ff.

90 Jetzt zugänglich in B. F. Smith u. A. F. Peterson (Hrsg.): Heinrich Himmler Geheimreden 1933 bis 1945 und andere Ansprachen, Frankfurt 1974; vgl. dort z.B. 67 und 101.

91 Vgl. Ackermann, 21.

92 Dazu unten, *[118ff.]*.

93 R. W. Darré: Das Bauerntum als Lebensquell der Nordischen Rasse, 6. Aufl., München, 1937, 8 (= Vorwort zur 1. Aufl.); zu Darrés Werdegang vor allem Horst Gies: R. Walther Darré und die nationalsozialistische Bauernpolitik in den Jahren 1930 bis 1933, phil. Diss. Frankfurt 1965; ders.: NSDAP und landwirtschaftliche Organisationen in der Endphase der Weimarer Republik, in: VfZ 15 (1967) 341–376; Heinz Haushofer: Ideengeschichte der Agrarwirtschaft und Agrarpolitik im deutschen Sprachgebiet, Bd. 2, München 1958, und Hans-Jürgen Lutzhöft: Der Nordische Gedanke in Deutschland 1920–1940, Stuttgart 1971.

rium für nordische Völker und Semiten" empfohlen.[94] Der neue Ansatz Darrés wurde in den Kreisen der „Nordischen Bewegung" um H. F. K. Günther, der Darré zur Abfassung des „Bauerntums" selbst ermuntert hatte, außerordentlich positiv aufgenommen.[95] *[24]* Die darin aufgeworfene Frage nach den Gründen für den Untergang Spartas führt in das Zentrum seiner agrarideologischen Konzeption.[96] Auch als Minister hat Darré keinen Zweifel daran gelassen, daß die von ihm vertretene Erbhofgesetzgebung ihre historische Begründung zu einem ganz wesentlichen Teil in der Geschichte Spartas fand.[97] Darüber hinaus hat Darré die nationalsozialistische Auseinandersetzung mit Sparta auf den verschiedensten Ebenen gefördert.[98]

In die weiträumig angelegten historischen Vergleiche, die sich in seinen Schriften finden, bezog er auch den Bereich der frühen römischen Geschichte ein. Ein besonders beweiskräftiges Indiz für die Intensität seiner Auseinandersetzung mit der Antike ist der kleine Aufsatz „Hellenen, Germanen und wir", den er im Juli 1929 unter einem Pseudonym in der Zeitschrift „Die Sonne, Monatsschrift für nordische Weltanschauung und Lebensgestaltung" veröffentlichte.[99] Darré griff damit in eine Diskussion ein, die unter den Lesern des Blattes über das Thema „Antike und Nordische Bewegung" entbrannt war. Die radikalen Vertreter dieses Kreises lehnten jede Rückbesinnung auf das Griechentum ab, selbst die bewundernde Betrachtung griechischer Plastik, weil sie „die Gefahr des Widerspruchs zum völkischen Gedanken" in sich barg.[100] Darré versuchte, die beiden Positionen „Griechenbegeisterung" und „Germanenverehrung" in Einklang zu bringen, weil hier eine Voraussetzung seiner Spartadarstellung, die Grundthese von der Verwandtschaft zwischen Griechen und Germanen, auf dem Spiel stand. Inhaltlich bewegte er sich auf der Linie des „Bauerntums". Sein Ausgangspunkt war die ursprünglich gleiche Entwicklungsgeschichte zweier unzweifelhaft nordrassiger Bauernvölker auf der Suche nach Ackerland. Die Griechen konnten, wenigstens anfänglich „von rassefremden äußeren Feinden verschont ... ihre arteigene Kultur in Griechenland wirklich Wurzeln schlagen

94 Volk und Rasse 2 (1927) 138–151.

95 Vgl. Lutzhöft, 53. Günther hatte sich, wie er Darré mitteilte, bei seiner Darstellung der „Rassengeschichte des hellenischen und des römischen Volkes" (vgl. dazu unten, *[26]*) weniger an Dinge gehalten, die Darré bringen werde, weil dieser „in der bäuerlichen Frage der richtige Beurteiler" sei (vgl. Günther an Darré v. 16.4.1928 und v. 2.5.1928 – Nachlaß Darré – Stadt-Archiv Goslar Nr. 84). [Vgl. V. Losemann, Klio und die Nationalsozialisten. Gesammelte Schriften zur Wissenschafts- und Rezeptionsgeschichte, hrsg. v. C. Deglau, P. Reinard u. K. Ruffing, Wiesbaden 2017, 175ff.]

96 Vgl. Darré: Bauerntum, 161ff. Dazu bisher Rawson, 340f., und Haushofer, 196f.

97 Vgl. den Bericht über eine Pressekonferenz: „Die Reformwerke in der preußischen Justiz", Deutsche Allgemeine Zeitung v. 8.7.1933 (Beiblatt).

98 Der Verfasser hofft zu Darrés Sparta-Konzeption und zum Sparta-Bild des Nationalsozialismus eine Spezialstudie vorlegen zu können.

99 Vgl. E. T. H. Lagergren: Hellenen, Germanen und wir, in: Die Sonne 6 (1929) 316–328. Wiederabdruck in Marie Adelheid Prinzessin Reuß-zur Lippe (Hrsg.): Erkenntnisse und Werden. Aufsätze aus der Zeit vor der Machtergreifung von R. Walther Darré, Goslar 1940, 104–117 (ebd., 104 auch Auflösung des Pseudonyms ohne Angabe näherer Gründe).

100 E. Rosikat: Unsere klassische Verwandtschaft, in: Die Sonne 6 (1929) 132 (131–133).

lassen".[101] Die innere Freiheit der kulturellen Entwicklung ging erst durch die Berührung mit dem händlerischen Orient und Blutsvermischungen verloren.[102] Bis dahin konnte Griechenland als die reinste Verkörperung des nordrassigen Kulturideals gelten.

Die frühgermanische Geschichte war bis zum Jahr 109 v. Chr. der griechischen durchaus vergleichbar. Doch dann versäumten es Kimbern und Teutonen, nachdem ihre Bitte um Siedlungsland abgeschlagen worden war, sich das Land gewaltsam zu nehmen. Darré beklagte wortreich, „daß in dieser entscheidenden Stunde ein gütiges Geschick Germanen nach Italien führte, um das Erbe der untergehenden nordrassigen Römer anzutreten, sie aber den Sinn ihrer Sendung nicht begriffen."[103] Mit dieser verpaßten Chance, auf die die Niederlagen der germanischen Völkerschaften bei Aquae Sextiae und Vercellae folgten, und nicht erst mit der *[25]* Übernahme des Christentums begann die allmähliche römische Überfremdung der Germanen. Von dieser Überfremdung konnten sich die Germanen nur unter schwersten Kämpfen durch die von Luther ausgehende Selbstbesinnung auf die arteigenen Kräfte befreien.[104] Auf dem Hintergrund der unterschiedlichen geschichtlichen Entwicklung zweier, wie die Forschungen Günthers erwiesen hatten, „Zweige von gleichem Holze" gab es für Darré kaum Zweifel, „daß wir nämlich in der hellenischen Kultur nordrassiger Prägung eine der edelsten Schöpfungen der Nordischen Rasse vor uns haben, wie sie die Rasse sonst in dieser Größe und Einheitlichkeit bisher nur ganz selten und vereinzelt schaffen durfte." Damit war für Darré die Frage nach der „Daseinsberechtigung des klassischen Hellenentums ... in der Nordischen Bewegung" mit einem klaren ja zu beantworten.[105] Wenn Darré auch ursprünglich beabsichtigt hatte, das Verhältnis von Griechen und Germanen von einem „Entweder – Oder" wegzubringen, so war daraus ein eindeutiges Plädoyer für das Griechentum geworden. Nach den Ausführungen im „Bauerntum" hätte sich Darré wohl auch kaum anders entscheiden können.[106]

Daß die verhärteten Fronten im Grunde auch nach dem „Vermittlungsversuch" Darrés weiterbestanden, zeigt die abschließende Stellungnahme des Schriftleiters, in der die Vorbehalte gegen eine positive Bewertung der Antike überwogen. Die Warnung vor romantischer Schwärmerei für die Antike zielte nicht nur auf Aktivitäten der weltanschaulichen Gegner, „man denke an die Gründung neuer Zeitschriften, Vereine und Gesellschaften mit warmer Förderung durch das preußische Kultusministerium und hohe Beamte",[107] sondern ebenso auf die Griechenverehrung in den eigenen Reihen, zu der sich

101 Lagergren (d. i. R. W. Darré), 319f.

102 Ebd., 320.

103 Ebd., 321.

104 Ebd., 324.

105 Ebd., 327.

106 Darré hatte auch als Anonymus auf sein „Bauerntum" verwiesen; vgl. ebd., 318.

107 Diese Feststellung bezieht sich auf die 1925 von Werner Jaeger eingerichtete „Fachtagung der Klassischen Altertumswissenschaft" und die im gleichen Jahr erfolgte Gründung der Zeitschriften „Gnomon" und „Die Antike". Letztere war das Organ der 1924 entstandenen „Gesellschaft für antike Kultur", in der der spätere Reichsminister Johannes Popitz, der nach der Verschwörung vom 20. Juli 1944 hingerichtet wurde, eine maßgebliche Rolle spielte; vgl. W. Jaeger: Die Klassische

Darré alias Lagergren bekannt hatte.[108] Dieses Vorspiel späterer Programmdiskussionen zeigt mit aller Klarheit, daß sehr verschiedenartige Strömungen in die „nationalsozialistische" Auseinandersetzung mit der Antike und damit in das Geschichtsbild des Nationalsozialismus einmündeten.[109] Zugleich dürfte der weite Abstand der hier vorgestellten „Antike-Konzeptionen" – das gilt für Hitler, Rosenberg, Himmler, Darré und die Nordische Bewegung in gleicher Weise – von der wissenschaftlichen Bemühung um die Antike deutlich geworden sein.

Der ehemalige Studienrat *Bernhard Rust*, der einzige Vertreter der nationalsozialistischen Führungsschicht, der direkt mit der Altertumswissenschaft in Berührung gekommen war, berief sich als späterer Reichsminister für Wissenschaft, Erziehung und Volksbildung nur gelegentlich auf seine Vergangenheit als Klassischer Philologe.[110] Diese Äußerungen dürfen nicht den Rang eines eigenstündigen Beitrags zur Diskussion über das Verhältnis von Antike und Nationalsozialismus beanspruchen, den man von dem Chef des Kulturressorts an sich erwarten mußte. So hatte er *[26]* angeblich als Schulpraktiker „die Geschichte von Hellas und des latinischen Bauernstaates ... immer als eine vorzügliche Einführung in die Gesetze geschichtlicher Entwicklung betrachtet, weil dort noch alles durchsichtig und übersichtlich, wie z.B. das Wesen aristokratischer und demokratischer Staatsverfassung uns vor Augen liegt, während dieselben Dinge im modernen Wirtschafts- und Gemeinschaftsleben dem ungeschulten Blick nahezu undurchdringlich erscheinen."[111] Abgesehen davon, daß Rusts Position im Machtapparat des Dritten Reiches nicht sehr stark war, erwies er sich offensichtlich nicht immer als zuverlässiger Bundesgenosse der von ihm einmal vertretenen Schulfächer.[112]

Einer der Konkurrenten Rusts bei der Besetzung des Ministeramtes, der Reichsleiter des NSLB und bayerische Kultusminister Hans Schenun, hätte ganz zweifellos eine

---

Philologie an der Univ. Berlin von 1870–1945, in: Hans Leussink u.a. (Hrsg.): Gedenkschrift zur 150. Wiederkehr des Gründungsjahres der Friedrich-Wilhelms-Universität zu Berlin, Bd. 2, Berlin 1960, 481; Irmscher: Antike, 19f. und Ludwig Curtius: Deutsche und antike Welt, Stuttgart 1950, 458.

108 Das Nachwort von Hanno Konopath (417f.) schloß sich an den Diskussionsbeitrag von Paul Schultze-Naumburg: Unsere Sehnsucht und das griechische Menschenbild, in: Die Sonne 6 (1929) 416f., an; zu diesen beiden Autoren vgl. Lutzhöft, 65 u. 37f. Speziell zu Schultze-Naumburg auch Armin Mohler: Die Konservative Revolution in Deutschland 1918–1932, 2. Aufl., Darmstadt 1972, 364f.

109 Vgl. unten, *[86]*.

110 B. Rust (30.9.1883–1945) hatte Klassische Philologie und Germanistik studiert (Staatsexamen 1908) und war bis zu seiner vorzeitigen Pensionierung (1930) als Oberlehrer am Ratsgymnasium in Hannover tätig; nach Peter Hüttenberger: Die Gauleiter. Studie zum Wandel des Machtgefüges in der NSDAP, Stuttgart 1969, 217; vgl. ferner Rolf Eilers: Die nationalsozialistische Schulpolitik. Eine Studie zur Funktion der Erziehung im totalitären Staat, Köln 1963, 112f.

111 B. Rust: Die Grundlagen der nationalsozialistischen Erziehung, in: Hochschule und Ausland 13 (1935) 7 (1–18); vgl. auch ders.: Das Preußische Kultusministerium seit der nationalen Erhebung, in: Friedrich Hiller (Hrsg.): Deutsche Erziehung im nationalsozialistischen Staat, Berlin 1934–36, 39 (38–40).

112 Dazu Irmscher: Unterricht, 232; zur Position Rusts vgl. Heiber, 641f.

wesentlich kritischere Haltung zumindest gegenüber dem Humanistischen Gymnasium eingenommen.[113] Dafür steht die von ihm überlieferte Äußerung, „daß die Zeit vorbei sei, ‚daß man die Jugend der höheren Schulen zuerst auf den Olymp geführt habe, damit sie dort aus weiter Ferne nach Walhalla Ausschau halte'".[114] Von einem gemeinsamen nationalsozialistischen Bild der Antike – das verdeutlicht vor allem die unterschiedliche Einschätzung der deutschen Vorgeschichte – kann innerhalb der Führungsschicht keine Rede sein. So charakteristisch die Gegensätzlichkeit in geschichtsideologischen Fragen für die Herrschaftsstruktur des Dritten Reiches auch ist, in der einheitlichen Orientierung am Rassegedanken gab es keinen Dissens.

Auf der anderen Seite hatte sich die Altertumswissenschaft bis dahin der Rassenlehre, dem Kernstück der nationalsozialistischen Antike-Konzeption, zwar nicht gänzlich verschlossen, zu einer Diskussion auf breiter Front aber war es mit Sicherheit nicht gekommen.[115] Auch die Althistoriker, die ihre Bereitschaft zu einer ernsthaften Auseinandersetzung mit der Rassenfrage bekundet hatten, lehnten es zumindest vor 1933 ab, sich dabei durch die „Rassengeschichte des hellenischen und des römischen Volkes" von H. F. K. Günther, dem Gewährsmann Darrés und Rosenbergs, belehren zu lassen. „Alle die", so beendete Ulrich Kahrstedt seine Besprechung im „Gnomon", „denen die Stellung der Frage nach der Rassenangehörigkeit der Menschen unbehaglich ist und die diesen ganzen Zweig der Forschung diskreditieren möchten, werden auf lange Zeit in Günthers Buch die Waffe in der Hand haben, um jeden solchen Versuch lächerlich zu machen. Und das ist sehr schade".[116] Unmittelbar nach der Machtergreifung sahen sich die Fachvertreter, wie der folgende Abschnitt zeigt, zunächst einmal mit ganz anderen Folgen der Rassenlehre konfrontiert.

113 Zu Schemm, der im März 1935 tödlich verunglückte, vgl. Bracher u.a.: Machtergreifung, 317 und Heiber, 641.

114 Zitiert nach Irmscher: Unterricht, 232.

115 Vgl. die Nachweise bei Hermann Bengtson: Einführung in die Alte Geschichte, 7. Aufl., München 1975, 47ff., der allerdings bei der Bewertung des deutschen Beitrages zwischen 1933 und 1945 ein Übermaß an Zurückhaltung übt. Das Problem läßt sich nicht darauf reduzieren, daß der Titel einer Studie „nicht glücklich" (48), oder Berves Ansicht, „daß Alexander sich der Stammesverwandtschaft von Makedonen und Persern bewußt gewesen sei, nicht haltbar ist" (ebd., 60). Kritischer dagegen Hans Kloft, in: Egon Boshof u.a.: Grundlagen des Studiums der Geschichte, Köln 1973, 76–79; vgl. ferner Christ: Untergang, 17 (differenzierend zu O. Seeck) und ders.: Gibbon, 264f. und 300 (zu K. J. Beloch und Ed. Meyer).

116 Ulrich Kahrstedt: Rez. H. F. K. Günther, Rassengeschichte des hellenischen und römischen Volkes, München 1929, in: Gnomon 5 (1929) 296 (291–296). Grundlegend zu H. F. K. Günther und zum weiteren Problemkreis jetzt die Arbeit von H. J. Lutzhöft (vgl. oben, *[Anm. 93]*).

[27] Erster Teil
Das Fach Alte Geschichte an den Universitäten (1933–1945)

1 – Kapitel I
Die „Säuberung" der Hochschulen und das Fach Alte Geschichte

Wie alle anderen Disziplinen wurde auch die Altertumswissenschaft von der „Säuberungswelle" erfaßt, die nach der Machtübernahme über die deutschen Universitäten hinwegging. Im Bereich dieser Disziplin galt die Verfolgung weniger politischen Gegnern als vielmehr ganz überwiegend Angehörigen des jüdischen Bevölkerungsteils, wobei der Begriff „Jude" im Sinne der Rassengesetze sehr weit gefaßt war.

Diese den folgenden Darlegungen vorgreifende Feststellung berührt nicht nur den Komplex des Antisemitismus, sondern wirft indirekt auch die Frage nach dem politischen Standort der deutschen Altertumswissenschaftler auf, insbesondere dem der Althistoriker vor 1933, die hier nur ganz summarisch diskutiert werden kann. Die neuere Forschung hat mit steigendem Interesse „Formen und Ziele deutscher Gelehrtenpolitik" im ausgehenden Kaiserreich und der Weimarer Republik untersucht. Indessen bietet die verdienstvolle und eindringliche Auswertung der Kriegsreden und Professorenresolutionen von 1914–1933 nicht die Materialgrundlage, die erforderlich ist, um die politische Haltung der deutschen Althistoriker in diesem Zeitraum zu bestimmen.[1] Im Anschluß an unmittelbar nach dem Ersten Weltkrieg getroffene Feststellungen zweier zeitgenössischer Historiker wies K. Thiessenhusen 1969 beiläufig – auf das auffallende Phänomen hin, daß Althistoriker und Mediävisten nahezu ausschließlich zum Annexionismus neigten, die Historiker der Neueren Geschichte durchweg zum Verständigungsfrieden.[2] Die dringend notwendige Untersuchung dieses Problems und des Gesamtzusammenhangs

1 Voraussetzung wäre eine Aufbereitung des Materials etwa in der Weise, wie sie von Christoph Weisz für sechs Münchener Historiker vorgenommen wurde; vgl. ders.: Geschichtsauffassung und politisches Denken Münchener Historiker der Weimarer Zeit, Berlin 1970. Auf die Gesamtheit der Hochschullehrer zielen: Klaus Schwabe: Wissenschaft und Kriegsmoral. Die deutschen Hochschullehrer und die politischen Grundfragen des Ersten Weltkrieges, Göttingen 1969, Herbert Döring: Der Weimarer Kreis. Studien zum politischen Bewußtsein verfassungstreuer Hochschullehrer in der Weimarer Republik, Meisenheim 1975, und ders.: Deutsche Professoren zwischen Kaiserreich und Drittem Reich, NPL 19, 1974, 340–352 (Literaturbericht); vgl. jetzt auch Günther Ramhardter: Geschichtswissenschaft und Patriotismus. Österreichische Historiker im Weltkrieg 1914–1918, München 1973.

2 Karen Thiessenhusen: Politische Kommentare deutscher Historiker zur Revolution und Neuordnung 1918/19, in: Aus Politik und Zeitgeschichte, B 45/6 v. 8.11.1969, 12, Anm. 103. Sie bezieht sich damit auf Äußerungen der Neuhistoriker Gustav Wolf (1865–1940) und Hans Rothfels (1891–1976).

steht freilich bis heute noch aus. Bis dahin läßt sich nur eine ganz allgemeine Tendenz des politischen Bewußtseins dieser Gruppe verfolgen.

Wenn seit 1871 „die Fragestellungen, das Wertesystem und das Denken der Geschichtswissenschaft überwiegend in dem dominierenden konservativ-nationalliberalen Sozialmilieu des Bismarckreichs" beheimatet waren, darf das auch für die Althistoriker gelten.[3] Ebenso wie die Mehrheit der Hochschullehrerschaft haben schließlich die Vertreter der Alten Geschichte *[28]* gegenüber der Weimarer Republik zumindest die reservierte Haltung eingenommen, die selbst in dem von Meinecke geprägten Begriff des „Vernunftrepublikaners" mitschwingt. In der relativ gemäßigten Gruppe, die Meinecke in der Weimarer Republik repräsentierte, hat sich ganz offensichtlich kein Althistoriker stärker engagiert.[4] Auch wenn man in Rechnung stellt, daß sich die Mehrzahl der Hochschullehrer „in typischer Weise ‚unpolitisch' verstand" und von daher auf Distanz zur Parteipolitik hielt, kann man daraus schließen, daß die Althistoriker in einem weiten Sinne dem konservativen Lager zuzurechnen sind.[5]

Soweit sich einzelne Positionen klar fassen lassen, stehen sie nur für sich selbst. Keineswegs typisch für die Mehrzahl seiner Kollegen war die Haltung des späten Theodor Mommsen, der nach 1880 im Kreise der Sezessionisten im Deutschen Reichstag zu den Kritikern vieler „Fehlentwicklungen des preußisch-deutschen Machtstaates" zählte und sich kurz vor seinem Tode sogar für ein Zusammengehen von Liberalen und Sozialdemokraten aussprach.[6] Im deutschnationalen Lager engagierte sich Eduard Meyer, der nach Mommsen zu den einflußreichsten Althistorikern zählte. Ihm fiel im Kreis der „politisierenden Gelehrten" mit Beginn des Ersten Weltkriegs eine Führungsrolle zu, die mit seiner Wahl zum Berliner Rektor im Herbst 1919 ihren Höhepunkt erreichte. Die Tendenz zur „Überhöhung des Staates und die leidenschaftliche Anerkennung der Monarchie" spiegelt sich nicht nur in den politischen Schriften, sondern auch im Gesamtwerk Eduard Meyers.[7] In der ausgeprägt „antidemokratischen Grundhaltung"[8] und den übrigen politischen Einstellungen traf sich Meyer mit dem Klassischen Philologen Ulrich von Wilamowitz-Moellendorff (1848–1931), der nach wissenschaftlicher Bedeutung und politischer Wir-

3 Michael Stürmer: Bismarck-Mythos und Historie, in: Aus Politik und Zeitgeschichte, B 3/71 v. 16.1.1971, 27.

4 Das ergibt sich zweifelsfrei aus der Auswertung der von Döring: Kreis, 256–260, erarbeiteten Materialtabelle in der „Gemäßigte und Freunde der Weimarer Republik" unter Ausschluß von Pazifisten und Sozialisten erfaßt wurden (Zu den Prämissen dieser Studie vgl. ebd., 124ff.). Lediglich der Mommsen-Schüler Otto Hirschfeld (16.3.1843–27.3.1922) unterzeichnete die Resolutionen dieser Gruppe im Jahre 1917 und 1920. Dazu gehörte auch das „Bekenntnis deutscher Hochschullehrer zur Reichsverfassung 1920" (ebd., 257f.); vgl. den Nekrolog von Ernst Kornemann, Bursians Jahresberichte 202, 1924, 104–116. – Zu diesem Komplex vgl. jetzt auch: Hans Schleier: Die bürgerliche deutsche Geschichtsschreibung der Weimarer Republik, Berlin 1975.

5 Döring: Kreis, 235.

6 Vgl. Christ: Gibbon, 91.

7 Vgl. Christ: Entwicklung, 580; vgl. auch ders.: Gibbon, 286–333, insbes. 290f. Ferner Hans Marohl: Eduard Meyer-Bibliographie. Mit einer autobiographischen Skizze und der Gedächtnisrede von Ulrich Wilcken, Stuttgart 1941. Belege für das Engagement Meyers liefert auch Döring: Kreis, 266.

8 Christ: Entwicklung, 580.

kung über sein Fach hinaus mit Meyer und – trotz großer Unterschiede in der politischen Haltung – auch mit seinem Schwiegervater Mommsen verglichen werden darf.[9]

Eine ganz entschiedene Gegen- bzw. Außenseiterposition hat unter den deutschen Althistorikern Arthur Rosenberg bezogen, der breiteren Kreisen als kommunistischer Reichstagsabgeordneter (1924–27) und Historiograph der Weimarer Republik bekannt geworden ist.[10] Die politische Orientierung Rosenbergs scheint zunächst durchaus dem konservativen Habitus seines Fachgebiets entsprochen zu haben. Folgt man F. L. Carsten, so war Rosenberg Mitglied der Vaterlandspartei (1917/18), in der sich die Gegner der Friedensresolution des deutschen Reichstags vom Juli 1917 zusammengeschlossen hatten.[11] Nach Kriegsende wandte er sich dann der USPD und später der KPD zu. Mit Rosenberg, auf dessen weiteres Schicksal im folgenden Abschnitt noch näher einzugehen ist, war eine absolute Außenseiterposition zu kennzeichnen. Auf der Gegenseite sind *[29]* auch Eduard Meyer und Wilamowitz als führende Vertreter des deutschnationalen Lagers im Blick auf die Gesamtheit der deutschen Hochschullehrer einer radikalen Randgruppe zuzurechnen.[12]

Nicht allein die von den Deutschnationalen forcierte antidemokratische Grundhaltung und das machtstaatliche Denken trugen mit dazu bei, daß die Universitäten „dem Nationalsozialismus relativ leicht anheim[fielen] ...".[13] Eine weitere Voraussetzung dafür ist in dem „latenten Antisemitismus" (Jochmann) zu sehen, der im universitären Bereich festzustellen war. Das zeigte nicht zuletzt die Reaktion des Nobelpreisträgers Richard Willstätter, eines jüdischen Chemikers, der 1925 vom Lehramt in München zurücktrat. Zu diesem Schritt sah er sich genötigt „Mit Rücksicht nicht nur auf den ‚triebhaften' Antisemitismus der ‚beschränkten, intoleranten und verfassungsfeindlichen' studentischen Mehrheit, sondern auch auf die Beobachtung, daß ähnliche, wenn auch vorwiegend opportunistisch motivierte Gesichtspunkte sogar in den Berufungsberatungen der Fakultäten eine stille Rolle zu spielen begannen." [14]

---

9 Zu Wilamowitz vgl. Uvo Hölscher: Die Chance des Unbehagens, Göttingen 1965, 7–30; vgl. jetzt auch Luciano Canfora: Wilamowitz e Meyer tra la sconfitta e la „Repubblica di Novembre", in: Quaderni di storia 3 (1976) 69–94.

10 Arthur Rosenberg (19.12.1889/Berlin – 7.2.1943/New York); zu ihm vgl. Helmut Schachenmayer: Arthur Rosenberg als Vertreter des historischen Materialismus, Wiesbaden 1964, und Helmut Berding: Arthur Rosenberg, in: H. U. Wehler (Hrsg.): Deutsche Historiker IV, Göttingen 1972, 81–96.

11 Francis L. Carsten: Arthur Rosenberg: Ancient Historian into Leading Communist, in: Journal of Contemporary History 8 (1973) 64 (63–75), stützt sich (ebd., Anm. 1) auf eine Mitteilung von Hans Rosenberg (Berkeley).

12 Mit dieser Feststellung ist fern aller Apologetik auf die Eingrenzung dieser Randgruppe durch Döring: Kreis, 130f., hinzuweisen. Damit werden die Ergebnisse von Hans Peter Bleuel: Deutschlands Bekenner. Professoren zwischen Kaiserreich und Diktatur, Bern 1968, korrigiert, der diese Gruppe zu stark in den Vordergrund gerückt hat.

13 Kurt Sontheimer: Die Haltung der deutschen Universitäten zur Weimarer Republik, in: Nationalsozialismus und die deutsche Universität, Berlin 1966, 35.

14 Laetitia Boehrn u. Johannes Spörl (Hrsg.): Ludwigs-Maximilians-Universität 1472–1972, Berlin 1972, 352.

Unter den Althistorikern blieben vor 1933 die peinlichen Ausfälle Karl Julius Belochs, der selbst in seinen wissenschaftlichen Publikationen Kollegen abschätzig als Juden ansprach, eine Ausnahme.[15] Gespalten war das Verhalten von Ulrich Kahrstedt, dem langjährigen Göttinger Fachvertreter. Als führendes Mitglied der DNVP bekannte er einerseits, „daß er Antisemit sei, seit er in der Politik stehe", andererseits setzte er sich in den von ihm herausgegebenen „Eisernen Blättern" sehr scharf mit antisemitischer Literatur auseinander.[16] Seine Sorge ging dahin, daß durch Antisemitismus und Sozialismus „die Fähigkeit des Hasses" auf die Sieger des Ersten Weltkriegs geschwächt würde. Für die Anhänger des von Kahrstedt repräsentierten Parteiflügels war klar, daß das antisemitische Programm „praktisch-politische Ziele nur in der Ostjudenfrage hat, daß der Kampf also nur auf geistig-ethischem und wirtschaftlichem Gebiet liegen kann". Man dachte nicht wie andere Parteimitglieder daran, die politische Gleichberechtigung der Juden aufzuheben, vielmehr sollte „der Kampf im antisemitischen Sinne nur in anständigen Formen, mit reinen Waffen – und nicht zu vergessen mit Verstand – geführt werden ..."[17] Unabhängig von persönlichen Vorbehalten, die ein Mann wie Kahrstedt – aus welchen Gründen auch immer – anmelden mochte, mündet diese Form des Antisemitismus politisierender Gelehrter letztlich in die breite antisemitische Strömung vor 1933 ein, die die spätere Judenverfolgung mit ermöglicht hat.

[30] 1. Deutsche Althistoriker als Opfer politischer und rassischer Verfolgung zwischen 1933 und 1945

Die erste Handhabe zur „Säuberung" der Universitäten bot das Gesetz zur Wiederherstellung des Berufsbeamtentums vom 7.4.1933 mit seinen umfassenden Möglichkeiten, Nichtarier und politische Gegner ihrer Ämter zu entheben. Das Netz entsprechender Gesetze, Erlasse und Verordnungen verfeinerte sich bis zu dem Auswanderungsverbot vom 23.10.1941, mit dem auch die von vielen als äußerste Konsequenz empfundene physische Emigration unmöglich gemacht wurde.[18]

Das bisher vorliegende Zahlenmaterial über die von diesen Maßnahmen Betroffenen erfaßt lediglich die Geisteswissenschaften insgesamt als übergeordnete Einheit. Die Organisationsstruktur der Altertumswissenschaften erschwert zudem die weitere Differen-

---

15 Nachweise bei Christ: Gibbon, 265f., und A. Momigliano: K. J. Beloch, in: Dizionario Biografico degli Italiani VIII, Rom 1966, 13f., sowie E. Breccia: Uomini et Libri, Pisa 1959, 231–243.

16 Werner Jochmann: Die Ausbreitung des Antisemitismus, in: Werner E. Mosse (Hrsg.): Deutsches Judentum in Krieg und Revolution, Tübingen 1971, 490 (409–510); zu Kahrstedt vgl. Ernst Meyer, in: Gnomon 34 (1962) 428–431.

17 Jochmann, 490f.

18 Eine Zusammenstellung der einschlägigen Bestimmungen bei Karl Theodor Schäfer: Verfassungsgeschichte der Universität Bonn 1818–1960, Bonn 1968, 216ff.; vgl. ferner Wolfgang Scheffler: Judenverfolgung im Dritten Reich, Berlin 1964 (Zur Politik und Zeitgeschichte H. 4/5), 32.

zierung dieser Angaben in besonderem Maße.[19] Der folgende Überblick über die Auswirkungen der Säuberungswelle, insbesondere auf das Fach Alte Geschichte, kann nach Lage der Dinge keine Vollständigkeit anstreben.[20] Er dürfte aber dennoch geeignet sein, einen Eindruck vom Umfang dieser Aktion und eine Vorstellung von den unmittelbaren und langfristigen Folgen für die Betroffenen selbst und die Entwicklung der Altertumswissenschaften zu vermitteln. In dem vorgegebenen zeitlichen Rahmen ist zunächst vom Schicksal der Einzelpersonen und den besonderen Bedingungen ihres wissenschaftlichen Werdegangs vor und nach 1933 auszugehen; das auch auf die Gefahr hin, bisweilen in einen „würdigenden" Ton zu verfallen.[21] Angesichts der Tatsache, daß sich die deutschen Fachvertreter – sieht man von den meist verschleiernden Bemerkungen in Gedenkartikeln ab – einer „Würdigung" der Gesamtentwicklung beinahe ausnahmslos verschlossen haben, könnte man darin sogar eine Aufgabe sehen.[22]

Die näheren Umstände des Amtsverlustes lassen sich im konkreten Einzelfall nur sehr schwer ermitteln. Das gilt nicht allein für den genauen Zeitpunkt, sondern auch für die jeweilige Begründung: Der Entlassung aus politischen, rassischen oder religiösen Gründen (auch als Folge des moralischen Protests) ist häufig die Beurlaubung oder der freiwillige Rücktritt gleichzusetzen, wobei sich die Motive vielfach Überschneiden konnten. Es liegt auf der Hand, daß bestimmte persönliche Daten, die damals ausschlaggebend waren, heute nur in Ausnahmefällen beizubringen sind.[23]

---

19 In dieser Hinsicht führen auch Christian v. Ferber: Die Entwicklung des Lehrkörpers der deutschen Universitäten und Hochschulen 1864–1954, Göttingen 1956, 143ff., und Alexander Busch: Die Geschichte des Privatdozenten, Göttingen 1959, 156ff., nicht weiter. – Im Rahmen des von der DFG geförderten Schwerpunktprogramms „Emigrations- und Exilforschung" werden inzwischen grundlegende Handbücher erarbeitet: So z.B. das „Biographische Handbuch der deutschsprachigen Emigration", in dem auch die akademische Emigration Berücksichtigung finden wird; zum Forschungsstand allgemein Jan Hans u. Werner Räder: Emigrationsforschung, in: Akzente 20 (1973) 580–591.

20 Der Verf. sieht hier die Aufgabe einer Spezialstudie, in der vor allem die einschlägigen Bestände in Archiven und Bibliotheken in den Hauptaufnahmeländern der Emigranten auszuwerten wären.

21 Vgl. dazu Joachim Radkau: Die deutsche Emigration in den USA, Düsseldorf 1971, 13, der von einem „optimistischen und würdigenden" Tenor in Veröffentlichungen über Einflüsse der Emigration spricht.

22 Die Bemerkungen von Christ: Entwicklung, 583f., sind durchaus als Ausnahme zu betrachten; vgl. zu dieser Aufgabe auch die Bemerkungen von A. Momigliano: Studies in Historiography, London 1966, 253, und Finley, 76f.
Erste Orientierungshilfen bieten: S. Kaznelson (Hrsg.): Juden im deutschen Kulturbereich. Ein Sammelband mit einem Geleitwort von Richard Willstätter, 3. Aufl., Berlin 1962, eine Bilanz, die in ihrer ersten Fassung (1934) als Reaktion auf die Judenhetze vorgelegt wurde. Die kurzen Beiträge von Leonore Goldschmitt, „Klassische Philologie" (333–337) und Carl Misch „Erforscher der Antike" (364–365) sind nicht aufeinander abgestimmt und bleiben auch für die Zeit vor 1933 lückenhaft. Neuerdings hat A. Momigliano in dem konzentrierten Artikel „Jews in Classical Scholarship", in: Encyclopaedia Judaica-Year Book 1974 (Events 1973), 223–225, unter Einschluß der Entwicklung in Europa und Amerika diese Linie weiter ausgezogen.

23 Dem stehen u.a. Schutzbestimmungen der Archive entgegen.

In den ersten Monaten nach der Machtübernahme verlor allein die Universität Berlin mit Elias Bickermann, Arthur Rosenberg und Ernst Stein drei Althistoriker, die wie ihr aus Gießen stammender Fachgenosse Fritz Heichelheim sehr bald Zuflucht im Ausland suchten. In der Rubrik *[31]* Personalia der Fachorgane schlug sich dieser Vorgang in unterschiedlicher Form nieder: Dem „Gnomon“ konnte man lediglich entnehmen, daß „der nichtbeamtete außerordentliche Professor für alte und byzantinische Geschichte an der Universität Berlin Ernst Stein ... auf seinen eigenen Antrag aus dem Lehrkörper ausgeschieden“ war. Die Informationen in der „Klio“ waren nicht nur im Falle Steins, dessen Umzug nach Brüssel vermerkt wurde, weitaus vollständiger: Im üblichen Stil akademischer Nachrichten wurde über die Berufung des Privatdozenten E. Bickermann als „Chargé de papyrologie an die École des Hautes Études I. in Paris“ ebenso berichtet wie über ein „Forschungsstipendium der Classical Faculty d. Univ. Cambridge und der Rockefeller Foundation“ für Fritz Heichelheim. Ungenau, aber nicht weniger aufschlußreich, war lediglich die Notiz, daß „Alfred [sic!] Rosenberg, außerplanm. a.o. Prof. f. alte Gesch. a. d. Univ. Berlin“ sich in Paris niedergelassen hatte.[24] Die Mehrzahl derer, die im weiteren Verlauf der Entwicklung ihr Amt verloren, war entweder „von den amtlichen Verpflichtungen entbunden“ worden oder ganz einfach „in den Ruhestand getreten“; bisweilen wurden diese Wendungen durch den Zusatz „auf eigenen Antrag“ ergänzt.[25] Zur verdrängenden Sprache dieser Hochschulnachrichten bietet, wie im folgenden deutlich werden wird, das wirkliche Schicksal der Betroffenen einen starken Kontrast.

Von den Althistorikern, die 1933 Deutschland verließen, darf *Arthur Rosenberg* wohl als die auffallendste Erscheinung gelten. Auch nach dem 1927 vollzogenen Austritt aus der Kommunistischen Partei konnte es über seinen politischen Standort keinen Zweifel geben: So hat er noch kurz vor der Machtübernahme im Namen der „republikanischen und sozialistischen Dozenten an den deutschen Hochschulen“ in der „Weltbühne“ seine Stimme zum „Fall Cohn“ erhoben. Gerade dieser Artikel zeigt, wie sehr sich Rosenberg selbst auch als jüdischer Hochschullehrer angesprochen und bedroht fühlen mußte?[26] Die Entlassung Rosenbergs aus dem Universitätsdienst erfolgte unter Hinweis auf seine Tendenz, „den Bolschewismus zu verteidigen und zu verherrlichen“, die man seiner „Geschichte des Bolschewismus von Marx bis zur Gegenwart“ (1932) entnahm.[27]

Rosenberg hat 1938 seine eigene Position in dem bisher wohl übersehenen Beitrag „Die Aufgabe des Historikers in der Emigration“ markiert und dabei zugleich die in seiner

---

24 Vgl. Gnomon 9 (1933) 400, und Klio 27, N. F. 9, 360f. – Die Lehrbefugnis hatte man E. Bickermann am 2.9.1933 und A. Rosenberg am 24.9.1933 entzogen; vgl. Johannes Asen: Gesamtverzeichnis des Lehrkörpers der Universität Berlin, Bd. 1, Leipzig 1955, 15 u. 162, und Schachenmayer, 32. F. M. Heichelheim wurde am 7.5.1933 entlassen; vgl. Ludwigs-Univ.-Justus-Liebig-Hochschule 1607–1957, Gießen 1957, 464 (Chronik).

25 Vgl. dazu z.B. Gnomon 9 (1933) Personalien, und Klio 27, N. F. 9, 360f.

26 A. Rosenberg: Trotzki, Cohn und Breslau, in: Die Weltbühne 29 (1933), H. 1, 13–15. – In die gleiche Richtung weist der Beitrag „Treitschke und die Juden“, in: Die Gesellschaft 7,2 (1930) 78–83; vgl. Schachenmayer, 30f., und Carsten, 72. – Ein ursprüngliches Verhältnis zur jüdischen Glaubenswelt lag bei Rosenberg nicht vor, da er (protestantisch) getauft worden war (ebd.).

27 Schachenmayer, 32.

Sicht krisenhafte Entwicklung der deutschen Geschichtswissenschaft von 1871 bis 1933 nachgezeichnet.[28] Erst die Emigration schien ihm die Gelegenheit zu bieten, „die gegenseitige Isolierung der sogenannten bürgerlichen und der sozialistischen Schule der Historiker zu durchbrechen". Wichtigste Voraussetzung dafür war der Verzicht auf „ein neues Forschungsdogma" in allen Lagern: „Sozialisten *[32]* und Kommunisten, bürgerliche Demokraten und sozialfortschrittliche Katholiken" sollten gemeinsam versuchen, „aus der Negation des Dritten Reiches heraus, das positive neue Prinzip deutscher Zukunft für die Geschichtswissenschaft zu entwickeln".[29]

Von den zahlreichen Arbeiten zur Alten Geschichte schien ihm im Rückblick des Jahres 1938 vor allem der in der Abhandlung „Demokratie und Klassenkampf im Altertum" (1921) unternommene Versuch, „ein weiteres Problem zu behandeln", erwähnenswert. Als Gegenbild zu dem verflachten Demokratie-Begriff seiner eigenen Zeit präsentierte er darin „die athenische Demokratie als ein Gemeinwesen, das zwar keinen Sozialismus kannte, das aber mit rücksichtsloser Energie die Selbstregierung des werktätigen Volkes zu verwirklichen suchte".[30] In seinen für „die engeren Fachkreise" bestimmten Veröffentlichungen findet sich kaum ein Hinweis auf den politischen Standort Rosenbergs; das gilt auffallenderweise auch für die nach seinem Übertritt in das sozialistische Lager erschienene „Einleitung und Quellenkunde zur römischen Geschichte"[31].

Das Bewußtsein für die „Wichtigkeit zeitgenössischer Geschichtsschreibung" entwickelte Rosenberg in der Zeit seiner Mitgliedschaft in dem „Untersuchungsausschuß des deutschen Reichstages für die Ursachen des Zusammenbruchs von 1918".[32] Nach dem Wechsel zur Neueren Geschichte hat er nur noch eine altertumswissenschaftliche Abhandlung, den Aufsatz „Aristoteles über Diktatur und Demokratie" (Politik, Buch III), vorgelegt, in dem er sich ganz ohne tagespolitische Akzente, die man auf den ersten Blick hinter diesem Titel vermuten könnte, kritisch mit einer Hypothese Werner Jaegers auseinandersetzte.[33]

In seinen Lehrveranstaltungen hat sich Rosenberg bis zur Entlassung, auch während seiner aktiven politischen Tätigkeit, mit Problemen der Alten Geschichte beschäftigt und dabei offensichtlich den vom historischen Materialismus geprägten Ansatz weiter-

28 In: E. J. Gumbel (Hrsg.): Freie Wissenschaft. Ein Sammelbuch aus der deutschen Emigration, Strasbourg 1938, 207–213.

29 Ebd., 213.

30 Zur Selbsteinschätzung *Rosenbergs* vgl. den autobiographischen Abriß „Arthur Rosenberg", in: Gumbel (Hrsg.), 276–279; ebd., 277, zu: Demokratie und Klassenkampf im Altertum, Bielefeld 1921 (= Bücherei der Volkshochschule). Ähnliche Motive nahm er für seine „Geschichte der römischen Republik", Leipzig 1921 (= Aus Natur und Geisteswelt, Bd. 838) in Anspruch (ebd.). Rosenberg promovierte 1911 in Berlin bei Otto Hirschfeld und Eduard Meyer mit „Untersuchungen zur römischen Zenturienverfassung". Die Habilitation erfolgte im Jahre 1913 mit dem Thema „Der Staat der alten Italiker. Verfassung der Latiner, Osker und Etrusker" (Berlin 1913); vgl. das Schriftenverzeichnis bei Schachenmayer, 173ff.

31 Berlin 1921; vgl. dazu Carsten, 64, Schachenmayer, 16, und differenzierend Christ: Gibbon, 246, Anm. 176.

32 Vgl. Autobiographische Skizze „A. Rosenberg", 277.

33 In: Rheinisches Museum, N. F. 82 (1933) 339–361.

verfolgt.[34] Als Emigrant hielt Rosenberg wohl nur noch in Liverpool (1933–38) Gastvorlesungen in Alter Geschichte.[35]

Ernst Stein war in seiner Jugend mit verschiedenen Kulturlandschaften Europas in Berührung gekommen.[36] Er entstammte einem Elternhaus aus dem östlichen Teil der Donaumonarchie, in dem jüdische, deutsche und tschechische Elemente des Vielvölkerstaates vereint waren. Einen Teil seiner Schulzeit hatte er in Frankreich verbracht, mit England verband ihn sein Onkel, der bekannte Archäologe Sir Aurel Stein.[37] Von seinen Lehrern ist vor allem der seit 1889 in Wien als Dozent für römische und mittelalterliche Geschichte wirkende Mommsen-Schüler Ludo Moritz Hartmann zu nennen. Der prägende Einfluß Hartmanns hat sich in einem Nachruf Steins für seinen Lehrer niedergeschlagen, der streckenweise *[33]* autobiographische Züge enthält. Die Bemerkungen über die konfessionelle Sonderstellung Hartmanns spiegeln eine persönliche Auseinandersetzung, die für Stein 1932 mit dem Übertritt zum Katholizismus endete.[38]

Als Historiker zeigte er sich mit den Gebieten der Alten und Byzantinischen Geschichte gleichermaßen vertraut; für beide Fächer galt auch die Habilitation in Wien im Jahre 1919. Besonders aufgeschlossen für Probleme der Verwaltungsgeschichte, bearbeitete er von 1927 an die Militär- und Verwaltungsgeschichte des römischen Deutschland.[39] Von Frankfurt holte ihn Eduard Meyer 1929 als Privatdozenten nach Berlin. Ein Jahr zuvor war der erste umfängliche Band seiner „Geschichte des spätrömischen Reiches" erschienen, die man als sein Hauptwerk bezeichnen darf. Dem Lehrkörper der Berliner Universität gehörte er nur insgesamt vier Jahre an.[40]

---

34 Man kann dafür exemplarisch auf verschiedene Vorlesungsankündigungen verweisen: z.B. „Griechische Geistesgeschichte vom materialistischen Standpunkt" (SS 1923), „Die sozialen Kämpfe im alten Rom" (SS 1924) und „Geschichte des Sozialismus und der sozialen Frage im Altertum" (WS 1930/31). Darüber hinaus behandelte Rosenberg in Vorlesungen und Übungen, deren Thematik sich im üblichen Rahmen bewegte, den Gesamtbereich der Alten Geschichte; vgl. Friedrich-Wilhelms-Universität Berlin. Verzeichnis der Vorlesungen 1922ff.

35 Vgl. Schachenmayer, 32; zu den Stationen seiner Laufbahn vgl. den autobiographischen Abriß „A. Rosenberg", 276: „1914 Privatdozent für Geschichte an der Universität Berlin, 1930 a.o. Professor ebendort, 1933 abgesetzt, 1937 ausgebürgert, 1938 Professor am Brooklyn College, New York".

36 *E. Stein* (19.9.1891/Jaworzno-Galizien – 25.2.1945/Fribourg). Die biographischen Angaben über Stein stützen sich, wenn nicht anders angegeben, durchweg auf J. R. Palanque: La vie et l'œuvre d'Ernest Stein, in: E. Stein: Histoire du Bas-Empire, Bd. 2, Paris 1949, VII–XXII (mit Schriftenverzeichnis), und O. Gigon: Ernst Stein, in: Neue Zürcher Zeitung v. 10.3.1945, Bl. 2.

37 Aurel Stein (1862–1943); vgl. Publications of A. Stein, in: Journal of the Asiatic Society (1946), 86–89.

38 Vgl. E. Stein: L. M. Hartmann, in: VSWG 18 (1925) 313 (312–322), und J.-R. Palanque, IXf. – Hartmann erhielt, weil er konfessionslos war und sich seit 1901 in der Sozialdemokratischen Partei engagiert hatte, erst 1920 eine Professur; vgl. Herbert Dachs: Österreichische Geschichtswissenschaft und Anschluß 1918–1930, Wien 1974, 173 (172–181).

39 Vgl. E. Stein: Die kaiserlichen Beamten und Truppenkörper im römischen Deutschland unter dem Prinzipat, Wien 1932 (unter Benutzung des Nachlasses von E. Ritterling).

40 1931 wurde er zum a.o. Prof. ernannt; vgl. Asen, 192.

Das politische Profil Steins enthüllt der 1932 unter dem Pseudonym „Gottlieb Hellseher“ in Belgien veröffentlichte Artikel „Un Projecteur sur l’Allemagne“.[41] Von den Herausgebern als glühender Pazifist vorgestellt, durchmusterte Stein in einem „cours de Psychologie teutonne“ die politische Landschaft der Weimarer Republik.[42] Er warnte vor chauvinistischen Tendenzen in beinahe allen Lagern und setzte sich scharf mit den Gefahren auseinander, die von den Extremen der Linken und Rechten drohten. Der Kritik an den Parteien der Weimarer Zeit nach zu urteilen, hat der Verfasser eine unabhängige sozialistische Position eingenommen. Dem braucht die bemerkenswerte Sympathie, die er der historischen Rolle des Zentrums entgegenbrachte, nicht unbedingt zu widersprechen.[43] Illusionslos hat er nicht nur die Chancen der nationalsozialistischen Machtergreifung höher als die einer kommunistischen eingeschätzt, sondern auch deren Folgen bis zu den Konzentrationslagern und dem kommenden Krieg vorausgesehen.[44]

Unmittelbar nach der Machtübernahme, die er als Gastprofessor in Brüssel erlebte, trat er von allen Ämtern in Deutschland zurück und weigerte sich, diesen Beschluß zurückzunehmen, obgleich ihm das mehrfach nahegelegt worden war. Der Bruch mit Deutschland ging so weit, daß er fortan nur noch in französischer Sprache publizierte und jeden Kontakt mit Kollegen, die sich mit dem Nationalsozialismus eingelassen hatten, ablehnte. Durch Vermittlung von Henri Gregoire fand er in Brüssel eine Arbeitsmöglichkeit am „Institut de Philologie et d’Histoire Orientales“, einem Treffpunkt zahlreicher Emigranten.[45] 1934 ging Stein für zwei Jahre nach Amerika und übernahm schließlich 1937 einen Lehrstuhl für Byzantinistik in Löwen. Das wache Interesse für die Tagespolitik hat er, wie sein Biograph Palanque bezeugt, auch in dieser Zeit bewiesen. Während der Besetzung Belgiens und Frankreichs mußte er unter teilweise abenteuerlichen Umständen in *[34]* Südfrankreich untertauchen. Erst 1942 konnte er sich in die Schweiz absetzen, wo er eine Privatdozentur in Genf erhielt. Kurz vor der Rückberufung nach Löwen, die schon in die Wege geleitet war, verstarb er im Alter von 54 Jahren. Die Entstehungsgeschichte des zweiten Bandes der „Histoire du Bas-empire“, die seine Frau nachgezeichnet hat, legt Zeugnis von der Bedrängnis ab, in der sich Stein damals befand.[46]

Der Lebensweg von *Elias J. Bickermann* scheint im besonderen Maße vom Schicksal der Emigration geprägt. Über das Ende des Ersten Weltkriegs hinaus war er bis 1921 in die Kämpfe in seiner russischen Heimat verwickelt, danach suchte er 1922 in Deutschland Zuflucht und hielt dort enge Verbindung zu nationalen Organisationen russischer Emigranten.[47] Aufschlußreich für den Standort Bickermanns in jenen Tagen ist der Ar-

41 In: Le Flambeau XV,2 (1932) 129–146. Die Identität Steins mit G. Hellseher klärt Palanque, VIII.

42 Vgl. Stein: Projecteur, 129.

43 Vgl. ebd., 141ff. – Dazu paßt auch die wohlwollende Charakteristik Brünings (140).

44 Ebd., 140 u. 146.

45 N. G. Mavris: La ‚préhistoire‘ d’Henri Grégoire, in: Le Flambeau 47 (1965) 302 (293–303).

46 Jeanne Stein: Avant-Propos, in: E. Stein, Histoire du Bas-Empire, Bd. 2, Paris 1949, XXIII–XXXII, und Andre Piganiol: La méthode historique d’Ernest Stein, in: Scripta Varia A. Piganiol, Bd. 3, Brüssel 1973, 377–384.

47 *E. Bickermann* (geb. 1.6.1897); vgl. ders.: Das Edikt des Kaisers Caracalla in P.Giss. 40, phil. Diss. Berlin 1926, 39 (Lebenslauf).

tikel „Ein unbekannter Versuch deutsch-französischer Versöhnung im Jahre 1888", den er 1925 in der Zeitschrift „Die deutsche Nation" veröffentlichte.[48] Darin aktualisierte Bickermann die von dem deutschen Kunst- und Religionsphilosophen Moritz Carriere an Ernest Renan gerichtete Forderung, „offen die Fahne der Versöhnung zu erheben" und auf Revanchegelüste wegen der Angliederung des Elsaß zu verzichten.[49] Der nachfolgende Hinweis auf die Bedrückung und Kränkung Preußens durch Napoleon „in den Jahren zwischen Tilsit und Leipzig" unterstreicht die eindeutige, ganz der deutschen Seite zugeneigte Haltung Bickermanns.[50]

Wie viele seiner Leidensgefährten ging er 1933 nach Frankreich, das ihm freilich nur begrenzte Sicherheit bieten konnte. Von 1942 bis 1946 wirkte er in New York an der „Ecole Libre des Hautes Etudes", einem nach der Besetzung Belgiens und Frankreichs gegründeten Zweig der „New School for Social Research". Bickermann blieb nicht der einzige Altertumswissenschaftler an dieser bekannten „University in Exile", deren Mitglieder ohne „Amerikanisierungsdruck" (Radkau) die wissenschaftliche Tradition ihrer Herkunftsländer pflegen sollten.[51] In Amerika fand dieser Gelehrte auch später die Voraussetzung für die Vollendung einer glanzvollen wissenschaftlichen Karriere, von deren Stationen nicht zuletzt die in vier Sprachen vorliegenden (Original)Publikationen Zeugnis ablegen.[52]

Das Studium der Altertumswissenschaften hatte Bickermann 1915 in Petersburg unter Michael Rostovtzeff begonnen, der das Schicksal der Emigration mit Bickermann teilte und seinem Fach vor allem auf dem Gebiet der Sozial- und Wirtschaftsgeschichte wichtigste Impulse verliehen hat.[53] In seiner Berliner Studienzeit schloß er sich vor allem dem Papyrologen Ulrich Wilcken an. Ausgehend von papyrologischen Arbeiten, legte er eine Vielzahl wichtiger Untersuchungen, insbesondere zur hellenistischen Geschichte und zum antiken Staatsrecht, vor.[54] Bickermanns *[35]* ununterbrochene, von seinem leben-

48 Die deutsche Nation 7 (1925) 129–132. Zum Programm dieser Zeitschrift gehörte die Revision des Versailler Vertrags; vgl. Peter Krüger u. Erich J. C. Hahn: Der Loyalitätskonflikt des Staatssekretärs Bernhard Wilhelm von Bülow im Frühjahr 1933, in: VfZ 20 (1972) 404 (376–410).

49 Bickermann: Versuch, 129.

50 Ebd., 131f.

51 Zur Entwicklung der „New School" und der „Ecole Libre" vgl. Helge Pross: Die deutsche akademische Emigration nach den Vereinigten Staaten 1933–1941, Berlin 1955, 51f., ferner Monika Plessner: Die deutsche „University in Exile" in New York und ihr amerikanischer Gründer, in: Frankfurter Hefte 19 (1964) 181–186, und Radkau, 35f.

52 Die wichtigsten Stationen seiner Laufbahn: PD Berlin 1929–1933, Prof. Ecole Pratique des Hautes Etudes 1933–40, Forschungsstipendium Centre National de la Recherche 1937–1942, Prof. New School ... und Ecole Libre ... 1942–1946, Forschungsstipendium Jewish Theol. Sem. (N. Y.) 1946–1950, Gastprofessor Univ. Judaism 1950–1952, Prof. für Alte Geschichte Columbia Univ. 1952–1967 (emer.); vgl. Directory of American Scholars, Bd. 1, 5. Aufl., New York 1969, 38.

53 Zu ihm vgl. Christ: Gibbon, 334ff.

54 Vgl. neben der Dissertation (oben, *[34, Anm. 47]*) die umfangreichen „Beiträge zur antiken Urkundengeschichte", in: Archiv für Papyrusforschung VIII und IX, ferner: „Institutions des Seleucides", (Paris 1938). Hierzu kommen die verschiedenen Auflagen seiner „Chronologie" (zuerst in: Gercke-Norden, Einleitung in die Altertumswissenschaft III 5, 1933).

digen Verhältnis zum mosaischen Glauben getragene Beschäftigung mit der jüdischen Geschichte erhielt angesichts der beginnenden Judenverfolgung ein besonderes Gewicht. Der zeitgeschichtliche Hintergrund seiner Verbindung zur Wissenschaft des Judentums wird schon in einem Aufsatz deutlich, in dem er zwei klassischen Ansatzpunkten antijüdischer Propaganda, dem Ritualmord-Vorwurf und der Behauptung von der Anbetung des Eselkopfes, nachgeht.[55]

Die sprechendsten Zeugnisse dafür sind indessen nicht zufällig die beiden Bücher über die Makkabäer, die 1935 und 1937 nach seiner Emigration in Deutschland erschienen und als Zeichen der nicht abgerissenen Verbindung zum deutschen Judentum gelten können.[56] Es ist mehr als das Fazit einer im übrigen nüchternen wissenschaftlichen Untersuchung, wenn Bickermann von der geschichtlichen Leistung dieser Bewegung den Bogen zur Gegenwart schlägt: „Die Makkabäer hatten also das Judentum der griechischen Zeit vor der Auflösung wie vor der Erstarrung gerettet. Es ist ihre Tat, daß der Gott Abrahams, Isaaks und Jakobs auch der unsrige bleiben konnte, und geblieben ist. ‚Meine Hilfe ist von IHM her, der Himmel und Erde gemacht hat.' (Ps. 121)"[57]

Ihre stärkste Ausprägung fand die Verbindung althistorischer und judaistischer Studien im Lebensweg *Eugen Täublers*.[58] Das deutet sich bis zu einem gewissen Grad schon in seiner Dissertation über „Die Parthernachrichten bei Josephus" an, die er 1904 als Schüler Otto Hirschfelds vorlegte. Täubler darf zum jüngeren Kreis der jüdischen Fachgenossen gerechnet werden, die sich im Gefolge Mommsens „römischen Studien" gewidmet haben.[59] Nach Abschluß seines Studiums wandte er sich als Leiter des von ihm gegründeten „Gesamtarchivs der Deutschen Juden" der Geschichte der jüdischen Gemeinde in Deutschland zu.[60] Ab 1910 übernahm er zusätzlich eine Dozentur für „Jüdische Ge-

55 Vgl. E. Bickermann: Ritualmord und Eselskult. Ein Beitrag zur Geschichte antiker Publizistik, in: Monatsschrift für Geschichte und Wissenschaft des Judentums 71 (1927) 171–187 u. 255–264.

56 „Die Makkabäer. Eine Darstellung ihrer Geschichte von den Anfängen bis zum Untergang des Hasmonäerhauses, Berlin 1935 (Bücherei des Schocken-Verlags 47) und „Der Gott der Makkabäer. Untersuchungen über Sinn und Ursprung der Makkabäischen Erhebung", Berlin 1937; vgl. dort z.B. Kap. 5 „Die Deutung" (117ff.).

57 Bickermann: Makkabäer, 75.

58 Zu *E. Täubler* (10.10.1879/Gostyn, Prov. Posen – 13.8.1953/Cininatti-Ohio) vor allem das Vorwort von H. J. Zobel (Hrsg.), in: E. Täubler: Biblische Studien, Tübingen 1958, V–VII (mit Schriftenverzeichnis IX–XII), ferner S. W. Baron u. R. Marcus: Necrology Eugen Täubler, Proceedings of the American Academy for Jewish Research 22, 1953, XXXI–XXXIV; K. Wilhelm: Zur Einführung in die Wissenschaft des Judentums, in: ders. (Hrsg.): Wissenschaft des Judentums im deutschen Sprachbereich, Bd. 1, Tübingen 1967, 28f.

59 Vgl. dazu die Beobachtung von A. Momigliano: Rez. A. Heuss e A. Wucher, Studi su Th. Mommsen, in: Secondo Contributo alla storia degli studi classici, Rom 1960, 423.
Nach Zobel, V, hat Täubler unter Mommsen studiert. Nach Baron u. Marcus, XXXI, war er Assistent Mommsens und v. Harnacks, nach Wilhelm, 28, Privatsekretär Mommsens. Merkwürdigerweise fehlt bei Täubler jeder Hinweis auf ein entsprechendes Verhältnis zu Mommsen; vgl. ders.: Die Parthernachrichten bei Josephus, phil. Diss. Berlin 1904, Lebenslauf. Dort hebt er aus der Reihe seiner Lehrer, von denen er u.a. Delbrück, Harnack, Vahlen und v. Wilamowitz-Moellendorff nennt, allein Otto Hirschfeld hervor.

60 Vgl. Baron u. Marcus, XXXI.

schichte in hellenistisch-römischer Zeit“ an der „Lehranstalt für die Wissenschaft des Judentums“ in Berlin.[61]

Erst nach dem Ersten Weltkrieg fand Täubler als Privatdozent für Alte Geschichte in Berlin den Zugang zur akademischen Laufbahn im engeren Sinne. Im Jahre 1922 ging er als außerordentlicher Professor nach Zürich und wurde 1925 als Nachfolger Alfred v. Domaszewskis auf den Lehrstuhl für Alte Geschichte in Heidelberg berufen.[62] Als engagierter Vertreter des akademischen Judentums kam er 1933 durch freiwilligen Verzicht auf seine Professur und die Mitgliedschaft in der Heidelberger Akademie der zwangsweisen Entlassung zuvor. Über den eindeutigen biographischen Hinweisen auf Täublers Verwurzelung im Judentum darf sein positives Verhältnis zur deutschen Kultur nicht übersehen werden, das ihn den *[36]* Bruch mit der Universität doppelt schwer empfinden ließ.[63]

Nach dem Ausscheiden aus dem Staatsdienst kehrte Täubler zum Sommersemester 1938 noch einmal an die Berliner „Lehranstalt“ zurück und konnte dort in beschränktem Umfang seine Lehrtätigkeit fortsetzen.[64] Bedingt durch den Zustrom jüdischer Studenten, die an den Universitäten in Schwierigkeiten gekommen waren, wurde das Programm dieser Anstalt auf allgemeine, vorwiegend geisteswissenschaftliche Fächer ausgedehnt.[65] Ein Jahr vor der Schließung dieser letzten jüdischen Ausbildungsstätte in Deutschland – die Bedingungen ihres Fortbestehens bis 1942 sind heute kaum vorstellbar – emigrierte Täubler nach Amerika und fand eine Stelle als „Research Professor in Bible and Hellenistic Literature“. Seine Wahl zum Vizepräsidenten der „American Academy for Jewish Research“ im Jahre 1950 unterstreicht den Rang, den Eugen Täubler in der Wissenschaft des Judentums einnahm.[66]

Die Impulse, die von seiner besonders engen Bindung an die Kulturwelt des Judentums ausgingen, haben auch den althistorischen Interessenhorizont Täublers entscheidend geprägt. In dieser Beziehung liegt zugleich die Antriebskraft einer im Ansatz uni-

61 Aufgabe der „Lehranstalt“ war die Ausbildung von Pädagogen und Rabbinern; vgl. Hans Liebeschütz: Das Judentum im deutschen Geschichtsbild von Hegel bis Max Weber, Tübingen 1967, 175.

62 Vgl. Karl Jaspers: Heidelberger Erinnerungen, in: Heidelberger Jahrbücher 5 (1961) 8 (1–10).

63 Dazu Zobel, V, und Baron u. Marcus, XXXII.

64 Vgl. den im Sommer 1939 verfaßten (letzten) „Geschäftsbericht der Lehranstalt für die Wissenschaft des Judentums über das Jahr 1938“, in: Monatsschrift für Geschichte und Wissenschaft des Judentums 83, N. F. 47, (1939) (Neudruck 1963), 632.

65 Vgl. Ernst Simon: Aufbau im Untergang. Jüdische Erwachsenenbildung im nationalsozialistischen Deutschland als geistiger Widerstand, Tübingen 1959, 61. Täubler hielt dort auch Vorlesungen über allgemeine Themen der Alten Geschichte; vgl. „Geschäftsbericht ... über das Jahr 1938“, 636–641: Vorlesungsverzeichnis SS 1938–1939. – Neben T. vertraten Ernst Grumach und Hans Liebeschütz die Fächer Antike Philosophie und Klassische Philologie; vgl. Simon, 61ff.; zu *Grumach* (7.9.1902–5.10.1969), bis 1933 Lektor für Klassische Philologie in Königsberg; vgl. H. Flashar, in: Gnomon 40 (1968) 221–223.

66 Die neue Wirkungsstätte Täublers, das Hebrew Union College – Jewish Institute of Religion, Cincinatti/Ohio, ist der Richtung des liberalen Judentums zuzurechnen; vgl. RGG, 3. Aufl., III (1959) Sp. 997, und Erich E. Hirshler: Jews from Germany in the United States, New York 1955, 95 u. 164.

versalhistorischen Betrachtungsweise.[67] Wie A. Momigliano gezeigt hat, nimmt Täubler mit seinen methodischen Bemühungen um die römische Verfassungsgeschichte nach Mommsen unter den Althistorikern eine Sonderstellung ein.[68] Wenn der 1935 im Rahmen der „Einleitung in die Altertumswissenschaft" von Gercke-Norden erschienene Artikel „Der Römische Staat" – es handelt sich zugleich um die letzte, im engeren Sinne althistorische Arbeit Täublers – nahezu völlig unbeachtet blieb, so hat dabei der Zeitpunkt des Erscheinens und das persönliche Schicksal des Verfassers eine Rolle gespielt.[69]

Mit welchem Einsatz Täubler bis zur Auswanderung in dem für Juden eng abgegrenzten Rahmen um die Begründung und Vergegenwärtigung der jüdischen Existenz von seinem Fachgebiet her gerungen hat, zeigt eindrucksvoll sein Nachwort zu dem Kapitel „Judaea und die Juden" aus Mommsens „Römischer Geschichte".[70] Es mutet zunächst widersprüchlich an, wenn Täubler dieses Kapitel einleitend „als das bestgeformte Stück jüdischer Geschichte" bezeichnet und im gleichen Atemzug bestreitet, daß man dabei „im eigentlichen Sinn von jüdischer Geschichte sprechen kann".[71] Er ist durchaus bereit, den Eigenwert der Schilderung Mommsens „aus dem römisch imperialen Gesichtswinkel heraus" zu würdigen; insgesamt aber überwiegen erhebliche Vorbehalte, die er vom jüdischen Standpunkt aus anmeldet.[72] Die Gründe für „das Nichtverstehenkönnen der jüdischen Haltung bei Mommsen" gelten nach Täubler letztlich auch für jeden anderen Forscher, der sich der historischen Gestalt des Judentums nähert, ohne in ihm verwurzelt zu sein.[73]

[37] Die Ausführungen Täublers verraten ein in dieser Zeit erstaunliches jüdisches Selbstbewußtsein; sie sind zugleich als Reaktion des durch die nationalsozialistische Judenpolitik immer nachdrücklicher auf sich selbst verwiesenen Judentums zu verstehen. Täubler appellierte damit an eine besondere Kraft des Judentums, die nach dem Urteil Mommsens darin bestand, sich „in allen wesentlichen Dingen, insbesondere dem Druck und der Verfolgung gegenüber" auf die machtvolle Geschlossenheit der religiösen Gemeinschaft zu besinnen.[74] Täublers Auseinandersetzung mit Mommsen war ein Beitrag

---

67 Täubler erhebt diesen Anspruch in dem Sammelband „Tyche". Historische Studien von E. T., Leipzig–Berlin 1926 (Vorwort), der einen guten Eindruck von der Breite seines althistorischen Arbeitsfeldes vermittelt.

68 A. Momigliano: Rez. Ernst Meyer, Römischer Staat und Staatsgedanke, 1948, in: JRS 39 (1949) 155 (155–157); vgl. E. Täubler: Grundfragen der Römischen Verfassungsgeschichte, in: ders.: Tyche, 181–212.

69 Vgl. Einleitung in die Altertumswissenschaft, Bd. 3, H. 4, Leipzig 1935. Auch Ernst Meyer hat diesen Titel nicht erfaßt; vgl. Momigliano: Rez. E. Meyer, 155f. Nach dem „Deutschen Gesamtkatalog – Neue Titel 1935–1939", Berlin 1940, 6126, war der Titel nur in zwei österreichischen Univ-Bibliotheken vorhanden.

70 Vgl. Th. Mommsen: Judaea und die Juden, Berlin 1936, mit einem Nachwort von E. Täubler, 83–92 (= Bücherei des Schocken-Verlags Nr. 70). Es handelt sich dabei um einen Abdruck von Kapitel II, Bd. 5 der Römischen Geschichte, 4. Aufl., 1894, 487–552.

71 Täubler: Nachwort, 83.

72 Ebd., 89; zur Darstellung Mommsens vgl. auch Hans Liebeschütz, 194ff.

73 Vgl. Täubler: Nachwort, 90.

74 Th. Mommsen: Römische Geschichte, Bd. 5, 4. Aufl., 1894, 497.

zur jüdischen Bildungsarbeit in Deutschland nach 1933, in der Ernst Simon zu Recht einen Ausdruck des geistigen Widerstands gesehen hat.[75]

Das Nachwort zu dem Kapitel aus Mommsens „Römischer Geschichte" markiert den Übergang Täublers von seinen althistorischen Arbeiten auf breiter Grundlage zu den „Biblischen Studien". Der gewaltsame Abschied vom Wirkungskreis an der Heidelberger Universität im Alter von 54 Jahren erzwang in diesem Fall somit das Ende einer überaus erfolgreichen Lehr- und Forschungstätigkeit im Fach Alte Geschichte. Wie sein 1938 – also noch in Deutschland – entworfenes Programm für eine jüdische Bibelwissenschaft zeigt, ist der entscheidende Impuls dafür, daß er dieser Disziplin auch in der neuen Heimat treu blieb, in den Erfahrungen der inneren Emigration zu suchen.[76] Dabei darf man freilich nicht übersehen, daß bei Eugen Täubler aufgrund seiner engen Verbundenheit mit der jüdischen Gemeinde in Deutschland eine besondere Disposition vorlag, die ihn befähigte, den Wechsel leichter zu bewältigen, als es manchem seiner Kollegen, der in dieser Zeit sein Amt verlor, möglich war.

Bereits im Mai 1933 wurde *Fritz Heichelheim*, ein Vertreter der jüngeren Historikergeneration, nach knapp vierjähriger Lehrtätigkeit an der Gießener Universität entlassen. Diese Maßnahme traf den Angehörigen einer jüdischen Familie, die sich in besonderer Weise um die Gießener Hochschule verdient gemacht hat.[77]

Heichelheim, der 1925 sein Studium bei Richard Laqueur abgeschlossen hatte, zählte zu den wenigen Spezialisten für antike Wirtschaftsgeschichte in Deutschland.[78] Bekannt geworden war er durch seine Habilitationsschrift über „Wirtschaftliche Schwankungen der Zeit von Alexander bis Augustus", in der er ganz bewußt Fragestellungen der modernen Nationalökonomie aufgriff.[79] Mit dem ihm eigenen Drang zur Synthese, den H. G. Gundel hervorgehoben hat, steckte er in der „Wirtschaftsgeschichte des Altertums vom Paläolithikum bis zur Völkerwanderung der Germanen, Slaven und Araber"[80] einen weit größeren Rahmen ab als er ursprünglich angekündigt hatte.[81] Die Fertigstellung des zweibändigen Werkes wurde erst durch ein englisches Forschungsstipendium ermöglicht. Der Dank für *[38]* die Hilfe in den ersten Jahren der Emigration, den Heichelheim im

75 Vgl. dazu die Charakteristik der „Bücherei des Schocken-Verlages" bei Simon, 68ff.

76 Vgl. Zobel, VI. Täubler dachte damals (im August 1938) an die Gründung eines „Jewish Bible Institute" in Israel.

77 *F. M. Heichelheim* (6.5.1901/Gießen – 22.4.1968/Toronto); vgl. H. G. Gundel: F. M. Heichelheim, in: Gnomon 41 (1969) 221–224, und ders.: Die Geschichtswissenschaft an der Universität Gießen im 20. Jahrhundert, in: Ludwigs-Universität – Justus-Liebig-Hochschule 1607–1957, Gießen 1957, 243 (222–252); zu Heichelheim und seiner Familie jetzt auch Erwin Knauß: Die jüdischen Bürger Gießens 1933–1945. Eine Dokumentation, Wiesbaden 1974, 34ff. Heichelheim hat 1934 in England eine Stammtafel seiner Familie erarbeitet (ebd., 35).

78 Vgl. F. M. Heichelheim: Die auswärtige Bevölkerung im Ptolemäerreich, 1925 (= Klio Beiheft XVIII, N. F. 5).

79 Jena 1930 (= Beiträge zur Erforschung der wirtschaftlichen Wechsellagen, Aufschwung, Krise, Stockung, H. 3, hrsg. v. A. Spiethoff).

80 Bd. 1 u. 2, Leiden 1938 (NDr. in 3 Bdn. 1969). Die zweite Auflage erschien in englischer Sprache: „An Ancient Economy History", Bd. 1–3, Leiden 1958–1970.

81 Vgl. Heichelheim: Schwankungen, (Vorwort), und Gundel: Heichelheim, 222f.

Vorwort aussprach, galt einer Vielzahl von Freunden und Kollegen. An die Adresse der deutschen Altertumswissenschaft richtete er – und das sagte 1938 genug – ein Bekenntnis zur „Tradition von Mommsen, Niebuhr, Wilhelm von Humboldt, Schmoller, Jacob Burckhardt und August Böckh".[82]

Nach dem Krieg wagte Heichelheim, der inzwischen die englische Staatsbürgerschaft angenommen hatte, einen neuen Anfang in Kanada. An der Universität Toronto vollendete er seine Laufbahn als Professor für griechische und römische Geschichte. Heichelheim blieb wohl der einzige emigrierte Althistoriker, dem es nach 1945 möglich war, die Verbindung zu seiner alten Universität wieder aufzunehmen.[83]

In der Reihe der Nachwuchswissenschaftler, die den Weg in die Emigration gingen, ist schließlich der Privatdozent *Clemens Bosch* zu nennen, der wegen seiner „nichtarischen" Frau die Universität Halle verlassen mußte.[84] Bosch ist vor allem in numismatischen Fachkreisen bekannt geworden. Auf Anregung von Wilhelm Weber hatte sich Bosch an die Erarbeitung eines Corpus der kaiserzeitlichen Münzen Kleinasiens gemacht. Die ungeheuere Materialsammlung war bereits abgeschlossen, als Bosch 1934 Deutschland verließ und danach das ganze Unternehmen praktisch abgebrochen werden mußte. Der einzige Teilband, der bis dahin fertiggestellt war, zeigt, daß damit ein im Ansatz überaus erfolgversprechendes Projekt aufgegeben wurde.[85]

Bosch ging 1935 in die Türkei und blieb als numismatischer Sachverständiger am Archäologischen Museum in Istanbul seinem Spezialgebiet eng verbunden. Später, im Jahre 1940, erhielt er eine Professur für Alte Geschichte an der dortigen Universität und hat in dieser Funktion am Aufbau des türkischen Hochschulwesens nach westlichen Maßstäben mitgearbeitet.[86] Dieses noch von Kemal Atatürk eingeleitete Programm wurde auch im Bereich der Altertumswissenschaften zu einem großen Teil von deutschen Emigranten getragen.[87] für den Aufbau der althistorischen Disziplin in einem Land ohne „hu-

---

82 Vgl. Heichelheim: Wirtschaftsgeschichte, Bd. 1, VII.

83 Er wurde 1948 zum Honorarprofessor für antike Wirtschaftsgeschichte in Gießen ernannt; vgl. Gundel: Heichelheim, 222.

84 *Clemens (Emin) Bosch* (6.10.1899/Köln – 22.7.1955/Istanbul) PD Halle 1932; vgl. A. M. Mansel: Nekroloji Clemens Emin Bosch (1899–1955), in: Belleten 20 (1956) 295–303, und Horst Widmann: Exil- und Bildungshilfe. Die deutschsprachige akademische Emigration in die Türkei nach 1933, Frankfurt 1973, 113 u. 256.

85 Vgl. C. Bosch: Die kleinasiatischen Münzen der römischen Kaiserzeit, Teil II, Einzeluntersuchungen Bd. 1: Bithynien, 1. Hälfte Stuttgart 1935, IIIff. – Sehr positive Einschätzung dieses Bandes und der Gesamtkonzeption durch P. L. Strack, in: Gnomon 12 (1936) 421–425; vgl. auch H. v. Aulock: Kleinasiatische Münzstätten, in: Jahrbuch für Numismatik und Geldgeschichte 19 (1969) 79 (79–88).

86 Vgl. Mansel, 298 und Widmann, 256.

87 Vgl. dazu generell die Ausführungen von Widmann. Hier ist vor allem an den ehemaligen Marburger Privatdozenten für Klassische Philologie Georg Rohde zu erinnern, der Ende 1935 einen Lehrstuhl für Klassische Philologie in Ankara übernahm; vgl. Paul Moraux: Georg Rohde, in: Gnomon 33 (1961) 110 (109–111), und Eduard Fraenkel, in: Gedenkschrift für Georg Rohde, Berlin 1961, 4f. Im Jahre 1943 übernahm der Klassische Philologe Walter Kranz (23.11.1884–18.9.1960) ebenfalls einen Lehrstuhl an der Univ. Istanbul vgl. Widmann, 273.

manistische Tradition"[88] war Bosch von seinem Arbeitsgebiet her in besonderer Weise prädestiniert. Mit dem Übertritt zum Islam hat sich Bosch – insofern verkörpert er ein außergewöhnliches Emigrantenschicksal – der Kultur seines Aufnahmelandes in dauernder Form verbunden.[89] Die z.T. in türkischer Sprache vorliegenden Publikationen Boschs belegen, daß er nicht nur die in der Geschichte dieses Raumes liegenden Möglichkeiten genutzt hat, sondern auch mit dazu beigetragen hat, den Grundstock für eine bodenständige „Alte Geschichte" in der Türkei zu legen.[90]

Unmittelbar nach der Machtübernahme mochte mancher spätere Schicksalsgenosse *[39]* versucht sein, Rosenberg, Stein, Bickermann, Täubler oder Heichelheim zu den Ausnahmefällen zu zählen und für sich selbst keinen Anlaß zur Emigration zu sehen. Doch bis Ende 1935 waren die gesetzlichen Grundlagen für eine zweite Phase der „Säuberung" geschaffen, welche die Altertumswissenschaften nicht weniger hart traf als diejenige des Jahres 1933. Die Entpflichtungs- und Versetzungsbestimmungen erfaßten vor allem die älteren Jahrgänge, d.h. in den meisten Fällen die Lehrstuhlinhaber.[91] Zu säubern waren nicht allein die Hochschulen, sondern der Wissenschaftsbetrieb überhaupt. Die Entfernung aus dem Lehramt zog in der Regel das Publikationsverbot nach sich.

Unter diesen Umständen sollte z.B. der Münsteraner Althistoriker *Friedrich Münzer* aus dem Fach gedrängt werden.[92] Er wurde 1935 noch „in allen Ehren" in Münster verabschiedet. Aufgrund seiner jüdischen Herkunft traf ihn drei Jahre später das Verbot, in deutschen Zeitschriften zu publizieren, an dem er schwer getragen hat. Trotz aller Schwierigkeiten konnte er dennoch eine Reihe von Artikeln für Pauly-Wissowas Realencyclopädie fertigstellen, was ohne die Unterstützung zahlreicher Freunde nicht möglich gewesen wäre. Im Alter von vierundsiebzig Jahren wurde er im Juni 1942 nach Theresienstadt deportiert und verstarb dort wenige Monate später.

Münzer gehörte in Berlin noch zum Schülerkreis Mommsens und Hirschfelds. Nach einer Dissertation über ein althistorisches Thema[93] habilitierte er sich 1896 in Basel für Klassische Philologie und vertrat deren lateinischen Zweig am gleichen Ort bis 1912. Danach wechselte er in Königsberg zur Alten Geschichte über und kam schließlich 1921 nach Münster. Sehr früh war Münzer für die Bearbeitung der Prosopographie der römischen Republik im Rahmen der Realencyclopädie gewonnen worden. Aus langjähriger Beschäftigung mit dieser Materie erwuchs sein Buch „Römische Adelsparteien und Adels-

88 Vgl. Moraux, 110.

89 Von daher erklärt sich die Änderung bzw. Erweiterung des Vornamens Clemens Emin B.; vgl. Mansel, 299. In Deutschland gehörte B. keiner Konfession an; vgl. Personalbogen Bosch (R 21/380).

90 Nachweise bei Mansel, passim; vgl. auch die in deutscher Sprache posthum erschienene Studie „Quellen zur Geschichte der Stadt Ankara im Altertum", Ankara 1967.

91 Hier ist vor allem an das „Gesetz über die Entpflichtung und Versetzung der Hochschullehrer aus Anlaß des Neuaufbaus der deutschen Hochschulen" vom 21.1.1935 zu erinnern; vgl. Schäfer, 216ff.

92 *Friedrich Hermann Münzer* (22.4.1868/Oppeln – 20.10.1942/Theresienstadt). Die folgenden Angaben nach Matthias Gelzer: Friedrich Münzer in memoriam, in: Historia 2 (1953/54) 378–380.

93 F. Münzer: De gente Valeria, phil. Diss. Berlin 1891.

familien", das ihn als Althistoriker bekannt machte. Seine Beiträge haben der modernen personengeschichtlichen Forschung entscheidende Anregungen vermittelt; die Diskussion um die „Münzer-school" ist noch nicht beendet.[94]

Mit der offiziellen Begründung, sein Lehrstuhl müsse „einem anderen Lehrzweck" zugeführt werden, wurde Anfang 1936 der Hallenser Ordinarius für Alte Geschichte, *Richard Laqueur*, lange vor Erreichen der Altersgrenze entlassen.[95] Auf diesen Vorgang wird später noch ausführlich einzugehen sein; hier interessiert zunächst das persönliche Schicksal und die wissenschaftliche Entwicklung dieses Fachvertreters.[96]

Laqueur entstammte einer alten elsässischen Familie und bekannte sich nach einer Formulierung seines Schülers Heichelheim „zum Deutschtum aus Überzeugung". Wie viele Angehörige dieser Generation war er *[40]* nachhaltig durch das Fronterlebnis des Ersten Weltkriegs geprägt, den er als Regimentskommandeur beendet hatte. Seine aktive Teilnahme am Ruhrkampf lieferte nach 1945 den zuständigen Behörden einen Grund, ihm die Rückkehr nach Halle zu verweigern.[97] Zu Beginn der „Säuberung" an den Hochschulen fühlte sich Laqueur, wie er in seinem Personalbogen bemerkte, „nach dem Gesetz zur Wiederherstellung des Berufsbeamtentums doppelt geschützt: 1.) wegen Bestellung zum ord. Professor vor dem 1. August 1914, 2.) wegen Teilnahme am Weltkrieg als Frontkämpfer". Der charakteristische Appell an das Kriegserlebnis, vielfach in der Hoffnung erhoben, um Männer der Generation Laqueurs vor der Entlassung zu schützen, verhallte nach Konsolidierung der neuen Machthaber nicht nur im Bereich der Universitäten ungehört.[98]

In seiner Jugend hat ihn nach eigenem Bekunden Jakob Burckhardt, den er in Basel selbst besucht hat, stark beeindruckt. Von seinen eigentlichen Lehrern sind die Althistoriker K. J. Neumann und B. Keil sowie der Philologe Eduard Schwartz zu nennen. Sein Hauptarbeitsgebiet war das der antiken Historiographie, mit der er sich vornehmlich unter quellenkritischen Gesichtspunkten beschäftigt hat.[99] Das wohl bekannteste Beispiel für sein Interesse an der Kulturgeschichte ist die Rektoratsrede über das Thema „Hellenismus", die er 1924 vor der Gießener Universität, seiner langjährigen Wirkungsstätte, gehalten hat.[100] Nach Halle, wo seine Laufbahn im Fach Alte Geschichte mit der Zwangs-

94 Vgl. Ernst Badian: From the Gracchi to Sulla, in: Historia 11 (1962) 216, Anm. 78 (197–245), in Auseinandersetzung mit Sherwin-White. Eine Sammlung der Schriften F. Münzers wird von E. Badian vorbereitet.

95 *R. Laqueur* (27.3.1881/Straßburg – 25.11.1959/Hamburg) vgl. F. M. Heichelheim: Richard Laqueur. – Lebensskizze eines deutschen Gelehrten, in: Gießener Hochschulblätter 9 (1961) Nr. 2, 4f., und Joseph Vogt: R. Laqueur, in: HZ 197 (1963) 789–790.

96 Vgl. unten, *[61ff.]*.

97 Heichelheim: Laqueur, 4f.

98 Vgl. Personalbogen R. Laqueur (R 21/402); vgl. auch ders.: Das deutsche Reich in weltgeschichtlicher Beleuchtung. Festrede zum 18.1.1932, Tübingen 1932, 3f. u. 22.

99 Vgl. Heichelheim: Laqueur, 4, und Laqueurs Monographien über Polybius (1913), Flavius Josephus (1920) und Euseb (1929).

100 Gießen 1925.

entlassung ein abruptes, frühes Ende fand, war Laqueur erst 1932 berufen worden.[101] Im Jahre 1939 emigrierte Laqueur nach Amerika und fand dort weder den Anschluß an sein eigenes Fachgebiet noch die Gelegenheit, sich den Lebensunterhalt in einem entsprechenden Tätigkeitsbereich zu verdienen. Auf seiner Hände Arbeit angewiesen, konnte er wissenschaftlichen Interessen nur noch in der ihm verbleibenden Freizeit nachgehen. Da ihm keine Fachbibliothek zugänglich war, hatte er sich den Dramen Shakespeares zugewandt, die er, ähnlich wie die antiken Historiker, einer quellenanalytischen Betrachtung unterzog. Er legte in jenen Jahren die Grundlagen für ein Buch über „Die dramatische Konzeption Shakespeares", das nach seiner Rückkehr in Deutschland erschien.[102] Als Althistoriker ist Laqueur dann nach über zwanzigjähriger Pause kurz vor seinem Tod noch einmal mit einem Aufsatz über Diodor hervorgetreten.[103]

Die nach der Machtübernahme im großen Stil organisierte „Säuberung" der deutschen Universitäten war im wesentlichen bis Anfang 1936 abgeschlossen. Später ging es darum, die zunächst nach außen erreichte Gleichschaltung der deutschen Hochschulen weiter abzusichern, wobei die Entlassungsgründe ganz auf den Einzelfall abgestellt waren. In Köln wurde 1938 auf diese Weise mit *Johannes Hasebroek* ein bedeutender Vertreter der *[41]* antiken Wirtschaftsgeschichte als Opfer einer Denunziation im Alter von 45 Jahren in den Ruhestand versetzt. Formalrechtlich hatte man die Entlassung mit einer Krankheit begründet.[104]

Nach der Wiederbegründung der Universität Köln war Hasebroek 1927 als erster Vertreter seines Faches an das von Joseph Kroll gegründete Institut für Altertumskunde geholt worden.[105] Angesichts der besonderen Tradition der Wirtschafts- und Sozialwissenschaften in Köln war die Berufung eines stark wirtschaftsgeschichtlich ausgerichteten

101 PD Göttingen 1907, a.o. Prof. Straßburg 1909, o. Prof. Straßburg 1912, Gießen 1912, Tübingen 1930, Halle 1932/36 (?) ... Hon. Prof. Hamburg 1959 (vgl. Heichelheim: Laqueur, 5).

102 1955. In der Schlußbetrachtung (346) hat Laqueur ausdrücklich darauf hingewiesen, daß dieses Werk ohne althistorische Vorarbeiten nicht zu verstehen sei.

103 Vgl. R. Laqueur: Diodorea, in: Hermes 86 (1958) 257–290; vgl. dazu Vogt: Laqueur, 790.

104 Mitteilung des UA Köln – Prof. Dr. Th. Schieffer an den Verf. v. 25.7.1974. Weitere Informationen konnten unter Hinweis auf die Sperrfrist für Personalakten nicht erteilt werden. – In den Handakten des Amtsrats Berger vom REM (betr. die Entpflichtung von Hochschullehrern) läßt sich nur die formalrechtliche Seite des Vorgangs fassen. Danach beantragte Hasebroek mit (dem mir nicht zugänglichen) Schreiben v. 10.10.1937 seine Versetzung in den Ruhestand. Eine Dankesformel erschien „nicht angebracht, da H. weniger als 25 Dienstjahre aufzuweisen hat". (R 21/39, Bl. 5). J. Hasebroek (14.4.1893/Hamburg – 15.2.1957/Lübeck), PD Hamburg 1921, a.o. Prof. Zürich 1925, o. Prof. Köln 1927, i. R. 1938 (vgl. KGK 6, 1940/41, Sp. 645).

105 Vgl. dazu Willehad Paul Eckert: Kleine Geschichte der Universität Köln, Köln 1961, 194f., der lediglich den Namen Hasebroeks nennt. In dem einschlägigen Schrifttum zur Geschichte der Kölner Universität findet sich kein Hinweis auf Hasebroek; vgl. die Literaturangaben bei Kurt Düwell: Universität, Schulen und Museen. Adenauers wissenschafts- und bildungspolitische Bestrebungen für Köln und das Rheinland, in: H. Stehkämper (Hrsg.): Konrad Adenauer. Oberbürgermeister von Köln, Köln 1976, 171, Anm. 18.

Althistorikers sicherlich kein Zufall.[106] Hasebroek, ein Schüler A. von Domaszewskis, war zunächst mit Beiträgen zur Historia-Augusta-Forschung hervorgetreten.[107] Im Zusammenhang mit seinen Arbeiten zur Wirtschaftsgeschichte flammte der Streit wieder auf, den Karl Julius Beloch und Eduard Meyer mit dem Nationalökonomen Karl Bücher um den Charakter der antiken Wirtschaftsformen ausgetragen hatten. Hasebroek bekannte sich damals mit Einschränkungen zur Position Büchers.[108] Bei aller Kritik an den mitunter überspitzt vorgetragenen Thesen konnte selbst einer seiner schärfsten Kontrahenten, Erich Ziebarth, nicht umhin, die bleibenden Verdienste Hasebroeks auf diesem Gebiet anzuerkennen.[109] Es ist keine Frage, daß die Entlassung Hasebroeks, mit der das Ende seiner wissenschaftlichen Produktion zusammenfiel,[110] nach dem Weggang Heichelheims eine weitere empfindliche Schwächung jener Forschungsrichtung bedeutete, die sich der antiken Sozial- und Wirtschaftsgeschichte in besonderem Maße verpflichtet fühlte.

Nach dem Anschluß Österreichs und der Aufteilung der Tschechoslowakei kam eine neue Verfolgungswelle in Gang. Zu ihren ersten Opfern zählte der Grazer Althistoriker *Franz Schehl*, ein Spezialist für Epigraphik und Papyrologie, der im April 1939 beurlaubt wurde.[111] In diesen Sog geriet schließlich *Victor Ehrenberg*, der Inhaber des Lehrstuhls für Alte Geschichte an der Deutschen Universität Prag. Kurz vor dem Einmarsch der deutschen Truppen in Prag gelang ihm mit Hilfe der „Society for the Protection of Science

106 Bereits 1923 hatte Friedrich Oertel, ein Fachmann für antike Wirtschaftsgeschichte, einen Ruf nach Köln erhalten; vgl. Klio 18 (1923) 211; zur Pflege dieses Schwerpunkts auch Düwell, 167ff.

107 Vgl. J. Hasebroek: Die Fälschung der Vita Nigri und Albini in den SHA., phil. Diss. Heidelberg (Berlin) 1916, 83f., und ders.: Untersuchungen zur Geschichte des Kaisers Septimius Severus, Heidelberg 1921.

108 Hier seien nur die Monographien „Staat und Handel im alten Griechenland", Tübingen 1928, engl. Ausg. London 1933, NDr. 1966, und „Griechische Wirtschafts- und Gesellschaftsgeschichte bis zur Perserzeit", Tübingen 1931, genannt; vgl. Hermann Bengtson: Griechische Geschichte, 4. Aufl., München 1969, 11.

109 Vgl. E. Ziebarth: Neue Beiträge zum griechischen Seehandel, Klio 26, N. F. 8, 238 (231–247); zur neueren Entwicklung der antiken Wirtschaftsgeschichte, in deren Rahmen Hasebroek zu sehen ist, vgl. Edouard Will: Trois quarts de siècle de recherches sur l'économie grecque antique, in: Annales 9 (1954) 7–22.

110 Das letzte Zeugnis dafür scheint die Besprechung von J. Brake, in: Gnomon 13 (1937) 434–438, zu sein.

111 *Franz Schehl* (20.1.1898) PD Graz 1929, a.o. Prof. Graz 1936. (Letzte Angabe in: Personal- u. Vorlesungsverzeichnis d. Univ. Graz SS 1938). Schehl, der als Halbjude gefährdet war, hatte sich für das SS 1938 krank gemeldet; vgl. Personalbogen F. Schehl (UA Graz); vgl. auch die Würdigung Schehls in Dekan Phil. Fak. Graz an Bundesministerium für Unterricht v. 13.3.1933 betr.: Vorsorge für den Lehrbetrieb in römischer Altertumskunde (Personalakt Schehl, UA Graz). Er wirkte später als Professor an der Priory School, Portsmouth, Rhode Island, USA. Schehl sah sich zu seinem Bedauern nach Kriegsende nicht in der Lage, auf die ihm wieder angebotene Lehrkanzel zurückzukehren. – Diese Auskunft verdanke ich einer frdl. Mitteilung des UA Graz, Univ. Doz. Dr. W. Höflechner, Brief an den Verf. v. 6.9.1976. – Im Zusammenhang mit dem Anschluß Österreichs ging wohl auch der heute in Stanford wirkende Althistoriker Antony E. Raubitschek (4.12.1912) in die USA; vgl. Directory of American Scholars, Bd. 3, 5. Aufl., New York 1969, 328.

and Learning" die Auswanderung nach England.[112] Die Erinnerungen seiner Frau belegen eindrucksvoll, wie sich die ausgeprägte Bindung einer jüdischen Familie an Deutschland unter dem Druck der Verfolgung in ein gestärktes Bewußtsein von einer größeren Schicksalsgemeinschaft der Juden verwandelte.[113]

Nicht ohne Anzeichen persönlicher Betroffenheit hatte Ehrenberg bereits 1927 als deutscher Althistoriker festgestellt, daß „die Probleme des antiken Antisemitismus sich mit denen der Gegenwart aufs überraschendste berühren, weil Alexandreia eine Judenfrage hatte, nicht viel anders als jetzt etwa Wien."[114] Auch in den späteren Arbeiten, die ganz überwiegend der griechischen Geschichte gewidmet sind, spiegelt sich die Auseinandersetzung *[42]* mit der politischen Entwicklung in Deutschland, deren Zeuge und Opfer er von Prag aus wurde. So versuchte er schon 1934 in einem Rundfunkvortrag am Beispiel Spartas eine Wesensbestimmung des totalitären Staates zu geben, in der sich ein Wandel seines Sparta-Bildes ankündigt.[115] Später in der Emigration konnte unter dem Eindruck der ersten Kriegsjahre ein Vortrag über Alexander den Großen zu einer Abrechnung mit Hitler werden.[116] Darüber hinaus schuf die Emigration die Voraussetzung für einen weitergehenden Austauschprozeß zwischen den altertumswissenschaftlichen Traditionen seiner alten und neuen Heimat, die im Schaffen Ehrenbergs eine fruchtbare Verbindung eingingen: die Betonung der Geistesgeschichte als – wie Ernst Badian bemerkt hat – „the German ingredient has been blended with English attention to concrete fact".[117]

Ehrenbergs älterer Kollege in Prag, der Professor für römisches Altertum und Epigraphik *Arthur Stein*, wurde 1939 – er war damals 68 Jahre alt – pensioniert.[118] Seine zurückhaltenden Bemerkungen im Nachruf auf Hermann Dessau belegen, daß Stein ein sehr

---

112 Vgl. Eva Ehrenberg: Sehnsucht – mein geliebtes Kind. Bekenntnisse und Erinnerungen o. O. (Oberursel) 1963, 52ff., und Ancient Society and Institutions. Studies presented to V. Ehrenberg, Oxford 1966, X (mit Schriftenverzeichnis XIff.), und J. Vogt: V. Ehrenberg, in: Gnomon 48 (1976) 423–426.
V. Ehrenberg (22.11.1891/Altona – 25.1.1976/London), PD Frankfurt 1922, n.b.a.o. Prof. 1928, a.o. Prof. Dt. Univ. Prag 1929, o. Prof. 1934–1939, 1949–1957 Univ. London.

113 Vgl. E. Ehrenberg, 48. Nicht unwichtig dürfte in diesem Zusammenhang die enge freundschaftliche Verbindung mit Franz Rosenzweig sein, einem der bedeutendsten Philosophen des modernen Judentums, der mit V. Ehrenberg auch weitläufig verwandt war (ebd., 35ff.).

114 V. Ehrenberg: Rez. H. J. Bell, Juden und Griechen im römischen Alexandreia (Leipzig 1926), in: HZ 136 (1927) 611.

115 Unter dem Titel „A Totalitarian State" abgedruckt in: V. Ehrenberg: Aspects of the Ancient World, Oxford 1946, 94–104; dazu Hans Schaefer: Victor Ehrenbergs Beitrag zur historischen Erforschung des Griechentums, in: Historia 10 (1961) 394 u. 398f. (387–408).

116 V. Ehrenberg: Alexander the Great, in: ders.: Aspects, 167–178. Dieser Vortrag wurde 1941 gehalten und 1944 um ein „Postscript" (178) vermehrt.

117 E. Badian, Dedication, in: Ancient Society and Institutions. Studies presented to V. E., ebd., IX.

118 *Arthur Stein* (10.6.1871/Wien – 15.11.1950/Prag). PD Dt. Univ. Prag 1915, a.o. Prof. 1918, o. Prof. 1922; vgl. V. Ehrenberg: A. Stein, in: Historia 1 (1950) 512f., und A. Betz: Professor Arthur Stein †, in: Anz. f. d. Altertumswissenschaft 4 (1951) 193–194. Ferner: Arthur Stein – Bibliographie zusammengestellt von L. Vidman, Eunomia II, 1958, 40–49, sowie K. Beránek, Listy filologiké 80, Eunomia I, 1957, 81–83.

waches Empfinden für die Sonderstellung eines jüdischen Hochschullehrers besaß.[119] Am Ende seiner Laufbahn bekam er die Konsequenzen des Antisemitismus in Deutschland am eigenen Leibe zu spüren. Dank seiner außergewöhnlichen Energie hat er drei Jahre Haft im Konzentrationslager Theresienstadt überstehen können.

Sein wissenschaftlicher Werdegang stand unter dem Einfluß des Epigraphikers *Eugen Bormann*. Im epigraphischen Material fand er die Grundlage für eine Vielzahl prosopographischer Forschungen. Hervorzuheben ist die Monographie über den „Ritterstand", mit der sich Stein den Untersuchungen Mommsens, Friedländers und Hirschfelds verbunden wußte.[120] Zusammen mit seinem Freund *Edmund Groag*, dessen Arbeitsmöglichkeiten während der NS-Zeit in Österreich stark eingeschränkt waren,[121] hat er schließlich die weitgehende Neubearbeitung eines der wichtigsten Hilfsmittel für die Personengeschichte der Kaiserzeit, der Prosopographia Imperii Romani, in Angriff genommen.[122] Für das Erscheinen der letzten Arbeiten Steins und Groags vor Kriegsende haben ungarische Freunde und Kollegen, denen die Manuskripte heimlich zugestellt worden waren, Sorge getragen.[123] Nach 1945 kehrte Stein nach Prag zurück und hat dort noch einige Jahre wissenschaftlich gearbeitet.

[43] 2. Der „Emigrationsverlust" der deutschen Altertumswissenschaft

In den für die Alte Geschichte beschriebenen Phasen lief auch die „Säuberung" der Klassischen Philologie ab, deren Ausmaß hier nur mit wenigen Namen angedeutet werden kann.[124] Das Los der Emigration teilten so namhafte Vertreter ihres Faches wie *Ludwig Bieler*, *Eduard Fraenkel*, *Hermann Fränkel*, *Paul Friedländer*, *Kurt von Fritz*, *Felix Jacoby*, *Werner Jaeger*, *Ernst Kapp*, *Paul Maaß*, *Eduard Norden*, *Rudolf Pfeiffer* und *Georg Rohde*.[125] Aus der Gruppe der frühzeitig (in die innere Emigration) Entlassenen wären

119 Vgl. Klio 25, N. F. 7 (1937) 227 (226–244). Der Mommsenschüler H. Dessau (1858–1931) erhielt, weil er am jüdischen Glauben festhielt, keinen Lehrstuhl.

120 A. Stein: Der römische Ritterstand, München 1927, X.

121 *E. Groag* (2.2.1873/Prerau – 19.8.1945/Wien). PD Wien 1919, a.o. Prof. 1925, Oberstaatsbibliothekar; vgl. ders.: Die Reichsbeamten von Achaia in spätrömischer Zeit, Budapest 1946, insbes. 3: Vorrede des Herausgebers A.(ndreas) A.(lföldi).

122 P.I.R. saec. I, II, III, Neubearb. v. E. Groag, A. Stein, L. Petersen, Berlin 1933ff.; dazu jetzt K. P. Johne: 100 Jahre Prosopographia Imperii Romani, in: Klio 56 (1974) 21–27.

123 Vgl. A. Stein: Die Reichsbeamten von Dazien, Budapest 1944, und ders.: Die Präfekten von Ägypten in der römischen Kaiserzeit, Bern 1950, 7f.

124 Einen ersten Überblick bietet William M. Calder III: Die Geschichte der Klassischen Philologie in den Vereinigten Staaten, in: Jahrbuch für Amerikastudien 11 (1966) 232ff. (213–240).

125 *L. Bieler* (geb. 20.10.1906).
E. Fraenkel (17.3.1888–5.2.1970); vgl. H. Lloyd-Jones, in: Gnomon 43 (1971) 634–640.
H. Fränkel (7.5.1888–8.4.1977).
P. Friedlinder (21.3.1882–10.12.1968); vgl. W. Böhler, in: Gnomon 41 (1969) 619–623.
K. v. Fritz (geb. 25.8.1900); vgl. unten, ***[44, Anm. 134]***.
F. Jacoby (19.3.1876–10.11.1959); vgl. W. Theiler, in: Gnomon 32 (1960) 387–391.

Kurt Latte, Karl Mras, Otto Regenbogen und *Konrat Ziegler* zu nennen.[126] Einzubeziehen in diese Reihe ist schließlich der wissenschaftliche Nachwuchs unterhalb der Schwelle der Privatdozenten, wie etwa *Herbert Bloch, Ludwig Edelstein, Ernst Grumach, Friedrich Walter Lenz, Eilhard Schlesinger, Otto Skutsch, Friedrich Solmsen* und *Stefan Weinstock*.[127]

Auch in diesen Fällen mußte sich der Abschied der Fachwelt auf die knappen Formeln akademischer Berichterstattung beschränken. Eine Ausnahme galt allein für Werner Jaeger. Wohl in Anbetracht seines internationalen Ansehens fühlte man sich anläßlich seiner Berufung nach Chicago zu der Mitteilung verpflichtet, daß ihm der Minister für Wissenschaft, Erziehung und Volksbildung „mit gleichzeitigem Dank für seine akademische Wirksamkeit die Genehmigung zur Annahme des Rufes erteilt" hätte.[128] Die Sonderstellung Jaegers wurde auch in späterer Zeit beachtet. Nach einer geheimen Presseanweisung von 1941 war bei der Erwähnung Jaegers „äußerste Zurückhaltung und vorherige Rücksprache mit der Abteilung ZP, Kulturpresse", geboten.[129] Diese Sprachregelung ist natürlich auch vor dem Hintergrund der Auseinandersetzung mit dem „Dritten Humanismus" zu sehen.[130] Jaegers Reaktion auf die Machtübernahme ist ein anschauliches Beispiel dafür, daß durchaus nicht alle Emigranten von vornherein unbedingte Gegenpo-

---

W. Jaeger (30.7.1888–19.10 1961); vgl. H. Langerbeck, in: Gnomon 34 (1962) 101–105.
E. Kapp (geb. 21.1.1888).
P. Maaß (18.11.1880–15.7.1964); vgl. H. Lloyd-Jones, in: Gnomon 37 (1965) 219–221.
E. Norden (21.9.1868–13.7.1941); vgl. F. W. Lenz. Erinnerungen an E. N., in: Antike und Abendland 7 (1958) 159–171, sowie ders.: E. Nordens Leistung für die Altertumswissenschaft, in: Das Altertum 6 (1960) 245–254.
R. Pfeiffer (geb. 28.9.1889).
G. Rohde (23.12.1899–21.10.1960); vgl. oben, ***[38, Anm. 87]***.

126 *K. Latte* (9.3.1891–18.6.1964); vgl. R. Stark, in: Gnomon 37 (1965) 215–219.
K. Mras (6.6.1877–7.7.1962); vgl. R. Hanslik, in: Gnomon 35 (1963) 107–110.
O. Regenbogen (14.2.1891–8.11.1966); vgl. H. Gundert, in: Gnomon 39 (1967) 219–221.
K. Ziegler (2.1.1884–8.1.1974); vgl. L. Wickert, in: Gnomon 46 (1974) 636–640.

127 *H. Bloch* (18.8.1911); vgl. Who's Who in America, 38. Aufl. 1974/75, 289.
L. Edelstein (23.4.1902–16.8.1965); vgl. H. Diller, in: Gnomon 38 (1966) 429–432.
E. Grumach (7.11.1902–5.10.1967); vgl. oben, ***[36, Anm. 65]***.
F. W. Lenz (1896–15.11.1969); vgl. B. Kytzler, in: Gnomon 43 (1971) 526–527.
E. Schlesinger (28.12.1909–13.8.1968); vgl. W. Marg u. A. Thierfelder, in: Gnomon 41 (1969) 430–432.
O. Skutsch (geb. 6.12.1906).
F. Solmsen (geb. 4.2.1904).
St. Weinstock (7.11.1901–5.6.1971); vgl. P. J. Parsons, in: Gnomon 46 (1974) 217–220.

128 Vgl. Gnomon 10 (1934) 111; vgl. zu seiner weiteren Laufbahn in Amerika Gnomon 11 (1935) 224, u. 12, 1936, 400. Ferner: W. Calder III, 232ff.; zur Bedeutung Jaegers für die Klassische Philologie vgl. Ada Hentschke u. Ulrich Muhlack: Einführung in die Geschichte der Klassischen Philologie, Darmstadt 1972, 128ff.

129 Kulturpolitische Informationen – Geheim – v. 6.12.1941, Nr. 5 (IfZ-Archivnr. 1093/53); vgl. auch die Kulturpolitischen Informationen v. 31.7.1943, Nr. 3, u. v. 3.9.1943, Nr. 3, in denen zwei Jahre nach dem Tod Eduard Nordens (vgl. oben, ***[43, Anm. 125]***) die Erwähnung seines 75. Geburtstags untersagt wurde.

130 Vgl. dazu unten, ***[97f.]***.

sitionen zum Nationalsozialismus bezogen haben.[131] Den Weg in die Emigration mußten schließlich die Klassischen Archäologen *Margarete Bieber*, *Otto J. Brendel*, *Paul Ferdinand Jacobsthal*, *Georg Karo*, *Karl Lehmann* und aus der jüngeren Generation *George M. A. Hanfmann* und *Willy Schwabacher* antreten.[132] Das gleiche Los traf im Bereich der antiken Rechtsgeschichte *Ernst Levy*, *Fritz Pringsheim*, *Ernst Rabel* und *Fritz Schulz*, die ebenso wie ihre jüngeren Kollegen *David Daube* und *Hans Julius Wolff* in einem weiteren Sinne auch als Altertumswissenschaftler anzusprechen sind.[133] Am mutigen Einsatz, an Zeichen von Solidarität und Hilfsbereitschaft von seiten der Kollegen hat es im Einzelfall sicherlich nicht gefehlt. Von einer *[44]* geschlossenen Reaktion der Fachgenossen auf die Säuberungswelle kann aber nicht die Rede sein. Die kompromißlose Haltung des Rostocker Graezisten Kurt von Fritz, der 1934 den Eid auf Adolf Hitler verweigerte und zwei Jahre nach seiner Berufung in den dauernden Ruhestand versetzt wurde, blieb eine Ausnahme.[134] Das menschliche Leid, das die Opfer der Säuberungswelle an den Hochschulen traf, läßt sich in seinem ganzen Umfang nur schwer in Worte fassen. Die Belege, die in jedem Abschnitt dieses Kapitels der Wissenschaftsgeschichte zu finden waren, sprechen für sich und bedürfen keiner weiteren Ausführung. Hinter dieser Reihe von Einzelschicksalen steht ein wissenschaftliches Potential, dessen Verlust die Entwicklung des Faches Alte Geschichte über das Jahr 1945 hinaus entscheidend geprägt hat. Diese Feststellung darf man treffen, ohne dabei der Gefahr zu erliegen, die Leistung jüdischer Wissenschaftler und der akademischen Emigration insgesamt zu überschätzen.[135]

---

131 Vgl. dazu unten, *[86]*. Nach einer Vermutung Ernst Noltes darf man noch nicht einmal die Hälfte der damals entlassenen Hochschullehrer als „politisch bewußte und zu aktiver Tätigkeit entschlossene Gegner des nationalsozischen Regimes“ ansprechen; vgl. ders.: Typologie, 12.

132 *M. Bieber* (31.7.1879); vgl. R. Winkes: M. Bieber zum 95. Geburtstag, in: Gießener Universitätsblätter 1 (1974) 68–75.
O. J. Brendel (10.10.1901–8.10.1973).
P. F. Jacobsthal (23.2.1880–27.10.1957); vgl. H. Möbius, in: Gnomon 29 (1957) 637f.
G. Karo (11.1.1872–12.11.1963); vgl. F. Matz, in: Gnomon 36 (1964) 637–640.
K. Lehmann (1894–17.12.1960); vgl. Ph. Pray Bober, in: Gnomon 33 (1961) 526–528.
G. M. A. Hanfmann (20.11.1911) entstammt einer russischen Emigrantenfamilie und mußte Deutschland nach Abschluß seiner Promotion (1934) verlassen; vgl. Directory of American Scholars, Bd. 1, 5. Aufl. 1969, und Encyclopaedia Judaica 7 (1971) 1261.
W. Schwabacher (22.7.1897–30.8.972); vgl. C. Boehringer, in: Schw. Numism. Rundschau 52 (1973) 155–161.

133 *E. Levy* (23.12.1881); vgl. Kaznelson, 603.
F. Pringsheim (7.10.1882–24.4.1967); vgl. H. J. Wolff, in: Gnomon 39 (1967) 732–735.
E. Rabel (28.1.1874–7.9.1955); vgl. H. J. Wolff, in: ZRG (RA) 73 (1956) XI–XXVIII.
F. Schulz (16.6.1879–12.11.1957); vgl. W. Flume, in: ZRG (RA) 75 (1958) 496–507.
Zu *D. Daube* (2.2.1909) und *H. J. Wolff* (27.8.1902); vgl. Momigliano: Jews, 224f.

134 Zu *K. v. Fritz* (PD München 1927, Hamburg 1931, a.o. Prof. Rostock 1933–35, Columbia Univ. New York 1937–54, FU Berlin 1954–58, München 1958); vgl. Geschichte der Univ. Rostock 1419–1969, Bd. 1, Rostock 1970, 265f.

135 Vor entsprechenden Tendenzen warnt von jüdischer Seite: R. Weltsch: Geleitwort (1959), in: Kaznelson, XX.

Auf der anderen Seite konnte – sieht man von den Extremfällen der dauernden Ausschaltung aus dem Wissenschaftsbetrieb ab – der deutsche Emigrationsverlust in den Aufnahmeländern unter bestimmten Voraussetzungen als Gewinn für einzelne Disziplinen zu Buche schlagen. Dieser, rein fachspezifisch gesehen, positive Aspekt darf in unserem Zusammenhang ebensowenig übergangen werden wie der hohe Preis, den der einzelne Emigrant dabei zu zahlen hatte. Die meisten der im Bereich der Altertumswissenschaften entlassenen Hochschullehrer waren aufgrund unterschiedlicher Voraussetzungen Opfer der Rassengesetzgebung. Arthur Rosenberg und Ernst Stein, die wegen ihres politischen Engagements, aber auch aus rassischen Gründen gefährdet waren, zählten zu den Ausnahmeerscheinungen.

Bei einigen der Betroffenen ergab sich vom Fachgebiet her unter Einschluß antiker und moderner Erscheinungsformen eine besondere Sensibilität für das Problem des Antisemitismus. Aufs Ganze gesehen, unterscheiden sich die Arbeiten jüdischer Altertumswissenschaftler – unabhängig davon, ob die Bindung an die Glaubensgemeinschaft noch gegeben war – nicht von denen ihrer übrigen Kollegen. Juden im Sinne religiöser Gebundenheit gewinnen dabei als Gruppe nur insoweit stärkeres Profil, wie sie den Kontakt zur Wissenschaft des Judentums suchen und damit an die enge Verbindung judaistischer und altertumswissenschaftlicher Studien anknüpfen. Die Beiträge Bickermanns und Täublers stellen eine fachspezifische Reaktion dieser Gruppe auf die Isolierung und Vertreibung dar. Mit der Ausschaltung dieses Personenkreises wurde in der Tat eine im eigentlichen Sinne jüdische Komponente der deutschen Altertumswissenschaft ausgelöscht. Abgesehen davon, daß im Dritten Reich der Erforschung der Geschichte Israels weltanschauliche Gründe im Wege standen, *[45]* waren einer qualifizierten Auseinandersetzung mit dieser Kontaktzone des griechisch-römischen Altertums nunmehr auch personelle Grenzen gesetzt. In ähnlicher Weise war der Lehr- und Forschungsbetrieb ganz unmittelbar davon betroffen, daß namhafte Vertreter der antiken Sozial- und Wirtschaftsgeschichte ihre Arbeit nicht fortsetzen konnten. Langfristig mußte dieser Umstand auch die Nachwuchsförderung für bestimmte Gebiete beeinträchtigen. Welche Hoffnungen schließlich durch den Abbruch und die Behinderung spezieller Forschungsvorhaben zerstört wurden, ist im einzelnen nicht meßbar, muß aber gleichwohl in dieser „Wissenschaftlichen Passivbilanz“ angesprochen werden.[136]

Die relativ größte Gruppe der Altertumswissenschaftler wandte sich nach Amerika, das vielen Emigranten nach mehreren Durchgangsstationen die sicherste Zuflucht und von der Aufnahmekapazität her die besten Möglichkeiten bot. Für den amerikanischen Teil der akademischen Emigration zog Helge Pross 1955 die vergleichsweise positive Bilanz, daß „die Lehrstühle für klassische Philologie und alte Geschichte ... heute an den meisten großen Universitäten mit zentraleuropäischen Emigranten besetzt“ seien, die „die Entwicklung ihrer Disziplin wohl hauptsächlich im Sinne eines Ausbaus und der Erweiterung befruchtet (haben) ...“.[137]

---

136 Vgl. Christ: Entwicklung, 584.

137 Pross, 67; zu den Folgen für den amerikanischen Nachwuchs vgl. Calder III, 232.

Am Beispiel der Columbia University, an der E. Bickermann, M. Bieber, O. J. Brendel, K. v. Fritz und E. Kapp die Fächer Alte Geschichte, Archäologie und Klassische Philologie vertraten, ließe sich diese Feststellung eindrucksvoll belegen; unabhängig davon müßte sie wohl doch auf eine breitere Grundlage gestellt werden.[138]

Weniger günstige Aufstiegschancen bestanden in Ländern wie England, wo die altertumswissenschaftliche Fächergruppe bereits so fest im Hochschulwesen verwurzelt war, daß ein weiterer Ausbau nicht sinnvoll erschien.[139] Als ausgesprochenen Sonderfall muß man die Gelegenheit bezeichnen, die sich auch für Altertumswissenschaftler beim Aufbau des türkischen Hochschulwesens bot.[140] Der größte Teil der emigrierten Altertumswissenschaftler hat unter im einzelnen sehr unterschiedlichen Bedingungen den Anschluß an das Fach wiedergefunden, bruchlos ging dieser Prozeß freilich in keinem Fall vonstatten.

Sicher läßt sich eine fachgebundene, emigrationstypische Entwicklung dort nachweisen, wo die Erfahrungen mit der Diktatur und der Emigration in die wissenschaftliche Arbeit umgesetzt wurden. Ansätze dazu findet man bei Victor Ehrenberg und Kurt von Fritz, die gewissermaßen althistorische Beiträge zur Totalitarismusdiskussion lieferten.[141] Nur schwer in den Griff zu bekommen ist der durch die Emigration ausgelöste Prozeß der Verschmelzung nationaler wissenschaftlicher Traditionen im Werk einzelner Gelehrter. In diesem Sinne hat man das Wirken Eduard Fraenkels *[46]* gedeutet: „But his influence, more than any other factor, somehow created an amalgam of German ‚Altertumswissenschaft' and English classical scholarship which combined much of what was best in both".[142]

Die Möglichkeiten, die in dieser Entwicklung liegen, reichen über den zeitlichen Rahmen der Emigration hinaus: Denkt man an die Chance der Rückwanderung, so wurde damit ein doppelter Austauschprozeß in Gang gesetzt.[143]

Im Bereich der deutschen althistorischen Forschung ließ sich im Unterschied zur Klassischen Philologie der Emigrationsverlust auf diesem Wege in keinem einzigen Fall aus-

138 E. Bickermann (1952–1967), M. Bieber (1936–1954), O. J. Brendel (1956–1970), K. v. Fritz (1938–1954), E. Kapp (1941–1955).

139 Norman Bentwich: The Rescue and Achievement of Refugee Scholars, Den Haag 1953, insbes. Appendices A–C, 99ff. B. nennt folgende deutsche Altertumswissenschaftler in England, von denen nur die Hälfte eine Professur erhielt: Ed. Fraenkel, R. Pfeiffer, F. Jacoby, P. Maaß, C. O. Brink, O. Skutsch (die Liste ist unvollständig). Der Hinweis auf dieses Faktum mindert in keiner Weise die erheblichen englischen Anstrengungen, den Emigranten zu helfen.

140 Vgl. oben, *[38]*.

141 Zu Ehrenberg vgl. oben, *[41]*; vgl. K. v. Fritz: Conservative reaction and one-man rule in ancient Greece, in: Political Science Quarterly 56 (1941) 51–83; ders., Totalitarismus und Demokratie im Alten Griechenland und Rom, in: Antike und Abendland 3 (1948) 47–74, und M. Gelzer: Rez. K. v. Fritz, The Theory of Mixed Constitution in Antiquity (1954), in: ders.: Kleine Schriften, Bd. 3, Wiesbaden 1964, 191 (191–200).

142 Hugh Lloyd-Jones: E. Fraenkel, in: Gnomon 43 (1971) 639f.

143 Zu diesem Problemkreis allgemein: Alfred Vagts: Deutsch-Amerikanische Rückwanderung, Heidelberg 1960, 141ff.

gleichen.[144] Nichts kennzeichnet den Bruch in der Geschichte dieser Disziplin deutlicher als die Tatsache, daß keiner der emigrierten Althistoriker, die das Kriegsende überlebten, auf seinen alten Posten zurückkehren oder eine vergleichbare Stellung an einer anderen deutschen Universität finden konnte.

144 G. Rohde und K. v. Fritz, die beiden ersten Klassischen Philologen an der Freien Universität Berlin waren nicht zufällig Emigranten; vgl. E. Fraenkel, in: Gedenkschrift für G. Rohde, Tübingen 1961, 5f. Zu den Rückwanderern gehörte auch E. Kapp, der 1955 seinen alten Lehrstuhl in Hamburg übernahm; dazu H. u. J. Diller, in: E. Kapp – Ausgewählte Schriften, Berlin 1968, 319ff.

1 – Kapitel II
Die Besetzung althistorischer Lehrstühle 1933–1945 im Widerstreit der NS-Hochschulpolitik

Die Frage der Besetzung althistorischer Lehrstühle knüpft zunächst an die planmäßige Säuberung der Hochschulen nach 1933 an; darüber hinaus gilt sie der personellen Entwicklung der Alten Geschichte für den gesamten Zeitraum. Nach der Machtübernahme scheint sich die Entscheidung über die Wiederbesetzung vakanter Professuren zugleich als grundsätzliche Frage nach der künftigen Bedeutung des Faches im nationalsozialistischen Staat gestellt zu haben. Eine Bedrohung des Faches hätte daraus entstehen können, daß ein vermehrter Bedarf an Lehrstühlen für weltanschaulich besonders relevante Fächer oder auch zur Versorgung nationalsozialistischer Aktivisten auf Kosten ideologisch gefährdeter oder weniger wichtiger Disziplinen gedeckt werden sollte. Daß es an solchen Vorstellungen nicht gefehlt hat, zeigt eine Bemerkung Walter Franks, der 1935 aus sehr eigennützigen Motiven die „Umwandlung einer der vakanten altphilologischen oder mittelalterlichen Professuren in eine ‚ordentliche Professur für Geschichte der nationalsozialistischen Revolution'" verlangte.[1] In andere Richtung zielte der Vorschlag eines „Reformers" der ersten Stunde, jeweils einen der an den meisten Universitäten doppelt vertretenen Klassischen Philologen zu „verpflichten, sich vor allem der Verarbeitung des antiken Gutes durch die germanischen Völker in Forschung und Lehre zu widmen."[2]

Nach Ernst Nolte bestanden die „Motive nationalsozialistischen Verhaltens" *[47]* älterer, d.h. bereits vor 1933 etablierter Hochschullehrer „fast stets in einer bestimmten Einschätzung der erwarteten Auswirkungen des Nationalsozialismus für das eigene Fach oder für die deutsche Hochschulkonzeption".[3] Diese Motivreihe zwischen Erwartung und Befürchtung, die natürlich auch von einer individuell verschiedenen persönlichen Interessenlage bestimmt ist, hat ganz unverkennbar auch die ersten Reaktionen der Althistoriker auf den „Umbruch" geprägt, die hier zunächst einmal in ihrem Zusammenhang mit der grundsätzlichen Frage nach der Vertretung der Alten Geschichte an den deutschen Universitäten registriert werden müssen.

Dabei dürfte *Fritz Schachermeyr*,[4] der sich im April 1933 mit einer Skizze über „die nordische Führerpersönlichkeit" im „Völkischen Beobachter" zu Wort meldete, die größte

---

1 Heiber, 122.

2 Es handelte sich um den damaligen Privatdozenten der Germanistik *Hans Teske* (geb. 23.5.1902), PD Heidelberg 1928, a.o. Prof. Hamburg 1934, o. Prof. 1938; vgl. ders.: Nationale Bildungs- und Erziehungsarbeit an den Universitäten (Möglichkeiten und Ansätze), Volk im Werden 1, 1933, H. 2, 12 (11–13), und Hellmut Seier: Der Rektor als Führer. Zur Hochschulpolitik des Reichserziehungsministeriums 1934–1945, in: VfZ 12 (1964) 111 m. Anm. 30 (105–146).

3 Nolte, Typologie, 9.

4 *F. Schachermeyr* (geb. 10.1.1895), Schuldienst 1921–1931, PD Innsbruck 1928, o. Prof. Jena 1931, Heidelberg 1936, Graz 1940, Wien seit 1952, emer. Vor 1933 scheint sich Sch. nicht politisch betätigt zu haben. Nach eigenen Angaben war er „Mitbegründer des nat.soz. Kampfringes der Deutschösterreicher im Reich (zeitweise 1933–1934) Gauführer im Gau Thüringen" und „Kulturpolitisch im

Breitenwirkung erzielt haben.[5] Ein Sonderdruck der erweiterten Aufsatzfassung dieses Themas ging, im Untertitel als „Baustein zur Weltanschauung des Nationalsozialismus“ deklariert, an den damals noch für Hochschulangelegenheiten zuständigen Reichsinnenminister Frick, dem sich der Autor, wie es im Begleitschreiben hieß, „verantwortlich“ fühlte, „seit Sie mich vor nicht ganz drei Jahren nach Jena berufen haben“.[6] Schachermeyr versäumte nicht, den Minister auf ein aktuelles Arbeitsvorhaben hinzuweisen, den bereits angekündigten umfassenden „Versuch, zur Grundlegung der nationalsozialistischen Weltanschauung aus dem Geiste der Historie“. Der Titel war für sein eigenes Empfinden zwar „reichlich bombastisch ausgefallen“, schien ihm „aber im Hinblick auf den z.T. noch etwas schläfrigen Leserkreis der ‚Neuen Wege‘ als wünschenswert“.[7] Noch im gleichen Jahr versuchte Schachermeyr in einem kleineren Aufsatz „Die Aufgaben der Alten Geschichte im Rahmen der nordischen Weltgeschichte“ zu bestimmen.[8] In deutlicher Anlehnung an H. F. K. Günther erläuterte Schachermeyr darin, die neue althistorische Methode „der kritischen Scheidung des klassischen Erbes in seine nordische und seine uns rassenfremde Komponente“.[9] Im Hinblick auf diesen außerordentlichen Einsatz wies er in einem Schreiben an seinen Kollegen Fritz Taeger vom 1.12.1933 – also nicht in einer nachträglichen Rechtfertigung! – darauf hin, daß die beiden Abhandlungen über die nordische Führerpersönlichkeit im Altertum und über die Aufgaben der Alten Geschichte im Rahmen der nordischen Weltgeschichte „auf Wunsch des Verlages geschrieben wurden und sich nicht so sehr an die Mitforscher wie auch an die Regierungsstellen wenden. Es wird Ihnen ja bekannt sein, daß augenblicklich maßgebende Strömungen geneigt sind, die Lehraufgabe der Alten Geschichte im Dritten Reich gering zu schätzen und u. U. daraus auch schwerwiegende Konsequenzen zu ziehen. Hier gilt es, aufzuklären

Sinne der nat.soz. Bewegung durch Vorträge und Veröffentlichungen tätig“; vgl. Personalbogen Schachermeyr (R 21/412), und Personaldaten, o. D. (MA 141/9 fol. 351872).

Zu seiner Stellung an der Univ. Jena – er wurde 1935 zum Dekan der Phil. Fakultät ernannt – vgl. Wolfgang Schumann: Die Universität Jena in der Zeit des deutschen Faschismus, in: Geschichte der Univ. Jena 1548/58–1958, Bd. 1, Jena 1958, 621, und 641ff. – Gerhard Oberkofler: Die geschichtlichen Fächer an der Universität Innsbruck 1850–1945, Innsbruck 1969, 166f., übergeht Schachermeyrs politisches und wissenschaftliches Engagement im Dritten Reich völlig; vgl. jetzt auch den Sammelband F. Schachermeyr: Forschungen und Betrachtungen zur Griechischen und Römischen Geschichte, Wien 1974, mit Schriftenverzeichnis (Auswahl) zusammengestellt von G. Dobesch, 477ff.

5 Völkischer Beobachter v. 13.4.1933 (Berliner Ausgabe).

6 Vgl. F. Schachermeyr: Die nordische Führerpersönlichkeit im Altertum, in: Humanistische Bildung im nationalsozialistischen Staate, Leipzig 1933, 36–43 (= Neue Wege zur Antike R. 1, H. 9), und Schachermeyr an Frick v. 10.11.1933 und den Dank Fricks durch einen Referenten v. 4.11.1933 (Rep. 320, Nr. 15 fol. 121 u. 123).

7 Ebd., fol. 121. Die Ankündigung dieses Vorhabens in: Schachermeyr: Führerpersönlichkeit, 36, Anm. 1.

8 Vergangenheit und Gegenwart 23 (1933) 589–600.

9 Ebd., 599.

und entgegenzukommen. Letzteres fällt mir als altem Kämpfer für die *[48]* Bewegung ja nicht schwer und deshalb habe ich diese Aufgabe schließlich übernommen."[10]

An unmittelbarem Bekenntniswillen stand der Leipziger Althistoriker *Helmut Berve* ganz sicher nicht hinter Schachermeyr zurück.[11] In einem Vortrag, dessen „grundsätzliche Gedankengänge" in dem HJ-Organ „Wille und Macht" abgedruckt wurden, beschwor er den „Glauben an das Deutsche Reich der Zukunft".[12] Außerdem versuchte er in dem Beitrag „Antike und nationalsozialistischer Staat" Antwort auf die Frage zu geben, „welche Werte das klassische Altertum in unserem neuen Staate auszustrahlen vermag, welcher Art heute unser Verhältnis, menschlich und wissenschaftlich, zur Antike sein kann und sein muß ..."[13]

Weniger fachgebundene Ausdrucksformen fand der Berliner Fachvertreter *Wilhelm Weber*,[14] der schon „im Frühjahr 1933 Adolf Hitler als den germanischen Volkskönig feierte, der siegreich durch das Brandenburger Tor seinen Einzug hält."[15] In der Zeitschrift „Der deutsche Student" artikulierte er im Oktober 1933 „Erwartungen und Forderungen des Professors" an das kommende Semester. Unter pathetischen Beschwörungen der

10 Eine Abschrift der hier zitierten Passage ist dem Verf. von Herrn Prof. Dr. K. Christ aus nachgelassenen Dokumenten F. Taegers, die der Verf. nicht eingesehen hat, zugänglich gemacht worden. Das Original des Briefes befindet sich im Besitz der Familie Taeger, Marburg/Lahn.

11 *H. Berve* (geb. 22.1.1896) UPD München 1924, o. Prof. Leipzig 1927, München 1943–1946, 1949 (z. Wv.) Erlangen 1954, emer. vgl. auch Léon Poliakov u. Josef Wulf: Das Dritte Reich und seine Denker, Berlin 1959, 46f., Gerhard Schrot: Forschung und Lehre zur Alten Geschichte an der Universität Leipzig, WZ Karl-Marx-Univ. Leipzig 8, 1958/59, 323–337, insbes. 328–329, und A. Momigliano, in: RSI 71 (1959) 665–672 (= ders.: Terzo Contributo alla storia degli studi classici e del mondo antico, Rom 1966, 699–708). Berve war am 30.4.1933 der NSDAP beigetreten; vgl. Personalbogen Berve (R 21/378). – Anzeichen für frühere politische Betätigung liegen nicht vor. Vermutungen des „Amtes Rosenbergs" über Verbindungen zum politischen Katholizismus (Zentrum) finden im protestantischen Glaubensbekenntnis Berves keine Stütze; vgl. hs. Gutachten über H. Berve o. D. (nach 1937), gez. Grünewald (?) (MA 116/3), und Aktennotiz betr. H. Berve v. 25.7.1934 (MA 129/9 fol. 54165); vgl. dazu auch die Angaben bei Heiber, insbes. 283, 286–290 u. 296. Seit 1.11.1933 war Berve Gesamtdekan der Phil. Fakultät Leipzig (R 21/378) und vom 1.1.1940 bis zu seinem Weggang nach München auch Rektor der Univ. Leipzig.

12 H. Berve: Die Erfüllung des Reiches, in: Wille und Macht 2 (1934) H. 5/6, 8 (4–9).

13 Vergangenheit und Gegenwart 24 (1934) 257 (257–272); zuvor erschienen in: Zeitschrift der Fachschaft Höhere Schulen im NSLB-Gauverband Sachsen und in: Die höhere Schule des Freistaates Bayern 11 (1933) 385–390.

14 *W. Weber* (28.12.1882–1.11.1948) PD Heidelberg 1911, o. Prof. Groningen 1912, Frankfurt 1916, Tübingen 1918, Halle 1925, Berlin 1932–1945; vgl. J. Vogt, in: Gnomon 21 (1949) 176–179. Weber betätigte sich bereits 1917/18 als Redner für die Deutsche Vaterlandspartei und bezeichnete sich als „Mitbegründer des nationalen Studentenbundes Tübingen" (April 1919); vgl. Personalbogen Weber (R 21/421 – ausgefertigt frühestens Oktober 1934). Aufschlußreich der weitere Eintrag: „26. Oktober 1923 in deutschnationaler Versammlung Rede f. d. Nationalsozialismus" (ebd.). Dennoch finden sich keine Angaben über eine Parteimitgliedschaft vor oder unmittelbar nach 1933, die Weber an dieser Stelle hätte erwähnen müssen. Es ist sehr fraglich, ob Weber wirklich „alter Nationalsozialist" war; vgl. Heiber, 121, und ohne Einzelnachweis auch Schleier, 27.

15 Nach Joachim Werner: Zur Lage der Geisteswissenschaften in Hitler-Deutschland, in: Schweizerische Hochschulzeitung 19 (1945/46) 71 (71–81); vgl. auch Christ: Entwicklung, 582f.

neuen Volksgemeinschaft suchte er „Wissenschaft als Tat der Lebenden, der Glieder des Volks, in der Forschung gefaßt und sich auswirkend in der Lehre", zu rechtfertigen.[16]

Trotz unterschiedlicher Positionen in Einzelfragen, die eine detaillierte Analyse der Beiträge erweist,[17] verbindet diese Ausführungen nicht nur das jeweilige persönliche Bekenntnis zum Dritten Reich. Einen gemeinsamen Nenner fanden Berve, Schachermeyr und in einem allgemeineren Sinne auch Weber in dem Versuch, die Existenzberechtigung der Alten Geschichte im Dritten Reich nachzuweisen. Neben persönlichen Motiven, die naturgemäß schwer zu entschlüsseln sind, spielt dabei die Sorge um die Entwicklung des Faches eine wichtige Rolle, wie sich am deutlichsten an der Reaktion Schachermeyrs zeigen ließ. Die hier genannten Fachvertreter waren ausnahmslos bereits vor der Machtübernahme etablierte Lehrstuhlinhaber, von denen offenbar keiner vor 1933 der NSDAP angehörte.[18] Ähnliche Reaktionen jüngerer Althistoriker ließen sich zu diesem Zeitpunkt nicht feststellen.

Die gewissermaßen parteiamtliche Antwort auf die von Berve, Schachermeyr und Weber angeschnittenen Fragen erschien im Februar 1935 unter dem Titel „Die Antike und wir" in den „Nationalsozialistischen Monatsheften",[19] deren Leser, wie der „Völkische Beobachter" im Hinblick auf eben diesen Artikel kommentierte, „weltanschaulich unbedingt zuverlässige Darstellungen" erwarten durften.[20] Der Verfasser des Beitrags, dem Rosenberg seine Autorität als „Beauftragter des Führers für die Überwachung der gesamten geistigen und weltanschaulichen Schulung der Partei" *[49]* lieh, war ein Mann der Schulpraxis, der bis dahin weitgehend unbekannte Dresdener Altphilologe und Altparteigenosse Dr. *Walter Eberhardt*.[21] Der offizielle Rang seiner Stellungnahme wurde indirekt dadurch bestätigt, daß Eberhardt noch im gleichen Jahr ohne Vorschlag der Fakultät vom Ministerium für die Nachfolge des Münsteraner Graezisten *Hermann Schöne*[22] ins Gespräch gebracht, später mit der Vertretung der Professur beauftragt wur-

16 W. Weber: Erwartungen und Forderungen des Professors, in: Der deutsche Student 1 (Oktober 1933) 7 (2–11).

17 Dieser Nachweis muß im Zusammenhang mit einer auf die inhaltlichen Fragen orientierten Untersuchung des Gesamtthemas Nationalsozialismus und Antike vorgelegt werden.

18 Vgl. oben, *[47f., Anm. 4, 11 u. 14]*.

19 Nationalsozialistische Monatshefte 6 (1935) 115–127. Gleichzeitig erschienen als Heft 2 der Reihe „Nationalsozialistische Wissenschaft", München 1935 (= Schriftenreihe der NS-Monatshefte). Bisher hat sich zu dem Vorgang nur Irmscher: Unterricht, 242ff., und ders.: Antike, 22, geäußert, der zwar den gleichsam offiziellen Charakter der Stellungnahme Eberhardts hervorhebt, dessen starke Abhängigkeit von Rosenberg aber übergeht.

20 M.(atthes) Z.(iegler): Die zentrale Zeitschrift der Partei, in: Völkischer Beobachter v. 13.2.1935 (Süddeutsche Ausg.); zu Ziegler, dem damaligen Hauptschriftleiter der NS-Monatshefte, vgl. Heiber, 945f. und Bollmus, 290, Anm. 51.

21 *W. Eberhardt* (geb. 11.8.1895) seit 1922 Schuldienst, bis 1. April 1934 Studienrat an der Kreuzschule, dann Studiendirektor am König-Georg-Gymnasium Dresden. Mitglied der NSDAP seit 13.4.1932, Personalbogen Eberhardt (R 21/385).

22 *Hermann Schöne* (18.4.1870/Halle – 20.5.1941/Berlin) PD Berlin 1898, a.o. Prof. Königsberg 1903, o. Prof. Basel 1906, Greifswald 1909, Münster 1916, emer. 1935.

de und schließlich dort zum Lehrstuhlinhaber avancierte.[23] Dies geschah gegen den ausdrücklichen Willen der Fakultät, die mit Nachdruck darauf hingewiesen hatte, daß keine Leistungen vorlagen, „durch die Herr Dr. Eberhardt sich als Wissenschaftler ausgewiesen oder durch die er doch wenigstens die Befähigung zu wissenschaftlicher Forschung überzeugend dargetan hätte". Seine Schrift „Die Antike und wir" weise „eine Anzahl sachlicher Irrtümer auf, die zeigen, daß der Verfasser außerhalb der Forschung steht."[24] Unter dem Eindruck dieses Vorgangs und im Hinblick auf die Säuberungswelle, die 1935 noch im vollen Gange war, mußte an den Universitäten beinahe zwangsläufig der Eindruck entstehen, daß der inhaltliche Neuansatz Eberhardts, der sich stark an die Gedankenwelt Alfred Rosenbergs anlehnte, als Grundlegung nationalsozialistischer Altertumswissenschaften gelten durfte. Daß Eberhardts Berufung eine Ausnahme bleiben sollte, war in dieser Phase der Instabilität ebensowenig vorhersehbar, wie die weitere Entwicklung der NS-Hochschulpolitik.

1. Gesamtüberblick über die personelle Entwicklung des Faches Alte Geschichte

Vonseiten des zuständigen Ministeriums ist die Frage der zukünftigen Vertretung der Alten Geschichte und der Klassischen Philologie an den deutschen Hochschulen in grundsätzlicher Weise erst 1938 aufgeworfen worden. Die unmittelbar anstehenden Lehrstuhlbesetzungen scheinen zunächst einmal – das belegen die folgenden Zahlen – mehr auf dem üblichen Instanzenweg bearbeitet bzw. erledigt worden zu sein.[25] Ein Überblick über die von 1933 bis 1936 freigewordenen althistorischen Lehrstühle ergibt, daß von

---

23 Auf eine erste ministerielle Weisung v. 26.8.1935 (–W I p Nr. 999) bezieht sich eine Verfügung des Kurators der Univ. Münster v. 28.8.1935. Angaben nach: UA-Münster (Prof. Dr. J. Bauermann) an den Verf. v. 13.5.1976 u. 12.8.1976. Eberhardt war seit 1.9.1935 vom Schuldienst beurlaubt und „mit der vertretungsweisen Wahrnehmung der Professur ... beauftragt". Die Ernennung zum ordentl. Professor erfolgte am 1.4.1937; vgl. Personalbogen Eberhardt (R 21/385). – Die Fakultät hatte folgende Liste für diese Lehrstuhlbesetzung eingereicht: 1. Willy Theiler, Karl Deichgräber, 2. Bruno Snell, 3. Hans Herter, die später um die Namen (4. Stelle) Hans Bogner, Diller, Hommel, Meuli u. Wehrli ergänzt wurde. (UA Münster an den Verf. v. 12.8.1976).

24 Aus der Stellungnahme der Phil. Fakultät der Univ. Münster v. 20.1.1936 zitiert nach UA Münster an den Verf. v. 12.8.1976. Die Dissertation Eberhardts „De iteratis apud Platonem", phil. Diss. Leipzig (Ms.) 1923, wurde von der Fakultät als „anerkennenswerte Anfängerarbeit" qualifiziert. Daneben lag von E. nur eine Rezension von Jaegers „Paideia" vor.
Die Fakultät, die am 17.9.1936 noch einmal ihre ablehnende Haltung zu einer Berufung Eberhardts bekräftigte, wurde am 20.10.1936 davon in Kenntnis gesetzt, daß der Minister keinen Anlaß gesehen habe, seine Entscheidung abzuändern (ebd.). Nach Auskunft des UA Münster ist den Akten der Fakultät über Einmischung anderer Stellen oder Personen nichts zu entnehmen.

25 Hierfür liegen Ansätze einer statistischen Orientierungshilfe in den von Chr. v. Ferber (vgl. oben, *[30, Anm. 19]*) erarbeiteten Tabellen vor, in denen die Entwicklung aller Gruppen des Lehrpersonals zwischen den Stichjahren 1931, 1938, 1949 und 1953 untersucht wird. Von dieser Anlage her sind die Vorgänge zwischen 1933 nur sehr bedingt in den Griff zu bekommen; zur Alten Geschichte vgl. insbes. 207 (Tab. II, Bl. 6) u. 235. – Vgl. ferner die Anlage „Besetzung althistorischer Lehrstühle im Deutschen Reich von 1933–1945" unten, *[183]*.

zwölf vakanten Professuren bis 1937 insgesamt elf wiederbesetzt wurden. Der Sonderfall der einzigen nicht wiederbesetzten Stelle – es handelt sich um die Nachfolge Richard Laqueurs in Halle – wird hier zunächst ausgeklammert. Abgesehen davon standen weitere, im Verlauf der Säuberungswelle erzwungene Neubesetzungen in Heidelberg und Münster an.[26] Infolge „normalen Abgangs", also durch Tod, Krankheit oder Emeritierung waren Lehrstühle in Kiel, Königsberg, Marburg, *[50]* Erlangen und Breslau freigeworden. Daraus ergaben sich zum überwiegenden Teil Wegberufungen der bisherigen Fachvertreter aus Gießen, Greifswald, Jena und Würzburg.[27]

Die Aussichten des wissenschaftlichen Nachwuchses verbesserten sich nicht allein durch die freigewordenen Lehrstühle. Hinzu kam, daß eine – bezogen auf die ursprünglich im Reichsgebiet vorhandenen 23 Lehrstühle – nicht unerhebliche Zahl von mindestens fünf potentiellen Mitbewerbern durch die Säuberungswelle ausgeschaltet worden war.[28] Ein weiteres Mal wurde der Nachwuchs durch die neue Reichshabilitationsordnung vom 13.12.1934 gesiebt. Die Trennung von Habilitation und Erteilung

---

26 Heidelberg: Nachfolge E. Täubler, Münster: Nachfolge F. Münzer.

27 Die Amtsbezeichnungen werden hier wie in den folgenden Anmerkungen dieses Unterabschnittes abweichend von der sonstigen Zitierweise an die Abkürzungen des „Kürschner" angeglichen.
Kiel: *Hugo Prinz* (1883 bis März 1934) PD Breslau 1910, o. Kiel 1915; vgl. Geschichte der Christian-Albrechts-Universität Kiel 1665–1965, Bd. 5, T. 2, Neumünster 1969, 78, und KGK 5, 1935, 1704 (Totenliste).
Königsberg: *Oscar Leuze* (30.5.1874–19.4.1934) PD Halle 1912, o. Königsberg 1921; vgl. W. Theiler, in: Gnomon 10 (1934) 510–512.
Marburg: *Anton Ritter von Premerstein* (6.4.1869–6.2.1935), PD Wien 1899, o. Dt. Univ. Prag 1912, Marburg 1916–1935; vgl. H. Volkmann, Bursians Jahresber. Nekrologe 262, 1938, 73–99; K. Christ: Anton von Premerstein, in: Lebensbilder aus Hessen I, Marburger Gelehrte 1930–1970, Marburg 1977.
Erlangen: *Adolf Schulten* (27.5.1870–19.3.1960) PD Göttingen 1896, o. Erlangen 1907, emer. 1935; vgl. H. Berve, in: Gnomon 32 (1960) 486–488, und L. Pericot: A. Schulten, sein Leben und sein Werk, Barcelona 1941.
Breslau: *Ernst Kornemann* (11.10.1868–4.12.1946) PD Gießen 1898, a.o. Tübingen 1902, o. 1907, Breslau 1918, emer. 1936; vgl. H. Bengtson, in: HZ 172 (1951) 662–663, und A. Heuß, in: Gnomon 23 (1951) 290–292.
Von Gießen nach Marburg: *Fritz Taeger* (1.1.1894–12.8.1960) PD Freiburg 1923, o. Gießen 1930, Marburg 1935–1960; vgl. K. Christ: Gedenkblatt für Fritz Taeger, Stuttgart 1963; ders.: Nachruf F. Taeger, Mitteilungen Universitätsbund Marburg 1960, 37–40 und ders.: Fritz Taeger, in: Lebensbilder aus Hessen I, ebd., und J. Vogt, in: Gnomon 32 (1960) 677–679.
Von Greifswald nach Wien: *Josef Keil* (13.10.1878–13.12.1963) PD Wien 1920, apl. a.o. 1925, o. Greifswald 1927, Wien 1937, emer. 1951; vgl. E. Braun, in: Gnomon 36 (1964) 521–524.
Von Jena nach Heidelberg: *Fritz Schachermeyr* (1936); vgl. oben, ***[47, Anm. 4]***.
Von Würzburg nach Breslau: *Joseph Vogt* (23.6.1895) PD Tübingen 1923, o. 1926, Würzburg 1929, Breslau 1936, Tübingen 1940, Freiburg 1944, Tübingen 1946, emer.
Von Graz nach Erlangen: *Wilhelm Ensslin* (9.12.1885–8.1.1965) PD Marburg 1923, n.b.a.o. 1927, o. Graz 1930, Erlangen 1936, Würzburg 1943, emer. 1952; vgl. A. Lippold, in: Gnomon 37 (1965) 637–639.

28 Vgl. oben, *[30ff.]*; zu diesem Aspekt auch J. Werner, 77.

der Lehrbefugnis bot eine praktische Handhabe für die politische Disziplinierung der Universitäten.[29]

Insgesamt konnten bis 1937 sieben jüngere Althistoriker auf Lehrstühle nachrücken.[30] Zunächst blieb den entscheidenden Instanzen kaum eine andere Wahl, als dabei auf solche Dozenten zurückzugreifen, die diese Qualifikationsstufe bereits vor 1933 erreicht hatten. Auch die beiden Hochschullehrer aus dieser Gruppe, die sich erst nach der Machtübernahme habilitiert hatten, haben ihre wissenschaftliche Prägung bereits vor diesem Datum erfahren.[31] Diese Berufungen – damit war ein knappes Drittel der Lehrstühle neu besetzt – verkörpern insofern ein bestimmtes Maß an personeller Kontinuität im Bereich althistorischer Lehre und Forschung. Eine spektakuläre politische Berufung wie die des Klassischen Philologen Walter Eberhardt nach Münster hat es im Bereich der Alten Geschichte – das gilt auch für den Gesamtzeitraum des Dritten Reiches – nicht gegeben. Am ehesten mag man eine politisch profilierte Besetzung in dem Wechsel Fritz Schachermeyrs von Jena auf den Lehrstuhl Eugen Täublers in Heidelberg sehen.

Die Vertretung des Faches Alte Geschichte an allen deutschen Hochschulen blieb auch im Verlauf der weiteren Entwicklung grundsätzlich nicht nur gesichert, sondern wurde mit der Einrichtung von althistorischen Lehrstühlen an den im Krieg neu gegründeten Reichsuniversitäten Posen und Straßburg ausgebaut.

Die entsprechenden Professuren in Österreich und an der Deutschen Universität Prag – insgesamt waren es fünf – standen schon vor dem „Anschluß“ auch reichsdeutschen

---

29 Vgl. Bracher: Machtergreifung, 322. In diesen Zusammenhang gehört auch die Einrichtung der Dozenten-Lager; dazu sehr aufschlußreich J. Werner, 76f.

30 Nachfolge Münzer/Münster: *Hans Erich Stier* (25.5.1902) PD Berlin 1930, a.o. Münster 1936, o. 1946, emer.
Nachfolge H. Prinz/Kiel: *Paul L. Strack* (2.10.1904–4.8.1941) PD Bonn 1931, a.o. Kiel 1935, o. 1938; vgl. F. Taeger, in: Gnomon 18 (1942) 58f., und E. Burck: P. L. Strack zum Gedächtnis, in: Kieler Blätter (1942), 59–66.
Nachfolge Leuze/Königsberg: *Lothar Wickert* (31.7.1900) UPD Berlin 1930, wiss. Beamter u. Prof. Preuß. Akad. 1933, a.o. Königsberg 1935, o. Köln 1939, emer. 1966.
Nachfolge Taeger/Gießen: *Kurt Stade* (6.2.1899–1970) 2. komm. Direktor RGK 1935, a.o. Gießen 1937, a.o. Königsberg 1941–1945, Gastprof. Münster 1950, a. o. 1956, o. 1959.
Nachfolge Keil/Greifswald: *Hans Volkmann* (19.3.1900–5.10.1975) PD 1934 Marburg, o. Greifswald 1937, Hon.Prof. 1952 Köln, o. 1955, emer. 1965; vgl. H. Bellen, in: Gnomon 48 (1976) 426–431.
Nachfolge Schachermeyr/Jena: *Hans Schaefer* (7.8.1906–23.9.1961) UD Leipzig 1935, a.o. Jena 1936, o. Heidelberg 1941; vgl. H. U. Instinsky, in: Gnomon 33 (1964) 844–848, H. Berve, in: Heidelberger Jahrbücher 6 (1962) 1–8, und W. Schmitthenner: Hans Schaefer (ms. Vortragsmanuskript), Heidelberg 1968.
Nachfolge Vogt/Würzburg: *Alexander Graf Schenk von Stauffenberg* (15.3.1905–27.1.1964) PD Würzburg 1931, a.o. Würzburg 1936, o. Würzburg 1941, Straßburg 1942, München 1948; vgl. S. Lauffer, in: Gnomon 36 (1964) 845–847 und J. Vogt, in: HZ 199 (1964) 262–264.

31 H. Schaefer: Herrscher und Volk im archaischen Griechentum. Ein Kapitel aus der griechischen Staatslehre, Ungedr. Habil.Schrift Leipzig 1934; vgl. dazu H. Berve, in: Heidelberger Jahrbücher 6 (1962) 2; vgl. ferner H. Volkmann: Zur Rechtsprechung im Principat des Augustus. Historische Beiträge, München 1935.

Bewerbern offen. Die Verschiebungen in dem Zeitraum von 1938 bis 1945 sind aus naheliegenden Gründen ungleich schwerer aufzuschlüsseln.

Den vier Vakanzen, die sich in dem späteren Stadium der Säuberung der Universitäten in Köln, Graz und Prag ergaben,[32] stehen fünf „normale" Abgänge in Tübingen, Kiel, München, Freiburg und Hamburg gegenuber.[33] Im Zusammenhang damit wurden zusätzlich insgesamt neun Stellen *[51]* an Universitäten im ursprünglichen Reichsgebiet frei.[34] Rechnet man die Erstbesetzungen in Posen und Straßburg hinzu, waren in den Jahren 1938 bis 1945 theoretisch zwanzig Professuren zu besetzen. Tatsächlich wiederbesetzt wurden bis 1944 aber nur 16 Lehrstühle. Von einem Wegfall der Stellen in Kiel, Leipzig, Tübingen und einer von zwei Professuren in Prag wird man nicht sprechen können; die Gründe sind vielmehr in den Kriegswirren zu suchen. Unter Einschluß der Kriegsentwicklung rückten von 1938 an weitere sieben Nachwuchskräfte nach.[35] Die Ge-

---

32 Köln: Nachfolge Hasebroek, Graz: Nachfolge Schehl, Prag: Nachfolge Ehrenberg/A. Stein.

33 Tübingen: *Woldemar Graf Uxkull-Gyllenband* (17.4.1898–24.5.1939) PD Halle 1925, o. Tübingen 1932; vgl. J. Vogt, in: Gnomon 15 (1939) 461–463.
Kiel: P. L. Strack (gefallen 1941) vgl. oben, ***[50, Anm. 30]***.
München: *Walter Otto* (30.5.1878–1.11.1941) PD Breslau 1907, a.o. Greifswald 1907, o. 1909, Marburg 1914, Breslau 1916, München 1918–1941; vgl. H. Berve, in: Gnomon 18 (1942) 125–128; A. Rehm, SB Bayer. Akad. d. Wiss. 1942, 1ff.; L. Wenger, in: Almanach d. Wiener Akademie 92 (1942) 186ff. (mit Bibliographie) sowie H. Bengtson, in: Bursians Jahresberichte 284, 22–48.
Freiburg: *Walter Kolbe* (28.7.1876–24.2.1943) a.o. Rostock 1905, o. Greifswald 1918, Freiburg 1927–1943; vgl. H. U. Instinsky, in: HZ 168 (1943) 672f., und W. H. Schuchardt, in: Gnomon 19 (1943) 284–286.
Hamburg: *Erich Ziebarth* (31.12.1868–21.10.1944) o. Prof. Hamburg 1919, emer. 1938.

34 1939 Königsberg: L. Wickert, Wechsel nach Köln.
1940 Breslau: j. Vogt, Wechsel nach Tübingen.
1940 Heidelberg: F. Schachermeyr, Wechsel nach Graz.
1941 Jena: H. Schaefer, Wechsel nach Heidelberg.
1941 Gießen. K. Stade, Wechsel nach Königsberg.
1941 Würzburg. A. Graf v. Stauffenberg, Wechsel nach Straßburg.
1943 Erlangen: W. Ensslin, Wechsel nach Würzburg.
1943 Leipzig: H. Berve, Wechsel nach München.
1944 Tübingen: J. Vogt, Wechsel nach Freiburg.

35 Nachfolge Ziebarth/Hamburg: *Hans Rudolph* (18.5.1907) UD Hamburg 1937, a.o. 1939, o. 1941, emer. 1974.
Nachfolge Vogt/Breslau: *Alfred Heuß* (27.6.1909) UD Leipzig 1931, o.a. Breslau 1941, o. 1943, Gastprof. Kiel 1945, Köln 1946–1948, o. Kiel 1949, Göttingen 1954.
Nachfolge Stade/Gießen: *Franz Hampl* (8.12.1910) UD Leipzig 1939, a.o. Gießen 1942, o. Mainz 1946, Innsbruck 1947.
Nachfolge Schaefer/Jena: *Hermann Bengtson* (2.7.1909) UD Heidelberg 1940, München 1941, a.o. Jena 1942, apl. München 1949, o. Würzburg 1952, Tübingen 1963, München 1966.
Nachfolge Ensslin/Erlangen: *Johannes Straub* (18.10.1912) UD Berlin 1943, a.o. Erlangen 1944, o. 1948, Bonn 1953.
Nachfolge Ehrenberg: A. Stein/Prag, *Willy Hüttl* (21.4.1890–?) PD Prag 1936, a.o. 1941; vgl. Personal- u. Vorlesungsverzeichnis der Deutschen Karls-Universität Prag WS 1942/43, 43. Erstbesetzung Posen: *Friedrich Vittinghoff* (19.5.1910) UD Kiel 1940, a.o. Posen 1943, Lehrbeauftr. Marburg 1950, o. Kiel 1955, Erlangen 1962, Köln 1966.

samtzahl von 14 jüngeren Gelehrten, die zwischen 1933 und 1945 erstmals auf einen althistorischen Lehrstuhl berufen wurden, wäre auf einen Bestand von 29 Lehrstühle zu beziehen. Das entspräche einem Wechsel von nahezu 50 Prozent innerhalb der Gruppe der hauptamtlichen Hochschullehrer in einem Zeitraum von zwölf Jahren. Sechs Universitäten blieben, was die Lehrstuhlinhaber für Alte Geschichte anbetrifft, von diesem Vorgang unberührt.[36]

Die Folgen dieser personellen Veränderungen für den Lehr- und Forschungsbetrieb wird man nur dann richtig einschätzen können, wenn man im Auge behält, daß die fachspezifische Arbeit vor allem der neu hinzugekommenen Fachvertreter in den Kriegsjahren starken Einschränkungen unterworfen war. In manchen Fällen kamen die neuernannten Lehrstuhlinhaber bis zum Kriegsende überhaupt nicht zur Aufnahme des Lehrbetriebs an den betreffenden Hochschulen.[37] Von daher gesehen ist der Einfluß der älteren Generation auf die Entwicklung des Faches zwischen 1933 und 1945 erheblich größer gewesen, als es die rein rechnerische Bewertung des Umschichtungsprozesses im Personalbereich auf den ersten Blick vermuten läßt.[38]

Mit einer Ausnahme wurden alle nach 1933 zu Lehrstuhlinhabern avancierten Althistoriker zunächst nur zu Extraordinarien ernannt.[39] Die Möglichkeit, zum Ordinariat aufzurücken, ergab sich entweder bei erneuter Berufung oder, wie in einigen Fällen, durch spätere Ernennung am gleichen Hochschulort. Ausschlaggebend für diese „Herabstufung" war wohl in erster Linie der im Einzelfall erreichte Laufbahnstand; der „Rang" der jeweiligen Hochschule spielte anscheinend keine Rolle.[40] Die von der „Statusminderung" betroffenen Universitäten befürchteten sicher nicht zu Unrecht, bei künftigen Berufungen nur noch auf Nachwuchskräfte zurückgreifen zu können.[41] Für die Alte Geschichte

36 Berlin: Wilhelm Weber; vgl. oben, ***[48, Anm. 14]***.
Bonn: *Friedrich Oertel* (21.5.1884–15.1.1975) UD Leipzig 1920, Graz 1922, Bonn 1929, emer. 1953; vgl. H. Braunert, in: Gnomon 48 (1976) 97–100.
Frankfurt: *Matthias Gelzer* (19.12.1886–23.7.1974) PD Freiburg/Br. 1912, o. Greifswald 1915, Straßburg 1918, Frankfurt 1919, emer. 1955; vgl. H. Strasburger, in: Gnomon 47 (1975) 817–824.
Göttingen: *Ulrich Kahrstedt* (27.4.1888–27.1.1962) PD Münster 1912, o. Göttingen 1921, emer. 1952; vgl. E. Meyer, in: Gnomon 34 (1962) 428–431.
Rostock: *Ernst Hohl* (18.4.1886–24.2.1957) PD Straßburg 1914, a.o. Rostock 1919, o. 1929, 1950 Humboldt Univ. Berlin; vgl. M. Gelzer, in: Gnomon 29 (1957) 398–400.
Innsbruck: *Franz Miltner* (28.10.1901–23.7.1959) PD Wien 1932, a.o. Innsbruck 1933, o. 1940–1945; vgl. J. Keil, Almanach d. Österr. Akad. d. Wiss. 196 (Wien 1961), 361ff.; ders. in: Gnomon 34 (1959) 654f. und Oberkofler, 167ff.

37 So z.B. F. Hampl in Gießen; vgl. Gundel: Geschichtswissenschaft, 242.

38 Mit Kriegsbeginn wurde zudem die Altersgrenze wie für alle Beamten so auch für die Hochschullehrer aufgehoben; vgl. Schäfer, 223.

39 Vgl. oben, ***[50, Anm. 30]*** zu H. Volkmann (Greifswald).

40 Folgende Universitäten waren (z.T. vorübergehend) von dieser Maßnahme betroffen: Breslau, Erlangen, Gießen, Hamburg, Jena, Kiel, Königsberg, Münster, Würzburg.

41 Mit dieser Argumentation verlangte z.B. die Philosophische Fakultät Gießen die Wiederanhebung auch des althistorischen Lehrstuhls zu einem Ordinariat; vgl. Dekan der Phil. Fak. I an den Rektor der Ludwigs-Univ. betr. Stellenanforderungen v. 16.12.1943 (UA Gießen Phil. K 1); vgl. insbes. Punkt 10 und 11; vgl. auch Gundel: Geschichtswissenschaft, 241.

bleibt festzuhalten, daß sich nur das Verhältnis von ordentlichen öffentlichen Professoren zu planmäßigen Extraordinarien verschob, sich aber kein Rückgang der planmäßigen Professorenstellen ergab. Eine ähnliche, hier aber nur auf die Vergleichsjahre 1931 und 1938 bezogene Verschiebung ging im Bereich der Klassischen Philologie mit dem Verlust von neun Stellen einher.[42]

[52] Unverändert blieb der Stellenbestand der Klassischen Archäologie, die damit ihre Position gegenüber der großzügig ausgebauten Vor- und Frühgeschichte behaupten konnte.[43]

Der Gesamtüberblick über die personellen Veränderungen innerhalb des Faches Alte Geschichte mit einer, was die Erhaltung des Stellenbestands angeht, letztlich positiven Bilanz sagt noch nichts aus über die besonderen Bedingungen, unter denen sich die bisher nur allgemein besprochenen Lehrstuhlbesetzungen im Einzelfall vollzogen haben. Dabei ist vor allem an die Einstellung der staatlichen und parteiamtlichen Organe nationalsozialistischer Hochschulpolitik zur fachspezifischen Seite eines Berufungsvorgangs im weitesten Sinne zu denken. In diesen Fragenkreis gehört zunächst die grundsätzliche Entscheidung über die Vertretung der Altertumswissenschaften an den deutschen Universitäten, die vor allem im Zusammenhang mit Vorgängen an der Universität Halle zu betrachten sein wird.

Schließlich vermitteln die der Berufungsbegutachtung zugrundeliegenden politischen und wissenschaftlichen Qualifikationsnormen eine Vorstellung von den Anforderungen, denen ein „nationalsozialistischer Althistoriker" nach der Auffassung von einzelnen Parteistellen, aber auch von engagierten Fachvertretern genügen sollte. Daran müßte sich die Frage anschließen, ob sich diese Normen bei den Personalentscheidungen und in der wissenschaftlichen Arbeit durchgesetzt haben. Nicht zuletzt im Hinblick darauf, daß das einschlägige Aktenmaterial nur in beschränktem Umfang zugänglich ist, konnten zur Aufhellung dieser Aspekte nur wenige ausgewählte Beispiele aus der Kriegszeit behandelt werden, die geeignet sein dürften, insbesondere die Rolle der Parteiinstanzen bei Lehrstuhlbesetzungen zu verdeutlichen. Vor der Klärung der im engeren Sinne fachspezifischen Seite der Berufungspolitik müssen die wichtigsten personellen und institutionellen Träger dieser Entscheidungsprozesse vorgestellt werden, deren Tätigkeit auch im folgenden Kapitel wichtig werden wird.

42 Die Zahl der o. ö. Professoren stieg von 2 (1931) auf 11 (1938). Im gleichen Zeitraum stieg die Zahl der Lehrbeauftragten von 24 auf 37. Nach v. Ferber, 206. Dabei ist zu berücksichtigen, daß das Fach an einigen Universitaten mit drei Ordinariaten vertreten war (z.B. Berlin und Münster). Für eine abschließende Bewertung müßte das Material bis 1945 ergänzt werden.

43 v. Ferber verzeichnet für die Klassische Archäologie zwischen 1931 und 1938 jeweils 18 Ordinariate; vgl. dazu die Beilage „Archäologische Lehrstühle an deutschsprachigen Universitäten" zu Wolfgang Schiering: Zur Geschichte der Archäologie, in: U. Hausmann (Hrsg.): Allgemeine Grundlagen der Archäologie, München 1969, 161f. Die Vor- und Frühgeschichte war bis 1933 in der Regel von Privatdozenten und Honorarprofessoren vertreten, danach wurden Ordinariate und Extraordinariate in größerer Zahl eingerichtet; vgl. Bollmus, 175.

2. Die Träger der Hochschulpolitik

Das Kräfteverhältnis zwischen den einzelnen Universitätsgremien, die nach altem Herkommen im Rahmen der akademischen Selbstverwaltung für die Lehrstuhlbesetzungen zuständig waren, läßt sich nur von Fall zu Fall unter Einbeziehung der lokalen Gegebenheiten abschätzen.

Grundsätzlich behielten die Fakultäten als die offiziell anerkannten „Träger der fachwissenschaftlichen Arbeit" ihr Vorschlagsrecht in Berufungsfragen.[44] Wie frei sie in ihrer Personalentscheidung tatsächlich waren, *[53]* hing – wobei der Dozentenbund zunächst außer Betracht bleibt – zu einem guten Teil vom „Rektor als Führer" und von den ebenfalls ernannten Dekanen ab. Die Fakultäten blieben jedenfalls der Ort, an dem am ehesten „der Primat des Fachlichen – unter günstigen personellen Verhältnissen – ... Asyl und Stätte behalten konnte".[45] Auf der zentralen Ebene der Wissenschaftsverwaltung, dem Reichsministerium für Wissenschaft, Erziehung und Volksbildung, wurden Berufungsangelegenheiten im Amt W(issenschaft) bearbeitet. Der Minister Rust fühlte sich als ehemaliger Studienrat mehr für das Schulwesen zuständig und scheint seinen Amtschefs Theodor Vahlen, Otto Wacker und Rudolf Mentzel, die nacheinander die Leitung dieses Ressorts innehatten, weitgehend freie Hand gelassen zu haben.[46] Es kennzeichnet die generelle Einschätzung der Geisteswissenschaften im Dritten Reich, daß keiner der genannten leitenden Ministerialbeamten von seinem Fachgebiet her Geisteswissenschaftler war.[47]

Mit der fachspezifischen Seite der Lehrstuhlbesetzungen dürften sich die Amtschefs nur am Rande befaßt haben. Diese Aufgabe fiel Referenten der Hochschulabteilung (WI) zu, von der das ursprüngliche Referat Forschung als selbständige Abteilung (WII) abgetrennt worden war.[48] Ein spezielles Referat Altertumswissenschaften gab es nicht. Die Zuordnung der Disziplinen Archäologie, Altphilologie und Geschichte zu verschiedenen Referenten wurde durch ein System sich überkreuzender Korreferate praktisch wieder aufgehoben, so daß nicht erkennbar ist, wer die Alte Geschichte hauptamtlich betreute. In der Amtsperiode Vahlens war der Rechtshistoriker K. A. Eckhardt für das Hauptreferat WI mit den Bereichen Geschichte, Recht, Staat, Politik und Wirtschaft verantwortlich. Sein Korreferent und Vertreter für Geschichte, der Kirchenrat Eugen Mattiat, betreute unter anderem auch die Klassische Philologie. Die Nachfolge Eckhardts über-

44 So der Referent im REM, Hans Huber, in einem Vortrag vor Universitätsbeamten am 30.1.1939; vgl. ders., Der Aufbau des deutschen Hochschulwesens. Als Manuskript gedruckt, o. O. 1939, 19; vgl. auch Seier: Rektor, 109.

45 Seier: Rektor, 44.

46 Vgl. Seier: Rektor, 113f., und Kater: AE 1974, 136.

47 Ministerialdirektor Prof. Vahlen (1934–1937) war Mathematiker (vgl. Heiber, 117), der badische Kultusminister Otto Wacker (1937–1939) von Hause aus Architekt und Ministerialdirektor Mentzel (1939–1945) Chemiker; vgl. ebd., 643; zur sinkenden Bedeutung der Geisteswissenschaften ebd., 648.

48 Vgl. Heiber, 644f.

nahm 1935 der Mediaevist Wilhelm Engel.[49] Unter den hauptamtlichen Referenten fand sich kein Vertreter der klassischen Altertumswissenschaften. Bei der Tätigkeit des Berliner Althistorikers Wilhelm Weber, den Heiber als „Ministerialreferenten" bezeichnet, dürfte es sich um eine ehren- bzw. nebenamtliche Gutachtertätigkeit gehandelt haben.[50]

Mit dem Abgang Vahlens wurden 1937 die Abteilungen WI (Hochschulen) und WII (Forschung) als Zwischeninstanz aufgelöst. Das Referat Geisteswissenschaften (W6) verwalteten kurzfristig drei Hauptreferenten: Mattiat (6a: Philosophie, Psychologie, Altphilologie, Germanistik), Engel (6b: Geschichte, Geographie, Geopolitik, Volkskunde, Zeitungswissenschaft) und Hinz (6c: Kunst, Musik, Orientalistik). Mit dem Volkskundler *Heinrich Harinjanz*, der 1937 zunächst als Nachfolger von Engel eintrat *[54]* und schließlich die in unserem Zusammenhang einschlägigen Referate 6a und 6b in Personalunion übernahm, betrat ein Mann die Szene, der bis 1943 unter den Amtschefs Wacker und Mentzel „als personalpolitischer Weichensteller in den Geisteswissenschaften" wirken sollte.[51] Harmjanz brachte es unter Beibehaltung dieser Funktion zum Chef des Ministeramtes und persönlichen Referenten Rusts im Range eines Ministerialdirektors. Seinem Einfluß kam dabei neben der Schwäche Rusts auch das geringe Interesse des Amtschefs Mentzel an den Geisteswissenschaften zugute.[52] Von Harmjanz' Korreferenten ist hier schließlich noch der ehemalige Heidelberger Rektor und Zivilrechtler Wilhelm Grob zu erwähnen, der seit 1937 als stellvertretender Amtschef fungierte.[53] H. Heiber hat auf die zahlreichen Querverbindungen zwischen der Ministerialbürokratie und der SS hingewiesen. Nicht nur die drei Amtschefs, sondern auch mehrere Referenten waren Mitglieder der SS und z.T. Mitarbeiter des SD.[54] Wenn der Hauptabteilungsleiter im SD), Reinhard Höhn, „die Referenten des Wissenschaftsministeriums nach Belieben zu sich zitierte"[55] und Harmjanz eine Abteilung im „Ahnenerbe"[56] übernahm, sind das eindrucksvolle Hinweise, die Heibers These vom REM als einer „Domäne Himmlers[57]" stützen könn-

49 Vgl. ebd., 646f.

50 Vgl. ebd., 121, und Heiber mündlich gegenüber dem Verf. am 14.7.1969. Nach Heiber (ebd.) versuchte Weber im Auftrage Vahlens Walter Frank zur Übernahme eines Lehrstuhls zu bewegen. Weiteren Hinweisen auf Art und Dauer der Aufgaben Webers ist zu entnehmen, daß er selbst zumindest in der Kriegszeit keinen Einfluß auf die Berufungspolitik des REM hatte; vgl. dazu unten, *[74ff.]*.

51 Heiber, 648, und generell 647–653.
H. Harmjanz (geb. 1904) PD Königsberg 1935, a.o. 1937, o. Frankfurt 1938 (beurlaubt). Das Referat 6 c und das Korreferat von Harmjanz übernahm der Ministerialrat Frey (ebd., 654 und Bollmus, 319, Anm. 225).

52 Heiber, 649f. Auf Harmjanz folgte, ohne noch weiter in Erscheinung zu treten, im Mai 1943 der Indogermanist Erich Hofmann (ebd., 654f.).

53 Vgl. ebd., 640f. und 654.

54 Ebd., 123f. Ferner Bollmus, 211–221, und Kater: AE 1974, 136ff.

55 Heiber, 124.

56 Vgl. Kater: AE 1974, 75.

57 Ebd., 136.

ten. M. Kater hat sogar von einer „narrensicheren Berufungsmethode" gesprochen, der sich Himmler bei seinen persönlichen Interventionen von Zeit zu Zeit bediente.[58]

Auf der anderen Seite liefern die Arbeiten von Bollmus und Kater aber auch Belege dafür, daß sich z.B. Wacker und Harmjanz in ihrer Amtsführung nicht als bedingungslose Parteigänger des Reichsführers erwiesen haben.[59] Nach einem vertraulichen Bericht des „Ahnenerbe"-Präsidenten Wüst für Himmler hatte der eben in das „Amt Wissenschaft" eingetretene Harmjanz unter ausdrücklicher Erwähnung des „Ahnenerbes" geäußert, „daß es seine besondere Aufgabe sei, mit allen Einflüssen aufzuräumen, die in steigendem Maße auf die Entscheidungen des Reichswissenschaftsministeriums einzuwirken versuchten." Diese aufschlußreiche Absichtserklärung von Harmjanz bewog Wüst immerhin zu der Empfehlung, künftig gegenüber dem REM behutsamer vorzugehen.[60]

Ein neues Verhältnis des Referenten zur SS und zum „Ahnenerbe" ergab sich 1938 unter dem Druck einer heftigen Kampagne des „Amtes Rosenberg" gegen seine volkskundlichen Arbeiten, vor der ihn anscheinend nur Himmler wirkungsvoll schätzen konnte.[61] Die unterschiedliche Politik des REM gegenüber Himmler und Rosenberg wird im Zusammenhang mit dem Aufbau des „Ahnenerbes" und der „Hohen Schule" noch deutlich werden.[62] Gestützt auf das „Zweckbündnis" mit dem Reichsführer gelang es dem REM, sich den Ansprüchen Rosenbergs in der Regel zu widersetzen. Damit bot sich auch die Möglichkeit, „in einzelnen Bereichen *[55]* die oder jene Milderung zu erreichen".[63] Dieser Tatbestand charakterisiert das „Ämter-Chaos" im „Führerstaat" ebenso, wie die von Himmler ganz im Sinne Rosenbergs erzwungene Abberufung des Marburger Prähistorikers von Merhart, um nur ein Beispiel aus der Reihe der schwerwiegenden Eingriffe des Reichsführers in den Hochschulbereich zu nennen.[64] Außer Himmler konnte kein anderer Parteiführer vergleichbaren Einfluß auf die Hochschulpolitik des REM gewinnen. So war die Richtung Rosenbergs gerade im „Amt Wissenschaft" „praktisch nicht vertreten".[65] für ihn und seine Mitstreiter war es nur ein schwacher Trost, daß es 1943 gelang, den im REM beinahe allmächtigen Harmjanz zu Fall zu bringen.[66]

Spätestens nach dem Sturz von Harmjanz scheinen sich die guten Beziehungen zwischen REM und SS bzw. „Ahnenerbe" gelockert zu haben. Kater meldet schon für die ersten Kriegsjahre Zweifel an der Funktionsfähigkeit dieses Bündnisses an, die um so schwerer wiegen, weil von den betreffenden Vorgängen die Vorgeschichtsinteressen der SS berührt wurden.[67] Von daher gesehen dürfte Heibers Charakterisierung des „Amtes

58 Ebd., 138; vgl. dazu unten, *[120]*.
59 Vgl. Bollmus, 218, und Kater: AE 1974, 137.
60 Zitiert nach Bollmus, 212 (Aufzeichnung Wüsts v. 24.5.1937).
61 Vgl. Bollmus, 216f., und Kater: AE 1974, 75.
62 Vgl. unten, *[145ff.]*.
63 Vgl. dazu Bollmus, 217.
64 Dazu Bollmus, 192 und 200.
65 Vgl. Heiber, 655, und Bollmus, 319, Anm. 228.
66 Vgl. Heiber, 650.
67 Vgl. Kater: AE 1974, 288f.

Wissenschaft" als „SS-Dependance" doch zu weit gehen.[68] Die Eingriffe Himmlers in den Kompetenzbereich Rusts bleiben dennoch gefährlich genug. Sie stellen den Extremfall persönlicher Interventionen eines hohen Parteiführers dar, der, wie Rosenberg resignierend feststellte, „im Vollbewußtsein, über die Exekutive der Staatspolizei zu verfügen", vorging.[69] für die Bedingungen der Hochschulpolitik des Dritten Reiches ist es in hohem Maße kennzeichnend, daß der Reichsführer gänzlich ohne parteiamtlichen Auftrag und ohne jede Zuständigkeit für diesen Sektor handeln konnte. Das Chaos zwischen den unmittelbar hochschulbezogenen Parteiorganisationen und „Ämtern", mit denen sich das allgemein als „schwach" eingestufte Ministerium Rusts auseinandersetzen mußte, war, wie sich im folgenden zeigen wird, ohnehin schon groß genug.

Der Versuch des NS-Studentenbundes – um damit an der Basis der hochschulpolitischen Organisationen zu beginnen –, sich als „negative Berufungsinstanz" zu etablieren, erledigte sich schon bald nach der Machtübernahme.[70] Damit blieb die Gruppe von den Personalentscheidungen ausgeschlossen, die in der „Kampfzeit" mit ihren Aktionen gegen mißliebige Professoren den augenfälligsten Beitrag nationalsozialistischer Personalpolitik an den Hochschulen vor 1933 geleistet hatte.[71] Der Wille der Partei, die Hochschulen in den Griff zu bekommen, manifestierte sich in der im Juli 1934 vom „Stellvertreter des Führers" eingesetzten NSDAP–Hochschulkommission, an die sich Sachbearbeiter des REM bei Berufungsangelegenheiten mit der Bitte um weltanschauliche Begutachtung wandten.[72] Ihre Aufgabe sah die Kommission „nicht nur auf dem Gebiete der Überwachung der Berufungen", sondern auch darin, „aus *[56]* eigener Initiative Vorschläge für Berufungen und die Neugestaltung des Universitätslebens nach der personellen und sachlichen Seite hin zu machen".[73] Zu diesem Zweck sollten die Hochschulen bis in die Fakultäten hinein mit einem Netz von Vertrauensmännern überzogen werden, die den der Kommission unterstellten Fachreferenten das nötige Material zu liefern hatten.[74] An-

68 Heiber, 1131.

69 Rosenberg an Bormann v. 15.1.1940, zitiert nach Kater: AE 1974, 144; vgl. auch den von Bollmus, 226, herangezogenen Briefwechsel zwischen Himmler und Rosenberg.

70 Vgl. Seier: Rektor, 133.

71 Dazu Anselm Faust: Der Nationalsozialistische Studentenbund, Bd. 2, Düsseldorf 1973, 51ff., und Kater: Studentenschaft, 111ff.

72 Vgl. z.B. REM/Kirchenrat Mattiat an die Hochschulkommission der NSDAP z. Hd. Prof. Baeumler v. 22.2.1935 (MA 116/1-Altheim); vgl. dazu auch unten, *[124]*. Die Angaben über Aufbau und Funktion der Kommission nach: Amt Rosenberg/Stabsleiter *Urban* an Hochschulkommission der NSDAP z. Hd. Prof. Witz v. 20.9.1934 (T 81-R. 84 fol. 95620–95622) und Rundschreiben: Stellvertreter des Führers/Stab Hochschulkommission Prof. Wirz an die Mitglieder der Hochschulkommission und ihre Referenten v. 19.11.1935 (T 81-R. 84 fol. 95609–95612). Soweit ich sehe, haben bisher nur Heiber, 114f. und 122, und Hans Maier: Nationalsozialistische Hochschulpolitik, in: Die deutsche Universität im Dritten Reich, München 1966, 87f. (71–102), auf dieses Gremium verwiesen.

73 Urban an Witz, ebd., fol. 95622.

74 Witz an Mitglieder ebd., fol. 95611. Dabei hob Wirz die hervorragenden Vorarbeiten, die im Bereich der medizinischen Fakultäten auf Initiative des Reichsärzteführers Dr. Wagner bereits seit 1933 geleistet worden waren, hervor. Analog zum Reichsärztebund sollten andere NS-Berufsorganisatio-

fragen in Berufungsangelegenheiten waren zunächst den Fachreferenten zuzuleiten, die ihre Entscheidung bzw. Stellungnahme den von Heß unmittelbar berufenen Mitgliedern der Kommission, d.h. den verschiedenen Reichsleitern, zur Kenntnis bringen mußten.[75]

Allem Anschein nach hatte die Kommission mit erheblichen Anlaufschwierigkeiten zu kämpfen. Nach dem Eingeständnis ihres Geschäftsführers Witz war es „wiederholt vorgekommen, daß zu personellen und sachlichen Vorschlägen eines Ministeriums keine Stellung genommen werden konnte, da den betreffenden Fachreferenten der Hochschulkommission die Unterlagen zur Beurteilung ... fehlten." Gerade in einem Augenblick, der „in vielen Fällen für 2 bis 3 Jahrzehnte Hochschulpolitik entscheidend" sein würde, schien rasche Abhilfe dringend geboten.[76]

Die Fachreferenten der Kommission für die Fächer der Philosophischen Fakultät waren von Rosenberg in seiner Eigenschaft als „Beauftragter des Führers für die Überwachung der gesamten geistigen und weltanschaulichen Schulung und Erziehung der Partei" benannt worden.[77] Die Altertumswissenschaften – ganz sicher ist das im Fall der Klassischen Philologie – fielen wohl in den Zuständigkeitsbereich Alfred Baeumlers, der als Referent für „Philosophie und Geisteswissenschaften" tätig war. Abgetrennt davon blieben die Referate „Geschichte" unter Walter Frank und „Früh- und Vorgeschichte" unter Hans Reinerth.[78]

Das weitere Schicksal der Hochschulkommission ließ sich bisher nicht klären. Die Tatsache, daß Mitglieder der Kommission wie Rosenberg selbständige Organisationen mit weitgehend identischer Aufgabenstellung gründeten, belegt, daß die in dieses Gremium gesetzten Erwartungen sich nicht für alle Beteiligten erfüllten. Die übergeordnete Dienststelle, „Der Stellvertreter des Führers" bzw. die „Parteikanzlei", behielt bei Lehrstuhlbesetzungen aber auch später die Funktion einer Schaltstelle zwischen dem REM und den Parteiinstanzen, die Einfluß auf den Hochschulbereich zu nehmen suchten. Festzuhalten bleibt, daß dem bürokratischen Apparat des REM nach der Machtübernahme kein Parteigremium gegenüberstand, welches in der Lage gewesen wäre, den planmäßigen Aufbau einer weltanschaulich zuverlässigen Hochschullehrerschaft zu steuern. Da die Kommission aufgrund ihrer offenkundigen organisatorischen und institutionellen Schwäche nur in Einzelfällen tätig werden konnte, vergrößerte sich zwangsläufig der Spielraum des Ministeriums und der Fakultäten.

---

nen – wie im Bereich der geisteswissenschaftlichen Fächer der NS-Lehrerbund – Vertrauensmänner an den Fakultäten bestellen.

75 Urban an Witz, ebd., fol. 95622.

76 Witz an Mitglieder, fol. 95609. Bei Witz, der die Geschäfte des Stabes Hochschulkommission führte, handelt es sich um den apl. a.o. Professor der Medizin Franz Witz (o. Prof. München 1939); vgl. KGK 6,1940/41, 1112.

77 Urban an Wirz, ebd., fol. 95621.

78 Urban an Witz, fol. 95621. Besondere Referenten wurden vom „Amt Rosenberg" ferner für Kunstgeschichte, Musik und Musikwissenschaft, Dramaturgie und Literaturwissenschaft eingesetzt (ebd.); vgl. Heiber, 114f. u. 122, und Maier, 87f.

[57] Daß erst 1935 aus dem NS-Lehrerbund, einer der berufsständisch orientierten Gliederungen, die in der Regel vor 1933 gegründet worden waren,[79] eine eigenständige Parteiorganisation für Professoren und Dozenten hervorging, ist ein eindrucksvoller Beleg für die schwache Repräsentanz der Hochschullehrer in der NSDAP vor der Machtübernahme.[80] In der Folgezeit fiel dem NSD-Dozentenbund, den der Mediziner Dr. Walter Schultze gegründet hatte, eine Schlüsselstellung bei der Begutachtung von Berufungen zu.[81] Aus den Hinweisen auf die Existenz der Hochschulkommission ergab sich aber, daß entgegen der Annahme von H. P. Rothfeder der NSDD vor 1938 nicht die einzige Parteistelle war, die in Berufungsangelegenheiten zur politischen und wissenschaftlichen Qualifikation einzelner Kandidaten gehört wurde.[82] Die Arbeit des NSDD scheint in seiner Aufbauphase, die erst 1938 abgeschlossen war, von den üblichen Kompetenzstreitigkeiten im Parteibereich nicht berührt worden zu sein.[83] Reibungen ergaben sich, wie der Streit um das Recht der politischen Begutachtung zwischen einzelnen Rektoren und dem NSDD zeigt, wohl in erster Linie mit den Universitätsgremien. Die vorsichtige Stellungnahme des REM, das zwar politische Begutachtung durch die Rektoren im Sinne dienstlicher Beurteilungen zuließ, zugleich aber „maßgebende und für die Partei verbindliche" Äußerungen zur Aufgabe der Dozentenbundführer machte, deutet darauf hin, daß in dieser zentralen Frage grundsätzlich die Position des NSDD nicht angetastet wurde.[84]

Von 1938 an, als man von einer gewissen Konsolidierung sprechen konnte, befand sich der NSDD in einer beständigen Auseinandersetzung mit Rosenberg, der einmal seinem „Amt Wissenschaft" stärkeren Einfluß auf Berufungen verschaffen wollte und zum anderen im Zusammenhang mit den anlaufenden Planungen für die „Hohe Schule" daran interessiert war, freigewordene Lehrstühle mit seinen Schützlingen zu besetzen. Schließlich versuchte Rosenberg insbesondere die fachbezogene Schulungsarbeit des Dozentenbundes unter seine Kontrolle zu bringen.[85] Es würde hier zu weit führen, die einzelnen Stufen der Entwicklung nachzuzeichnen; an ihrem Ende stand 1941 ein zumindest nach außen hin beinahe vollkommener, mit Hilfe Bormanns errungener Sieg Rosenbergs.[86] Trotz der Bindung an Weisungen des Reichsleiters[87] bewahrte der NSDD

79 Vgl. Martin Broszat: Der Staat Hitlers, München 1969, 61f.

80 Bis dahin waren die Universitätslehrer in der „Reichsfachschaft Hochschullehrer im NSLB" organisiert (vgl. Seier: Rektor, 113 u. 138).

81 Zum NSDD bisher vor allem Rothfeder, 267–277. Ebd., 267, zu Schultzes Werdegang; vgl. auch Poliakov u. Wulf, 116.

82 Vgl. Rothfeder, 268. Im Anschluß daran Kater: AE 1974, 144.

83 Rothfeder, 268, verweist auf die Zurückhaltung Rosenbergs.

84 Seier: Rektor, 137.

85 Vgl. Rothfeder, 268ff.

86 Ebd., 276f.; vgl. auch die von Rosenberg, Bormann und Schultze unterzeichnete Vereinbarung: „Grundsätze über das Verhältnis des NSD-Dozentenbundes zu dem Beauftragten des Führers für die Überwachung der gesamten geistigen und weltanschaulichen Schulung und Erziehung der NSDAP als auch dem Leiter der Hohen Schule" v. 2.12.1941, in: Mitteilungen zur weltanschaulichen Lage Nr. 8, 7. Jahrg. v. 20.12.1941, 5–7 (IfZ: Db 04.02).

87 Vgl. „Grundsätze ...", Punkt 1 (Ebd., 6).

hinsichtlich seiner gutachterlichen Tätigkeit ein gewisses Maß an Unabhängigkeit, da er seine Stellungnahmen auch nach diesem Zeitpunkt gleichzeitig an das „Amt Rosenberg" und (wie bisher) an die Parteikanzlei einreichen mußte, die für die Weiterleitung an das REM zuständig war. Rosenbergs Dienststelle konnte sich also nur nachträglich zu den Vorstellungen des NSDD äußern. Diesen für das Verfahren nicht unwichtigen Passus der Vereinbarung darf man nicht außer acht lassen.[88]

[58] Der Einfluß des Dozentenbundes auf diesen Entscheidungsprozeß ist darüber hinaus nicht allein zeitlich differenziert, etwa nach dem Grad seiner jeweiligen Abhängigkeit vom „Amt Rosenberg", zu beurteilen. Außerordentlich wichtig war erstens die Haltung der örtlichen Vertreter, von deren Auskunft die Stellungnahme der Reichsdozentenführung ganz wesentlich abhing, und zweitens das Zusammenspiel lokaler Dozentenführer mit dem REM, für das Hinweise vorliegen.[89] Im Einzelfall ergaben sich selbstverständlich auch Arrangements des NSDD mit den jeweiligen Universitätsgremien.[90] Vorgänge dieser Art haben sich naturgemäß in den seltensten Fällen in den Akten niedergeschlagen. Dabei wird man die Wirkung der traditionell starken „Gruppenloyalität" in Rechnung stellen müssen, die sich häufig stärker als alle Parteibindungen erwies.[91]

Die Gewährsmänner an den Universitäten blieben ebenso wie die in einzelnen NSDD-Gutachten erwähnten Fachberater für Altertumswissenschaft durchweg anonym.[92] *Gustav Borger*, der Leiter des „Amtes Wissenschaft" im NSDD, der die Lehrstuhlbesetzungen bearbeitete, war wie der Reichsdozentenführer Schultze ein Mediziner.[93] Zu der Führungsspitze der NSDD gehörte kein Altertumswissenschaftler. Aktive Vertreter der Fachgruppe Altertumswissenschaft im NSDD, die sich erst sehr spät nachweisen läßt, traten bei der „Lagerarbeit" und darüber hinaus nur publizistisch in Erscheinung.[94]

Berücksichtigt man alle genannten Faktoren, die die Entscheidung des NSDD in einer Berufungsangelegenheit bestimmen konnten, dann fällt es schwer, ein generalisierendes Urteil über Stärke oder Schwäche dieser Organisation abzugeben. Auch die Vorstellung von dem „in allen Universitäten gefürchteten" Dozentenbund ist nicht vorbehaltlos zu übernehmen.[95]

---

88 Vgl. „Grundsätze", Punkt 7 (Ebd., 7). Kater, der sich nur auf die Weisungsgebundenheit bezieht (vgl. oben, *[57, **Anm. 87**]*), geht zu weit, wenn er schreibt, daß der NSDD Rosenberg „seit dem 2.12.1941 völlig hörig war"; vgl. Kater: AE 1974, 280 m. Anm. 49.

89 Vgl. Kater: AF 1974, 435, im einzelnen dazu unten, *[60]*. Auch im „Amt Rosenberg" hatte man erkannt, daß dem lokalen NSDD-Vertreter eine Schlüsselstellung zukam. In den Verhandlungen mit der Parteikanzlei und dem NSDD sollte u.a. erreicht werden, daß „der örtliche Beauftragte des NSD-Dozentenbundes der Bestätigung durch den Reichsleiter unterliegt"; vgl. Aktennotiz Härtle v. 19.4.1941 betr. Amt Wissenschaft und Hochschulen (NS 8/240 fol. 166 (164–167).

90 Nach Seier: Rektor, 146, haben so die Rektoren „bis in die Kreise des NSDDozB hinein die Existenz und Aktualität der Universität in ihrer Grundstruktur zu decken versucht".

91 Vgl. Kater: AE 1974, 273f.

92 Zur Gutachtenpraxis des NSDD allgemein Rothfeder, 208. Die fachspezifische Seite wird unten, *[74ff.]* behandelt.

93 *G. Borger* (30.9.1899) PD München 1932, a.o. Prof. 1938 (vgl. KGK 6, 1940/41, 175).

94 Dazu unten, *[94ff.]*.

95 Vgl. Bollmus, 131.

Als letzte Instanz gehört in diese Reihe das „Amt“ bzw. das spätere „*Hauptamt Wissenschaft*“ der „Dienststelle Rosenberg“, das sich zumindest seit 1938 darum bemühte, Einfluß auf Berufungen zu gewinnen und schließlich an den parteiinternen Dienstweg der Berufungsbegutachtung gewissermaßen angehängt wurde.[96] Das Amt war aus der Ende 1934 gegründeten „Abteilung Wissenschaft“ hervorgegangen. Ein arbeitsfähiger Apparat konnte erst 1938 aufgebaut werden, als die finanziellen Voraussetzungen geschaffen waren. Bis dahin hatte Alfred Baeumler als wichtigster Verbindungsmann Rosenbergs zu den Universitäten die Geschäfte praktisch allein geführt. Von 1938 an gliederte sich das Amt in die Hauptstellen bzw. Ämter für „Philosophie“, „Wissenschaftliche Information“ und „Wissenschaftsbeobachtung und -wertung“, von denen in letzterem Berufungsangelegenheiten bearbeitet wurden. Das Interesse des Amtes galt, wie die umfangreiche Sammeltätigkeit zeigt, grundsätzlich dem *[59]* gesamten akademischen Bereich, schwerpunktmäßig wurden dabei die Fächer der Philosophischen und Naturwissenschaftlichen Fakultäten erfaßt.[97] Als mit Kriegsbeginn die eben erst angelaufene Arbeit erheblich eingeschränkt werden mußte, konzentrierte sich das Amt auf die Begutachtung von Personalangelegenheiten.[98]

Zu den wenigen Mitarbeitern, die Ende 1940 wieder zurückkehren konnten, gehörte auch der Stellenleiter des „Amtes Wissenschaftsbeobachtung und -wertung“, Dr. *Wolfgang Erxleben*, der den umfangreichen Schriftverkehr mit Parteikanzlei, NSDD und den Fachgutachtern abwickelte.[99] Die eigentlichen Amtsleiter *Alfred Baeumler*, *Heinrich Härtle* und *Walter Groß* traten dabei nur in Ausnahmefällen in Erscheinung.[100] Nach einem Bericht Erxlebens fertigte sein Amt zwischen 1941 und 1943 im Monat durchschnittlich sechzig bis achtzig Gutachten an, was zumindest zeigt, welche Anstrengungen man unternahm, um bei Personalentscheidungen mitzuwirken.[101] Eine besondere fachliche Kompetenz für das Gesamtgebiet der Altertumswissenschaft besaß Erxleben offensichtlich nicht. Seine gutachtlichen Äußerungen lehnten sich in dieser Hinsicht, wie noch zu zeigen sein wird, sehr eng an die Vorlagen der verschiedenen Gewährsmänner des „Amtes Wissenschaft“ an. Bei seinen Ermittlungen stützte sich Erxleben auch auf die Erkenntnisse weiterer Ämter aus dem Dienststellenbereich Rosenbergs. Das „Kulturpolitische

---

96 Dazu bisher vor allem Rothfeder, 152–154 u. 206–215. Bollmus hat eine Spezialstudie angekündigt (ebd., 16).

97 Nach Rothfeder, 152–154; vgl. auch Bollmus, 68f.

98 Vorübergehend war Baeumler sogar allein tätig; vgl. Rothfeder, 107 u. 207.

99 *W. Erxleben* (6.2.1911) Pg. 1.5.1933, Mitarbeiter des Reichsleiters Rosenberg seit 1.6.1939 Hilfsstellenleiter), ab 9.11.1941 Stellenleiter; vgl. NS 8/185 fol. 98 u. Pkz. an DBFU v. 28.11.1941 (NS 8/33). Erxleben hatte 1934 über das Thema „Erlebnis, Verstehen und geschichtliche Wahrheit. Untersuchungen über die geschichtliche Stellung von Wilhelm Diltheys Grundlegung der Geisteswissenschaften“ (phil. Diss. Berlin 1937) promoviert. Seine Studienfächer waren Germanistik, Anglistik, Philosophie und Pädagogik (nach Lebenslauf der Diss.).

100 Baeumler leitete das Amt bis 1941. *A. Baeumler* (19.11.1887–19.3.1968), PD TH Dresden 1924, a.o. Prof. 1928, o. Prof. 1933 Berlin; vgl. Poliakov u. Wulf, 89. *H. Härtle*, kommissarisch ab 1941, stellvertr. ab 1942. W. Groß (1904–1945) war Leiter des Rassenpolitischen Amtes der NSDAP und ab 1942 Nachfolger Baeumlers im Amt Wissenschaft; vgl. Bollmus, 68f. u. 259, Anm. 3.

101 Nach Rothfeder, 208, Anm. 71.

Archiv", eine Unterabteilung des „Amtes Kunstpflege", besaß eine Kartei, die Angaben „über die nationalsozialistische Haltung und kulturpolitische Zuverlässigkeit von 60000 Personen" enthielt. Dieses Instrument wurde u.a. auch dazu benutzt, den „Einsatz" von Professoren im Vortragswesen des Deutschen Volksbildungswerks zu steuern.[102] Der Geschäftsgang des „Hauptamtes Wissenschaft" vermittelt unabhängig von seinem faktischen Einfluß einen zuverlässigen Eindruck von der Qualität der auf das Fach Alte Geschichte bezogenen hochschulpolitischen Arbeit der „Dienststelle Rosenberg", des NSDD und der Parteikanzlei, die sich im Wechsel von Kollision und Kooperation vollzogen hat. Das gilt nicht nur für den parteioffiziellen Meinungsbildungsprozeß bei Berufungen, sondern auch für im engeren Sinne fachwissenschaftliche Aktivitäten dieser Organisationen.[103]

Hier waren zunächst einmal die institutionellen Voraussetzungen abzuklären, die zum Verständnis der Lehrstuhlbesetzungen zwischen 1933 und 1945 notwendig sind. Was die Parteigremien angeht, wird man abgesehen von den angedeuteten Kompetenzstreitigkeiten – allein von den Aufbaubedingungen her Zweifel an den Erfolgsaussichten ihrer Arbeit anmelden müssen. Die hochgesteckten Ziele der Hochschulkommission ließen sich von Organisationen, die bis 1938 nur bedingt einsatzbereit und schließlich *[60]* im Krieg mehrfach von Stillegungen bedroht und betroffen waren, schwerlich erreichen.[104] Dem Apparat der Ministerialbürokratie gegenüber blieb das „Amt Wissenschaft" im NSDD und sein Pendant in der Dienststelle Rosenbergs beinahe hoffnungslos unterlegen, wozu natürlich die unterschiedliche persönliche Qualifikation der betreffenden Mitarbeitergruppen für eine Tätigkeit in der Hochschulverwaltung in weiterem Sinne ihren Teil beigetragen hat.[105] Diese Feststellung ist unabhängig von einer Bewertung der Machtposition Rosenbergs und Schultzes in der Parteihierarchie zu treffen.

Heinrich Harmjanz hat im Rückblick zur „Technik der Hochschulbesetzungen" bemerkenswerte Ausführungen gemacht, die erkennen lassen, daß der parteioffizielle Meinungsbildungsprozeß unter Ausnutzung der Möglichkeiten des dualistischen Systems bis zu einem gewissen Grade neutralisiert werden konnte. Danach hatte er seine Entscheidungen vor Einschaltung der Parteikanzlei „stets ... mit dem jeweiligen örtlichen Dozentenbundsführer vorher ausgehandelt, geklärt, oft diesen schon vorher entsprechend informiert, so daß es keine Schwierigkeiten hinterher gab".[106] Entsprechende Absprachen waren auch in einem noch früheren Stadium zwischen den Fakultäten und den lokalen NSDD-Führern denkbar, was vielleicht in der Bemerkung von Harmjanz anklingt, daß der NSDD „ja schon vor Abgang der Berufungsvorschläge seitens der Fakultäten durch seine örtlichen Dozentenbundsleute ein ‚Ja' oder ein ‚Nein' zu erkennen gegeben hatte".[107]

102 Dazu Bollmus, 107.

103 Vgl. unten, *[94ff.]*.

104 Ursprünglich sollte der Dozentenbund Anfang 1943 stillgelegt werden, die entsprechende Anordnung wurde aber im Juni des Jahres zurückgenommen; vgl. Bollmus, 300, Anm. 179.

105 Von den drei genannten Amtsleitern Rosenbergs gehörte nur Baeumler zur Gruppe der Hochschullehrer.

106 Zitiert nach Kater: AE 1974, 435, Anm. 150.

107 Ebd.

Die Entscheidung auf Universitätsebene dürfte in der Regel also auch gegenüber dem REM abgesichert worden sein. Auf jeden Fall wird hier die Schlüsselstellung der örtlichen Dozentenbundsführer sichtbar. Die Zahl der Koalitionsmöglichkeiten vergrößerte sich, wenn eine Personalunion zwischen Universitätsführung und Dozentenbundführung bestand.[108] Diese Linie setzt sich – um damit den Komplex abzuschließen – in „Interessenverbindungen ... zwischen Hörsaal und Hochschulreferenten, zwischen Lehrstuhl und Ministerium" fort.[109] Wenn das REM seine Entscheidung der Parteikanzlei vorlegte, waren im Idealfall die Würfel also bereits gefallen. Die Rückfrage der Parteikanzlei bei der Dozentenbundszentrale in München, die ihrerseits die Gewährsmänner an den einzelnen Hochschulen um Stellungnahme bat, war zu einem guten Teil vorprogrammiert. Die Funktionsfähigkeit dieses Systems hing von einer Vielzahl von Faktoren ab, die hier nicht im einzelnen aufgeführt werden können. An Konfliktstoff hat es auf dem Instanzenweg zwischen Partei- und Staatsapparat ebensowenig gefehlt, wie an der partiellen Bereitschaft verschiedener Ebenen, den Konfliktfall möglichst schon an der Basis auszuschalten. Dadurch wurde in erster Linie der Spielraum zentraler Parteistellen *[61]* eingeengt, die sich wie Rosenbergs „Amt Wissenschaft" in den Entscheidungsprozeß hineinzudrängen versuchten. Unter den geschilderten Bedingungen wird man bei der Beurteilung der nationalsozialistischen Berufungspolitik zweckmäßigerweise vom Einzelfall auszugehen haben. Das empfiehlt sich nicht nur für die spezielle Fragestellung der vorliegenden Arbeit, sondern würde auch für eine Untersuchung des gesamten Problemkreises gelten.

3. Die Vertretung der Fächer Alte Geschichte und Klassische Philologie an deutschen Universitäten

Die Altertumswissenschaften in Halle waren von der Säuberungswelle in personeller und materieller Hinsicht besonders hart betroffen, da hier nicht nur der Althistoriker Richard Laqueur und der Graezist Paul Friedländer von den „amtlichen Verpflichtungen entbunden" worden waren, sondern zugleich der Lehrstuhl Laqueurs an die Universität Berlin verlegt wurde.[110] Die dadurch entstandene Situation verschärfte sich Anfang 1936 durch die Erkrankung des Latinisten Ernst Diehl, wobei abzusehen war, daß er seinen

108 Zu entsprechenden Bestrebungen vgl. Seier: Rektor, 139.

109 Ebd., 146.

110 Zu Laqueur und Friedländer vgl. oben, *[39f. u. 43]*. Die Entlassung Laqueurs erfolgte durch Erlaß vom 6.1.1936; vgl. Vermerk des Kurators der Univ. Halle v. 5.1.1936 (GSTA Rep. 76, 202 fol. 23); zur Übertragung des Ordinariats an den Berliner Meereskundler Albert Defant vgl. REM an Prof. Dr. A. Defant v. 13.2.1936 – Abschrift – (ebd. fol. 18 u. 18 a). H. Schulz-Falkenthal, der einen Überblick über die Hallenser Althistoriker gibt, ist dieser Vorgang offensichtlich entgangen (ebd., 924). Die althistorischen Lehrveranstaltungen wurden zunächst von dem n.b.a.o. Prof. Paul Schnabel betreut. 1936 erhielt A. Hoffmann-Kutschke zusätzlich einen Lehrauftrag für „Geschichte des Judentums im Altertum"; vgl. Schulz-Falkenthal, 924.

Lehrverpflichtungen nicht wieder würde nachkommen können.[111] Damit standen drei Lehrstühle zur Disposition.

Die Hallenser Fakultät war nicht ohne weiteres bereit, sich mit dem Verlust der Stelle Laqueurs abzufinden. Nach ihrer Auffassung ließ „die angezogene Verfügung des Herrn Ministers die Absicht erkennen ..., die Vertretung der Alten Geschichte künftig in die Hände eines planmäßigen außerordentlichen Professors zu legen ..." Dementsprechend reichte sie einen Dreiervorschlag in der Reihenfolge Franz Altheim, Alexander Graf Schenk von Stauffenberg und Hans Schaefer ein. Sie griff damit ganz bewußt „auf den reichlicher vertretenen Nachwuchs in dem weiteren Gebiet der Klassischen Altertumskunde" zurück und begründete ihren Schritt u.a. damit, daß der für Altheim vorgeschlagene Wechsel von der Klassischen Philologie zur Alten Geschichte „nicht allzu selten" sei.[112] Dieses Votum ergänzte der Rektor durch den Hinweis auf die ungewöhnliche Arbeitsbreite Altheims, die ihn für beide Fächer gleichermaßen qualifizierte. Gleichzeitig hob er das unbedingte Interesse der Fakultät an einer Berufung Altheims hervor, der entweder eine neu zu schaffende althistorische Professur oder aber im Falle der Entpflichtung Diehls dessen Lehrstuhl erhalten solle.[113]

Als der Latinist kurz darauf aus Gesundheitsgründen beurlaubt wurde, stellte sich die Universität rasch auf die neue Lage ein und beantragte die Vergabe getrennter Vertretungen für Latein und Alte Geschichte an *[62]* Altheim und Schäfer.[114] Das Ministerium zeigte sich von diesen Vorschlägen, soweit sie auf die Einrichtung bzw. den Erhalt einer selbständigen Stelle für Alte Geschichte abzielten, wenig beeindruckt und beauftragte Altheim mit der Vertretung der Lateinischen Philologie und der Alten Geschichte. Zugleich wurde ausdrücklich festgestellt, daß der althistorische Lehrstuhl an die Universität Berlin verlegt worden sei und somit eine separate Vertretung durch den Dozenten Hans Schaefer nicht in Frage komme.[115] Von der Absicht des Ministers, die Stelle als Extraordinariat wiederzubesetzen, was die Fakultät zu erkennen geglaubt hatte, war also keine Rede. Der Argumentationszusammenhang, der an das Ministerium herangetragen worden war, der Bezug auf das Gesamtgebiet der Klassischen Altertumskunde, der Hinweis auf die leichten Übergangsmöglichkeiten von der Klassischen Philologie zur Alten Geschichte und die beide Felder überspannende Arbeitsbreite Altheims machten es dem Ministerium leicht, die Anforderung eines neuen althistorischen Lehrstuhls zurückzuweisen.

Auch im Falle der vakanten Professur für Griechische Philologie war das Ministerium offenbar nicht bereit, für eine rasche Besetzung der Stelle zu sorgen, obwohl die Fakultät schon kurz nach der Entlassung Paul Friedländers eine Liste eingereicht hat-

111 Rektor Halle an REM v. 2.3.1936 (GSTA Rep. 76, 202 fol. 20).

112 Dekan Phil. Fak. Halle an REM v. 24.2.1936 (ebd., fol. 24–25). *Franz Altheim* (6.10.1897–17.10.1976) PD Frankfurt 1928, apl. a.o. Prof. 1933, a.o. Prof. Halle 1938, o. Prof. 1942, 1950 FU Berlin, emer. 1966; zu Altheims Werdegang vgl. ausführlich unten, *[123f.]*; zu H. Schaefer und A. Schenk v. Stauffenberg vgl. oben, ***[50, Anm. 30]***.

113 Rektor Halle an REM v. 2.3.1936 (GSTA Rep. 76, 202 fol. 20).

114 Rektor Halle an REM v. 6.3.1936 (ebd., fol. 26).

115 REM an Univ. Kurator Halle v. 18.3.1936 (ebd., fol. 27. 28).

te.[116] Vorgeschlagen waren die Professoren Snell (Hamburg), Harder (Kiel) und Theiler (Königsberg), doch vorerst bewilligte das Ministerium zum Sommersemester 1936 auch in diesem Fall nur eine Vertretung.[117] Zu einer ordnungsgemäßen Besetzung der beiden verbliebenen philologischen Lehrstühle konnte sich das Ministerium auch dann nicht entschließen, als der Latinist Ernst Diehl im Sommer 1937 aus Gesundheitsgründen emeritiert wurde. Angesichts dieser Lage sah sich der Dekan der Philosophischen Fakultät zu der Feststellung gezwungen, daß „von der einst höchst bedeutenden Vertretung der Klassischen Philologie in Halle so gut wie nichts mehr übrig" sei.[118]

Die Zurückhaltung des Ministeriums bei den Stellenbesetzungen könnte man mit dem Plan in Zusammenhang bringen, eine Reihe von Hochschulen zu schließen, darunter auch Halle. Nach A. Timm war es u.a. „partikularen Tendenzen ‚örtlicher Hoheitsträger der Partei'" zu verdanken, daß die Universität Halle erhalten blieb.[119] Offenbar im Zuge dieser Bemühungen wandte sich der zuständige Gauleiter Eggeling an Alfred Rosenberg mit der Bitte, „der Universität Halle eine besondere Förderung zukommen zu lassen".[120] Der Reichsleiter kam diesem Wunsch, zu dem sich Eggeling angeblich „aus Enttäuschung über das Erziehungsministerium" entschlossen hatte, nach und führte sich im Februar 1938 als Schirmherr der neugegründeten „Hallischen Wissenschaftlichen Gesellschaft"[121] mit einer *[63]* programmatischen Rede, ausgerechnet zum Thema „Der Kampf um die Freiheit der Forschung", ein.[122] Diese neugewonnene „Freiheit der Forschung" bestätigte sich nicht zuletzt darin, „daß wir auch der *Antike* gegenüber freier dastehen als die früheren Geschlechter." In diesem Sinn wollte Rosenberg aus dem Bewußtsein „einer neuerfühlten Verwandtschaft als *griechisch* wirklich nur das empfinden, was einmal *wirklich* von diesem Menschentum getragen wurde, und nicht jenes, was in schwachen Stunden der griechischen Antike aus Vorderasien hereingesickert war."[123] Das

116 Dekan Phil. Fak. Halle an REM v. 22.3.1939 (ebd., fol. 94 Rs.).

117 REM an Univ. Kurator Halle v. 18.3.1936 (ebd., fol. 27).

118 Dekan Phil. Fak. Halle an REM v. 7.7.1937 (ebd., fol. 76). – Zur Tradition des Faches in Halle allgemein R. Sellheim: Friedrich August Wolf als Begründer der Altertumswissenschaft, in: 450 Jahre Martin-Luther-Univ. Halle-Wittenberg, Halle 1952, 159–168.

119 Albrecht Timm: Die Universität Halle-Wittenberg, Frankfurt/Main 1960, 85.

120 Vgl. A. Rosenberg: Der Kampf um die Freiheit der Forschung, Halle 1938, 9 (= Schriften der Hallischen Wissenschaftlichen Gesellschaft, Bd. 1).

121 So Rosenberg: Aufzeichnungen, 156. Rosenberg will Eggeling, dem er sich besonders verbunden fühlte, zunächst an das Ministerium verwiesen haben, um der Universität Ungelegenheiten zu ersparen (ebd.). – Zu Joachim Albrecht Eggeling vgl. Hüttenberger, 175. Allgemein zur Rivalität zwischen Gauleitern und REM: Seier: Rektor, 121. – Gegen Rothfeder, 336, u. Bollmus, 74, ist festzuhalten, daß Rosenberg Schirmherr der Gesellschaft, nicht aber der Universität war, was im Hinblick auf die häufigen Kompetenzstreitigkeiten wichtig werden konnte. Als Präsident fungierte der Gauleiter (vgl. Schriften d. Hallischen Wiss. Gesellschaft, Bd. 1, 1938, 6) – Gleichzeitig wurde – getragen von der Stadt Halle – ein Alfred-Rosenberg-Fonds in Höhe von 100 000 RM eingerichtet, mit dem besonders die Gebiete Vorgeschichte, Rassenkunde u. Volkskunde gefördert werden sollten (vgl. Volk im Werden 6, 1938, 188 u. 286).

122 Vgl. oben, *[62, Anm. 120]*.

123 Rosenberg: Kampf, 16 (Hervorhebungen im Original).

„Schlachtgeschrei gegen die angebliche Unterdrückung der Forschung in Deutschland" diente einzig und allein dem Versuch, „eine neuaufkommende Gedankenwelt im Dienste einer bestimmten rassenchaotischen Weltpolitik unterdrücken zu wollen". Aus dem Bekenntnis zur „Rassen"- bzw. „Rassenseelenkunde" entwickelte Rosenberg wiederum am antiken Beispiel die Themen, die sich die deutsche Forschung stellen sollte: „Wir können uns fragen: Wie waren die Menschen denn wirklich beschaffen, die einst Hellas schufen? Was bedeutet rassengeschichtlich das Wort vom Untergang der antiken Welt? Wie vollzog sich in Wirklichkeit der Einzug des Christentums im römischen Reich? Wie erklärt sich jetzt die alte Liebe des Germanen zum alten Hellas? Wodurch wurde der Jude zum Parasiten am Körper Europas? Wie äußerte sich germanischer Charakter im Kampf um Rom? Wie stehen heute nordische und orientalische Werte zueinander? Welche tieferen Ursachen scheiden nordisches und germanisches Rechtsempfinden vom spätrömischen? In welchen Formen vollzieht sich heute die Ausscheidung des orientalischen Lebensgefühls aus dem germanisch-deutschen? Worin bestehen die Merkmale germanisch-europäischen Forschertums? Wie haben die verschiedenen Rassen auf Kunst und Lebensart der europäischen Völker gewirkt? Welche Bedrohungen entstehen den heutigen Staaten durch dauernde Rassenmischungen?"[124] Mit diesen erweiterten Leitfragen altertumswissenschaftlicher Forschung hat Rosenberg z.T. das Programm seiner „Hohen Schule" vorweggenommen, mit dem er sich damals zu beschäftigen begann.[125]

Rusts Amtschef Wacker empfand den Auftritt Rosenbergs „von der Kanzel einer deutschen Universität... als Symbol dafür, daß wir im Zuge der nationalsozialistischen Erhebung an dem Punkte der Entwicklung angekommen sind, wo die Kräfte, die Träger der nationalsozialistischen Weltanschauung sind, in eine harmonische Arbeitsgemeinschaft kommen mit den Kräften, die aus dem Raume der deutschen Hochschulen zu einer tieferen Vereinigung schon lange drängen und aus einer glücklichen weltanschaulichen Ausrichtung des Hochschulwesens sich die Gewinnung des neuen Gesichts der deutschen Wissenschaft erhoffen".[126]

Wacker brachte zugleich – und das dürfte nicht nur in Halle mit *[64]* Erleichterung aufgenommen worden sein – den Willen des Ministeriums zum Ausdruck, „Daß keine der bestehenden Hochschulen geschlossen wird. Auch Halle wird leben und seine alte Überlieferung in Lehre und Forschung in ein neues Reich hinüberführen".[127] Die Universität Halle konnte, nachdem ihr Fortbestand gesichert schien, kaum ein Interesse daran haben, zum bevorzugten Objekt Rosenbergscher Hochschulpläne zu werden, zumal der Reichsleiter die Absicht hatte, durch diese Hochschule „der akademischen Jugend des deutschen Volkes die nationalsozialistische Weltanschauung persönlich [zu]

124 Ebd., 17f.
125 Vgl. unten, *[139ff.]*.
126 Otto Wacker: Bewegung und Wissenschaft, Volk im Werden 6, 1938, 161 (161–166).
127 Ebd., 163.

vermitteln".[128] Zunächst einmal hat die Universität jedenfalls wenig Wert darauf gelegt, die besondere Beziehung zu Rosenberg herauszustellen.[129]

In seiner neuen Funktion versuchte Rosenberg alsbald Einfluß auf die anstehenden Lehrstuhlbesetzungen zu nehmen. Einen Tag vor dem großen Auftritt Rosenbergs in Halle hatte Baeumler bereits mit Wacker über die Neugestaltung der Philosophischen Fakultät gesprochen und personelle Wünsche des Reichsleiters vorgetragen. Der erste Kontakt erfüllte die Erwartungen des „Amtes Rosenberg" in keiner Weise, wie aus einer dem REM übermittelten Beschwerde des Stabsleiters Urban hervorgeht.[130] Im Endeffekt mußte sich Baeumler mit der Zusicherung begnügen, „daß das Reichserziehungsministerium diese Wünsche im Falle des Einkommens entsprechender Vorschläge von Fakultäten und Rektor berücksichtigen werde und daß das Berufungsverfahren im übrigen unangetastet bleiben müßte".[131] Damit hatte der stellvertretende Amtschef Groh im Auftrag Wackers unmißverständlich klargemacht, daß das REM nicht bereit war, irgendeine Entscheidung ohne Absprache mit der Universität Halle zu treffen.

Um die personellen Vorstellungen Rosenbergs ging es auch in Verhandlungen, die von der Universität mit Vertretern Rosenbergs geführt worden waren. Dabei wurde eine Vierzehn-Punkte-Liste zugrunde gelegt, in der alle Besetzungswünsche des Reichsleiters zusammengefaßt waren.[132] Wie kaum anders zu erwarten, sollte der Ausbau der Philosophischen Fakultät auch dazu benutzt werden, bewährte Mitarbeiter Rosenbergs an der Universität unterzubringen. Besonders aufschlußreich sind die stichwortartigen Eintragungen zu den drei unbesetzten Lehrstühlen für Klassische Philologie und Alte Geschichte. Für die Nachfolge Paul Friedländers hatte Baeumler – ihn darf man als Verfasser der Liste ansehen – Bogner, Eberhardt und Harder vorgeschlagen. Das waren zugleich die einzigen Graezisten, die bis zu diesem Zeitpunkt ihre Bereitschaft zur Zusammenarbeit mit dem „Amt Rosenberg" bekundet hatten.[133] Berufen werden sollte Richard Harder aus Kiel, „der dort keine Hörer hat, aber sehr gut ist"; er schien darüber hinaus „auch als Ordinarius für vergleichende Religionswissenschaft *[65]* geeignet".[134] Abgesehen von dem unbestrittenen Rang Harders war dieser Vorschlag auch deshalb nicht ungeschickt, weil die Hallische Fakultät in einem früheren Stadium selbst die Berufung Harders erwo-

128 K. Rüdiger: Bedeutungsvolle Ehrung Alfred Rosenbergs durch die Martin-Luther-Universität Halle-Wittenberg, in: Nationalsozialistische Monatshefte 9 (1938) 253.

129 Als Schirmherr der Gesellschaft fand er jedenfalls erst zum SS 1941 Eingang in das Personal- u. Vorlesungsverzeichnis (ebd., 38).

130 REM/O.Reg.Rat Grüninger an Groh v. 1.4.1938 (GSTA Rep.76, 202 fol. 100).

131 REM/Groh an Baeumler v. 5.4.1938 (ebd., fol. 103). Diese Fassung wurde von Groh gegenüber dem Referentenentwurf (fol. 101) erheblich verschärft.

132 Vgl. REM/O.Reg.Rat Grüninger Aktennotiz für Amtschef W. v. 12.3.1938 (ebd., fol. 98). – Die Liste (ebd., fol. 97) wurde von dem Rektor an das REM weitergegeben, wo Harmjanz die Prüfung übernahm. „Die darin genannten Herren seien", so hatte der Rektor berichtet, „sämtlich seitens des Stabes Rosenberg günstig beurteilt" (ebd., fol. 98).

133 Zu Bogner vor allem unten, *[87f.]*, zu Eberhardt oben, 48f. und zu Harder ausführlich unten, *[143ff.]*.

134 „Vierzehn-Punkte-Liste" (GSTA Rep. 76, 202 fol. 97).

gen hatte.[135] Das starke Interesse an Harder ist auf dem Hintergrund der Planungen für die „Hohe Schule" Rosenbergs zu sehen.[136]

An Franz Altheim, dem einzigen Kandidaten für die Besetzung des Lehrstuhls für Klassische Philologie (Latein), der in der Liste aufgeführt ist, bemängelte man wie schon bei früherer Gelegenheit das fehlende Verständnis „für Rasse". Wenn dennoch keine Einwendungen gegen seine Berufung erhoben wurden, hängt das damit zusammen, daß Altheim inzwischen von Himmlers „Ahnenerbe" gefördert wurde. Über seine neuen Arbeiten, die einen „Reifeprozeß" in weltanschaulicher Hinsicht erkennen ließen, hatte sich Baeumler durch Vermittlung des „Ahnenerbe"-Kurators Wüst nach dem ersten Kontakt mit dem REM und der Universität in Sachen Lehrstuhlbesetzungen ausführlich informieren können.[137] In den offiziellen Verhandlungen zwischen REM, Universität und „Amt Rosenberg" wurde die Verbindung Altheims zum „Ahnenerbe" in keiner Phase angesprochen.[138] Die Universität hatte ihr Interesse an Altheim ohnedies schon zu einer Zeit bekundet, als dieser einer eher oppositionellen Richtung zuzurechnen war.[139]

In dem Verhandlungspapier Rosenbergs war die Wiedereinrichtung eines althistorischen Lehrstuhls vorgesehen, eigene personelle Vorstellungen wurden dazu aber nicht vorgetragen. Daraus darf man wohl schließen, daß sich bis dahin keiner der jüngeren Althistoriker, die für eine Berufung nach Halle in Frage gekommen wären, an das „Amt Rosenberg" gebunden hatte. Auch im Bereich der Klassischen Philologie fanden sich offensichtlich nur wenige Fachvertreter, die zu einer Zusammenarbeit mit Rosenberg überhaupt bereit waren, zudem handelte es sich bei den Kandidaten, die Rosenberg von sich aus ins Spiel brachte, um Lehrstuhlinhaber; der Nachwuchs im eigentlichen Sinne stand auch hier abseits. Bis auf wenige Ausnahmen hat sich die Mehrzahl der Altertumswissenschaftler – diese Zwischenbilanz kann man für die Jahre 1933–1938 ziehen – dem Einfluß Rosenbergs entzogen.

Inzwischen war die Liste Rosenbergs im Ministerium von Harmjanz überprüft worden. Die nachfolgenden Verhandlungen mit der Universität lassen erkennen, daß beide Instanzen keineswegs daran dachten, Empfehlungen Rosenbergs zur Richtschnur ihrer Entscheidungen zu machen: So äußerte die Fakultät im Falle des Lehrstuhls für Griechische Philologie den Wunsch, den bisherigen Vertreter Erich Reitzenstein zu berufen. Der Name Harders als Kandidat Rosenbergs wurde dabei nicht genannt, womit den

---

135 Vgl. oben, *[62]*.

136 Vgl. unten, *[139ff.]*.

137 Vgl. dazu unten, *[125]*.

138 Hinweise für ein Eingreifen Himmlers im Sinne der „narrensicheren Berufungsmethode" liegen auch in den „Ahnenerbe"-Akten nicht vor (vgl. oben, *[54]*).

139 Vgl. dazu den oben, ***[61, Anm. 113]*** behandelten Berufungsvorschlag vom 2.3.1936: „Prof. Altheim wird als eine ... wissenschaftlich ernste und politisch zuverlässige Persönlichkeit mit lauterem Charakter geschildert. Er ist kein homo politicus, politisch nie hervorgetreten und gehört der NSDAP nicht an. Seine Interessen liegen ausgesprochen auf wissenschaftlichem und ästhetischem Gebiet". Zuvor hatte der Rektor auf die nahe Verbindung Altheims zu seinem Lehrer W. F. Otto hingewiesen (Rektor Halle an REM v. 2.3.1936/GSTA Rep. 76, 202 fol. 21).

weitergehenden Plänen des Reichsleiters vorläufig ein Riegel vorgeschoben *[66]* war.[140] Während sich in dieser Frage die Referenten des REM mit der Fakultät einigen konnten, präsentierten Harmjanz und Groh, was die zukünftige Vertretung der Alten Geschichte anging, eine „Grundsatzentscheidung", deren Folgen für die weitere Entwicklung der Klassischen Philologie und der Alten Geschichte kaum absehbar waren. Nach der Protokollnotiz wollte das Ministerium die Zahl der altertumswissenschaftlichen Lehrstühle an den deutschen Universitäten erheblich einschränken: „Drei Lehrstühle dieser Art werden an keiner Universität mehr besetzt; sie werden grundsätzlich auf zwei Lehrstühle zusammengezogen, der dritte dann übrigbleibende Lehrstuhl wird zu anderen Zwecken benutzt werden."[141]

In Konsequenz dieser Entscheidung war nunmehr die endgültige Berufung Altheims für Alte Geschichte und Klassische Philologie (Latein) in die Wege zu leiten.[142] Mit dieser Regelung wurde in Halle zunächst einmal nur der seit der Entlassung Laqueurs und Friedländers bestehende Zustand festgeschrieben. Im konkreten Fall Altheims, den die Fakultät in einem früheren Stadium als Vertreter der „Klassischen Altertumskunde" nominiert hatte, ließ sich dieses Vorgehen sicher rechtfertigen. Die über Halle hinausweisende Frage blieb, ob das von Groh und Harmjanz skizzierte Modell auf andere Universitäten übertragbar war. Die weitere Entwicklung auf lokaler Ebene trug, wie sich im folgenden zeigen wird, zur Klärung dieser Frage bei.

Es entsprach der grundsätzlichen Haltung des REM, daß Baeumler als Amtschef Rosenbergs nur ganz allgemein und knapp über die zwischen Universität und Ministerium erzielte „Einigung" informiert wurde. Bislang unerfüllte Anliegen der Fakultät würden, so ließ Groh ihn wissen, „nach schriftlicher Vorlage der üblichen Fakultätsbeschlüsse auf dem Dienstwege geregelt werden." Von den Wünschen Rosenbergs war bezeichnenderweise überhaupt nicht die Rede.[143] Sicherlich hatte sich die Universität in vielen, wenn nicht in den meisten Fällen hinter dem Rücken Rosenbergs mit dem Referenten Rusts einigen können, wofür die Ausschaltung Harders nur ein Beispiel war. Das bedeutete aber nicht, daß sie darauf verzichtete, sich die hochschulpolitischen Ambitionen ihres „Schirmherrn" zunutze zu machen, wenn das Ministerium für bestimmte Lösungen nicht zu gewinnen war. Ungefähr einen Monat später, nachdem Groh und Harmjanz ihre „Grundsatzentscheidung" zu Protokoll gegeben hatten, trafen sich Rust und Rosenberg zu einer Besprechung „über Maßnahmen zu Gunsten der Universität Halle", um auf höchster Ebene eine Reihe von strittigen Personalangelegenheiten durchzusprechen.[144]

---

140 Vgl. Dekan Phil. Fak. Halle an REM v. 22.3.1938 (ebd., 76, 202 fol. 94) und Aktenvermerk REM/Groh v. 8.4.1938 betr. Besprechung mit Rektor Weigelt, Dekan Schneider u. Prof. Harmjanz (ebd., fol. 105a–110, insbes. fol. 106).
E. Reitzenstein (geb. 30.8.1897–27.2.1976), PD 1928, n.b.a.o. Bonn 1937, o. Halle 1938, Mainz 1959, emer.

141 Aktenvermerk REM/Prof. Grob v. 8.4.1938 (GSTA Rep. 76, 202, fol. 106).

142 Ebd., fol. 107.

143 REM/Groh an Baeumler v. 13.4.1938 (ebd., fol. 104).

144 An dem Gespräch in der Privatwohnung Rosenbergs nahmen außerdem vom REM Staatsminister Wacker und von der Dienststelle Rosenberg Stabsleiter Urban und Prof. Baeumler teil; vgl. Akten-

Dazu gehörte an erster Stelle die Entscheidung über die zukünftige Vertretung der Altertumswissenschaften in Halle, die man wohl als eine *[67]* Existenzfrage der deutschen Altertumswissenschaft jener Tage bezeichnen darf. Rosenberg sprach sich eindeutig – und zwar nicht nur im Hinblick auf Halle – gegen die beabsichtigte Zusammenlegung altphilologischer und althistorischer Lehrstühle zu jeweils zwei Professuren aus; er verlangte vielmehr eine gesonderte Vertretung der Alten Geschichte neben den beiden klassisch-philologischen Fächern an allen deutschen Universitäten.

Rust schloß sich der Auffassung des Reichsleiters vorbehaltlos an und meinte, daß „der Latinist und der Vertreter für Alte Geschichte ganz andere Aufgaben hätten, außerdem käme die griechische Geschichte hierbei meist zu kurz". Sein Hinweis auf die negativen Konsequenzen für die Griechische Geschichte bezog sich auf das Modell, das sich in Halle anbot, und machte die Schwächen der von Grob und Harmjanz projektierten Lösung deutlich. Vor allen Dingen stellte Rust klar, daß diese Entscheidung in jedem Fall zu Lasten der Alten Geschichte ging. Der Minister versprach, sich nötigenfalls persönlich beim Finanzminister für die Neuzuweisung einer Professur für Alte Geschichte einzusetzen. Da die Berufung Altheims inzwischen schon in die Wege geleitet worden war, einigte man sich darauf, „daß der Ruf Altheims bei Schaffung eines neuen Lehrstuhls für Alte Geschichte gegenüber diesem klar abgegrenzt werden müsse". Rusts Amtschef Wacker beharrte selbst gegenüber seinem Minister auf dem Vorschlagsrecht der Universitätsgremien und wies darauf hin, daß diese Regelung von einer entsprechenden Meinungsäußerung der Universität abhängig sei.[145]

Nach allem, was sich weiter ermitteln ließ, war das Ministerium bestrebt, die Zusicherung Rusts zu erfüllen. Dafür spricht nicht allein die Tatsache, daß Altheim zum außerordentlichen Professor für Klassische Philologie ernannt wurde,[146] sondern auch die Anmeldung eines planmäßigen Ordinariats für Alte Geschichte an der Universität Halle im Rahmen des Staatshaushalts für 1939. Die Anmeldung erfolgte unter ausdrücklichem Hinweis auf die Besprechung zwischen Rust und Rosenberg und wurde damit begründet, daß eine nebenamtliche Vertretung der Alten Geschichte auf die Dauer untragbar sei.[147] Die schwerwiegende Entscheidung, nach der Entlassung Laqueurs seine Stelle „einem anderen Lehrzwecke" zuzuführen, ließ sich vor allem aus haushaltstechnischen Gründen nicht mehr korrigieren. Bis zum Kriegsende wurde das Fach Alte Geschichte von Franz Altheim als dem Inhaber des Lehrstuhls für Klassische Philologie (Latein) nebenamtlich betreut.[148]

---

vermerk REM/Amtschef W. v. 11.5.1938 (ebd., fol. 131).

145 Ebd.

146 Lt. Personal- u. Vorlesungsverzeichnis der Univ. Halle für das SS 1939, 17, erfolgte die Ernennung am 13.7.1938.

147 Vgl. REM (Entwurf Harmjanz) an den Herrn Preuß. Finanzminister v. 15.10.1938 (GSTA Rep. 76, 202 fol. 132); vgl. die entsprechende Initiative der Universität: Dekan Phil. Fak. Halle an REM v. 5.7.1938 (ebd., fol. 131), sowie Aktenvermerk Harmjanz v. 10.9.1938 (ebd., fol. 153).

148 Daran änderte auch der Übertritt des Dozenten für Alte Geschichte *Ernst Kirsten* von Heidelberg nach Halle zum 1.2.1941 nichts (vgl. Gnomon 17 (1941) 96 und Personal- u. Vorlesungsverzeichnis Halle SS 1941, 18). Ankündigungen Kirstens liegen nicht vor. E. Kirsten (2.9.1911) UD Heidelberg

Seinem eigentlichen Ziel, den Ausbau der Universität Halle voranzutreiben, ist Rosenberg im vorliegenden Fall nicht nähergekommen. Für die Klassische Altertumswissenschaft insgesamt aber war der im Zusammenwirken *[68]* mit Rust errungene Erfolg Rosenbergs in der grundsätzlichen Frage der zukünftigen Vertretung der Alten Geschichte und der Klassischen Philologie an den deutschen Universitäten weitaus wichtiger als der Verlust einer althistorischen Professur. Es unterliegt keinem Zweifel, daß erst Rosenbergs Eingreifen die Entscheidung Rusts gegen die Pläne seiner Ministerialbürokratie im Sinne einer Kurskorrektur herbeigeführt hat. Die grundsätzliche Bedeutung des Vorgangs in Halle wird an dem Verhalten des Ministeriums in einem ähnlich gelagerten Fall deutlich, dessen besondere Voraussetzungen zunächst zu klären sind.

Ausgangspunkt war die Berufung des Marburger Graezisten Karl Deichgräber nach Göttingen.[149] Die Verhandlungen der mit seiner Nachfolge befaßten Kommission hatten den üblichen Verlauf genommen und standen kurz vor dem Abschluß.[150] Eine neue Lage entstand, als der Marburger Rektor am 7.3.1938 eine Mitteilung des Referenten Harmjanz zur Kenntnis brachte, nach der es zwecklos sei, „die Berufungsangelegenheit noch weiter zu verfolgen, da eine allgemeingültige ministerielle Regelung für das ganze Reich vorsehe, die Klassische Philologie von Fall zu Fall immer nur noch mit einem Vertreter zu besetzen." Ersatzweise solle in Marburg ein Dozent mit Lehrauftrag eingesetzt werden. Nachforschungen der erheblich beunruhigten Fachvertreter ergaben, so jedenfalls der unmittelbar betroffene Latinist Dahlmann[151], daß diese Regelung an „allen anderen, auch an den maßgeblichsten Stellen Deutschlands", darunter auch Fakultäten, die gerade einen philologischen Lehrstuhl zu besetzen hatten, unbekannt war. Dem zeitlichen Ablauf nach traf das auch für Halle zu, da die „Grundsatzentscheidung" der Referenten des REM dem Hallenser Rektor erst einen Monat nach Eingang entsprechender Nachrichten in Marburg bekannt geworden war.[152]

Vorübergehend schien sich dort die Lage in positivem Sinne zu klären, da die Fakultät nach der Ernennung Deichgräbers zum Ordinarius in Göttingen[153] die Aufforderung erhielt, einen Listenvorschlag für den vakanten philologischen Lehrstuhl einzureichen. Der Rektor erklärte den offenkundigen Sinneswandel des Ministeriums mit der Bemerkung,

---

1940, Halle 1941, Göttingen 1946, Bonn 1949, apl. Prof. 1951, a.o. Prof. 1962, o. Prof. 1965, Wien 1970; vgl. auch unten, *[155, **Anm. 101**]*.

149 *K. Deichgräber* (10.2.1903) PD Berlin 1931, a.o. Prof. Marburg 1935, o. Prof. Göttingen 1938, emer.

150 Die folgende Darstellung, soweit nicht anders angegeben, nach: Prof. Dahlmann an Dekan Phil. Fak. Marburg v. 30.4.1938 (StA-Marburg 307 d, acc. 17/1974, Nr. 973, 7–9). Es handelt sich dabei um eine Aktennotiz über zwei Unterredungen, die Dahlmann mit dem Dekan, dem Kurator und dem Rektor am 28. u. 29.4.1938 in dieser Sache geführt hatte. – Das Protokoll der Kommissionssitzung v. 7.3.1938 verzeichnet lediglich einen Bericht des Dekans „über die durch die Antwort des Ministeriums entstandene Lage" ohne Angabe weiterer Einzelheiten und stellt die einmütige Auffassung der Kommission fest, den Lehrstuhl unbedingt zu erhalten (ebd., 10).

151 *H. Dahlmann* (8.7.1905) PD Kiel 1930, a.o. Prof. Marburg 1936, o. Prof. 1941, Köln 1953, emer.

152 Vgl. oben, *[66]* (Aktenvermerk Groh vom 8.4.1938).

153 Vgl. Gnomon 14 (1938) 288. Die Besetzung der Stelle in Göttingen braucht der neuen Regelung des Ministeriums nicht notwendig zu widersprechen, da die Einschränkung „von Fall zu Fall" erfolgen sollte.

„es müsse wohl diese Bestrebung von irgendwelchen Extremen im Ministerium ausgegangen sein.“[154] Damit können – nach allem was bisher geschehen war – nur Harmjanz und Groh gemeint sein. Daß diese Richtung sich letztlich durchsetzte, zeigt eine ministerielle, wiederum von Harmjanz ausgefertigte Verfügung vom 2.4.1938, in der klargestellt wurde, daß der philologische Lehrstuhl nicht wiederbesetzt werden könne, weil an seine Stelle „ein Lehrstuhl für Indogermanistik getreten sei“.[155] Zu dieser Umsetzung war es gekommen, weil ein der Marburger Universität am 9.3.1938 aus dem Bestand der Bonner Katholisch-Theologischen Fakultät *[69]* zugewiesener Lehrstuhl bereits am 28.3.1938 – und zwar nach der Berufung des Indogermanisten Leo Weisgerber auf diese Stelle – wieder abgezogen und Weisgerber gleichzeitig „in seinen Bezügen auf das vakante Ordinariat für Graezistik angewiesen wurde“[156] Das Ministerium hatte zumindest die Fakultät vor vollendete Tatsachen gestellt.[157] Dahlmann erfuhr nach eigenem Bekunden erst einen Monat später von der ganzen Angelegenheit und das gegen den Willen des Rektors, der – wie der zuständige Dekan und der Kurator – auch nach der letzten Verfügung von Harmjanz vom 2.4.1938 von einer planmäßigen Besetzung des Lehrstuhls zum WS 1938/39 ausging.[158] Entsprechende Initiativen der Universität blieben aber erfolglos, wie der abschließende Bescheid des Ministeriums vom 16.8.1938 zeigt: „Die Errichtung eines planmäßigen Lehrstuhls für Klassische Philologie (Griechisch) an der dortigen Universität ist zur Zeit nicht möglich.“ Darüber hinaus wurde der Fakultät nochmals die Möglichkeit eröffnet, das Fach Graezistik zukünftig durch einen Dozenten mit Lehrauftrag vertreten zu lassen.[159] Die ursprüngliche Begründung dieser Maßnahme mit einer „allgemeingültigen ministeriellen Regelung für das gesamte Reich“ war entfallen, die Wiederbesetzung eines zweiten klassisch-philologischen Lehrstuhls anscheinend nicht grundsätzlich ausgeschlossen. Die Gelegenheit dazu ergab sich in Marburg erst im Jahre 1942, als nach dem Weggang Weisgerbers dessen Stelle auf Antrag der Fakultät wieder der Klassischen Philologie zugeführt wurde.[160] Die Vorgänge in Halle und Marburg lassen sich, das dürfte deutlich geworden sein, nicht losgelöst von den besonderen lokalen Gegebenheiten betrachten. Vergleichbar sind sie jedoch insofern, als in beiden Fällen Stellenverschiebungen zu Lasten altertumswissenschaftlicher Fächer vorgenommen wurden. Dieser Umstand spricht dafür, daß man

154 Nach Dahlmann an Dekan Phil. Fak. Marburg v. 30.4.1938 (StA-Marburg 307 d, acc. 1711974, Nr. 973, 8.

155 Nach Dahlmann (ebd., 8f.).

156 Nach: Dekan Phil. Fak. Marburg/Prof. Ebbinghaus an REM v. 29.12.1941 (ebd., 2). *L. Weisgerber* (25.2.1899) PD Bonn 1925, o. Prof. Rostock 1930, Marburg 1938, Bonn 1942, emer.

157 Vgl. Dekan Phil. Fak. Marburg an REM v. 29.12.1941 (ebd.).

158 Nach Dahlmann (ebd., 9). Die Motive des Rektors ließen sich nicht weiter klären, da die betr. Akten nur in beschränktem Umfang zugänglich sind.

159 REM/Frey an Kurator Univ. Marburg v. 16.8.1938 – abschriftlich an Rektor u. Dekan Phil. Fak. am 23.8.1938 (ebd., 6).

160 In der Zwischenzeit war das Fach von dem Dozenten Friedrich Müller vertreten worden, der dann zum a.o. Professor ernannt wurde; vgl. Aktennotiz Kurator Univ. Marburg v. 10.4.1942 (ebd., 1). *F. Müller* (25.12.1900–28.8.1975), UD Münster 1938, Marburg 1938, a.o. Prof. 1943, o. Prof. 1955; vgl. O. Lendle, in: Gnomon 48 (1976) 521–523.

den Kurswert dieser Fächergruppe in der Berufungspolitik des REM zu diesem Zeitpunkt nicht allzu hoch veranschlagen darf. Die „Grundsatzentscheidung", mit der Vertreter des „Amtes W" im REM in den Monaten März und April 1938 gegenüber den Universitäten argumentierten, darf nicht als vordergründiger Versuch gewertet werden, die durch Eingriffe des Ministeriums entstandene Lage nachträglich als Ergebnis planvoller Wissenschaftspolitik auszugeben. Vielmehr ist mit hoher Wahrscheinlichkeit davon auszugehen, daß die entsprechenden Erwägungen der Wissenschaftsverwaltung im Zusammenhang mit der 1938 vorgenommenen Neuordnung des höheren Schulwesens stehen.

Diese ursächliche Verknüpfung hat K. Deichgräber zum Ausgangspunkt einer Denkschrift „Zur Frage des Einordinariats in der klassischen Philologie" genommen.[161] Sie war Teil der Bemühungen der Marburger Fakultät, die Absichten des Ministeriums „auch an den maßgeblichsten *[70]* Stellen Deutschlands" bekannt zu machen;[162] man darf sie zugleich als Beleg dafür werten, daß die der Fortentwicklung der Altertumswissenschaften drohenden Gefahren in Fachkreisen ernstgenommen wurden. Deichgrüber, dessen Wechsel nach Göttingen die ganze Aktion in Marburg ausgelöst hatte, scheint vom Ministerium als einer der führenden Repräsentanten seines Faches angesehen worden zu sein. Jedenfalls vertrat er ein Jahr später in dem vom REM herausgegebenen Sammelband „Deutsche Wissenschaft – Arbeit und Aufgabe", in welchem Angehörige verschiedenster Disziplinen zum 50. Geburtstag Hitlers einen Rechenschaftsbericht vorlegten, die Klassische Philologie.[163] Nach Deichgräber rechnete das Ministerium nach dem Abbau des humanistischen Gymnasiums mit einem starken Rückgang der Studentenzahlen in der Klassischen Philologie. Diese Annahme traf aber nur für die ohnehin nur geringe Zahl der Studierenden zu, die Latein und Griechisch belegt hatten. Insofern sprach selbst Deichgräber den Überlegungen des Ministeriums eine gewisse Berechtigung nicht ab. Im Zuge der Vereinfachung des höheren Schulwesens – wie sie sich seit Anfang 1937 abzeichnete – erklärte man die Oberschule zur Haupt- und das Gymnasium zur Nebenform, was notwendig zu einer Einschränkung des Griechisch-Unterrichts führen mußte. Gleichzeitig wurde aber Latein verbindliche Fremdsprache, woraus sich ein steigender Bedarf an Latein-Lehrern ergab.[164] Die ungünstigen Rückwirkungen der neuen Lehrpläne auf das Hochschulfach „Griechisch" lagen auf der Hand.

Dementsprechend rückte Deichgräber die unverzichtbare Ausbildungsfunktion des Graezisten im Rahmen des weniger gefährdeten Lateinstudiums zunächst in den Vordergrund. Nach seiner Auffassung mußte „die einseitige Berücksichtigung der Verhältnisse, die mit der neuen Schulordnung gegeben sind, dahin führen, daß ein ordnungsgemäßes Studium auch gerade des Lateinischen an der deutschen Universität nicht mehr möglich wäre." Die schwerwiegenden Folgen „einer Verlegung des Schwergewichts innerhalb der klassischen Philologie in das Lateinische" trafen, wie Deichgräber weiter darlegte, eine

161 StA-Marburg, acc. 17/1974, 307 d, Nr. 973, 11–13.

162 Vgl. oben, *[68]*.

163 Berlin 1939, 40f. Genaueres ließ sich dazu nicht ermitteln. Allem Anschein nach ist Deichgräber später nicht mehr in ähnlichem Zusammenhang hervorgetreten.

164 Ausgenommen davon waren lediglich Mädchenschulen; vgl. Irmscher: Unterricht, 255 u. 264f.

ganze Reihe von Nachbardisziplinen wie Alte Geschichte, Archäologie, Philosophie und Religionswissenschaften: „Eine römische Kunst ohne griechische Vorbilder gibt es nicht, die Alte Geschichte ist von Rom aus gesehen wesentlich Auseinandersetzung mit der griechischen Kultur und den hellenisierten Reichen. Die Philosophie ist geworden und wächst in der Besinnung auf ihren griechischen Ursprung u.s.f.".[165]

Auf diese Weise ließ sich der zukünftige Bedarf an Graezisten ungleich überzeugender begründen, als mit einer auf das Lateinstudium abgestellten Funktionsbestimmung. Über die schwache Stelle seiner Argumentation *[71]* war Deichgräber sehr schnell hinweggegangen: Angesichts der außerordentlich geringen Zahl von Griechisch-Studenten war zu befürchten, daß ein weiterer Rückgang, mit dem nach der Neuordnung des Schulwesens gerechnet werden mußte, den Fachbetrieb an einigen Universitäten vollends zum Erliegen bringen würde. Das von Deichgräber vorgelegte Zahlenmaterial über den Besuch von Vorlesungen und Übungen an verschiedenen Universitäten berechtigt zu dieser Annahme.[166]

Deichgräbers Ausführungen waren in erster Linie auf die in Marburg entstandene Situation, d.h. auf den Wegfall des Lehrstuhls für Graezistik, abgestellt. Nach dem Modell des REM hätte aber ebenso einer der Lehrstühle für Latinistik oder Alte Geschichte eingespart werden können. Während die Stellung des Lateinischen im neuen Lehrplan der Oberschulen im Grunde gestärkt worden war, fiel die Behandlung der Alten Geschichte auf der Unter- und Mittelstufe fort.[167] Unmittelbare Auswirkungen auf den Studiengang im Fach Geschichte, die eine Verminderung der althistorischen Lehrstühle erlaubt hätten, ergaben sich daraus nicht zwangsläufig. Langfristig zeichnete sich dennoch eine für das Fach ungünstige Tendenz ab.

Die neuen Lehrpläne mußten vor allem den Graezisten Anlaß zu Befürchtungen geben. Von dieser Sorge um den Fortbestand seiner Fachrichtung war ein Vorstoß" diktiert, den *Franz Dirlmeier* in seiner Eigenschaft als „Vertreter des ordentlichen Lehrstuhls für klassische Philologie an der Universität München" noch vor den Ereignissen in Halle und Marburg bei Rosenberg unternahm.[168] Das Schreiben enthält den Versuch, das Verhältnis von Antike und Nationalsozialismus von der Klassischen Philologie her zu bestimmen und gipfelte in dem Wunsch, der Reichsleiter möge sich dafür einsetzen, „daß an die Seite des Lateins die Sprache tritt, die den Zugang vermittelt zur nordischen Wertewelt: das *Griechische*."[169]

165 Deichgräber: Zur Frage des Einordinariats, 11f.

166 Danach betrug im WS 1937/38 die Hörerzahl des Griechisch-Kollegs in Marburg und Göttingen sechs, in Kiel kam ein Pindar-Kolleg überhaupt nicht zustande, in Königsberg war nur ein Hörer zu verzeichnen. Deichgräber ließ dabei sicher nicht ohne Grund offen, wie viele dieser Hörer tatsächlich Klassische Philologie im Hauptfach studierten.

167 Vgl. Moritz Edelmann: Die neuen Lehrpläne für den Geschichtsunterricht, in: Vergangenheit und Gegenwart 28 (1938) 245 (245–249), ferner Hans Volkmann: Fachbericht Alte Geschichte, in: Neue Jahrbücher für Antike und deutsche Bildung 2 (1939) 127.

168 Dr. F. Dirlmeier an Rosenberg v. 24.2.1938 (MA 41/3 fol. 34441–16, 10–16). F. Dirlmeier (22.11.1904) UPD München 1936, o. Prof. 1941, Mainz 1951, Heidelberg 1959.

169 Dirlmeier an Rosenberg v. 24.2.1938 (ebd., 16).

Dirlmeier sparte nicht mit Anerkennung für Rosenbergs „Mythus" und fand verschiedene Gründe für die sinkende „Wertschätzung des Klassischen" und das „Versagen der humanistischen Bildung". Neben der allgemeinen Technisierung beklagte er die Entwicklung der Klassischen Philologie. Während die eigentliche Berufung des Faches darin lag, „althellenische Ethik zu einem lebendigen Erziehungsfaktor zu machen", hatte sich auf der wissenschaftlichen Ebene „die sogenannte vorurteilslose Erforschung etwa griechischer Wasseruhren und Steuerlisten" durchgesetzt.[170] Im Sinne Rosenbergs wies er auf die „Verfälschung der antiken Gehalte durch die interpretatio christiana" hin, als deren Folge sich etwa eine „maßlose Überschätzung der frühchristlichen Kirchenschriftsteller" ergeben hatte: „Namhafte klassische Philologen haben seit Jahrzehnten die *[72]* Arbeit an der klassischen Antike aufgegeben, um in endlosen Bänden die dogmatischen Zänkereien der frühchristlichen Konzilien zu edieren."[171]

Schließlich bemängelte Dirlmeier die „Unzulänglichkeit vieler Lehrpersönlichkeiten an den Gymnasien", die „niemals auch nur einen Hauch jenes großgesinnten hellenischen Wesens zu verkörpern vermochten, das sie aus den antiken Werken heraus der Jugend lebendig werden lassen sollten". Dank der nationalsozialistischen Erhebung schienen nun die Gefahren „der materialistischen Verseuchung" und die „nivellierende Lehre eines wissenschaftlichen Positivismus" weitgehend überwunden zu sein. „Die Nebel der orientalisierten Antike" hatten sich gelichtet, und der Blick lag „frei auf die unsterbliche Größe hellenischer Polis-Gesinnung und Gültigkeit griechischer Kunst". Bemerkenswert war auch der Wandel auf dem Erziehungssektor, in den Dirlmeier besondere Erwartungen setzte: „Durch die Erziehung der deutschen Jugend in der HJ, die Wiedereinsetzung des menschlichen Leibes in seine von keiner Erbschuld zerstörte Ganzheit ist weithin Gewähr geboten, daß die Buchstaben und grammatischen Formen der antiken Texte unmittelbar hinführen zur lebendigen nordischen Daseinsgestaltung und Weltanschauung."[172] Der beflissenen Gleichsetzung von althellenischer und germanischer Wertewelt, die das ganze Schreiben durchzieht, entspricht eine distanzierte Beurteilung des römischen Kulturkreises.

„Die jetzige durch die Schulreform garantierte Hinwendung zur Latinitas und Romanitas" schien den endgültigen Sieg der Weltanschauung Rosenbergs zu gefährden: „Es ist die Weltanschauung, die in ihrer Grundstruktur nichts anderes ist als die Verschmelzung germanischer Ethik mit der Weltsicht, die der nordische, hellenische Mensch im Süden Europas vor der allgemeinen Orientalisierung verwirklicht hatte, nach der er sich in den rund 2000 Jahren nach der Zeitwende immer wieder zurückgesehnt hat und die er ersehnen muß – weil sie ihm artgemäß ist."[173]

---

170 Ebd., 10f. – Vgl. A. Rehm: Neue Beiträge zur Kenntnis der antiken Wasseruhren, Sb. Bayer. Akad. d. Wiss. phil. hist. Kl. 1920, 17. Drei Jahre später hat Dirlmeier freilich auch diese Abhandlung gewürdigt; vgl. ders.: Albert Rehm zum 70. Geburtstage, Forschungen und Fortschritte 17, 1941, 137f.

171 Dirlmeier an Rosenberg v. 24.2.1938 (ebd., 12). Hier bezieht sich D. auf Ed. Schwartz' Editionen der „Acta Conciliorum Oecumenicorum", 1914ff.

172 Dirlmeier an Rosenberg v. 24.2.1938 (ebd., 12f.).

173 Ebd., 15f.

Während solche Initiativen in der „Dienststelle Rosenberg" für gewöhnlich sehr sorgfältig registriert wurden und man nach Einsatzmöglichkeiten für aufgeschlossene Hochschullehrer suchte, war man an einer Zusammenarbeit mit Dirlmeier anscheinend nicht interessiert.[174] Darauf deutete die zwar nicht unfreundliche, aber dennoch zurückhaltende Antwort Rosenbergs, die Baeumler übermittelte. Er bekundete seine Übereinstimmung mit der „Überzeugung von der Artgemäßheit des hellenischen Wesens" und ließ versichern, daß eine „Benachteiligung der griechischen Studien" nicht zu befürchten sei, vielmehr würden „aus der nationalsozialistischen Weltanschauung heraus die griechischen Studien eine ganz neue Wertung erhalten".[175] Besondere Förderungsmaßnahmen für sein Anliegen konnte Baeumler allerdings nicht versprechen.

[73] Dirlmeiers Vorstoß läßt sich in eine Reihe meist von speziellen Fachinteressen geleiteter Eingaben einordnen, wie sie z.B. im REM im Zusammenhang mit der Schulreform in großer Zahl eingingen.[176] Dem Aktenbestand des „Amtes Rosenberg" nach zu urteilen, scheint der „Beauftragte des Führers" von Altertumswissenschaftlern nicht allzuoft als Bündnispartner bemüht worden zu sein. Um so mehr war die Initiative Dirlmeiers geeignet, die Aufmerksamkeit des Reichsleiters auf die nicht unberechtigten Sorgen eines Teils der Klassischen Philologen zu lenken und so auch seine Haltung gegenüber den Plänen des Ministeriums zu beeinflussen. Die angesichts der Diskussion um den „Mythus" erstaunliche Übernahme Rosenbergscher Formeln läßt sich nicht allein mit der Sorge um die weitere Entwicklung der Graezistik erklären. Im Falle Dirlmeiers ist sie als Ausdruck einer weitergehenden Kooperationsbereitschaft eines jüngeren Wissenschaftlers zu werten, an dessen Qualifikation nicht zu zweifeln war. Daß Dirlmeier zu neuen Arbeitsformen drängte, zeigte sein Eintritt in Himmlers Lehr- und Forschungsgemeinschaft „Ahnenerbe" im folgenden Jahr.[177]

Den Ansatzpunkt für die Überlegungen, die Vertretung der Klassischen Philologie an den deutschen Universitäten einzuschränken, bot die Reform des Schulwesens. Wenn die Referenten des REM sich von dem Gedanken leiten ließen, wenig ausgelastete Ausbildungskapazitäten im Bereich der Altertumswissenschaften abzubauen bzw. umzuverteilen, war damit zugleich ein Urteil über die zukünftige Bedeutung einzelner Fächergruppen verbunden. Welche Disziplin jeweils wegfallen sollte, hing weitgehend von den lokalen Gegebenheiten ab. Der Annahme, daß z.B. Althistoriker problemlos die Lehraufgaben von Latinisten oder Graezisten mitübernehmen könnten, liegt das Bild einer Altertumswissenschaft zugrunde, für die die Frage nach dem Verhältnis von Klassischer Philologie und Geschichtswissenschaft eindeutig zugunsten der Philologie entschieden war. Allein die Geschichte der Organisationsformen der althistorischen Lehre und Forschung an den Universitäten zeigt, daß es neben Verfechtern der Einheit der Altertumswissenschaften auch Befürworter einer scharfen Trennung von der Klassischen Philolo-

174 Vielleicht spielte dabei der gerade zu Richard Harder angeknüpfte Kontakt eine Rolle; vgl. oben, *[64]*.

175 Baeumler an Dirlmeier v. 29.4.1938 (MA 141/3 fol. 344409).

176 Vgl. Irmscher: Unterricht, 154f.

177 Vgl. unten, *[120ff.]*.

gie gab. Das Modell des REM stellt nur scheinbar eine Konsequenz der ja gerade in Halle im Verband des Instituts für Altertumswissenschaft besonders gepflegten Zusammenarbeit zwischen den Einzelfächern dar, denn das Einsparen von Stellen verringerte die Möglichkeiten, lebendigen Kontakt zu einer Vielzahl von Nachbardisziplinen zu halten.[178]

Selbst wenn der Wechsel von der Klassischen Philologie zur Alten Geschichte und umgekehrt auch heute noch möglich ist, waren die drei Arbeitsgebiete – man denke nur an die Entwicklung der hilfswissenschaftlichen Disziplinen der Alten Geschichte seit Mommsen – für den einzelnen *[74]* Gelehrten immer weniger überschaubar geworden. Die vollgültige Vertretung zweier Disziplinen in der Lehre und vor allem in der Forschung ist als Ausnahmefall denkbar, läßt sich aber keinesfalls zum Prinzip erheben. Besonders problematisch war zweifellos die Einbeziehung der Alten Geschichte in diese Kombinationsmöglichkeiten. Man wird aber auch gegen das Modell des „Einordinariats in der Klassischen Philologie", das noch am ehesten zu verwirklichen war, im Sinne Deichgräbers ähnliche Vorbehalte geltend machen müssen.

Die offenkundigen Schwächen und Unzulänglichkeiten dieser Lösung waren von Rosenberg und Rust erkannt worden. Die rasche Revision der „Grundsatzentscheidung" ist auf ihre persönliche Intervention und die nachhaltigen Proteste der betroffenen Fachvertreter zurückzuführen. Wie schon die Gesamtbilanz der Besetzung althistorischer Lehrstühle gezeigt hat, wurde die Vertretung des Faches durch planmäßige Lehrstühle auch nach 1938 nicht eingeschränkt.[179] Daß ernsthafte Pläne in dieser Richtung bestanden, belegen die Vorgänge in Halle und Marburg wohl eindeutig. Wenn sich auch im konkreten Fall in Halle die einmal gefallene Entscheidung der Ministerialbürokratie nicht mehr revidieren ließ, war doch eine letzten Endes die Existenz des Faches bedrohende Gefahr gebannt worden. Angesichts der bekannten Aktionen des Rosenberg-Schützlings Reinerth gegen die Klassischen Archäologen, entbehrt es nicht der Ironie, daß diese Intervention zugunsten der Altertumswissenschaft ausgerechnet Rosenberg zu verdanken war, der damit in für das Dritte Reich typischer Weise in einen Entscheidungsvorgang eingegriffen hatte, der an sich staatlichen Instanzen vorbehalten bleiben mußte.[180]

4. Lehrstuhlbesetzungen 1942–1944

Die folgende Untersuchung einiger Lehrstuhlbesetzungen aus den Jahren 1942–1944 gewährt einen Einblick in die parteiamtliche Berufungsbegutachtung. Das verfügbare Aktenmaterial stammt in erster Linie aus den Beständen des „Amtes Wissenschaftsbeobachtung und -wertung" unter Wolfgang Erxleben. In den Stellungnahmen des NSDD und des „Amtes Rosenberg", die an die Parteikanzlei abgingen, sind die Grenzen zwischen fachlicher und politisch-weltanschaulicher Beurteilung fließend. Beide Organisationen

178 Zur scharf ablehnenden Haltung Eduard Meyers vgl. Christ: Gibbon, 298.
179 Vgl. oben, *[49ff.]*.
180 Vgl. dazu vor allem Bollmus, 153ff.

waren vor allem, was die Bewertung der wissenschaftlichen Qualifikation angeht, auf die Mithilfe kooperationsbereiter Althistoriker angewiesen.

Die mehr oder weniger problematischen subjektiven Wertungen finden einen gemeinsamen Nenner lediglich in dem vordergründigen Bemühen, *[75]* bestimmte Personalentscheidungen mit den Bedürfnissen einer nationalsozialistischen Altertums- oder Geschichtswissenschaft in Einklang zu bringen. Die Gutachten zeigen, daß darüber schon innerhalb der Parteiorganisation recht unterschiedliche Vorstellungen vorhanden waren. Erfolg oder Mißerfolg der Anstrengungen, auf dem Wege über die Personalpolitik einen grundlegenden Wandel in der Entwicklung des Faches Alte Geschichte einzuleiten, läßt sich zu einem guten Teil an der Berufungspraxis des REM ablesen. Dafür bietet die Endphase der nationalsozialistischen Wissenschaftspolitik nicht zuletzt deshalb besonders günstige Voraussetzungen, weil bei diesen Lehrstuhlbesetzungen erstmals Nachwuchswissenschaftler zum Zuge kamen, die ihre akademische Laufbahn an die Bedingungen des Universitätslebens im Dritten Reich hatten anpassen müssen. Sofern dabei Äußerungen zur politischen und/oder wissenschaftlichen Qualifikation von Einzelpersonen einzubeziehen sind, versteht es sich von selbst, daß damit weder eine billige Be- noch Entlastung der Betreffenden beabsichtigt ist. In der Regel spricht die Qualität dieser Auslassungen, gleich, ob sie im Sinne der Parteilinie positive oder negative Einschätzungen beinhalten, für sich selbst. Hier geht es in erster Linie um den Versuch, die parteiamtliche Berufungsbegutachtung als Gradmesser für die als aktuell empfundenen Tendenzen althistorischer Lehre und Forschung auszuwerten.

Den Ausgangspunkt dazu bildet ein vergleichendes Gutachten von Wilhelm Weber über die von der Jenaer Philosophischen Fakultät in die engere Wahl gezogenen Dozenten *Bengtson*, *Hampl*, *Hoffmann* und *Vittinghoff*.[181] Weber, der auch zu eigenen Vorschlägen aufgefordert worden war, setzte sich mit seiner Stellungnahme in scharfen Gegensatz zur Fakultät. Das gedruckt vorliegende Œuvre der drei Erstgenannten schien ihm allein schon von der quantitativen Seite her „geradezu mager zu sein". Die betreffenden Arbeiten seien zwar „methodisch sauber, fleißig, aber nirgends bahnbrechend". Ihre Verfasser kämen nicht zur „allgemeinen Wertung", sie stockten meist da, „wo das Thema in große Zusammenhänge und zu neuer Problematik führt", und drängen nicht „zu den schönen Möglichkeiten vor, die das gesamte Material bietet".[182] Zu den Themen, an denen man

181 Vgl. Dekan Phil. Fak. Jena an Weber v. 29.8.1941 – Abschrift – (MA 116/5-Hampl) und Weber an Dekan Phil.Fak. Jena v. 3.9.1941 – Abschrift (MA 116/5-Hampl); vgl. auch MA 116/16-Vittinghoff; zu *Wilhelm Hoffmann* (25.1.1909–16.4.1969) UD Leipzig 1940, Hamburg 1947, apl. Prof. 1949, o. Prof. Gießen 1962, Tübingen 1968; vgl. A. Heuß, in: Gnomon 41 (1969) 526–528; zu Bengtson, Hampl und Vittinghoff vgl. oben, ***[51, Anm. 35]***.

182 Weber an Dekan Phil. Fak. Jena v. 3.9.1941 (ebd., 2f.). – Im einzelnen bezog er sich auf folgende Arbeiten: H. Bengtson: Die Strategie in der hellenistischen Zeit. Ein Beitrag zum antiken Staatsrecht, Bd. 1, München 1937– Zugleich phil. Diss. München 1937 (1–127) und Phil. Habil.Schr. München 1939; vgl. ders.: Kleine Schriften, München 1974, 649ff. (Schriftenverzeichnis). – F. Hampl: Der König der Makedonen, Weida i. Thür. 1934 (= phil. Diss. Leipzig 1934), ders.: Die griechischen Staatsverträge des 4. Jahrhunderts v. Chr., Leipzig 1938 (zugleich Phil. Habil.Schr. Leipzig 1937); W. Hoffmann: Rom und die griechische Welt, Leipzig 1934, ders.: Der Kampf zwischen Rom

die neue Problematik hätte verdeutlichen können, rechnete er Hampls Aufsatz „Die lakedämonischen Perioken“[183] und die Abhandlung „Einzelpersönlichkeit und athenischer Staat in der Zeit des Peisistratos und des Miltiades“ von H. Bengtson.[184] Insgesamt fand Weber hier nur Arbeiten „alten Stils“: „Sie muten mich an, als sei seit 1933 nichts passiert; sie könnten auch 1923 oder 1903 geschrieben sein. Zukunftsträchtiges im Sinn einer erneuerten Geschichtswissenschaft kann ich nirgends finden. Von der neuen großen Problematik gar nicht zu reden.“[185]

[76] Einen neuen Ansatz „abseits der üblichen Themata“ sah er allein in der ungedruckten Habilitationsschrift Vittinghoffs, „Aufstieg der unterworfenen Völker in Roms Bürgertum und Herrenschicht“, in der die Zeit von Caesar bis Commodus behandelt wurde. Die Drucklegung des Werkes sollte, darüber hatte sich Weber angeblich schon mit Walter Frank, dem Präsidenten des Reichsinstituts für Geschichte des neuen Deutschlands, geeinigt, nach Kriegsende erfolgen.[186] Freilich reichte auch in diesem Fall die Publikationsliste noch nicht für einen Lehrstuhl aus: „Hätte er in den letzten zwei Jahren wissenschaftlich arbeiten können, dann wäre kein Zweifel, für wen ich mich zu entscheiden hätte.“[187] Stattdessen brachte Weber den Berliner Dozenten *Werner Peek* ins Spiel, der sich von der Klassischen Philologie herkommend der Alten Geschichte zugewandt hatte. Peek war ihm von Wilamowitz „als seine letzte große Hoffnung“ empfohlen worden. Auf althistorischem Gebiet hatte er sich vor allem in der griechischen Epigraphik ausgewiesen, eine größere Arbeit über das „Indogermanenproblem“ befand sich in Vorbereitung. Für Peck sprach auch ein besonderes politisches Engagement.[188]

Darüber hinaus warf Weber die grundsätzliche Frage der Benachteiligung der Kriegsteilnehmer in die Debatte: „Wird aber die Wissenschaft, die das Ministerium selbst mit allen Mitteln zu erneuern strebt, dieser neuen gegenwartsnahen Problematik zugeführt, wenn nun für 30–35 Jahre die Lehrstühle besetzt werden, und die Konkurrenz derer ausscheidet, die ihre höchste Pflicht erfüllen?“ Er nannte dagegen das Beispiel eines jüngeren Gelehrten – es handelte sich, wie aus anderem Zusammenhang hervorgeht, um seinen Schüler Johannes Straub –, der „noch als Student eine Kameradschaft von 16 Alt- und

---

und Tarent im Urteil der antiken Überlieferung, in: Hermes 71 (1936) 11–24. Hinzu kommen die beiden im Text genannten Titel von Bengtson u. Hampl. Dabei ließ Weber einige Aufsätze außer Betracht. Die Habil.Schrift (1939) von W. Hoffmann: Livius und der Zweite Punische Krieg, Berlin 1942, lag damals noch nicht vor.

183 Hermes 72 (1937) 1–49.

184 Sb. d. Bayer. Akad. d. Wiss., Phil.-hist. Kl. 1939, 1.

185 Weber an Dekan Phil. Fak. Jena v. 3.9.1941 (ebd., 4).

186 Ebd., 2f.; vgl. Gnomon 15 (1939) 464. Webers Bewertung der Habil.Schrift ließ sich nicht überprüfen, da sie dem Verf. nicht zugänglich war.

187 Weber an Dekan Phil. Fak. Jena v. 3.9.1941 (ebd., 4). Weber bezog auch die Dissertation Vittinghoffs, „Der Staatsfeind in der römischen Kaiserzeit“, Berlin 1936, und kleinere Arbeiten in seine positive Bewertung ein, ohne dabei aber einen Bezug zu „neuen Problemstellungen“ hervorzuheben.

188 Ebd., 4. Nach Weber war Peek „Begründer der Hitlerjugend in Griechenland und ihr erster Führer“ (ebd.). Seit 1936 war er Referent im Stab der Reichsjugendführung; vgl. Personalbogen Peek (R 21/408). NSDD an Pkz, v. 19.11.1943 (MA 116/12-Peek). *W. Peek* (6.6.1904) UD Berlin 1937, apl. Prof. 1944, o. Prof. Halle 1951; vgl. ders.: Inschriften, Ostraka, Fluchtafeln, Berlin 1941.

Mittelhistorikern um sich sammelte und zusammenhielt, mit dieser ein großes, beide Fächer angehendes Thema in Gemeinschaftsarbeit anpackte und beim Reichsberufswettkampf der Deutschen Studentenschaft zweimal den Preis errang." Neben einer hervorragend bewerteten Dissertation hatte er sich dadurch empfohlen, daß er vorübergehend sein Geld als „Hauslehrer bei einer der höchsten Persönlichkeiten des Reiches" verdient hatte und „also in eine große politische Sphäre" hineingewachsen war. Die Vorlage der Habilitation hatte der Krieg bisher verhindert, sonst hätte sich Weber die Frage, „wer ... der zukunftsträchtigere Lehrer der Kriegsjugend" sein würde, gar nicht erst stellen müssen.[189]

Weber machte sich anheischig, eine Reihe in der Wirkung ähnlicher Fälle zu nennen, vorerst aber beließ er es bei dem Appell, „daß um meiner Wissenschaft willen die Besten nicht für alle Zeit aus ihr ausgeschlossen werden, nur weil sie sich anderwärts einsetzen durften." Soweit damit die kriegsbedingte Verzögerung wissenschaftlicher Qualifikation und Produktion *[77]* gemeint war, erwies sich diese Begründung als irreführend, da der angesprochene Kandidatenkreis ohne Ausnahme unter diesen Bedingungen arbeiten mußte.[190] Abgesehen von dem Motiv der Sorge um das Fortkommen eigener Schüler und einer nicht zu verkennenden Aversion gegen die Berve-Schüler Hoffmann und Hampl, enthält Webers Argumentation das Eingeständnis, daß in seiner Disziplin ein grundlegender Wandel noch nicht eingetreten war. Weber selbst konnte nur auf Ansätze verweisen, fertig abgeschlossene Beiträge zu der „neuen großen Problematik" fehlten nicht zuletzt deshalb, weil die Kräfte, von denen sie nach seiner Auffassung zu erwarten waren, Einsatz im außerwissenschaftlichen Bereich gezeigt hatten bzw. zeigen mußten.

Die so angesprochene Fakultät blieb von Webers Argumenten unbeeindruckt und verabschiedete eine Liste in der Reihenfolge Hampl, Bengtson und – davon abgesetzt – Vittinghoff. Der NSDD, der sich diesem Votum vorbehaltlos anschloß, glaubte, in den Vorgeschlagenen „wirkliche Vertreter der jungen nationalsozialistischen Wissenschaftsgeneration" [sic!] ansprechen zu können, und unterstützte gegenüber der Parteikanzlei somit den Wunsch der Fakultät nach der Berufung Franz Hampls.[191] Die für jeden Kandidaten einzeln beigefügte „Wissenschaftl. charakterliche-politische Beurteilung des NSD-Dozentenbundes" orientierte sich überwiegend an fachlichen Maßstäben, den größeren Raum nahm die Beschreibung der wissenschaftlichen Arbeitsleistung in qualitativer und quantitativer Hinsicht ein.[192] Wenn Hampl z.B. laut NSDD-Gutachten „immer von fruchtbaren und bedeutenden Problemstellungen" ausging, war damit anderes gemeint

189 Weber an Dekan Phil. Fak. Jena v. 3.9.1941 (ebd., 5f.); vgl. auch HA Wissenschaft/Erxleben an Pkz. v. 18.1.1944 (MA 129/8 fol. 54380–81) und NSDD/Prof. Borger an Pkz. v. 16.12.1943 (ebd., fol. 53286–88); zum Reichsberufswettkampf jetzt: M. H. Kater. The Reich Vocational Contest and Students of Higher Learning in Nazi Germany, in: CEH 7 (1974) 225–261.; zu Straub vgl. unten, *[81f.]*.

190 Zu Hampl vgl. oben, *[51, **Anm. 37**]*; zu Hoffmann: A. Heuß, in: Gnomon 41 (1969) 528. Ferner H. Bengtson: Kleine Schriften, München 1974, 647.

191 Nach NSDD/Prof. Borger an Pkz. v. 28.11.1941 (MA 116/3-Bengtson).

192 Es handelte sich dabei um Formblätter von 1–2 Seiten Umfang. Die Gewährsmänner blieben anonym; vgl. NSDD an Pkz. v. 28.11.1941 (MA 116/3-Bengtson, MA 116/5-Hampl, MA 116/16-Vittinghoff).

als die von Weber wiederholt beschworene „neue große Problematik“.[193] Auch dort, wo sich Gelegenheit geboten hätte, diesen Gesichtspunkt stärker zu betonen, wird er nicht gerade übermäßig strapaziert. So hatten die Gewährsmänner des NSDD an Vittinghoffs Habilitationsschrift „nicht nur den Versuch einer rassengeschichtlichen Betrachtungsweise, sondern vor allem die eindringliche Spezialforschung und die selbständige Methodik bei einem weiten und umfassenden Blickfeld anerkannt“.[194]

Die politische Qualifikation – diese Beobachtung stützt sich nicht nur auf die vorliegenden konkreten Fälle – wurde jeweils nur kurz am Schluß angesprochen. Generell läßt sich dabei feststellen, daß sich auch unter den nach der Machtübernahme auf Lehrstühle eingerückten Althistorikern kein Altparteigenosse fand.[195] Darüber hinaus scheint weder die Parteimitgliedschaft noch die Zugehörigkeit zum NSDD unabdingbare Voraussetzung für eine Berufung gewesen zu sein. In diesen Fällen lagen aber stets irgendwelche Bindungen zu anderen Parteigliederungen oder -verbünden, wie der SA, dem NSKK oder der NSV, vor, die den Eindruck aktiver *[78]* Teilhabe an nationalsozialistischen Gemeinschaftserlebnis vermitteln konnten.[196] Der Stellenwert spezieller Aufgaben wie die eines politischen Referenten in einem NSKK-Sturm, eines Referenten für weltanschauliche Schulung in einem Sturm der SA oder eines SA-Rottenführers – ein anderer Althistoriker war schließlich mit der Schulung der neu eingetretenen Parteimitglieder betraut – läßt sich nur schwer abschätzen.[197] Ein sinnvoller Zusammenhang dieser „Alibifunktionen“ mit dem wissenschaftlichen Werdegang war vermutlich auch dem damaligen Betrachter nicht einsichtig. Die knappen Angaben zu diesem Komplex in den von der Reichsdozentenführung ausgefertigten Gutachten, die die Stellungnahme des NSDD gegenüber der Parteikanzlei untermauern sollten, stützten sich ganz offensichtlich zumeist auf die Auskünfte örtlicher Dozentenbundsvertreter. Sie zielten wie im folgenden Fall darauf ab, die Zuverlässigkeit des betreffenden Kandidaten herauszustellen, selbst wenn kein außergewöhnliches Engagement vorlag: „Er ist auch jetzt nicht Mitglied der NSDAP, jedoch gehört er dem NSLB und dem NSDD an. Im Übrigen darf seine Einstellung zum Nationalsozialismus als durchaus positiv bezeichnet werden.“[198] Daß von der lokalen Ebene in diesen Fällen positive Eindrücke an die NSDD-Zentrale gemeldet wurden, bestätigt indirekt die Aussage von Harmjanz über die weitgehende Abstimmung zwischen örtlichen Dozentenbundsführern, Fakultäten und REM vor Einschaltung der Parteikanzlei.[199] Darin war natürlich auch die Möglichkeit eingeschlossen, dem NSDD nicht genehme Kandidaten frühzeitig auszuschalten. Der NSDD brauchte jedenfalls nicht unbedingt als Anwalt aktueller wissenschaftspolitischer Qualifikationsanforderungen aufzutreten,

193 Vgl. NSDD an Pkz. v. 28.11.1941 (MA 116/5-Hampl).

194 NSDD an Pkz. v. 28.11.1941 (MA 116/16-Vittinghoff).

195 Das trifft für den gesamten oben, *[50f.]* genannten Personenkreis zu; vgl. auch oben, ***[48ff., Anm. 11ff.]***.

196 Nach Ausweis des vom Verf. ausgewerteten Materials gilt das auch für mehrere Nachwuchskräfte, die sich erst nach 1933 habilitiert hatten.

197 Nach MA 116/1–18.

198 Vgl. NSDD an Pkz. v. 16.12.1943 (MA 129/8 fol. 53286).

199 Vgl. oben, *[60]*.

sondern gab wie in Jena zusammen mit der Fakultät zwei Kandidaten den Vorzug, deren Arbeiten sich eher – diesen Eindruck mußte die Fakultät aus dem Gutachten Webers gewinnen – im herkömmlichen Rahmen bewegten. Die auf diesen Fall bezogene Einschätzung der Rolle des Dozentenbundes wird durch die Reaktion des „Hauptamtes Wissenschaft" gestützt, das erst relativ spät von der Parteikanzlei eingeschaltet wurde. Erxleben erhob zwar keine Bedenken gegen die Berufung Hampls nach Jena, hielt es aber für erforderlich, die Bewertungsmaßstäbe des NSDD zu korrigieren, da hier nach seinen bisherigen Erfahrungen ein „für die Behandlung der Personalpolitik an unseren Hochschulen" grundsätzliches Problem angesprochen war. Die von Seiten der Partei an der Berufungsbegutachtung beteiligten Dienststellen mußten darauf sehen, „daß wir allen denjenigen Kräften, die um den Durchbruch einer neuen rassischen Geschichtsbetrachtung bemüht sind, besondere Aufmerksamkeit schenken *[79]* müssen, und daß wir gerade hier der häufig anzutreffenden Beurteilung des Betreffenden ‚als weniger reif' o. ä. gegenüber ganz besonders vorsichtig sein müssen."[200]

Diese Kritik an der Berufungspraxis wirft ein helles Licht auf die offensichtlich nicht seltene Verhaltensweise der Fakultäten, möglichst Distanz zu den Repräsentanten der Geschichtswissenschaft zu halten, die den Forderungen des Tages entgegenkamen. Den Anstoß zu dem Einspruch Erxlebens gab das ursprünglich für die Jenaer Fakultät angefertigte Gutachten Wilhelm Webers, der zu den altertumswissenschaftlichen Fachberatern des „Amtes Wissenschaftsbeobachtung und -wertung" zählte.[201] Erxleben folgte Weber nicht nur darin, daß er Bengtsons Leistungen höher bewertete als die Hampls, sondern er wurde dort, wo sein Gewährsmann nur von der „neuen großen Problematik" gesprochen hatte, wesentlich deutlicher: „Beide Dozenten vermeiden die Behandlung von Fragen, die eine rassische Geschichtsbetrachtung stellt und bewegen sich ausschließlich in den Bahnen der Überlieferung." Dementsprechend lag die positive Einschätzung Vittinghoffs mit z.T. wörtlichen Anklängen ganz auf der Linie Webers. Ob die Parteikanzlei der Aufforderung Erxlebens nachgekommen ist, diese höhere Bewertung gegenüber dem REM zu vertreten, ließ sich nicht klären.[202] Auch mit einem weiteren Vorstoß in diesem Sinne, den Erxleben unternahm, als Hampl einem Ruf nach Gießen gefolgt war, konnte sich das „Hauptamt Wissenschaft" nicht durchsetzen .[203] Das Ministerium blieb bei seiner konservativen Tendenz und sprach sich dem Fakultätsvorschlag gemäß für die Berufung Bengtsons aus.[204] Lediglich die Reichsdozentenführung nahm die Vorstellungen Erxlebens zum Anlaß, ihr ursprüngliches Urteil über Bengtson zu überprüfen: In seinen wichtigsten Arbeiten, so ergaben zusätzlich angeforderte Gutachten, sei „ein richtiges Erfassen der tatsächlich entscheidenden geschichtlichen Kräfte ... trotz vieler sehr moderner

200 HA Wissenschaft/Erxleben an NSDD v. 2.2.1942 (MA 116/5-Hampl); vgl. Pkz. an Härtle v. 22.12.1941 (ebd.).

201 Erxleben hatte über Weber Zugang zu dessen Schriftwechsel mit dem Dekan der Phil. Fak. Jena erhalten (vgl. oben, *[75, Anm. 181]*).

202 HA Wissenschaft/Erxleben an Pkz. v. 2.2.1942 (MA 116/5-Hampl).

203 HA Wissenschaft/Erxleben an Pkz. v. 5.3.1942 (ebd.).

204 Nach Pkz. an Härtle v. 20.5.1942 (MA 116/3-Bengtson).

Worte von Führerpersönlichkeiten und Gemeinschaft nicht erreicht" worden.[205] Auf die endliche Berufung Bengtsons nach Jena hatte dieses Votum zwar keinen Einfluß mehr, es dürfte aber mit dazu beigetragen haben, daß Bengtson aus dem Kreis der Kandidaten für die Nachfolge Walter Ottos in München ausschied.[206]

Das von Harmjanz beschriebene System der Absprachen zwischen REM, Fakultäten und örtlichen NSDD-Vertretern konnte dann durchbrochen werden, wenn die Dozentenbundszentrale sich genötigt sah, die Auskünfte, die ihr von der Basis zugegangen waren, durch eigene Ermittlungen zu ergänzen. Veranlassung dazu mochte etwa ein Einspruch wie der Erxlebens im Fall der Jenaer Lehrstuhlbesetzung bieten. Auf dieser Ebene verfehlten auch Gutachten wie dasjenige Wilhelm Webers ihre Wirkung nicht. Ob *[80]* derartige Koalitionen eher imstande waren, die beherrschende Position des REM zu erschüttern, bleibt sehr die Frage, wie der heftige Streit um die Besetzung des Lehrstuhls von Walter Otto, auf den im folgenden kurz einzugehen ist, zeigen sollte.

Die Auseinandersetzung entzündete sich daran, daß das Ministerium, der Liste der Münchener Fakultät folgend, den Leipziger Althistoriker Helmut Berve berufen wollte. Diese Absicht stieß auf den heftigen Widerstand des „Amtes Rosenberg" und der Reichsdozentenführung, die sich ihrerseits für den Innsbrucker Fachvertreter Franz Miltner eingesetzt hatten.[207] Auf die Beziehungen Berves zum REM und die Interessenverbindung zwischen Miltner und dem NSDD wird an anderer Stelle einzugehen sein.[208] Hier geht es in erster Linie darum, die wissenschaftspolitische Argumentation, die von den Parteistellen vorgebracht wurde, und die entsprechenden Reaktionen des Ministeriums festzuhalten.

Im „Amt Rosenberg" war die Entwicklung Berves, auf dessen Person sich die Diskussion konzentrierte, sorgfältig verfolgt worden. Nach den Aufzeichnungen des Kulturpolitischen Archivs hatte er sich 1933 „aus ehrlicher Überzeugung von einem Gegner des Nationalsozialismus zum Parteigenossen gewandelt", war aber „trotz seiner Bemühungen, auf seinem Wissenschaftsgebiet im nationalsozialistischen Sinne zu arbeiten, gegenwärtig als der bedeutendste Vertreter der isolierenden Geschichtsauffassung zu betrachten, die wir heute als Erbe einer bereits überwundenen liberalistischen Epoche ansehen." Seine Arbeiten, die Erxleben als „weltanschaulich nicht eindeutig und klar" charakterisierte,

205 NSDD an Pkz. v. 18.6.1942 (MA 116/3-Bengtson).

206 Vgl. dazu die folgende Anmerkung.

207 Die Münchener Liste, die am 13.5.1942 offiziell weitergeleitet wurde, lautete: 1. H. Berve, 2. J. Vogt, 3. (in gewissem Abstand) W. Ensslin, F. Miltner, H. Bengtson. (Nach UA München/Prof. Dr. L. Boehm an den Verf. v. 21.6.1976). – Der NSDD verwahrte sich in diesem Zusammenhang nachdrücklich gegen „die Darstellung von Herrn Harmjanz", der zufolge Miltner einen an ihn ergangenen Ruf nach München abgelehnt haben sollte. Auf eine entsprechende Rückfrage habe Miltner diese Behauptung bestritten und zugleich sein Interesse an einer Berufung bekundet; vgl. NSDD an Pkz. v. 24.8.1942 (MA 116/10-Miltner); vgl. auch Pkz. an Härtle v. 6.7.1942 (MA 116/3-Bengtson). In diesem Zusammenhang wurde der Vorschlag, Bengtson, der in München die Lehrstuhlvertretung übernommen hatte, diese Stelle endgültig zu übertragen, abgelehnt; vgl. Pkz. an Härtle v. 20.5.1942 u. HA Wissenschaft/Erxleben an Drexler v. 26.5.1942 (ebd.).

208 Vgl. dazu unten, *[101f.]*.

gaben daher zu „Bedenken gegen seine Fassung des Begriffs vom Griechentum" Anlaß.[209] In dem Urteil über die Geschichtsauffassung hatte die Einschätzung Schachermeyrs ganz unverkennbar ihren Niederschlag gefunden.[210] An der hervorragenden fachlichen Qualifikation Berves, das lassen auch weitere, für den Dienstgebrauch des „Hauptamtes Wissenschaft" bestimmte Beurteilungen erkennen, bestand dennoch kein Zweifel.[211]

Entscheidend für die ablehnende Haltung der Reichsdozentenführung und des „Amtes Rosenberg" aber war, wie Erxleben der Parteikanzlei mitteilte, der Gesichtspunkt, daß Berve „den notwendigen Instinkt für die neuen Erfordernisse und für die politisch wichtigen Ansätze innerhalb seines Fachgebietes" vermissen ließ. Aus diesem Grunde schien er völlig ungeeignet, „einen politisch exponierten Lehrstuhl seines Fachgebietes so zu betreuen, wie es im Interesse der zukünftigen Entwicklung dieses Faches notwendig ist." Das Ministerium traf der Vorwurf – und darin faßte Erxleben seine bisherigen Erfahrungen mit den Referenten Rusts zusammen –, „daß es seinerseits kein Verständnis für die politische Bedeutung von Neuansätzen innerhalb der geisteswissenschaftlichen Forschungsarbeit *[81]* und für die politische Dringlichkeit, gerade solche Neuansätze zu fördern, besitzt."[212]

Die Entscheidung des REM fiel, wie nach der bisherigen Praxis nicht anders zu erwarten war, zugunsten Berves aus. Die Parteikanzlei hatte die Angelegenheit nach Eingang der letzten massiven Beschwerde nicht mehr weiter verfolgt, angeblich deshalb, weil sie „bei der Versetzung von Professoren ... grundsätzlich nicht beteiligt" war. Zu dieser lakonischen Auskunft fand sie sich sechs Monate (!) später nach wiederholtem Drängen des vom NSDD mit der Nachricht von der Berufung Berves alarmierten Erxleben schließlich doch noch bereit.[213] Der resignierenden Feststellung Erxlebens nach zu schließen, daß sich damit „diese von uns immer bekämpfte Auffassung ... wieder einmal nachteilig durchgesetzt" hatte[214], machte das REM mit Billigung der Parteikanzlei von der Möglichkeit der Versetzungen auch noch nach Ablauf der ausdrücklich befristeten gesetzlichen Regelung Gebrauch.[215] Im vorliegenden Fall benutzte die Parteikanzlei wohl eher einen Vorwand, um den lästigen Streit – man schrieb inzwischen das Jahr 1943 – mit den nachgeordneten Parteiinstanzen zu beenden.[216] Trotz der gemeinsamen Aktion gegen die Berufung

209 Kulturpolit. Archiv an Amt Wissenschaft v. 28.1.1941 (MA 129/9 fol. 54173) und Erxleben an Kulturpolit. Archiv v. 29.11.1941 (ebd., 5472); vgl. auch oben, 206, und Heiber, 296.

210 Vgl. Schachermeyr: Aufgaben, 591.

211 Vgl. Überblick über die Publikationen Berves o. D. (bis 1938) (MA 129/9 fol. 54163) und Amt Wissenschaft an Kulturpolit. Archiv v. 17.2.1941 (NS 15/32).

212 HA Wissenschaft/Erxleben an Pkz. v. 2.13.1942 (MA 129/9 fol. 54155–56).

213 Pkz. an Erxleben v. 30.6.1943 (MA 129/9 fol. 5423 5); vgl. NSDD an Härtle v. 8.3.1943 (ebd., fol. 54238) u. HA Wissenschaft/Erxleben an Pkz. v. 12.3. und 23.6.1943 (ebd., fol. 54236–37).

214 HA Wissenschaft an NSDD v. 14.7.1943 (ebd., fol. 54233).

215 Vgl. Schäfer, 219f.

216 Das geht schon daraus hervor, daß nach der unter Bormanns Aufsicht geschlossenen Vereinbarung über die Begutachtungsfrage der NSDD auch bei Versetzungen beteiligt war; vgl. oben, *[57]*. Wenn das Vorgehen des REM von der Parteikanzlei gedeckt bzw. toleriert wurde, sagt das über den in Berufungsfragen bestimmenden Einfluß des Ministeriums genug aus.

Berves war der NSDD in der Zukunft nicht bedingungslos auf die Linie des „Amtes Rosenberg“ eingeschworen. Vielmehr ergibt sich der Eindruck, daß der NSDD aufs Ganze gesehen ein besseres Gespür für die Lage an den Hochschulen bewies als das meist auf verlorenem Posten kämpfende „Amt Wissenschaftsbeobachtung und -wertung“.

Das zeigt nicht zuletzt die unterschiedliche Gewichtung zwischen dem allgemeinfachlichen und dem politisch-weltanschaulichen Aspekt der Gutachtenpraxis beider Institutionen. Erxleben war nicht nur stärker auf die Berücksichtigung zeitgemäßer Fragestellungen festgelegt, er vertrat darüber hinaus auch mit größter Entschiedenheit die ganz spezifischen Qualifikationsnormen seines Dienstherrn Rosenberg. Der Dogmatismus dieser Richtung äußerte sich in einem Gutachten zu einem Erlanger Listenvorschlag. Der NSDD trat hier für ein Verbleiben des Erstplazierten Lothar Wickert in Köln ein und sprach sich für die Berufung des an zweiter Stelle genannten Johannes Straub aus.[217] Nach den von Weber skizzierten Zusammenhängen mußte klar sein, daß hier ein jüngerer Althistoriker gefunden war, der, wie es die Reichsdozentenführung formulierte, „unbedingt als fachlich vollauf legitimiert gelten“ durfte und sich zum anderen „im Einsatz für die nationalsozialistischen Aufgaben der Universität voll bewährt“ hatte.[218] Was die fachliche Beurteilung der Liste betraf, lehnte sich Erxleben ganz eng an den Rat Fritz Schachermeyrs an, der von ihm häufiger als Gutachter bemüht wurde.[219] Schachermeyrs Antwort war sachlich und kurz gehalten; er gab lediglich seiner Verwunderung darüber *[82]* Ausdruck, daß man, abgesehen von Wickert, dessen Qualifikation über jeden Zweifel erhaben war, auf wissenschaftlich zwar aussichtsreiche, aber noch nicht voll ausgereifte jüngere Kräfte zurückgegriffen habe, wie sie seiner Meinung nach mit Kirsten und Peek zur Verfügung standen.[220]

Erxlebens eigener Beitrag galt vor allem der weltanschaulichen Problematik. Er hatte in Erfahrung gebracht, daß Straub „heute noch überzeugter Katholik“ war und „sich auch jederzeit offen zu seiner Grundhaltung bekennen“ würde. Aus diesem Grund solle man ihm vor einer Berufung „noch Gelegenheit geben, sich in weltanschaulicher Hinsicht weiter zu entwickeln“. In seinem Urteil blieb Erxleben konsequent, auch in Anbetracht

---

217 Die Erlanger Fakultät hatte folgende Liste verabschiedet: 1. Wickert, 2. Straub, 3. W. Hoffmann. Nach: NSDD an Pkz v. 16.12.1943 (MA 129/8 fol. 53286–88). Der Vorschlag erfolgte in voller Würdigung der Person Wickerts. Der NSDD befürchtete aber, daß die durch den Krieg schwer in Mitleidenschaft gezogene Univ. Köln für W. keinen Ersatz mehr finden würde (ebd., fol. 53287).

218 NSDD an Pkz. v. 16.12.1943 (ebd., fol. 53287). Besondere Anerkennung fand Straubs Dissertation „Vom Herrscherideal der Spätantike“, Stuttgart 1939, NDr. Darmstadt 1964. Abgesehen von zwei „Führerzitaten“ (1 m. Anm. 5 und 232, Anm. 340) handelt es sich auch hier eher um eine Arbeit „alten Stils“. Die inzwischen erfolgte Habilitation Straubs spielte für seine Beurteilung keine Rolle; vgl. ders.: Aktuelle Geschichtsbetrachtungen. Untersuchungen über Zeit und Tendenz der SHA (= Phil. Habil.Schrift Berlin v. 23.6.1942); Teilabdruck: „Die Wirkung der Niederlage bei Adrianopel auf die Diskussion über das Germanenproblem in der spätrömischen Literatur“, in: Philologus 95 (1942/43) 255–286.

219 HA Wissenschaft/Erxleben an Prof. Schachermeyr v. 23.12.1943 (MA 129/8 fol. 53285).

220 Der Dozentenführer der Univ. Graz/Schachermeyr an Erxleben v. 1.1.1944 (ebd., fol. 53283–84); zu Kirsten vgl. oben, *[67, **Anm.** 148]*. Peek war bereits von Weber empfohlen worden; vgl. oben, *[76]*.

der von ihm ausdrücklich erwähnten Beziehungen Straubs zum Hause Göring.[221] Die Berufung Straubs konnte Erxlebens Votum wie in den meisten Fällen nicht verhindern. Das geringe Durchsetzungsvermögen seiner Dienststelle hat die Aktivitäten Erxlebens, die sich bis in das Jahr 1944 hinein verfolgen lassen, nicht bremsen können. Der letzte Fall, der davon Zeugnis ablegt, betrifft die beabsichtigte Ernennung *Herbert Nesselhaufs* zum ordentlichen Professor.[222]

Am Beispiel dieses Vorgangs kann man bis zu einem bestimmten Grad eine vorläufige Bilanz der Auswirkungen von beinahe elf Jahren nationalsozialistischer Hochschulpolitik auf das Fachgebiet Alte Geschichte ziehen. In einem ersten Durchgang des Verfahrens hatte Erxleben zunächst keine Bedenken gegen Nesselhauf erhoben. „Vom fachlichen Standpunkt“ aus konnte er vielmehr nur das Beste melden, wobei seine Gutachter sich vor allem auf die historische Auswertung des inschriftlichen Materials bezogen. Trotz intensiver Bemühungen war aber die „weltanschauliche Einstellung“ ungeklärt geblieben. Erxleben bat deshalb die Parteikanzlei um Nachricht, „falls ihr Material nachteilige Daten enthält“.[223] Die Parteikanzlei entsprach dieser Bitte und setzte ihn von einem Vorfall in Kenntnis, der sich 1935 in der Stipendiatenzeit Nesselhaufs anläßlich einer Führergeburtstagsfeier in der Athener DAI-Außenstelle zugetragen hatte. Wegen einer Bemerkung des Festredners über den Kardinal Faulhaber sollte Nesselhauf damals zusammen mit einem Franziskanerpater „demonstrativ und die Partei provozierend den Saal verlassen haben“, wofür er dann „von der Kanzel verherrlicht worden“ sei. Später war er nach diesem Bericht aber „in keiner Weise nachteilig in Erscheinung“ getreten, vielmehr wurde ihm aktiver Einsatz in der NSV und steter Einsatz „für eine nationalsozialistische Reform“ attestiert.[224]

221 HA Wissenschaft/Erxleben an Pkz. v. 18.1.1944 (MA 129/8 fol. 53280–81).

222 H. Nesselhauf (26.5.1909) Habil. Königsberg 1937, wiss. Beamter u. Prof. Pr. Akad. d. Wiss. 1939, o. Prof. Kiel 1946, 1948 Freiburg, 1966 Konstanz; vgl. Pkz. an Härtle v. 18.1.1944 (MA 141/9-Nesselhauf fol. 340826). Für welche Universität diese Ernennung Nesselhaufs, der damals als wiss. Beamter und Professor an der Preuß. Akademie tätig war, erfolgen sollte, ist nicht erkennbar. Wahrscheinlich geht der Vorgang auf einen Vorschlag der Univ. Kiel zurück; vgl. Karl Jordan, in: Geschichte der Christian-Albrechts-Universität 1665–1965, Bd. 5, T. 2, Neumünster 1969, 96.

223 Erxleben an Pkz. v. 14.9.1943. Abschrift in: Pkz. an Erxleben v. 28.1.1944 (MA 141/9-Nesselhauf fol. 350922).

224 Letzteres sei auch darin zum Ausdruck gekommen, daß er „schon früher ... in seiner noch ungesicherten Stellung als Hilfsarbeiter an der Preußischen Akademie mehrmals gegen das jüdische Unwesen in der Akademie Stellung genommen“ habe. Pkz. an Härtle v. 18.1.1944 (MA 129/8-Nesselhauf fol. 350926). Ein etwas anderes Bild ergibt sich daraus, daß Nesselhauf sich später zusammen mit H. U. Instinsky geweigert hat, als Verfasser des von Arthur Stein und Edmund Groag neubearbeiteten dritten Bandes der Prosopographia Imperii Romani aufzutreten. Der Band erschien dann ohne eigentliche Verfasserangabe. Die Namen von Stein und Groag wurden nur in der praefatio genannt; vgl. H. Chantraine: Würdigung des wissenschaftlichen Werkes (v. H.U. Instinsky), in: H. U. Instinsky (1907–1973), Würdigung bei der Gedächtnisfeier des Fachbereichs Geschichtswissenschaft der Johannes-Gutenberg-Universität Mainz am 14. Dez. 1973, (o.O., o.J.), 13; vgl. auch oben, *[42]*.

Erxleben wandte sich, nunmehr unsicher geworden, mit der Bitte um ein fachliches Urteil an Wilhelm Weber, nicht ohne auf die vorliegenden positiven Gutachten und die Zweifel an der weltanschaulichen Quafifikation hinzuweisen.[225] Weber wollte allerdings seine Aufgabe nicht auf die *[83]* wissenschaftliche Bewertung Nesselhaufs beschränkt sehen, sondern versprach eingangs, „seine neuerdings an den Tag gelegte ‚loyale Haltung'" einer kritischen Bewertung zu unterziehen. Zunächst ging Weber die Sache von einem allgemeinen Standpunkt aus an und versuchte, den Werdegang Nesselhaufs in die Gesamtentwicklung der Altertumswissenschaft im Dritten Reich einzuordnen. Sein Urteil war in doppelter Hinsicht vernichtend und hatte sich seit 1941 noch erheblich verschärft: In der gesamten Altertumswissenschaft kannte er „wohl einige Pg's, aber wenige, die total umgelernt haben. Entweder bewegen sie sich in stark ausgeleierten Geleisen, oder sie hängen dem Jaegerschen Humanismus genau wie früher an." Auch im Fach Alte Geschichte hatte „von dieser großen Clique, die Berve beherrscht, nur hie und da einer sich neuzuorientieren versucht." Den besten Beweis dafür schienen ihm die in dem Sammelband „Das Neue Bild der Antike" vorliegenden Beiträge zum „Kriegseinsatz der Altertumswissenschaften" zu liefern: „Neues habe ich bis jetzt wenig gefunden."[226] Nicht weniger negativ fiel die Bilanz der Berufungspolitik aus: „Leute wie Hampl, Schaefer und Bengtson haben Lehrstühle bekommen, wiewohl ihre Arbeiten in kaum einem Wort sich von denen vor 1933 unterscheiden. Lesen Sie einmal die Antrittsrede über Scipio im letzten Heft der Histor. Zeitschrift – wir sind wirklich noch weit vom Ziel."[227] Die erneut vorgebrachte Klage, daß die jüngeren Fachgenossen, „die nicht bloß Besseres, sondern auch weltanschaulich Richtiges geleistet haben", durch den Fronteinsatz aller Berufungschancen enthoben seien, entbehrte von Anfang an der Grundlage, inzwischen waren aber auch Johannes Straub und Friedrich Vittinghoff berufen worden.[228]

Nesselhaufs wissenschaftlichen Werdegang ordnete Weber in seiner „Kompromißlosigkeit, ... die oft anstößt, aber konsequent ist" in dieses Gesamtbild ein. Es wäre verfehlt, die sehr stark ins Persönliche gehenden Wertungen Webers näher zu verfolgen. Der Hauptvorwurf läßt sich auf die Formel bringen, mit der Weber sein Urteil über die Dissertation abschloß: „Alles wie lange vor 1933!" Wie Nesselhauf angeblich schon bei der Bearbeitung der Militärdiplome des CIL „Möglichkeiten, bei denen er Neues geben konnte", ungenutzt ließ, entwickelte er auch, was für Weber unentschuldbar war, in seiner Dissertation „für das Wirken einer Gestalt wie Perikles kein Organ".[229] Schließlich war auch in der Habilitationsarbeit keine „Wendung zu neuen Anschauungen" zu ver-

225 Erxleben an Weber v. 12.2.1944 (MA 129/9-Nesselhauf fol. 350921).

226 Weber an Erxleben v. 15.2.1944 (ebd., fol. 350915–16); zum Kriegseinsatz der Altertumswissenschaften vgl. unten, *[108ff.]*.

227 Weber an Erxleben v. 15.2.1944 (ebd. fol. 350915); vgl. Hermann Bengtson: Scipio Africanus. Seine Persönlichkeit und seine weltgeschichtliche Bedeutung, in: HZ 168 (1943) 487–509.

228 Vgl. oben, *[51, **Anm. 35**]*.

229 Weber an Erxleben v. 15.2.1944 (MA 10/9-Nesselhauf fol. 350915–16); vgl. H. Nesselhauf: Untersuchungen zur Geschichte der Delisch-Attischen Symmachie, Leipzig 1933, und CIL XVI: Diplomata militaria ex constitutionibus imperatorum de civitate et conubio militum veteranorumque expressa, post Th. Mommsen ed. H. Nesselhauf, Berlin 1936.

zeichnen: Diesmal hatte er sich „schöne Möglichkeiten zum Germanenproblem“ entgehen lassen.[230] Allein von der Athener Episode her schloß Weber die Wandlungsfähigkeit Nesselhaufs in weltanschaulicher Hinsicht aus: „Glaube kennt keine ‚Convertitis‘, sonst ist er eben kein Glaube.“ Ein Mann vom Schlage Nesselhaufs hätte „weltanschaulich nicht einmal das Dozentenlager *[84]* bestanden“. Mit dem Ausdruck des Bedauerns, „daß dies nicht mehr existiert“, schloß Weber seinen Bericht.[231]

Erxleben unterzog sich ohne Skrupel der Mühe, seine ursprüngliche, was den fachlichen Teil anging, positive Stellungnahme zurückzuziehen, hatte ihm doch Weber inzwischen zu der Einsicht verholfen, daß von Nesselhaufs Arbeiten „trotz ihres an sich vorhandenen guten Niveaus“ nicht zu erwarten war, „daß sie das Fachgebiet der Alten Geschichte in weltanschaulicher Hinsicht entscheidend fördern könnten“. Besonders bedenklich erschien ihm der Umstand, daß Nesselhauf „von einem Kreis von Altertumswissenschaftlern gefördert wird, der unseres Erachtens zu Unrecht den maßgeblichen Einfluß auf die Wissenschaftspolitik des Reichserziehungsministeriums gewonnen hat“ (Professor Berve, München u.a.). Erxleben hielt es für erforderlich, dieser Politik des REM gegenüber „gewisse Reserven zum Ausdruck“ zu bringen.[232]

Ob die ablehnende Haltung des „Amtes Wissenschaftsbeobachtung und -wertung“ oder die Kriegsumstände die Ernennung Nesselhaufs verhindert haben, war nicht zu klären. Ein vereinzelter Erfolg Erxlebens hätte an der insgesamt negativen Bilanz der Bemühungen des „Amtes Rosenberg“, durch eine gezielte Berufungspolitik das Fach Alte Geschichte den nationalsozialistischen Fragestellungen zu öffnen, nichts mehr ändern können. Gemessen an den extremen Positionen Erxlebens und Webers blieb das Ergebnis von elf Jahren nationalsozialistischer Wissenschaftspolitik in der Tat wenig ermutigend. Die Ansätze einer neuen Betrachtungsweise, die Weber in einzelnen Arbeiten von Peek, Straub und Vittinghoff glaubte fassen zu können, dürfen nicht darüber hinwegtäuschen, daß Anzeichen für einen grundlegenden Wandel kaum auszumachen waren. Gerade die Bewertung dieser Kandidaten ist in besonderem Maße auf den Kontrast zu den Vertretern der weithin konventionellen Fragestellungen verpflichteten althistorischen Forschung abgestellt und insofern von Überspitzungen nicht frei. Das, was von den genannten Personen aus dem weiteren und engeren Schülerkreis Webers gedruckt vorliegt, berechtigt nicht zu dem Schluß, daß sie zu den Kräften zählten, die, um mit Erxleben zu sprechen, „um den Durchbruch einer neuen rassischen Geschichtsbetrachtung bemüht“ waren. Viel eher finden sich auch hier die „moderne(n) Worte von Führerpersönlichkeiten und Gemeinschaft“, in denen sich die Konzessionsbereitschaft der jüngeren Althistorikergeneration in der Regel schon erschöpfte.[233] Die althistorischen Habilitationsschriften, die zwischen 1933–1945 angefertigt wurden, belegen, daß der Zugang zur Hochschullehrerlaufbahn – abgesehen von den zusätzlichen weltanschaulich-politischen

230 H. Nesselhauf: Die spätrömische Verwaltung der gallisch-germanischen Länder, Abh. d. Preuß. Akad. d. Wiss. 1938, Phil. hist. Kl. 2. (= Phil. Habil.Schrift Königsberg 1937).

231 Weber an Erxleben v. 15.2.1944 (ebd., fol. 350915–16).

232 HA Wissenschaft/Erxleben an Pkz. v. 18.2.1944 (ebd., fol. 350912).

233 Vgl. oben, *[79]*.

Qualifikationsstufen – *an wissenschaftliche Leistungen alten Stils gebunden* blieb; das gilt für die Themenwahl wie für die *[85]* methodische Durchführung.[234] Das politische Engagement der jeweiligen Verfasser, das in verschiedenen Formen sicherlich vorhanden und gefordert war, hat die Arbeiten bestenfalls im Sinne oberflächlicher Anpassung geprägt, ihre Substanz aber nicht berührt.[235]

---

234 Bengtson, Hermann: Die Strategie in der hellenistischen Zeit, Bd. 1, München 1937 (= Phil. Habil. Schr. v. 9.3.1939).
Burr, Victor: ΝΕΩΝ ΚΑΤΑΛΟΓΟΣ. Untersuchungen zum homerischen Schiffskatalog, Leipzig 1944 (= Phil. Habil.Schr. Tübingen v. 18.12.1939).
Cornelius, Friedrich: Untersuchungen zur frühen römischen Geschichte, München 1940 (= Phil. Habil.Schr. Würzburg v. 20.8.1940).
Hampl, Franz: Die griechischen Staatsverträge des 4. Jahrhunderts v. Chr., Leipzig 1938 (= Preisschr. d. fürstl. jablonowskischen Gesell. z. Leipzig 54).
Heuß, Alfred: Stadt und Herrscher des Hellenismus in ihren staats- und völkerrechtlichen Beziehungen, Leipzig 1937 (= Phil. Habil.Schr. Leipzig v. 30.8.1937).
Hoffmann, Wilh.: Livius und der Zweite Punische Krieg, Berlin 1942 (= Phil. Habil.Schr. Leipzig v. 28.6.1939).
Instinsky, Hans Ulrich: Kaiser und Ewigkeit, in: Hermes 77 (1942) 313–355 (Teilabdruck).
Junge, Peter Julius: Dareios I. Geschichte einer Führergestalt im Aufstieg der nordischen Welt (= Phil. Habil.Schr. Innsbruck 1940, Ms.).
Kirsten, Ernst: Die dorische Landnahme in Lakonien und Messenien (= Phil. Habil.Schr. Heidelberg 1940, ungedr.).
Nesselhauf, Herbert: Die spätrömische Verwaltung der gallisch-germanischen Länder. Abh. d. Preuß. Akad. d. Wiss. 1938, Phil.-hist. Kl. 2 (= Phil. Habil.Schr. Königsberg 1937).
Rudolph, Hans: Stadt und Staat im römischen Italien. Untersuchungen über die Entwicklung des Munizipalwesens in republikanischer Zeit, Leipzig 1935 (= Phil. Habil.Schr. v. 13. März 1936).
Schaefer, Hans: Herrscher und Volk im archaischen Griechentum. Ein Kapitel aus der griechischen Staatslehre (= Phil. Habil.Schr. Leipzig 1934, ungedr.).
Straub, Johannes: Aktuelle Geschichtsbetrachtungen. Untersuchungen über Zeit und Tendenz der SHA (= Phil. Habil.Schr. Berlin v. 23. Juni 1942).
Stroheker, Karl Friedrich: Der senatorische Adel im spätantiken Gallien. Tübingen 1948 (= Phil. Habil.Schr. Tübingen WS 43/44).
Vittinghoff, Friedrich: Aufstieg der unterworfenen Völker in Roms Bürgertum und Herrenschicht (= Phil. Habil.Schr. Kiel 1939, ungedr.).
Volkmann, Hans: Zur Rechtsprechung im Principat des Augustus. Histor. Beiträge, München 1935 (= Phil. Habil.Schr. Marburg 1933).
Wuest, Fritz R.: Koine eirene. Die Entwicklung der politischen Ausdrucksformen des Panhellenentums in der Zeit vom 6. Jh. bis zum Beginn des Hellenismus (= Phil. Habil.Schr. München 1943).
Das vorliegende Verzeichnis kann keinen Anspruch auf Vollständigkeit erheben; so konnte z.B. das Thema der Habil.Schrift von Werner Peek nicht ermittelt werden; vgl. oben, *[76f.]*.

235 Ausnahmen bestätigen auch hier die Regel. Zu den Ausnahmen zählt wohl die in *[85, **Anm. 234**]* genannte Habil-Schrift von *Peter Julius Junge* (30.8.1913–1943) DU Innsbruck 1940; vgl. auch ders.: Dareios I. König der Perser, Leipzig 1944. In seinem Gutachten zur Habil-Schrift von Junge hob Miltner die „weitgehende Abhängigkeit von modernen Schlagworten" hervor, wies aber auch darauf hin, daß J. die „Methode der Quellenkritik" beherrschte; itiert nach: Oberkofler, 70; vgl. auch unten, *[108]*.

Die Schwierigkeiten, die denen erwuchsen, die die zusätzlichen weltanschaulich-politischen Qualifikationsstufen nicht überspringen konnten, waren, wie die Laufbahn von *Hans Ulrich Instinsky* zeigt, nicht gering. Dem Mitarbeiter am „Corpus Inscriptionum Latinarum", der „weder der Einheitspartei noch einer ihrer Gliederungen angehörte",[236] blieb die Habilitation in Berlin versagt – „zu stark waren die Gegensätze zu Wilhelm Weber, politisch wie in der Auffassung seiner Wissenschaft".[237] Das Verfahren fand in Frankfurt, die Probevorlesung in Heidelberg statt. Ohne daß er die Venia legendi erhalten hatte, konnte er 1943 eine Lehrstuhlvertretung in Hamburg übernehmen. Erst im Februar 1945 wurde sein Lehrauftrag „im Zuge von Absicherungsmaßnahmen eines höheren Kultusbeamten in eine Diätendozentur umgewandelt".[238]

In der Bilanz der Berufungspolitik der Jahre 1938 bis 1945 wird der beherrschende Einfluß der Schulen Helmut Berves und Wilhelm Webers deutlich. Immerhin entstammen fünf von sieben der in dieser Zeit erstmals Berufenen dem engeren oder weiteren Schülerkreis dieser Althistoriker.[239] Die Zurechnung zu einer dieser beiden Schulen bedeutet freilich nicht, daß die Betreffenden als unbedingte Verfechter der allgemein- und wissenschaftspolitischen Linie ihrer Lehrer anzusehen sind. Dafür spricht nicht nur, daß aus diesem Kreis programmatische Auslassungen wie die Schachermeyrs, Berves und Webers von 1933 nicht vorliegen. Für die letzten Endes politischen Gegensätze zwischen Schüler und Lehrer steht sowohl das Beispiel Alexander Graf von Stauffenbergs wie auch die Haltung Straubs.[240] Auf der anderen Seite kann man nicht darüber hinwegsehen, daß dem Einfluß dieser Schulen verminderte Aufstiegschancen des übrigen wissenschaftlichen Nachwuchses entsprachen. Wenn dennoch mit diesen Berufungen ebenso wie mit denen zwischen 1933 und 1938 die Kontinuität der Entwicklung des Faches Alte Geschichte bis

236 W. Schmitthenner, in: HZ 218 (1974) 782 (781–784). *H. U. Instinsky* (16.3.1907–30.6.1973) Preuß. Akad. d. Wiss. 1936, PD Hamburg 1945, o. Prof. Mainz 1948.

237 H. Chantraine: Würdigung des wissenschaftlichen Werkes (v. H. U. Instinsky), in: H. U. Instinsky (1907–1973). Würdigung bei der Gedächtnisfeier des Fachbereichs Geschichtswissenschaft der Johannes-Gutenberg-Universität Mainz am 14.12.1973, o.O., o.J., 12 (7–22). Seine Haltung erklärt sich aus seiner Verbindung zu der katholischen Zeitschrift „Hochland" und dem Kreis um Romano Guardini – Instinsky trat 1946 zum katholischen Glauben über; vgl. Chantraine, 8, sowie H. Humbach: Worte des Gedenkens, ebd., 24 (23–28); vgl. dort 32ff. auch das „Verzeichnis der wissenschaftlichen Arbeiten von H. U. Instinsky". (Zusammengestellt von W. Hoben).

238 Chantraine, 13 und ders., in: Gnomon 46 (1974) 317–319.

239 Berve-Schüler wurden mit Hans Rudolph (Hamburg 1939), Alfred Heuß (Breslau 1941) und Franz Hampl (Gießen 1942) berufen. Johannes Straub (Erlangen 1944) und Friedrich Vittinghoff (Posen 1943) zählten zum Schülerkreis Webers. Hermann Bengtson (Jena 1942) kam aus der Schule Walter Ottos, Willy Hüttl (Prag 1941) aus der Anton v. Premersteins (vgl. oben, *[51, Anm. 35]*). Zwischen 1933 und 1938 waren neben den beiden Weber-Schülern Paul L. Strack (1935) und Graf v. Stauffenberg (1936) je ein Schüler Berves (Hans Schaefer, 1935), Ed. Meyers (Hans Erich Stier, 1936), A. v. Premersteins (H. Volkmann, 1937), H. Dessaus (Lothar Wickert, 1935) und M. Gelzers (Kurt Stade, 1937) erstmals berufen worden; vgl. oben, *[50, Anm. 30]*. Siehe hierzu auch die Anlage „Besetzung althistorischer Lehrstühle" unten, *[183]*.

240 Vgl. dazu unten, *[88]*, und Christ: Entwicklung, 582.

zu einem gewissen Grade gesichert wurde, so zielt diese Feststellung auf das unveränderte Niveau der wissenschaftlichen Arbeiten, die von diesen Gelehrten vorgelegt wurde.[241]

Die Anstrengungen der hochschulbezogenen Parteiorganisationen, sich wirkungsvoll in die Lehrstuhlbesetzungen im Bereich der Alten Geschichte einzuschalten, scheiterten nicht nur an den eigenen strukturellen Schwächen, sondern auch an der vergleichsweise konservativen Berufungspolitik des REM, das den Interessen der Fakultäten häufig entgegenkam. Der Dozentenbund konnte im Einzelfall durchaus diese Tendenzen unterstützen, *[86]* wobei natürlich die jeweilige lokale Konstellation eine wichtige Rolle spielte. Die Zahl der Fälle, in denen er sich als „negative Berufungsinstanz" durchgesetzt hat, läßt sich nur schwer abschätzen, da er in diesem Sinne schon im Vorfeld eines Berufungsverfahrens tätig werden konnte.[242] Insgesamt darf der Einfluß des Dozentenbundes – wie überhaupt der Parteigremien – auf die personelle Entwicklung nicht überschätzt werden.

241 Vgl. oben, *[84f.]*.

242 D.h. also vor Verabschiedung einer Berufungsliste durch die betreffende Fakultät. In diesem Sinne dürfte z.B. die Berufung von Ernst Hohl nach Breslau gescheitert sein; vgl. M. Gelzer, in: Gnomon 29 (1957) 399.

1 – Kapitel III
Die Selbstdarstellung der Altertumswissenschaften

Ebenso wie die Berufungsbegutachtung liefert auch die Selbstdarstellung des Faches Alte Geschichte auf Tagungen und Kongressen und in den Sonderformen nationalsozialistischer Wissenschaftseinsätze wichtige Anhaltspunkte dafür, wie sich das Fach mit den Anforderungen nationalsozialistischer Kultur- und Wissenschaftspolitik auseinandersetzte. Der relativ geringe Organisationsgrad der althistorischen Disziplin, die sich nicht zu einem eigenständigen Fachverband zusammengeschlossen hatte, verhinderte es, daß die Althistoriker unmittelbar nach der Machtübernahme ähnlich geschlossen auftreten konnten wie die Klassischen Philologen. Als deren Repräsentant trug Werner Jaeger zusammen mit dem Vorsitzenden des Altphilologen-Verbandes, Emil Kroymann, im Juli 1933 dem preußischen Kultusminister Rust die „die Altphilologenschaft bewegenden Fragen" vor. Später übersandte man dem Ministerium die von dem Verband erarbeiteten „Leitsätze" über die „Gegenwartsbedeutung des deutschen Gymnasiums".[1] Dazu lieferte Jaeger die offizielle Begründung in seinem bekannten Beitrag „Die Erziehung des politischen Menschen und die Antike",[2] an dem sich dann eine lebhafte Diskussion mit dem führenden nationalsozialistischen Pädagogen Ernst Krieck entzündete.[3] Der Historikerverband dagegen, in dem die Alte Geschichte als Teil der Geschichtswissenschaft natürlich repräsentiert war, verstand sich als Interessenvertretung des Gesamtfachs Geschichte und bot von daher nicht den organisatorischen Rahmen für spezielle Aktionen der Althistoriker. Das änderte sich auch nicht dadurch, daß man im Juni 1933 in dem Bemühen, „rechtzeitig und in geeigneter Weise Fühlung mit nationalsozialistisch gesinnten Kollegen zu gewinnen" und „künftigen, etwa von außen her drohenden Versuchen politischer ‚Gleichschaltung' zuvorzukommen", Helmut Berve in den Verbandsausschuß kooptierte.[4] Die Selbstdarstellung des Faches äußerte sich in gewissem Maße zunächst in Einzelbeiträgen wie denjenigen *[87]* Schachermeyrs, Berves und Webers aus dem Jahre 1933, blieb aber in der Hauptsache an den Gesamtrahmen der entsprechenden Organisationsform der Altertums- oder Geschichtswissenschaft gebunden.

1. Die Entwicklung bis zum Kriegsausbruch

Die traditionellen Veranstaltungen dieser Fächergruppen, die nach der Machtübernahme erstmals 1935 stattfinden sollten, kamen nicht zustande. Es handelte sich dabei einmal um die zum Oktober 1935 einberufene „Fachtagung für die Klassische Altertumswis-

---

1 Nach Irmscher: Unterricht, 238f.

2 Volk im Werden 1, 1933, 3, 43–49.

3 Vgl. E. Krieck: Unser Verhältnis zu Griechen und Römern, in: Volk im Werden 1, 5 (1933) 77f., und Irmscher: Unterricht, 239ff.

4 Zitiert nach Heiber, 170.

senschaft", die kurz nach Bekanntgabe eines beinahe konventionellen Programms ohne Angabe von Gründen wieder abgesagt wurde.[5] Analog dazu zerschlug sich auch der Plan, im September 1935 einen Historikertag in Hannover abzuhalten.[6] Damit war der Weg frei für die am 19. Oktober 1935 mit großem Aufwand in Szene gesetzte Gründung des „Reichsinstituts für Geschichte des neuen Deutschlands" unter seinem Präsidenten Walter Frank.[7] Das eigentliche Arbeitsgebiet des Reichsinstituts lag auf dem Gebiet der neueren Geschichte, „vor allem im Zeitraum zwischen der französischen Revolution und der nationalsozialistischen Revolution".[8] Parallel zu Franks Institut war für die Mediaevistik in Nachfolge der „Monumenta Germaniae Historica"-Zentraldirektion ein „Reichsinstitut für ältere deutsche Geschichte" eingerichtet worden.[9] Es gibt dagegen keine Anhaltspunkte, daß eine vergleichbare Einrichtung für die Alte Geschichte angestrebt wurde. Die Althistoriker fanden in begrenztem Maße institutionellen Rückhalt in dem „Archäologischen Institut des Deutschen Reiches" und der „Römisch-Germanischen Kommission".[10]

Mit der Berufung des Freiburger Altphilologen Hans Bogner in den Beirat des „Reichsinstituts für Geschichte des neuen Deutschlands" ergab sich im November 1937 eine lockere Verbindung zur Alten Geschichte. *Hans Bogner* als „Mittelsmann zur römisch-griechischen Altertumswissenschaft"[11], hatte nach den Worten Franks in der „Verbindung des politischen Willens und der wissenschaftlichen Zucht den Weg einer *politischen Wissenschaft* gefunden. Er hat ... auf dem Gebiet der Althistorie denselben geistigen Umbruch vollzogen, der gleichzeitig auch in anderen Teilabschnitten der Geschichtsschreibung und in anderen Disziplinen der Wissenschaft überhaupt sich Geltung errang."[12] Im gleichen Zusammenhang – es handelt sich um die Besprechung von Bogners Werk „Verwirklichte Demokratie. Die Lehren der Antike"[13] – rühmte Frank, daß Bogner sich mit seinem Buch „an den Volksgenossen, nicht nur und nicht vorwiegend an den Fachgenossen" gewandt habe.[14]

[88] Bogner zählte nicht zu den engsten Mitarbeitern Franks. Als Mitglied des Reichsinstituts trat er mit Vorträgen, die Themen der griechischen Geschichte gewidmet waren, hervor und beteiligte sich auch aktiv an den Veranstaltungen der „Forschungsabteilung

5 Vgl. Gnomon 11 (1935) 286, 511f. u. 576.
6 Vgl. Heiber, 709.
7 Dazu ausführlich Heiber, 273ff.
8 Heiber, 260.
9 Dazu K. F. Werner: NS-Geschichtsbild, 61f.
10 Vgl. Carl Weickert: Das deutsche archäologische Institut, 2. Aufl., Berlin 1950.
11 Heiber, 605. – *H. Bogner* (8.11.1885–28.12.1948) PD München 1933, a. o. Prof. Freiburg 1937, o. Prof. Straßburg 1941; vgl. H. Hommel, in: Gymnasium 56 (1949) 77–79, und vor allem Heiber, 553ff.
12 W. Frank: Die Lehren der Antike, VB v. 27.9.1935 (Süddeutsche Ausg.). (Hervorhebung im Original).
13 Hamburg 1930; vgl. Christ: Entwicklung, 583.
14 Frank: Lehren, ebd.

Judenfrage", dem ‚produktivsten' Zweig des Reichsinstituts.[15] Mit der Aufnahme Bogners wollte Frank die „Gefahr einer ‚spezialistischen Atomisierung' der Forschung" bannen.[16] Zu einer Pflegestätte für die Altertumswissenschaften konnte das Reichsinstitut selbst dann nicht werden, als im September 1939 Wilhelm Weber in den Mitgliederkreis aufgenommen wurde.[17] Auch wenn Frank „mit seinem Führer die Hinneigung zur Antike teilte", sind von ihm wirkliche Impulse für die altertumswissenschaftliche Arbeit nicht ausgegangen. Im neidvollen Blick auf die finanzielle Ausstattung des DAI hatte er vielmehr schon in der Rede zur Eröffnung seines Instituts beklagt, welche Summen dort für die „Erforschung fremden Altertums" aufgewandt würden.[18]

Knapp zwei Jahre nach der Eröffnung des Reichsinstituts fand in Erfurt der 19. Deutsche Historikertag statt, auf dem Frank sich und seine Mitstreiter als den „Stoßtrupp des Nationalsozialismus in der deutschen Geschichtswissenschaft" präsentieren wollte.[19] Auf den Ablauf der Tagung hat Frank ohne Zweifel starken Einfluß genommen, der „entscheidende Durchbruch" blieb ihm aber versagt.[20]

Im Bereich der Alten Geschichte wurde das Reichsinstitut durch einen Vortrag Bogners über „Thukydides und das Wesen der altgriechischen Geschichtsschreibung" vertreten, der in der Presse als widersprüchlich empfunden wurde[21] und offensichtlich auch in den eigenen Reihen keinen besonderen Eindruck hinterließ.[22] Weit mehr Resonanz fand dagegen der Würzburger Althistoriker Alexander Graf Schenk zu Stauffenberg, dessen Beitrag „Theoderich der Große und seine römische Sendung" gegen den anfänglichen Widerstand Franks in das Programm aufgenommen worden war.[23] Nach Auffassung Franks hatte Stauffenberg „die nationalen Elemente ungebührlich vernachlässigt".[24] Erich Botzenhardt, ein Anhänger Franks, der „die Untersuchung des Verhaltens der damaligen Kirche" vermißte, verdeutlichte seine Kritik mit einem bemerkenswerten methodischen Fingerzeig: „Die Dinge sind doch da, auch wenn sie nicht in den Quellen

15 Vgl. H. Bogner: Die Judenfrage in der griechisch-römischen Welt, in: Forschungen zur Judenfrage, Bd. 1, Hamburg 1937, 81–91, und ders., Philon von Alexandrien als Historiker, ebd., Bd. 2, 1937, 63–74.

16 Heiber, 605.

17 Ebd., 609.

18 Vgl. ebd., 256 u. 566.

19 Vgl. ebd., 708ff., und Peter Schumann: Die deutschen Historikertage von 1893–1937. Die Geschichte einer fachhistorischen Institution im Spiegel der Presse, phil. Diss. Marburg 1974, 406ff.

20 Schumann, 430.

21 Hamburg 1937 (Schriften des Reichsinstituts für Geschichte des neuen Deutschlands 10); vgl. Schumann, 419f.

22 Vgl. dazu die nichtssagenden Bemerkungen von E. Botzenhardt: Der 18. Deutsche Historikertag in Erfurt 5.–7. Juli 1937, in: HZ 156 (1937) 663 (659–667).

23 Vgl. Heiber, 710f.; zuerst abgedruckt in: R. Herbig (Hrsg.): Würzburger Festgabe, Heinrich Bulle dargebracht zum 70. Geburtstag am 11. Dezember 1937, Stuttgart 1938, 111–129; vgl. dazu Günter Katsch: Alexander Graf Schenk von Stauffenberg, phil. Diss. Leipzig 1968 (Ms.), IV, 4, und ausführlich zum Theoderich-Bild Stauffenbergs, III, 78ff.

24 Heiber, 713.

stehen."[25] Die Kritik aus dem Lager Franks und die Beiträge seiner Schützlinge blieben – das zeigen nicht nur die Äußerungen der Tagungsteilnehmer, sondern auch die Pressestimmen – nicht unwidersprochen.[26] Ein italienischer Beobachter verhöhnte den Versuch der „gotischen Ritter von Erfurt", Theoderich allein für den germanischen Reichsgedanken vereinnahmen zu wollen, und apostrophierte den Historikertag als „Konzil von Nicäa des historischen nationalsozialistischen Glaubens".[27]

[89] Ein Jahr nach Erfurt hätte sich Frank auf dem 8. Internationalen Historikerkongreß in Zürich die Gelegenheit zu einer Bewährungsprobe auf internationalem Parkett geboten. Bezeichnenderweise gab sich der Präsident des Reichsinstituts auf dem Kongreß dann doch mit einer Beobachterrolle zufrieden.[28] Für die Sektion Altertumswissenschaft war von Frank ursprünglich ein Vortrag Wilhelm Webers über „Romanitas und Germanitas, ihre Auseinandersetzung im süddeutschen Raume" angemeldet worden. Der Beitrag muß schon frühzeitig zurückgezogen worden sein, wofür unter Umständen kulturpolitische Rücksichten ausschlaggebend gewesen sein könnten.[29] Ein anderes brisantes Thema hatte man von deutscher Seite bereits im Vorbereitungsstadium von der Vortragsliste gestrichen. Es handelte sich um ein von Joseph Vogt angebotenes Kurzreferat über „Kaiser Julian und das Judentum". An dieser Entscheidung war Frank sicher nicht unbeteiligt, denn es gelang Vogt auch später nicht, seine Abhandlung in den „Schriften des Reichsinstituts" unterzubringen.[30] Abgesehen davon, daß Vogts Beitrag mit Sicherheit den Vorstellungen Franks nicht entsprach,[31] hatten die übrigen Mitglieder des Vorbereitungsausschusses schon gar kein Interesse daran, mit der „Judenfrage" vor das internationale Publikum zu treten.[32] Hans Bogner, der einzige Repräsentant der nationalsozialistischen Altertumswissenschaft, der sich in Zürich überhaupt zu Wort meldete, begnügte sich mit der ihm von Frank zugedachten Rolle eines „Sachverständigen".[33]

---

25 Nach Moritz Edelmann: Der 19. Historikertag in Erfurt vom Geschichtserzieher gesehen, in: Vergangenheit und Gegenwart 27 (1937) 476.

26 Vgl. P. Schumann, 420f.

27 Heiber, 722f. zitiert den Kommentar von G. Piazza aus der Turiner Zeitung „Stampa" v. 11.8.1937.

28 Vgl. Heiber, 727.

29 Vgl. ebd., 733, Zum Thema Webers vgl. VIII. Congrès international des sciences historiques, Zürich 1938, Actes du congrès, Paris o.J., 299. Im Unterschied zu anderen offiziell angemeldeten und angenommenen Beiträgen, die dann später nicht gehalten wurden, liegt im Falle Webers in den Kongreßakten keine Kurzfassung vor.

30 Vgl. Heiber, 738. Vogts Schrift erschien mit dem Untertitel „Studien zum Weltanschauungskampf der Spätantike", Leipzig 1939 (= Morgenland H. 30). Als aus der „Forschungsabteilung Judenfrage" ein von Frank unabhängiges „Institut zur Erforschung der Judenfrage" hervorgegangen war, wurde J. Vogt zum korrespondierenden Mitglied ernannt (nach Gnomon 18 (1942) 192); zu dem neuen Institut vgl. Heiber, 1070ff.

31 Vgl. K. Christ: Joseph Vogt und die Geschichte des Altertums. Eine Würdigung, in: Saeculum 21 (1970) 123.

32 Vgl. Heiber, 738.

33 Vgl. Heiber, 733 u. 554. Bogner äußerte sich einmal zustimmend zu dem Referat eines polnischen Kollegen über „Die politische Grundidee des Imperatorats"; vgl. Actes du congrès, 299f.

In den Diskussionen der Sektion Altertumswissenschaft klang nur eine einzige spezifisch nationalsozialistische Wertung an, die nicht nur für das im ganzen zurückhaltende Auftreten der deutschen Delegation in Zürich, sondern auch für die Auseinandersetzung der deutschen Geschichtswissenschaft mit der Rassenfrage bezeichnend ist. Der Rektor der Universität Innsbruck, der Mediaevist Harold Steinacker, kam in einer Bemerkung zu dem Vortrag „Les causes profondes de la ruine du monde antique" des polnischen Althistorikers T. Walek-Czernecki auf „das biologische Substrat, die rassischen Kräfte" in tieferen Schichten unterhalb der „Volkstümer" zu sprechen. Er fand darin einen neuen Gesichtspunkt, „dessen Erörterung in diesem Kreise verfrüht wäre, weil er sich erst in mühsamer monographischer Forschung wird bewähren und durchsetzen müssen."[34] Die Teilnehmer der Sektion Altertumswissenschaft des Züricher Historikertages zeigten, wie aus dem weiteren Diskussionsverlauf hervorgeht, kein Interesse an Steinackers Fragestellung. Vor diesem Forum bewährte sich viel eher eine andere Tradition der deutschen Althistorie, die damals noch durch Victor Ehrenbergs Vortrag über „Aristophanes und die Probleme der Sozial- und Wirtschaftsgeschichte" repräsentiert werden konnte.[35]

[90] Die Vorgänge um die Historikertage von Erfurt und Zürich lassen Rückschlüsse auf die Entwicklung der Alten Geschichte nur in sehr bedingtem Maße zu. Immerhin aber wird man sagen dürfen, daß von einer einheitlichen Ausrichtung des Faches, von einem geschlossenen Auftreten einer Gruppe nationalsozialistischer Althistoriker nicht die Rede sein konnte. Dort, wo zeitbedingte Fragestellungen aufgegriffen wurden, handelte es sich um Initiativen einzelner Forscher, deren Ergebnisse durchaus nicht immer der offiziellen Linie nationalsozialistischer Geschichtsbetrachtung entsprachen. Was z.B. die Auseinandersetzung mit der „Judenfrage" in der Altertumswissenschaft angeht, kamen auch die engagierten Nationalsozialisten nicht über Einzelinitiativen hinaus. Dabei konnte es geschehen, daß sich Altertumswissenschaftler – hier wird der Spielraum, der in beiden Richtungen gegeben war, deutlich – in den Dienst unverhüllter antisemitischer Propaganda stellten.[36]

Der 6. Internationale Archäologenkongreß, der kurz vor Ausbruch des Zweiten Weltkriegs in Berlin stattfand, vermittelt naturgemäß ein besseres Bild von der Entwicklung der deutschen Altertumswissenschaft als die Tagungen in Erfurt und Zürich.[37] Das bezieht sich nicht allein auf die Selbstdarstellung der Klassischen Archäologie und ihrer Nachbardisziplinen. Vielmehr fühlten sich auch die Vertreter der deutschen Kulturpolitik aufgerufen, sich direkt oder indirekt zu diesem Ereignis zu äußern und dabei ihre

34 Vgl. Actes du congrés, 300f.; zu Steinacker vgl. Heiber, 400.

35 Actes du congrés, 307.

36 Am weitesten ging in dieser Richtung wohl Hans Oppermann: Der Jude im griechisch-römischen Altertum, München 1943 (Schriftenreihe zur weltanschaulichen Schulungsarbeit der NSDAP, H. 22). Als Herausgeber fungierte das „Amt Parteiamtliche Lehrmittel" der Dienststelle Rosenberg. Die Broschüre trug den Vermerk „Nur für den Dienstgebrauch!" (IfZ: Db 04.16.) H. Oppermann (13.10.1895) PD Greifswald 1926, Heidelberg 1928, apl. a. o. Prof. 1931, o. Prof. Freiburg 1935, Straßburg 1941, Leiter d. Gelehrtenschule des Johanneums 1954–1961, emer. 1959.

37 Vgl. Bericht über den VI. Internationalen Kongreß für Archäologie Berlin 21.–26. August 1939, Berlin 1940.

Stellung zur Altertumswissenschaft zu präzisieren. Die Organisation und Leitung des Kongresses lag in den Händen des DAI, das dabei – Rust hatte in Vertretung Hitlers die Schirmherrschaft übernommen – auf die Unterstützung des REM rechnen konnte.

Den Veranstaltern war offensichtlich nicht daran gelegen, den Kongreß zu einer Demonstration nationalsozialistischer Wissenschaft werden zu lassen. Diese Absicht wurde schon in einer vom REM einberufenen Pressekonferenz deutlich, als der DAI-Präsident Schede in seinem Vorbericht über die Themen des Kongresses bemerkte, man habe „speziell germanische Früh- und Vorgeschichte, sofern sie sich nicht mit den römischen Einflüssen berührt, ausgeschaltet, um Überschneidungen mit anderen Tagungen zu vermeiden."[38] Damit hatte man Reinerth und seinen Gefolgsleuten praktisch die Tür gewiesen. Der Entschluß Reinerths, zur gleichen Zeit zwei Tagungen des „Reichsbundes für Deutsche Vorgeschichte" abzuhalten, ist sicher nicht auf dem Wege gütlicher Arbeitsteilung mit dem DAI zustandegekommen.[39] Vor dem Hintergrund der erheblichen Spannungen mit Reinerth dürfte für die Archäologen der Kongreß eine nicht unwillkommene Gelegenheit gewesen sein, die eigene Position aufzuwerten. Die Repräsentanten der Partei hielten sich auch sonst, wie man den Kongreßakten entnehmen kann, im Hintergrund. Daß *[91]* der Reichsführer SS offiziell durch den Zweiten Sekretär der DAI-Außenstelle Rom, Siegfried Fuchs, vertreten war, konnte man zwar ein Jahr später dem Jahresbericht des DAI, nicht aber dem offiziellen Kongreßbericht und der Tagespresse entnehmen.[40] Auch Wolfgang Erxleben aus Rosenbergs „Amt Wissenschaft", dem wohl die Rolle eines Beobachters zugedacht war, wurde, der Teilnehmerliste nach zu schließen, nur als Privatmann geführt. Selbst Walter Frank, der Präsident des Reichsinstituts, erschien nicht unter den Repräsentanten „Wissenschaftlicher Institutionen".[41] Diese Ehre wurde allein dem Klassischen Archäologen Dr. Otto-Wilhelm v. Vacano zuteil, der die „Adolf Hitler-Schulen" vertrat.[42]

Mit Rücksicht auf den internationalen Charakter der Veranstaltung vermied es Rust in seiner Eröffnungsrede ganz offenbar, die Akzente der nationalsozialistischen Auseinandersetzung mit der Antike allzu deutlich anklingen zu lassen. Der Minister umriß einen „Horizont der klassischen Altertumskunde", in den alle Epochen und Räume der Alten Geschichte – auch der Alte Orient – eingeschlossen waren.[43] Freilich hing auch Rusts Herz an den nordischen Völkern, die „sonnenhungrig und raumsuchend das südliche

---

38 Vgl. „Archäologen kommen nach Berlin". Zum VI. Internationalen Archäologen-Kongreß vom 21. bis 26. August, Deutsche Allgemeine Zeitung v. 21.7.1939. Der „Völkische Beobachter" nahm von der Pressekonferenz bezeichnenderweise keine Notiz.

39 Es handelte sich um die 2. Jahrestagung der Süddeutschen Arbeitsgemeinschaft des Reichsbundes für Deutsche Vorgeschichte in Innsbruck v. 25.–28.8.1930 (vgl. „Die Alpen und der germanische Lebensraum", VB v. 22.8.1939, Süddeutsche Ausg.) und eine Tagung des Reichsbundes in Oldenburg (vgl. J. Benecke: Die Forschung und das Altertum, VB v. 31.8.1939, Berliner Ausg.).

40 Vgl. Jahresbericht des DAI für das Haushaltsjahr 1939/40, in: Archäologischer Anzeiger (1940), X; zu Fuchs vgl. unten, *[136f.]*.

41 Vgl. Bericht VI. Archäologen-Kongreß Berlin, 21.

42 Ebd., 14; zu v. Vacano vgl. unten, *[157]*.

43 Ebd., 76 (74–78).

Land überflutet haben, zunächst scheinbar zerstörend, dann aber mit der Frische ihres Blutes und der Härte ihres Sinnes die Vorbedingungen zu neuem Aufblühen schaffend". Andererseits verfolgte er die römisch-germanische Auseinandersetzung zwar „mit tiefer nationaler Anteilnahme", ließ sich aber dennoch nicht verleiten, hier zu Ausführungen über die „Romfrage" anzusetzen.[44] Schließlich bekundete er den Willen „der deutschen Staatsführung, der großen Tradition der deutschen Altertumsforschung und dem Bekenntnis zu den antiken Bildungswerten treu zu bleiben".[45]

Auch die wenigen althistorischen Vorträge, die von deutscher Seite in Berlin gehalten wurden, bestätigen den Gesamteindruck, daß es hier nicht um eine Heerschau nationalsozialistischer Altertumswissenschaft ging.[46] Das unverdächtige Zeugnis dafür lieferte die Berichterstattung des „Völkischen Beobachters", die naturgemäß die spezifisch nationalsozialistischen Ansätze bzw. die Abweichungen von der offiziellen Linie stärker hervortreten ließ.[47] Abgesehen von den programmatischen Ausführungen Rusts – hier wurde vor allem die Passage über die „nationale Anteilnahme" an der römisch-germanischen Auseinandersetzung herausgestellt – fanden die Korrespondenten des VB freilich nur selten ihr Bild von der Alten Geschichte bestätigt.[48] „Von umwälzender Bedeutung für die arische Frühgeschichte des Mittelmeeres" waren etwa die Ausführungen des Archäologen Reinhard Herbig über „Dorier und Philister".[49] Herbig hatte den Versuch unternommen, die These des Sprachwissenschaftlers Hans Krahe von der illyrischen Herkunft der Philister von einem „rein *[92]* materiellen Betrachtungsfeld" her zu stützen.[50] Im VB wurde das nicht nur als Beitrag zur Indogermanenfrage gewertet, sondern vor allem über Herbig hinausgehend vermerkt, „daß in der Gestalt des Goliath als Personifikation des Volkstums der Philister ein indogermanischer Volksstamm dem Judentum entgegengetreten ist".[51]

Das Interesse an der „Ursprungsfrage" bestimmte auch die herbe Kritik an dem Münsteraner Althistoriker Hans Erich Stier, der über „Hellas und Ägypten" referiert hatte. Unter dem Kolumnen-Titel „Ein Schritt vom Wege" verwahrte sich der Rezensent gegen „eine so aphoristische und einseitige Überhöhung des Einflusses ägyptischer Kunst auf die Klassik der Griechen".[52] Stier hatte in Anlehnung an seinen Lehrer Eduard Meyer

44 Ebd., 76.

45 Ebd., 78.

46 Vgl. F. Altheim: Die Felsbilder der Val Camonica und die altitalische Kultur, Ebd., 442f.; dazu unten, *[125f.]*; H. Berve: Das Athen des Peisistratos, ebd., 431–433; E. Kornemann: Das Mausoleum des Augustus, ebd., 471, und H. E. Stier: Hellas und Ägypten, ebd., 282–291 (vgl. dazu im folgenden).

47 Für die „Berliner Ausgabe" des VB konnte der Verfasser das Zeitungsausschnittarchiv des ehem. Reichsinstituts für Geschichte des neuen Deutschlands (heute im IfZ München) benutzen (vgl. Heiber, 321).

48 Vgl. den Bericht über die Eröffnungssitzung „Altertum und Gegenwart", VB v. 22.8.1939 (Süddeutsche Ausg.).

49 J. Benecke: Unerschöpfliches Ägypten!, VB v. 24.8.1939 (Berliner Ausg.).

50 R. Herbig: Philister und Dorier, Bericht VI. Archäologen-Kongreß Berlin, 308 (305–308).

51 J. Benecke: Unerschöpfliches Ägypten! (ebd.).

52 Ebd.

gefordert, ernst damit zu machen, „in der ägyptischen Kunst nicht eine Kuriosität, den seltsamen Stil eines seltsamen, ‚fremden Volkes' zu sehen, sondern die Kunst, in der ‚die Grundlinien des vorgriechischen Schaffens in wohl klassisch zu nennender Reinheit herausgestellt' worden sind."[53] Dem Rezensenten des VB scheint es entgangen zu sein, daß Stier im Grunde ein Plädoyer für die Universalgeschichtsschreibung gehalten und damit in die Diskussion eingegriffen hatte, die zwischen Walter Otto und Helmut Berve entbrannt war.[54]

Für den Berichterstatter blieb die klassische Kunst der Hellenen „eigenständige Schöpfung eines Volkstums". Der Versuch Stiers, die Frage nach den „Hintergründen und Ursachen für diese unsterblichen Leistungen" zu klären, scheiterte nach Meinung des VB allein deshalb, weil dieser an der „Tatsache" vorbeigegangen war, „daß die Griechen nun einmal Indogermanen sind, d.h. in ihrer führenden Schicht nordischer Rasse, und daß ihre Heimat in Mitteldeutschland, also im nordischen Lebensraum lag, was Siegfried Fuchs, Rom, schlüssig bewiesen hat."[55] Der Kritiker Stiers im VB, Joachim Benecke, ein Doktorand Reinerths, brachte für derartige Attacken beste Voraussetzungen mit. Er hatte bereits 1936 im VB die Kampagne gegen den Marburger Prähistoriker Gero von Merhart angeführt, die 1940 mit dessen Zwangspensionierung endete.[56] Der Angriff auf Stiers „Schritt vom Wege" trug freilich nicht die Schärfe und hatte nicht die Folgen, wie die Invektiven gegen v. Merhart. Stiers Beitrag erschien unmittelbar nach dem Kongreß in der von ihm selbst herausgegebenen Zeitschrift „Welt als Geschichte"[57] und wurde unverändert in den Kongreßakten abgedruckt, wobei ihm Ernst Kirsten freilich attestierte, er habe „nur einseitig vom orientalischen Standpunkt aus ... den Schritt der griechischen Kunst zur Monumentalität beleuchtet".[58] Die Teilnehmer des Kongresses dürften die schon einen Tag nach dem Vortrag erschienenen Bemerkungen des Reinerth-Schülers aufmerksam registriert haben, die den Lesern der Süddeutschen Ausgabe des VB übrigens vorenthalten blieben.[59]

---

53 H. E. Stier: Hellas und Ägypten, 289. Stier zitiert an dieser Stelle Ed. Meyer: Geschichte des Altertums, 3. Aufl., Bd. 1.2, 449; 2. Aufl. Bd. 2.1, 321 (= Anm. 3). Stier hat sich kurz auf den Vorgang bezogen; vgl. ders.: Zum römischen Philhellenismus der Flamininuszeit, in: Gedenkschrift zur 150. Wiederkehr des Gründungsjahres der Friedrich-Wilhelms-Universität zu Berlin, hrsg. v. H. Leussink u.a., Bd. 2, Berlin 1960, 614–624.

54 Vgl. dazu die Kontroverse zwischen H. Berve: Zur Kulturgeschichte des Alten Orients, in: AfK 25 (1935) 216–230, und W. Otto: Forschungsbericht zum Problem der Universalgeschichte, in: DLZ 58 (1937) Sp. 1119–1133 u. Sp. 1161–175.

55 J. Benecke: Unerschöpfliches Ägypten! (ebd.).

56 Vgl. Bollmus, 181 (zu Benecke) u. 210; ferner oben, *[55]*.

57 5 (1939) 438–445; zur Auseinandersetzung um diese Zeitschrift kurz Stier: Philhellenismus, 614.

58 E. Kirsten: Der internationale Archäologenkongreß in Berlin 1939, in: Neue Jahrbücher für Antike und deutsche Bildung 3 (1940) 158 (156–160).

59 Ohne Verfasserangabe und unter dem Titel „Ausgrabungsergebnisse am Nil" erschien der Artikel am gleichen Tag, war aber um den Stier betreffenden Abschnitt gekürzt; vgl. VB v. 24.8.1939 (Süddeutsche Ausg.). – Im übrigen wurde im VB auch ausführlich über die Ausstellungen berichtet, die parallel zum Kongreß veranstaltet wurden; vgl. W. Hartmann: Die Kunst der Spätantike im

[93] Von Anfang an beanspruchten die Meldungen über Reinerths Vorgeschichtstagungen in den Spalten des VB beinahe den gleichen Raum wie die Berichte über den Archäologenkongreß.[60] Die Spannungen, die hier angelegt waren, suchte Joachim Benecke auf seine Weise in dem abschließenden Artikel „Die Forschung und das Altertum – Deutschlands Anteil an der Erforschung Alteuropas" zu überwinden. Er knüpfte dabei an die „erstaunte Bemerkung eines skandinavischen Kongreßteilnehmers" an, „der sein Verwundern darüber zum Ausdruck brachte, daß die im Norden und in Mitteleuropa geborgene Kulturhinterlassenschaft nicht gleichfalls ihren breiten Raum auf dem Archäologenkongreß gefunden habe ..."[61] Die Frage, warum die Archäologen daran unter den obwaltenden Umständen kein Interesse haben konnten, hatte durch Beneckes Beitrag zum Archäologenkongreß an sich schon eine Antwort erhalten. Benecke selbst sah einerseits in der „Trennung beider Forschungszweige, die etwa in der nationalsozialistischen Forderung nach Schaffung eines eigenen Reichsinstituts für deutsche Vorgeschichte niedergelegt" war, einen guten Sinn. Andererseits empfand er „immer deutlicher, daß der blutsmäßig gebende Raum, d.h. das Ursprungsland fast aller kulturschöpferischen Völker des gesamteuropäischen Altertums, im Norden lag, am ‚Mittelmeer des Nordens', wie Scheel die Ostsee genannt hat, und daß der Süden nur die im Norden gewachsenen Rassenkräfte zu mächtiger politischer Entfaltung und letzter kultureller Reife brachte."

Die aktuelle Entwicklung der Archäologie, diesen Eindruck gründete er auf die Referate von Herbig und Fuchs, drängte dahin, „die geschichtlichen Wurzeln der Völker und Kulturen in den nordischen Raum zurückzuverfolgen und die Ergebnisse des Vorgeschichtlers als Voraussetzungen für die Arbeit des Archäologen zu erkennen".[62] Benecke dürfte sich kaum klargemacht haben, daß gerade die Ideologen seines Schlages die Zusammenarbeit beider Disziplinen unmöglich machten. Es war der Klassische Archäologe Paul Jacobsthal gewesen, der die Errichtung des ersten prähistorischen Lehrstuhls an einer deutschen Universität und damit zugleich die Berufung Gero v. Merharts durchgesetzt hatte. Beiden Gelehrten war die Fortsetzung ihrer Arbeit von den Nationalsozialisten nicht ohne Zutun Beneckes verwehrt worden.[63]

Wenn Benecke glaubte feststellen zu können, daß die Archäologie im Begriffe war, sich der „Erforschung der völkisch-biologischen Ursachen" zuzuwenden, konnte er im Ablauf des Berliner Kongresses dafür – das zeigte seine eigene Berichterstattung – keine Bestätigung finden. Weder auf nationaler noch auf internationaler Ebene hatte sich bis dahin, die „gerade für die Altertumskunde schlechthin entscheidend[e]" Erkenntnis durchgesetzt, „daß sie Günthers Feststellungen über die rassenkundlichen Hinweise *[94]* bei Homer, der von den ‚blondgelockten Achäern' spricht, oder Wilhelm Webers

Mittelmeerraum, VB v. 24.8.1938 (Süddeutsche Ausg.); vgl. ferner W. Wien: Lebenskraft der Antike – Eine Ausstellung zum 6. Internationalen Archäologenkongreß, VB v. 24.8.1939 (Berliner Ausg.).

60 Vgl. dazu die oben, *[90, Anm. 39]* genannten Artikel sowie „Vorgeschichte in Alpenländern", VB v. 28.8.1939 (Süddeutsche Ausg.).

61 VB v. 31.8.1939 (Berliner Ausg.).

62 Ebd.

63 Vgl. oben, *[43]* und H. Möbius, in: Gnomon 29 (1957) 637f.

rassenbiologischer Ergründung römischer Kaisergeschichte Marksteine und Wegweiser für einen zukünftigen neuen Abschnitt der archäologischen Forschung verdankt." Vor dem Internationalen Archäologenkongreß wäre Benecke mit seiner Feststellung, daß „die Ausgrabungen des Reichsamtes für Vorgeschichte der NSDAP am Dümmersee in Sudoldenburg ... in einem endsteinzeitlichen Dorf auf nordwestdeutschem Boden denselben weltgeschichtlichen Vorgang wie der kleinasiatische Hügel von Hissarlik mit der Stadt von Troja II" zeigten, bestenfalls ein Heiterkeitserfolg sicher gewesen.[64] Wenn dieser überzogene Anspruch dem heutigen Leser auch kaum mehr als ein Kopfschütteln abringen mag, sollte man darüber nicht vergessen, daß der ideologische Ballast, mit dem Reinerth und seine Schüler die Altertumsforschung befrachteten, der Altertumswissenschaft insgesamt schweren Schaden zugefügt hat.

Der Kongreß in Berlin fand durch den Kriegsausbruch ein vorzeitiges Ende. Zu den Programmpunkten, die ausfielen, gehörte ein Besuch der Saalburg, „auf der mit antiken Geschützen ein ‚Scharfschießen' veranstaltet werden soll[te]".[65] Bei Abschluß des Kongresses war abzusehen, daß bald moderne Waffen sprechen würden. In richtiger Einschätzung der Lage hatte man noch die Entschließung angenommen, „sich für die internationale Völkerrechtliche Anerkennung des Schutzes archäologischer Denkmäler gegen Luftangriffe ... einzusetzen".[66]

2. Die „Lagerarbeit" des NSD-Dozentenbundes

In bewußter Absetzung von „den Kongressen alten Stils" wurde im Dritten Reich das „Lager" als neue wissenschaftliche Arbeitsform propagiert.[67] Mit dieser Einrichtung fand die nationalsozialistische Gemeinschaftsideologie einen wesenseigenen Ausdruck im Feld der Wissenschaft. Die altertumswissenschaftlichen Fachlager, auf die im folgenden Abschnitt einzugehen ist, sind nicht zu verwechseln mit den sogenannten „Dozenten-" oder „Habilitationslagern".[68] Bei letzteren handelte es sich um vierwöchentliche Kurse, die man anscheinend bis 1938 abhielt und zu denen der wissenschaftliche Nachwuchs aus verschiedenen Fakultäten vom REM zusammengerufen wurde. Die Zulassung zum Lehramt war an das erfolgreiche „Bestehen" eines solchen Lagers gebunden. Daß dabei auch die weltanschauliche Qualifikation der Teilnehmer, die sich mit allgemeinverständlichen Vorträgen aus ihrem jeweiligen Fachgebiet vorstellen mußten, ermittelt werden sollte, versteht sich von selbst.[69] Nach Ernst Nolte war die „Atmosphäre dieser Lager ... von einer kaum entwirrbaren Mischung von *[95]* Idealismus, Opportunismus und gehei-

64 J. Benecke: Die Forschung und das Altertum, VB v. 31.8.1939 (Berliner Ausgabe).
65 Vgl. Archäologen kommen nach Berlin, Deutsche Allgemeine Zeitung v. 21.7.1939.
66 Vgl. E. Kirsten: Archäologenkongreß, 156.
67 Hans Drexler: Schlußwort, in: Niederschrift über das Lager des Fachkreises Altertumswissenschaft in Würzburg v. 8.–12. Januar 1941, 52 (zitiert als: Lager Würzburg). Diese Niederschrift wurde offenbar Lagerteilnehmern übersandt.
68 Vgl. z.B. Bracher u.a.: Machtergreifung, 322.
69 Vgl. J. Werner: Zur Lage der Geisteswissenschaften in Hitler-Deutschland, 76f.

mer Gegnerschaft bestimmt".[70] In dieser Hinsicht sind die „Dozenten-" und die „Fachlager" allerdings vergleichbar. Die Idee des Lagers brachte Alfred Baeumler schon relativ früh auf die beinahe klassische Formel „Männerbund und Wissenschaft". Auch dabei war für Baeumler, „seiner Herkunft von Bachofen und Nietzsche entsprechend, ein Bild des griechischen Lebens der Orientierungspunkt".[71] Noch deutlicher als Baeumler rückte der Klassische Philologe Hans Oppermann „Wissenschaftliche Gemeinschaftsarbeit" und – als ihre schlechthin vollkommene Form – das „Lager" in die Nachfolge der platonischen Akademie. In dieser Arbeitsform vollzog die nationalsozialistische Wissenschaft ihren „Aufbruch zu neuen Ufern". Oppermann war sich bewußt, „daß es bei solchem Schreiten ins Dunkle nicht ohne Irrwege und Fehlschritte abgeht. Aber gerade hier hilft die Gemeinschaft weiter ... Und wenn wir dann auseinandergehen, dann tragen wir nicht fertige Ergebnisse, nicht Aufsätze und Bücher mit nach Hause – vielleicht Pläne zu solchen, vielleicht Umrisse von neuen Erkenntnissen, die sich in jenen Tagen in uns zu formen begannen. Aber wir nehmen ein großes Glück mit uns, wie es nur diese Art von wissenschaftlicher Gemeinschaft geben kann. Es ist das beglückende Bewußtsein, wie es etwa der Soldat an der Front kennt, der sich in der Schlacht in die Reihe derer eingegliedert weiß, die sich vorkämpfen."[72] Oppermann zog zwar einen scharfen Trennungsstrich zwischen Wissenschaftslagern und „den Schulungslagern, die die Partei veranstaltet, und in denen einem bestimmten Kreis bestimmter Menschen für bestimmte Aufgaben bestimmte Lehren entwickelt, begründet und übermittelt werden." Im Endeffekt wurde diese Grenze aber doch wohl wieder aufgehoben: „Wir erinnern noch einmal an Platon. So wie die Gemeinschaft der Akademie die Form war, in der echtes politisches Wollen im Bereich der Wissenschaft seinen Ausdruck fand, so ist heute das Wissenschaftslager die Form wissenschaftlichen Lebens, in der der zündende Funke der Politik auf den Forscher überspringt und seine Arbeit dem großen Aufbruch unseres Volkes einordnet."[73]

Das „Lager" des Fachkreises Altertumswissenschaft in Würzburg war – bezogen auf den nationalen Rahmen – als die „erste Zusammenkunft der Altertumswissenschaft seit 1933" von der Reichsdozentenführung einberufen worden.[74] An seiner Spitze stand offiziell der Leiter des „Amtes Wissenschaft" im NSDD, Gustav Borger, die fachliche Leitung hatte der Göttinger Latinist *Hans Drexler* übernommen.[75] Die Verantwortlichkeit des NSDD für diese Form fachwissenschaftlicher Arbeit war nicht unbestritten. Im Falle

---

70 E. Nolte: Typologie, 9.

71 Ebd., 8; vgl. A. Baeumler: Männerbund und Wissenschaft, Berlin 1934.

72 H. Oppermann: Wissenschaftliche Gemeinschaftsarbeit, in: Deutschlands Erneuerung 25 (1941) 344 (337–345); zu Oppermann vgl. oben, ***[90, Anm. 36]***.

73 Oppermann: Gemeinschaftsarbeit, 345.

74 H. Drexler: Lager Würzburg, 3; vgl. ferner den Kurzbericht von R. v. Kienle: Die politische Aufgabe der deutschen Altertumswissenschaftler. Arbeitslager des NSD-Dozentenbundes in Würzburg, Mitteilungen des NSD-Dozentenbundes, Folge 2 Jahrg. 4 (Februar 1941), 2 (IfZ: Db 28.01) und die Notiz in Deutschlands Erneuerung 25 (1944) 103.

75 *H. Drexler* (11.3.1895) PD Breslau 1925, n.b.a.o. Prof. 1932, o. Prof. 1935, 1940 Göttingen, emer. 1945.

der Würzburger Veranstaltung handelt es sich vermutlich um das letzte „Lager", das vom NSDD in eigener Regie durchgeführt wurde.

[96] Wenige Tage nach seiner Beendigung erhielt Reichsdozentenführer Schultze von Bormann die Mitteilung, daß Rosenberg über die wissenschaftlichen Tagungen und sonstigen Veranstaltungen des NSD-Dozentenbundes unterrichtet zu werden wünschte.[76] Schultze beteuerte in einem eilig aufgesetzten Brief an Rosenberg, daß er dies bisher nur aus völliger Unkenntnis der Wünsche des Reichsleiters unterlassen habe. Vielmehr hatte er aufgrund früherer Äußerungen des Reichsleiters geglaubt, auf dessen „volles Einverständnis mit meiner Lagerarbeit ohne vorherige Fühlungnahme" im Einzelfall schließen zu können. Ganz so ahnungslos, wie er sich hier den Anschein zu geben versuchte, dürfte Schultze kaum gewesen sein. Nicht von ungefähr legte er nunmehr „größten Wert darauf, daß Sie sich persönlich von unserer Arbeit überzeugen, damit Sie selbst sehen, daß das, was uns in völliger sachlicher Unkenntnis immer vorgeworfen wird, nämlich daß der NSD-Dozentenbund ‚weltanschauliche oder wissenschaftliche Forschungen betreibt', nicht stimmt." In den NSDD-Lagern fanden sich vielmehr „ausgewählte nationalsozialistische Wissenschaftler eines kleineren oder auch größeren Fachgebietes zusammen, um als Nationalsozialisten in gegenseitiger Aussprache übereinzelne grundlegende Wissenschaftsprobleme sich klar zu werden. Es erfolgt hier eine gegenseitige Befruchtung, Läuterung und Ausrichtung, die dann selbstverständlich an den Hochschulen in der Forschungs- und Wissenschaftsarbeit des Einzelnen seinen Niederschlag findet". Darüber hinaus hielt Schultze es „für selbstverständlich notwendig, daß diese Lagerarbeit unter Aufsicht der Partei geschieht, damit nicht der Staat, wie es nun Pg. Ritterbusch im Auftrage des Reichsforschungsrates macht, die Wissenschaftler aller politischen Schattierungen ohne Rücksicht auf ihre weltanschauliche Haltung zusammenführt, um das gleiche zu tun". Damit spielte Schultze auf den „Kriegseinsatz der Geisteswissenschaften" an, die zweite Front der Wissenschaftspolitik, an der, wie noch zu zeigen sein wird, auch Teile der Altertumswissenschaft unter anderer Leitung zum Einsatz kamen. Schließlich empfahl Schultze dem Reichsleiter, sich von Prof. Harder, der damals schon eine Außenstelle der „Hohen Schule" Rosenbergs leitete, über das Würzburger Lager unterrichten zu lassen.[77]

Im Kampf um die „Schulungsvollmachten" setzte sich Rosenberg, dank der Unterstützung Bormanns, Ende 1941 gegenüber dem NSDD durch.[78] Schon das nächste „Lager" der Altertumswissenschaften, das im Juni 1942 in Augsburg stattfand, wurde nicht nur vom „Amt Wissenschaftsbeobachtung und -wertung" vorbereitet, sondern konnte sich auch des Besuches von drei „hoffnungsvollen" Nachwuchswissenschaftlern aus dem Hause Rosenberg erfreuen.[79] Ein Jahr zuvor in Würzburg war man dagegen, sieht *[97]* man von der Anwesenheit Gustav Borgers ab, unter sich geblieben.[80] Über die Vorbereitung des Würzburger „Lagers" sagt die protokollartig abgefaßte „Niederschrift" nur we-

76 Nach Schultze an Rosenberg v. 18.1.1941 (NS 8/199 fol. 34).
77 Ebd.
78 Vgl. oben, *[57]*.
79 Vgl. unten, *[105]*.
80 Vgl. Lager Würzburg, 2 (Teilnehmerliste).

nig aus. Von den geschmähten „Kongressen alten Stils" konnte man sich, was die äußere Form des „Lagers" anbetraf, nur schwer lösen: Drexler empfand die Unterbringung im Hotel als ein „durch die Kriegsumstände bedingtes Surrogat". So wäre er „lieber als in diesem Haus ersten Ranges auf einer Schulungsburg" gewesen.[81] Zum Stil eines „Lagers" paßte aber auch kaum seine Bemerkung über die Auswahlkriterien, daß nämlich „nur solche geladen werden (konnten), zwischen denen die nationalsozialistische Haltung nicht mehr zur Diskussion stand". Die „Freiheit der Rede" war „nicht nur zugelassen, sondern gefordert". Von der diesem Kreis angeblich gemeinsamen Grundhaltung her konnten sich ohnehin keine Schwierigkeiten ergeben, denn – so der Schluß von Drexlers Einführung – „die nationalsozialistische Weltanschauung ist kein Dogma, sondern evident; sie beruht auf Erkenntnis."[82] Das größte Kontingent stellten mit 16 Teilnehmern die Klassischen Philologen[83], gefolgt von fünf Althistorikern[84], drei Archäologen[85], zwei Germanisten und je einem Indogermanisten[86] und Philosophen[87]. Davon durfte man sieben Fachvertreter der älteren, d.h. der vor 1933 im Amt befindlichen Generation zurechnen.[88] Darüber hinaus hatten zwanzig beamtete Professoren und nur ein Dozent[89] der Einladung Folge geleistet. Mitglieder des Reichsinstituts für Geschichte des neuen Deutschlands waren darunter ebenso vertreten wie Gelehrte, die sich dem „Ahnenerbe" Himmlers oder der „Hohen Schule" Rosenbergs angeschlossen hatten oder diesen Gruppierungen nahestanden. Als besonders auffällig muß man vermerken, daß weder Helmut Berve noch Wilhelm Weber erschienen bzw. „geladen" waren.

Ziel der Tagung war es, „die neuen Aufgaben für den Bereich der griechisch-römischen Welt herauszuarbeiten".[90] Das Einleitungsreferat von Hans Drexler mit dem Titel „Der sogenannte Dritte Humanismus" galt freilich eher der Bewältigung der Vergangenheit. Drexler stützte sich im wesentlichen auf das Manuskript seiner „Streitschrift", die ein Jahr später erschien.[91] Ihm antwortete vor allem *Wolfgang Schadewaldt*, der auf die

---

81 Drexler: Lager Würzburg, 53.

82 Ebd., 3. Gesinnungstüchtigkeit allein genügte nicht, um zum Lager zugelassen zu werden. Drexler hatte den Altphilologen *Wolfgang Aly* (12.8.1881–3.9.1962, PD Freiburg 1908, n. planmäß. a.o. Prof. 1914, Lektor 1928) als einen „Mann, keineswegs ohne wissenschaftliche Verdienste" charakterisiert, lehnte es aber ab, ihn zu den Fachlagern einzuladen, weil der Alt-Parteigenosse es an der „erforderlichen geistigen Klarheit und Zucht" fehlen ließ; vgl. Drexler an Erxleben v. 30.6.1943 (MA 116/1-Aly). Aly war der Partei 1931 beigetreten; vgl. Personalbogen Aly (R 21/376) und Irmscher: Unterricht, 248.

83 H. Bogner, A. v. Blumenthal, E. Burck, H. Drexler, W. Eberhardt, H. Gundert, R. Harder, H. Herter, H. Hommel, U. Knoche, A. Lesky, W. Nestle, H. Oppermann, W. Schadewaldt, O. Seel, R. Till.

84 F. Miltner, H. Rudolph, F. Schachermeyr, F. Taeger, L. Wickert.

85 W. Hahland, A. Schober, W. Zschietzschmann.

86 O. Höfler, F. Neumann.

87 R. v. Kienle und H. Heyse.

88 A. v. Blumenthal, R. Harder, H. Heyse, W. Nestle, F. Schachermeyr, W. Schadewaldt und F. Taeger.

89 H. Gundert.

90 R. v. Kienle: Die politische Aufgabe der deutschen Altertumswissenschaftler, 2.

91 Vgl. H. Drexler: Der Dritte Humanismus. Ein kritischer Epilog, Frankfurt 1942 (= Auf dem Weg zum nationalpolitischen Gymnasium H. 10); vgl. oben, *[43]*.

„Gesamterscheinung" und die starke Wirkung hinwies, die sein Lehrer Jaeger „in jener furchtbar richtungslosen Zeit und gegenüber der noch herrschenden positivistischen Tradition ausgeübt habe". Nach Schadewaldt beruhte Jaegers Wirkung darauf, „daß in ihm einer kam, der wieder Werte in die ‚wertfreie' Geschichtswissenschaft hineinzubringen suchte, der wieder nach dem Wesentlichen fragte. Ein Vorwurf der ‚Wissenschaftsfeindlichkeit' läßt sich schwerlich gegen J. erheben, wird auch durch sein wissenschaftliches Werk widerlegt. Gerade der philologischen Wissenschaft *[98]* hat sein Fragen damals wieder Sinn gegeben".[92] Das vorsichtige Bekenntnis zu Jaeger, das in den Ausführungen Schadewaldts zum Ausdruck kam, stieß in der Diskussion, die nach dem Eindruck Richard Harders von einem „eigentümlichen Abstand gegenüber Jaeger" gekennzeichnet war, überwiegend auf Widerspruch.[93] Das Problem des „Dritten Humanismus" hatte sich – wie hier deutlich wird – nach der Auseinandersetzung zwischen Ernst Krieck und Werner Jaeger von 1933 für die Altertumswissenschaft noch keineswegs erledigt.[94] Unausgesprochen fand die Auseinandersetzung mit Werner Jaeger zunächst ihre Fortsetzung in den Vorträgen und Diskussionen über die Themen „Grundsätzliche Gegenwartsaufgaben der griechischen Philologie"[95] und „Theoretische Auffassung und existenzielle Erfahrung des Griechentums".[96]

Mit dem römischen Bereich im engeren Sinne beschäftigte sich allein Hans Oppermann in dem Referat „Roms Schicksal und die augusteische Zeit". Oppermann fand in der „fehlende(n) Übereinstimmung zwischen der Literatur und der politischen Wirklichkeit" das „Kennzeichen einer inneren Erkrankung" der ausgehenden Republik. Dagegen verkörperten die Werke der „Augusteer" Vergil, Horaz und Livius die „Gesundung des Römertums gegenüber dem Verfall und der Zersetzung der Caesar-Zeit".[97] Oppermanns Bewertung der augusteischen Epoche wurde allgemein als zu optimistisch empfunden. „Von einer wiedergefundenen Gesundheit unter Augustus sei" – so äußerte sich Lothar Wickert – „keine Rede, weil der princeps kein begeisterndes Programm gehabt habe, auch biologisch Rom damals nicht recht gesund gewesen sei."[98] Auch den übrigen Rednern stellte sich in dieser Diskussion, die hier nicht in allen Phasen nachgezeichnet werden kann, in erster Linie das „Problem des augusteischen Versagens".[99]

92 Lager Würzburg, 7f. *W. Schadewaldt* (15.3.1900–10.11.1974) PD Berlin 1927, o. Prof. Königsberg 1928, Freiburg 1929, Leipzig 1934, Berlin 1941, Tübingen 1950; vgl. H. Flashar, in: Gnomon 47 (1975) 731–736.

93 Lager Würzburg, 10. Harder, der als der älteste Schüler Jaegers bezeichnet wird, ließ sich nicht eindeutig gegen Jaeger festlegen; vgl. unten, *[143]*.

94 Vgl. oben, *[86]* und den Niederschlag der Auseinandersetzung in den Programmschriften von Schachermeyr, Berve und Eberhardt; vgl. oben, *[46]*.

95 Referat von H. Bogner, Lager Würzburg, 11–18.

96 Referat von H. Heyse, ebd., 18–25.

97 Lager Würzburg, 26f. (23–31).

98 Ebd., 29.

99 Vgl. ebd., 31; zum Problem vgl. Christ: Augustus, 336f.

Wickert hatte mit seinem Einwand schon auf das Grundsatzreferat Fritz Schachermeyrs über „Rassenkunde und Altertumsforschung" verwiesen.[100] Diese Ausführungen dürfen hier ebenso wie die anschließende Aussprache größere Aufmerksamkeit beanspruchen. Schachermeyr bekundete wie schon 1933 seine grundsätzliche Bereitschaft, die Entscheidung über die Bewertung der Antike von den Erkenntnissen der Rassenkunde abhängig zu machen. Das Verhältnis zum Griechentum war insoweit unproblematisch, wie es sich „aus der gemeinsamen Abstammung und damit aus gemeinsamer Erbverwandtschaft" erklären ließ.

Schon im Hellenismus und im späteren Rom traten Schachermeyr „Erscheinungen entgegen, welche wir schon aus der Warnung unseres Instinktes als artfremd empfinden müssen". In diesem Falle aber, „bei den Schwankungen in der Instinktsicherheit des Einzelnen", schien es Schachermeyr „unerläßlich, die Grenzen unserer Artverwandtschaft auf *[99] wissenschaftlichem* Wege festzustellen, was allein mit Hilfe der Rassenkunde zu erfolgen vermag." Die unter diesem Begriff zusammengefaßte Disziplin mußte der Altertumsforscher selbst freilich erst „zu einer Zusammenschau" bringen. Dazu war „vor allem die Erblehre heranzuziehen, eine Disziplin ... die mit naturwissenschaftlichen Methoden arbeitet und dank der Möglichkeit, Experimente anzustellen, uns eine weitgehend exakte Grundlage bietet. Von ihr lernen wir, daß sich die Vererbung der körperlichen wie der geistigen Anlagen im Rahmen der Mendelschen Regeln vollzieht, auch daß so manche Erbanlagen zu einem entweder dominanten oder aber rezessiven Verhalten neigen, was für die Rassenmischung von höchster Bedeutung ist. Weiter gilt für die geistigen wie für die körperlichen Anlagen, daß sie erst durch Umweltreize aktiviert werden". Die Bestimmung des Rassenbegriffs der Anthropologie schien noch nicht abgeschlossen. Für den Historiker aber war „natürlich nur ein Rassenbegriff verwendbar, welcher Rasse als psychophysische Ganzheit zu begreifen sucht". Schließlich bezog sich Schachermeyr noch auf die „nicht ohne Kritik" verwendbare „*Rassenseelenkunde*" von L. F. Clauss und die „*weltanschaulich-rassenmäßige Kulturbetrachtung*, ... welche von Gobineau begründet (und) u.a. von Chamberlain, Schemann und Rosenberg weitergeführt wurde. Ihr verdanken wir den epochemachenden Durchstoß des Rassegedankens von den Naturwissenschaften in die Geisteswissenschaft". Die Altertumswissenschaften sollten zur „Erb- und Rassenforschung" nun „keineswegs allein eine lernende und nehmende Stellung einnehmen". Ihre „Hauptfunktion" lag vielmehr „darin, daß sie diejenigen geschichtlichen Erfahrungsstoffe und Verifizierungsmöglichkeiten bieten, welche von den oben genannten Einzelrichtungen niemals beigebracht werden können."[101] Für die im Anschluß an diese Ausführungen entwickelte „Systematik einer geistesgeschichtlichen Rassenkunde" konnte Schachermeyr auf sein bereits 1933 angekündigtes und inzwischen erschienenes Werk „Lebensgesetzlichkeit in der Geschichte" verweisen.[102]

100 Lager Würzburg, 32–41.

101 Ebd., 32f. (Hervorhebungen im Original).

102 Ebd., 33f.; vgl. F. Schachermeyr: Lebensgesetzlichkeit in der Geschichte. Versuch einer Einführung in das geschichtsbiologische Denken, Frankfurt/Main 1940.

Wie die zur Erläuterung seiner Methode beigebrachten stichwortartig abgehandelten „Einzelbeispiele einer geschichtlich gerichteten Rassenforschung“ zeigen, vollzog sich der Übergang in der Praxis leichter, als die gewundene Sprache des theoretischen Vorspanns erwarten ließ. So näherte sich Schachermeyr dem Problemkreis „Nordische Rasse und Indogermanen“ wie folgt: „Voraussetzung: Indogerm. Sprache gehört einer der uns bekannten Rassen an. Fragestellung: Welcher Rasse? Excludierende Methode: Kommt keine andere als die nordische in Frage. Probe aufs Exempel. Nordische Geisteshaltung aus Forschungen unabhängig vom Altertum ermittelt, findet sich in der Tat in der Kulturhaltung der Griechen wieder, und zwar mit gewissen Erscheinungen des Abklingens, was mit der *[100]* allmählichen rassischen Zersetzung gut zusammenstimmt.“ Die Spuren der „westisch-mediterranen Rasse“ konnte man von den Schädelfunden und Freskendarstellungen auf Kreta – ebenda mutterrechtliche Züge, gallischer Sprung von Lyrik zu blutrünstigern Naturalismus, Dame, Höfisches“ – bis zum neuzeitlichen „Westeuropa (spanischer und französischer Hof, franz. Lyrik und Naturalismus etc.)“ verfolgen.[103]

Nicht weniger eindrucksvoll vollzog sich die „Entnordung“ des von „Indogermanen mit nordischer Leitkomponente“ begründeten Griechentums. Schachermeyr bediente sich dabei ganz unverkennbar des züchterischen Vokabulars, das die Sparta-Darstellung Darrés[104] geprägt hat: „Allmähliche Ausmerzung und Vermischung des Adels, dito. Ausmerzung der begüterten Hoplitenkreise quellenmäßig festzustellen. Desgleichen auch Zunahme der dunklen Pigmentierung erkennbar. Da Substrat vorwiegend westisch-mediterran (s. Forschungen von Fürst und Breitinger), auch allmähliches Zunehmen westischer Züge: Als Komponente von Anfang an beigemischt, im 5. Jahrh. dann Rhetorik (Darbietungsstil), Grausamkeit (pelop.-Krieg), besonders aber in Hellenistischer Zeit (vgl. die für den Hellenismus jetzt von Schneider festgestellten Züge). Schließlich durfte auch ein Blick auf die Entwicklung im Orient nicht fehlen. Im „zweiten“ Orient, d.h. „zur Zeit des Perserreiches und des ganzen folgenden Altertumes“, überwog nach „Ausmerzung wüstenländischer Faktoren ... die vorderasiatisch-armenoide Komponente; daher parasitäre Anpassung, unkriegerisch, Aussendung von Händlern und Intellektuellen als zersetzenden Parasiten über den ganzen Mittelmeerbereich, ebenso zergeistigender Ideologien (Askese usw.)“. Schachermeyr sah sich mit dieser Methode selbst noch „am Anfang stehen, am Anfang aber einer großen Sache; gilt es doch, anstelle zweier getrennter Betrachtungsweisen, deren eine das Dasein nur materiell, die andere aber allein idealistisch erfaßte, eine neue zu setzen, welche im Sinne der *Ganzheitlichkeit* beide Seiten des Lebens umfaßt“.[105]

Der Diskussionsverlauf machte klar, daß Schachermeyrs Kollegen sich von dem vererbungswissenschaftlichen Vokabular eher abgestoßen als angezogen fühlten. So erweckte schon der Begriff „Erbmasse“ bei Drexler eine „unzutreffende materialistische Vorstellung“.[106] Auf diesem Gebiet fand Schachermeyr allein in dem Vertreter des Do-

---

103 Lager Würzburg, 34.
104 Vgl. oben, *[24]*.
105 Lager Würzburg, 34f.
106 Ebd., 35.

zentenbundes, der von seinem Fach her Pathologe war, einen keineswegs unkritischen Gesprächspartner, mit dem er über die „Valenz der einzelnen Gene ..., die Kombination verschiedener Substratpunkte ... innerhalb des Chromosoms" oder den „Begriff des latenten Phänotyps" diskutieren konnte. Das Bemühen, von diesem Gebiet abzulenken, wird in dem Beitrag Schadewaldts zur Frage nach der „Struktur der Erbmasse" deutlich, der in diesem Zusammenhang *[101]* provozierend wirken mußte. „Schadewaldt", so heißt es in der Niederschrift, „weist auf eine berühmte Stelle in Hippokrates' ‚Über Luft, Winde und Örtlichkeit' cap. 22 hin: ‚Alles sei gleich natürlich und gleich göttlich, jegliches aber habe seine Natur und alles geschehe nach der Natur', d.h. das Göttliche wirkt eben nach den Gesetzen der Natur."[107]

Kritisch äußerte sich auch R. Harder, der auf die Schwierigkeiten bei der „Verwertung anthropologischer Daten für die großen Einzelpersönlichkeiten" hinwies: „Wir haben keine brauchbaren somatischen Anhaltspunkte, denn weder Porträts noch Beschreibungen reichen zu Messungen aus... Ferner kann aber auch grundsätzlich die Messung von Schädelfunden nur Durchschnittswerte ergeben. Geschichte aber hat es nicht nur mit dem Durchschnitt, sondern vor allem mit der menschlichen Größe zu tun. – Wir können beim Rekonstruieren des Indogermanentums nicht stehenbleiben, sondern müssen immer wieder in die Kulturschöpfungen der Einzel-Völker eindringen". Damit fand Harder auch die Zustimmung des NSDD-Vertreters Borger, der vor der zu starken Betonung des Somatischen warnte: „Wichtig bleibt für uns das Geistige; bei der Beurteilung von Einzelpersonen aus der alten Geschichte wird kaum ein erkennbarer Zusammenhang zwischen Somatischem und Geisteshaltung festgestellt werden können." Nach Borger sollte die Altertumswissenschaft der Rassenkunde vor allem bei der Suche nach „Entwicklungszeichen geistiger Merkmale" behilflich sein.[108] Ähnlich wie Harder sah Schadewaldt auf diesem Gebiet auch Einsatzmöglichkeiten für die Philologie: „Die charakterologische Interpretation dringt mit ihren ausgebildeten Methoden wirklich in die seelische Struktur ein. Sie ist also ein hervorragendes Mittel zur Feststellung der rassischen Struktur; ihre Ergebnisse sind vielleicht weniger exakt, aber um so vielsagender im Vergleich zu den reinen Zahlen der Naturwissenschaft."[109]

Die Gegenposition hatte im Sinne Schachermeyrs allein Franz Miltner vertreten, der bei der „Umreißung geistiger Eigenschaften der Antike ... an den somatischen Feststellungen nicht vorübergehen" wollte und dazu aufforderte, „alles Quellenmaterial ... bis ins letzte auszuarbeiten".[110] Die unterschiedliche Bereitschaft der hier vertretenen Altertumsforscher, in einem engeren Sinne rassenkundlich, d.h. unter Einbeziehung erbbiologischer Kriterien zu arbeiten, kam auch in der Diskussion über das Referat des Grazer Archäologen Schober über „Fragen der rassenkundlichen Auswertbarkeit des archäologischen Materials" zum Ausdruck.[111] Jedenfalls blieb darin, wie Drexler feststellte, z.B.

107 Ebd., 36.
108 Ebd., 38f.
109 Ebd., 40.
110 Ebd., 38.
111 Ebd., 41–46.

die Frage „der rassischen Faßbarkeit der kretisch-mykenischen Kunst" oder die nach der „Auswertbarkeit des Porträts" unbeantwortet.[112] über die letzte Frage, auf die sich die Diskussion konzentrierte, ließ sich kein Einvernehmen erzielen. Dabei *[102]* gab sich Franz Miltner wiederum besonders einsatzfreudig. Er versprach sich von der „Auswertung etwa des gesamten römischen Porträtmaterials ... gewisse Schlüsse auf den Durchschnitt". Die „Gesamtbehandlung müßte grobere Einsichten in Veränderungen gewisser Schichten und das Eindringen neuer rassischer Elemente ergeben". Miltners, vor allem an die Adresse des DAI gerichtete „Anregung an die Archäologen, diese Arbeit in Angriff zu nehmen", zeigt deutlich genug, daß die angesprochenen Fachvertreter in der Mehrzahl bei Lippenbekenntnissen zur rassenkundlichen Arbeit stehengeblieben waren. Der Innsbrucker Althistoriker hatte in dieser Hinsicht, darauf ist noch zurückzukommen, schon seit 1938 seine besonderen Erfahrungen mit dem DAI gemacht.[113] Die Diskussion des Gesamtkomplexes „Rassenkunde und Altertumsforschung" auf dem Würzburger Lager im Januar 1941 berechtigte kaum zu der Hoffnung, daß sich an dieser Einstellung noch viel ändern würde.

Das Vortragsprogramm wurde abgerundet durch einen Beitrag von Miltner über „Blickfeld und Einheit bei den Germanen".[114] Miltners Versuch, den frühesten Spuren germanischen Einheitsbewußtseins nachzugehen, fand, den spärlichen Wortmeldungen nach zu schließen, nicht das Interesse des Auditoriums. Der Lagerleiter Drexler gewann im Rückblick den Eindruck, daß das Lager „seine Zaubermacht, die in den Einleitungsworten beschworen wurde, doch auch an uns bewiesen hat". Wie stark Drexler subjektiv von der Idee der Lager-„Kameradschaft" durchdrungen war, zeigt sein Vorschlag, selbst die Frage der Lehrstuhlbesetzungen künftig „durch unsere Kameradschaft, durch die restlose Einordnung in sie zu lösen. Der Neid hat in dem theios choros keine Stelle. Warum sollten wir nicht imstande sein, diese Frage mit Offenheit untereinander zu regeln?" Das Gegenbild dazu fand Drexler in der „Berufungsbörse" der Kongresse; er sprach in diesem Falle sehr lebensnah „von den Bosheiten, die die Geheimräte gegeneinander auszuteilen einen Genuß empfanden."[115] Die Begutachtungspraxis des „Amtes Wissenschaftsbeobachtung und -wertung", an der Drexler nicht unbeteiligt war, vermittelte insgesamt allerdings, wie oben zu zeigen war, ein weniger „kameradschaftliches" Bild – was nicht ausschließt, daß Drexler von der Wandlungsfähigkeit seines Berufsstandes überzeugt war. Das Beispiel des Führers hatte selbst „das Unmögliche dort, wo sich alle bereits mit der Erbärmlichkeit der Zustände und der Korruption abgefunden hatten, möglich gemacht".[116]

Über den Ablauf der späteren altertumswissenschaftlichen Fachlager liegen keine der ausführlichen Niederschrift über die Würzburger Veranstaltung vergleichbaren Quellen vor. Dafür geben die Akten des „Amtes Rosenberg" in begrenztem Umfang den Blick

112 Ebd., 43.
113 Ebd.; vgl. unten, *[132ff.]*.
114 Ebd., 47–50.
115 Ebd., 52f.
116 Ebd., 54.

hinter die Kulissen der Lagerarbeit frei. Das Material ist geeignet, das von Drexler gezeichnete Bild einer *[103]* verschworenen Kameradschaft der Altertumswissenschaftler zu korrigieren. Bei der Vorbereitung des Augsburger Lagers war, wie schon gesagt, Rosenbergs „Amt Wissenschaftsbeobachtung und -wertung" eingeschaltet. Das Programm, das Drexler im Auftrag des NSDD entworfen hatte, mußte von der Reichsdozentenführung zunächst der Dienststelle Rosenberg zugeleitet werden. Im Anschluß daran wurde Drexler von Erxleben zu einer Besprechung in seine Dienststelle gebeten. Erst danach erklärte sich Härtle namens des Reichsleiters „mit dem Plan, der Thematik und der Person des Leiters für das Lager der Altertumswissenschaften einverstanden".[117] Gleichzeitig forderte er den NSDD auf, neben Erxleben auch Dr. Hans Grünewald, der zum Gutachterkreis des Hauptamtes Wissenschaft zählte, für das Lager einzuladen. Rosenbergs Vertreter behielten sich die letzte Entscheidung darüber vor, wer an dem Lager teilnehmen durfte. Ursprünglich hatte man „alle in Frage kommenden Wissenschaftler" eingeladen, rechnete aber wegen der Zeitverhältnisse mit einer größeren Zahl von Absagen.[118] Über den Kreis hinaus, der schon in Würzburg dabei gewesen war, wollte man diesmal den Nachwuchs stärker berücksichtigen.[119] Die Reihe derer, die nicht angeschrieben wurden, war stattlich genug. Daß man Helmut Berve, den „Leiter des Kriegseinsatzes der Altertumswissenschaften", nicht geladen hatte, ist leicht verständlich.[120] Keineswegs in allen Fällen konnte aus der Tatsache der Nichteinladung auf mangelnde Kooperationsbereitschaft der Betroffenen mit dem NSDD oder dem „Amt Rosenberg" geschlossen werden. So kam es im Vorfeld des Lagers zu einem regelrechten Gutachterstreit um die Teilnahme Wilhelm Webers. Gegen ihn hatte sich vor allem R. Harder ausgesprochen, da ihm kameradschaftliches Arbeiten zusammen mit Weber völlig unmöglich schien. Harder, der zu den Rednern des Augsburger Lagers gehörte, kündigte an, er werde auf keinen Fall zusammen mit Weber an einem Lager teilnehmen.[121] Die „Frage der evtl. Hinzuziehung Prof. Webers zu dem Lager, zu dessen fachlichen Themen und zu dessen grundsätzlicher Ausrichtung er von seinen Arbeiten aus ganz besonders enge Beziehungen hat", sollte vom „Amt Rosenberg" entschieden werden. Härtle versprach, den NSDD, den eigent-

---

117 Vgl. Borger an Härtle v. 9.4.1942 (T 81-R. 84, fol. 95644); Erxleben an Drexler v. 25.4.1942 (ebd., fol. 95651) u. Härtle an Borger v. 27.4.1942 (ebd., fol. 95652).

118 Vgl. Teilnehmer-Liste für das Lager der Altertumswissenschaft vom 24.–27. Mai, voraussichtlich in Regensburg (ebd., fol. 95646–48).

119 Neu hinzugekommen waren, um nur die Althistoriker zu nennen, F. Altheim, H. Bengtson, F. Hampl, A. Heuß, W. Hüttl, E. Kirsten, H. Schaefer, W. Peek, A. Schenk v. Stauffenberg und F. Vittinghoff (vgl. ebd., fol. 95646–48). Siehe auch oben, *[97, **Anm. 84**]*.

120 Hier sind wiederum nur Althistoriker aufgeführt: H. Berve, W. Ensslin, M. Gelzer, E. Hohl, H. U. Instinsky, U. Kahrstedt, J. Keil, H. Nesselhauf, F. Oertel, K. Stade, H. E. Stier, J. Straub, J. Vogt, H. Volkmann und W. Weber.

121 Harder an HA Wissenschaft v. 30.4.1942 (MA 141/5 fol. 346266–67).

lichen Veranstalter, von dem Ergebnis zu unterrichten.[122] Am Ende blieb Weber, wie die endgültige Teilnehmerliste zeigt, dem Lager fern.[123]

Auch nach der Ausschaltung Webers bot die Zusammensetzung des Augsburger Lagers sowohl den Fachvertretern als auch den Anhängern Rosenbergs genug Anlaß zu Streitigkeiten. Aus den Reaktionen auf sein Humanismus-Buch glaubte Drexler schon vorher schließen zu können, daß es diesmal weniger harmonisch zugehen würde als in Würzburg. Diesen Eindruck gab er auch an das „Amt Rosenberg" weiter: „Inzwischen *[104]* zeigen sich die ersten Wirkungen auf der anderen Seite, und es scheint fast so, als würde die Erregung auch auf dem Lager starke Wellen schlagen. Es ist nun schon zum zweiten Mal der Antrag gestellt worden, meine Schrift auf dem Lager zum Diskussionsgegenstand zu machen." Drexler wollte sich diesem Drängen nicht ganz verschließen, andererseits aber eine Neuauflage der Würzburger Diskussion vermeiden.[124] Das endgültige Thema „Kultur und Politik in der griechischen Literatur", dessen genaue Formulierung nur in dem anonymen Bericht eines „Ahnenerbe"-Mitarbeiters faßbar ist, bot an sich genügend Anknüpfungspunkte.[125] Dem vorab offenbar nur allgemein formulierten „Gesamtthema" lag nach dem Willen der Veranstalter „der Gedanke zugrunde, daß ‚Kultur' und politische Geschichte eine innere Einheit sind bzw. daß die Auflösung dieser natürlichen Einheit ein Zeichen der Störung des nationalen Lebens ist." Insbesondere zielte man darauf ab, „gewisse Anschauungen der modernen Wissenschaft zu überwinden, auf seiten der Philologie und Archäologie die Indifferenz gegenüber der politischen Geschichte, die Ansicht, das politische Geschehen sei lediglich Substrat einer geistigen und künstlerischen Welt, der allein wahres Sein zukomme, auf seiten der Geschichte die Methode, kulturelle Dinge in Form von Exkursen, die in die Geschichtsdarstellung eingelegt werden, zu behandeln." Die aufgezeigte Spannung ließ sich „durch die nationalsozialistische These von dem Primat der Politik" überwinden, „und eben diese These in geschichtlicher Anschauung wie in wissenschaftstheoretischer Diskussion zur Evidenz zu erheben, soll die eigentliche Aufgabe des Lagers sein."[126] Die meisten Einzelvorträge standen zu diesem Rahmenthema nur in loser Verbindung. Am nächsten kam ihm wohl das Einleitungsreferat von Konrad Glaser über „Staatslenker und Kulturschöpfer". Die weiteren Vortragsthemen waren „Mündlichkeit und Schriftlichkeit in der griechischen Überlieferung" (R. Harder), „Das neue Aristotelesbild" (F. Dirlmeier), „Der römische

122 Härtle an Borger v. 27.4.1942 (T 81-R.84, fol. 95652–53).

123 Vgl. ebd., fol. 95636. Von den oben, *[103, Anm. 119]* genannten Althistorikern waren F. Altheim, H. Bengtson und H. Schaefer erschienen. Aus dem Würzburger Teilnehmerkreis fehlten F. Miltner, H. Rudolph und F. Taeger (vgl. oben, *[97, Anm. 82–84]*).

124 Drexler an Härtle v. 26.5.1942 (MA 141/3 fol. 344525–26).

125 Vgl. Bericht über die Tagung des NSD-Dozentenbundes, Fachgruppe Altertumswissenschaft in Augsburg (2.–5. Juni 1942), (NS 21/36). (Zitiert als: „Ahnenerbe"-Bericht Lager Augsburg). Einer bruchstückhaften (hs.) Mitschrift der Diskussion von Erxleben kann man nur entnehmen, daß dieser erhebliche Schwierigkeiten hatte, den Ausführungen zu folgen (vgl. T 81-R.84, fol. 95637–642).

126 Vgl. „Zum Thema des Lagers" (ohne Verfasserangabe) (T 81-R. 84 fol. 95645). Die Ausarbeitung dürfte von H. Drexler stammen.

Dichter Ennius" (H. Oppermann), „Die griechische staatsrechtliche Literatur und die Staatspraxis des römischen Prinzipates" (L. Wickert), „Antike Siegesdenkmäler" (R. Herbig) und „Skythen und Goten in Südrußland" (F. Altheim).[127] Dem Programm wie der Tagung überhaupt fehlte nach dem Eindruck des „Ahnenerbe"-Berichterstatters „eine einheitliche Linie". Die Begriffe „Kultur" und „Politik" bekam man wohl vor allem deshalb nicht in den Griff, weil „eine Reihe von Vortragenden ... gar keine Rücksicht darauf [nahm] ... So drohte die ganze Tagung schiefzugehen, als am 3. Tag Rektor Steinacker aus Innsbruck polemisierend sagte, bisher habe man genug über Kultur gehört, aber noch nichts über Politik." Drexler ließ als Lagerleiter für seine Aufgabe offenbar die nötige Sicherheit vermissen, was sich der Anonymus damit erklärte, „daß er von Haus aus gläubiger *[104]* Protestant (Herrnhuter) ist und nun eine führende Rolle im Dozentenbund, d.h. in dem seit einiger Zeit durch das Amt Rosenberg stark beeinflußten Dozentenbund spielt."[128] Darüber hinaus wirkte es auf den „Ahnenerbe"-Mitarbeiter „befremdend, daß das Beisammensein einer Reihe von ordentlichen öffentlichen Professoren und Dozenten Deutschlands gleichsam unter der Aufsicht von drei Herren des ‚Amtes Rosenberg' stattfand, die keinerlei Beitrag zu den Diskussionen lieferten, sondern sich rein beobachtend verhielten." Hinzu kam, hier sprach noch einmal die verletzte Standesehre des Chronisten, daß die Vertreter Rosenbergs „übrigens wissenschaftlich völlig unbekannt und, wenn ich recht unterrichtet bin, nicht habilitiert" sind. Selbst der dem „Amt Rosenberg" eng verbundene Richard Harder hatte sich angeblich enttäuscht darüber geäußert, daß der Reichsleiter „nicht höherrangige Vertreter entsandt habe, um seine Einschätzung der Dozententagung zu bekunden".[129] Von der Idee des „Lagers" war noch ein schwacher Abglanz übriggeblieben: „Am wertvollsten", so endet der „Ahnenerbe"-Bericht, „war das Zusammensein von so vielen fachlich gleichgerichteten Wissenschaftlern. Im persönlichen Gespräch ergab sich da manch Anregendes und Gutes."[130]

Ein Mitglied der drei Mann starken Delegation Rosenbergs hatte gegen Schluß der Tagung immerhin versucht, einen grundsätzlichen Diskussionsbeitrag zu liefern. Als er nach halbstündiger Redezeit noch immer nicht zur Problemstellung gefunden hatte, mußte ihm Drexler nach eigener Darstellung nicht zuletzt deshalb das Wort entziehen, weil inzwischen der Reichsdozentenführer Schultze erschienen war.[131] Im „Amt Rosenberg" wurde der Vorgang zum „Fall Klemmt" erhoben und Drexler zu einem ausführlichen Bericht aufgefordert, der dann sogar dem Reichsleiter zuging. Sein Hauptamtsleiter Härtle hoffte mit diesem „Tatsachenbericht" die „von interessierter Seite" vorgebrachte Behauptung entkräften zu können, „Parteigenossen Dr. Klemmt wäre auf der Dozententagung der Alterturnswissenschaft ein solches Versagen passiert, daß ihm das Wort

127 „Ahnenerbe"-Bericht Lager Augsburg, 1.

128 Ebd., 1f.

129 Ebd., 2. Diese Informationen entsprachen den Tatsachen. Es handelt sich um W. Erxleben, H. Grünewald u. A. Klemmt; vgl. dazu im folgenden.

130 Ebd., 2.

131 Drexler an Härtle v. 1 8.1942 (NS 8/241 fol. 34).

entzogen werden mußte."[132] Der Hergang läßt sich im einzelnen nicht mehr klären. Drexler verteidigte sich zwar gegen den Vorwurf, daß der Reichsdozentenführer Einfluß auf sein Eingreifen genommen habe. Der Eindruck Erxlebens, man habe den Abbruch der Ausführungen Klemmts allgemein bedauert, entsprach – in diesem Punkt dürfte der Bericht Drexlers der Wahrheit am nächsten kommen –, „wenn auch vielleicht nicht für alle Teilnehmer, den Tatsachen".[133]

Mit der Augsburger Tagung verband man im „Amt Rosenberg" offenbar nicht die besten Erinnerungen. Jedenfalls im Rückblick sprach Hans Grünewald nur von der „Opposition des Augsburger Lagers".[134] Welche Kreise sich dahinter verbargen, geht indirekt aus Grünewalds Bericht über *[106]* das im Oktober 1942 veranstaltete „Nachwuchslager der Altertumswissenschaftler in Seefeld (Tirol)" hervor.[135] Dort hatte der Marburger Graezist Müller, „der wie allgemein erwartet wurde, übergriechische Philosophie, speziell über Platon und Aristoteles, reden sollte, ... einen Angriff auf den NS, der den Humanismus von den Universitäten vertrieben habe", gestartet. Müller verband damit nicht nur eine scharfe Attacke gegen Drexlers Streitschrift, sondern „wandte sich mit aller Energie gegen die Behandlung der Altertumswissenschaft vom indogermanischen Standpunkt; was stattdessen in der Altertumswissenschaft geschehen solle, war nichts anderes als das von W. Jaeger ... niedergelegte Humanitäts- und Bildungs-Ideal."[136] Müllers Kritik ging schließlich über den fachlichen Rahmen hinaus, wenn er sich laut Grünewald auch dazu äußerte, „wie unsere Jugend der politischen und weltanschaulichen Schulung überdrüssig geworden sei". Man darf Grünewald sicher glauben, daß Müllers Beitrag erhebliches Aufsehen erregte: „Die im Dienste der Wehrmacht stehenden Lagerteilnehmer frugen während dieser Ausführungen ihren Nachbar, wie so etwas noch möglich sei." Die Diskussion ergab – wie Grünewald weiter meldete –, „daß M. sehr schlecht seine Darlegungen begründen konnte, so daß sich die Auffassung nicht von der Hand weisen läßt, M. sei von der nicht anwesenden Opposition des Augsburger Lagers vorgeschickt worden."

Der Vortrag Müllers hatte keine unmittelbaren Folgen; Grünewald schrieb es nur der „irenischen Natur" Drexlers zu, daß dem Redner nicht das Wort entzogen worden war. Aus einem anderen Grunde erschien es ihm aber angezeigt, Müllers Entwicklung „vor allem in der nächsten Zeit sehr genau unter die Lupe" zu nehmen, war doch von dem Graezisten eine Marburger Habilitationsschrift über Platon mit Argumenten abgelehnt worden, „die in Berlin gegen eine andere Platon-Arbeit vorgebracht wurden, so daß die Annahme einer hier arbeitenden Schule, die sich gegen weltanschaulich ausgerichtete

132 Härtle an Rosenberg v. 27.8.1942 (NS 8/241 fol. 33). Dr. Alfred Klemmt (geb. 10.3.1895) war von 1930 bis 1940 zunächst als Dozent, später als Leiter der Abteilung Staats- und Kulturphilosophie der Deutschen Hochschule für Politik in Berlin tätig; vgl. ders.: Wissenschaft und Philosophie im Dritten Reich, Berlin 1938.

133 Drexler an Härtle v. 1.8.1942 (ebd., fol. 36).

134 Vgl. z.B. Grünewald an Erxleben v. 18.10.1942 (MA 141/5 fol. 346176).

135 Das Lager fand in der Zeit vom 13.–16.10.1942 statt. Der Bericht v. 18.10.1942 (MA 205) wird zitiert als Nachwuchslager Seefeld.

136 Nachwuchslager Seefeld, 2; zu Müller vgl. oben, *[69, Anm. 160]*.

Arbeiten richtet, sehr nahe liegt."[137] Die Berliner Platon-Arbeit hatte kein anderer als Grünewald selbst spätestens 1940 in Berlin eingereicht. Von seinem „Habilitationsvater" Baeumler war er noch kurz vor dem Seefelder Lager davon informiert worden, daß „die Kampfsituation, die zu Anfang bestand", sich nach dem Eintritt Schadewaldts in die Berliner Fakultät noch verschärft hatte: „Gegen das Votum des angesehensten deutschen Graezisten wird die Fakultät niemals eine Platon-Arbeit annehmen." Baeumler betonte übrigens in diesem Zusammenhang – das sei hier eingeschoben –, daß es kein Mittel gebe, „die Fakultät zu zwingen", und lehnte ausdrücklich für sich selbst „jeden Versuch in dieser Richtung" ab.[138] Die Verbindungen, die Grünewald zwischen dem Auftritt Müllers in Seefeld, dem Berliner Habilitationsvorgang und der „Augsburger Opposition" *[107]* hergestellt hatte, werden durch Baeumlers Hinweis auf Schadewaldt indirekt bestätigt.

Schadewaldt zählte nicht nur zum Teilnehmerkreis des Augsburger Lagers, sondern hatte bekanntlich schon in Würzburg die Position Jaegers verteidigt. In dem Bericht über das Nachwuchslager rundete Grünewald das Bild von der fehlenden „Augsburger Opposition" auch noch in anderer Hinsicht ab. Die in Seefeld vertretene „Jugend" bewies in der Mehrzahl „eine ganz andere Einstellung als die rein humanistischen Vertreter der Altertumswissenschaft". Da „die ‚Größen' der Altertumswissenschaft ferngeblieben waren, ... konnten die jungen Männer freier reden, ohne fürchten zu müssen, sich die Ungnade des einen oder anderen Gewaltigen zuzuziehen."[139] Wie es auch immer um die Haltung der jüngeren Generation bestellt war, Müllers erneute Kritik hatte deutlich werden lassen, daß das Humanismusproblem von der Altertumswissenschaft noch nicht in nationalsozialistischem Sinn bewältigt worden war. Ein neuer Anlauf in dieser Richtung sollte in einem späteren Nachwuchslager genommen werden, auf dem man den Fragenkomplex grundsätzlich zur Diskussion stellen wollte.[140] Insgesamt bot das Lager – diese Beobachtung Grünewalds verdient besonders hervorgehoben zu werden – „eine Vergleichsmöglichkeit für die destruktive Wirkung des langen Soldatendaseins für unsere Wissenschaftler ... Eine Reihe von Männern ... stellten sich in ihren Referaten nicht gut vor, doch weiß jeder Kenner ihrer veröffentlichten Arbeiten, was diese Männer leisten können. Die

137 Ebd., 3f. Vom NSDD war Müller noch im Februar bescheinigt worden, „daß er unserer heutigen Fragestellung weitgehend aufgeschlossen ist"; vgl. „Wissenschaftl.-charakterliche politische Beurteilung" des NSDD v. 28.2.1942 (MA 116/10). Der Vorfall in Seefeld zeigt, mit welcher Vorsicht entsprechende Angaben bewertet werden müssen; vgl. oben, *[77f.]*.

138 Baeumler an Grünewald v. 4.9.1942 (MA 41/5 fol. 348178–80). *Dr. Hans Grünewald* (29.1.1902) hatte sich nach dem Studium der kathol. Theologie und Philosophie in Mainz und den Benediktinerabteien Beuren und Maria Laach 1935 der Klassischen Philologie zugewandt und promovierte schließlich bei Baeumler über „Die pädagogischen Grundsätze der Benediktinerregel" (1939); vgl. Lebenslauf Grünewald (MA 141/5 fol. 346203). In der Dienststelle Rosenberg betreute er das „Hauptamt Konfessionelle Gegenkräfte" (vgl. Erxleben an Grünewald v. 22.11.1944 – MA 116/1-Aly).

139 Nachwuchslager Seefeld, 1. Genauere Angaben über den Teilnehmerkreis in Seefeld liegen nicht vor.

140 Ebd., 3.

älteren Lagerteilnehmer glaubten diese Tatsache nur als Wirkung der Kriegsverhältnisse erklären zu können".[141]

Der Funktionär Rosenberg beschrieb damit freilich nur ein Symptom des „Niveauverfalls", der schon vor dem Krieg zu beobachten war. Die tieferen Ursachen lagen gerade in jener von anderer Seite beklagten „Grenzverwirrung von Wissenschaft und Politik", an der das „Amt Rosenberg" und der NSDD keinen geringen Anteil hatten.[142] Die „Lagerarbeit" des NSDD vermochte hier ganz gewiß keine Abhilfe zu schaffen. Die Berichte über die einzelnen Fachlager vermitteln insofern ein differenziertes Bild von der Lage der Altertumswissenschaft im Dritten Reich, als darin zum Ausdruck kommt, daß sich selbst im Kreise des Dozentenbundes oppositionelle Stimmen artikulieren konnten. Die Neigung dazu scheint besonders in der Phase gewachsen zu sein, in der der Einfluß des „Amtes Rosenberg" auf den NSDD stärker wurde. Gerade der Blick hinter die Kulissen zeigt mit aller Deutlichkeit, daß die in Würzburg, Augsburg und Seefeld versammelten Wissenschaftler nicht als die verschworene Gemeinschaft oder als der zu neuen Ufern drängende Stoßtrupp der Altertumswissenschaft anzusprechen waren. Die Diskussion der in Würzburg von Drexler und *[108]* Schachermeyr angeschnittenen Grundsatzfragen hat wohl kaum die erhofften Impulse freigesetzt, sondern viel eher Abwehrreaktionen ausgelöst. Auch in Dozentenbundslagern wurde letzten Endes weder der „Dritte Humanismus" noch die „Rassenfrage" völlig systemkonform bewältigt. Der Aufbruch, zu dem Drexler in Würzburg aufgerufen hatte, blieb schon im Ansatz stecken. Dementsprechend beschränkte sich der unmittelbare Ertrag der „fachwissenschaftlichen" Arbeit des Dozentenbundes auf wenige programmatische Aufsätze im NSDD-Organ „Deutschlands Erneuerung". Franz Miltner versuchte sich in seinem Beitrag „Die deutsche Aufgabe der Altertumswissenschaft" an dem Nachweis, „daß die altertumswissenschaftliche Forschung vom völkischen wie rassenkundlichen Standpunkt aus mittelbar und unmittelbar wertvollste Grundlagen im Kampf um die Durchsetzung der deutschen Weltanschauung zu schaffen in der Lage ist".[143] Der Aufsatz seines Schülers Peter Julius Junge über „Die Aufgabe der deutschen Altertumswissenschaft im Osten" ließ den Drang einzelner Wissenschaftler zu Sonderformen des „Kriegseinsatzes der Geisteswissenschaften" noch klarer erkennen, auf die später ausführlicher zurückzukommen ist.[144] Im folgenden geht es zunächst um die Hauptform des „Kriegseinsatzes der Altertumswissenschaften", der von etwas anderen Voraussetzungen aus beurteilt werden muß.

---

141 Ebd., 1.

142 Zitiert nach Hellmut Seier: Niveaukritik und partielle Opposition. Zur Lage an den deutschen Hochschulen 1939/40, in: Festschrift Kluke. Paul Kluke zum 60. Geburtstag dargebracht von Frankfurter Schülern und Mitarbeitern, Frankfurt/Main 1968 (Ms.), 181 (167–189). Das Zitat entstammt dem „Niedermayer-Gutachten" zu einem an Hitler gerichteten Brief des Dresdener Professors William Guertler v. 21.3.1940, in dem der Niveauverfall an den deutschen Hochschulen beklagt wurde.

143 Deutschlands Erneuerung 25 (1941) 8 (2–11).

144 Vgl. Deutschlands Erneuerung 26 (1942) 579–583; zu Junge vgl. Oberkofler, 170.

3. Der „Kriegseinsatz der Altertumswissenschaft"

Das Konkurrenzverhältnis zwischen der Lagerarbeit des Dozentenbundes und dem „Kriegseinsatz der Geisteswissenschaften" hatte der Reichsdozentenführer Schultze in dem an Rosenberg gerichteten „Rechtfertigungsschreiben" schon angesprochen.[145] War es Rosenberg gelungen, den NSDD wenigstens teilweise unter Kontrolle zu bringen, so blieben alle seine Bemühungen, Einfluß auf die „Aktion Ritterbusch (Einsatz der deutschen Geisteswissenschaften im Kriege)" zu nehmen, erfolglos.[146] Gestützt auf das REM und die Forschungsgemeinschaft gelang es Ritterbusch, mit seiner Aktion in den Geisteswissenschaften wesentlich mehr Resonanz zu finden als die Fachlager des NSDD. Die am Kriegseinsatz beteiligten Disziplinen sollten „die Idee einer neuen europäischen Ordnung, um die es in diesem Kampfe im letzten Grunde geht", in den Vordergrund ihrer Arbeit stellen.[147] Hinter der ideologischen Verbrämung werden aber auch andere Ziele sichtbar. Die nicht unmittelbar kriegswichtigen Geisteswissenschaften drohten gegenüber den naturwissenschaftlichen und technischen Fächern zusehends ins Hintertreffen zu geraten.[148] Von der „Aktion Ritterbusch" dürfte man sich daher nicht *[109]* zuletzt materielle Unterstützung erhofft haben.[149]

Die Altertumswissenschaften beteiligten sich erst relativ spät am Kriegseinsatz.[150] Der vom NSDD-Führer Schultze erhobene Vorwurf, Ritterbusch führe „Wissenschaftler aller politischen Schattierungen ohne Rücksicht auf ihre weltanschauliche Haltung" zusammen, läßt sich auch auf die von Helmut Berve einberufene „Fachtagung der Altertumswissenschaft" übertragen. In Berlin waren nicht nur aktive NSDD-Mitarbeiter wie Drexler, Miltner und Oppermann, sondern z.B. auch H. U. Instinsky vertreten.[151] Man darf daraus schließen, daß die Frontlinien innerhalb der Altertumswissenschaft nicht so

145 Vgl. oben, *[96]*.

146 Vgl. Fernschreiben Rosenbergs an Bormann v. 21.11.1941 (NS 8/186 fol. 43). Der Kieler Rektor und zeitweilige Referent im REM, der Staatsrechtler Paul Ritterbusch, war „zum Beauftragten des Reichserziehungsministeriums für den Kriegseinsatz der Geisteswissenschaften ernannt" worden; vgl. H. H. Dietze: Bericht über die Arbeitstagung zum Kriegseinsatz der deutschen Geisteswissenschaften am 27. und 28.4.1940 in Kiel, in: Kieler Blätter (1940), 397 (397f.); vgl. auch Kater: AE 1974, 193f.

147 Dietze, 397.

148 Vgl. dazu die bei Seier: Niveaukritik, 178, wiedergegebenen Feststellungen des Niedermayer-Gutachtens zur Lage der Geisteswissenschaften.

149 Diesen Hintergrund hat auch Kater: AE 1974, 193f. angedeutet.

150 Auf der Kieler Arbeitstagung vom 27.–28.4.1940 waren die Altertumswissenschaften offensichtlich nicht vertreten; vgl. Dietze, 398. Zu den ersten Treffen im Rahmen des Kriegseinsatzes gehörten „Die allgemeine deutsche Romanisten-Tagung in Berlin" (17.–18.5.1940), eine Anglistenversammlung (Weimar v. 20.–21.4.1940), eine „Arbeitstagung der Hochschullehrer der Geographie in Kiel" (21.–23.6.1940), eine Historiker-Tagung (Berlin v. 7.–8.6.1940) und die „Gesamttagung der Germanistischen Fachgruppe in Weimar v. 5.7. bis 7.7.1940"; nach Kieler Blätter (1940), 398f. u. 400f.

151 Zum Teilnehmerkreis vgl. H. Berve (Hrsg.): Das Neue Bild der Antike, Leipzig 1942, Bd. 1, 393f. u. Bd. 2, 457f.

scharf markiert waren, wie es die Ideologen Rosenbergs gerne gesehen hätten. Auf der anderen Seite ist nicht von der Hand zu weisen, daß unter dem Eindruck des Kriegsgeschehens auch mancher bislang Abseitsstehende den Drang verspürt hat, sich an dem Gemeinschaftswerk der „Altertumswissenschaft Großdeutschlands", das in Berlin erarbeitet wurde, zu beteiligen.[152] Die Versammlung nahm – darauf deutet schon das äußere Erscheinungsbild – nicht die Idee des Lagers für sich in Anspruch, sondern erweckte eher den Anschein, als würde hier die traditionelle „Fachtagung" der Klassischen Altertumswissenschaft fortgesetzt.[153] Die offizielle Eröffnung der Tagung durch Reichsminister Rust hob gerade das Treffen der Altertumswissenschaftler aus den übrigen Veranstaltungen des Kriegseinsatzes der Geisteswissenschaften heraus.[154] Das zeigte sich auch in der Presseberichterstattung, an der sich bezeichnenderweise der von Rosenberg gesteuerte „Völkische Beobachter" nicht beteiligte.[155] Rust betonte in seiner Rede, „daß das neue Reich nicht auf die Altertumswissenschaft verzichten kann und will. Die deutsche Altertumswissenschaft müsse vielmehr zur höchsten Blüte entwickelt werden, da das Großdeutsche Reich auch in dieser Beziehung die Verantwortung für Europa übernehme."[156] In diesem Sinne sollten dem Fach „für die Zukunft alle erdenklichen geistigen und materiellen Mittel zur Verfügung gestellt werden".[157]

Von den acht auf der Fachtagung gehaltenen Vorträgen wurden in der Presse besonders ausführlich die archäologischen Beiträge gewürdigt.[158] Die grundsätzlichen Ausführungen Berves lassen sich nur aus dem Vorwort zu dem Sammelwerk „Das Neue Bild der Antike" erschließen, in dem mit insgesamt achtunddreißig Beiträgen der Ertrag der Berliner Tagung vorgelegt wurde.[159] Berve übertraf damit sein Bekenntnis zum Nationalsozialismus unmittelbar nach der Machtübernahme. Inzwischen war die nationalsozialistische Auseinandersetzung mit der Antike durch das Kriegserlebnis auf eine neue Ebene gehoben worden. „Ursprünglicher, als ein Stück der eigenen leiblichen und geistigen Existenz,

152 Vgl. Berve: Bild, Bd. 1, 9. Hier ist an die bekannte Stelle aus dem Brief von Friedrich Meinecke an S. A. Kachler v. 4.7.1940 zu erinnern; vgl. K. F. Werner: NS-Geschichtsbild, 104f.

153 Vgl. dazu das ausgedruckte Programm der „Fachtagung der Altertumswissenschaft im Harnackhaus zu Berlin-Dahlem am 2. und 3. April 1941" (MA 129/9 fol. 54169).

154 Rust besuchte mehrere Vorträge der Fachtagung und nahm auch an dem kameradschaftlichen Beisammensein am Schluß der Tagung teil; vgl. Erich Burck: Fachtagung der klassischen Altertumswissenschaft, in: Kieler Blätter (1941), 245.

155 VB-Artikel konnten auch im Zeitungsausschnittarchiv des Reichsinstituts für Geschichte des neuen Deutschlands nicht ermittelt werden (vgl. dazu oben, *[91, Anm. 47]*).

156 Vgl. „Das Neue Bild der Antike". Vorträge auf der Tagung der deutschen Altertumswissenschaft im Harnackhaus, Berliner Börsen-Zeitung v. 3.4.1941.

157 Vgl. „Eine Tagung der Altertumswissenschaft", Frankfurter Zeitung v. 3.4.1941.

158 Vgl. „Die römische Staatsarchitektur. Schluß der Fachtagung der Altertumswissenschaft", Börsen-Zeitung v. 5.4.1944 und „Neue Nachwirkung der Antike. Eine Tagung der Altertumswissenschaft in Berlin", Frankfurter Zeitung v. 8.4.1941. Nachweis der Vortragsthemen, in: Berve: Bild, Bd. 1, 393f., u. Bd. 2, 457f. In Berlin sprachen die Althistoriker F. Miltner und J. Vogt, die Philologen H. Bogner, E. Burck, U. Knoche und W. Schadewaldt und schließlich die Archäologen E. Langlotz und G. Rodenwaldt.

159 Berve: Bild, Bd. 1, 5–12.

empfinden wir die aus der Antike in die Gegenwart fortwirkenden Kräfte. In aufregende *[110]* Nähe rücken unter dem übermächtigen Erlebnis weltbewegender Politik der politische Instinkt der Römer, der Staatsgedanke der Hellenen, das historische Schicksal beider Völker. Der ungemeine Auftrieb, den Sport, Leibeskultur und überhaupt leiblicher Sinn mit der Verwirklichung nationalsozialistischer Grundgedanken erfahren, schafft ein natürlich enges Verhältnis nicht nur zu Sport und bildender Kunst der Alten, sondern allgemein zu dem sinnlichen Denken und Fühlen, das ihr Leben trug und ihre Werke erfüllt. Wie sich härtester Realismus und reinster Idealismus im griechischen Menschen treffen konnten, vermögen wir heute zu ahnen angesichts einer von beiden Kräften bewegten, in beiden Beziehungen gleich großen Gegenwart."[160]

Nicht weniger deutlich fiel das Bekenntnis zum Rassengedanken aus: „Was jedoch schließlich alle diese neuen Aspekte umspannt und gleichsam den Horizont abgibt, vor dem sich nunmehr das klassische Altertum darstellt: der wach gewordene Rasseninstinkt unseres Volkes läßt die beiden Völker der Antike jedes in seiner Weise, als unseres Blutes und unserer Art empfinden; er schließt sie in den Kreis seiner Wesensverwandtschaft ein." Neben den Beschwörungsformeln steht allerdings auch die Warnung vor „billigem Eingehen auf flüchtige Stimmungen und Tagesmeinungen", die man nicht übersehen sollte: „Die neue Sicht der Antike, wenn sie nur im Bereich der uns heute bewegenden Gefühle und Wünsche spielte, wäre ein unverbindliches, kurzlebiges Gebilde rasch erregter Phantasie." Die Altertumswissenschaften mußten sich gerade im Kriegseinsatz „den ehernen Forderungen und Gesetzen wissenschaftlichen Erkennens" unterwerfen.[161] Ein besonderer Akzent seines Programms wird darin sichtbar, daß Berve ebenso wie Ritterbusch und Rust bemüht war, die europäische Perspektive des Unternehmens in den Vordergrund zu rücken: War die Arbeit der deutschen Altertumswissenschaft schon „immer von dem Bewußtsein getragen, an einer wahrhaft abendländischen Aufgabe tätig zu sein, so gewinnt in unseren Tagen, da Europa sich anschickt, im Zeichen einer neuen Ordnung innere Einheit und organische Gestalt zu gewinnen, der europäische Charakter der klassischen Altertumswissenschaft offen#sichtlich eine erhöhte Bedeutung."

Mit dem Titel „Das Neue Bild der Antike" sollte, wie Berve weiter ausführte, „nicht der Anspruch erhoben werden, dieses Bild sei schon fertiggestellt", ... sondern „vielmehr das allgemeine Ziel" bezeichnet werden, „auf das hin sich heute die Altertumsforschung bewegt, so verschieden im einzelnen die Wege und Methoden, so mannigfach die Problemstellungen und Ergebnisse sein mögen".[162] Es kann hier nicht um eine Einzelanalyse der verschiedenen Beiträge des zweibändigen Werkes gehen. Fund- und Grabungsberichte sind darin ebenso vertreten wie im *[111]* allgemeinen zurückhaltend formulierte Themen pädagogischer, philosophischer, philologischer und althistorischer Beiträge. Der Aufsatztitel „Die Gymnastik und Agonistik der Griechen als politische Leibeserziehung" ist in

160 Ebd., 6f.
161 Ebd., 7f.
162 Ebd., 8f.

diesem Zusammenhang durchaus untypisch.[163] Bei entsprechend vorhandenem Willen hätte sich z.B. die Abhandlung „Die Bevölkerungsverhältnisse Ägyptens in hellenistisch-römischer Zeit“ von Friedrich Zucker sehr leicht einen zeitgemäßen Anstrich geben können. Zucker verließ aber den einschlägigen Fragenkomplex der anthropologischen Auswertung der Mumienporträts und der Porträtplastik mit dem Bemerken, daß „sich der Quellenstand als weniger befriedigend“ erwiesen habe.[164]

Allzu hochgespannte Erwartungen auf ein neues „nationalsozialistisches“ Bild der Antike hatte Berve nach furiosem Auftakt in seinem Vorwort schon gedämpft. Wer hoffte, „hier einen ersten Versuch einer rassenkundlichen Betrachtung des Altertums vorgelegt zu erhalten“, mußte sich, wie F. Schachermeyr den Lesern des Fachberichtes „Alte Geschichte“ in der Zeitschrift „Rasse“ erläuterte, enttäuscht fühlen: „Unter den von 38 Forschern stammenden, zumeist übrigens ganz vortrefflichen Beiträgen, zeigt sich aber allein der am Schlusse stehende und in jeder Hinsicht höchst bedeutsame Aufsatz von Miltner in grundsätzlichem Sinne auf rassenkundliche Betrachtung ausgerichtet. Im übrigen wird die Betrachtung mehr von der Plattform des volkhaften Sichentfaltens vorgenommen.“[165] Gelungen schienen Schachermeyr in diesem Sinne die Beiträge über die ältere römische Zeit und die augusteische Erneuerung. Die Behandlung des griechischen Altertums und der römischen Kaiserzeit zeigte „leider nicht die nämliche Geschlossenheit und gegenseitige Abstimmung. Das Nebeneinander von geschichtlichen, antiquarischen, archäologischen und literarhistorischen Beiträgen kommt zu keinem rechten Zusammenklingen. Hätte der Herausgeber hier den Rassengedanken zum Ausgang einer gemeinsamen Betrachtung erhoben, so hätten die Beiträge darin den ihr mangelnden gemeinsamen Sinn (und Nenner) wohl zu finden vermocht.“[166]

In ganz ähnlichem Sinne äußerte sich Hans Oppermann, der selbst zu den Mitarbeitern des Sammelwerks zählte. Nach seinem Eindruck hatte man in vielen Fällen die „alte Wissenschaftshaltung, sei es durch die Terminologie, sei es durch eine von außen herangetragene, nicht innerlich notwendige Fragestellung zeitentsprechend gefärbt“. Dagegen entsprachen „dem tatsächlichen Bilde der Altertumswissenschaft“ viel eher Forscher wie Altheim, Miltner, Schachermeyr und Weber, „in deren Arbeiten die Rasse einen bedeutenden Rang einnimmt.“[167] Nach dem Urteil Webers von 1944 war das „Neue Bild der

163 Ebd., 218–236. Sein Verfasser war der Dozent an der Hochschule für Leibesübungen Berlin, Ludwig Englert.

164 Vgl. F. Zucker, in: Berve: Bild, Bd. 1, 376 (369–388).

165 Schachermeyr bezog sich auf Miltners Referat „Die Antike als Einheit in der Geschichte“, in: Berve: Bild, Bd. 2, 433–453; vgl. F. Schachermeyr: Fachbericht Alte Geschichte, in: Rasse 10 (1943) 118f. (118–120). Die Reihe dieser Fachberichte hatte Schachermeyr 1936 eröffnet; vgl. Rasse 3 (1936) 153–155; Rasse 4 (1937) 255–256; Rasse 5 (1938) 314–316; Rasse 6 (1939) 402–405; Rasse 8 (1941) 39–40 u. Rasse 9 (1942) 159–160.

166 F. Schachermeyr, in: Rasse 10 (1943) 119.

167 Hans Oppermann: Zur Lage der griechisch-römischen Altertumswissenschaft, in: Deutschlands Erneuerung 26 (1942) 574f. (574–579); vgl. auch Berve: Bild, Bd. 2, 265–295.

Antike" „der klarste Beweis dafür", daß sich im Bereich der Alten Geschichte wenig geändert hatte.[168]

[112] Innerhalb des Kreises der Althistoriker, die sich eindeutig zum Nationalsozialismus bekannt hatten, darf Berve einer gemäßigten Richtung zugerechnet werden. Gemäßigt ganz sicher im Vergleich zu den Positionen, die von Schachermeyr und Weber vertreten wurden. Diese Einschätzung stützt sich nicht zuletzt auf die unüberhörbare Kritik daran, daß „trotz der starken programmatischen Forderungen" Berves[169] der Rassegedanke in dem von ihm als Herausgeber mitverantworteten „Neuen Bild der Antike" nicht in der Konsequenz in den Mittelpunkt gestellt wurde, die den Forderungen der NS-Ideologen genügt hätte.[170] Wenn Erxleben im Anschluß an Weber beklagte, daß der Kreis um Berve „den maßgeblichen Einfluß auf die Wissenschaftspolitik des Reichserziehungsministeriums gewonnen" hatte, kennzeichnete er damit auch die Führungsrolle, die Berve mit der Leitung des Kriegseinsatzes der Altertumswissenschaften zugefallen war.[171] Die Verbindung zum REM dürfte sich in der Zeit seines Leipziger Rektorats gefestigt haben, wenn sie nicht damals überhaupt erst geknüpft wurde. Darin, daß Berve nach dem Zeugnis von Karl Reinhardt als Rektor seine Hand „über der heftig angefochtenen theologischen und juristischen Fakultät" hielt, liegt ein Hinweis darauf vor, daß er nicht zu den radikalen Exponenten der NS-Hochschulpolltik gehörte.[172] Mit diesen Feststellungen soll jedoch der ganz maßgebliche Anteil Berves an der nationalsozialistischen Auseinandersetzung mit der Antike, für den nicht allein die Beschwörung des spartanischen Beispiels bis hin zu den letzten Kriegstagen steht, in keiner Weise in Abrede gestellt werden.[173]

Die offizielle Förderung des „Kriegseinsatzes der Altertumswissenschaft" beschränkte sich nicht auf den Auftritt Rusts vor der Fachtagung und die finanzielle Hilfe. Wenige Wochen nach dem Ende der Berliner Tagung wurde in dem vom Propagandaministerium herausgegebenen „Zeitschriften-Dienst" das Thema „Großtaten deutschen Geistes – Die Aufgabe der deutschen Altertumswissenschaft" abgehandelt.[174] Darin fand die

168 Vgl. Weber an Erxleben v. 15.2.1944 (MA 141/9-Nesselhauf fol. 350915) und oben, *[83]*.

169 Oppermann: Lage, 575.

170 Als „durchaus gemäßigt" wurde Berve auch im Zusammenhang mit dem Plan, ihn für das Herausgebergremium der HZ zu gewinnen, eingestuft; vgl. Heiber, 288; zu seiner Einschätzung im „Amt Rosenberg" vgl. oben, *[48, Anm. 11ff.]*.

171 Erxleben an Pkz. v. 19.2.1944 (MA 141/9-Nesselhauf fol. 350912). Nach E. Burck: Fachtagung der klassischen Altertumswissenschaften, in: Kieler Blätter (1941), 244, wurde die Tagung von ihm selbst (Burck) und Berve geleitet. Abgesehen von dem Beitrag Burcks (Berve: Bild, Bd. 2, 5–52) waren weitere Belege für die Beteiligung Burcks nicht zu ermitteln.

172 Karl Reinhardt: Akademisches aus zwei Epochen, in: ders.: Vermächtnis der Antike, hrsg. v. C. Becker, Göttingen 1960, 398f. (380–401).

173 Vgl. oben, *[48f.]*. Von Berve wurde in München ein Vortrag über „Sparta" noch für den 2. Mai 1945 (!) angekündigt; vgl. Münchener Neueste Nachrichten v. 28.4.1945; vgl. ferner H. Berve: Sparta, Leipzig 1937 (NDr. 1944).

174 Vgl. Zeitschriften-Dienst v. 25.4.1941, 104. Ausg., Nr. 4422, 4–6 (RD 32/1); zu diesem Organ der „Kulturpressekonferenz" vgl. Jürgen Hagemann: Die Presselenkung im Dritten Reich, Bonn 1970, 38.

allgemeine Zielsetzung des Kriegseinsatzes der Altertumswissenschaften unter besonderer Berücksichtigung der archäologischen Forschung wirkungsvollste propagandistische Unterstützung. Die „Presseführung" umriß ihre Intentionen unter der Rubrik „Weshalb wichtig" wie folgt: „Es ist ein Grundsatz der nationalsozialistischen Kriegsführung, die deutsche Kulturarbeit ohne Unterbrechung fortzuführen. Dazu gehören u.a. auch die Arbeiten der deutschen Altertumswissenschaft, die zwar großenteils ihre Grabungen unterbrechen mußte, dafür aber verstärkt ihre theoretischen Untersuchungen und Veröffentlichungen fortsetzt." Insbesondere die in dem Abschnitt „Ziel" formulierten Leitlinien künftiger Berichterstattung über die Erforschung des Altertums waren dazu angetan, die Stellung gerade der Klassischen Altertumswissenschaft zu stärken: „Die Altertumswissenschaft *[113]* darf nicht mehr wie bisher als eine Geisteswissenschaft ohne wirkliche Lebensverbundenheit gelten. – Es muß gezeigt werden, daß auch hier neben der Grundlagenforschung praktische Anwendungsmöglichkeiten vorhanden sind. – Die Bedeutung der Altertumswissenschaft für das deutsche Volk beschränkt sich nicht nur auf die deutsche Vor- und Frühgeschichte, es muß gezeigt werden, daß neben der Klassischen Archäologie, neben der besonders wichtigen Erforschung der germanischen Völkerwanderungszeit gerade in neuester Zeit die Erforschung der kleinasiatischen und vorderasiatischen Kulturen für die Rassenkunde und für die menschliche Stammesgeschichte wichtig geworden ist. – Für Großdeutschland, das nach dem Krieg eine entscheidende Weltstellung einnehmen wird, bedeutet eine in ihren Zielen weit gespannte Altertumswissenschaft außerdem eine kulturelle Verpflichtung."[175]

Der auf breiter Grundlage organisierte „Kriegseinsatz der Altertumswissenschaft" läßt sich bis in das Jahr 1943 verfolgen. Bereits in der Schlußansprache zur Berliner Tagung hatte Berve angekündigt, daß nicht nur die in Berlin gehaltenen Vorträge alsbald veröffentlicht werden sollten, sondern zusätzlich „ein großes, mit neuer politischer Deutungsabsicht geschriebenes Werk ‚Rom und Karthago' vorbereitet" werde.[176] Der Plan dazu stammte von Joseph Vogt, die einzelnen Beiträge zu dieser „Gemeinschaftsarbeit" waren auf einer „mehrtägigen Arbeitsbesprechung" diskutiert worden[177] Die „politische Deutungsabsicht" hat das Werk unverkennbar geprägt. Die Aktualität des Themas stand außer jedem Zweifel. Zudem gehörten die geschichtlichen Begriffe „Rom und Karthago" nicht nur als „Formeln für abgründigen Völkerhaß und Vernichtungskrieg" zum festen Bestand der historischen Vergleichsbildung Hitlers.[178] Auch für diese Phase des „Kriegseinsatzes der Altertumswissenschaften" war das Terrain von der Kulturpropaganda freilich aus anderen Motiven gut vorbereitet worden. In einer geheimen Presseanweisung

175 Vgl. Zeitschriften-Dienst v. 25.4.1941, ebd., 4.

176 Vgl. „Neue Nachwirkung der Antike". Eine Tagung der Altertumswissenschaft in Berlin, Frankfurter Zeitung v. 8.4.1941.

177 J. Vogt: Unsere Fragestellung, in: ders. (Hrsg.): Rom und Karthago. Ein Gemeinschaftswerk, Leipzig 1943, 7 (5–8). Von J. Vogt liegt auch ein programmatischer Beitrag vor, in dem die unterschiedliche nationale Perspektive der zeitgenössischen Antike-Rezeption in Deutschland und Italien betont wird; vgl. ders.: Unsere Stellung zur Antike, Breslau 1937 (110. Jahresbericht d. Schles. Gesellsch. f. Vaterländische Cultur, Geisteswiss. R. 3, 4).

178 Vgl. Vogt: Fragestellung, 5, und unten, *[119f.]*.

vom 23.7.1943 wurde „aus gegebener Veranlassung ... betont, daß sich das Thema ‚Bedeutung der Antike für unsere Zeit' zu keinen Polemiken mit negativer Tendenz eignet".[179] Veranlassung dazu gab wohl die Bombardierung Roms, das nunmehr als bedrohtes „Kulturdenkmal Europas" herausgestellt werden sollte. Aus diesem Grunde erschienen „bei der Behandlung dieses Themas ... konfessionelle Tendenzen und Auseinandersetzungen über die ‚römische Frage' unangebracht".[180] Es ging also darum, die Störung der Kulturpropaganda durch die Anhänger Rosenbergs zu verhindern, was auch der Altertumswissenschaft nicht unlieb sein konnte. Umgekehrt paßte sich das Gemeinschaftswerk „Rom und Karthago" – ob bewußt oder unbewußt, sei hier dahingestellt – vorzüglich in die aktuelle Kriegs- bzw. Kulturpropaganda ein.[181]

[114] In diesem zweiten Gemeinschaftswerk des Kriegseinsatzes der Altertumswissenschaften wurde ganz bewußt die Frage aufgegriffen, die Rezensenten wie Schachermeyr, Oppermann und Weber im „Neuen Bild der Antike" vermißt hatten. Die Problematik umriß Joseph Vogt wie folgt: „Für die gegenwärtige Forschung tritt angesichts dieses weltgeschichtlichen Dramas eine bisher wenig beachtete Fragestellung in den Vordergrund: ist dieser folgenschwere Konflikt durch das Blutserbe der Völker bestimmt gewesen, durch die Tatsache also, daß dem wesentlich nordisch geprägten Rom die Welt Karthagos gegenüberstand, deren Fremdheit sich aus der rassischen Struktur des Puniertums ergibt? Und wie hat sich dieser Faktor des Rassengegensatzes ausgewirkt im Staatsaufbau und in der Wirtschaft, in der Diplomatie und Kriegsführung, in Religion und Kunst und geschichtlichem Bewußtsein?"[182] Die Hauptschwierigkeit lag nach dem Eingeständnis von Vogt darin, „daß die Antike den modernen Rassebegriff nicht gekannt hat". Dementsprechend erforderte die Inangriffnahme des Themas „Wagnis und Zurückhaltung zugleich".[183]

Die Autoren haben diese beiden Verhaltensweisen durchaus unterschiedlich realisiert. Das gilt selbst für die Beiträge, deren Fragestellung schon vom Titel her die Auseinandersetzung mit dem Rassegedanken andeuteten. Vor allen Dingen nutzte Schachermeyr in dem Einleitungsbeitrag „Karthago in rassengeschichtlicher Betrachtung" die Gelegenheit, die einzelnen „Rassenkomponenten" genauestens zu analysieren. Während Rom „seine Kraft dem Vorhandensein einer klar ausgebildeten rassischen Leitkomponente (verdankte)", erschien Karthago schwankend zwischen „wüstenländischer und armeno-

179 Kulturpolitische Informationen v. 23.7.1943 – Geheim (IfZ: 1093/53).

180 Der Zusammenhang ergibt sich aus dem unter dem gleichen Datum erschienenen Artikel „Rom – ein Kulturdenkmal Europas", Zeitschriften-Dienst v. 23.7.1943, 89. Ausg., Nr. 9119, 3 (RD 32/1). Daß die „römische Frage" noch als Problem empfunden wurde, zeigt der SD-Bericht über „Kulturpolitische Bestrebungen Italiens", der dem mit der Prüfung des parteiamtlichen Schrifttums der NSDAP beauftragten Reichsleiter Bouhler 1942 übersandt wurde; vgl. SS-Brigadeführer Ohlendorf an Bouhler v. 8.12.1942 (NS 11/36).

181 In den Zusammenhang der Kriegspropaganda ist das Gemeinschaftswerk von K. v. See: Deutsche Germanen-Ideologie, 100, eingeordnet worden.

182 Vogt: Fragestellung, 7.

183 Ebd., 8.

ider Art" als „Wechselbalg zwischen Rassen und Welten".[184] Wenn Fritz Taeger, der das Thema „Völker- und Rassenkämpfe im westlichen Mittelmeer – Griechen und Karthager auf Sizilien" untersuchte, Vokabeln wie „Blutmischung" oder „Bluteinschläge" aufgriff, prägten dennoch die Kategorien der Rassenlehre seine Darstellung keineswegs in der Konsequenz wie diejenige Schachermeyrs.[185] Matthias Gelzer kam in bezug auf die im Titel des Beitrags „Der Rassengegensatz als geschichtlicher Faktor beim Ausbruch der römisch-karthagischen Kriege" angelegte zentrale Frage zu dem bemerkenswerten Ergebnis: „Die Rasse der beiden Gegner spielte dabei nicht die geringste Rolle." Im Verlauf der Punischen Kriege zeigte sich allerdings, „daß je länger je mehr die Verschiedenheit der Rasse verschärfend wirkte auf den Verlauf dieser Auseinandersetzung von weltgeschichtlicher Bedeutung."[186]

Der Feststellung Klaus von Sees, daß der Sammelband „Rom und Karthago" auf dem Rassegedanken aufgebaut sei, ist allein schon im Hinblick auf die von Vogt skizzierte Fragestellung sicher zuzustimmen.[187] Die Beurteilung des Gesamtwerks darf sich darüber hinaus aber nicht allein *[115]* auf die Ausführungen Schachermeyrs stützen. Einzubeziehen ist vielmehr auch die differenzierte Betrachtungsweise Gelzers und das Faktum, „daß rund die Hälfte der Beiträge frei von allen NS-Schablonen blieb".[188] Dem Anspruch nationalsozialistischer Geschichtsbetrachtung in strengem Sinn konnte auch diese „Selbstdarstellung" der Altertumswissenschaft nicht genügen. Gemessen an der Zielsetzung der Gemeinschaftsarbeit, „das punische Wesen aus dem Wechselspiel zum römischen zu erschließen und die Bedeutung des Rassengegensatzes in dem Machtkampf zwischen Karthago und Rom zu ergründen", blieb jedenfalls für den Rezensenten des „Völkischen Beobachters" das Ergebnis „zweifelhaft und auffallend geringfügig".[189]

Die beiden Gemeinschaftsarbeiten, die hier kurz zu charakterisieren waren, dürfen als gewichtige Zeugnisse der Selbstdarstellung der Altertumswissenschaften im Krieg gelten. Vom Ertrag und von der Resonanz im Fach her war der „Kriegseinsatz der Altertumswissenschaften" nicht zuletzt deshalb ungleich erfolgreicher als die Lagerarbeit des NSDD, weil man in diesem Rahmen das „Bewußtsein der geistigen *Selbstverantwortung*" der einzelnen Fächer gestärkt hatte.[190] In dieser Einsatzform überwiegen aufs Ganze gesehen die Anzeichen für eine oberflächliche Anpassung an die offizielle Linie nationalsozialistischer Geschichtsbetrachtung. Das schließt, wie auch die Initiativen führender Althistoriker innerhalb und außerhalb der kriegsbedingten Organisationsformen zeigen, im Einzelfall höhere Grade der Kooperationsbereitschaft nicht aus.

---

184 Vgl. Vogt (Hrsg.): Rom und Karthago, 42f. (9–43).
185 Vgl. ebd., 44, 52, 70 (44–82).
186 Ebd., 201 (178–202).
187 K. v. See, Deutsche Germanenideologie, 100.
188 Christ: J. Vogt, 118 m. Anm. 35; vgl. v. See, Deutsche Germanenideologie, 100.
189 W. Koppen: Römer und Punier, VB v. 14.8.1943 (Süddeutsche Ausg.); vgl. auch Christ: J. Vogt, 118.
190 Diese Parole war für den gesamten „Kriegseinsatz der deutschen Geisteswissenschaften" ausgegeben worden; vgl. Dietze, 397 (Hervorhebung im Original).

[117] Zweiter Teil
Neuansätze altertumswissenschaftlicher Arbeit außerhalb der Universitäten

Vor allem im Blick auf das „Reichsinstitut für Geschichte des neuen Deutschlands" hat man davon gesprochen, daß „die spärlichen Ansätze originaler nationalsozialistischer Wissenschaft eher außerhalb als innerhalb der Universitäten erwachsen" seien.[1] Entsprechende Spuren lassen sich auch im Bereich der Altertumswissenschaften in der Planung und Einrichtung von Instituten und Arbeitsgruppen verfolgen. Im Vordergrund des Interesses stehen zunächst die recht unterschiedlichen, von dem Konkurrenzverhältnis Himmlers und Rosenbergs geprägten Versuche, das griechisch-römische Altertum auf der Basis der nationalsozialistischen Weltanschauung neu erforschen zu lassen. Bei den Altertumswissenschaftlern, die sich dafür zur Verfügung stellten, darf man – abgesehen von den verschiedenartigen und nur sehr bedingt erfaßbaren persönlichen Motiven – grundsätzlich eine relativ große Bereitschaft voraussetzen, mit den Exponenten des Regimes zusammenzuarbeiten. Ein unmittelbarer Zwang zur Beteiligung an entsprechenden Projekten war mit Sicherheit nicht gegeben. Das Interesse der Fachvertreter am Forschungsgegenstand Antike versteht sich von selbst. Bei der Frage nach den Motiven wird man auch auf die Wechselbeziehung zwischen fachlichem und politischem Engagement stoßen, die etwa der Argumentation Schachermeyrs von 1933 zugrunde lag. Gerade im Falle der jüngeren Wissenschaftler, deren Engagement über das unmittelbare Karriereinteresse hinaus vielleicht auch als Ausdruck eines fachbezogenen Reformwillens zu werten ist, sollte man den Anreiz nicht unterschützen, der in der Möglichkeit lag, eigene Institute aufzubauen oder auf finanzielle Förderung ihrer Forschungsvorhaben rechnen zu können. Dabei muß sich dann im Einzelfall erweisen, wie weit der Weg von der grundsätzlichen Kooperations- zur Kompromißbereitschaft in wissenschaftlichen Fragen war. Der Ansatz einer nationalsozialistischen Altertumswissenschaft müßte sich, wenn überhaupt irgendwo, dann hier in der Geschichte der Planung, der Einrichtung und der Förderung dieser Forschungsunternehmen konkretisieren, in der die Anregungen und Zielvorstellungen Himmlers und Rosenbergs und die praktische Arbeit von Altertumswissenschaftlern zusammenliefen.

---

1 Maier, 93.

[118] 2 – Kapitel 1 Der Einsatz von Altertumswissenschaftlern in der Lehr- und Forschungsgemeinschaft „Das Ahnenerbe“

1. Die Lehr- und Forschungsstätte für Klassische Altertumswissenschaft

An der Entstehungsgeschichte der SS-Forschungs- und Lehrgemeinschaft „Das Ahnenerbe“ läßt sich das anfänglich geringe Interesse Himmlers an der Erforschung der Antike deutlich ablesen. Das Unternehmen trug zunächst den Charakter eines „germanischen Forschungszentrums“[1] und entwickelte sich allmählich zu einem Sammelbecken verschiedenster Disziplinen. Neben einer Reihe von scheinwissenschaftlichen Projekten förderte Himmler auch durchaus ernst zu nehmende Arbeiten; die Spannweite reichte von der „Welteislehre“ bis hin zu den geheimen Menschenversuchen in der Endphase des Krieges.[2] Die Tätigkeit der Vorgeschichtsabteilung des „Ahnenerbes“, die Auseinandersetzungen mit dem „Amt Rosenberg“ und die Angliederung des SS-Grabungswesens an das „Ahnenerbe“ sind von Kater und Bollmus bereits ausführlich behandelt worden.[3] Darüber hinaus ist Kater auch auf die Altertumswissenschaftler eingegangen, die sich entweder als „Abteilungsleiter“ oder als Einzelforscher unter sprachlichen und historischen Aspekten mit der griechisch-römischen Antike auseinandersetzen sollten. Dieser Problemkreis muß in den folgenden Darlegungen insbesondere im Hinblick auf das althistorische Arbeitsfeld vertieft werden, wobei sich einzelne Überschneidungen nicht vermeiden lassen.[4]

Das einseitige Erkenntnisinteresse des „Ahnenerbes“ spiegelt sich am deutlichsten in dem „Plan zur Erschließung des germanischen Erbes“, der wohl im April 1937 in der Reichsführung SS entwickelt wurde.[5] Klassischen Altertumswissenschaftlern boten sich begrenzte Arbeitsmöglichkeiten etwa bei der Auswertung der antiken Schriftsteller. Die Ergebnisse der zu erwartenden Gemeinschaftswerke sollten auch in der Schulung der SS unmittelbare Verwendung finden.[6]

Unabhängig von diesem Unternehmen folgte Himmler allem Anschein nach einem eher zufälligen Impuls, als er Ende 1937 dem damaligen „Ahnenerbe“-Präsidenten *Wüst* von Italien aus den Auftrag gab, „im ‚Ahnenerbe‘ eine Abteilung zu errichten, die die

1 Kater: AE 1966, 84.
2 Vgl. Kater: AE 1974, 51f. u. 227ff.
3 Vgl. Bollmus, 153ff., sowie Kater: AE 1974, 139ff.
4 Dabei wurde u.a. auch das von Kater benutzte einschlägige Aktenmaterial erneut durchgesehen.
5 Vgl. Ackermann, 42f. mit Dok. Nr. 8 (253ff.) und Kater: AE 1974, 70 u. 78.
6 Vgl. Ackermann, 254f.

Aufgabe hat, Italien und Griechenland nach seinen indogermanisch-arischen Zusammenhängen zu studieren".[7]

Himmler war in Italien „mit einer ungeheuren Klarheit folgendes aufgegangen: Archäologie und Vorgeschichte arbeiten in einer geradezu beispiellosen Weise nebeneinander". Die Beispiele, mit denen der Reichsführer *[119]* seinen Eindruck untermauerte, sprechen für sich: Er war allen Ernstes der Auffassung, daß in Fachkreisen der Verwendungszweck der sogenannten *torques* als Halsreif bisher ungeklärt war; dies vor allem deshalb, weil er angeblich von einem „Forscher" gehört hatte, „sie wären vielleicht alle für Hunde oder kleinere Zugtiere verwendet worden".[8] Nachdem ihn bei der Besichtigung des Kapitolinischen Museums ein Blick auf den *torques* am Hals des sterbenden Galliers eines Besseren belehrt hatte, zögerte er nicht, diesen Impuls an die Forschung weiterzugehen.

Einen weiteren Anstoß erhielt er auf dem Forum Romanum durch „Runen" in der Inschrift des *Lapis Niger*, den er abgießen und photographieren ließ.[9] Schließlich erregte die ornamentale Verwendung des Hakenkreuzes seine besondere Aufmerksamkeit. Auf Schritt und Tritt fand er Überreste der antiken Kultur, „die uns auf unserer arischen Ebene interessieren". Damit setzte sich Himmler von dem spezifischen Interesse der Italiener an der Antike deutlich ab: „Sie interessiert lediglich die cäsarische und kaiserliche Zeit. Woher sie gekommen sind, ist für sie – vielleicht politisch gesehen richtig – uninteressant."

Von der neuen Abteilung verlangte Himmler nun den „exakte(n) Nachweis, daß die Römer sowohl als auch (sic!) selbstverständlich die Samniten, Umbrier, Volsker, Latiner usw. und auch sicherlich ein Teil der vorrömischen Bevölkerung Etrusker, Siguler, als ein Wanderzug arisch-indogermanischer Sippen aus dem Norden, aus unseren Ostseegebieten, gekommen sind. Dies wäre ebenfalls auch für die Griechen in allen ihren Teilen nachzuweisen." Die zweite große Forschungsaufgabe bestand darin, „daß an Hand der in Italien und Griechenland gut erhaltenen, vom Christentum nicht so sehr zerstörten Dinge der Vergangenheit arischer, z.T. urältester Art, die bei uns zerstört worden sind, ergänzt und erklärt werden können" (sic!).

Voraussetzung für die Bewältigung dieses Arbeitsprogramms war die „Durcharbeitung sowie dauernde Verfolgung aller vorhandenen und noch herauskommenden archäologischen Erkenntnisse". Über allem stand das „Gesamtziel, dem Nachweis der arischen von der Zentrale Deutschland und dem Ostseebecken ausgehenden nordischen Menschheit in fast allen Teilen unserer Erde und dem Nachweis auch, heute wenigstens, der geistigen Weltherrschaft des arischen Germanentums näherzukommen".[10]

---

7 Himmler an Wüst v. 10.12.1937 – Abschrift – (NS 21/721); vgl. Kater: AE 1974, 71f. und ebd., 43ff., zur Laufbahn des Indogermanisten *Walter Wüst* (7.5.1901) PD München 1926, a.o. Prof. 1932, o. Prof. 1935–1945, i.R. 1961.

8 Himmler an Wüst v. 10.12.1937 (NS 21/721); vgl. E. Schuppe, RE VI A, Sp. 1800–1805 (1937) s.v. torques.

9 Himmler an Wüst v. 10.12.1937 (NS 21/721).

10 Ebd.

Die Praxis altertumswissenschaftlicher Arbeit unter der Oberleitung Himmlers bildete einen starken Kontrast zu den programmatischen Auslassungen des Reichsführers. Geleitet von dem Bestreben, wissenschaftlich ernstgenommen zu werden, ließ Himmler seinem Kurator Wüst bei dem Aufbau der neuen Abteilung offensichtlich freie Hand. Wüst, der *[120]* als Fachmann auf der von Himmler angesprochenen „arischen Ebene“ gelten konnte, schlug bereits eine gute Woche später vor, den Dozenten für Klassische Philologie, *Rudolf Till*, mit der Leitung einer „Lehr- und Forschungsstätte für Klassische Philologie und Altertumskunde“ zu betrauen.[11] Heute nimmt Wüst für sich in Anspruch, er habe, unabhängig von der Initiative Himmlers, „sowieso an der Ausweitung der AE-Arbeit in dieser Richtung wissenschaftliches Interesse“ gehabt.[12]

Mit Rudolf Till war die Wahl Wüsts auf den zukünftigen Lehrstuhlinhaber für Latinistik an der Universität München gefallen.[13] Wenige Wochen nach der Aufnahme Tills in das „Ahnenerbe“ unterrichtete Himmler den Parteigenossen Rust von seiner Absicht, „den Dozenten Dr. Till als tüchtigen Latinisten von München aus maßgeblich bei der Erschließung des indogermanischen Anteils in der Kultur der Griechen und Römer einzusetzen“, und bat darum, seine Berufung an die Universität München zu beschleunigen.[14] Im Unterschied zu ähnlichen Produkten des „Amtes Rosenberg“ fehlte in diesem Empfehlungsschreiben jeder Hinweis auf eine besondere weltanschauliche Qualifikation Tills, wie überhaupt Anzeichen für ein außergewöhnliches wissenschaftspolitisches Engagement – abgesehen von seiner Mitgliedschaft im „Ahnenerbe“ und in der SS – nicht vorliegen. Etwa ein Jahr nach ihrer Gründung wurde die Lehr- und Forschungsstätte Tills in Abteilungen für Griechische und Lateinische Philologie geteilt. Auch wenn das Gesamtunternehmen nunmehr den Namen „Lehr- und Forschungsstätte für Klassische Altertumswissenschaft“ erhielt, war durch die Untergliederung die philologische Ausrichtung der zu leistenden Arbeit betont worden.[15] An die Seite Tills trat als Abteilungsleiter der Münchener Graezist Franz Dirlmeler, in dem Wüst ein weiteres Mitglied seiner Fakultät hatte gewinnen können.

---

11 Wüst an Himmler v. 19.12.1937. Gleichzeitig leitete er die Aufnahme Tills in die SS in die Wege: Wüst an Galke v. 19.12.1937 (NS 21/721). Till bekleidete den Rang eines SS-Untersturmführers (vgl. Till an AE/Sievers v. 28.4.1939, NS 21/297) und gehörte wohl zu der Gruppe der SS-Ehrenführer; vgl. Kater: AE 1974, 91f. Die Bezeichnung *Lehr-* und Forschungsstätte durften nur die Abteilungen führen, deren Leiter habilitiert waren (ebd., 134).

12 Zitiert nach Kater: AE 1966, 336, Anm. 19. Die Berufung Tills zum AE-Abteilungsleiter erfolgte durch Wüst; vgl. Wüst an Till v. 16.2.1938 (NS 21/721).

13 Rudolf Till (8.4.1911) PD Berlin 1936, a.o. Prof. München 1938, Unterrichtsleiter Landerziehungsheim Birklehof 1949–1959, o. Prof. Erlangen 1958 (KGK 11 (1970) 3050).

14 Aus dem Schreiben geht hervor, daß die Berufung Tills seit Sommer 1937 eingeleitet war. Himmler an Rust v. 8.3.1938 (NS 21/719). Vom 1.10.1937 war Till mit der vertretungsweisen Wahrnehmung betraut (vgl. Personal. u. Vorlesungsverzeichnis der Univ. München für das SS 1938, 33). Im Hinblick auf diesen Fall könnte man von einer „narrensicheren Berufungsmethode“ Himmlers (vgl. Kater: AE 1974, 138) nur sprechen, wenn sich eine frühere Einflußnahme Himmlers auf das Berufungsverfahren nachweisen ließe; vgl. oben, *[54]*.

15 Vgl. Kater: AE 1974, 95.

Dirlmeier hatte seine Kooperationsbereitschaft mit den Exponenten nationalsozialistischer Kulturpolitik schon in dem Schreiben an Rosenberg im Zusammenhang mit der Schulreform des Jahres 1938 bekundet, freilich ohne dabei auf eine besondere Resonanz gestoßen zu sein.[16] Wenn er sich jetzt – inzwischen zum Ordinarius avanciert – Himmlers „Ahnenerbe“ anschloß, wird man darin zumindest ein Zeichen seiner ganz besonderen Einsatzfreudigkeit sehen müssen. Es entbehrt nicht der Ironie, daß ausgerechnet Dirlmeier als Prodekan zusammen mit Wüst sehr bald die Interessen der Philosophischen Fakultät gegen Rosenbergs Versuch, ein Institut der „Hohen Schule“ in München zu etablieren, verteidigen mußte.[17]

Über die offizielle Tätigkeit und das Arbeitsprogramm der beiden Abteilungen läßt sich aus den Akten nur wenig ermitteln. Die finanzielle Ausstattung war im Vergleich zu den entsprechenden Unternehmungen *[121]* Rosenbergs geradezu kärglich bemessen.[18] Mit Kriegsbeginn wurden alle „Ahnenerbe“-Abteilungen zunächst geschlossen. Nach der teilweisen Wiedereröffnung hat eine Schülerin Dirlmeiers Arbeiten im Bereich der Griechischen Philologie weitergeführt.[19]

Aufschluß über die von Dirlmeier und Till geleistete Arbeit vermittelt am ehesten ihre wissenschaftliche Produktion aus der Zeit ihrer Zugehörigkeit zum „Ahnenerbe“. Das einzige größere Arbeitsvorhaben Tills galt dem *Codex Aesinas*, d.h. also der Überlieferungsgeschichte von Tacitus’ ‚Agricola und Germania‘. Am streng wissenschaftlichen Charakter dieser Publikation, die als erster und einziger Band der Abteilung „Arbeiten zur Klassischen Philologie und Altertumskunde“ in der Reihe „Fachwissenschaftliche Untersuchungen“ des „Ahnenerbes“ erschien, gibt es keinen Zweifel.[20]

In dem Vorwort der Arbeit hatte Till dem Reichsführer SS für „die entscheidende Anregung und immer wieder erneute, durchgreifende Unterstützung“ gedankt.[21] Zumindest im Hinblick auf die Verdienste Himmlers entstammt diese Dankadresse, was Kater übersehen hat, der Feder Wüsts. Jedenfalls ließ er dem Autor mitteilen, „daß die Gewichtverteilung im Vorwort den geschichtlichen Hergängen, d.h. vor allem nicht der Rolle des RF-SS gerecht wird. Der Dank an die Italiener und an Herrn Paul Lehmann könn-

16 Vgl. oben, *[71ff.]*. Die Initiative Dirlmeiers bei Rosenberg hat Kater nicht berücksichtigt. Dem ihm angetragenen Eintritt in die SS wußte sich Dirlmeier zu entziehen; vgl. Sievers an Wüst v. 26.8.1940 (NS 21/240) und Kater: AE 1974, 304 m. Anm. 27.

17 Vgl. unten, *[145ff.]*.

18 Till erhielt ursprünglich eine „Forschungsbeihilfe“ von 200 RM, die nach der Einrichtung der Abteilung für Griechische Philologie auf 120 RM gekürzt wurde; vgl. Sievers an Till v. 23.5.1939 (NS 21/30).

19 Vgl. Kater: AE 1966, 114f. Es handelte sich dabei um Dr. Gisela Schmitz-Kahlmann, die Chefsekretärin in der Reichsgeschäftsführung des „Ahnenerbes“ und Verfasserin der Studie „Das Beispiel der Geschichte im politischen Denken des Isokrates“, Leipzig 1939.

20 R. Till: Handschriftliche Untersuchungen zu Tacitus’ Agricola und Germania (Der Codex Aesinas), Berlin 1943.

21 Till: Untersuchungen, XI.

te durchaus gemessener sein. Der Kurator hat das Vorwort entsprechend abgeändert."[22] Wenn Himmler sich „als Mäzen der Wissenschaften nachweislich einmal von seiner besten Seite gezeigt" hat, wie Kater auch unter Berufung auf Wüst bemerkt, so scheint doch Till selbst bei seiner wissenschaftlichen Arbeit der Bindung an den Reichsführer kein besonderes Gewicht beigemessen zu haben.[23]

Himmlers Anteil dürfte sich darauf beschränkt haben, daß er Till über den italienischen Kultusminister Bottai Zugang zu dem Codex verschafft hat.[24] Angesichts der Belege für Himmlers Interesse an der Antike ist es wenig wahrscheinlich, daß die eigentliche Anregung von ihm selbst gekommen ist. Vermutlich hat man hierbei die besondere Bereitschaft Himmlers ausgenutzt, Arbeiten aus dem germanenkundlichen Bereich zu fördern. Das geschah in einem ähnlich gelagerten Fall, als Himmler die von Prof. Alexander Langsdorff an ihn herangetragene Aufgabe der Neubearbeitung des Theoderich-Grabmals in Ravenna zu seiner eigenen Sache machte.[25] Er erwirkte bei den italienischen Behörden die Erlaubnis für kleinere Nachgrabungen, die von dem Leipziger Archäologen *Robert Heidenreich* durchgeführt wurden.[26]

Himmlers Eifer ließ sich also durchaus in vernünftige Bahnen lenken, wobei die Mitarbeiter darauf achten mußten, die Führungsrolle ihres Schirmherrn gebührend zu würdigen. Allerdings blieb auch Till von den ***[122]*** „Anregungen", die tatsächlich auf Himmler selbst zurückgingen, nicht ganz verschont. So leitete man ihm z.B. eine Anfrage über das Trocknungsverfahren der Apfelsinenschalen in Italien zu. Die knappe Antwort Tills läßt den Unmut ahnen, den er bei der Erledigung dieses Auftrags empfunden haben muß.[27]

Andere Projekte dieser Art, die gleichfalls die unverwechselbare Handschrift des Reichsführers tragen und z.T. in das Ressort der altertumswissenschaftlichen Abteilung

---

22 AE-Stiftung Verlag/Hohns an Till v. 15.12.1942 (NS 21/439). Der hier angesprochene Spezialist für Mittellatein, Prof. Lehmann (München), wurde ebenfalls vom „Ahnenerbe" gefördert; vgl. Kater: AE 1974, 196.

23 Die Auskunft Wüsts, auf die sich Kater hier stützt, zeigt, daß derartige Zeugenbefragungen mit Vorsicht ausgewertet werden müssen; vgl. ebd., 200 m. Anm. 81.

24 Kater hat die Rolle Himmlers auch deshalb überbewertet, weil er Tills Charakterisierung des Codex als „für die Überlieferung der Germania des Tacitus wichtigste Handschrift" (Till: Untersuchungen, XI) in dem Sinne mißverstanden hat, als habe Himmler „selbst die Überlieferung dieser für das Werk des Tacitus, Germania, wichtigsten Handschrift aus dem Besitz des italienischen Grafen Balleani über die deutsch-italienischen Behörden veranlaßt" (Kater: AE 1974, 200).

25 Vgl. Prof. Langsdorff an SS-Gruf. Wolff o.D. (Eingangsstempel Pers. Stab RFSS v. 9.7.1938) und Himmler an Bottai v. 18.7.1938 (NS 19 neu/562); vgl. auch den Abdruck bei Ackermann, 255f.; zu Langsdorff zuletzt Kater: AE 1974, 20ff.

26 *R. Heidenreich* (8.9.1899) UD Leipzig 1931, a.o. Prof. Leipzig 1940, Jena 1953, Leipzig 1959; zu dem Vorhaben vgl. R. Heidenreich, in: Neue Jahrbücher für Antike und deutsche Bildung 1 (1938) 289–297. Das „Ahnenerbe" kümmerte sich noch im März 1945 um die Publikation (AE-Verlag an Frau Dr. Marie Heidenreich v. 14.3.1945–NS 21/448). Beim Erscheinen des Werkes im Jahre 1971 (!!) wurde auf die Entstehungsgeschichte kein Bezug genommen; vgl. R. Heidenreich: Das Grabmal Theoderichs zu Ravenna, Wiesbaden 1971.

27 Vgl. Till an Wüst v. 11.4.1938 (Abschrift), Sievers an RFSS v. 26.4.1938 und RFSS/Persönl. Stab an das AE v. 7.5.1938. Till konnte lediglich melden, daß die an der Luft getrockneten Schalen „zur Bereitung von Extrakten und Likören" verwendbar waren; vgl. Till an Wüst v. 11.4.1938 (NS 21/721).

fielen, wurden bis zum Kriegsende zurückgestellt. Dazu gehörte eine sprachwissenschaftliche Untersuchung über die verwandtschaftlichen Beziehungen zwischen den alten Hellenen und den Norwegern, um die sich Himmler ebenso kümmerte wie um die „Sitte des Bades" bei den Griechen.[28] Wiederholt äußerte er schließlich den Wunsch, ihn „auf SS-Angehörige und ihre Bräute bzw. Frauen aufmerksam zu machen, die griechische Nasen aufweisen." Im Hintergrund stand der Plan, und darin kommt ein lebendiges „züchterisches" Interesse an der Antike zum Ausdruck, eine SS-Einheit mit griechischem Profil aufzubauen.[29]

Die Reihe dieser Kuriositäten ließe sich fortsetzen; hier ging es in erster Linie darum, die verschiedenen Ebenen sichtbar zu machen, auf denen die vorgeblich oder tatsächlich von Himmler inaugurierte Erforschung der Antike anzusiedeln war. Abgesehen von den Untersuchungen zum *Codex Aesinas* dokumentiert noch ein kurzer Beitrag über Stilicho zu dem Sammelband „Kleine Kostbarkeiten aus Kunst und Geschichte" die Zugehörigkeit Tills zum „Ahnenerbe".[30] Wenn er, wie Kater meint, „damit die Grenzen seines eigenen wissenschaftlichen Ethos" aufgezeigt haben sollte,[31] so müßte diese Elle auch an den „als voll wissenschaftlich" eingestuften Artikel Dirlmeiers über „Die Pelasgermauer der Akropolis" angelegt werden.[32] Ein Vergleich beider Beiträge, die den Anspruch strenger Wissenschaftlichkeit nicht erheben, zeigt im Kontrast zur Einschätzung Katers, daß die Konzessionsbereitschaft Dirlmeiers im terminologischen Bereich eher noch stärker ausgeprägt war als bei Till.[33] Für Dirlmeiers weitere Beteiligung an der wissenschaftlichen Arbeit des „Ahnenerbes" ist auf seinen anläßlich der Salzburger Wissenschaftswochen gehaltenen Vortrag „Apollon, Gott und Erzieher des hellenischen Adels" zu verweisen.[34] Dem „Druck der ideologischen Fragestellung", der über der ganzen Veranstaltung lag, hat Dirlmeier dann ebensowenig nachgegeben[35], wie er die Linie, die er 1938 in seinem Brief an Rosenberg skizziert hatte, publizistisch nicht mehr vertrat.[36]

Dirlmeier und Till verkörpern wohl am ehesten den Gelehrtentyp, der im „Ahnenerbe" den „Faktor der ‚stillen' Arbeitsmöglichkeit" genutzt hat.[37] Anstöße im Sinne einer erneuerten nationalsozialistischen Altertumswissenschaft sind von ihnen nicht ausge-

28 Vgl. H. Heiber (Hrsg.): Reichsführer! ... Briefe an und von Himmler, Stuttgart 1968, 88 (Nr. 78) u. 207 (Nr. 225).

29 Zitiert nach Heiber: Reichsführer, 120 (Nr. 111 b); vgl. ebd. Nr. 111 a; vgl. Kater: AE 1974, 205f. (= Aktenvermerk Sievers v. 5.5.1942–NS 21/227).

30 Vgl. R. Till: Ein Bild von Stilicho, in: Joseph Otto Plassmann (Hrsg.): Kleine Kostbarkeiten aus Kunst und Geschichte, Berlin 1940, 69–73; vgl. dazu Kater: AE 1974, 201.

31 Kater: AE 1974, 201.

32 Vgl. F. Dirlmeier: Die Pelasgermauer der Akropolis, in: Plassmann, 37–43, und Kater: AE 1974, 412, Anm. 99.

33 Vgl. z.B. Dirlmeier: Pelasgermauer, 39.

34 AfR 36 (1939) 277–299. Neuabdruck in: F. Dirlmeier: Ausgewählte Schriften zu Dichtung und Philosophie der Griechen, Heidelberg 1970, 31–47; vgl. dort auch Schriftenverzeichnis Dirlmeier (9ff.).

35 Kater: AE 1974, 118 und 166ff., sowie Bollmus, 226f.

36 Vgl. oben, *[71ff.]*.

37 Vgl. Kater: AE 1974, 200.

gangen. Darauf deutet auch das im *[123]* ganzen konservative Lehrprogramm, das von ihnen angekündigt wurde.[38] Die wissenschaftlichen Arbeiten dieser beiden Philologen darf man im Rahmen der Gesamtproduktion des „Ahnenerbes" ganz sicher – soviel sei an dieser Stelle im Sinne einer vorläufigen Bilanz gesagt – zu den positiven Ausnahmeerscheinungen zahlen. Auf die Positionen Dirlmeiers und Tills wird nach der Behandlung weiterer, insbesondere der althistorischen Projekte, die von Himmler gefördert wurden, zurückzukommen sein.

2. Franz Altheim als Althistoriker des „Ahnenerbes"

Neben den in erster Linie philologisch ausgerichteten Forschungsabteilungen Dirlmeiers und Tills sollte auch eine Abteilung für Alte Geschichte eingerichtet werden. Obwohl dieser Plan nicht verwirklicht wurde, unterstützte das „Ahnenerbe" überwiegend in der Form von Reisebeihilfen die im engeren Sinn althistorischen Arbeiten Franz Altheims.[39] Sein Arbeitsgebiet bot zumindest teilweise die Möglichkeit, dem Ziel, „Alte Geschichte im Zusammenhang mit dem Germanentum studieren" zu wollen, näher zu kommen.[40]

Anders als Dirlmeier und Till zählte Altheim aber nicht zu den „tätigen", d.h. den ordentlichen Mitgliedern des „Ahnenerbes", sondern ist am besten wohl als eine Art freier Mitarbeiter einzustufen.[41] Dieser Unterschied dürfte mehr formeller Art gewesen sein, denn Altheim wurde z.B. ebenso wie die Abteilungsleiter Dirlmeier und Till als Gutachter in altertumswissenschaftlichen Fragen gehört.[42] Für die relativ enge Bindung Altheims an das „Ahnenerbe" spricht auch die Betreuung seiner Publikationen durch die Forschungs- und Lehrgemeinschaft. Die Sparte „Alte Geschichte" der Reihe „Deutsches Ahnenerbe" blieb sogar allein seinen Untersuchungen vorbehalten.[43] Beim „Ahnenerbe" hatte man frühzeitig erkannt, welche Anziehungskraft diese Art von Forschungsförde-

38 Abgesehen vielleicht von der Lektüre antiker Quellen „zur deutschen" bzw. „germanischen Frühgeschichte" (z.B. SS 1939 u. 1944: Claudian, De bello Gothico, oder Trimester 1941: Velleius Paterculus), die Till anbot, handelt es sich um ein herkömmliches Veranstaltungsprogramm.

39 Zu Altheim vgl. bereits oben, *[61ff.]*. Die Absicht ergibt sich aus einer für Hitler bestimmten Denkschrift über das „Ahnenerbe" vom Frühjahr 1939; vgl. Kater: AE 1974, 110f. Im schematischen Überblick über sämtliche Abteilungen ist auch eine Lehr- und Forschungsstätte für Alte Geschichte aufgeführt (ebd., Anhang, Tafel I). In einem späteren Überblick aus dem Jahre 1944 fehlt die entsprechende Eintragung (ebd., Anhang, Tafel III).

40 Denkschrift Frühjahr 1939, zitiert nach Kater: AE 1966, 84.

41 Kater hat die Frage des Status von Altheim offen gelassen; zu den Mitgliedsformen vgl. Kater: AE 1966, 563, Tafel III, T u. V, sowie ders.: AE 1974, 91 u. 304. Erst im *Januar* 1945 wurde erwogen, Altheim zum korrespondierenden Mitglied zu ernennen. Vermerk des Kurators vom 19.1.1945 und Kurator an Himmler v. 19.1.1945 „betr. Formelle Ernennung älterer und bewährter Mitarbeiter zu tätigen Mitgliedern und Abteilungsleitern" (NO-659).

42 Vgl. dazu unten, *[132ff.]*.

43 „Deutsches Ahnenerbe" – Reihe B: Fachwissenschaftliche Untersuchungen, Abtlg. „Arbeiten zur Alten Geschichte" Bd. 1: Die Soldatenkaiser (1939), Bde. 2 u. 3: Die Krise der Alten Welt, Bde. 1 u. 3 (1943). Die Veröffentlichungen „Vom Ursprung der Runen" (1939) und „Kimbern und Runen"

rung auf Wissenschaftler verschiedenster Disziplinen ausübte, und nutzte nach Kräften diesen Weg, um qualifizierte Mitarbeiter zu gewinnen.

In Franz Altheim unterstützte das „Ahnenerbe" einen der eigenwilligsten und vielseitigsten Vertreter der Altertumswissenschaft dieser Zeit. Altheim hatte als Klassischer Philologe begonnen und zählte zum Schülerkreis von Walter F. Otto, dem Haupt der „Frankfurter Schule der Religionswissenschaft".[44] Anfang der dreißiger Jahre legte Altheim in rascher Folge mehrere Arbeiten zur altitalischen und römischen Religionsgeschichte vor, die eine wohl bis heute sehr kontrovers geführte Diskussion auslösten.[45] In der Frankfurter Schaffensperiode entstanden auch die „Epochen der römischen Geschichte", in denen Altheim, ausgehend von den „Mächten *[124]* der italischen Frühgeschichte", eine sehr eigenwillig konzipierte Darstellung von Roms Aufstieg zur Weltmacht gab.[46] In diesem Werk hat sich der Einfluß des Ethnologen und Kulturphilosophen Leo Frobenius niedergeschlagen, dessen Frankfurter Kreis Altheim angehörte.[47] Von daher ergab sich auch die Mitgliedschaft Altheims in der „Doorner Arbeitsgemeinschaft", einer nach dem Ersten Weltkrieg von Wilhelm II. gegründeten wissenschaftlichen Gesellschaft, die sich offenbar die Förderung der Arbeiten von Leo Frobenius zum Ziel gesetzt hatte.[48]

Nicht unerwähnt bleiben sollten in diesem Zusammenhang die Beziehungen Altheims zum George-Kreis, die in seiner Frankfurter Zeit bestanden. Als Schüler W. F. Ottos wurde Altheim schließlich auch zu den Anhängern des „Dritten Humanismus" gerechnet.[49] Wie weit sich Altheim tatsächlich mit allen Ansichten seines Lehrers iden-

---

(1942) erschienen in der Sparte „Arbeiten zur Germanenkunde"; vgl. generell Franz Altheim – Bibliographie seiner Schriften, zusammengestellt von Eberhard Merkel, Frankfurt/Main 1958.

44 Willy Theiler: W. F. Otto, in: Gnomon 32 (1960) 90 (87–90); vgl. Uvo Hölscher: Die Chance des Unbehagens, Göttingen 1965, 35f.

45 F. Altheim: Griechische Götter im alten Rom, Gießen 1930; ders.: Terra Mater. Untersuchungen zur altitalischen Religionsgeschichte, Gießen 1931; und ders.: Römische Religionsgeschichte, Bde. 1–3, Berlin 1931–1933; vgl. dazu kritisch den Forschungsbericht von H. J. Rose: Roman Religion 1910–1960, in: JRS 50 (1960) 161–172.

46 F. Altheim: Epochen der römischen Geschichte, Bd. 1–2, Frankfurt/Main 1934–35. Über die „Epochen" entstand eine heftige Kontroverse Altheims mit J. Vogt; vgl. Schriftenverzeichnis Altheim, Nrn. 18 u. 26.

47 Bd. 2 der „Epochen der römischen Geschichte" ist Leo Frobenius zugeeignet; zu den Anregungen, die Altheim von Frobenius empfangen hat, vgl. auch F. Vittinghoff, in: Gymnasium 62 (1955) 254.

48 Zu den Beziehungen Altheims „zum Hause Doorn" vgl. die folgenden Gutachten: Lorenz/Amt Wissenschaft und Facherziehung Halle v. 26.4.1938, betr. Beurteilung des Prof. Dr. Franz Altheim und NSDD an Pkz. v. 13.8.1942 (MA 116/1-Altheim). – Altheim war von 1934–1937 Mitglied der „Doorner Arbeitsgemeinschaft" (Nach KGK 11, 1970, 30); zu dieser Gruppe, der auch W. F. Otto und Karl Reinhardt angehörten, vgl. Chef der Sipo und SD an DBFU V. 26.1.1943 betr. Prof. W.F. Otto (MA 116/12–Otto).

49 Hinweise auf „starke Bindungen zum Stefan George-Kreis" enthalten die in der vorigen Anmerkung (49) angeführten Gutachten. Das den George-Kreis beherrschende Prinzip der Exklusivität erschwert es naturgemäß, solchen Zusammenhängen nachzugehen; zu den Anhängern Georges an der Frankfurter Universität um den Kurator Riezler vgl. Paul Kluke: Die Stiftungs-Universität Frankfurt am Main 1914–1932, Frankfurt 1972, 478. Die „Riezler-Clique" – zu ihren prominenten Mitgliedern zählten u.a. Karl Reinhardt, der Religionsphilosoph Paul Tillich und der Mediävist

tifiziert hat, ist nur sehr schwer auszumachen. Aus nationalsozialistischer Sicht waren jedenfalls alle diese Altheim unterstellten Bindungen zu den „Verirrungen“ zu zählen. Die Gutachter aus dem Hause Rosenberg vermerkten 1942 rückblickend positiv, daß sich Altheim vom Frankfurter Humanismus W. F. Ottos gelöst habe.[50]

Anfang 1935 entsprach Altheim weder von seiner wissenschaftlichen noch von seiner politischen Biographie her den Anforderungen, die an einen nationalsozialistischen Hochschullehrer zu stellen waren.[51] Rosenberg selbst hatte sich in der Auseinandersetzung mit den Kritikern seines „Mythus“ auf den „in keiner Weise als Nationalsozialist verdächtige[n] Franz Altheim“ als Gewährsmann für die Richtigkeit seiner eigenen Etrusker-Darstellungen berufen.[52] Ungefähr zur gleichen Zeit meldete A. Baeumler als Mitglied der NSDAP-Hochschulkommission „Bedenken weltanschaulicher Art“ gegen die Berufung Altheims auf das Extraordinariat für Klassische Philologie an der Universität Frankfurt an. Nach seinem Eindruck gehörte Altheim zu den „Intellektuellen, die auch weiterhin versuchen, die Geschichte des Altertums zu schreiben, als ob es das Problem der Rasse nicht gäbe“.[53] Wie schon angedeutet, sollte sich die kritische Einstellung des „Amtes Rosenberg“ zu Altheim später ändern. Insgesamt scheint sich Altheim in den ersten Jahren nach der Machtübernahme politisch eher zurückgehalten zu haben.[54] Ein besonderes politisches Engagement – das bestätigt sich auch im Falle Altheims – gehörte demnach nicht zu den unabdingbaren Voraussetzungen einer Zusammenarbeit mit dem „Ahnenerbe“.

Unklarheit besteht darüber, wie die Verbindung Altheims zum „Ahnenerbe“ zustande kam. Die Vermutung eines Dozentenbund-Gutachters geht dahin, daß er „wahrscheinlich über seine Forschungen zur Etruskerfrage ... vom ‚Ahnenerbe‘ mit der Durchsicht

Ernst Kantorowicz – wurde bald nach der Machtübernahme zerschlagen (vgl. auch K. Reinhardt: Vermächtnis der Antike, Göttingen 1960, 398, Anm. 13).

50 Vgl. Gutachten Grünewald/Berlin über Prof. Altheim v. 26.7.1942 und HA Wissenschaft/Erxleben v. 5.8.1942 (MA 116/1-Altheim). Diese Gutachten standen im Zusammenhang mit Altheims Ernennung zum ordentl. Professor in Halle; vgl. oben, *[61ff.]*.

51 Das war nicht zuletzt bei seiner Berufung nach Halle deutlich geworden (vgl. die Einschätzung Altheims durch den Hallenser Rektor oben, ***[65, Anm. 139]***). Nach Ausweis seines Personalbogens (Sp. „Mitgliedschaft in nationalen Verbünden“) war Altheim seit Nov. 1933 Mitglied im NDFB und trat 1934 zur SA-Reserve I über. Die weitere Eintragung „NDLB“ ist nicht datiert. In der Spalte „Politische Betätigung“ findet sich kein Vermerk (R 21/376-Altheim).

52 Alfred Rosenberg: An die Dunkelmänner unserer Zeit. Eine Antwort auf die Angriffe gegen den ‚Mythus des 20. Jahrhunderts‘, München 1935, 71. Rosenberg wollte den „Beweis für den widerlichen Geist etruskischen Denkens“ liefern. Die von ihm ebd., 71f., angeführten Passagen finden sich bei Altheim: Epochen, Bd. 1, 40–42.

53 REM/Mattiat an die Hochschulkommission der NSDAP z. Hd. Prof. Baeumler v. 22.2.1935 und Baeumler an REM v. 27.2.1935 betr. Extraordinariat für Klassische Philologie an der Universität Frankfurt a.M. (MA 116/1-Altheim). Bei der Besetzung dieser Stelle ging es wahrscheinlich um die Nachfolge W. F. Ottos.

54 Diesen Eindruck unterstützt das bereits angeführte NSDD-Gutachten vom 13.8.1942 (MA 116/1-Altheim): „Dem nationalsozialistischen Gemeinschaftsdenken stand er zunächst fremd gegenüber und zog sich nach 1933 noch mehr auf sich selbst und seine Arbeit zurück.“

und Aufarbeitung des Wirthschen *[125]* Materials beauftragt (in Gemeinschaft mit Prof. Hermann Wirth)" wurde.[55] Mit Sicherheit lassen sich Altheims Beziehungen zum „Ahnenerbe" in das Jahr 1937 zurückverfolgen. Damals versuchten Wüst und Sievers, durch groß angelegte Gemeinschaftsprojekte und die Förderung von Forschungsreisen ihren Mitarbeiterstab zu vergrößern.[56] In diesem Zusammenhang übernahm das „Ahnenerbe" die Leitung des von Görings Reichsforstamt angeregten Projekts „Wald und Baum". Dabei wurden Wüst und Sievers auch auf Altheim aufmerksam, der im Rahmen der Buchreihe „Wald und Baum in der arisch-germanischen Geistes- und Kulturgeschichte" das Thema „Heilsbilder" bearbeiten sollte.[57] Altheim hatte sich bereits ein Jahr zuvor in enger Zusammenarbeit mit Erika Trautmann der Felsbilder- und Runenforschung zugewandt. Beide knüpften unmittelbar an Arbeiten des Frankfurter Instituts für Kulturmorphologie in der Val Camonica an.[58] Derartige Untersuchungen paßten sich nicht nur vortrefflich in das neue Vorhaben des „Ahnenerbes" ein, sondern kamen auch der besonderen Vorliebe Himmlers für die Sinnbildforschung entgegen.[59]

In den Felsbildern der Val Camonica sah Altheim gewissermaßen einen Spiegel der Geschichte des vorrömischen Italien.[60] Vor allem aber ging es ihm darum, die „Übereinstimmung zwischen dem Val Camonica und dem Norden" herauszustellen. Gestützt auf Vergleichsmaterial aus dem süd-schwedischen Raum glaubte er, in den Felsbildern „ein nordisches Erbteil" ausmachen zu können, das er den Euganeern zuwies.[61] Nach Vorlage dieser Ergebnisse konnte Altheim im Jahre 1937 mit Unterstützung des „Ahnenerbes" und Görings eine selbständige Forschungsreise nach Italien und Jugoslawien durchführen. Diesen Zusammenhang hat Altheim in einem Brief an A. Baeumler, den Vertrauensmann Rosenbergs, hergestellt, in dem er ein erstes Fazit jener Reise zog.[62] In den Mittelpunkt seiner Ausführungen stellte er die Felsbilder „als Denkmäler einer nordischen Einwanderung". Erwähnenswert erschienen ihm „neue Beweise für den indogermanischen Ursprung der Sikuler", der Nachweis „germanischer Splitter" im nördlichen Bosnien im 4. – 3. Jahrhundert v. Chr. und weiteres Fundmaterial, mit dem sich die „Ursprungsfrage

---

55 NSDD an Pkz. v. 13.8.1942 (MA 116/1-Altheim). Ein genauer zeitlicher Ansatz läßt sich diesem Hinweis nicht entnehmen. Kater hat diese Angabe nicht erfaßt.

56 Vgl. Kater: AE 1974, 75ff.

57 Kater: AE 1974, 77f. Die Auftragsvergabe erfolgte erst im Jahre 1938; vgl. auch den Aufruf zu dem Gemeinschaftswerk, in: Volk im Werden 6 (1938) 531ff.

58 Vgl. F. Altheim: Forschungsbericht zur Römischen Geschichte, in: Welt als Geschichte 2 (1936) 83ff. (68–94); siehe auch F. Altheim u. E. Trautmann: Nordische und italische Felsbildkunst, in: Welt als Geschichte 3 (1937) 86f. (83–113). – In einem Anhang äußerte sich Altheim „Zur Herkunftsfrage der Runen" (ebd., 114–118).

59 Kater: AE 1974, 125f.

60 F. Altheim u. E. Trautmann: Felsbildkunst, 94.

61 Ebd., 99 u. 101.

62 Altheim an Baeumler v. 16.3.1938 (MA 116/1-Altheim). Bei diesem Brief handelt es sich um einen Nachtrag zu einem von Wüst vermittelten Gespräch zwischen Altheim und Baeumler, das auf Wunsch B.s am gleichen Tag stattgefunden hatte. Der Vorgang zeigt u.a., daß die Beziehungen zwischen dem Hause Rosenberg und dem „Ahnenerbe" zum damaligen Zeitpunkt noch relativ gut waren.

der Runen“ klären ließ. Mit diesem Bericht wollte Altheim, wie er abschließend versicherte, zeigen, „daß das Thema: ‚Nordische Rasse und ihre Einwanderung nach Italien und Südosteuropa‘ im Mittelpunkt meiner Arbeit steht“.[63] In diesen Ausführungen kommt deutlich das Bemühen zum Ausdruck, etwa noch vorhandene Zweifel Baeumlers an der „weltanschaulichen Qualifikation“ Altheims zu zerstreuen.[64] Mit Veröffentlichungen wie „Vom Ursprung der Runen“ oder „Runen als Schildzeichen“ entsprach Altheim ganz sicher einem aktuellen Erkenntnisinteresse Himmlers.[65] Die weitreichenden *[126]* Schlüsse, die er an seine Felsbildforschungen knüpfte, stießen freilich bald auf den teilweise erheblichen Widerspruch der Fachwelt.[66]

Im Anschluß an die bewußt germanenkundlich orientierte Felsbild- und Runenforschung wandte sich Altheim Ende der dreißiger Jahre der Erforschung der Grenzräume und Kontaktzonen des Imperium Romanum zu. Die Wahl dieses Arbeitsfeldes kennzeichnet sein Bemühen, aus den „starr gewordenen Normen überkommener Forschungsweise“ auszubrechen.[67] Diese Tendenz sollte für Franz Altheim charakteristisch bleiben. Wie Altheim in seinem an das „Ahnenerbe“ gerichteten „Antrag auf Durchführung einer Forschungsreise an die Ostgrenze des alten Römischen Reiches“ hervorhob, erhoffte er sich davon „wichtige Erkenntnisse für die Auseinandersetzung der Germanen, Illyrier und der iranischen Reitervölker mit dem semitischen Orient“.[68]

Auf die Nachricht hin, daß sich auch Göring für dieses Unternehmen interessierte und bereits eine Reisebeihilfe zugesagt hatte, bemühte man sich im „Ahnenerbe“, das Projekt intern „besonders gut vorzubereiten“, weil man sich von der erfolgreichen Durchführung eine günstige Wirkung auf die Beziehungen zu Göring und einen erheblichen Prestigegewinn für das „Ahnenerbe“ versprach.[69] Die Bemühungen Altheims um finanzielle Unterstützung seines wissenschaftlichen Reiseprogramms ergaben sich aus der Natur der Sache. Wenn sein Antrag auf das Erkenntnisinteresse des „Ahnenerbes“ abgestellt war, so geschah das in richtiger Einschätzung der Erfolgsaussichten, denn allen Beteiligten war klar, daß sich das „Ahnenerbe“ nicht mit der Rolle des völlig uneigennützigen Mäzens be-

63 Altheim an Baeumler v. 16.3.1938 (ebd.).

64 Vermutlich hing das Interesse Baeumlers mit den Lehrstuhlbesetzungen in Halle zusammen.

65 F. Altheim u. E. Trautmann: Vom Ursprung der Runen, Frankfurt 1939 und ders.: Runen als Schildzeichen, in: Klio 31, N. F. 13 (1938) 51–59; vgl. dazu auch kurz K. v. See: Deutsche Germanenideologie, 98f.

66 Vgl. z.B. Altheim u. Trautmann: Ursprung, 25. Ferner F. Altheim und E. Trautmann: Grundsätzliches zur Runen- und Felsbildforschung, in: Germanien 11, N. F. 1 (1939) 449–456. Von den Kritikern vgl. Friedrich Matz: Die Indogermanisierung Italiens, in: Neue Jahrbücher für Antike und deutsche Bildung 1 (1938) 400; ders.: Bericht über die neuesten Forschungen zur Vor- und Frühgeschichte Italiens (1939–41), in: Klio 35, N. F. 17 (1942) 306f.; und Franz Miltner: Bericht über germanenkundliches Schrifttum aus dem Jahre 1942, in: Klio 36, N. F. 18 (1944) insbes. 110f.

67 Altheim: Soldatenkaiser, 10; vgl. auch Christ: Entwicklung, 585.

68 Zitiert nach Sievers an Altheim und Trautmann v. 13.7.1938 betr. Forschungsreise an die Ostgrenze des alten Römischen Reiches (NS 21/165), der sich auf den Antrag bezieht. Siehe auch Kater: AE 1974, 79.

69 Vgl. Anmerkung E. Trautmann v. 30.6.1938 und Sievers an OStuf. Menz v. 13.7.1938 betr. Forschungsreise Altheim/Trautmann (NS 21/165).

gnügen würde. Im Hinblick auf den wissenschaftlichen Ertrag läßt sich der „Erfolg" dieser Art von Forschungsförderung letztlich aber erst an der Vorlage bzw. Publikation der Ergebnisse ablesen: Darauf ist zunächst einzugehen. Danach soll unter Einbeziehung der Reiseberichte und der damit zusammenhängenden Korrespondenz Altheims mit dem „Ahnenerbe" versucht werden, die im weitesten Sinne politischen Implikationen, die sich aus der Zusammenarbeit mit der Forschungsgemeinschaft ergaben, zu beleuchten.

Die wissenschaftliche Ausbeute der „Reise an die Ostgrenze des Römischen Reiches" legte Altheim schon 1939 in dem Werk „Die Soldatenkaiser" vor. Der neue methodische Anspruch äußerte sich zunächst in der Polemik gegen die „kritische Schule", deren „Spezialistentum" es verwehrte, „in Weiten, in großen Möglichkeiten zu denken".[70] Der Vorwurf, „nicht umfassend, nicht weiträumig genug" zu sein, traf auch die „Konzeption einer Klassischen Altertumswissenschaft". Unabdingbare Voraussetzung dieser weiträumigen und nach Altheims Meinung universalgeschichtlichen Betrachtungsweise, die in der Tat die Grenzen des „klassischen" Mittelmeerraums *[127]* sprengte, war die Verwirklichung der herodoteischen Forderung der Autopsie: „Nur wer Wüste und Puszta, wer Nomadenleben und Schamanismus kennt, kann der Städtekultur des Mittelmeerraumes gegenüber den rechten Standpunkt gewinnen."[71] Freilich war dieser Anspruch – wie ein Kollege Altheims nicht ohne einen Anflug von Bitterkeit vermerkte – nur von denen zu erfüllen, die in den Besitz der notwendigen Förderungsmittel gekommen waren.[72]

Abgesehen von der Prägung durch Leo Frobenius befand sich Altheim mit der Wahl seines Themas ganz unverkennbar im Banne der Forschungen Andreas Alföldis und Michael Rostovtzeffs.[73] Altheim widersprach bereits in der Einleitung dem Versuch, die Krise des 3. Jahrhunderts mit dem „wirtschaftlich-ständischen Gegensatz von Stadt und Land" zu erklären und damit einen „Klassenkampf" zum entscheidenden Faktor zu machen. Er fand vielmehr „Rankes Lehre vom Primat der Außenpolitik" in dem Sinne bestätigt, daß zunehmender Druck von Randvölkern auf die Grenzen im Römischen Reich selbst „andere Stämme und Rassen" auf den Plan rief, „deren unverbrauchte Kraft bereit war, das schwindende italische Volkstum in der Führung des Imperiums zu ersetzen".[74] Wenn Rostovtzeff unter dem Eindruck der russischen Oktober-Revolution in das 3. Jahrhundert n. Chr. „die Erschütterung der eigenen Gesellschaftsschicht hineingesehen" hatte,[75] so konnte sich auch Altheim, wie unschwer zu erkennen ist, bei seiner Deutung dieses epochalen Geschehens dem Gedankengut der „nationalsozialistischen Revolution" nicht entziehen.

In mehr oder weniger starker Ausprägung sind die Spuren des „Zeitgeistes" in der beträchtlich erweiterten Auflage der „Soldatenkaiser" zu fassen, die 1943 unter dem Titel

70 Altheim: Soldatenkaiser, 9f.

71 Ebd., 11f.

72 Vgl. Wilhelm Ensslin: Die Soldatenkaiser. Zu einem neuen Buch von Franz Altheim, in: HJb. 61 (1941) 266 (266–274).

73 Zum Problemkreis vgl. Christ: Geschichte, 36ff.; zu Rostovtzeff vgl. Christ: Gibbon, 334ff. u. 372f.

74 Altheim: Soldatenkaiser, 13f.

75 Christ: Gibbon, 347.

„Die Krise der Alten Welt" erschien. Auch die 1952 vorgelegte letzte Bearbeitung „Der Niedergang der Alten Welt" ist davon nicht ganz freigeblieben.[76] So gipfelt das Plädoyer für die germanische Abkunft des Maximinus Thrax in allen drei Fassungen unverändert in der Feststellung: „Man wird ihn als Kaiser germanischen Blutes anerkennen müssen."[77]

Wenn Altheim gegenüber Baeumler „ausdrücklich" auf die „rassische Einstellung" seines Buches „Die Soldatenkaiser" hingewiesen hatte, so konnte Hans Bogner, der als Lektor für Rosenbergs „Amt Schrifttumpflege" ein sogenanntes „Buch-Vorgutachten" abgab, diesen Sachverhalt ohne Einschränkungen bestätigen. Nach seiner Auffassung „verdient(e) das Buch wegen seines ungewöhnlichen wissenschaftlichen Wertes und seiner energisch durchgeführten völkisch-rassischen Betrachtungsweise ganz besondere Förderung". In diesem Sinne bejahte er die Eignung des Werkes für die „Nationalsozialistische Bücherkunde" und „für die Schulungsarbeit der NSDAP".[78] Weniger positiv fiel das Echo in den Fachzeitschriften aus. *[128]* Wilhelm Ensslin fand den „Anspruch des Neuen, unserer Zeit Entsprechenden" nicht bestätigt.[79] Seine Ausstellungen bezogen sich nicht nur auf Altheims Auffassung von Universalgeschichte, sondern auch auf die Einzelergebnisse. Vom Standpunkt des auswärtigen Beobachters nahm Arnaldo Momigliano besonderen Anstoß an dem zeitbedingten Vokabular, mit dem indogermanische und nordische Wesenszüge erklärt wurden. In einer doppeldeutigen Formulierung bedauerte er, Altheim unter denen zu sehen, die der „fascination of barbarism" erlegen waren.[80]

Mit der wissenschaftlichen Zielsetzung des ausgedehnten Reiseprogramms verband Altheim ein unverkennbares politisches Engagement, das sich in verschiedenen Reiseberichten niedergeschlagen hat. Diese internen Berichte sind in erster Linie als wichtigste Zeugnisse für Altheims persönliches Verhältnis zum „Ahnenerbe" auszuwerten. Darüber hinaus vermitteln sie auch weitere Aufschlüsse über die Forschungsförderung des „Ahnenerbes" im Krieg.[81] Es ist dabei nicht immer leicht, wissenschaftliche, kulturpolitische und rein politische Berichterstattung voneinander zu trennen. Altheim registrierte nicht nur pro- und antideutsche Stimmungen, sondern äußerte sich auch zum jüdischen Einfluß und zu antisemitischen Bestrebungen in den jeweiligen Gastländern. Während er in Schweden 1938 „große politische Antriebe" vermißte, sorgte er sich in Rumänien

76 Franz Altheim: Die Krise der Alten Welt im 3. Jahrhundert n. Zw. und ihre Ursachen, Bd. 1 u. 3 (mehr nicht erschienen), Berlin 1943 und ders.: Der Niedergang der Alten Welt. Eine Untersuchung der Ursachen, Bd. 1–2, Frankfurt/Main 1952.

77 Vgl. Altheim: Soldatenkaiser, 249; ders.: Krise, Bd. 3, 119 und ders.: Niedergang, Bd. 2, 295. Über die Frage der Abstammung des Maximinus Thrax mußte sich A. in einer lebhaften Kontroverse mit Ernst Hohl und Wilhelm Ensslin auseinandersetzen; vgl. Schriftenverzeichnis Altheim, Nrn. 59 u. 74 und E. Hohl: Die „gotische Abkunft" des Kaisers Maximinus Thrax, in: Klio 34, N. F. 16 (1942) 264–289.

78 Altheim an Baeumler v. 16.3.1938 und Buch-Vorgutachten Nr. 42 104 v. 11.12.1939 (MA 116/1-Altheim). Das Urteil Bogners wurde von Baeumler, der als „Hauptlektor" fungierte, bestätigt.

79 W. Ensslin: Soldatenkaiser, 274.

80 Arnaldo Momigliano: Rez. F. Altheim, Die Soldatenkaiser, in: JRS 35 (1945) 131 (129–131).

81 Unmittelbarer Empfänger war zumeist Sievers, der zusammen mit Wüst für die weitere Bearbeitung sorgte.

um das Schicksal der „Eisernen Garde“ und die unheilvolle „Rolle der jüdischen Mme. Lupescu“.[82]

Unter den argwöhnischen Augen der „Sûreté Générale“ fand er im über den Palästina-Konflikt erregten Syrien dennoch den Kontakt zur „stark antifranzösisch und antijüdisch eingestellt(en)“ Bevölkerung und konnte sich über die Stationierung französischer Truppenteile Klarheit verschaffen.[83] Besondere Aufmerksamkeit schenkte er den vorwiegend im Irak nomadisierenden Schammar-Beduinen, deren Oberhaupt, Scheich Adjil, ihm den Schwur abverlangte, „daß der Führer niemals in die Bildung eines jüdischen Nationalstaates in Palästina einwilligen würde“. Altheim schilderte die Atmosphäre allgemeiner Kriegserwartung und machte Angaben über die Kampfkraft und Bewaffnung der Beduinen, die sich seinem Eindruck nach „von einem europäischen Krieg die eigene Selbständigkeit“ erhofften. Als Sofortmaßnahme schlug er eine weitere Forschungsreise, die Entsendung eines SS-Führers und die fortlaufende Belieferung mit Propagandamaterial vor, um die Verbindung mit den Schammar-Beduinen aufrechtzuerhalten.[84] Hinsichtlich der politischen Implikationen seiner Verbindung zu den Schammar-Beduinen scheinen freilich Altheim selbst oder den Verantwortlichen des „Ahnenerbes“ Bedenken gekommen zu sein. Jedenfalls versicherte er in einem späteren Schreiben an Sievers, ein erneuter Besuch bei den Beduinen brauche „keinen politischen Charakter ***[129]*** zu tragen“, da er sich u.a. auch aus wissenschaftlichen Gründen vertreten lasse.[85]

Daß propagandistische Bemühungen oder auch nur der entsprechende Verdacht nicht ungefährlich waren, zeigt die auf Betreiben englischer Stellen im April 1939 erfolgte Ausweisung des deutschen Archäologen Dr. *Julius Jordan* aus dem Irak. Ihm wurde vorgeworfen, im Zusammenhang mit den Unruhen nach dem Tode König Ghasis antienglische Hetze betrieben zu haben. Aufgrund seiner verschiedenen Ämter – er war offizieller Berater der irakischen Regierung in archäologischen Angelegenheiten, Referent des Deutschen Archäologischen Instituts und Leiter der NSDAP-Ortsgruppe Bagdad – verfügte Jordan über beste Beziehungen und galt als hervorragender Kenner der irakischen Szene.[86] Altheim hatte bereits im Herbst 1938 Verbindung mit Jordan aufgenommen und

---

82 F. Altheim und E. Trautmann: Bericht über eine im Sommer und Herbst 1938 unternommene Forschungsreise in Schweden, Rumänien, Syrien und Irak. o. D. (NS 21/34 fol. 1–3). Das Unternehmen war größer angelegt als Katers Hinweis AE 1974, 79 vermuten läßt.

83 Altheim u. Trautmann: Bericht Sommer/Herbst 1938, fol. 4. Altheim gab Kontaktadressen weiter und sammelte Flugblätter antijüdischen Inhalts (ebd.).

84 Ebd., fol. 5 u. 6; zu Scheich Adjil-el-Yawir, der bereits 1937 vom Auswärtigen Amt in Berlin empfangen worden war, vgl. Fritz Grobba: Männer und Mächte im Orient, Göttingen 1967, 108.

85 Altheim an Sievers v. 15.2.1939 (NS 21/34).

86 Dr. Ing. *J. H. Julius Jordan* (27.10.1877–7.2.1945) hatte von 1921–1938 den Aufbau der irakischen Antikenverwaltung und u.a. die Grabungen von Warka geleitet; vgl. Siegfried Wölffling: Die Altertums- und Orientwissenschaft im Dienst des deutschen Imperialismus, in: WZ Martin-Luther-Univ. Halle-Wittenberg 20, 2 (1971) 91 (85–95); vgl. auch Jahresbericht des DAI für das Haushaltsjahr 1939/40, in: Archäologischer Anzeiger (1940), V; dazu von englischer Seite George E. Kirk: The Middle East in the War, 3. Aufl., London 1954, 57f.; Heinz Tillmann: Deutschlands Araberpolitik im zweiten Weltkrieg, Berlin 1965, 84f. und Grobba, 178–182. Bei Fritz Grobba handelt es sich um den damaligen deutschen Gesandten in Bagdad.

versuchte, den Kontakt mit dem „Ahnenerbe“ zu vermitteln.[87] Vor diesem Hintergrund wird die spätere Feststellung von Sievers verständlich, er habe Altheim „stets vor seinen Reisen im Einvernehmen mit dem Kurator darauf hingewiesen ... , daß er nicht angeben könne, im offiziellen Auftrag des ‚Ahnenerbes‘ aufzutreten“.[88] Zu diesem Zeitpunkt wollte man ganz offensichtlich politischen Ambitionen Altheims und möglichen Verwicklungen vorbeugen. Ob die Selbstdarstellung Altheims im Hinblick auf die politischen Aktivitäten immer der Wirklichkeit entsprach, wird zweifelhaft, wenn der Dozentenbund unter Berufung auf einen Bericht der Auslandsorganisation meldete, Altheim habe „1939 bei einer Ungarnreise die zuständigen deutschen Stellen trotz Aufforderung nicht besucht und bei einem als Judenfreund bekannten Professor gewohnt“.[89] An dem sachlichen Gehalt seiner Ausführungen gegenüber dem „Ahnenerbe“ ändert dieser Hinweis jedoch nichts.

Aktuelle Probleme spielten auch in der wissenschaftlichen Begründung weiterer Reiseunternehmen eine wichtige Rolle. So wollte sich Altheim dem mesopotamischen Hellenismus widmen, dessen besondere Bedeutung „für die gegenwärtigen Fragestellungen“ er hervorhob: „Eine griechische Herrenschicht setzt sich mit dem Orient auseinander; sie ergreift sogar Maßnahmen zur Reinhaltung der Rasse (vgl. W. W. Tarn, The Greeks in Bactria and India 35f.). Die antijüdische Politik des Antiochos IV. Epiphanes ist auch von dort aus zu verstehen.“ Im gleichen Zusammenhang dachte er an die Fortsetzung früherer Felsbildforschungen im südwestlichen Libyen als Nachlese zu einer Frobenius-Expedition.[90] Schließlich regte er die „Erforschung des vorgeschichtlichen und antiken Spanien“ an. Hier galt es, die günstigen politischen Voraussetzungen nach dem Bürgerkrieg auszunutzen.[91] An Vorschlägen Altheims mangelte es jedenfalls nicht. Sein Planungseifer ging so weit, daß Sievers bei allem *[130]* Wohlwollen seine Verwunderung darüber kaum unterdrücken konnte.[92] Vorerst verhinderte der Ausbruch des Zweiten Weltkriegs die Ausführung dieser Pläne. Stattdessen beteiligte sich Altheim an einer kulturpolitischen Offensive in den skandinavischen Ländern. Ende 1939 unternahm er eine Reise nach Schweden und Norwegen in der Absicht, „mit den Fachgenossen beider Länder in Gedankenaustausch zu treten und so für den deutschen Standpunkt zu werben“. Dies schien ihm gerade auf dem Höhepunkt der Spannungen zwischen Deutschland und Schweden notwendig zu sein. Zu den erfolgversprechenden Aufgaben seiner Mission

87 Vgl. Altheim u. Trautmann: Bericht Sommer/Herbst 1938 (NS 21/34, fol. 5f.).

88 Sievers an Wüst v. 28.5.1940 betr. Italienreise Altheim/Trautmann (NS 21/34).

89 NSDD/Leiter des Amtes Wissenschaft an Pkz. v. 13.8.1942, Durchschrift an DBFU (MA 116/1-Altheim).

90 Altheim an Sievers v. 15.2.1939 (NS 21/34).

91 Ebd. Altheim ging davon aus, daß die Altertumswissenschaftler, „die bisher allen Nichtspaniern systematisch Hindernisse in den Weg legten“, außer Landes gegangen waren.

92 Sievers an Wüst v. 28.5.1940 betr. Italienreise Altheim/Trautmann (NS 21/34); kurz zuvor hatte Altheim einen neuen Plan für eine Libyenreise eingereicht.

zählte auch die „Erweckung der zahlreichen erbbedingten Bande, die den Norden mit Deutschland verknüpfen".[93]

Entgegen der Annahme Katers wurde der Einsatz Altheims in diesem Fall allerdings nicht vom „Ahnenerbe", sondern vom Auswärtigen Amt und von Göring unterstützt bzw. ermöglicht.[94] Dieser Hinweis ist für die Einschätzung der Reisetätigkeit Altheims nicht unwichtig, weil hier deutlich wird, daß er konsequent jede sich bietende Förderungs- und Einsatzmöglichkeit ausgenutzt hat. In seiner Zielsetzung deckte sich dieser kulturpolitische Einsatz weitgehend mit den Interessen von Himmlers Forschungsgemeinschaft, die über die Berichterstattung am „Ertrag" der Reisen beteiligt wurde. Seine Lageberichte waren z.T. durchaus geeignet, entsprechende Materialsammlungen des „Ahnenerbes" zu ergänzen.[95] Dafür spricht auch der Umstand, daß die politischen Stellungnahmen weitergeleitet wurden.[96] Mit der Vorlage des Berichts konnte sich Altheim auch diesmal die Unterstützung des „Ahnenerbes" für eine spätere Schwedenreise sichern.[97] Besonders förderungswürdig erschienen den Verantwortlichen des „Ahnenerbes" natürlich die Kontakte Altheims mit dem schwedischen Kronprinzen, dem späteren König Gustav VI. Adolf, der sehr starke archäologische Neigungen besaß.[98]

Daß Altheim auch wissenschaftliche Interessen nach Skandinavien führten, erklärte sich allein schon im Hinblick auf die dort vertretene Felsbildforschung.[99] Zweifellos muß man das Eigeninteresse an der Durchführung weiterer Forschungsreisen als wichtigen Faktor bei der Berichterstattung sowohl über den politischen als auch über den wissenschaftlichen Ertrag berücksichtigen. Genügte in Friedenszeiten unter Umständen der Nachweis, daß das betreffende Unternehmen, um mit Altheim zu sprechen, „für die gegenwärtige Fragestellung" von Bedeutung war, so galten nach Kriegsausbruch auch beim „Ahnenerbe" strengere Maßstäbe der Forschungsförderung. Unabhängig davon, in welchem Verhältnis das kulturpropagandistische und das wissenschaftliche Motiv im konkreten Falle zueinander standen, besaß Altheim für die Übernahme einer solchen Mission, die man als Nebenform des „Kriegseinsatzes der Geisteswissenschaften" ***[131]*** bezeichnen darf, eine besondere Disposition. Darauf deutet jedenfalls die schon vor dem

93 Bericht über eine Reise nach Schweden und Norwegen vom 8.–29.12.1939 (NS 21/34); vgl. Kater: AE 1966, 145 m. Anm. 15.

94 Vgl. Kater: AE 1966, 145f., und Altheim: Bericht über eine Reise nach Schweden und Norwegen vom 8.–29.12.1939, fol. 1. Das gilt auch für eine 1940 unternommene Italienreise; vgl. Sievers an Wüst v. 28.5.1940 (NS 21/34).

95 Kater verweist z.B. auf eine umfangreiche, 1938 entstandene Denkschrift „über ‚die kulturpolitische Lage der schwedischen Hochschule', ... die Aufschluß über Rasse, Intelligenz und Arbeitsbereich schwedischer Professoren gab"; vgl. Kater: AE 1966, 145.

96 Vermerk Sievers vom 23.3.1940 (NS 21/34); vgl. Kater: AE 1966, 433, Anm. 15.

97 Vgl. Sievers an Himmler v. 19.1.1940 betr. Reise des Prof. Dr. F. Altheim nach Skandinavien (NS 21/34) und Altheim: Krise, Bd. 1, 7.

98 Sievers an RFSS/Persönl. Stab v. 23.3.1940 betr. Forschungsreise von Prof. Dr. Altheim und Frau Trautmann (NS 21/34).

99 In Göteborg traf Altheim mit dem Bearbeiter der Felsbilder von Bohuslän, Prof. Niklasson, zusammen; vgl. Altheim: Bericht über eine Reise ... v. 8.–29.12.1939 (NS 21/34)

Kriege bekundete Bereitschaft, politische Aufgaben mit seiner wissenschaftlichen Reisetätigkeit zu verbinden.

An einem anderen Beispiel läßt sich das Verhältnis von wissenschaftlicher Interessenlage und den Möglichkeiten der Kriegsverhältnisse noch besser verdeutlichen. Im Jahre 1942 schien sich Altheim die Gelegenheit zu bieten, die einstweilen zurückgestellten Forschungsprojekte im Irak unter günstigeren Voraussetzungen wieder aufzunehmen. Für konkrete Pläne in dieser Richtung spricht seine „Denkschrift über die altgeschichtliche und archäologische Durchforschung des Irak", die er im Juli 1942 beim „Ahnenerbe" einreichte.[100] Sievers ging in seiner mit dem Geheimstempel versehenen Antwort davon aus, daß ja „eine derartige Unternehmung vermutlich im Anschluß an militärische Operationen erfolgen würde". Nicht zuletzt deshalb forderte er Altheim auf, „die Ausarbeitung schon jetzt [zu] detaillieren, um im gegebenen Augenblick einsatzbereit zu sein". Gleichzeitig schlug er vor, den in Aussicht genommenen Mitarbeiterstab zu erweitern.[101]

Wie entsprechende Überlegungen im Führerhauptquartier zeigen, war ein Vorstoß der deutschen Truppen über den Iran bis in den Irak hinein nach der Einnahme des Kaukasus durchaus in den Bereich des Möglichen gerückt.[102] Bereits Anfang 1942 erörterten Wüst und Sievers Pläne für den „Einsatz des ‚Ahnenerbes' im vorderen Orient, Iran und indoiranischen Raum" mit Vertretern der Wehrmacht und des Auswärtigen Amts. Wüsts spezielles Interesse konzentrierte sich auf einen unter seiner Leitung stehenden „Iraneinsatz". Im Hinblick auf das wissenschaftliche Programm dachte er ähnlich wie Altheim daran, früher geplante Forschungsvorhaben zu realisieren.[103] Altheim zählte offenbar nicht zu den Mitgliedern der „Einsatzgruppe Iran", die nach Kater noch im Oktober 1942 bestand. Allem Anschein nach hat er auch seine Denkschrift ohne Abstimmung mit den Plänen Wüsts verfaßt.[104]

Die im Zusammenhang mit seiner Reise im Jahre 1938 behandelten Ausführungen Altheims über das politisch-militärische Kräfteverhältnis in Syrien und im Irak legen die Frage nahe, ob bei dem geplanten Vorstoß in den Irak daran gedacht war, seine Verbindungen zu den Schammar-Beduinen zu nutzen. Kater hat nicht ausgeschlossen, daß der Iraneinsatz Wüsts nicht nur „wissenschaftlichen, sondern auch kulturpolitischen und

100 Die Denkschrift selbst ist anscheinend nicht mehr vorhanden. Ihr Inhalt und die Datierung auf den 8.7.1942 ergeben sich aus Sievers an Altheim v. 20.8.1942 betr. Forschungen im Irak (NS 21/34). Kater ist speziell auf diesen Vorgang nicht eingegangen.

101 Ebd.

102 Grundlage für diese Pläne war die Weisung Nr. 32 „Vorbereitungen für die Zeit nach Barbarossa" vom 11.6.1941; vgl. Walter Hubatsch (Hrsg.): Hitlers Weisungen für die Kriegsführung 1939–1945, Frankfurt/Main 1962, 131. Sievers Antwort auf Altheims Irak-Denkschrift fiel zeitlich mit dem Abschluß der Operation im Kaukasusgebiet zusammen. Insofern waren die entsprechenden Planungen nicht ohne realistischen Hintergrund.

103 Kater: AE 1966, 211 m. Anm. 23 u. 24 (484f.). In einer Mitteilung an Kater hat Wüst die von ihm geplante Neuaufnahme der Behistun-Inschriften in den Rahmen des „Kriegseinsatzes der Deutschen Geisteswissenschaften" eingeordnet (ebd.).

104 Zu dem von Wüst in Aussicht genommenen Teilnehmerkreis vgl. Kater: AE 1966, 485, Anm. 24.

evtl. sogar militärischen Zielen dienen" sollte.[105] Im vorliegenden Falle fehlen Anhaltspunkte dafür, daß Altheim im Jahre 1942 neben der „altgeschichtlichen und archäologischen Durchforschung des Irak" weitere Aufgaben zugedacht waren. Ganz sicher unterschied sich das Vorhaben von den früheren Forschungsreisen Altheims durch die straffere Organisation. So *[132]* hatte Sievers unter Hinweis auf den militärischen Charakter des Unternehmens eine Beteiligung von Altheims Mitarbeiterin E. Trautmann ausgeschlossen.[106] Wie viele andere großangelegte Planungen des „Ahnenerbes" erledigte sich das Irak-Projekt im Verlauf der veränderten militärischen Lage. Auch wenn das Unternehmen im Vorbereitungsstadium steckenblieb, ist der Vorgang nicht allein im Hinblick auf das breite Interessenspektrum des „Ahnenerbes" aufschlußreich. Die Beteiligung Altheims an diesen Plänen unterstreicht vielmehr, daß er auf dem altertumswissenschaftlichen Sektor auch im Krieg zum festen Mitarbeiterstamm des „Ahnenerbes" zu rechnen war. Das kommt nicht zuletzt auch darin zum Ausdruck, daß vom „Ahnenerbe" – freilich ohne Erfolg – die Berufung Altheims nach Straßburg betrieben wurde.[107]

Dem im Vergleich zu Dirlmeier und Till ungleich höheren Grad des Engagements, das Altheim an den Tag legte, entsprach eine außerordentlich großzügige Förderung dieses Gelehrten, auf die seine Fachkollegen durchaus mit Neid blicken konnten. Die eigenwillige Anlage seines Forschungsprogramms, mit dem er die traditionellen Bahnen althistorischer Forschung verließ, erforderte sicherlich große Reisen. Gleichzeitig war Altheim bereit, seine wissenschaftlichen Interessen an das Erkenntnisinteresse des „Ahnenerbes" anzupassen, bzw. sie diesem unterzuordnen. Das schlug sich nicht nur in dem dafür besonders anfälligen Genos der wissenschaftlichen Begründungen von Förderungsanträgen nieder. Die Spuren dieser Anpassung haben auch die umfangreiche und außerordentlich vielseitige wissenschaftliche Produktion Altheims aus jenen Tagen geprägt. Die Voraussetzungen für das Ausschöpfen aller sich im Rahmen der Forschungs- und Lehrgemeinschaft bietenden Förderungsmöglichkeiten suchte Altheim schließlich durch politische Einsatzbereitschaft zu verbessern, die selbst bei den Verantwortlichen des „Ahnenerbes" nicht immer erwünscht war. Einen weiteren Beweis seines Einsatzwillens lieferte Altheim in einem Gutachten zu dem „Plan eines Rassenkundlich-Historischen Instituts", das im Zusammenhang mit den übrigen Reaktionen aus dem Kreis der Forschungsgemeinschaft das Bild der Initiativen des „Ahnenerbes" auf dem Sektor der Altertumswissenschaften abrundet.

---

105 Wüsts Einsatz sollte nach Kater „in der Nachhut deutscher Truppen erfolgen, ... die im Rahmen der Waffen-SS militärisch einsatzfähig sein mußten" (ebd., 211). Der Gedankengang Katers ist keineswegs abwegig. Die Heranziehung von Wissenschaftlern zu Spezialaufgaben lag in diesem Raum allein schon im Hinblick auf Sprach- und Ortskenntnisse nahe; vgl. Tillmann, 228 und Grobba, 233f.

106 Sievers an Altheim v. 20.8.1942 (NS 21/34).

107 Vgl. Kater: AE 1974, 286, und oben, *[51]*.

3. Der Plan eines „Rassenkundlich-Historiscben Instituts“

Das Schicksal des „Vorschlages zur Errichtung eines Rassenkundlich-Historischen Instituts“, der im Frühjahr 1939 beim „Ahnenerbe“ einging, bietet ein reizvolles Beispiel dafür, daß weder das REM als die Zentrale der Wissenschaftspolitik noch die wohl wichtigste Dachorganisation der *[133]* Altertumswissenschaften, das Deutsche Archäologische Institut, ein sonderliches Interesse daran hatten, reformerische Ansätze im Sinne der NS-Weltanschauung zu fördern.[108]

Bemerkenswert ist die von dem Innsbrucker Althistoriker Franz Miltner verfaßte Denkschrift aber auch deshalb, weil diese Initiative eindeutig von einem Fachmann ausging und nicht von vornherein auf die spezifischen „althistorischen“ Interessen Himmlers oder Rosenbergs abgestellt war. Da Miltner „einen exakten wissenschaftlichen Ausbau der Rassenforschung ... für äußerst wichtig und ersprießlich“ hielt, hatte er den Vorschlag „nach dem Umbruch“ über den Innsbrucker Rektor dem REM zugeleitet. Enttäuscht von der geringen Resonanz wandte er sich im Januar 1939 an den Wiener Prähistoriker und „Ahnenerbe“-Mitarbeiter Willvonseder mit der Bitte, den Vorschlag „an maßgebender Stelle vorzulegen“.[109] Der Reichsgeschäftsführer des „Ahnenerbes“ hatte bald in Erfahrung gebracht, daß Miltners Denkschrift auch beim Auswärtigen Amt und beim Präsidenten des DAI vorlag.[110] Die negative Reaktion des DAI, dessen vitalste Interessen hier angesprochen waren, ist bekannt: Noch auf dem Würzburger Fachlager 1941 sah Miltner Anlaß zu der Forderung, daß sich das DAI den Problemen der Rassenkunde zuwenden sollte.[111] Wüst nahm zwar die Anregung von Sievers, den Reichsführer SS und die „Forschungsstätte für Biologie“ einzuschalten, einstweilen noch nicht auf, fand aber den Vorschlag „im Kern gut“ und empfahl eine Begutachtung durch Altheim, Dirlmeier und Till.[112] Die Stellungnahmen der als kooperationsbereit eingestuften „Ahnenerbe“-Mitarbeiter zu der Entscheidungsfrage nationalsozialistischer Altertumswissenschaft bieten sich als relativ zuverlässige Gradmesser ihres Engagements im „Ahnenerbe“ an. Darüber hinaus verdient auch die geschlossene Konzeption Miltners besondere Aufmerksamkeit.

Wie schon sein Landsmann Schachermeyr im Jahre 1933, mußte auch Miltner 1939 feststellen, daß seine Kollegen „trotz mancher anerkennenswerten Ansätze und Versuche, im allgemeinen an ... rassekundlichen Fragestellungen“ vorübergegangen waren, was darin seine Erklärung fand, daß das Quellenmaterial in der Vergangenheit vorwiegend in der Absicht zusammengetragen worden war, mit Hilfe philologischer und stilistischer Kriterien ein chronologisches Gerüst für die Kultur- und Geistesgeschichte der Griechen,

108 Vgl. Sievers an Wüst v. 8.3.1939 mit Anlagen: Miltner an Willvonseder v. 24.1.1939 (Abschrift) und „Vorschlag zur Errichtung eines Rassenkundlich-Historischen Instituts in Rom“ (NS 21/297). Bisher dazu kurz Kater: AE 1966, 87 und ders.: AE 1974, 99.

109 Vgl. Miltner an Willvonseder v. 24.1.1939; zu Willvonseder vgl. Kater: AE 1974, 128.

110 Sievers an Wüst v. 8.3.1939 (NS 21/297).

111 Vgl. Lager Würzburg, 43, und oben, *[102]*.

112 Vgl. Sievers an Wüst v. 8.3.1939 mit hs. Notiz Wüsts v. 9.3.1939. Die Vorlage der Denkschrift erfolgte ohne Nennung des Verfassers; vgl. Sievers an Altheim, Dirlmeier und Till v. 15.3.1939 (NS 21/297).

Römer und Germanen zu schaffen. Nach der Erledigung dieser Aufgabe konnte die umfassende Neuordnung des gesamten Quellenbestands nach rassenkundlichen Gesichtspunkten beginnen. Vor allen Dingen erforderte die Neubearbeitung des archäologischen Materials allein schon aus finanziellen Gründen die in einem Institut organisierte „Kraft und Arbeit der Gemeinschaft".[113]

[134] Die Frage, „ob überhaupt greifbare Ergebnisse in dem angedeuteten Sinne erzielt werden können", bejahte er rückhaltlos. Neben der schriftlichen Überlieferung wollte er griechische Vasenbilder und vor allem die hellenistische und römische Porträtkunst auswerten: „Rein nordische Köpfe heben sich vollkommen klar von solchen mit ostischem oder dinarischem Einschlag und wieder anderen orientalischer Formgebung ab, so daß hier ein maßgeblicher Ersatz für die aus der Antike infolge der Brandbestattung fast vollkommen fehlenden Skelette gewonnen würde." Große Hoffnung setzte Miltner schließlich in die prosopographische Auswertung der Inschriften.[114] Nicht allein die ungeheure Materialfülle, sondern vor allem der Umstand, daß für dieses Arbeitsfeld erst eine „zweckentsprechende Methode" gefunden werden mußte, gab ihm Anlaß, vorerst zu sachlicher und räumlicher Beschränkung der Institutsarbeit zu raten.

Rom empfahl sich als Standort, weil hier im Hinblick auf die Porträtkunst umfassendes Anschauungs- und Vergleichsmaterial vorlag, „an dem auch wegen seiner geradezu handgreiflichen Ausgeprägtheit Methode und Art der neuen Arbeit am besten entwickelt werden kann". Hinzu kam die Lage Roms „unmittelbar am etruskischen Bereich, ... so daß hier am leichtesten gerade aus der Gegensätzlichkeit heraus das nordische Element der Italiker und Römer klargestellt zu werden vermag".[115]

Die „fruchtbringende Synthese der in positivistischer Analytik zerflatternden Fachforschung in nationalsozialistischer Zielsetzung" sollte von in der historischen Rassenkunde bewanderten Altertumswissenschaftlern und einem Anthropologen erreicht werden.[116] Für sich genommen enthält dieser Plan keinen neuen Ansatzpunkt einer rassenkundlichen Betrachtungsweise. Mehr als die Bereitschaft, sich der Fragestellung zu öffnen, konnte er in dieser Hinsicht nicht anbieten. Der unmittelbare Zusammenhang zwischen dem umfassenden Kooperationsangebot und den detaillierten Etatanmeldungen läßt sich nicht übersehen.[117]

Im „Ahnenerbe" fand wenigstens das allgemeine Ziel der Institutsarbeit, die Erforschung der Antike auf rassenkundlicher Grundlage, den Beifall aller Gutachter, während schon die Ansichten über die unmittelbar notwendigen praktischen Schritte ziemlich weit auseinanderliefen. Altheim stimmte der Denkschrift „in allen wesentlichen Punkten" zu

113 Miltner: Vorschlag, 1f.
114 Ebd., 3.
115 Ebd., 4.
116 Ebd., 5.
117 Ein nicht unerheblicher Teil des Etatansatzes von 51.500,– RM entfiel auf Publikationen und Exkursionen. Abgesehen von der Anschaffung rassenkundlicher Werke sollte wegen der hervorragenden Arbeitsmöglichkeiten im DAI-Institut keine eigene Bibliothek aufgebaut werden (ebd., 4f.).

und wollte mit seinen Ausführungen lediglich einige Punkte stärker hervorheben.[118] Mehr oder weniger deutlich lenkte er dabei den Blick auf seine eigenen Arbeitsvorhaben. Sein Interesse galt vornehmlich den „Überschichtungen verschiedener Sprachen und Rassen", wobei der Rassebegriff, wie sich an den praktischen Beispielen ablesen läßt, überwiegend sprachlich gefaßt war. Der erste Vorschlag, „die indogermanisch-nordische *[135]* Komponente der römischen (und altitalischen) Geschichte" ausgehend von den „sprachlichen und stammesmäßigen Gegebenheiten" herauszuarbeiten, lief unmittelbar auf die Fortsetzung seiner Studien zu den „Felsbildern und Dialektinschriften der Val Camonica" hinaus. Im Hinblick auf dieses überaus schwierige Arbeitsfeld, verlangte er von den Bearbeitern einen „Blick für rassische, völkische und geschichtliche Besonderheiten, eine Fähigkeit zu entsprechender Physiognomik", um sich „nicht, wie [dies] meistens geschieht, auf die Zusammenstellung des Wißbaren, d.h. bloßer Fakten, beschränken" zu müssen.[119]

Nach dem Verschwinden der Stammeskulturen bot sich in der „Betrachtung festumrissener Einzelpersönlichkeiten" ein zweiter Ansatzpunkt, wozu die „römische Bildniskunst" – das als Zugeständnis an Miltners Vorschlag – „eine wertvolle Ergänzung" liefern konnte. Als weiterer Schwerpunkt war von ihm selbst schon „das dritte Jahrhundert n. Zw., das große Schulbeispiel für eine Betrachtung nach Rassen- und Volksindividualitäten" behandelt worden. Auf diesem Gebiet blieb das Desiderat einer „Untersuchung über die rassische Zusammensetzung der einzelnen Stände, der Bevölkerung in den Großstädten und vor allem der Bevölkerung Roms selbst".[120] Gegenüber dem Forschungsplan Miltners war das Schwergewicht im Sinne eigener Arbeitsvorhaben vom archäologischen auf den sprachwissenschaftlichen Bereich verschoben worden. Einen verläßlichen neuen methodischen Ansatz zur Bewältigung dieser Aufgabe hatte freilich auch Altheim nicht angeboten. Allein der „Blick für rassische, völkische und geschichtliche Besonderheiten" konnte hier wohl kaum weiterführen. Weitgehende Übereinstimmung mit Miltner ergab sich in der kultur- und wissenschaftspolitischen Zielsetzung. In diesem Sinne machte sich Altheim u.a. die Forderung nach einer stärkeren „Betonung der rassenkundlich-geschichtlichen ... Seite" in der Arbeit des DAI zu eigen.[121]

Wesentlich verhaltener und zugleich kritischer äußerte sich Franz Dirlmeier, der den Vorschlag Miltners vom Standpunkt des Graezisten aus betrachtete. Miltners Plan schien ihm nur eine Teilaufgabe und auch die nur unvollkommen zu lösen. Die wichtigste Aufgabe einer „Rassengeschichte des griechisch-römischen Volkes" sah er in der „Erfassung der Einwanderung nordischer Stämme in den Mittelmeerraum", wie sie von S. Fuchs, F. Matz und C. Fürst eingeleitet worden war.[122] Dirlmeier bemängelte vor allem Miltners Konzentration auf die „Erforschung des gesamten bildlichen Materials" und die „Namensforschung". Nach seiner Meinung führte die „römische realistische Porträtkunst ...

118 Vgl. Altheim: Bemerkungen zum „Vorschlag zur Errichtung eines Rassenkundlich-Historischen Instituts in Rom" v. 24.3.1939 (NS 21/297).

119 Altheim: Bemerkungen, IIf.

120 Altheim: Bemerkungen, III.

121 Ebd., IV.

122 Dirlmeier an „Ahnenerbe" v. 23.3.1939 (NS 21/297).

in Zeiten, die rassengeschichtlich viel weniger bedeutsam sind als die Zeit von etwa 2000 – 500 v. Chr. in Hellas". Die „als Idealziel anzustrebende Umorientierung unseres historischen Denkens" war für ihn ohnehin nicht durch ein Institut zu erreichen. *[136]* Der Weg dahin führte – seiner Meinung nach – u.a. über die „Neuerforschung der gesamten, überreichen *geistigen* Produktion unserer griechisch-römischen Ahnen"; damit meldete sich der Philologe Dirlmeier zu Wort.[123] Wenn er den „konkreten" Inhalt der Denkschrift dahingehend zusammenfaßte, „daß eine Erfassung der nordischen, orientalischen usw. Köpfe beabsichtigt ist", und wenn er genauere Angaben über „Methode und Ziele" vermißte, so brachte er auch eine gewisse Reserve zum Ausdruck.[124]

Rudolf Till, der sein Gutachten erst relativ spät abgab, begrüßte zwar im Grundsatz den Plan Miltners, sah aber für sich und sein Fach im Widerspruch zu Dirlmeier kaum Einsatzmöglichkeiten. Nach seiner Meinung kam in erster Linie archäologische Arbeit in Betracht, „da man auf literarischem Gebiet infolge des mangelnden Interesses der Antike an Rassenfragen nur wenig Material wird zusammentragen können".[125] Trotz der formalen Einschränkung auf die schriftliche Überlieferung hatte Till damit ein Gesamturteil gefällt, das an Deutlichkeit nicht zu wünschen übrig ließ.[126]

Das Gutachten Tills hatte auf die weitere Behandlung der Angelegenheit durch das „Ahnenerbe" wegen seines verspäteten Eingangs keinen Einfluß mehr. Kurator Wüst fand durch die Voten Altheims und Dirlmeiers seinen positiven Eindruck bestätigt und schlug vor, die abweichenden praktischen Vorschläge einander anzugleichen, um für Verhandlungen mit dem REM gerüstet zu sein.[127]

Bevor es dazu kam, war im „Ahnenerbe" eine „Denkschrift zur Erforschung der germanischen Lebenszeugnisse in Italien" eingegangen, durch die eine neue Sachlage entstand. Der Verfasser, der Zweite Sekretär des DAI in Rom, Dr. Siegfried Fuchs, legte darin das Ergebnis mehrerer offizieller Besprechungen mit dem Germanisten Joseph Otto Plassmann vor, dem nach Wüst und Sievers wichtigsten Funktionär des „Ahnenerbes".[128] Der „Denkschrift" nach zu urteilen, scheint es Fuchs darauf angekommen zu sein, die weitere Beteiligung des DAI an diesem Arbeitsfeld sicherzustellen. Fuchs selbst war schon seit 1936 – damals noch als Hilfsassistent am römischen Institut – mit der Neuan-

---

123 Ebd. Miltners „bescheidene" Ziele konnten nach D.s Meinung durch eine Devisen sparende Material-Sammelstelle in Deutschland erreicht werden.

124 Ebd.

125 Till an Sievers v. 28.4.1939 (NS 21/297).

126 Darüber hinaus begnügte sich Till damit, zu den organisatorischen Fragen im Sinne Dirlmeiers Stellung zu nehmen (vgl. oben, *[136, Anm. 124]*).

127 Vgl. Sievers an Wüst v. 4.4.1939 mit hs. Notiz Wüsts v. 7.4.1939 (NS 21/297).

128 „Denkschrift über die von der Forschungsgemeinschaft ‚Das Ahnenerbe' in Zusammenarbeit mit dem Archäologischen Institut des Deutschen Reiches geplante Erforschung der germanischen Lebenszeugnisse in Italien v. 14.4.1939 (NS 21/297); zu Plassmann vgl. Kater: AE 1974, insbes. 46, 105–108 u. 201–204. Die Denkschrift wurde von Kater nicht berücksichtigt.

lage einer „Materialsammlung für germanische Frühgeschichte" betraut.[129] Ein Arrangement mit Himmler auf diesem Sektor war vom Standpunkt des DAI angesichts der Gefahr, daß Rosenberg die Errichtung eigener Auslandsinstitute für seinen Schützling Reinerth durchsetzen konnte, in jedem Fall als das kleinere Übel anzusehen. „Unter dem besonderen Schutz und der Förderung des Reichsführers SS" konnte sich Fuchs mit diesem Projekt vor den Angriffen Rosenbergs sicher fühlen.[130] Der Vorstoß Miltners mag ein weiterer Grund für das DAI gewesen sein, sich mit dem *[137]* „Ahnenerbe" über die Formen künftiger Zusammenarbeit zu verständigen.

Fuchs und Plassmann plädierten für den Aufbau einer Zweigstelle des „Ahnenerbes" in Italien, die mit dem DAI verbunden werden Sollte.[131] Die „umfassende Bearbeitung der gesamten germanischen Hinterlassenschaft" wurde auf sechs Sachgruppen verteilt. Die eigentlich archäologischen Arbeitsfelder hatte sich Fuchs dabei selbst vorbehalten, während Plassmann mit den „Aufgaben geistesgeschichtlicher Richtung ... verantwortlich betraut werden sollte".[132] Demnach wäre ein Übergreifen des „Ahnenerbes" auf die traditionellen Aufgabengebiete des DAI – wie z.B. das Grabungswesen in Italien – weitgehend ausgeschlossen gewesen. Die Ausrichtung auf den germanenkundlichen und frühmittelalterlichen Bereich kam dennoch der Interessenlage des „Ahnenerbes" entgegen. Das Gebiet des klassischen Altertums, auf das Miltners Vorschlag bezogen war, blieb gänzlich außer Betracht. Nicht weniger auffällig ist die Enthaltsamkeit hinsichtlich der rassenkundlichen Fragestellungen, die Miltner geradezu überstrapaziert hatte. Daran, daß Miltners Vorschlag die Interessensphäre des DAI tangierte, gibt es keinen Zweifel. Die weitergehende Frage, ob die Initiative von Fuchs als Gegenvorschlag des DAI bzw. als Ablenkungsmanöver konzipiert war, läßt sich als Vermutung nicht ganz von der Hand weisen.

Wüst fühlte sich jedenfalls bei der Lektüre der „Denkschrift über die Erforschung der germanischen Lebenszeugnisse in Italien" an den „Miltner-Plan" erinnert. Vom „Ahnenerbe" aus hätte der Verwirklichung beider Vorhaben nichts im Wege gestanden, doch wie manche anderen ehrgeizigen Institutspläne erledigten sich auch diese Vorhaben mit dem Ausbruch des Krieges.[133]

An den Reaktionen der „Ahnenerbe"-Mitarbeiter auf den „Plan eines Rassenkundlich-Historischen Instituts" lassen sich die unterschiedlichen Grade des Engagements ablesen, die auch in ihrer Publikationstätigkeit und den sonstigen Beziehungen zu der Forschungsgemeinschaft zum Ausdruck kamen. Altheim, der sich als Althistoriker von

---

129 Jahresbericht des DAI für das Haushaltsjahr 1936/37, in: Archäologischer Anzeiger (1937), V; zu früheren Verhandlungen zwischen „Ahnenerbe" und dem DAI vgl. Jahresbericht des DAI für das Haushaltsjahr 1938/39, ebd. (1939), VI.

130 Fuchs: Denkschrift, 1.

131 Ebd.

132 A) Grab- und Kleinfunde, B) Baudenkmäler, C) Plastik und bildende Kunst, D) Sprach u. Namensforschung, E) Geschichtsquellen u. Urkunden, F) Nachwirken u. Fortdauer des Germanentums auf italienischem Boden in Geschichte, Verfassung u. Kultur (ebd., 2ff.).

133 Sein Gesamturteil lautete: „Sehr gut." Vgl. hs. Notizen Wüsts v. 27.4.1939, Fuchs: Denkschrift, 1; vgl. ferner Sievers an Wüst v. 4.4.1939 (Rs.), hs. Notiz Sievers o.D. und Sievers an Fuchs v. 26.5.1939 (NS 21/297).

dem Projekt am stärksten angezogen fühlen mußte, war auch diesmal bereit, die Möglichkeiten, die seine Verbindung zum „Ahnenerbe“ bot, extensiv zu nutzen und sofort mit der Arbeit zu beginnen. Der Graezist Dirlmeier begrüßte das Gesamtziel einer rassengeschichtlichen Erforschung der Antike, die zunächst mit der Bereitstellung des archäologischen Materials beginnen sollte. Langfristig sah er hier auch ein Arbeitsfeld für den Philologen, im Augenblick aber wollte er selbst offenbar nicht initiativ werden. Am weitesten hielt sich zweifellos Rudolf Till zurück, der seine Beteiligung an dem Projekt praktisch auch für die Zukunft ausschloß. Zumindest bei ihm war der *[138]* Drang zu der von Miltner angeregten „Synthese der in positivistischer Analytik zerflatternden Fachforschung in nationalsozialistischer Zielsetzung“ nicht sehr ausgeprägt. Hier vom „Beginn der rassenkundlichen Tätigkeit des ‚Ahnenerbes‘“ zu sprechen, wie es Kater getan hat, dürfte dem tatsächlichen Sachverhalt wohl kaum gerecht werden.[134]

Von einer gemeinsamen Konzeption der Altertumswissenschaftler des „Ahnenerbes“ konnte, das machen die Gutachten Altheims, Dirlmeiers und Tills deutlich, keine Rede sein. Gemeinsam war diesen Wissenschaftlern das Interesse an den umfassenden Förderungsmöglichkeiten, die den Mitarbeitern der Forschungsgemeinschaft zugute kamen. Himmler konnte nicht allein Berufungsverfahren beschleunigen, sondern ebenso aufwendige Projekte wie das umfängliche Reiseprogramm Altheims und die Veröffentlichung seiner Forschungsergebnisse finanzieren. Die Bedeutung dieser Forschungsförderung ist nur dann richtig einzuschätzen, wenn man sich die schwierigen Bedingungen vergegenwärtigt, unter denen geisteswissenschaftliche Fachliteratur im Kriege erscheinen konnte.[135] Auch wer wie Dirlmeier und Till im „Ahnenerbe“ den „Faktor der stillen Arbeitsmöglichkeit“ genutzt hat, akzeptierte damit nach außen hin die absolut fragwürdige Autorität Himmlers. Durchaus unterschiedliche Einsatz- und Kompromißbereitschaft zeigte sich im internen Dienstverkehr ebenso deutlich, wie in den Schriften, mit denen die „Ahnenerbe“-Mitarbeiter an die Öffentlichkeit traten. Wenn Dirlmeier etwa in seinem Brief an Rosenberg ein hohes Maß an Übereinstimmung mit der Gedankenwelt des „Mythus“ bekundete oder in seinem Gutachten zum Plan Miltners seine Aufgeschlossenheit gegenüber dem Projekt einer Rassengeschichte der Griechen und Römer ungleich stärkeren Ausdruck verlieh als Till, so blieb er in seinen Veröffentlichungen

---

134 Vgl. Kater: AE 1966, 87. Der Anstoß kam eindeutig von außen. Mißverständlich bleibt auch die Darstellung von Kater: AE 1974, 99, weil dort die Initiative Miltners überhaupt nicht berücksichtigt wird.

135 Einen guten Eindruck davon vermittelt Altheims Bericht über eine „Papierbesprechung“ im Propagandaministerium; dank der Einschaltung des „Ahnenerbes“ verlief diese „nach Wunsch“. In dieser Besprechung wurde die Begründung für eine „Dringlichkeitsbescheinigung“ abgesprochen. Altheims „Krise der Alten Welt“ sollte als „Beispiel deutscher Gelehrtenarbeit im Kriege“ Mit einer Auslandsauflage von 3000 (Bd. 1) bzw. je (sic!) 6000 Exemplaren (Bd. 2 und 3) herausgebracht werden, während für das Inland je 2000 Stück ausreichend schienen. Ob das Werk – Bd. 2 ist bekanntlich nicht erschienen – tatsächlich in dieser Auflagenhöhe ausgeliefert wurde, ließ sich nicht ermitteln. Eine ebenfalls geplante Neuausgabe von Altheims „Römischer Religionsgeschichte“ wurde erst nach dem Krieg (1951–1953) verwirklicht; vgl. Altheim an Sievers v. 30.6.1943 (NS 21/437).

weit hinter den Erwartungen zurück, die derartige „Bekenntnisse" zunächst wecken mußten. Die vom „Ahnenerbe" geförderten Publikationen aus dem engeren Bereich der Klassischen Altertumswissenschaft zählt Kater durchweg zu den „Mustern vorurteilsloser Wissenschaft".[136] Dem ist soweit voll zuzustimmen, wie damit eine Trennungslinie zu den scheinwissenschaftlichen Projekten der „Ahnenerbe"-Forscher der ersten Stunde gezogen werden soll. Mit dieser Feststellung dürfen aber nicht die Unterschiede verwischt werden, die in der Bearbeitung der ohnehin „stark von der progermanischen Fragestellung abhängigen Themen" durch Altheim und Till zum Ausdruck kommen.[137] Im Falle Altheims, dessen Bindungen an das „Ahnenerbe" Kater wohl unterschätzt, war das wissenschaftliche Eigeninteresse von den Interessenlinien der germanischen Kulturpropaganda des „Ahnenerbes" zweifellos am stärksten überlagert. Altheim suchte und fand im „Ahnenerbe" ganz offenbar mehr als eine „stille Arbeitsmöglichkeit" und war dementsprechend *[139]* zu größeren Konzessionen auch in der wissenschaftlichen Produktion bereit. Im Blick auf das „althistorische Forschungsprogramm" Himmlers bleibt der Ertrag der altertumswissenschaftlichen Arbeit im Rahmen des „Ahnenerbes", vom „Codex Aesinas" bis zur „Krise der Alten Welt" und den Publikationen, die erst nach dem Kriege erschienen, erstaunlich genug.[138] Das Profil der „Forschungs- und Lehrgemeinschaft" dürfte im Vergleich mit den Unternehmungen Rosenbergs noch stärkere Konturen gewinnen.

136 Kater: AE 1974, 201.

137 Ebd., 200; vgl. auch 108f.

138 In die Reihe der vom „Ahnenerbe" geförderten Werke gehört auch Franz Bömer: Ahnenkult und Ahnenglaube im alten Rom, Leipzig 1943, Unmittelbar nach dem Krieg erschien die Arbeit von Jula Kerschensteiner: Platon und der Orient, Stuttgart 1945; vgl. Kater: AE 1974, 200, und die Reihe der Manuskriptangebote bei Kater: AE 1966, 376, Anm. 25.

2 – Kapitel II
Richard Harder und die „Hohe Schule“ Alfred Rosenbergs

1. Die Erforschung der Antike in den Planungen für die „Hohe Schule“

Die sogenannte „Hohe Schule der Partei“ war ursprünglich von Robert Ley als Endstufe des „Erziehungsweges bei der nationalsozialistischen Führerauslese“, die auf „Adolf-Hitler-Schulen“ und „Ordensburgen“ aufbauen sollte, konzipiert worden.[1] Im Zuge von Vereinbarungen zwischen Ley und Rosenberg, die eine „einheitlich ausgerichtete weltanschauliche Schulung der NSDAP für alle Gliederungen“ zum Ziel hatten, wurde das Projekt „Hohe Schule“ im März 1937 Rosenberg unterstellt.[2] Die Planungen Rosenbergs konzentrierten sich sehr bald auf die Einrichtung eines gigantischen Forschungsinstituts, das aus dem ohnehin wenig geschlossenen „Erziehungsweg“ Leys herausgelöst war.[3] Nach verschiedenen erfolglosen Anläufen gelang es Rosenberg am 29. Januar 1940, Hitler zur Unterzeichnung einer „Anordnung über die vorbereitenden Arbeiten zur Hohen Schule“ zu bewegen. Darin wurde festgestellt, daß die „Hohe Schule“ als die „zentrale Stätte der nationalsozialistischen Forschung, Lehre und Erziehung“ erst nach dem Kriege eingerichtet werden sollte. Außerordentlich wichtig war aber für Rosenberg die Erlaubnis, bereits angelaufene Vorarbeiten „vor allem auf dem Gebiet der Forschung und Errichtung der Bibliothek“ weiterführen zu dürfen.[4] Damit hatte Rosenberg praktisch das Recht erhalten, eine Partei-Universität zu gründen. Das geschah ohne jede Absprache mit den zuständigen Stellen und ohne daß sich – was R. Bollmus als besonders bezeichnend hervorgehoben hat – „auch nur Hitler und Rosenberg darauf hätten einigen können, wie Wissenschaft und Weltanschauung sich zueinander verhielten oder verhalten sollten“.[5] Auf der Grundlage der Führeranordnung betrieb Rosenberg vom Frühjahr 1940 an in verstärktem Maße die Errichtung einer Reihe von Forschungsinstituten, die als „Außenstellen der Hohen Schule im Aufbau“ *[140]* an verschiedenen Orten gegründet wurden. Geplant waren neben Instituten für Biologie und Rassenlehre, solche für Religionswissenschaft, Ostforschung, germanische Forschung, deutsche Volkskunde, ein Überseeinstitut und ein germanisch-gallikanisches Institut. Am bekanntesten von allen Institutsplänen und -gründungen ist wohl das Frankfurter „Institut zur Erforschung der

1 Harald Scholtz: Die „NS-Ordensburgen“, in: VfZ 15 (1967) 295 (269–298); vgl. jetzt auch Harald Scholtz: Nationalsozialistische Ausleseschulen. Internatsschulen als Herrschaftsmittel des Führerstaates, Göttingen 1973, 167. Eine Spezialstudie zur „Hohen Schule“ hat Bollmus, 16, angekündigt; vgl. ferner Rothfeder, 327ff., Kater: AE 1966, 150ff. u. 1974, 273ff., Dietrich Orlow: Die Adolf-Hitler-Schulen, in: VfZ 13 (1965) 272–284, und Heiber, 1057f. u. 1062ff.

2 Zur Vorgeschichte: Bollmus, 101, und Scholtz: „NS-Ordensburgen“, 296.

3 Ebd.

4 Vgl. den Abdruck des Dokuments bei Poliakov u. Wulf, 131.

5 Bollmus, 134.

Judenfrage".[6] Im Rahmen dieser Planungen war das Gebiet der Altertumswissenschaften durch *Richard Harder* vertreten, der Ende 1940 zum Leiter einer Außenstelle der „Hohen Schule" in München, dem „Institut für Indogermanische Geistesgeschichte", avancierte. Der Aufbau und die Anfänge der praktischen Arbeit dieses Instituts sollen im Mittelpunkt der folgenden Ausführungen stehen.[7]

Zur Vorgeschichte der Institutsgründung im weiteren Sinne gehören Pläne Rosenbergs zur Erforschung der Antike, die im Rahmen der Vorarbeiten zur „Hohen Schule" bereits 1938 entwickelt wurden. Diese vermitteln einen relativ unverfälschten Eindruck davon, wie Rosenberg sich eine angemessene altertumswissenschaftliche Auseinandersetzung mit der Antike vorstellte. In seiner „Denkschrift über die ersten Vorbereitungsarbeiten für die Hohe Schule" vom 16.5.1938 ging Rosenberg noch von einem umfassenden Konzept für den Aufbau der „Hohen Schule" aus.[8] Ihre wichtigste Aufgabe sah er darin, „eigene Forschungen einzuleiten und Persönlichkeiten mit bestimmten Aufgaben zu betrauen".[9] Diesem Ziel war der Großteil seiner Ausführungen gewidmet. Schon an erster Stelle der zu ergreifenden Forschungsinitiativen nannte Rosenberg als Desiderat „eine sehr eingehende Geschichte der antiken Völker unter dem heutigen Rasse-Gesichtspunkt". Für diese Aufgabe hatte sich nach seiner Meinung – das sagt eigentlich schon alles über die Qualität der Planungen – H. F. K. Günther mit seiner „Geschichte des griechischen und römischen Volkes" bereits ausgewiesen.[10] Davon ausgehend sollte Günther „in mindestens dreifachem Umfange ein allgemeines Bild der Entwicklung ..., d.h. über die Rassenkämpfe, über die sozialen Bewegungen in ihrem Zusammenhange und die genaue Schilderung des Untergangs der antiken Staaten" geben. Rosenberg hoffte, daß das Werk Günthers möglichst schon bei der Eröffnung der „Hohen Schule" zugleich in englischer, französischer und italienischer Übersetzung vorliegen würde. Der deutschen Altertumswissenschaft mußte dann eine unbedingte Führungsrolle zufallen: „Ziel einer solchen Arbeit soll sein, daß künftige Historiker zu den Füßen deutscher Gelehrter die Geschichte des Altertums anhören." Daneben förderte Rosenberg Arbeiten namentlich nicht genannter jüngerer Gelehrter über die „Struktur und Geschichte des spartanischen Staates" und die „Etrusker als neben den Juden wichtigsten Ursprungsherd des ganzen Priesterwesens in Europa".[11] Den Bereich der Antike berührte z.T. auch das „Handbuch *[141]* der Romfrage".[12] Rosenberg hat hier nur stichwortartig und sehr allgemein die Schwerpunkte rassenkundlicher Betrachtung der Antike genannt. Die Frage der Rassenkämpfe, die Untergangsproblematik und Sparta bezeichnen für das NS-Geschichtsbild allgemeingültige Ansatzpunkte. Als spezieller Akzent Rosenbergs kommt die Etrusker-

6 Vgl. die Reihe der Forschungsvorhaben bei Poliakov u. Wulf, 132ff.; zum „Institut zur Erforschung der Judenfrage" auch Heiber, 1057ff.

7 Nach Rothfeder, 392–396, hat sich auch Kater, vor allem AE 1974, 276f., nur mit der Einrichtung des Instituts befaßt.

8 MA 698 fol. 1099–1111. Bisher ist dieses Dokument anscheinend nicht ausgewertet worden.

9 Ebd., fol. 1099.

10 Ebd., fol. 1102; zu H. F. K. Günther vgl. oben, *[26]*.

11 Denkschrift v. 16.5.1938, fol. 1102f.

12 Siehe dazu kurz oben, *[22]*.

bzw. die Romfrage hinzu. Auffällig ist die bevorzugte Stellung der Erforschung der Antike vor anderen Projekten, z.B. einer „Geschichte des deutschen Volkes" und einer „Geschichte des Nationalsozialismus".[13] Der Bereich der Vor- und Frühgeschichte blieb wohl im Hinblick auf den Reichsinstitutsplan ausgeklammert.

Noch ausführlicher befaßte sich Rosenberg dann mit der Erforschung der Antike in einer weiteren Denkschrift vom 1. September 1938.[14] Das hervorstechende Merkmal des neuen Geschichtsbildes ist seine großräumige Einteilung: „Unter den Begriff der Antike wird auch einzureihen sein die Geschichte aller jener Völker und Kulturen, die, einst nordeuropäischen Ursprungs, das Gesicht der Welt bestimmten; d.h. *zu den Griechen und Römern müssen sich in unserem Bewußtsein auch die Inder und Iraner gesellen.*"[15] Dabei ging es Rosenberg vor allem darum, die biblische (jüdische) durch die arische Tradition zu ersetzen. Praktisches Zentrum dieser Forschungen sollte das „Religions-Vergleichende Institut" in Marburg sein, wofür Rosenberg den „religionsgeschichtlich arbeitende[n]" Prof. Harder zu gewinnen hoffte.[16] Mit Dr. Josef Denner widmete sich bereits ein „nationalsozialistischer junger Forscher" dem Gebiet der älteren arischen Überlieferung.[17] Unter den weitgefaßten Antike-Begriff Rosenbergs fiel schließlich ein Vorhaben über die „Ausbreitung Alteuropas vom Kernland bis zum Indus". Der dafür vorgesehene georgische Gelehrte Prof. *A. Nikuradse* war hauptberuflich Professor der Physik an der TH Berlin und sollte sich anscheinend mit der „ganzen Frühgeschichte des osteuropäischen Raumes" befassen.[18]

Im Bereich der griechisch-römischen Antike kam zu den bereits angelaufenen Projekten über Sparta und die Etrusker das Arbeitsthema „hellenistische Übergangsepoche" zwischen arischer Überlieferung und christlichem Zeitalter hinzu.[19] Von dem ehemaligen

---

13 Denkschrift v. 16.5.1938, fol. 1104.

14 Denkschrift über die Aufgaben der „Hohen Schule". Vom Beauftragten des Führers für die Überwachung der gesamten geistigen und weltanschaulichen Schulung und Erziehung der NSDAP (MA 698 fol. 940–982).

15 Ebd., fol. 943.

16 Ebd., fol. 945. Die Absicht, Harder in Marburg einzusetzen, ergibt sich aus dem Ende August 1938 abgefaßten Bericht des Amtes Rosenberg über den „Marburger Schloßplan" (NS 15/11 fol. 54660); vgl. dazu den Beitrag des Verf.: Der Marburger Schloßplan, in: Academia Marburgensis. Beiträge zur Geschichte der Philipps-Universität Marburg, hrsg. v. W. Heinemeyer u.a., Marburg 1977, 353–405.

17 Denkschrift v. 1.9.1938 (MA 698 fol. 945); vgl. dazu Josef Denner: Die Staatsauffassung der alten Perser, in: Nationalsozialistische Monatshefte 8 (1937) 106–923. Denner sollte vom „Amt Rosenberg" an der Univ. Halle gefördert werden; vgl. GSTA Rep. 76, 202 fol. 97.

18 Denkschrift v. 1.9.1938 fol. 946. *A. Nikuradse* (geb. 10.10.1900) PD TH München 1929, a.o. Prof. Berlin 1935, Phil. Theol. Hochsch. Bamberg 1953–1955, emer. Prof. TU Berlin (KGK 11, 1970, Sp. 2128). Das von Rosenberg angekündigte Werk von Nikuradse „Um die Gestaltung Europas" erschien 1943 unter dem Pseudonym A. Sanders bereits in der zweiten Auflage; vgl. ders.: Die Stunden der Entscheidung. Kampf um Europa, 2. Aufl., München 1943; zu Nikuradse auch Richard Koebner u. Helmut D. Schmidt: Imperialism, The Story and Significance of a Political Word, 1840–1960, Cambridge 1964, 297.

19 Denkschrift v. 1.9.1938 fol. 984ff. Die Namen der von Rosenberg genannten Bearbeiter Dr. Höllmann (Sparta) und Prof. Kluge (Etrusker) ließen sich nicht identifizieren. Im ersteren Falle ist nach

Pfarrer und damaligen Leiter der Hauptstelle „Protestantismus und Religionswissenschaft", *Wilhelm Brachmann*, sollten „alle Forschungen der Antike ausgewertet werden, um die verschiedenen Charakter- und Geistesströme zu scheiden, die so verschiedentlich gemischt in Europa mündeten".[20] Der religionsgeschichtliche Komplex mußte schließlich durch eine „genaue Darstellung des Einbruches des Christentums in die antike Welt" abgerundet werden. Dafür suchte man noch eine Persönlichkeit, die ausgehend von den „Vorarbeiten" Gibbons, Burckhardts und Birts „ohne jede Kleinigkeit und *[142]* doch klar in der Haltung, verbunden mit einem großen Wissen, dieses für unsere Geistesgeschichte mit entscheidende Werk schreiben könnte".[21] Eine zureichende Beurteilung dieses Programms, mit dessen Hilfe Rosenberg „die Lehre in den heute noch demokratischen Ländern nach und nach erschüttern" wollte, ist angesichts seiner nur umrißhaften Züge schwierig.[22] Die Erkenntnisziele der Forschungen über die arische Überlieferung und die religionsgeschichtlichen Themen aus der griechisch-römischen Antike waren im „Mythus des 20. Jahrhunderts" bereits vorgegeben. In Anbetracht der Reaktionen, die das Werk bei seinem Erscheinen hervorrief, hatte wohl kaum jemand damit gerechnet, daß aus dem „Mythus" einmal ein Forschungsprogramm entwickelt werden sollte. Ähnliches gilt auch für den Plan einer Geschichte der Griechen und Römer von H. F. K. Günther, deren Beweisgang von vornherein festlag. In den beiden Denkschriften unternahm Rosenberg den mehr oder weniger konsequenten Versuch, die Gedankenwelt des „Mythus" in die altertumswissenschaftliche Praxis einzubringen. Ein derartiger Versuch mußte allein schon aus sachlichen Gründen scheitern, wenn man zunächst einmal von den personellen Vorstellungen absieht. Auch in dieser Hinsicht blieb man, wie die Namen Brachmann, Denner, Günther und Nikuradse zeigen, gewissermaßen unter sich. Um so erstaunlicher war es, in diesem Kreis nun einen Gelehrten vom Range Richard Harders zu finden.

2. Aufbau und Programm des Instituts für Indogermanische Geistesgeschichte

Bis zu der Führeranordnung vom April 1940 hatte sich die Aufbauarbeit für die „Hohe Schule" im wesentlichen auf die Vergabe von Forschungsaufträgen beschränkt. Der Plan, in München ein „Institut zur Erforschung der arischen Geistesgeschichte" zu gründen und dieses der Philosophischen Fakultät anzugliedern, begegnet zum erstenmal in der „Denkschrift über die Verwendung der frei gewordenen theologischen Lehrstühle der

---

einer Bemerkung von Rosenberg: Aufzeichnungen, 132, zu vermuten, daß es sich um Hans Lüdemann, den Verfasser von „Sparta – Lebensordnung und Schicksal" (Leipzig 1939) handelt, der zu den Mitarbeitern Darrés gehörte.

20 Denkschrift v. 1.9.1938 (MA 698 fol. 948–949). *W. Brachmann* (geh. 19.7.1900) avancierte wohl 1941 zum Leiter des Instituts für Religionswissenschaft der Hohen Schule – Außenstelle Halle – und zum o. Professor (1943); vgl. Personalbogen Brachmann (R 21/380), und Bollmus, 291. Ferner Personal- u. Vorlesungsverzeichnis Univ. Halle SS 1939–WS 1943/44.

21 Denkschrift v. 1.9.1938 fol. 950.

22 Ebd., fol. 948.

Universität München". Wenn ausgerechnet darin der „Hohen Schule" die Aufgabe zugewiesen wurde, die deutsche Wissenschaft „zu einer weltanschaulichen Macht" zu formen, „die in ähnlicher Geschlossenheit dastünde wie ehemals die theologischen Fakultäten", beschrieb man damit treffend den ersatzreligiösen Charakter der Wissenschaft Rosenbergscher Prägung.[23] Innerhalb der Institutsplanung der „Hohen Schule" stellt die angestrebte Verzahnung mit einer Universität einen Sonderfall dar, denn die „Hohe Schule" sollte ursprünglich als selbständige „Partei-Universität" eingerichtet werden. Die Wahl fiel auf München, weil hier durch die *[143]* Auflösung der theologischen Fakultät eine Anzahl Stellen zur Disposition standen.[24]

Aufgabe des Instituts sollte es sein, „das gesamte Geistesgut des Ariertums aus den Zeugnissen der orientalischen und der abendländischen Geschichte zu erarbeiten. ... Selbstverständlich müßte auch der jüdische Gegenspieler des arischen Geistes berücksichtigt werden." Diese Arbeit führte konsequent zur „Auseinandersetzung mit der theologischen Gegenbewegung, die die Geschichte des Abendlandes beherrscht hat". Ebenso wie das „Ahnenerbe" erwartete auch das „Amt Rosenberg" von seinen Mitarbeitern Arbeitsergebnisse, die „für den aktiven Einsatz in der Partei, z.B. Schulungsarbeit, verwendbar wären".[25] Der Umfang des Projekts läßt sich annähernd daran ablesen, daß der hier angemeldete Bedarf in materieller und personeller Hinsicht mit den Mitteln der freigewordenen theologischen Lehrstühle allein nicht abgedeckt werden konnte.

An der Spitze der vorgeschlagenen Lehrstuhlinhaber stand Richard Harder, für den das Fachgebiet „Geistesgeschichte der Antike" vorgesehen war. Neben Dr. Josef Denner (Iranische Religionsgeschichte) und Prof. Alexander Nikuradse (Kontinentaleuropäische Geschichte), die aus der früheren Planungsphase bekannt sind, wurden Dr. Hans Grünewald (Arische Philosophie), Prof. *Kurt Gottschaldt* (Erbpsychologie) und Dr. *Johannes Pohl* (Geistesgeschichte des Judentums) ins Gespräch gebracht. Geplant waren ferner Lehrstühle für Archäologie, Deutsche Vor- und Frühgeschichte, Volkskunde und Indische Religionsgeschichte.[26] In personeller wie in sachlicher Hinsicht knüpft die Denkschrift an die Planungen des Jahres 1938 an, wenn auch eine beträchtliche Ausweitung des Konzepts festzustellen ist. Abgesehen von der Person Harders hatte man sich nicht so sehr um die qualifizierte Besetzung einzelner Fachgebiete bemüht, sondern eher darum, eine Anzahl meist jüngerer Anhänger Rosenbergs in gesicherte Positionen zu bringen. Obwohl diese Namen von seiten des „Amtes Rosenberg" später nicht mehr zur Diskussi-

---

23 NS 8/264 fol. 98–100 (März 1940). Rothfeder, 394, Anm. 108, schreibt die Denkschrift Baeumler zu; vgl. auch Kater: AE 1966, 151 m. Anm. 6. Die Denkschrift war für das Bayerische Kultusministerium bestimmt; vgl. Aktennotiz Baeumlers vom 4.12.1940 (NS 8/240 fol. 129–130).

24 Vgl. Kater: AE 1974, 275ff.

25 Denkschrift v. März 1940 fol. 98f. (Hervorhebung im Original).

26 Zu Grünewald vgl. oben, *[106]*. Prof. *K. Gottschaldt* (25.4.1902) war damals a. o. Prof. für Psychologie an der Univ. Berlin (UD Bonn 1932, a.o. Berlin 1938, o. Humboldt Univ. 1946). – Dr. *J. Pohl* hatte sich in den Augen des „Amtes Rosenberg" für dieses Gebiet durch einen Beitrag über „Talmud und Jesuitentum" im „Stürmer" ausgewiesen (vgl. Heiber, 1032). Später arbeitete er als Bibliothekar an der Außenstelle Frankfurt des Instituts zur Erforschung der Judenfrage (vgl. Poliakov u. Wulf, 151). Für die übrigen Lehrstühle fehlen personelle Vorstellungen.

on gestellt wurden, war durch diese Besetzungsvorschläge das Unternehmen, auf das sich Harder einließ, in den Augen der Fachwelt aufs schwerste kompromittiert.

Richard Harder war der älteste Schüler Werner Jaegers, der ihn als Philologen nachhaltig geprägt hat.[27] Bekannt geworden ist er vor allem durch zahlreiche Arbeiten zur antiken Philosophie, in deren Mittelpunkt die Neubearbeitung und Übersetzung Plotins als sein Lebenswerk steht.[28] Sein besonderes Interesse galt von Anfang an der Ausbildungsreform an Schule und Universität sowie Fragen der Wissenschaftsorganisation.[29] Nach Marg war Harder sogar einmal als Preußischer Kultusminister im Gespräch.[30] Das Organisationstalent Harders bewährte sich nicht zuletzt ***[144]*** in seiner Eigenschaft als erster Redaktor des „Gnomon".[31] Das „Amt Rosenberg" hatte in ihm einen Fachmann gewonnen, dessen Qualifikationsgrad in diesem Dienststellenbereich als ausgesprochener Sonderfall zu werten ist.

Von nationalsozialistischer Seite war Harder – hier liegt eine ähnliche Ausgangssituation vor wie bei Altheim – zunächst sehr kritisch beurteilt worden. Ende April 1933 fand sich sein Name – ebenso wie der des aus rassischen Gründen verfolgten Felix Jacoby – auf einer Liste von Lehrkräften der Universität Kiel, „die in keiner Weise das Vertrauen der Studentenschaft besitzen und für den Neuaufbau der deutschen Hochschule untragbar sind."[32] Harder hatte sich bereits 1930 wegen einer kritischen Äußerung über den Terror der nationalsozialistischen Studenten das Mißfallen des NSDStB zugezogen. Wegen Harders Kritik an einem Berufungsverfahren beantragte der Kieler Rektor im Januar 1934 ein Disziplinarverfahren gegen den Graezisten und sprach sich für dessen baldige Versetzung aus.[33] Für den noch im Jahre 1933 erfolgten Eintritt in die SA war nach Marg nicht allein die schwierige Lage maßgebend, in die Harder in Kiel geraten war, sondern auch

---

27 *R. Harder* (9.1.1896–4.9.1957) PD Heidelberg 1927, o. Prof. Königsberg 1927, Kiel 1930, München 1940–1945, Münster 1952; vgl. vor allem die Würdigung seines Schülers und Freundes Walter Marg: Nachwort, in: ders. (Hrsg.): Richard Harder. Kleine Schriften, München 1960, 475–499 (mit Schriftenverzeichnis 501ff.), und Wolfgang Schadewaldt, in: Gnomon 30 (1958) 73–76.

28 Vgl. Plotins Schriften. Übersetzung, Bd. 1–5, Leipzig 1930–1937; Neubearbeitung, Bd. 1 u. 5, Hamburg 1956–1958; Plotin, Auswahl und Einleitung, Frankfurt 1958.

29 Vgl. dazu Marg, 476; vgl. z.B. die „Königsberger Vorschläge für die Ausbildung der zukünftigen Studienräte auf der Universität", in: Deutsches Philologen-Blatt 3 (1929); ders.: Studienfragen in der Klassischen Philologie, in: Neue Jahrbücher für Wissenschaft und Jugendbildung 7 (1931) 97–110.

30 Marg, 479.

31 Von 1938 an fungierte Harder nur noch als Mitherausgeber; vgl. Marg, 477f.

32 Erich Hofmann: Die Christian-Albrechts-Universität in preußischer Zeit, in: Geschichte der Christian-Albrechts-Universität Kiel, Bd. 1, T. 2, Neumünster 1965, 88, sowie ders.: Philologie, in: Geschichte der Christian-Albrechts-Universität Kiel, Bd. 5, T. 2, Neumünster 1969, 162f.; vgl. auch Kater: AE 1974, 434, Anm. 130, und Marg, 480f.

33 Der Grund dafür ist wohl in „Harders Ablehnung eines George-Kultes" zu suchen, „der bei der Beratung der Nachfolge des Philosophen Kroner eine Rolle spielte". So Hofmann: Philologie, 162; vgl. Rektor Kiel an Vahlen/REM v. 16.5.1934 (GSTA Rep. 76, 243 fol. 33). Im REM wurde die Versetzung Harders anfänglich erwogen; vgl. Aktenvermerk für Vahlen 26.5.1934 (ebd., fol. 40); zu Harders kritischem Verhältnis zum George-Kreis vgl. ders.: Rez., F. Brecht, Platon und der George-Kreis, Leipzig 1929, in: DLZ 51 (1930) 972–982.

„die Hoffnung auf eine neue Staatsgesinnung unseres Volkes".[34] Der ausgeprägte Reformdrang und die Aufbruchstimmung nach 1933 haben ihren Niederschlag in einer Besprechung der bekannten Freiburger Rektoratsrede von Martin Heidegger gefunden, die ihn als Graezisten wie als Deutschen ansprach. Harder empfand das Griechenbekenntnis des Philosophen als „Befreiung des eigenen Seins und des Handelns in der Gegenwart". Freilich war jetzt auch die Stunde gekommen, „wo die Berufung auf das alte Vor- und Gegenbild allein nicht mehr genügt, wo es zu zeigen gilt, wie der gekräftigte Geist sich unmittelbar mit der Gegenwart berührt und durchdringt."[35] Politisch trat Harder in der Folgezeit allem Anschein nach nicht sonderlich hervor.[36]

In die Reihe der Motive, die Harder zu dem Wechsel nach München veranlaßt haben, gehören auch Befürchtungen über die künftige Entwicklung der Universität: „Sie muß und darf erwarten", so formulierte Harder in einer Stellungnahme zur Neuordnung des höheren Schulwesens, „daß ihr derjenige Anteil an der Ausbildung der wissenschaftlichen Lehrer gewahrt bleibt, der dem Geist des Ministerialerlasses entspricht".[37] Harder hat im Rückblick für sich das Bestreben, „durch Mitarbeit die Dinge in eine vernünftige Bahn zu lenken", in Anspruch genommen.[38] Nicht weniger stark war freilich die „Verlockung der Möglichkeiten", die in der Aufgabe lag, ein den Rahmen seines engeren Fachgebiets sprengendes Forschungsinstitut aufzubauen.[39] Das „Amt Rosenberg" förderte zumindest seit Anfang 1938 die Wegberufung Harders aus Kiel. In den Planungen für die „Hohe Schule" tauchte sein Name im September desselben Jahres auf. Den *[145]* Kontakt zum Hause Rosenberg hatte A. Baeumler als damaliger Leiter des Aufbauamtes der „Hohen Schule" hergestellt.[40]

Im September 1940 erreichten die Vorbereitungsarbeiten ihr entscheidendes Stadium. Relativ unproblematisch schienen die finanzielle Absicherung des Unternehmens und

---

34 Marg, 481.

35 R. Harder: Rez. M. Heidegger. Die Selbstbehauptung der deutschen Universität, Breslau 1933, in: Gnomon 9 (1933) 441f. (440–442); vgl. dazu Nolte: Typologie, 11 („Heidegger als Paradigma").

36 Nach Ausweis seines Personalbogens (ausgefertigt zwischen 1934 u. 1936) versuchte er auch nicht, den Anschein politischer Aktivität zu erwecken. In der entsprechenden Rubrik heißt es ausdrücklich „keine Parteizugehörigkeit und keine Betätigung" (R 21/391).

37 R. Harder: Die neue Höhere Schule, in: Kieler Blätter (1938), 152 (147–152).

38 Vgl. Schadewaldt, in: Gnomon 30 (1958) 74.

39 Vgl. Marg, 482ff. Darüber hinaus hat Marg auch auf sehr persönliche Motive Harders hingewiesen (ebd.).

40 Diesen Hinweis verdanke ich einer freundlichen Mitteilung von Herrn Dr. Reinhard Bollmus, Trier, v. 28.12.1972, der sich auf eine Auskunft von Frau Baeumler stützt; vgl. auch Bollmus, 68. – Auf gute Verbindungen zur Dienststelle Rosenbergs deutet auch die Vergabe eines Reisestipendiums durch Rosenberg an W. Marg, der dadurch Gelegenheit erhielt, seinen Lehrer Harder auf einer Griechenlandreise (1939) zu begleiten. Die Bewilligung war von Baeumler an die Bedingung geknüpft worden, „daß die künftige Arbeit dieses hervorragend begabten jungen Parteigenossen der Hohen Schule zugute kommen wird"; vgl. Baeumler an Dienststelle Rosenberg v. 9.12.1938 (MA 141/8 fol. 350258) und W. Marg: „Bericht über meine Griechenlandreise im März und April 1939, durchgeführt mit Hilfe eines Reisestipendiums des Herrn Reichsleiters Alfred Rosenberg" v. 25.7.1939 (MA 141/8 fol. 350246–350254).

die Frage der Unterbringung zu sein.[41] Der Versuch Rosenbergs, das Institut an der Universität München zu etablieren, stieß dagegen ebenso wie die personellen Vorstellungen, die in der Denkschrift über die Besetzung der theologischen Lehrstühle entwickelt worden waren, auf den schärfsten Widerstand der Philosophischen Fakultät. Rosenbergs Verhandlungsführer Harder und Baeumler sahen sich einer einheitlichen Widerstandsfront der Universität, bestehend aus dem Rektor, dem Prodekan der Philosophischen Fakultät und dem Dozentenbund, gegenüber. Vor allem berief man sich auf die Rechte der Fakultät und lehnte es rundweg ab, noch während des Krieges Entscheidungen über die „Hohe Schule" zu treffen. Der Dozentenbund wertete zudem die geplante Berufung Harders als weltanschauliches „Mißtrauensvotum" für die bereits vorhandenen Fachvertreter, „die sich für gute Nationalsozialisten halten".[42] Die von der Gesamtkonzeption des geplanten Instituts wie von der persönlichen Interessenrichtung Harders unmittelbar betroffenen Fachvertreter, der Indogermanist Wüst und der Graezist Dirlmeier, bekleideten damals die Ämter des Dekans bzw. Prodekans der Philosophischen Fakultät und waren somit an den Verhandlungen mit Harder und Baeumler direkt beteiligt. Sie saßen den Vertretern der „Hohen Schule" aber nicht nur als Fakultäts- und Fachvertreter, sondern auch als Mitglieder des „Ahnenerbes" gegenüber.

Der Gesichtspunkt der in doppelter Hinsicht fachlichen Betroffenheit Dirlmeiers und Wüsts ist bisher zu wenig berücksichtigt worden. Vor dem geschilderten Hintergrund dürfte auch die Versicherung Wüsts, er habe das Projekt in seiner offiziellen Eigenschaft als Vertreter der Münchener Universitätab gelehnt, weil er die Kandidaten Rosenbergs für nicht qualifiziert hielt, den tatsächlichen Sachverhalt nur teilweise treffen. Anlaß zu diesem Schluß gibt aber auch die Erinnerung Dirlmeiers, daß damals „ein langwieriger, harter Kampf, voller Intrigen" stattgefunden habe.[43]

Über den „Ahnenerbe"-Geschäftsführer Sievers hatte sich Wüst schon sehr früh der Hilfe des REM versichert,[44] das der Universität dann auch in einer wichtigen Frage zu Hilfe kam. Der Reichserziehungsminister gab den entscheidenden Anstoß zur Klärung der Beziehungen zwischen der „Hohen Schule" und der Philosophischen Fakultät. Harder erhielt von Rust den Auftrag, eine „Forschungsstelle für arische Geistesgeschichte" einzurichten; er sollte dies „im Einvernehmen mit der Universität und der Fakultät" tun. Durch Rusts Initiative war die Zuständigkeit der Fakultät *[146]* ganz offensichtlich aner-

41 Darüber hatte sich Rosenberg angeblich mit dem Gauleiter Wagner und dem Oberbürgermeister von München, Fiehler, geeinigt; vgl. Die vorläufigen Aufgaben der „Hohen Schule" v. 1.7.1940 (MA 698 fol. 884–885).

42 Aktenvermerk Baeumler für Rosenberg v. 9.9.1940 über eine Besprechung v. 4.9.1940 (NS 8/264 fol. 103–104). An dem Gespräch hatten der Rektor Prof. Brömser, der Prodekan Dirlmeier und Ministerialrat Kasper vom REM teilgenommen.

43 Vgl. Kater: AE 1966, 151f. m. Anm. 6–10 a (437f.). Kater stützt sich auf Gedächtnisprotokolle von Dirlmeier (v. 9.7.1962) und Wüst (v. 10.4.1963). Unter Berufung auf dieselben Protokolle hat Kater seine Darstellung später – zumindest im Hinblick auf die Beurteilung Harders – modifiziert: Gegen ihn hatten „die Münchener Professoren nach fachlichen Gesichtspunkten an sich nichts einzuwenden"; vgl. Kater: AE 1974, 277 m. Anm. 130 (434).

44 Vgl. Kater: AE 1974, 276f.

kannt worden. Das Interesse Rosenbergs an dem Institut hatte der Minister dagegen „mit keiner Silbe erwähnt".[45] Im „Amt Rosenberg" befürchtete man nun zu Recht, jeden weiteren Einfluß auf das Institut zu verlieren, und zog rasch die Konsequenzen: Baeumler teilte Rust mit, „daß der Reichsleiter die Institute der „Hohen Schule" nicht innerhalb, sondern außerhalb der Universitäten haben Wolle."[46]

Rosenberg hatte zunächst erreicht, daß der Auftrag für Harder von Rust zurückgezogen wurde. Die Verbindung des Instituts zur Universität sollte darauf beschränkt bleiben, daß potentielle Institutsmitglieder zugleich Lehrstuhlinhaber an der Philosophischen Fakultät sein konnten.[47] In dieser Hinsicht mußte sich Rosenberg mit der Versicherung Rusts begnügen, er werde ihm bei Neuberufungen entgegenkommen. Gleichzeitig machte er aber klar, daß er dabei an die „Einwilligung des Stellvertreters des Führers und ... die Zustimmung der jeweiligen Fakultät gebunden Sei".[48] Auch nach der Abgrenzung der Interessensphären zwischen Rust und Rosenberg lehnte die Fakultät es zunächst ab, „sich mit dem Vorschlag Harder ... überhaupt zu befassen", nachdem schon zuvor die Namen anderer Kandidaten aus dem Hause Rosenberg einen „Sturm der Entrüstung" hervorgerufen hatten.[49] Wenn es dann schließlich zu einer „Einigung" zwischen der Fakultät und Harder darüber kam, daß seinem Institut sechs von insgesamt acht unbesetzten Lehrstühlen zufallen sollten, bestand diese nur auf dem Papier. Faktisch hatte sich die Fakultät, wie die Zukunft lehrte, nur mit der Berufung Harders abgefunden. Ob sich Harder „hinter dem Röcken Rosenbergs" mit Dirlmeier und Wüst arrangiert hat, läßt sich nicht eindeutig belegen. Auffällig ist immerhin, daß Dirlmeier, der wiederholt Beweise seiner Kooperationsbereitschaft geliefert hatte, nach dieser Absprache „dem Reichsleiter zur Berufung als Mitglied des Instituts" vorgeschlagen werden sollte.[50]

Harder mußte sich nicht nur mit dem Widerstand der Münchener Universität und des „Ahnenerbes" gegen Rosenbergs Institutsgründung auseinandersetzen. Wie aus brieflichen Äußerungen Harders gegenüber W. Marg hervorgeht, führte er damals auch einen „Kampf ... um die reine Wissenschaftlichkeit des Unternehmens". Sein Verhandlungsspielraum scheint allerdings nicht allzu groß gewesen zu sein, denn die Rückgabe seines

---

45 Der Auftrag Rusts datiert vom 7.10.1940; vgl. Aktennotiz für Reichsleiter Rosenberg v. 2.10.1940 mit Paraphe Sch(eidt) (NS 8/264 fol. 102). Die Aktennotiz ist falsch datiert, da sich ihr Verfasser auf einen Brief Rusts v. 7.10.1940 bezieht (Eingangsstempel Kanzlei Rosenberg v. 2.11.1940). Bei dem Verfasser dürfte es sich um den damaligen Leiter der Organisationsabteilung der „Hohen Schule", Hans-Wilhelm Scheidt, handeln; vgl. Bollmus, 124 m. Anm. 104.

46 Nach Aktennotiz Baeumler für den Reichsleiter Rosenberg v. 6.11.1940 (NS 8/264 fol. 105) über ein Gespräch mit Rust am 5.11.1940.

47 Vgl. Organisationsform des neuen Münchener Instituts o. D. gez. Harder (NS 8/265 fol. 161–162).

48 Nach Aktennotiz Baeumler für den Reichsleiter v. 6.11.1940 (NS 8/264 fol. 105). Beinahe die gleiche Auskunft hatte Baeumler schon 1938 in den Verhandlungen um die Lehrstuhlbesetzungen in Halle erhalten; vgl. oben, *[64]*.

49 Aktennotiz Baeumler für den Reichsleiter v. 4.12.1940 (NS 8/240 fol. 129–130). Die Namen Denner und Nikuradse waren – so Baeumler – „von Prof. Wüst völlig unnötig hervorgezerrt worden" (ebd., fol. 129).

50 Aktennotiz Harders für „Amt Rosenberg" v. 17.12.1940 (NS 8/265 fol. 163); vgl. Kater: AE 1974, 277 m. Anm. 131.

Auftrags, die er sich vorbehalten hatte, wollte ihm „nicht behagen, weils dann aussieht, als wiche ich dem Druck [des NS-Dozentenbundes].“[51] Bei diesen Verhandlungen mit Rosenberg erreichte Harder anscheinend eine Namensänderung seines Instituts, das sich nicht der „arischen“, sondern nunmehr der „indogermanischen“ Geistesgeschichte widmen sollte. Der offizielle Titel lautete „*Hohe Schule – Außenstelle München*, Institut für Indogermanische Geistesgeschichte“.[52] Die Feststellung *[147]* Margs, die Außenstelle sei einer vom „Amt Rosenberg“ akzeptierten Bedingung Harders entsprechend „im ganzen unabhängig“ von der „Hohen Schule“ geblieben, läßt sich allein schon im Hinblick auf die organisatorische Betreuung kaum halten. Wichtiger waren die weiteren Bedingungen, die Harder nach Marg stellte: „Freiheit von Politik und Propaganda, keine Unterstellung unter die Partei und kein Parteirang des Leiters“.[53] – Zumindest Baeumler stimmte mit Harder darin überein, „daß wir die Kräfte, die wir für die Hohe Schule brauchen, nur gewinnen können, wenn wir ihnen volle Selbständigkeit geben und alle Möglichkeiten zur wissenschaftlichen Entfaltung bieten.“[54] Unabhängig von der Frage, ob es Harder später gelang, sein Verhandlungsziel bzw. seine Vorsätze in der Praxis durchzusetzen, befand er sich damals in einer relativ starken Verhandlungsposition. Vom wissenschaftlichen Rang Harders her gesehen, war seine Beteiligung an der „Hohen Schule“ für Rosenberg geradezu ein Glücksfall. Die Haltung und die Motive Harders in dieser Phase des Institutaufbaus lassen sich freilich auch in ihrer z.T. sicher taktischen Bedingtheit nicht vollständig klären.[55]

Einen begrenzten Einblick vermitteln dagegen die verschiedenen Etappen der Forschungsplanung, an denen Harder in unterschiedlicher Weise beteiligt war. Eine erste inoffizielle Denkschrift hatte Harder im April 1940 vorgelegt.[56] Darauf basiert auch die wohl letzte Zusammenfassung der Forschungsaufgaben der Hohen Schule“ vor den abschließenden Verhandlungen über die Institutsgründung, die man eindeutig Harder zuweisen kann.[57] Der Vergleich der verschiedenen Entwürfe der Denkschrift läßt die besondere Interessenrichtung Rosenbergs in einigen Punkten deutlich hervortreten. Vor allen Dingen aber werden die einzelnen Forschungsvorhaben und Arbeitsthemen zum erstenmal genauer beschrieben.[58]

---

51 Marg, 483.

52 Vgl. Rosenberg an Harder v. 5.12.1940 (NS 8/265 fol. 184). Mit diesem Schreiben wurde Harder zum Institutsleiter ernannt. Den offiziellen Planungsauftrag hatte er mit Datum vom 6.11.1940 erhalten (Rosenberg an Harder v. 6.11.1940, NS 8/264 fol. 101).

53 Vgl. Marg, 482f.

54 Baeumler an Harder v. 18.1.1941 (MA 129/1 fol. 44884).

55 Weiteren Aufschluß darüber könnte u. U. der mir bisher nicht zugängliche Nachlaß Harders geben.

56 Darauf bezieht sich Rosenberg an Harder v. 6.11.1940 (NS 8/264 fol. 101); vgl. auch MA 698 fol. 884.

57 Forschungsaufgaben der „Hohen Schule“ v. 29.10.1940 (MA 698 fol. 790–818).

58 Diese Denkschrift ist mit handschriftlichen Korrekturen versehen, die, wenn nicht der Feder, so doch auf jeden Fall der Gedankenwelt Rosenbergs entstammen; vgl. auch Forschungsaufgaben der „Hohen Schule“ v. 30.10.1940 (CXL III–281). Im Wortlaut stimmt diese von Rosenberg gebilligte Fassung mit dem von Poliakov u. Wulf, 132ff., auszugsweise abgedruckten Dokument (CXL II-204 v. 6.11.1940) überein.

Das Arbeitsgebiet „Arische Geistesgeschichte“ wurde definiert als „Geistesgeschichte der Einzelvölker, mobilisiert und innerlich verknüpft durch den steten Hinblick auf ihren indogermanischen Kern und dessen arische Substanz“. Dabei ergab sich die Schwierigkeit, daß keines der angesprochenen indogermanischen Einzelvölker „in rassisch reiner Gestalt“ zu fassen war.[59] In den offensichtlich fehlenden rassischen Daten könnte die Ursache dafür liegen, daß der rassengeschichtliche durch einen „geistesgeschichtlichen“ Ansatz ersetzt wurde. Voraussetzung dieser „Geistesgeschichte“ war jedenfalls die Annahme der ursprünglichen rassischen Einheit und Reinheit des indogermanischen Urvolkes.

Im Rahmen des ersten „Grundthemas“ der Institutsarbeit sollte die Auseinandersetzung der indogermanischen Stämme mit der jeweils vorgefundenen Vorbevölkerung in der Wanderungszeit „nachvollzogen“ werden. *[148]* Am konkreten Beispiel der Auseinandersetzung der mykenischen Kultur des 2. Jahrtausends mit der Kultur der kretischen Vorbevölkerung bot sich etwa durch die Auswertung der Palastmalereien „die einzigartige Möglichkeit eines ständigen Messens, eines Abhebens und Sichtbarmachens des Indogermanischen an dem Nichtindogermanischen“. Dieser Aufgabe sollten sich in erster Linie die Archäologen widmen.[60] Bei dem zweiten Grundthema ging es darum, die spezifisch indogermanischen „Großleistungen“ herauszustellen: „die politischen Gemeinschaftsgebilde, der agonale Sport, die Buchstabenschrift, das große Heldenepos, die tragische Bühne, die monumentale Architektur und Plastik, die Geschichtsschreibung, die Philosophie, die Wissenschaften, die arische Religion, das arische Recht.“[61] Die Abhängigkeit der hier konzipierten „Geistesgeschichte“ von der Rassengeschichte erwies besonders deutlich die Formulierung des dritten Grundthemas. Im Fall der „Auseinandersetzung mit der nichtindogermanischen Außenwelt“ handelte es sich „um Vorgänge der Störung und Abstoßung, der Übernahme und Verwaltung; ferner um biologische Prozesse der Unterwanderung und Überfremdung, die in einigen beispielhaften Fällen schließlich zur Zerstörung von Kultur und Volkstum führen.“ Darüber hinaus nannte Harder noch einige speziellere Themen aus diesem Bereich. So etwa „Bevölkerungsstatistische Arbeiten in Hellenismus und Kaiserzeit: Dr. habil. Vittinghoff, Kiel. Eindringen des Semitischen in die Philosophie: Stud.rat Dr. Rieth, Ellwangen. Plato und der Orient; Neuplatonismus: Endkampf des arischen Geistes gegen das Christentum: Dr. habil. Schröder, Gießen“ und als weitere Perspektive „Die Indogermanisierung des christlichen

59 Harder: Forschungsaufgaben v. 29.10.1940, fol. 790f.

60 Ebd., fol. 791f. Harder dachte an Friedrich Matz, Siegfried Fuchs, Siegfried Lauffer und Ernst Kirsten. Von den hier Genannten ist nur S. Lauffer im Rahmen der „Hohen Schule“ zum Einsatz gekommen; vgl. dazu unten, *[157]*.

61 Ebd., fol. 792. Für dieses Thema boten sich folgende Mitarbeiter an: „Dozent Dr. Gundert, Heidelberg, Dozent Dr. Hampl, Leipzig, Dr. Willemsen, München, Dr. von Buttlar, Leipzig, Dr. Marg, Kiel“ (fol. 792–793). Auch diese Namen spielen im Zusammenhang mit der „Hohen Schule“ keine Rolle mehr. Es handelt sich durchweg um ausgewiesene Philologen (H. Gundert, Marg), Althistoriker (Hampl) und Archäologen (wohl Willemsen, v. Buttlar).

Dogmas".[62] Soweit die drei Grundthemen der künftigen Institutsarbeit, die dem ursprünglichen Konzept Harders entstammen.

In thematischer Hinsicht berücksichtigte Harder in seiner Denkschrift durchaus die Vorstellungen, die bereits früher im „Amt Rosenberg" entwickelt worden waren. Die von Harder konzipierte arische oder indogermanische Geistesgeschichte bezog sich im wesentlichen auf die Erforschung der griechisch-römischen Antike, im weiteren Sinne auf die Bevölkerung des Mittelmeerraums. Dagegen zielten die Korrekturen im Sinne Rosenbergs durchweg darauf ab – und darin lag „eine entscheidende weltanschauliche Aufgabe des Münchner Instituts" , die indisch-iranische Gedankenwelt stärker im europäischen Bewußtsein zu verankern.[63] Im Unterschied zur Vorstellungswelt des Reichsleiters blieb bei Harder die Auseinandersetzung mit den nichtindogermanischen Kräften nicht mehr einseitig auf die Etrusker, Rom- und Judenfrage fixiert, sondern die Arbeitsmöglichkeiten wurden in verschiedenen Richtungen offengehalten. In Anlehnung an Rosenberg kannte auch die Geistesgeschichte Harders *[149]* nur einen Bezugspunkt, „den einmaligen indogermanischen Genius", der damit letztlich die Funktion eines Rassenmerkmals gewonnen hatte.[64] Keine Konzessionen machte Harder auf dem personellen Sektor. Der von ihm unverbindlich in Aussicht genommene Mitarbeiterstab setzte sich ausschließlich aus wirklichen Fachkräften zusammen. Von den Kandidaten aus dem Hause Rosenberg hatte Harder keinen berücksichtigt.

Auch die weitere Entwicklung der wissenschaftlichen Arbeitsplanung zeigt, daß ein bestimmter weltanschaulicher Tribut an die Gedankenwelt Rosenbergs unerläßliche Voraussetzung der Institutsarbeit war. Ein bemerkenswertes Zeugnis dafür ist ein Abriß der „Forschungsaufgaben des Instituts für Indogermanische Geistesgeschichte", den Harder Anfang 1941 zusammen mit einer großzügig bemessenen Etatanmeldung vorlegte.[65] Die Linien einer „wirklich rassenkundlichen Geistesgeschichte" wurden hier wesentlich stärker ausgezogen, als in dem zuvor behandelten Dokument. So wollte sich Harder u.a. der „Sammlung und Auswertung der Zeugnisse über Rassenbeschaffenheit, Rasseninstinkt, Rassenbewußtsein und Rassenpolitik bei den alten Völkern nordischen Blutes" widmen.[66] Auch die konkreten Beispiele für vergleichende Untersuchungen als Hauptan-

62 Ebd., fol. 793. Zusätzlich verwies Harder „für den alten Orient" auf den Ägyptologen *Eberhard Otto* (UD Göttingen 1942, apl. Prof. Hamburg 1949, a. o. Prof. 1952, o. Prof. Heidelberg). Bei O. Rieth handelte es sich um einen Schüler Harders aus Kiel. H. O. Schröder vertrat die Fächer Antike Medizin-, Philosophie- und Religionsgeschichte (PD Gießen 1939, Hon. Prof. Köln 1966); zu F. Vittinghoff vgl. oben, *[76]*.

63 Ebd., fol. 794. Das Münchner Institut sollte in diesem Zusammenhang Werke neu herausgeben, „die für die nationalsozialistische Weltanschauung und die geistige Traditionsbildung wesentlich sind (z.B. L. v. Schröder: ‚Indiens Literatur und Kultur', Böthlinck: ‚Indische Sprüche', Schacks Gedichtübersetzungen usw.)". Aus diesen Quellen hatte Rosenberg im „Mythus" geschöpft; vgl. Rosenberg: Mythus, 149.

64 Harder: Forschungsaufgaben v. 29.10.1940, fol. 792.

65 „Forschungsaufgaben des Instituts für Indogermanische Geistesgeschichte" v. 27.1.1941 und „Voranschlag für das Institut für Indogermanische Geistesgeschichte" v. 28.1.1941 (NS 8/206, fol. 94–97).

66 Ebd., fol. 96.

satzpunkt der Institutsarbeit orientieren sich stärker an der Vorstellungswelt Rosenbergs: „Arisches und Nichtarisches im altindischen Götterglauben; die mykenische Kultur als Mischung nordischer und mittelmeerischer Elemente; der Kampf gegen die Astrologie, Fremdkulte und ihre Bekämpfung; Iranische Einflüsse in den hellenistischen Religionen; der Kampf der griechischen Philosophie gegen das Christentum; Antikes und Orientalisches bei den Kirchenvätern." Daraus ergab sich nicht nur die Notwendigkeit einer „durchgängigen Überprüfung und Neudeutung" der Forschungstradition. Geplant waren vielmehr auch Grabungen sowie Inschriftenaufnahmen an Ort und Stelle. Forschungsreisen größeren Umfangs erforderte auch „die rassenkundliche Auswertung der zahllosen Porträts aus der römischen Kaiserzeit", die „sich nur durch Augenschein unter den neuen Gesichtspunkten überprüfen lassen".[67]

Man wird diese Zugeständnisse, solange sie sich nicht in der wissenschaftlichen Produktion niederschlugen, noch verbal nennen können. Es ging hier auch darum, sehr aufwendige Unternehmungen, wie z.B. Grabungen, finanziell abzusichern. Insofern läßt sich die tatsächliche Konzessionsbereitschaft Harders in wissenschaftlichen Fragen auf der Grundlage dieser Ausführungen nur bedingt abschätzen. In diesem Vorschlag Harders findet Franz Miltners Plan für ein „Rassenkundlich-Historisches Institut" eine keineswegs überraschende Parallele. Die Bereitschaft, sich der Rassenkunde zu öffnen, ist hier wie dort nicht von dem Hintergrund des Personal- und Sachmittelbedarfs zu trennen.[68] Die Erfüllung seiner Forderungen *[150]* hätte Harder in der Tat in den Stand versetzt, großzügig angelegte Forschungsprojekte anzukurbeln.

Die Berufung Harders an die Universität München im Mai 1941 markiert einen gewissen Abschluß in dem organisatorischen Aufbau des Instituts.[69] Gemessen an dem Gesamtkonzept war damit freilich nur ein erster Schritt vollzogen. Von einem Erfolg Rosenbergs konnte kaum die Rede sein, Vielmehr erreichten die Auseinandersetzungen um das Institut nach der Berufung Harders erst ihren eigentlichen, wenn auch späten Gipfel, als sich Bormann in die Angelegenheit einschaltete.

In einem Schreiben an Rosenberg bezweifelte der Leiter der Parteikanzlei die fachliche Eignung und die politische Zuverlässigkeit Harders. Bormann stützte sich auf Berichte, nach denen es fraglich erschien, ob Harder der geeignete Mann dafür war, „einen Lehrstuhl für Rasse und Religion in der Alten Geschichte wahrzunehmen, da er zwar ein sehr wertvoller Spezialist für griechische Philosophie sei, auf dem Gebiet der griechischen

67 Ebd., fol. 97. Auf die Grenzen der Auswertung der Porträtkunst hatte Harder kurz zuvor schon auf dem Würzburger Fachlager hingewiesen; vgl. Lager Würzburg, 37f.

68 Vgl. Voranschlag für das Institut für Indogermanische Geistesgeschichte v. 28.1.1941 (NS 8/206 fol. 94f.). Der beantragte Jahresetat betrug insgesamt RM 362.800,–. Der größte Posten von RM 250.200,– entfiel auf die Gehälter für das wissenschaftliche Personal. Voraussetzung war dabei, daß eine Personalunion zwischen Instituts- und Universitätsstellen nicht zustande kommen würde. Für den wissenschaftlichen Sachetat (Bibliotheksmittel, Forschungsreisen, Druckkosten) waren insgesamt RM 49.000,– in Anschlag gebracht. Die einmaligen Einrichtungskosten schätzte Harder auf RM 210.000,–.

69 Das Datum ergibt sich aus einem Beschwerdebrief Rosenbergs an Rust v. 5.10.1942 (!), in dem er sich beklagt, daß die Ernennung Harders noch immer nicht vollzogen sei (NS 8/170 fol. 4).

Religions- und Rassengeschichte bisher aber noch nicht gearbeitet habe."[70] Nicht weniger aufschlußreich sind die Bedenken Bormanns hinsichtlich der politischen Zuverlässigkeit Harders. Abgesehen von seiner früheren Zugehörigkeit zur freideutschen Jugend hätte Harder „noch im Jahre 1938 ... in seiner Zeitschrift ‚Gnomon' emigrierte Juden zu Wort ... kommen lassen". Schließlich erwähnte Bormann den fast „einmütigen Widerstand" der Münchener Fakultät und des Senats gegen die bereits erfolgte Berufung Harders.[71] Im Falle Harders kam dieser Angriff ohnehin zu spät. Zudem hatte Bormann ja die fachliche Qualifikation Harders im alten Sinne indirekt anerkannt. Bormann wollte wohl weniger das inzwischen angelaufene Unternehmen – Harder befand sich bereits auf einem Auslandseinsatz des Instituts – zum Stillstand bringen. Seinem späten Eingreifen bzw. der Initiative derjenigen, die ihn offensichtlich alarmiert hatten, lag vielmehr die Absicht zugrunde, den Ausbau des Instituts in der vorgesehenen Größenordnung, d.h. unter Einbeziehung von sechs ehemals theologischen Lehrstühlen, zu verhindern.

Die ausführliche Erwiderung Rosenbergs zeigt, wie ernst der Vorstoß Bormanns genommen wurde.[72] Rosenberg hob das Ansehen Harders in der Fachwelt und die besondere Eignung seines Kandidaten für die „Bearbeitung der Religionsgeschichte der Mittelmeerwelt" hervor. Unbeantwortet blieb dagegen die Frage, ob Harder auch die Rassengeschichte in gleicher Weise vertreten konnte. Gleichzeitig wies er jeden Zweifel an der politischen Zuverlässigkeit Harders zurück und rühmte im Hinblick auf den „Gnomon" dessen „Verdienst, diese Zeitschrift als international anerkanntes kritisches Organ seines Faches in die neue Ordnung hinübergeführt zu haben".[73] Am Ausnahmefall dieser Berufung versuchte Rosenberg *[151]* schließlich die Grundlinien seiner Wissenschaftspolitik zu erläutern. Er vertrat die Auffassung, „daß, wenn die nationalsozialistische Forschung überhaupt betrieben werden soll, sie an die bisherige Leistung einzelner Gelehrter wird anknüpfen müssen, wenn wir nicht in einem grauenhaften Dilettantismus enden wollen, der wirklich übergenug in pseudowissenschaftlichem Gewande in der Partei schon existiert". Mit dieser verhältnismäßig realistischen Lagebeurteilung hat Rosenberg seinen Beitrag zu dem Dilemma „nationalsozialistische Forschung" wohl am treffendsten umschrieben.

Unter den Gewährsmännern Bormanns vermutete Rosenberg auch den Rektor der Universität München, der, wie er bitter vermerkte, in seiner Rektoratsrede die Universität München zur „indogermanische[n] Forschungsstätte höchsten Ranges" erklärt hatte, um damit „dem kommenden Institut der Hohen Schule von vornherein gleichsam den Wind aus den Segeln zu nehmen".[74] In der Rede des Rektors Wüst fehlte es in der Tat nicht an

70 Bormann an Rosenberg v. 7.8.1941 (NS 8/186 fol. 151–152).

71 Ebd. Bormanns Informant dachte wohl an K. v. Fritz, der aber aus politischen Gründen emigriert war; vgl. oben, *[44]* und Gnomon 14 (1938) 91ff.

72 Rosenberg an Bormann v. 20.8.1941 (NS 8/186 fol. 134–138); zur Antwort Rosenbergs auch Kater: AE 1974, 277. Harders Stellungnahme zu den Vorwürfen Bormanns ist anscheinend nicht erhalten; vgl. Rosenberg an Bormann v. 4.11.1941 (NS 8/186 fol. 48).

73 Rosenberg an Bormann v. 20.8.1941 (NS 8/186 fol. 135).

74 Ebd., fol. 136f. Diese Rektoratsrede (v. 5.7.1941) erschien unter dem Titel „Indogermanisches Bekenntnis" in der gleichnamigen Sammlung von insgesamt sechs Reden Wüsts aus den Jahren 1936–

versteckten Hinweisen auf das Münchener Unternehmen. Sein Seitenhieb auf „besessene, bestenfalls beflissene Außenseiter oder einseitig befangene Fachleute" und die Feststellung, daß „die Philosophie des spätgriechischen Hellenismus in ihrer bekannten Verjudung oder Verchristlichung mit echtem Indogermanentum nur noch sehr wenig oder gar nichts zu schaffen" habe, zielte vermutlich auch auf den Plotin-Spezialisten Harder.[75]

Von der allgemeinen Aufgabenstellung des Instituts für Indogermanische Geistesgeschichte war Wüst fachlich zweifellos am stärksten betroffen. Sein Engagement für die arische bzw. indogermanische Geistesgeschichte, das etwa aus seinen Reden von 1936–1942 spricht, trug durchaus bekenntnishafte, wenn nicht kämpferische Züge. Von einem plötzlich erwachten Interesse Wüsts an diesem Bereich im Sinne eines taktischen Manövers gegen die Institutsgründung, wie es Rosenberg indirekt unterstellt, kann keine Rede sein. Schon eher könnte die Einrichtung eines solchen Instituts unter die Ägide Rosenbergs aus diesem Blickwinkel geradezu als Kopie entsprechender Forschungsvorhaben der SS erscheinen. Recht hatte Rosenberg freilich, wenn er von dem „Versuch systematischer Gegenwirkung" sprach.[76] Über die Schwierigkeiten, mit denen bei der Institutsgründung noch zu rechnen war, gab sich Rosenberg keinen Illusionen hin und erbat zusammen mit der Ankündigung weiterer Besetzungsvorschläge schon vorsorglich den Schutz der Parteikanzlei.[77]

Zur Vorlage des angekündigten „Besetzungsplans", den Harder in enger Zusammenarbeit mit Baeumler erstellt hatte, kam es Ende Oktober 1941.[78] Der Entwurf war in Form eines Listenvorschlags abgefaßt und dementsprechend mit Rücksicht auf das REM zurückhaltender formuliert. Trotz *[152]* der veränderten Tonlage entsprechen die Ausführungen über die Aufgabenstellung des Instituts in der Substanz den bereits oben behandelten Denkschriften. Der Anspruch Harders und Baeumlers war nicht gerade gering angesetzt: „Die Neubesetzung von 6 Professuren unter einheitlicher Ausrichtung ist ein völliges Novum in der deutschen Forschungsgeschichte, eine wissenschaftspolitische Tat, wie sie seit der Begründung der Berliner Universität nicht mehr versucht worden ist."[79] Im einzelnen sollten dadurch die Gebiete Vorindogermanische Kulturen des Mittelmeerraums, Alter Orient, indoiranische und griechisch-römische Altertumswissenschaft sowie deutsche und slawische Volks- und Altertumskunde abgedeckt werden.[80]

1942 (Berlin 1942, 93–118). Die von Rosenberg zitierte Bemerkung findet sich 116; vgl. auch Kater: AE 1974, 277, und v. See, 98ff.

75 Wüst, 97. Dem Zugriff Rosenbergs entzog sich Wüst dadurch, daß er den Reichsleiter auf derselben Seite in allgemeinem Zusammenhang zustimmend zitierte.

76 Rosenberg an Bormann v. 20.8.1941 (NS 8/186 fol. 136).

77 Ebd.

78 Harder an Rosenberg v. 24.10.1941 (NS 8/265 fol. 177) mit Anlage: „Besetzungsplan der Außenstelle München – Institut für Indogermanische Geistesgeschichte" (fol. 178–180).

79 Harder an Rosenberg v. 24.10.1941 (NS 8/265 fol. 177).

80 Vgl. Besetzungsplan (NS 8/265 fol. 179–180). Für diese Arbeitsgebiete hoffte Harder die folgenden Gelehrten verpflichten zu können: Den Archäologen *Robert Heidenreich* (vgl. oben, *[121]*), den Altorientalisten *Adam Falkenstein* (17.9.1906–15.10.1966), PD München 1933, Berlin 1937, a.o. Prof. Göttingen 1940, o. Prof. Heidelberg 1949, den Indologen *Anatol Waag* (vgl. ders. (Hrsg.):

Bei den Vorgeschlagenen handelte es sich durchweg um jüngere Professoren und Dozenten, deren fachliche Qualifikation unbestritten war. Von den hier aufgeführten Gelehrten erhielt bis zum Kriegsende anscheinend keiner einen Lehrstuhl an der Universität München.[81] Angesichts der z.T. haarsträubenden Begründungen für diese Stellen ist das wenig verwunderlich. So wollte man durch die ständige Einbeziehung des nichtindogermanischen Bereichs „die geschichtlich grundlegenden Vorgänge der Überfremdung ... wissenschaftlich erhellen und damit entgiften".[82] Ein Gesichtspunkt, der bei der Vorlage solcher Berufungslisten notwendigerweise hätte in Betracht gezogen werden müssen, taucht in den Erörterungen Harders überhaupt nicht auf: die Frage nämlich, ob und ggf. durch wen die betreffenden Fachrichtungen bereits in München vertreten waren. Wie im Falle Dirlmeiers und Wüsts schon gezeigt wurde, lag in der Überschneidung von Fachgebieten eines der Haupthindernisse in der Gründungsphase des Instituts. je weiter der Ausbau vorangetrieben wurde, um so größer waren auch die möglichen Reibungsflächen in dieser Richtung. Im Hinblick auf die von Harder vorgeschlagenen Arbeitsschwerpunkte konnte es am ehesten im Bereich für „indoiranische Altertumswissenschaft" zu Überschneidungen kommen. Die dazugehörigen Disziplinen wurden im Zuge der allgemeinen „Indogermanisierung" an der Münchener Fakultät stärker herausgestellt. Beginnend mit dem I. Trimester 1940 verschwand die Rubrik „Orientalische Philologie" aus dem Vorlesungsverzeichnis. Die Veranstaltungen Walther Wüsts, der einen Lehrstuhl für „arische Kultur- und Sprachwissenschaft" innehatte, waren nunmehr dem Gebiet „allgemeine und indogermanische Sprachwissenschaft" (ursprünglich „allgemeine und vergleichende Sprachwissenschaft") zugeordnet. Die übrigen „nichtindogermanischen" Fächer bildeten die Abteilung „Vorderasiatische Altertumskunde mit Keilschriftwissenschaft, Ägyptologie, semitische Philologie und Islamwissenschaft". Das Lehrpersonal der „Orientalischen Philologie" blieb unverändert.[83]

[153] Ob diese Neugliederung etwa als „Versuch systematischer Gegenwirkung" in direktem Zusammenhang mit der beabsichtigten Institutsgründung stand oder ob man damit lediglich dem Zeitgeist Rechnung tragen wollte, ist nicht sicher auszumachen. Angesichts des heftigen Widerstands der Münchener Fakultät und des „Ahnenerbes" gegen die Pläne Rosenbergs, der seinen stärksten Ausdruck in dem Briefwechsel Bormann –

Nirangistan. Der Awestatraktat über die rituellen Vorschriften, Leipzig 1941), den Volkskundler *Kurt Ranke* (14.4.1908), UD Kiel 1939, apl. Prof. 1951, a.o. Prof. 1958, o. Prof. Göttingen 1960, und den Slawisten *Alois Schmauss* (28.10.1901–27.7.1970), PD Belgrad 1941, München 1948, apl. Prof. 1951, a.o. Prof. 1953, o. Prof. 1957. In die Zahl von sechs Lehrstühlen war Harders eigene Professur eingerechnet.

81 Vgl. aber unten, *[167]*.

82 Besetzungsplan (NS 8/265 fol. 178).

83 Vgl. die Personenstands- und Vorlesungsverzeichnisse der Universität München für das WS 1939/40, 120f., und für das 1. Trimester 1940, 114. Die Spezialgebiete des Archäologen Ernst Buschor und des Ägyptologen Alexander Scharff überschnitten sich nicht mit denen der Kandidaten Harders. Darüber hinaus zielte der Plan Harders insbesondere auf die Ergänzung verschiedener Einzelphilologien durch ihre jeweilige Volks- u. Altertumskunde ab.

Rosenberg gefunden hat, wäre die erste Alternative so abwegig nicht.[84] Zu welchen Verstrickungen wissenschaftliche Arbeit unter der Schirmherrschaft Rosenbergs führen konnte und mußte, zeigte sich schon zu Beginn der praktischen Arbeit des Instituts, die in den folgenden Abschnitten untersucht werden soll.

3. Das „Sonderkommando Rosenberg in Griechenland" und der „Sonderstab Griechische Altertumskunde"

Das erste Forschungsunternehmen der Münchener Außenstelle der „Hohen Schule" begann noch vor Abschluß der Aufbauarbeiten. Zusammen mit einem kleinen Mitarbeiterstab fand Harder im Jahre 1941 Gelegenheit zu einem Auslandseinsatz im Rahmen des „Sonderkommandos Griechenland". Dabei handelte es sich um eine Abteilung des „Einsatzstabes Reichsleiter Rosenberg" (ERR), dessen Name vor allem mit Kunstraubaktionen in Frankreich und den besetzten Ostgebieten verbunden ist.[85] Eine Hauptaufgabe des Einsatzstabes war es, die Bibliotheken und Sammlungen der im Entstehen begriffenen „Hohen Schule" mit Arbeitsmaterialien zu versorgen.[86] Während die Tätigkeit dieser Organisation in den eben erwähnten Einsatzorten relativ gut erforscht ist, hat man dem Wirken des „Sonderkommandos Rosenberg in Griechenland" bisher nur wenig Aufmerksamkeit geschenkt. Die entsprechenden Bemerkungen beziehen sich ausschließlich auf den Einsatz des „Sonderstabes Vorgeschichte" von Hans Reinerth. Ein zweiter Sonderstab für „Griechische Altertumskunde" unter Leitung von Richard Harder ist dagegen in der einschlägigen Literatur nicht erfaßt worden. Über den Einsatz dieser Gruppen informiert der bislang nicht berücksichtigte „Abschlußbericht über die Tätigkeit des Sonderkommandos Rosenberg in Griechenland", auf den sich die folgende Darstellung in wichtigen Punkten stützt.[87] Als praktisches Forschungsunternehmen des „Instituts für Indogermanische Geistesgeschichte" gehört der „Sonderstab Griechische Altertumskunde" in den engeren Themenkreis dieser Untersuchung. Darüber hinaus wird damit der Problemkreis der Auseinandersetzungen zwischen Rosenberg und dem Deutschen Archäologischen Institut angeschnitten.

[154] Das „Sonderkommando Griechenland" entsprach in seinem Aufbau der Gliederung des gesamten ERR in Einsatzgruppen und Sonderstäbe.[88] An seiner Spitze stand

84 Vgl. Rosenberg an Bormann v. 20.8.1941 (NS S/186 fol. 136).

85 Dazu vor allem: Hildegard Brenner: Die Kunstpolitik des Nationalsozialismus, Reinbek 1963; Wilhelm Treue: Zum nationalsozialistischen Kunstraub in Frankreich. Der „Bargatzky-Bericht" (Dokumentation), in: VfZ 13 (1965) 285–337; Bollmus, 145–152 u. 230; Rothfeder, 357ff. und Kater: AE 1974, 295f.

86 Der Zusammenhang mit dem Aufbau der „Hohen Schule" ist an verschiedenen Stellen dokumentiert; vgl. z.B. Treue, 302f.

87 Vom 15.11.1941 (T 81-R. 220 fol. 474670–474768) zitiert als „Abschlußbericht" (mit Seitenzahlen des Originals).

88 Brenner, 240f., verzeichnet neben der „Hauptarbeitsgruppe Frankreich" acht regional gegliederte Einsatzgruppen des ERR. Griechenland erscheint unter der Rubrik „Geplante Außenstellen".

Leutnant von Ingram, der im Zentralamt des ERR die Abteilungen „Sonderaufgaben“ und „Organisation der Sicherstellung von Kunstgegenständen aus jüdischem Besitz“ leitete.[89] Er ist auch der Verfasser des Abschlußberichts des Sonderkommandos, der hier zur Diskussion steht. Seine Leitungsfunktion bezog sich in erster Linie auf zwei Arbeitsgruppen in Athen und Saloniki, die den Auftrag hatten, in enger Zusammenarbeit mit der Wehrmacht, „Judentum, Freimaurerei und anderen weltanschaulichen und politischen Feinden des Reiches in Griechenland die deutschfeindliche Tätigkeit dokumentarisch nachzuweisen, das betreffende Material sicherzustellen und ihnen damit die geistigen Grundlagen ihrer Arbeit und ihre Arbeitsunterlagen zu nehmen.“[90] Wenn auch „*mengenmäßig* das Ergebnis der Arbeit in Griechenland hinter den Ergebnissen der Einsatzstäbe im Westen zurückbleiben mußte“,[91] so konnte von Ingram doch abschließend melden, „zur Erforschung der Freimaurer- und Judenfrage in rund 150 Arbeitstagen, 152 Einsatzstellen bearbeitet und 83 Hausdurchsuchungen oder Verhöre durchgeführt“ zu haben.[92]

Außer den beiden Arbeitsgruppen, deren Tätigkeit hier nur kurz zu charakterisieren war, bearbeiteten in Griechenland fünf Sonderstäbe die Gebiete Religionswissenschaften, Athos, Griechische Altertumskunde, Vorgeschichte und Bibliotheksforschung.[93] Die Sonderstäbe des ERR unterstanden in der Regel den Leitern entsprechender Abteilungen des „Amtes Rosenberg“. Im Falle der speziell für Griechenland zusammengestellten Sonderstäbe „Athos“ und „Griechische Altertumskunde“ trifft das für Richard Harder, nicht aber für den Münchener Byzantinisten *Franz Dölger* zu.[94] Es ist keine Frage,

---

Hinzu kamen fünf Sonderstäbe für Musik, Bildende Kunst, Bibliotheksaufbau, Vorgeschichte und Kirchen; vgl. auch Bollmus, 301, Anm. 197, bei dem der Sonderstab „Bibliotheksaufbau der Hohen Schule“ fehlt.

89 Brenner, 240 u. Abschlußbericht, 2. Leutnant von Ingram war zuvor im Westen eingesetzt; zu seiner Abkommandierung im Zuge der „Arbeitsplanung Südost (Balkan)“ vgl. Stabs-Führer Utikal an OKW-Chef des allgemeinen Wehrmachtsamtes – v. 13.2.1941 (NO-2725).

90 Abschlußbericht, 4. Der Auftrag entsprach, abgesehen von der Spezialisierung auf Griechenland, dem bei Treue, 301f., wiedergegebenen Plan Rosenbergs; zu den „Rechtsgrundlagen“ des Einsatzes in Griechenland vgl. Abschlußbericht, 1. Erwähnt werden ein Auftrag Rosenbergs vom 25.2.1941 und die einschlägigen Befehle des Chefs OKW v. 5.7.1940 und vom 17.9.1940 (abgedruckt bei Treue, 302 und 306f.). Den Beauftragten Rosenbergs sollte von den militärischen Stellen „jede mögliche Unterstützung“ gewährt werden. „Zur Durchführung von Beschlagnahmen sind dem Sonderkommando auf Anforderung Beamte der G.F.P. zuzuteilen.“ Vgl. Kommandant rückw. Armeegebiet 560. Der Quartiermeister – Athen v. 21.5.1941 betr. Einsatz der Dienststelle des Reichsleiters Rosenberg im Armeebereich (NOKW-1382).

91 Abschlußbericht, 4f.

92 Ebd., 25.

93 Ebd., 3.

94 *F. Dölger* (4.10.1891–5.11.1968), UD München 1926, o. Prof. 1931; vgl. W. Ohnsorge: Nekrolog F. Dölger, in: HZ 209 (1969) 517–520, und H. Hunger: F. Dölger. Nekrolog und Bibliographie, Österr. Akad. d. Wiss. Almanach für das Jahr 1969, Wien 1970, 391–407. Die Arbeiten Dölgers knüpften an Arbeitsaufenthalte von 1927 und 1930 an und standen in Zusammenhang mit der Bearbeitung der griechischen Urkunden des Mittelalters durch die Bayerische Akademie der Wissenschaften; vgl. F. Dölger: Deutsche Forschungen auf dem Athos im Kriegsjahr 1941, in: Europäischer Wissenschaftsdienst (1942), 16, 11–12. Aus den Arbeiten des Sonderstabes gingen die folgenden Publika-

daß mit Dölger und Harder wohl die profiliertesten Forscher genannt sind, die unter der Schirmherrschaft Rosenbergs tätig waren. In dem Abschlußbericht wird mit Nachdruck hervorgehoben, daß das Sonderkommando im engeren Sinne gegenüber den Sonderstäben lediglich Aufgaben der Versorgung und Betreuung mit technischen Hilfsmitteln zu erfüllen hatte. Bezüglich der Ausführung ihres Auftrags, den sie direkt von Rosenberg erhalten hatten, waren die Sonderstäbe „selbständig und nicht dem Führer des Sonderkommandos unterstellt". Nach außen war jedoch die unabhängige Stellung der Sonderstäbe, wie der Berichterstatter weiter meldet, „nur schwer zu erkennen und bei dem militärischen Charakter des Sonderkommandos auch kaum zu verstehen".[95] Aufgrund der unklaren Befehlsstruktur ergaben sich nach dieser Darstellung zwischen den archäologischen Sonderstäben Rosenbergs auf der einen und der Kulturabteilung der ***[155]*** Dienststelle des Bevollmächtigten des Deutschen Reiches und dem Kunstschutzbeauftragten der Armee auf der anderen Seite „einige ernste Meinungsverschiedenheiten und Verstimmungen, durch welche das Sonderkommando in ernste Schwierigkeiten kam".[96]

Die Ausgangslage dieser Streitigkeiten läßt sich zunächst nur in groben Zügen rekonstruieren. Die genannte Kulturabteilung war die Stelle der Besatzungsmacht, die im zivilen Sektor bis zur Aufnahme der formellen diplomatischen Beziehungen die kulturellen Interessen des Deutschen Reiches in Griechenland zu vertreten hatte.[97] Dazu gehörten natürlich auch die Belange der Athenischen Abteilung des Deutschen Archäologischen Instituts, die seit 1874 deutsche archäologische Forschungen in Griechenland betreute.[98] Die Entsendung von zwei archäologischen Sonderstäben nach Griechenland stellte einen eindeutigen Übergriff Rosenbergs auf das traditionelle Aufgabengebiet des DAI dar. Wenn der Leiter der Kulturabteilung „das Bestreben hatte, die archäologischen Sonderstäbe der Vertretung des Reiches unterzuordnen", handelte er durchaus in Wahrnehmung

---

tionen hervor: F. Dölger (Hrsg.): Mönchsland Athos, München 1943, und ders. (Hrsg.): Aus den Schatzkammern des Heiligen Berges, München 1948 (vgl. Abschlußbericht, 28). Der Sonderstab „Religionswissenschaften" bestand lediglich aus der Person des Reichshauptstellenleiters Anton Deindl (vgl. Brenner, 240, u. Bollmus, 301, Anm. 197). Ebenfalls als Ein-Mann-Unternehmen wurde der Sonderstab „Bibliotheksforschung" unter dem Pg. Theodor Buheitel eingesetzt, über den keine weiteren Nachrichten vorliegen.

95 Abschlußbericht, 25. In den einschlägigen Armeebefehlen werden nur das Sonderkommando, nicht aber die Sonderstäbe erwähnt; vgl. oben, ***[154, Anm. 90]***. Nach Roland Hampe: Griechischer und englischer Kunstschutzbericht, in: Gnomon 22 (1950) 8, war das Sonderkommando „keinerlei Kontrolle einer anderen deutschen Dienststelle in Griechenland" unterworfen. Dies galt offenbar in besonderem Maß für die Sonderstäbe.

96 Abschlußbericht, 26; vgl. auch ebd., 4: „Die daraus entstandenen grundsätzlichen Meinungsverschiedenheiten wirkten sich für die Gesamtarbeit belastend aus."

97 ADAP 1918–1945, Ser. D, Bd. XII Nr. 444; vgl. dazu Anlage zu Weisung Nr. 31 v. 9.6.1941 „Abgrenzung der Befugnisse des Bevollmächtigten des Reichs für Griechenland" und des „Wehrmachtsbefehlshabers im Südosten" Abs. III, in: Walter Hubatsch (Hrsg.): Hitlers Weisungen für die Kriegsführung 1939–1945, Frankfurt/Main 1962, 126.

98 Vgl. dazu Carl Weickert: Das deutsche archäologische Institut, 2. Aufl., Berlin 1950, 10, und Christ: Gibbon, 80f.

berechtigter Interessen seiner Dienststelle.[99] Hinzu kam, daß der damalige Kulturattaché *Erich Boehringer*, dessen kritische Einstellung zum NS-Regime bekannt ist, als Ordinarius für Klassische Archäologie natürlich auch fachlich angesprochen war.[100] Die Tätigkeit der Sonderstäbe Rosenbergs mußte naturgemäß auch zum Konflikt mit dem „Kunstschutzbeauftragten" der Wehrmacht führen. Zu den Aufgaben dieser Dienststelle gehörte in erster Linie die Sicherung der Kunstdenkmäler vor Kriegseinwirkungen. Darunter fielen u.a. die Schaffung von Schutzgebieten, Aufklärung der Truppe sowie Bergungs- und Erhaltungsmaßnahmen. Die enge Zusammenarbeit mit dem DAI ergab sich allein schon von daher, daß die Beamten des Kunstschutzes überwiegend Klassische Archäologen waren.[101] In einigen Fällen war Personal des Athener Instituts bei der Durchführung von Kunstschutzaufgaben beteiligt.[102] Es gibt Anzeichen dafür, daß das DAI sich von dieser Stelle eine nachdrücklichere Vertretung seiner Interessen versprach, als sie von der

---

99 Abschlußbericht, 4.

100 *E. Boehringer* (10.8.1897–3.4.1971), UD Greifswald 1932, a.o. Prof. 1938, o. Prof. 1942, Präsident des DAI 1954–1960; vgl. Ernst Langlotz, in: Gnomon 44 (1972) 428–430.

101 Vgl. dazu den „Bericht über den Kunstschutz in Griechenland vom Beauftragten für Kunstschutz beim OKH. Paris, den 15.12.1941 – Abschrift –" (B 120/vorl. 258). Der Verfasser des Berichts war nicht selbst in Griechenland tätig. Er gibt eigene Feststellungen aus der Zeit eines Griechenlandaufenthalts vom 1.–16.9.1941 wieder, in die Berichte des örtlichen Kunstschutzreferenten eingearbeitet sind. Vom Beginn der Kampfhandlungen in Griechenland bis Anfang Oktober 1941 wurden die Aufgaben des Kunstschutzes von Dr. *Hans-Ulrich von Schoenebeck* allein wahrgenommen. H.-U. v. Schoenebeck († 1944), der zunächst mit einer althistorischen Arbeit hervorgetreten war (vgl. ders.: Beiträge zur Religionspolitik des Maxentius und Constantin, Leipzig 1939), habilitierte sich wohl im Zusammenhang mit seiner Tätigkeit für den Kunstschutz; vgl. ders.: Der Valeriusbogen von Saloniki (Phil. Habil.Schr. Berlin 1943, ungedr.). Zu ihm kam dann der Archälologe Dr. *Wilhelm Kraiker* (geb. 4.8.1899), UD Heidelberg 1937, apl. Prof. Innsbruck 1942, o. Prof. Kiel 1949, hinzu, der ab Juli 1942 bis zur Räumung Griechenlands das Kunstschutzreferat allein betreute. Von Kraiker stammt auch der Bericht „Der Kunstschutz in Griechenland – Schlußbericht für das OKH v. 13.2.1945" (MA 514/703–14).
Die Aufklärungsarbeit des Kunstschutzes fand ihren Niederschlag in den „Merkblättern für den deutschen Soldaten an den geschichtlichen Stätten Griechenlands" (hrsg. vom Bfh. Südgriechenland, Referat Kunstschutz), von denen 20 Nummern mit 450 000 Exemplaren erschienen (vgl. z.B. MA 468/6329–6356). Aus diesem Unternehmen ging die bekannte „Griechenlandkunde" von E. Kirsten u. W. Kraiker (Heidelberg 1955) hervor (vgl. dort, III); zu dem Althistoriker Ernst Kirsten vgl. bereits oben, ***[67, Anm. 148]***. Lt. Kunstschutzbericht 1945, 1, wurde dem Kunstschutz „vom September 1941 bis September 1943 ein topographisch geschulter Altertumswissenschaftler im Range eines Sonder-Führers (Z) zur Durchführung des Luftbildunternehmens beigegeben, der auch zu Kunstschutzaufgaben herangezogen wurde". Dabei dürfte es sich mit größter Wahrscheinlichkeit um Kirsten gehandelt haben; vgl. ders.: Die griechische Polis als historisch-geographisches Problem des Mittelmeerraumes, Bonn 1956, 29, Anm. 4 und 153 (Beschreibung der Tafeln 1 u. 5); vgl. auch Bibliographie E. Kirsten bis 1956, ebd., 134–136. Eine weitere Publikation, die aus der Kunstschutzarbeit hervorgegangen ist, stellt eine schon sehr frühzeitig geplante „Erinnerungsschrift für die Teilnehmer am griechischen Feldzug" dar, die unter dem Titel „Hellas. Bilder zur Kultur des Griechentums", hrsg. v. H.-U. v. Schoenebeck u. W. Kraiker, Burg b. M. 1943, wohl erst nach Kriegsende ausgeliefert wurde; vgl. dazu Kunstschutzbericht 1941, 8.

102 Vgl. Kunstschutzbericht 1945, 3.

Zivilverwaltung damals geleistet werden konnte. Diese Ansicht wird jedenfalls in dem Bericht über den Kunstschutz in Griechenland für den Zeitraum vom Juni bis September 1941 vertreten. Danach war die Erledigung zahlreicher Aufgaben dieses Referats „erfahrungsgemäß nur mit der nötigen Rückendeckung durch die deutsche Besatzungsmacht im Rahmen der Militärverwaltung möglich". Daher sprachen sich die Vertreter des DAI im Einvernehmen mit dem REM offenbar für die Aufrechterhaltung des militärischen Kunstschutzes aus. [103]

Im gleichen Zusammenhang forderte der Berichterstatter zur Vermeidung von Mißgriffen und Unstimmigkeiten einheitliche Gesichtspunkte für alle *[156]* Forschungsvorhaben und vor allem auch die Betreuung der „wissenschaftlichen Unternehmungen, die von der Heimat aus eingeleitet werden", durch die Militärverwaltung, d.h. durch den Kunstschutz.[104] Damit beanspruchte der Kunstschutz letztlich eine Kontrollfunktion auch über die Sonderstäbe des Sonderkommandos Rosenberg. Zum damaligen Zeitpunkt, also noch in der ersten Phase der deutschen Besetzung Griechenlands, sprach sich der Kunstschutz dafür aus, im Interesse der deutschen Wissenschaft die besonderen Verhältnisse der Besatzungszeit auszunutzen. Gleichzeitig sollte aber „nach Möglichkeit Einvernehmen mit den einheimischen Behörden und wissenschaftlichen Einrichtungen hergestellt werden, um für spätere Zeiten das Odium der gewaltsamen Ausbeute und des Raubes von geistigem Eigentum zu vermeiden".[105] Man darf davon ausgehen, daß das DAI im Sinne dieser Empfehlung des Kunstschutzes gearbeitet hat, was nicht ausschließt, daß in einzelnen Fällen der größere Spielraum, den die Besatzungszeit bot, genutzt wurde.[106] Der eigentliche Adressat dieser Mahnung aber war wohl das Sonderkommando, das unter den „neuen wissenschaftlichen Unternehmungen, die nur während der Dauer der Besetzung des Landes durchgeführt werden können", genannt wurde.[107] Das „Odium

---

103 Kunstschutzbericht 1941, 1f.

104 Ebd., 6. Eigene wissenschaftliche Arbeit gehörte aber, wie hier vermerkt ist, nicht zu den Aufgaben des Kunstschutzes.

105 Ebd.

106 Die gesamte Ausgrabungstätigkeit des DAI-Institutes Athen mußte mit Beginn der deutsch-griechischen Kampfhandlungen (6.4.1941) eingestellt werden (vgl. Jahresbericht des DAI für das Haushaltsjahr 1941/42, in: Archäologischer Anzeiger (1942), V). Die Wiederaufnahme der Institutsarbeit nach der Besetzung Athens erfolgte unter zumindest atmosphärisch veränderten Bedingungen. Zur Zusammenarbeit mit dem Kunstschutz kam es bei den Ausgrabungen in Kreta 1942, wo das DAI vom Kunstschutz gerade deshalb eingeschaltet wurde, um „willkürlichen Eingriffen militärischer Stellen vorzubeugen sowie Eingriffe in die Rechte des griechischen Staates und in die Grabungsgebiete anderer Nationen zu verhindern" (Hampe, 10). Wie Friedrich Matz, der die Untersuchungen leitete, rückblickend festgestellt hat, war „die Handlungsfreiheit der griechischen Altertümerverwaltung ... damals keine unbedingte"; vgl. Friedrich Matz (Hrsg.): Forschungen auf Kreta 1942, Berlin 1951, Vorbemerkung, VII.; dazu sehr positiv: S. A. Immerwahr, in: American Journal of Archaeology 56 (1952) 219f. In dem Kunstschutzbericht 1945 ist naturgemäß von einer Ausnutzung der besonderen Verhältnisse im Interesse der deutschen Wissenschaft nicht mehr die Rede. Nach der Räumung Griechenlands werden vielmehr die Bemühungen des Kunstschutzes um die Einhaltung der griechischen Gesetze hervorgehoben (ebd., 2).

107 Kunstschutzbericht 1941, 7.

der gewaltsamen Ausbeute“ mußte den Sonderstäben um so eher anhaften, als ihre organisatorische Verbindung mit den Arbeitsgruppen des Sonderkommandos Rosenberg, die mit Hausdurchsuchungen und Verhören die „Freimaurer- und Judenfrage“ erforschten, nicht zu übersehen war.

Von dem Kunstschutzbeauftragten wurden die Spannungen zwischen seiner Dienststelle und dem Sonderkommando nur indirekt angesprochen. Es ist von Vereinbarungen die Rede, durch welche „bei voller Wahrung der Freiheit des Einsatzstabes hinsichtlich seiner wissenschaftlichen Arbeit“ die wechselseitigen Interessen abgegrenzt wurden. Die Absprachen scheinen sich darauf beschränkt zu haben, daß der Einsatzstab das Kunstschutzreferat „über seine Absichten und Unternehmungen laufend unterrichten soll[te]“.[108] Insgesamt wird man diese Ausführungen als Eingeständnis dessen werten müssen, daß sich das Sonderkommando dem Einfluß des Kunstschutzes weitgehend entziehen konnte. Zunächst war der Kunstschutz nach außen hin gezwungen, die relativ unabhängige Position der Mitarbeiter Rosenbergs anzuerkennen. Insofern lag hier die gleiche Ausgangssituation wie für den Kunstschutz in Frankreich vor.

Nach der Abklärung des institutionellen Rahmens sollen nun – ausgehend von dem speziellen Teil des Abschlußberichts – einzelne Aspekte der Tätigkeit des „Sonderstabs Griechische Altertumskunde“ beleuchtet werden. Soweit nach dem Krieg die archäologischen Unternehmungen Rosenbergs überhaupt berührt wurden, ist nur vom „Sonderstab Vorgeschichte“ *[157]* unter Reinerth die Rede. Insbesondere die Vertreter der Archäologie erwecken dabei den Eindruck, als ob allein Reinerth in Griechenland gegraben habe.[109] Demgegenüber geht aus dem Abschlußbericht eindeutig hervor, daß

108 Ebd., 7.

109 So bezog sich bereits 1949 der damalige DAI-Präsident Carl Weickert, als er sich von der „ohne Rücksicht auf die in Griechenland geltenden Bestimmungen unternommenen Ausgrabungstätigkeit des Stabes Rosenberg während des Krieges“ distanzierte, ausschließlich auf Reinerth. Ohne daß der Anteil Reinerths an diesen Vorgängen verkleinert werden soll, muß in den hier erhobenen Vorwurf auch der Sonderstab „Griechische Altertumskunde“ einbezogen werden; vgl. Carl Weickert: Das Deutsche Archäologische Institut, Berlin 1949, 27 (2. Aufl. 1950, 21f.). Die Existenz des Sonderstabs „Griechische Altertumskunde“ als selbständige Untergliederung des Sonderkommandos Rosenberg übergeht auch Roland Hampe, 8, der unter der Rubrik = Eigenmächtige Grabungen des „Sonderkommandos Rosenberg für Griechen“ wiederum nur Reinerths Tätigkeit in den Vordergrund rückt. Hampe zählt dabei „Grabungen und Schürfungen“ des Sonderkommandos auf, ohne kenntlich zu machen, daß die Grabung in Chalkis und die topographischen Forschungen in Lakonien unter der Oberleitung Harders standen. Daß Hampe der „Sonderstab Griechische Altertumskunde“ nicht unbekannt sein konnte, geht daraus hervor, daß er auf erste Mitteilungen über die Ergebnisse der Forschungen in Lakonien im Archäologischen Anzeiger 1942, 156, verweist (ebd.). Hier ist nachzulesen, daß O.-W. v. Vacano „im Rahmen seiner Arbeit im Sonderstab Griechische Altertumskunde (Sonderstab Rosenberg)“ u.a. topographische Untersuchungen durchgeführt hat.
Die Ausführungen von Weickert und Hampe standen (1949 bzw. 1950) noch unmittelbar unter dem Eindruck der Ereignisse, wobei die Angriffe Reinerths auf die Klassische Archäologie verständlicherweise besonders stark nachwirkten. Hinzu kommt, daß das DAI damals noch unter den Kriegsfolgen zu leiden hatte. Neben anderen waren die beiden wichtigsten Außeninstitute in Athen und Rom noch nicht an das DAI zurückgegeben. Daß aus den genannten Darstellungen

Harder als Leiter eines „Sonderstabs Griechische Altertumskunde“ fungierte, dem mit *Siegfried Lauffer* und *Otto-Wilhelm v. Vacano* noch zwei jüngere Altertumswissenschaftler angehörten.[110] Über diese Gruppe wurde im Übrigen auch unabhängig von den Unternehmungen Reinerths in den Fundberichten des Archäologischen Anzeigers in der üblichen Weise referiert.[111] Zudem wird in dem Abschlußbericht über Harders Tätigkeit abschließend bemerkt, daß die Arbeiten „in enger Zusammenarbeit mit dem Deutschen Archäologischen Institut in Athen und den örtlichen Kommandostellen der Wehrmacht

---

sehr schnell der Eindruck der Alleinverantwortlichkeit Reinerths für die Grabungen Rosenbergs entstehen konnte, zeigt die Behandlung der Materie in einer Spezialstudie über den Kunstschutz, die sich auf Hampe stützt und dabei die Unternehmen der Gruppe um Harder allein dem Leiter des „Reichbundes für deutsche Vorgeschichte“, d.h. also Reinerth, anlastet; vgl. Margot Günther-Hornig: Kunstschutz in den von Deutschland besetzten Gebieten 1939–1945, Tübingen 1958, 73. Auch Bollmus hat, ohne das Sonderkommando ausdrücklich zu nennen, die Ausgrabungen Reinerths bei Velostinos erwähnt und sie mit dem oben genannten Vorwurf Weickerts charakterisiert (Bollmus, 230 m. Anm. 307). Der „Abschlußbericht“ ist auch von den beiden letztgenannten Autoren nicht herangezogen worden.

110 Nach Abschlußbericht, Anlage 1, 4, waren Harder vom 18.6.–29.9., v. Vacano vom 18.6.1919 und Lauffer vom 4.7.–15.11.1941 in Griechenland tätig. Auf *S. Lauffer* (geb. 4.8.1911), PD München 1949, apl. Prof. 1955, o. Prof. 1963, als Fachmann für die „Prähistorie des Mittelmeeraumes“ hatte Harder schon in seiner „Denkschrift über die Forschungsaufgaben der Hohen Schule“ v. 29.10.1940 (MA 698 fol. 792) hingewiesen (vgl. oben, ***[148, Anm. 60]***). Seine Verbindung zum „Amt Rosenberg“ dokumentiert der Beitrag „Frühgriechische Weltanschauung“, in: Nationalsozialistische Monatshefte 10 (1939) 620–628, der trotz seines Publikationsortes ein relativ abgewogenes Bild der Heroenzeit vermittelt. Bis zu seiner Einberufung zur Wehrmacht im April 1942 bekleidete er eine Assistentenstelle am Münchener Institut der „Hohen Schule“; vgl. Reichsschatzmeister der NSDAP an Rosenberg vom 17.6.1942 (NS 8/207 fol. 207). Nach dem Krieg trat Lauffer vor allem mit Arbeiten zur antiken Sozial- und Wirtschaftsgeschichte hervor; vgl. S. Lauffer: Die Bergwerkssklaven von Laureion, Wiesbaden 1956/57, sowie ders. (Hrsg.): Diokletians Preisedikt, Berlin 1971.
Der Klassische Archäologe *O.-W. v. Vacano* (geb. 5.5.1910), Dr. phil. habil. Graz 1944, Kustos Tübingen 1961, Akad. O.R. 1966, stieß bereits 1931 zum NSDStB, 1932 zur SA und leitete ab 1934 im Stab des Reichsjugend-Führers das Hauptreferat „Führerschulung“; vgl. O.-W. v. Vacano: Das Problem des alten Zeustempels in Olympia, phil. Diss. Köln 1937, 65 (Lebenslauf). Später ging er als Dozent an das Erzieher-Seminar der Adolf-Hitler-Schulen. In dieser Eigenschaft stellte er das erste Arbeitsheft der Adolf-Hitler-Schulen „Sparta: Der Lebenskampf einer nordischen Herrenschicht“ (Kempten 1940) zusammen; vgl. Scholtz: Ausleseschulen, 211f. Heute arbeitet v. Vacano hauptsächlich auf dem Gebiet der Etruskologie; vgl. ders.: Die Etrusker. Werden und geistige Welt, Stuttgart 1955, sowie ders.: Die Etrusker in der Welt der Antike, 3. Aufl., Hamburg 1964.

111 Vgl. Archäologischer Anzeiger (1942), 140 u. 156. Der Hinweis auf den organisatorischen Rahmen fehlt dagegen in dem Jahresbericht des DAI für das Haushaltsjahr 1941/42, in dem vermerkt ist, daß als Vertreter des Athener Instituts der 1. Sekretär W. Wrede, der zweite Sekretär K. Köhler und der Assistent K. Gebauer den „Grabungen der Herren Harder und Lauffer in Chalkis“ ... und der wissenschaftliche Referent K. Grundmann denen „des Herrn Reinerth bei Volo“ einen Besuch abgestattet hatten (Archäologischer Anzeiger (1942), VI). Schon die unterschiedliche Stärke der „Delegationen“ läßt darauf schließen, daß die Beziehungen der beiden Sonderstäbe zu dem DAI unterschiedlicher Art waren.

durchgeführt" wurden.[112] Von diesen Äußerungen her ist keinesfalls auf eine verantwortliche Beteiligung des DAI zu schließen. In der Formulierung dürfte aber zum Ausdruck kommen, daß Harder im Gegensatz zu Reinerth ein bestimmtes Maß an Bereitschaft zur Zusammenarbeit mit dem DAI mitbrachte.

Der Arbeitsauftrag des Sonderstabs lautete „Wissenschaftliche Erforschung des griechischen Altertums durch siedlungsgeschichtlich-topographische, archäologische und epigraphische Arbeiten".[113] Dieser allgemein gehaltene Auftrag dürfte von Harder formuliert und formal von Rosenberg erteilt worden sein. Bei den Untersuchungen, die R. Harder zusammen mit S. Lauffer in Chalkis durchführte, handelte es sich von der Sache her um die Fortsetzung bereits früher begonnener Arbeitsvorhaben, die von der Deutschen Forschungsgemeinschaft gefördert worden waren.[114] Den verschiedenen Berichten über das Unternehmen des Jahres 1941 ist zu entnehmen, daß es gelang, die Entwicklung der Stadt von mykenischer Zeit an in den Grundzügen zu klären, wobei ältere Forschungen ergänzt und berichtigt werden konnten.[115] Die nüchternen Angaben darüber im „Archäologischen Anzeiger" und im Abschlußbericht des Sonderkommandos decken sich in ihrem sachlichen Gehalt beinahe völlig. Einen eigenen Akzent des Abschlußberichts, der der althistorischen Interessenlage jener Zeit entgegenkam, könnte man bestenfalls darin erblicken, daß die Forschungen in Chalkis als „ein wichtiger Schritt in der Kenntnis der frühen griechischen Geschichte" bezeichnet werden.[116] Der streng wissenschaftliche Charakter dieser Unternehmung steht außer Frage. So fehlt auch im Unterschied zu den Berichten anderer Sonderstäbe bei Harders Gruppe jeder Bezug auf die kulturpropagandistische Wirkung dieses Unternehmens. Eine zuletzt 1944 von Harder zusammen mit Lauffer angekündigte Publikation über die Untersuchungen in Chalkis ist im Verlauf der Ereignisse liegengeblieben.[117] Von den vorliegenden Verröffentlichungen *[158]* Harders ist demnach nur der Aufsatz über „Rottenschrift" direkt aus den Arbeiten in Chalkis hervorgegangen. Dabei fehlt jeder Hinweis auf die Förderung dieser Studien durch Rosenberg.[118]

Die zweite Einsatzstelle des Sonderstabs in Lakonien in der Nähe von Sparta wurde von O.W. v. Vacano betreut. Aus den „Fundberichten" ist zu erfahren, daß sich v. Vacano neben topographischen Aufnahmen in erster Linie mit zwei steinzeitlichen Siedlungen

112 Abschlußbericht, 31.

113 Ebd., 29.

114 Im Jahre 1939 hatte sich Harder von Kiel aus beurlauben lassen und unternahm eine Studienreise durch Griechenland. Im Hintergrund stand der Plan, eine „Griechische Kulturgeschichte" zu verfassen (Marg, 481).

115 Archäologischer Anzeiger (1942), 140.

116 Abschlußbericht, 30.

117 Vgl. Marg, 482.

118 Jahrbuch des DAI 58 (1943) 93–132. Die Akademieabhandlung „Karpokrates von Chalkis und die memphitische Isispropaganda" (Abh. d. Preuß. Akad. d. Wiss. 1943, Phil. hist. Kl. Nr. 14, Berlin 1944) geht nach Marg, 481, auf Forschungen des Jahres 1939 zurück. Harder erwähnt zwar, daß er diese Studien, „als sich im Sommer 1941 die Gelegenheit bot", weiterführen konnte, ging aber auch hier auf den organisatorischen Rahmen nicht ein (ebd., Vorbemerkung).

bei Sparta beschäftigte.[119] Anders als bei Harder und Lauffer spiegelt sich in der Passage des Abschlußberichts über den Einsatz v. Vacanos unverkennbar ein aktuelles Erkenntnisinteresse: „Es gelang dadurch, für diese Landschaft zum ersten Mal die Spuren der vorgriechischen Bevölkerung festzustellen, jener nichtindogermanischen Stämme, deren Einwanderung um mehr als ein Jahrtausend vor dem Einbruch der nordischen Spartaner liegt."[120] Die Ergebnisse seiner Arbeit auf dem Kuphowuno – einer dieser (jung)steinzeitlichen Siedlungen – hat v. Vacano in seiner Grazer Habilitationsschrift von 1944 vorgelegt, die von den Spuren der Spartabegeisterung jener Zeit nicht frei ist.[121]

Die Mitarbeit dieses jungen Klassischen Archäologen im „Sonderstab Griechische Altertumskunde" dokumentiert die gute Zusammenarbeit zwischen Harders Institut der „Hohen Schule" und den Adolf-Hitler-Schulen. Sein Aufenthalt in Griechenland erfolgte „im Rahmen des Auslandseinsatzes der Erzieher und Dozenten der Adolf-Hitler-Schule" und wurde vom Kommandeur der Adolf-Hitler-Schulen finanziert.[122] Die Mittel für die Arbeiten selbst steuerte das Institut für Indogermanische Geistesgeschichte bei, das auch die Publikationsrechte besaß.[123] Die Hinweise auf den finanziellen Hintergrund des Unternehmens könnten den Schluß nahelegen, daß Harder und seine Mitarbeiter lediglich Geldquellen des Hauses Rosenberg für ihre im Übrigen rein fachwissenschaftlichen Arbeiten erschlossen und ausgeschöpft hätten. Damit wäre zugleich auch ein Beispiel dafür erbracht, daß relativ sachliche Forschung nicht nur unter der Schirmherrschaft Himmlers, sondern auch im ‚Rosenberg-Lager' möglich war. Der Unterschied zwischen den Arbeiten Harders von 1939 und 1941 läßt sich indessen nicht auf den Wechsel von einem Geldgeber zum anderen reduzieren. Nach einer Bemerkung von Walter Marg konnte 1941 „die inschriftlich-topographische Arbeit in Chalkis ... nun freizügiger und energischer als das erstemal durchgeführt werden".[124] Damit ist sicherlich nicht nur die weniger problematische finanzielle Absicherung des Unternehmens, sondern auch die institutionelle Rückendeckung durch den ERR angesprochen, auf die auch der „Sonderstab Griechische Altertumskunde" rechnen konnte. Diese Rückendeckung ermöglichte es z.B., daß bei den Untersuchungen der *[159]* jungsteinzeitlichen Siedlungen in der Nähe von Sparta „zahlreiches Werkzeug aus Stein und Knochen sowie Tonscherben aus dieser Zeitepoche sichergestellt" wurde.[125] Daß Harder in Chalkis in gleicher Weise vorgegangen war, geht aus seiner Korrespondenz mit dem „Amt Rosenberg" über den Aufbau des Münchener Instituts hervor. Dabei erwähnt er die unzulängliche „Unterbringung des

---

119 Archäologischer Anzeiger (1942), 156.

120 Abschlußbericht, 29.

121 O.-W. v. Vacano: Lelegia. Eine vorgriechische Siedlung auf dem Kufówuno bei Sparta. (Phil. Habil.Schr. Graz 1944, ungedr.).

122 Ebd., IIIf.; zu anderen archäologischen Arbeiten im Rahmen der Adolf-Hitler-Schulen vgl. den Bericht v. Vacanos über eine „Ausgrabung des Erzieher-Seminars der Adolf-Hitler-Schulen" (ders.: Der altschwäbische Totengarten von Altstädten im Allgäu, in: Germanenerbe 6 (1941) 80–90).

123 v. Vacano: Lelegia, IV.

124 Marg, 482. Auf die näheren Zusammenhänge dieses Griechenland-Aufenthalts ist Marg im übrigen mehr um- als beschreibend eingegangen.

125 Abschlußbericht, 29.

aus dem Einsatz in Griechenland heimgebrachten Fund- und Forschungsmaterials".[126] Das „Chalkis-Archiv" seines Instituts enthielt neben Publikationsentwürfen, Auszügen aus Museumskatalogen, Plänen und Fotomaterial auch 86 Scherbengruppen. Den größten Teil des Materials beherbergte wohl das „Sparta-Archiv" mit „weit über hundert ‚Fundgruppen'".[127] Unter Hinweis auf die besonderen Umstände der Bergung der Fundgruppen und ihre unsachgemäße Lagerung im Münchener Institut lehnte Harder die weitere Verantwortung für seine „Archive" ab: „Ich habe dies unersetzliche Material entgegen den früheren Gepflogenheiten aus Griechenland entfernt und mit hierher gebracht. Dadurch habe ich gegenüber der griechischen Regierung und gegenüber der europäischen Wissenschaft die Verantwortung für eine sachgemäße Unterbringung, Auswertung und Pflege dieses Materials übernommen." Der Hinweis auf die durchaus unübliche und widerrechtliche „Sicherstellung" des Fundgutes hat die Verantwortlichen des ERR sicher nicht beunruhigt. Größeren Eindruck dürfte im „Amt Rosenberg" das Argument Harders gemacht haben, mit dem er auf die Folgen für das Ansehen der „Hohen Schule" hinwies, die sich aus der mangelhaften Sicherung der Bestände ergeben könnten. „Passiert mit diesem Material etwas, so bedeutet das einen wissenschaftlichen Skandal – es gibt genug Stellen, die mit Schadenfreude darauf warten, daß sich die Hohe Schule in dieser Weise bloßstellt. Ein künftiges Arbeiten im Ausland würde durch solche Vorkommnisse aufs äußerste erschwert."[128]

Harders Einschätzung der bei etwaigen Fehlschlägen der Institutsarbeit der „Hohen Schule" zu erwartenden Reaktionen trifft die tatsächliche Stellung der Rosenbergschen Unternehmung im nationalsozialistischen Wissenschaftsbetrieb sehr gut. Aus seiner Lagebeurteilung sprechen wohl konkrete Erfahrungen, die mit dem Auftreten seiner Arbeitsgruppe in Griechenland zusammenhängen. Darauf deutet schließlich auch die Sorge um künftige Auslandsarbeiten. Daß an die Fortsetzung der Untersuchungen in Chalkis und Sparta gedacht war, geht aus dem Abschlußbericht hervor.[129] Die diesbezüglichen Befürchtungen Harders sollten sich nur zu bald bewahrheiten. Nach Hampe wurden die Scherbenfunde der Grabungen bei Chalkis „auf Betreiben des Kunstschutzes dem archäol. Institut in Athen abgegeben" und nach Juni 1944 von W. Kraiker an die griechischen Behörden weitergeleitet.[130] Wenn man unterstellt, daß damit das gesamte ***[160]*** Fundmaterial abgeliefert war, mußte es zuvor auf jeden Fall aus dem „Chalkis-Archiv" des Münchener Instituts zurückgeführt werden.

Der Vorgang zeigt, daß der Kunstschutz sich in dieser Sache bei dem „Sonderstab Griechische Altertumskunde" bzw. dem Institut Harders durchsetzen konnte. An der

126 Niederschrift Harder, Raumverhältnisse in der Außenstelle München der „Hohen Schule" o. D. (Ende 1941) (NS 8/265 fol. 171–174).

127 Ebd., fol. 171f. Als Harder diesen Bericht schrieb, war das „Sparta-Archiv" zur Bearbeitung durch O.-W. v. Vacano auf der Ordensburg Sonthofen ausgelagert (ebd.).

128 Ebd., fol. 172f.

129 Abschlußbericht, 30 (Sonderstab Griech. Altertumskunde) u. 32 (Sonderstab Vorgeschichte). Der Wunsch Reinerths, seine Ausgrabungen in Griechenland fortzusetzen, wurde auch in dem gedruckten Bericht (Germanenerbe 6 (1941) 157 u. 191) bekräftigt.

130 Hampe, 8.

Tatsache der ursprünglichen Verschleppung des Materials im Jahre 1941 ändert die spätere Rückgabe durch Harder nichts. Über die durch v. Vacano in Lakonien sichergestellten Fundgruppen sowie deren eventuelle Ablieferung macht Hampe keine Angaben. Folgt man Hampe, so ging der Erfolg des Kunstschutzbeauftragten Hans von Schoenebeck noch weiter: „Er erreichte, daß der ‚Sonderstab Vorgeschichte' im September 1941 Griechenland verlassen mußte und nicht wieder betreten durfte.[131] Daß dieser Sachverhalt in dem Abschlußbericht des Sonderkommandos und dem Kunstschutzbericht von 1941 nicht offen dargelegt wurde, ist nicht weiter verwunderlich. Abgesehen von der ungenauen zeitlichen Fixierung ist Hampe aber insofern zu verbessern, als auch der unter Harders Leitung stehende Sonderstab in diese Vorgänge einbezogen werden muß.[132] Die entsprechenden Andeutungen im Abschlußbericht und die Ausführungen Harders lassen den Schluß zu, daß der „Sonderstab Griechische Altertumskunde" ähnlichen Sanktionen wie die Gruppe um Reinerth unterworfen war. Daß es dem Kunstschutz im Bündnis mit anderen interessierten Stellen tatsächlich gelang, die Fortsetzung auch von Arbeiten des „Sonderstabes Griechische Altertumskunde" zu verhindern, hat Rosenberg selbst in einem Brief an Rust indirekt bestätigt.

Im Verlauf der Auseinandersetzungen um Reinerth und das Reichsinstitut für Vorgeschichte beschwerte er sich im Juli 1942 u.a. über die Weigerung des DAI, „die Fortsetzung der Ausgrabungen und Forschungen des Reichsamtes für Vor- und Frühgeschichte in Griechenland (Dr. von Vacano bei Sparta und cand. prähist. Schlicker Untersuchungen in Athen) anzuerkennen und unseren Ausgrabungsantrag bei der Griechischen Regierung zu befürworten." Es kennzeichnet sehr deutlich die Position des damaligen Reichsministers für die besetzten Ostgebiete, daß seiner Arbeitsgruppe auf Grund der ablehnenden Haltung des DAI vom Auswärtigen Amt keine Sichtvermerke erteilt wurden.[133] Für die Einordnung der Tätigkeit des „Sonderstabs Griechische Altertumskunde" in die Vorgänge des Jahres 1941 ist es ohne Belang, daß die Forschungen v. Vacanos 1942 anscheinend unter der Ägide Reinerths fortgesetzt werden sollten. Die Interessen des DAI waren unabhängig von der Zuordnung der Arbeiten zu Harder oder Reinerth in beiden Fällen berührt. Festzuhalten bleibt, daß sich das DAI hier im Zusammenspiel mit dem AA und dem *[161]* Kunstschutz gegenüber Reinerth bzw. Rosenberg durchsetzen konnte. Im Unterschied zu Frankreich gelang es dieser Koalition, langfristig weitere Unternehmungen des ERR in Griechenland zu verhindern.

Im Rahmen der vorliegenden Arbeit konzentrierte sich das Interesse an dem Einsatz des „Sonderkommandos Rosenberg" naturgemäß auf den Sonderstab „Griechische Altertumskunde". Die Aktivitäten dieser Gruppe waren vor allem im Zusammenhang mit Harders Engagement für die „Hohe Schule" zu beleuchten. Ganz besonders das Auftreten von Klassischen Altertumswissenschaftlern unter der Schirmherrschaft Rosenbergs

131 Ebd.

132 Laut Abschlußbericht Anlage 1, 4, waren Reinerth und seine Gruppe noch im November 1941 in Griechenland tätig. Der Sonderstab „Griechische Altertumskunde" beendete seine Arbeiten bereits im September 1941.

133 Rosenberg an Rust v. 18.7.1942 (NS 8/170 fol. 6).

muß als ein direkter Angriff auf die ureigenste Domäne des DAI angesehen werden. Die Entsendung von zwei archäologischen Sonderstäben nach Griechenland stellt einen bemerkenswerten Schachzug in der langwierigen Auseinandersetzung zwischen dem DAI und dem „Amt Rosenberg" dar, der den Anhängern Rosenbergs vorübergehend die lang ersehnten Arbeitsmöglichkeiten im Mittelmeerraum eröffnete. Bevor auf die nicht unwichtige Rolle Harders im Zusammenhang mit der weiteren Entwicklung der Kompetenzstreitigkeiten auf dem altertumswissenschaftlichen Sektor einzugehen ist, muß abschließend zu dem Komplex „Sonderkommando Rosenberg in Griechenland" ein Blick auf die Tätigkeit des „Sonderstabs Vorgeschichte geworfen werden.[134]

Hans Reinerth, der bei Velostino ein „auffallend großes Megaron der jüngeren Steinzeit" freilegen konnte, hob u.a. die kulturpolitische Funktion seiner Ausgrabungen in Griechenland hervor. Nach seiner Meinung war es gelungen, das englische Monopol für Mazedonien und Thessalien zu brechen. Das war vor allem deshalb wichtig, „weil die englischen Forscher jede rassische und völkische Auswertung des Fundmaterials der vorgeschichtlichen Zeit grundsätzlich ablehnten."[135] Der Verzicht auf derartige Bearbeitung seiner Unternehmen fällt der Forschung heute ungleich leichter als der auf die Publikation seines Befundes in Velostino, die bis heute aussteht.[136] Wie weit die ‚Sorge' um die englische Forschung im Mittelmeerraum ging, zeigt das Auftreten einer Gruppe des „Sonderstabs Vorgeschichte" auf Kreta, die flüchtige topographische Untersuchungen durchführte. Die Mitarbeiter Reinerths faßten ihre Arbeit als notwendiges Korrektiv zu Versäumnissen der Athenischen Abteilung des DAI und anderer Stellen auf. Ein ‚Versäumnis' bestand etwa darin, daß bis zum Eingreifen des „Sonderstabs Vorgeschichte" weder der militärische Kunstschutz noch das DAI an die „Sicherstellung des Materials der englischen Ausgrabungsarbeiten in Knossos und der Villa Ariadne" gedacht hatten. Erst der örtliche Vertreter Reinerths, Prof. Stampfuss, veranlaßte die entsprechenden Maßnahmen und verhinderte damit angeblich die Verschleppung des Forschungsmaterials durch den „im Dienst des ***[162]*** englischen archäologischen Instituts stehende[n] Direktor des Museums in Iraklien".[137] Stampfuss, der das Material dem dortigen Divisionsstab

---

134 Der Sonderstab Vorgeschichte arbeitete vom 26.9.–15.11.1941 in Griechenland und bestand aus sieben Mitgliedern. Davon haben wohl nur Reinerth, Prof. Stampfuss und Dr. W. Stössel selbständig gearbeitet. Über den Tätigkeitsbereich von Heinz Dürr, Eckhardt Zitscher, Dr. Gerta Schneider und Elisabeth Heinsius wurde nichts ermittelt. Die Angabe der Aufenthaltsdauer nach Abschlußbericht, Anlage 1, 4, deckt sich nicht mit der Bemerkung Hampes über Reinerths Anwesenheit in Griechenland; vgl. oben, ***[157, Anm. 109]***. So hat z.B. R. Stampfuss noch vom 20.–29.10.1941 in der Seidihöhle gegraben; vgl. Mannus 34 (1942) 135.

135 Reinerth hat über die „Ausgrabungen des Reichsamtes für Vorgeschichte in Griechenland" in Germanenerbe 6 (1941) 191, berichtet (bei Vorlage des Abschlußberichts waren seine Arbeiten noch nicht abgeschlossen). Die Grabungen von Dr. W. Stössel bei Larissa-Dendra (ebd., 191) hat Hampe nicht verzeichnet. Er bestreitet vielmehr die englische Angabe, daß dort eine deutsche Grabung stattgefunden habe (Hampe, 9).

136 Vgl. dazu schon Bollmus, 230 m. Anm. 307.

137 Abschlußbericht, 32f.; zu Stampfuss vgl. Bollmus, 309, Anm. 70, Weitere Grabungen unternahm Stampfuss in einer Höhle im Kopaisgebiet; vgl. dazu die Notiz: „Die ersten Funde der Altsteinzeit in Griechenland", in: Germanenerbe 6 (1941) 157.

überstellte, schaffte damit wohl die Voraussetzung, daß Teile einer Scherbensammlung über den deutschen General Ringel an das archäologische Institut der Universität Graz gelangten. Bemühungen des Kunstschutzes, das Material aus Graz nach Griechenland zurückzuführen, blieben erfolglos.[138] Von einer Vernachlässigung Kretas durch den Kunstschutz kann keine Rede sein.[139] Der kurze Seitenblick auf die Unternehmungen des „Sonderstabs Vorgeschichte" in Griechenland zeigt wohl deutlich genug, daß an eine Zusammenarbeit dieser Gruppe des Sonderkommandos Rosenberg mit dem DAI nicht zu denken war. Auf wessen Seite Richard Harder stand, zeigte sich im folgenden Jahr, als es zu einer Neuauflage der Kompetenzstreitigkeiten zwischen Reinerth und dem DAI kam.

Den Anlaß bot ein Vorstoß Rosenbergs, der in seiner Eigenschaft als Reichsminister für die besetzten Ostgebiete die „Sicherung und einheitliche Führung der Vor- und Frühgeschichtsforschung im Ostraum" regeln wollte. Im „Germanenerbe" wurde unter der Rubrik „Amtliche Mitteilungen" bekanntgegeben, daß Hans Reinerth von Rosenberg zum „Beauftragten für Vor- und Frühgeschichte in den besetzten Ostgebieten" ernannt und mit der „Gesamtaufgabe der Feststellung, Sicherung und Erforschung der vor- und frühgeschichtlichen Funde in den Museen, wissenschaftlichen Instituten, Privatsammlungen und im Gelände betraut" worden war.[140] Rusts Ministerialdirektor Mentzel, der sich in dieser Sache an Bormann wandte, argwöhnte zu Recht, daß damit eine Ersatzlösung für die von Rosenberg und Reinerth bisher vergeblich betriebene Gründung des „Reichsinstituts für Vorgeschichte" beabsichtigt war.[141] Dieser Zusammenhang wurde in einer Besprechung zwischen Rust und Reinerth noch deutlicher. Nach Auskunft Reinerths wollte Rosenberg die Verknüpfung der vor- und frühgeschichtlichen Erforschung der Ostgebiete mit dem Reichsinstitut davon abhängig machen, daß im Sinne seiner altbekannten Forderung die Zuständigkeit des Instituts „insbesondere für die deutsche Vorgeschichtsforschung im gesamten Ausland" anerkannt werde.[142] Die Reaktion des REM, das sich durch dieses Vorgehen von weiteren Einflußmöglichkeiten ausgeschaltet sah, bestand in einem Brief Rusts an Rosenberg betreffend „Vorgeschichtswissenschaft

---

138 Hampe, 6.

139 Der erste Bericht des Kunstschutzes über seine Tätigkeit auf Kreta, das unter erheblichen Kriegsschäden zu leiden hatte, datiert vom 22.10.1941. Ein besonderes Referat Kunstschutz beim Kommandanten der Festung Kreta wurde erst Anfang 1942 eingerichtet. Diese Abteilung war mit dem Klassischen Archäologen Dr. Ulf Jantzen besetzt und bestand bis August 1943; vgl. MA 514/fol. 703–704 und Günther-Hornig, 74ff.

140 Vgl. Germanenerbe 6 (1941) 192. Das „Germanenerbe" als „Amtliches Organ des Reichsbundes für Deutsche Vorgeschichte und des Amtes für Vorgeschichte des Beauftragten des Führers für die gesamte weltanschauliche Schulung und Erziehung der NSDAP" wurde von Hans Reinerth herausgegeben. Die Mitteilung erschien in Heft 11/12 (November/Dezember 1941), das wohl z.T. erst im März ausgeliefert wurde (vgl. Eingangsstempel Univ.-Bibliothek Marburg v. 23.3.1942).

141 Vermutlich bezog sich Mentzel auf die Mitteilung im „Germanenerbe"; zur Initiative Mentzels vgl. Bollmus, 231, und Kater: AE 1974, 299f.

142 Nach Bollmus, 231. Die von Bollmus, 232, erwähnte Mitteilung Rosenbergs im VB v. 11.6.1942 (mir zugänglich im VB v. 10.6.1942 (Süddeutsche Ausg.)) stimmt im sachlichen Kern mit der Mitteilung im „Germanenerbe" überein (vgl. oben, *[162, Anm. 140]*).

und Archäologie in den besetzten Ostgebieten".[143] Darin erklärte Rust die „Erforschung der Antike im südrussischen Raum" zu seinem besonderen Anliegen, „nachdem die Planung der Vor- und Frühgeschichtsforschung in den Ihnen unterstehenden Ostgebieten von Ihnen geregelt worden ist". Insbesondere hielt er „die Heranziehung und den Einsatz der deutschen archäologischen Wissenschaft für wünschenswert". Er nannte ausdrücklich „die berühmten *[163]* Fundstätten reinster klassischer-griechischer Kunst, wie Olbia, Kertsch, die berühmten Tumuli, auf südrussischem Boden" und versuchte so den Anspruch der Klassischen Archäologie auf diese Forschungsobjekte zu untermauern.[144] Die Zusammenarbeit zwischen dem „Amt Vorgeschichte" und dem DAI wollte er in einer Besprechung mit Rosenberg klären.

Die Antwort Rosenbergs enthielt die schon erwähnte Beschwerde darüber, daß das DAI weitere Ausgrabungen des „Reichsamtes für Vor- und Frühgeschichte" in Griechenland „erst neuerdings" verhindert hatte.[145] Dem eigentlichen Anliegen Rusts glaubte Rosenberg durch seine „Gesamtplanung für Vor- und Frühgeschichte in den besetzten Ostgebieten" bereits weitgehend entsprochen zu haben. Darin war „selbstverständlich auch die Sicherung und Erforschung der griechischen Kulturstätten in der Südukraine von Anfang an vorgesehen". Dementsprechend waren auch „von meinem Beauftragen für Vor- und Frühgeschichte ... die notwendigen Maßnahmen zur Sicherung der griechischen Museumsbestände, u.a. auf der Krim und in Nikolajew" schon getroffen worden. Der von Rust geforderte Einsatz des archäologischen Reichsinstituts erschien von daher gesehen jedenfalls überflüssig. Unabdingbare Voraussetzung für eine Beteiligung des DAI an den Forschungen im Osten blieb nach wie vor die Gründung des Reichsinstituts und die Erfüllung der bekannten Forderungen Reinerths.[146] Die Hinzuziehung Harders, in dessen Zuständigkeit bis dahin das Gebiet „Griechische Altertumskunde" fiel, war offensichtlich nicht beabsichtigt.

Mit dem umfassenden Auftrag für Reinerth in den Ostgebieten und der damit verbundenen Wiederaufnahme des Institutsplans reagierte Rosenberg letztlich auf die Vorgänge um die archäologischen Sonderstäbe in Griechenland.[147] Analog zu der Weigerung des DAI, die Fortsetzung von Reinerths Grabungen in Griechenland zu gestatten, versuchte Rosenberg nunmehr das DAI im Ostraum auszuschalten. Als Reichsminister für die besetzten Ostgebiete befand er sich gegenüber den Forderungen Rust theoretisch in einer relativ günstigen Position. Wie es aber in der Praxis um seine Sache bestellt war, zeigt die Tatsache, daß – ungeachtet der Kompetenz des Reichsministers – das zum „Ahnenerbe" gehörige „Sonderkommando Jankuhn" in Südrußland mit der Sicherung vor- und

143 Rust an Rosenberg v. 10.7.1942 (NS 8/170 fol. 8); vgl. auch Bollmus, 232.

144 Ebd.; zur Bedeutung dieses Raumes in der Antike vgl. aus zeitgenössischer Sicht Hans Georg Gundel: Die Krim im Altertum, in: Gymnasium 53 (1942) 117–138.

145 Vgl. oben, *[160]*. Rosenberg an Rust vom 18.7.1942 (NS S/170 fol. 5–7).

146 Also insbesondere die „Anerkennung der Zuständigkeit und Forschungsfreiheit meines Reichsamtes für das Gebiet der Vor- und Frühgeschichte im ganzen europäischen und vorderasiatischen Raum, also im besonderen auch in den Mittelmeerländern" (ebd., fol. 5–6).

147 Dieser Zusammenhang ist bisher nicht beachtet worden.

frühgeschichtlicher Denkmäler begann.[148] Unter solchen Voraussetzungen mußte auch der erneute Anlauf zur Gründung des Reichsinstituts scheitern.

Entscheidend dafür war die Haltung der Parteikanzlei, die in der Frage des Reichsinstituts dem REM, wie Bollmus zeigen konnte, praktisch freie Hand ließ. Aus der veränderten Lage ergaben sich einschneidende Konsequenzen für Rosenberg: Er war unter Umständen sogar bereit, einen *[164]* anderen Kandidaten als Reinerth für die Leitung des Reichsinstituts zu nennen.[149] Gleichzeitig sah er sich zur Neuordnung der archäologischen Forschung in den besetzten Ostgebieten veranlaßt, an der Richard Harder maßgeblichen Anteil gewinnen sollte. Der neu formulierte Auftrag für Reinerth war weniger umfassend und bezog sich speziell auf die „vor- und frühgeschichtlichen Funde".[150] Maßnahmen wie die „Sicherung und Erforschung der griechischen Kulturstätten", die der „Beauftragte für Vor- und Frühgeschichte" angeblich bereits eingeleitet hatte, waren strenggenommen damit nicht gedeckt. Gut einen Monat später erhielt Harder einen selbständigen Auftrag zur „Erforschung der griechischen und iranischen Altertümer" in den besetzten Ostgebieten. Seine Vollmacht schloß nicht nur die Auswertung der „einschlägigen Fundgegenstände in den Museen, Instituten und Sammlungen (einschließlich der Magazine)", sondern auch Ausgrabungen ein.[151] Mit der thematischen Eingrenzung auf das griechisch-iranische Altertum wurde auch der indogermanischen Komponente in Rosenbergs Geschichtsbild Rechnung getragen. Dieser Bereich war somit aus der „Gesamtplanung für Vor- und Frühgeschichte in den besetzten Ostgebieten" herausgenommen und dem Einfluß Reinerths entzogen worden.

Reinerths Auftrag für die Ostgebiete eröffnete seinem „Sonderstab Vorgeschichte" nach Frankreich und Griechenland ein weiteres Tätigkeitsfeld. Harders Arbeiten sollten sich dagegen in einem anderen organisatorischen Rahmen vollziehen als der Einsatz in Griechenland: Unter Hinweis auf seine neue Forschungsaufgabe wurde er beauftragt, „bei der Außenstelle München der Hohen Schule eine ‚Arbeitsgemeinschaft für griechisch-iranische Altertumsforschung in den besetzten Ostgebieten' ins Leben zu rufen". Nach Abschluß entsprechender Erkundungen sollte er einen „Arbeitsplan und eine Liste der heranzuziehenden Forscher" vorlegen.[152] Damit war zumindest nach außen Harders

148 Vgl. Kater: AE 1974, 295f., sowie Bollmus, 324, Anm. 304.

149 Zu den Einzelheiten vgl. Bollmus, 232f.

150 Dieses Datum und die Formulierung des Auftrags ergibt sich aus einem Schreiben Rosenbergs an Harder vom 29.9.1942 betr. „Interne Regelung zur Zusammenarbeit bei vor- und frühgeschichtlichen und altertumswissenschaftlichen Forschungen in den besetzten Ostgebieten" (NS 8/128 fol. 132–133), auf das noch näher einzugehen ist. Kater: AE 1966, 166/448, Anm. 17, hat auf der gleichen Quellengrundlage (Mikrofilm T-454, R. 56, FN 890–91) irrtümlich den Auftrag Reinerths um ein Jahr vordatiert und in Verbindung mit der Ernennung Rosenbergs zum Reichsminister am 17. Juli 1941 gebracht. Aus dem Original (NS 8/128 fol. 132) geht zweifelsfrei hervor, daß Rosenberg darin aus einem Schreiben an Reinerth vom 21.8.1942 zitiert, das er als Anlage für Harder beigefügt hatte. Das an Reinerth gerichtete Original ist anscheinend nicht mehr vorhanden.

151 RMBO/Rosenberg v. 29.9.1942 (NS 8/128 fol. 134).

152 Rosenberg an Harder v. 30.9.1942. Dieses Schreiben enthielt gewissermaßen die Durchführungsbestimmungen zu dem am Vortage erteilten Forschungsauftrag (NS 8/128 fol. 135).

Verbindung zum „Einsatzstab Reichsleiter Rosenberg" gelöst. Rosenberg verstand seine Maßnahme als „interne Regelung zur Zusammenarbeit bei vor- und frühgeschichtlichen und altertumswissenschaftlichen Forschungen in den besetzten Ostgebieten". Wie die Ermahnung zu enger Zusammenarbeit „auch zwischen vielleicht in unterschiedlichen wissenschaftlichen Vorstellungen sich bewegenden Gruppen" zeigt, war sich Rosenberg der Gegensätze zwischen Harder und Reinerth wohl bewußt.[153] Auf den ersten Blick ist in dem Vorgehen Rosenbergs ein neuer Affront gegenüber Rust zu sehen, der ja gerade für dieses Arbeitsgebiet die Heranziehung des DAI vorgeschlagen hatte. Aber in der Einschaltung Harders und der Angliederung der Arbeitsgemeinschaft an sein Münchener Institut sind auch Anzeichen einer – freilich begrenzten – Kompromißbereitschaft zu erkennen.

[165] Der weitere Ablauf des Geschehens ist nicht lückenlos dokumentiert. Es wird aber immerhin deutlich, daß Harder gegen den Willen Reinerths in den weiteren Auseinandersetzungen des „Amtes Rosenberg" mit dem DAI eine Vermittlerrolle zugefallen war. Ziel der Vorverhandlungen, die Harder mit dem DAI-Präsidenten Schede führen sollte, war der Abschluß eines schriftlichen Abkommens.[154] Von seiten des „Amtes Rosenberg" ging es dabei in erster Linie um die Forschungsfreiheit des „Reichsamtes für Vor- und Frühgeschichte" im Mittelmeerraum. Als Gegenleistung sollte dem Archäologischen Institut die Möglichkeit zur Mitarbeit in der „Arbeitsgemeinschaft für griechisch-iranische Altertumsforschung" eröffnet werden.[155] Mit der Gründung der „Arbeitsgemeinschaft" war also nicht nur eine „interne Regelung" der Zusammenarbeit zwischen Harder und Reinerth beabsichtigt. Am besten läßt sich die veränderte Lage an der Reaktion Reinerths ablesen, der die neue Entwicklung nicht widerspruchslos hinnehmen wollte. Vor allen Dingen wünschte er an den Verhandlungen zwischen Harder und Schede beteiligt zu werden. Die mehrfachen Initiativen Reinerths in dieser Richtung waren auch Gegenstand einer Besprechung zwischen Harder und Rosenberg, die freilich keine endgültige Klärung der Angelegenheit brachte. Im Anschluß daran faßte Harder seine Position in einer ausführlichen Stellungnahme für Rosenberg zusammen.[156] Nach seiner Auffassung verfolgte Reinerth mit dem Wunsch, an den Verhandlungen mit dem DAI beteiligt zu werden, letztlich das Ziel, diese scheitern zu lassen. Für diesen Eindruck sprechen briefliche Äußerungen Reinerths, die Harder zitiert. Der Widerstand des Prähistorikers richtete sich nicht nur gegen die Beteiligung des DAI an der Arbeitsgemeinschaft, von der er ein „Eindringen von DAI-Mitarbeitern in die „Hohe Schule" befürchtete, sondern gegen

153 RMBO/Rosenberg an Harder v. 29.9.1942 (NS 8/128 fol. 132).

154 Vgl. Harder an Rosenberg v. 23.3.1943 betr. Verhandlungen mit dem Archäologischen Reichsinstitut (NS 8/265 fol. 155–156). Mit Hilfe dieser Stellungnahme läßt sich, wie im folgenden deutlich werden wird, die Position Reinerths wenigstens in groben Zügen klären.

155 Das Verhandlungsziel ergibt sich aus Schreiben Rosenbergs an Reinerth v. 4.3.1943 (NS 8/264 fol. 25) und an Harder v. 4.3.1943 (NS 8/264 fol. 27), die beide von Reinerth entworfen worden waren und Harder im Durchschlag „in einer bereits vom Reichsleiter abgeänderten Fassung" zugingen; vgl. Begleitschreiben des stellvertr. Leiters des Aufbauamts der Hohen Schule Dr. Wagner an Harder v. 9.3.1943 (NS 8/264 fol. 26).

156 Harder an Rosenberg v. 23.3.1943 (NS 8/265 fol. 155–156).

die Arbeitsgemeinschaft überhaupt. So forderte er, das ganze Projekt auf die Zeit nach dem Krieg zu vertagen. Ferner sollte Harder „bis zur Aufnahme der praktischen Ausgrabungstätigkeit die Vorbereitungsarbeiten >lediglich persönlich< ausführe[n]“.[157] Die besondere Art der Zusammenarbeit mit dem DAI im Rahmen der Arbeitsgemeinschaft charakterisierte Harder dagegen als „vorübergehende Gruppierung von Forschern um ein einzelnes konkretes Sachziel“. Diese lockere Form sei gerade im Hinblick auf Reinerths Befürchtungen gewühlt worden.

Der Stellungnahme ist weiter zu entnehmen, daß sich die Arbeitsgemeinschaft durchaus noch im Planungsstadium befand. Nähere Angaben zu den sachlichen und personellen Vorstellungen, die Harder schon geäußert hatte, fehlen. Für den Augenblick ging es ihm vor allem um die baldige Gründung der Arbeitsgemeinschaft, d.h. um die Auswahl ihrer Mitglieder. Die eigentliche praktische Arbeit, darin liegt ein Unterschied zu dem *[166]* Einsatz in Griechenland, sollte erst nach dem Krieg beginnen. Die grundsätzlichen Einwände Reinerths verstärken die oben geäußerte Vermutung, daß Rosenberg mit dem Auftrag zur Bildung der Arbeitsgemeinschaft Intentionen Harders gefolgt war, die auf eine Einigung mit dem DAI abzielten. Ganz in diesem Sinne verwahrte sich Harder nachdrücklichst dagegen, Reinerth zu den Verhandlungen hinzuzuziehen, weil er dadurch „das durch mich dem Abschluß nahe gebrachte Verständigungswerk gefährdet“ sah. Darüber hinaus beschwerte er sich über das – entgegen den ausdrücklichen Weisungen des Reichsleiters – unkameradschaftliche Verhalten Reinerths, der trotz umfassender Information über die Planungen Harders nicht die allergeringste Bereitschaft zu vertrauensvoller Zusammenarbeit gezeigt habe. So empfand Harder die ohne sein Wissen von Reinerth vorgenommene Einstellung Klassischer Archäologen als übergreifen auf sein eigenes Arbeitsgebiet.[158] Schließlich habe Reinerth den ihm für die „germanische und siavische Vor- und Frühgeschichte im Ostraum“ erteilten Auftrag „aus eigener Machtvollkommenheit ... zu einem allgemeinen Auftrag für Vor- und Frühgeschichte erweitert“.[159] Es gibt keinen Anlaß, an dem Wahrheitsgehalt dieser Ausführungen zu zweifeln. Die Reaktion Rosenbergs ist nicht bekannt. Er hatte noch ausreichend Gelegenheit, sich im Verlauf des gegen Reinerth eingeleiteten Parteigerichtsverfahrens über die Schlüsselrolle des Prähistorikers in den Auseinandersetzungen zwischen DAI und „Amt Rosenberg“ Rechenschaft zu geben. Indessen dürfte klar geworden sein, daß Harder entschlossen war, den Störmanövern Reinerths entschieden entgegenzutreten.[160]

Ebenso wie die ehrgeizigen Pläne Reinerths scheiterten, kam auch die „Arbeitsgemeinschaft für griechisch-iranische Altertumsforschung“ nicht mehr zum Einsatz. Damit teilte sie das Schicksal ähnlicher Unternehmungen des „Ahnenerbes“, die im Iran und im Irak durchgeführt werden sollten. Die Intensität entsprechender Planungen im

157 Harder zitiert hier (fol. 155, Rs.) aus einem Brief Reinerths an Rosenberg vom 3.2.1943 (mit Angabe des Aktenzeichens).

158 Dabei könnte sich Harder auf den für das Jahr 1942 geplanten Einsatz des Klassischen Archäologen Dr. O.-W. v. Vacano bezogen haben; vgl. oben, *[160]*.

159 Harder an Rosenberg v. 23.3.1943 (NS 8/265 fol. 155–156).

160 Dazu Bollmus, 232ff.

„Ahnenerbe" und im „Amt Rosenberg" läßt Rückschlüsse auf das starke Interesse aller Beteiligten an den sicherlich verlockenden Arbeitsmöglichkeiten zu. Das gilt in gleicher Weise für Altheim, Wüst, Harder, Reinerth und schließlich auch für das DAI. Die Kontroverse zwischen Harder und Reinerth zeigt, daß das DAI in der Person Harders einen Anwalt seiner Interessen gefunden hatte, der sich auch gegen einen so gefährlichen Gegner wie Reinerth durchzusetzen vermochte. Von einem höheren Grad an Verständigungsbereitschaft im Hinblick auf ein gemeinsames Reformziel der „Hohen Schule" kann selbst im engeren Kreis der von Rosenberg geförderten Wissenschaftler nicht die Rede sein. Die Querelen in den eigenen Reihen haben den Aufbau der „Hohen Schule", der Keimzelle *[167]* einer Parteiuniversität unter der Schirmherrschaft Rosenbergs, nicht weniger behindert als die Konkurrenz des „Ahnenerbes" und die Widerstände der Universitäten. Auch in dieser Hinsicht sind die Vorgänge um das Münchener Institut als ein Lehrstück nationalsozialistischer Hochschulpolitik zu betrachten.

4. Die Institutsarbeit bis zum Kriegsende

Nach der Rückkehr aus Griechenland hatte Harder seinen „Besetzungsplan" vorgelegt. Daß die tatsächliche Ausstattung des Instituts hinter diesen hohen Erwartungen zurückbleiben mußte, war wohl von vornherein klar. Abgesehen von den Störmanövern Wüsts, über die sich Rosenberg nach wie vor beklagen mußte, konnte der Reichsleiter im Oktober 1941 nur mit Mühe die Stillegung der Aufbauarbeiten seiner „Hohen Schule" verhindern.[161] Soweit sich die Ausstattung des Instituts in sachlicher und personeller Hinsicht rekonstruieren läßt, scheint es zumindest den Standard eines nicht gerade schlecht ausgestatteten Instituts vergleichbarer Größe und Aufgabenstellung erreicht zu haben.[162] Selbst nach der offiziellen „Stillegung" der „Hohen Schule" Ende 1944 waren noch insgesamt vier wissenschaftliche und bibliothekarische Kräfte „für die Forschungs- und Lehrtätigkeit des Leiters zugleich zur Betreuung der Sammlungen" eingesetzt. Außerdem widmeten sich vier Honorarmitarbeiter weiter ihren Forschungsaufträgen.[163]

---

161 Zur geplanten Stillegung vgl. Bormann an Rosenberg v. 9.10.1941 und Rosenberg an Bormann v. 14.10.1941 (abgedruckt bei Poliakov u. Wulf, 148f.). Ende 1941 beschwerte sich Rosenberg über die Gründung einer „indogermanischen Arbeitsgemeinschaft" durch Wüst. Rosenberg an Bormann v. 23.12.1941 (MA 545 fol. 1082–1083).

162 Neben der Stelle des Leiters, die von Harder in Personalunion mit seinem Lehrstuhl wahrgenommen wurde, war der wissenschaftliche Dienst mit vier Planstellen (Assistent, Referent, zwei wissenschaftl. Bibliothekare) und einem Honorarmitarbeiter besetzt. Hinzu kamen je vier weitere Planstellen des wissenschaftl. Hilfsdienstes und des technischen Dienstes (zwei Diplombibliothekare, ein Fotograf, eine wissenschaftl. Sekretärin) und schließlich vier weitere Stellen für Büro- und Hauspersonal; vgl. Stellenplan der „Hohen Schule" – Außenstelle München v. 8.8.1944 (NS 15/102 fol. 10–11).

163 Neben den wissenschaftlichen Mitarbeitern Dr. Gerda v. Lipski und Dr. Alexander Böhlig betreute der Klassische Philologe *Wolf Steidle* (Lehrbeauftr. München 1941, PD Würzburg 1951, a.o. Prof. Innsbruck 1958, o. Prof. 1962, Frankfurt 1963) als Honorarmitarbeiter die Redaktion eines „Spruchachivs". Über den Forschungsauftrag des Indologen F. Otto Schrader (19.3.1876, o.

Die im „Besetzungsplan" vorgesehenen zusätzlichen Lehrstühle wurden nicht mehr eingerichtet.[164] Von den damals vorgeschlagenen Gelehrten gehörte lediglich Robert Heidenreich mit dem Forschungsgebiet „Etruskische Kunst" zeitweilig zum Mitarbeiterstab des Instituts für Indogermanische Geistesgeschichte.[165] Seine Beteiligung an diesem Projekt Rosenbergs erscheint deshalb erwähnenswert, weil Heidenreich auch zu dem Kreis der von Himmler geförderten Altertumswissenschaftler zu zählen ist. Harder hatte zwar erwähnt, daß er „neuerdings das Theoderich-Grabmal in Ravenna untersucht" habe, aber übergangen, daß diese Arbeiten unter dem Patronat des Reichsführers SS standen.[166] Zumindest für Harder bedeutete demnach die Zugehörigkeit zum Lager Himmlers keinen Hinderungsgrund zur Zusammenarbeit.

Vom „Ahnenerbe" selbst wurde die Beteiligung eigener Mitarbeiter an Projekten Rosenbergs nicht gern gesehen. So mußte z.B. Franz Altheim, bevor er in einer Zeitschrift der Hohen Schule" publizieren durfte, eine Genehmigung einholen.[167] Bekannt sind auch die Versuche, den Kieler Prähistoriker Jankuhn, der zum „Ahnenerbe" gehörte, für die „Hohe Schule" zu gewinnen.[168] Dieses Vorhaben scheiterte ebenso wie der Plan, *[168]* den Graezisten Dirlmeier an das Münchener Institut zu berufen.[169] Daraus darf man schließen, daß der Kreis derer, die für die von Parteiorganisationen getragenen Forschungseinrichtungen in Betracht kamen bzw. die man für „ansprechbar" hielt oder die sich bereits als solche erwiesen hatten, relativ klein war. Dabei schien das „Ahnenerbe" insgesamt die größere Anziehungskraft auszuüben. Schon im Zusammenhang mit den Erörterungen über die Organisationsform seines Instituts hatte Harder auf die Notwendigkeit hingewiesen, „den Zugang zum breiten Strom der Universitätsjugend" und damit zum wissenschaftlichen Nachwuchs zu gewinnen.[170] Daß die entsprechenden Bemühungen nicht ganz erfolglos blieben, zeigt das „Unternehmen Nachwuchsförderung", das Rosenberg Ende 1943 beim Institut für Indogermanische Geistesgeschichte ins Leben rief. Die För-

---

Prof. Kiel 1921, emer.) fehlen genauere Angaben ebenso wie über die Arbeitsgebiete der Honorarbeauftragten Dr. Veselin Sarenac und Prof. Kocevalo; vgl. Übersicht über den Personalstand der „Hohen Schule" nach der Stillegung, Stand v. 1.11.1944, Rubrik: „es bleiben weiter beschäftigt" (NS 15/102). Auf die Beteiligung des Assistenten Dr. Siegfried Lauffer an dem Einsatz in Griechenland war schon oben, *[157]* verwiesen worden. Nichts bekannt ist über den Tätigkeitsbereich der wissenschaftlichen Mitarbeiterin Dr. Eva Kochen (ausgeschieden 29.2.1944); vgl. Liste der ausgeschiedenen Mitarbeiter der „Hohen Schule" – Außenstelle München (NS 15/102).

164 Vgl. oben, *[152]*.

165 Abgesehen von dem Datum des Ausscheidens (1.11.1943) liegen keine weiteren Angaben vor; vgl. Liste der ausgeschiedenen Mitarbeiter der „Hohen Schule" – Außenstelle München (NS 15/102).

166 Besetzungsplan v. 24.10.1941 (NS 8/265 fol. 179); vgl. dazu oben, *[121]*.

167 Es ging wohl um die von dem Leiter der Außenstelle Halle, Wilhelm Brachmann, herausgegebene „Zeitschrift für Geistes- u. Glaubensgeschichte" (N.F. 1, 1944, vormals „Volk im Werden"); vgl. Kater: AE 1966, 525, Anm. 4. – Brachmann sah es als seine besondere Aufgabe an, „das Einvernehmen mit Herrn Altheim so zu vertiefen, daß er wissenschaftlich zu uns zählt"; vgl. Brachmann an HA Wissenschaft v. 21.7.1942 (MA 116/1-Altheim).

168 Zu den wechselseitigen Abwerbungsversuchen vgl. Kater: AE 1974, 298 f

169 Vgl. oben, *[46]*.

170 Harder: Organisationsform des Münchener Instituts (NS 8/265 fol. 162).

derung sollte in Form von Beihilfen Studierenden der Fächer Indologie, Iranistik und Indogermanistik zum Zwecke der Promotion zugute kommen.[171]

Einer Dankadresse verschiedener „bei der Außenstelle München der Hohen Schule versammelter Fachvertreter“ an Rosenberg kann man entnehmen, daß Harder anfängliche Widerstände gegen sein Institut in der Fachwelt zumindest teilweise hat abbauen können. Die darin begrüßte „weitsichtige Förderung des Faches“ lief anscheinend noch im August 1944 an.[172]

Im Mittelpunkt der Institutsarbeit stand die Auswertung der Forschungen in Griechenland. Die daraus hervorgegangenen epigraphischen und schriftgeschichtlichen Studien sind bereits kurz besprochen worden. Zur Ausarbeitung der größeren Buchvorhaben „Wort und Schrift“ und einer „Griechischen Kulturgeschichte“ ist es bekanntlich nicht mehr gekommen.[173] Der darin angelegte Versuch, die Grenzen seines engeren Fachgebietes „Griechische Philologie“ zu überschreiten, hat auch die Tätigkeit Richard Harders an der Universität bestimmt. Wie schon in Kiel wurde Harder in München zunächst noch als Professor für Klassische Philologie geführt; ab Sommersemester 1942 vertrat er dann das Fach „Klassische Altertumswissenschaft“, womit die Breite seines Arbeitsfeldes zutreffender beschrieben war als zuvor.[174] Diese Konzeption spiegelt sich auch in der Thematik der Lehrveranstaltungen, die er in seiner Münchener Zeit angeboten hat. Vor allem die Vorlesungen hoben sich mit ihrer geistes- bzw. kulturgeschichtlichen Ausrichtung von eher traditionell philologischen Ankündigungen seiner Kollegen ab. So las Harder über „Die griechische Schrift und ihre Kulturbedeutung“ (WS 1941/42 und SS 1942), „Geistesleben des Hellenismus“ (WS 1943/44), „Philosophie im alten Rom“ (SS 1944) und „Griechische Religion“ (WS 1944/45).[175] Abgesehen von einem Kolloquium über „Gegenwart und Antike“ (WS 1943/44) ***[169]*** bewegten sich seine Übungen dagegen mehr im herkömmlichen Rahmen.[176]

Zu den Arbeitsvorhaben der „Hohen Schule“ auf altertumswissenschaftlichem Gebiet gehörte von Anfang an auch die Aufarbeitung der Forschung des 19. Jahrhunderts.

171 Vgl. die Statuten für die Nachwuchsförderung v. 27.10.1943 (gez. Rosenberg) (NS 8/128 fol. 152). Die Bewerber mußten u.a. „deutschenoderartverwandten Blutes sein“. Ausländer waren nur in Ausnahmefällen zugelassen. Von ihnen erwartete man, „daß sie die wissenschaftliche und geistige Zusammenarbeit im neuen Europa fördern werden“ (ebd.).

172 Telegramm an Reichsleiter Rosenberg vom 31.3.1944 (MA 252). Zu den Unterzeichnern gehörte neben Richard Harder, Ludwig Alsdorf (Berlin), F. Otto Schrader (Kiel), Ferdinand Sommer (München) und Franz Specht (Berlin) interessanterweise auch der Kurator des „Ahnenerbes“, Walter Wüst. – Im August 1944 wurden noch fünf Stipendien für Studierende des Münchener Instituts bewilligt; vgl. Reichsschatzmeister an Rosenberg v. 8.8.1944 (NS 8/207 fol. 6).

173 Dazu Marg, 495f.

174 Vgl. die Eintragungen im Personal- und Vorlesungsverzeichnis der Christian-Albrechts-Univ. Kiel für das Trimester 1941, 20, und für das Sommersemester 1941, 20. Die neue Benennung zuerst im Vorlesungsverzeichnis der Univ. München für das SS 1942, 60.

175 Vorlesungsverzeichnisse der Univ. München für WS 1941/42, 74, SS 1942, 72, WS 1943/44, 70, SS 1944, 102, WS 1944/45, 105. Mit den bei Marg, 483, genannten Kollegs über Horaz (WS 1941/42) und Vergil (1942/43) vertrat Harder Rudolf Till.

176 Vorlesungsverzeichnis der Universität München WS 1943/44, 70.

Wie wichtig Rosenberg gerade diese Arbeiten nahm, zeigt der Hinweis in seinen „Letzten Aufzeichnungen", daß man in dem Münchener Institut bereits mit der Überprüfung von Böthlincks Übersetzungen begonnen hätte. Dabei soll es sich um Vorarbeiten zu einem mehrbändigen Werk mit dem Titel „Indien und der deutsche Geist" gehandelt haben.[177] Dieser forschungsgeschichtliche Ansatz entsprach nicht allein einem Anliegen Rosenbergs. Harder selbst hatte schon sehr früh sein Interesse an der Geschichte der Philologie bekundet.[178] Als Ergebnis seiner eigenen Bemühungen auf diesem Sektor legte Harder einen Aufsatz zum 75. Todestag *Franz Bopps* vor, in dem er versuchte, den geschichtlichen Auftrag Bopps für die Indogermanistik zu aktualisieren. Der Beitrag, der Ende 1942 in den „Nationalsozialistischen Monatsheften" erschien, darf auch als Arbeitsprogramm des Münchener Instituts betrachtet werden.[179] Harder gab damit gewissermaßen eine methodische Begründung seiner indogermanischen Geistesgeschichte, die dem Stil dieser Zeitschrift durchaus angepaßt war. Im sachlichen Kern knüpfte Harder hier häufiger an Gedankengänge an, die er schon in der Denkschrift aus der Aufbauphase des Instituts entwickelt hatte. Inzwischen aber war er bereit, damit vor eine breitere Öffentlichkeit zu treten und auch publizistisch den Beweis seiner Zugehörigkeit zum Lager Rosenbergs zu liefern.

In Franz Bopp würdigte Harder vor allem den Begründer der indogermanischen Sprachwissenschaft. Bopp hatte, ausgehend von dem Vergleich der Verbalstruktur verschiedener Sprachen, auf eine indogermanische Ur- oder Grundsprache geschlossen.[180] Damit war für Harder – und hier lag nicht nur für ihn ein ganz entscheidender Ansatzpunkt – „die geschichtliche Existenz eines Volkes der Indogermanen erwiesen, d.h. die grundlegende Tatsache unserer Vorgeschichte". Der Problematik dieses Nachweises war sich Harder augenscheinlich bewußt, denn für ihn war Sprache „nicht ohne weiteres mit Volkstum oder mit Rasse gleichzusetzen". Immerhin sah er in der Sprache eines der „unentbehrlichen, wenn auch vorläufigen Hilfsmittel rassengeschichtlicher Orientierung".[181] Dies galt vor allem unter der Voraussetzung, daß „ausreichende anthropologische Da-

177 Vgl. dazu oben, *[148, Anm. 63]* und Rosenberg, Aufzeichnungen, 69.

178 Vgl. R. Harder: Rez. Hochschulreform und wissenschaftliche Ausbildung der Philologen. Denkschrift des Verbandes der Deutschen Hochschulen und des Deutschen Philologenverbandes (Leipzig 1931), in: Gnomon 7 (1931) 396: „Und ist es nur eine persönliche Liebhaberei, wenn ich in den beiden Fächern die Geschichte der Philologie vermisse, wo doch die Beschäftigung mit der Geschichte seiner Wissenschaft für den Philologen nicht zufällig zur Reputation gehört?"

179 R. Harder: Franz Bopp und die Indogermanistik, in: Nationalsozialistische Monatshefte 13 (1942) 751–761.

180 Vgl. F. Bopp: über das Conjugationssystem der Sanskritsprache in Vergleichung mit jenem der griechischen, lateinischen, persischen und germanischen Sprache (1816), und ders.: Vergleichende Grammatik (3. Aufl. 1868–1971); zu F. Bopp (14.9.1791–23.10.1867) vgl. Salomon Lefmann: Franz Bopp. Sein Leben und seine Wissenschaft, Berlin 1891–1897.

181 Harder: Bopp, 755. – Rosenberg hat diese Linie noch deutlicher durchgezogen: „Die Entdeckung Bopps über eine indogermanische Ursprache war das erste, weit ausgreifende geschichtliche Erwachen; die auch physische Urverwandtschaft ist die bewußte Entdeckung des 20. Jahrhunderts, die sie ermöglichenden Wissenschaften: Vorgeschichte und Rassenkunde." Vgl. ders.: Aufzeichnungen, 131.

ten fehlen – wie in den meisten Kulturen der Vergangenheit“ , womit zugleich die engen Grenzen einer in strengem Sinne rassengeschichtlichen Betrachtung der Antike angedeutet sind. Dementsprechend riet Harder auch dazu, die großen Streitfragen wie die nach der „Urheimat der Indogermanen“ zunächst ruhen zu lassen und sich vorläufig auf die Behandlung überschaubarer *[170]* geschichtlicher Zeiträume zu beschränken.[182] Trotz aller Vorbehalte hat Harder die „indogermanische Gleichung“ von Sprache und Rasse dann doch konsequent durchgespielt. Das im sprachlichen Bereich zu fassende indogermanische Erbe mußte ebenso auf der „Konstanz der Rasse“ beruhen, wie die Abweichung der späteren Einzelvölker vom indogermanischen Grundvolk damit zu erklären war, „daß sie über jeweils andersartigen rassischen Unterschichten sitzen.“[183]

Zu den entscheidenden Erfolgen der angewandten Sprachforschung zählte Harder den im Bereich der griechischen Geschichte wichtigen „Nachweis fremder Unterschichten unter indogermanischen Hochkulturen“. Daraus ergab sich ein Schwerpunkt für die weitere Arbeit auf diesem Gebiet: „Die Auseinandersetzung der eingewanderten Griechen mit diesen unterworfenen Fremden ist damit als ein noch lange nicht erschöpftes Grundthema der griechischen Geschichte gestellt.“[184] Die Anwendung dieses rassengeschichtlichen Modells endete freilich sehr schnell in einer Sackgasse, weil nach diesem Schema allen Kulturleistungen, die nicht als Erbe des Grundvolkes zu erkennen waren, der Makel der Entartung drohte. Um solchen Schwierigkeiten zu entgehen, operierte Harder sehr vordergründig mit dem Begriff der „Neubildung im angestammten Geist“. Danach entsprachen „Neubildungen“ wie die griechische Tragödie, die moderne Naturwissenschaft oder die klassische deutsche Musik bestimmten „Anlagen“ des Grundvolkes. Unabdingbare Voraussetzung für diese Stufe der Erkenntnis – letztlich ging es um die Frage nach dem rassischen Wert oder Unwert der einzelnen Phänomene – war „die intensive Versenkung gerade in die Sonderart des einzelnen Volkes, wie sie als gegebener, reich entfalteter geschichtlicher Tatbestand vor uns steht.“[185] Mit diesem Passus, das darf man nicht übersehen, konnten aber auch sehr spezielle Fragestellungen im philologisch-historischen Bereich abgesichert werden.

Die hier vorgelegte Konzeption indogermanistischer Arbeit sollte bei aller Spezialisierung im einzelnen den Anstoß zu interdisziplinärer Zusammenarbeit im weitesten Sinne geben. Aufgerufen waren dazu nicht nur die Einzelphilologien und die ihnen zugehörigen geschichtlichen Fächer, sondern auch Fachgebiete wie Völkerkunde, Anthropologie, Vorgeschichte und Volkskunde. Ffür eine Reihe von Disziplinen waren, wie Harder am Beispiel der Vergleichenden Religionswissenschaft und der Rechtskunde zeigte, entscheidende Impulse von dem vergleichenden Ansatz Bopps ausgegangen.[186] Besondere Aufmerksamkeit widmete Harder – und nicht zuletzt daran läßt sich die Breite des hier umrissenen Arbeitsfeldes abmessen – dem Hauptwerk des baltendeutschen Kulturhistorikers

182 Harder: Bopp, 755f.
183 Ebd., 760.
184 Ebd., 756.
185 Ebd., 760.
186 Ebd., 756f.

Victor Hehn, das dem Ansatz Bopps in hohem Maße verpflichtet ist. Im weiteren Umkreis der Altertumswissenschaften war Hehn durch sein Buch „Kulturpflanzen *[171]* und Haustiere in ihrem Übergang von Asien nach Griechenland und Italien sowie in das übrige Europa" bekannt geworden. Der Untertitel „Historisch-linguistische Skizzen" verdeutlicht am besten die Verbindungslinie zu Bopp, der neben Boeckh wohl als der wichtigste Lehrer Hehns anzusehen ist.[187] Auch dieses Werk zählte Harder zu den Wegbereitern rassengeschichtlicher Betrachtung: Seine besonderen Vorzüge sah er darin, daß hier „Naturkenntnis sich mit der Geisteswissenschaft vereinte, die Rasse als Tatsache in den Blick genommen wurde, die lebendig erfaßte Gegenwart eines Vielerfahrenen, der den baltischen Blick für Völkereigentümlichkeiten mitbrachte, der Vergangenheit die Farben gab, dazu die großen europäischen Literaturen sich, meisterhaft beherrscht, ins Bild verwoben".[188]

Die Würdigung Franz Bopps im Rahmen der Nationalsozialistischen Monatshefte war nicht ausdrücklich als Forschungsvorhaben des Instituts gekennzeichnet. Am Beispiel der Auseinandersetzung Harders mit Victor Hehn kann man dagegen nachweisen, daß die angekündigten forschungsgeschichtlichen Arbeiten im Institut bereits angelaufen waren. Auf lange Sicht war, wie aus einem Brief Harders an Rosenberg hervorgeht, eine Neuausgabe der Schriften Hehns geplant. Doch bevor dieses Fernziel verwirklicht wurde, sollte das geistige Erbe Hehns anderen Zwecken nutzbar gemacht werden: Im Nachlaß Hehns hatte er Material gefunden, „das von unmittelbarer *politischer* Bedeutung ist; vor allem die zahlreichen Bemerkungen über den *russischen* Volkscharakter".[189] Daher schlug Harder eine Neufassung von Hehns Buch „De moribus Ruthenorum. Zur Charakteristik der russischen Volksseele" vor, das aus Tagebuchblättern der Jahre 1857–1873 zusammengestellt worden war.[190] Walter Laqueur hat diese Schrift als den „klassischen Ausdruck" und „Gipfelpunkt" der antirussischen Tendenz des Deutschbaltentums gewertet, die seit dem Aufkommen des Panslawismus festzustellen ist.[191] Die häufig überscharfen Urteile Hehns über die Russen gehörten auch zum Zitatenschatz Hitlers und Rosenbergs.[192] Insofern konnte Harder ziemlich sicher sein, daß dieses Projekt das Gefallen Rosenbergs finden würde. Harder wollte mit diesem Werk seinen Zeitgenossen, „die ja im Höchstfall westlerische russische Literatur lesen", ein ungeschminktes Bild der russischen Wirklichkeit vermitteln: „Ohne den Bolschewismus von seiner Schuld zu ent-

---

187 Berlin 1870 (8. Aufl. neu hrsg. v. Otto Schrader, Berlin 1911); zu *Victor Hehn* (26.9./8.10.1913 – 21.3.1890) vor allem Theodor Schiemann: V. Hehn. Ein Lebensbild, Stuttgart 1894, und Karl Deichgräber: Aus Victor Hehns Nachlaß, Abb. d. Mainzer Akad. d. Wiss. u. d. Lit., Geistes- und sozialwiss. Kl. 1951, 9.

188 Harder: Bopp, 757.

189 Harder an Rosenberg v. 4.5.1942 (NS 8/265 fol. 133) (Hervorhebungen im Original).

190 Aus dem Nachlaß hrsg. v. Th. Schiemann 1892; vgl. auch Schiemann: Lebensbild, 178ff.

191 Walter Laqueur: Deutschland und Russland, Berlin 1965, 36 (Laqueur hat dem entsprechenden Kapitel den Titel „De moribus Ruthenorum" gegeben); vgl. auch Werner Philipp: Nationalsozialismus und Ostwissenschaften, in: Nationalsozialismus und deutsche Universität (Universitätstage 1966 – Veröffentlichung der Freien Univ. Berlin), Berlin 1966, 59 (43–62).

192 Vgl. Laqueur, 37, Anm. 13; vgl. ein ausführliches Zitat aus Hehns Schrift bei Rosenberg, Mythus, 210f., mit Verweis auf Schiemanns Biographie.

lasten, wird hier der Untergrund deutlich, mit dem auch nach der Ausrottung des Bolschewismus zu rechnen sein wird." Die ursprüngliche Fassung der Schrift sollte gestrafft, geordnet und schließlich „durch andere Russenschilderungen Hehns bereichert" werden. Wie der folgenden Bemerkung Harders zu entnehmen ist, ließ sich das Werk Hehns nicht allein im Blick auf den russischen Kriegsschauplatz aktualisieren: „Zweckmäßig nimmt *[172]* man Charakteristiken anderer Völker hinzu, insbesondere der Juden. „Die Sammlungen „De moribus Iudaeorum", auf die Harder hier offensichtlich Bezug nimmt, entstammen der Berliner Zeit Hehns (1873–1890), in der der ursprüngliche Anhänger des Liberalismus und Verfechter der Judenemanzipation zu einem extremen Konservativen und Antisemiten geworden war.[193]

Insgesamt glaubte Harder, dem Reichsleiter „ein Probestück politischer Wissenschaft, würdig des Geistes der Hohen Schule", versprechen zu können. Vorarbeiten dazu waren schon angelaufen. In der Anlage übersandte Harder eine Skizze von Hehns geistesgeschichtlicher Stellung, seines Lebensgangs sowie seine Äußerungen über Russen, Juden, Christen, Engländer und Schweizer.[194] Zweifellos bot sich die Bearbeitung von Hehns Nachlaß als eine lohnende Aufgabe altertumswissenschaftlicher Forschung an. Das beweist nicht zuletzt die sorgfältige Edition zweier Aufsätze von Karl Deichgräber nach dem Kriege, der seinerseits eine Gesamtausgabe Hehns angeregt hat.[195] Das von Harder

---

193 Harder an Rosenberg v. 4.5.1942 (NS 8/265 fol. 133); vgl. Theodor Schiemann: Lebensbild, 208, und ders.: Victor Hehn, ADB 50, 1905, 121; vgl. Theodor Heuss: Victor Hehn, in: Deutsche Gestalten, Tübingen 1951, 167f., und Laqueur, 38f. Angeblich veröffentlichte Hehn unter dem Pseudonym A. E. Horn den Aufsatz „Blick in die Geschichte der judenfrage in Europa" (Baltische Monatsschrift 1862, 93–112), in dem er sich für die Emanzipation der Juden aussprach. Im Gegensatz zu K. Deichgräber, der NDB 8, 1969, 237, diesen Aufsatz zu den Schriften Hehns zählt, hat Th. Schiemann diese von ihm in 1894 vorgenommene Zuordnung später korrigiert und die Arbeit einem Petersburger Redakteur zugeschrieben; vgl. Schiemann: Lebensbild, 184, und ders. in: ADB 50, 1905, 120. Mit der „Neigung zum politischen Liberalismus" (Deichgräber) hing auch die Verhaftung und Verbannung Hehns (1851–1855) unter dem Regime Nikolaus' I. zusammen. Erfahrungen dieser Zeit haben ihren Teil zu seinem negativen Rußlandbild beigetragen.
Die Frage, wie weit die Veröffentlichung der von Hehn unter dem Titel „De moribus ..." angelegten Sammlungen, seine Intentionen verletzt hat (De moribus Ruthenorum), bzw. haben würde (De moribus Judaeorum), muß hier offen bleiben. Die Problematik verdeutlicht Schiemann: Lebensbild 208: „Es wäre eine Fälschung, wollte man bei dem Versuch einer Charakteristik Victor Hehns nicht auch auf seine Stellung zur Judenfrage eingehen. So sicher er sich mit Ekel von den Auswüchsen des heutigen Antisemitismus abgewandt hätte, so leidenschaftlich war doch der Gegensatz, in den er sich zum Judentum stellte." Das Bemühen, Hehn gerecht zu werden, sollte aber nicht dazu führen, daß wie bei Deichgrüber im Rahmen seiner Gesamtwürdigung der späte Antisemitismus Hehns völlig übergangen wird; vgl. NDB 8, 1969, 236–238.

194 Harder an Rosenberg v. 4.5.1942 (NS 8/265 fol. 134). Als Bearbeiter des Nachlasses schlug Harder Dr. Georg von Reutern vor, „der wie Hehn zugleich Balte, Russlandkenner und volkskundlich gerichteter Altertumswissenschaftler ist" (ebd.). *G. v. Reutern* (geb. 7.9.1906 in Witebsk) gehörte zum Kieler Schülerkreis Harders; vgl. ders.: „Hellas." Ein Führer durch Griechenland aus antiken Quellenstücken, München 1941 (5. Aufl. 1969).

195 Es handelt sich um die Aufsätze „Über das Lateinschreiben der heutigen Philologen" und „Über die Authenticität der Reden des Thukydides", in: Deichgräber: Aus Victor Hehns Nachlaß, 778–793 u. 793–822.

an Rosenberg herangetragene Projekt entsprach ohne jeden Zweifel den Erwartungen, die Rosenberg an das Münchener Unternehmen geknüpft hatte: In diesem Sinne war Harder bereit, „den jüdischen Gegenspieler des arischen Geistes“ zu berücksichtigen und Ergebnisse vorzulegen, die in der Schulungsarbeit der Partei Verwendung finden konnten.[196] Sein Angebot, diese antirussische Tendenzschrift neu herauszugeben und – was noch schwerer wiegt – ihre propagandistische Schlagkraft durch die Aufnahme antisemitischer Akzente wirkungsvoll zu erhöhen, wurde im „Amt Rosenberg“ anscheinend positiv aufgenommen. Darauf deuten Bemühungen Rosenbergs, die Übernahme von Victor Hehns Nachlaß durch Harder finanziell abzusichern.[197] Die einzige offizielle Publikationsreihe des Instituts blieb nur ein Provisorium. Dennoch zeigt sich auch hier, daß die enge Bindung an Rosenberg ihren Tribut forderte: Anfang 1945 schaltete sich Harder mit den sogenannten „Institutsbriefen“, die er als vervielfältigte Manuskripte verschicken ließ, gewissermaßen in die Endphase der geistigen Kriegführung ein. Der letzte von insgesamt vier Briefen erschien im April 1945 unter dem Titel „Die geschichtliche Stellung des Tyrtaios“.[198] Bis auf „die Einleitung über Ernst Moritz Arndt, die deutsche Kriegspoesie des 18. Jh. und deren falsche Aktualisierung des Tyrtaios“ hat Walter Marg diese Abhandlung in den Kleinen Schriften Harders wieder zugänglich gemacht.[199] Die dem Institutsbrief beigegebene Tyrtaios-Übersetzung war u.a. in dem Schulungsheft der Adolf-Hitler-Schulen über „Sparta“ unter dem Titel „Altspartanische Kampfreden“ abgedruckt worden.[200] Der unausgeführte Plan zu einem Jahrbuch „Hellas und das Abendland“, mit dem sich Harder 1944 beschäftigte, weist in eine ähnliche *[173]* Richtung: Die abendländische Perspektive, die „Krise Europas“, wurde nach dem Fall von Stalingrad in den Vordergrund der Kulturpropaganda gerückt.[201]

---

196 Denkschrift v. März 1940 (NS 8/264 fol. 99); vgl. oben, *[43]*.

197 Rosenberg an Reichsschatzmeister v. 23.11.1942 (NS 8/207 fol. 84). Im Cotta-Verlag, in dessen Besitz sich der Nachlaß befand, sah man sich im Hinblick auf die Kriegslage gezwungen, das Angebot Harders, eine Hehn-Gesamtausgabe zu erstellen, abzulehnen. Dagegen stand man dem Plan einer noch im Krieg herauszubringenden Neuauflage „der heute wieder aktuellen Schrift über die russische Volksseele“ positiv gegenüber. Bei diesen Erwägungen spielte die Absicht Harders, auch die Schrift „De moribus Judaeorum“ herauszubringen, keine Rolle; vgl. das Gutachten des damaligen Leiters des Verlagsarchivs, Dr. Herbert Schiller, zu dem Vorschlag Harders v. 21.9.1942 (Nachlaß Hehn im Schiller-National-Museum/Cotta-Archiv, fol. 43).

198 Dazu vgl. Marg, 484. Marg nennt leider nur noch den Titel Nr. 1 „Züge der griechischen Eigenart“ (Vorform von „Eigenart der Griechen“) und das Thema eines angekündigten 5. Institutsbriefes: „Mensch und Gott in Horaz Ode 1,3“.

199 Ebd., 180–202.

200 Vgl. v. Vacano: Sparta, 47–52, und Marg, 202–207, ferner Neue Jahrbücher für Antike und deutsche Bildung 2 (1939) 353–357 (Vorabdruck). Ein Beispiel für diese Aktualisierung gab Harder auch in dem Rundfunkvortrag über „Tyrtaios oder das altspartanische Kriegertum“. Nach einem Vortrag im Großdeutschen Rundfunk am 27.4.1944, abgedruckt in: Deutscher Wissenschaftsdienst, Jg. 5, Nr. 13/4 (August 1944) (MA 252 fol. 584–586).

201 Vgl. Paul Kluke: Nationalsozialistische Europaideologie, in: VfZ 3 (1955) 270: zu weiteren Publikationsvorhaben vgl. Marg, 483f.

Nach Kriegsende löste sich das Münchener Institut „sofort in Nichts" auf.[202] Geblieben ist nur der wissenschaftliche Ertrag, der sich in einzelnen Arbeiten Richard Harders niedergeschlagen hat. Harder hat gestützt auf den Apparat des Instituts auch noch im Krieg in erster Linie die Forschungsvorhaben weitergeführt, die bereits vor dem Aufbau der Münchener Außenstelle konzipiert waren.[203] Die rein fachwissenschaftlichen Publikationen Harders, die aus dem Einsatz des „Sonderstabs Griechische Altertumskunde" erwachsen sind, ließen keine Spuren der Anpassung erkennen. In diesem engen Bereich hat sich Harder die „Freiheit von Politik und Propaganda" bewahren können.[204] Das gilt aber keinesfalls für die Projekte, die an das eigentliche Arbeitsprogramm der „Hohen Schule", das in der Planungsphase entwickelt wurde, anknüpften. Auch wenn diese Vorhaben mehr oder weniger in den Anfängen stecken blieben, wird hier das Bekenntnis zu einer „politischen Wissenschaft" deutlich, das sich zwangsläufig aus der Zugehörigkeit zum Lager Rosenbergs ergab. Im Vergleich mit den übrigen Projekten der „Hohen Schule" gewinnt Harders Institut noch den Rang einer positiven Ausnahmeerscheinung. Zu der von Rosenberg angestrebten Kooperation mit anderen Außenstellen – vom Arbeitsgebiet her gab es z.B. Berührungspunkte mit dem Religionswissenschaftlichen Institut in Halle – ist es nicht gekommen.[205] Harder war wohl vor allem daran interessiert, die Arbeitsmöglichkeiten, die sich für ihn und seine Schüler boten, zu nutzen. Das konnte nach Lage der Dinge nur mit politischen Zugeständnissen erkauft werden. Eine genuin nationalsozialistische Auseinandersetzung mit der Antike im Sinne Rosenbergs ist in dem Münchener Institut nicht angebahnt worden.

Als Rosenberg in seinen „Letzten Aufzeichnungen" davon sprach, daß im Dritten Reich eine nicht zuletzt von ihm selbst geförderte „erneute große Erforschung der neu wiedergeborenen Antike ... eingesetzt" hatte, verband er damit nicht die Erinnerung an die Arbeit seiner Münchener Außenstelle.[206] Vielmehr dachte er an von Darré angeregte Arbeiten und daran, daß er 1941 H.F.K. Günther gebeten hatte, „eine umfassende Geschichte der Griechen und Römer zu schreiben, unter Berücksichtigung aller Gesichtspunkte".[207] Allein die Tatsache, daß Rosenberg auch noch im Rückblick in dem Rasseforscher den geeigneten Mann für die skizzierte Aufgabe gefunden zu haben glaubte, zeigt mit aller Deutlichkeit, daß zwischen dem Parteiideologen und den Altertumswissenschaftlern der „Hohen Schule" ein echter Dialog nicht zustande gekommen war.

202 Marg, 484.

203 Vgl. oben, *[157f.]*.

204 Vgl. oben, *[147]*.

205 Vgl. Aktennotiz Rosenberg betr. Aufgaben der Außenstellen der Hohen Schule v. 20.8.1943 (NS 8/128 fol. 143–145). Dem Institut in Halle hatte Rosenberg die folgenden Forschungsaufgaben gestellt: 1. Die Entstehung des Christentums in der vergehenden antiken Welt und 2. Wesen und Geschichte der deutschen Frömmigkeit (ebd., fol. 143).

206 Rosenberg: Aufzeichnungen, 132.

207 Ebd., 135. Günther war 1941 außerordentlich scharf von Alexander Graf Schenk von Stauffenberg attackiert worden; vgl. ders.: Die großen Völkerwanderungen und das Hethiterreich. Ein Versuch zur Universalgeschichte, in: Die Welt als Geschichte 7 (1944) 334 m. Anm. 2, und ebd., 344; vgl. auch Katsch: Stauffenberg, IVff.

[174] Schlußbetrachtung

Wenn eine genuin nationalsozialistische Auseinandersetzung mit der Antike nicht einmal in dem kleinen Kreis der Wissenschaftler verwirklicht wurde, die bereit waren, unter der Schirmherrschaft Himmlers und Rosenbergs zu arbeiten, so mußte der Versuch, diesen Prozeß an den Universitäten in den altertumswissenschaftlichen Disziplinen in Gang zu setzen, auf ungleich größere Schwierigkeiten stoßen. Die „Lehren der Antike", die Hitler, Rosenberg und Himmler in typisch uneinheitlicher Weise verbreitet sehen wollten, gehörten eher in den Bereich glaubensmäßiger Verkündigung und waren ernsthafter wissenschaftlicher Vermittlung nur schwer zugänglich. Darin liegt der Grund dafür, daß vor 1933 die Konzeption einer nationalsozialistischen Altertumswissenschaft nicht vorlag. Die Bemühungen, nach der Machtübernahme eine solche Konzeption zu entwickeln, trugen dementsprechend von vornherein den Charakter eilfertiger Anpassungsversuche. Derartige Programme ließen sich freilich um so leichter entwerfen, als die Nationalsozialisten und die Vertreter der deutschen Historiographie an z.T. weit zurückreichende gemeinsame Traditionslinien anknüpfen konnten. So war die Bereitschaft, Kategorien der Rassenlehre in die wissenschaftliche Diskussion einzubeziehen, vor 1933 unter den Althistorikern vereinzelt durchaus vorhanden.[1] Doch zwischen dieser Haltung und der Übertragung der grobmaschigen Interpretationsmuster der NS-Ideologen blieben gewichtige Unterschiede bestehen. Das nach der Machtübernahme tatsächlich oder vermeintlich geforderte rückhaltlose Bekenntnis zur Rassenlehre als oberster Maxime auch der althistorischen Forschung verlangte von dem, der es ablegte, einen erheblich stärkeren Bruch mit der Tradition des Faches als die Beschwörung des Führer- und Reichsgedankens oder die Verherrlichung des Machtstaates. Neben nur bedingt erfaßbaren persönlichen Motiven, die diesem Bekenntniswillen zugrunde liegen, war auch das Motiv der Sorge um die weitere Entwicklung des Faches faßbar. Diese Haltung erklärt sich nicht nur vor dem Hintergrund der Säuberungswelle, sondern auch aus der Furcht vor einer Totalrevision des Geschichtsbildes mit entsprechenden Konsequenzen auch für die Alte Geschichte, die sich in *[175]* den ersten offiziellen Verlautbarungen nach der Machtübernahme anzukündigen schienen. Die ideologische Bedrohung des Faches ergab sich aus der Überbewertung der nationalen Vorgeschichte durch die Anhänger Rosenbergs und dem damit verbundenen starken „antirömischen Affekt". In dieser kurzen, gleichsam „revolutionären" Phase des „Neuaufbaus des deutschen Hochschulwesens", in der sich, wie K. D. Bracher formuliert hat, „neben Selbsttäuschung und Opportunismus viel allzu menschliche Ambitionen und Intrigen Luft zu verschaffen vermochten",[2] meldeten sich als Vertreter der Alten Geschichte durchweg Hochschullehrer zu Wort, die bereits vor der Machtübernahme etabliert waren und deren wissenschaftlicher Rang über jeden Zweifel erhaben war. Nunmehr zusätzlich durch eindeutige Bekenntnisse zum Nationalsozialismus legitimiert, Übernahmen sie in der Diskussion über die Aufgaben der Alten

1 Vgl. oben, *[26]*.
2 Vgl. Bracher u.a.: Machtergreifung, 319.

Geschichte im nationalsozialistischen Staat eine Führungsrolle, die ihnen bis zum Ende des Zweiten Weltkriegs erhalten blieb. Im Verkehr mit staatlichen und parteiamtlichen Instanzen traten sie auf verschiedenen Ebenen als Repräsentanten des Faches hervor, wobei durchaus unterschiedliche Grade der Anpassung an die offizielle Linie der Kultur- und Wissenschaftspolitik zu beobachten waren.

Entgegen allen Befürchtungen setzte nach dem Abschluß der Säuberungswelle eine Phase der Konsolidierung ein, die in der Personalpolltik ihren deutlichen Niederschlag gefunden hat. Der Bestand des Faches blieb aufs Ganze gesehen nicht nur gesichert, sondern es wurden auch neue althistorische Lehrstühle an den „Reichs-Universitäten" eingerichtet. Die Gefahr einer generellen Reduzierung wichtiger altertumswissenschaftlicher Fächer, darunter der Alten Geschichte, die sich 1938 abzeichnete, konnte gebannt werden. Die spektakuläre Berufung, der Einbruch eines Außenseiters, wie er der Philosophischen Fakultät in Münster in Gestalt des Klassischen Philologen Walter Eberhardt aufgezwungen wurde, verfehlte ganz sicher ihre Wirkung nicht, stellt aber einen Sonderfall dar. In der Alten Geschichte blieben die Berufungen bis 1938 an wissenschaftliche Leistungen alten Stils gebunden, die zumeist noch vor der Machtübernahme erbracht worden waren.

Doch auch die nachrückende Generation, die nur über das erfolgreich bestandene Dozentenlager Zugang zum Lehramt an den Hochschulen fand und in verstärktem Umfang an zusätzlichen weltanschaulichen Qualifikationsnormen gemessen wurde, legte nur in Ausnahmefällen Arbeiten vor, die auf eine stärkere Orientierung an den zeitgemäßen Fragestellungen hindeuteten. Freilich erhielt in diesem System der absolute Nonkonformist von vorneherein nicht die „venia legendi" und schon gar keinen Lehrstuhl. Zudem blieb festzuhalten, daß die nach 1938 Neuberufenen sich ganz *[176]* überwiegend aus den Schulen rekrutierten, deren Häupter sich, ohne ihre Schüler zu vergleichbarem Engagement zu beflügeln, als Repräsentanten der nationalsozialistischen Altertumswissenschaft empfohlen hatten. Dabei kommt aber die Tendenz zur Wahrung des wissenschaftlichen Niveaus auch in der Berufungspolitik bis 1945 ganz unverkennbar zum Ausdruck und darf als Element der Kontinuität in der Entwicklung des Faches gelten. Diese Entwicklung ist freilich nicht nur von fachspezifischen Vorgängen her erklärbar. Vielmehr ist zu beachten, daß das Verhalten der einzelnen Althistoriker ebenso wie die Berufungspolitik auch von besonderen lokalen und persönlichen Konstellationen abhängig war, die sich heute nur schwer rekonstruieren lassen. Der erhebliche Einfluß der akademischen Selbstverwaltungsorgane ließ sich in Einzelfällen ebenso nachweisen wie eine vergleichsweise konservative Berufungspolitik des Ministeriums. Welche unvermuteten Koalitionen sich dabei ergeben konnten, zeigten die Vorgänge in Halle, die sicher einen Sonderfall darstellen, zugleich aber typisch sind für die Möglichkeiten, die in diesem Kompetenzwirrwarr angelegt waren. Dazu gehörte auch die je nach wechselnden Voraussetzungen partielle Kooperationsbereitschaft parteiamtlicher Instanzen wie des Dozentenbundes und der Parteikanzlei mit den traditionellen Trägern der Hochschulpolitik. Wenn der Einfluß der nationalsozialistischen Hochschulorganisationen und Ämter auf die Berufungen in der Alten Geschichte auch gering blieb, so spiegelt sich in den behandelten Entscheidungsvorgängen doch ein Teil der Wirklichkeit nationalsozialistischer Wissenschaftspolitik.

Der Blick auf dieses schwer überschaubare System sich überschneidender und widerstreitender Kompetenzen enthält nicht nur die strukturellen Schwächen der parteiamtlichen Instanzen und eine relative Behauptung der Selbstverwaltungsorgane in verschiedensten Konstellationen, er registriert auch die Möglichkeit des direkten Eingriffs hoher Parteiführer mit allen schwerwiegenden Konsequenzen, die darin eingeschlossen waren. Was die personelle Entwicklung im Bereich der althistorischen Disziplin angeht, mußte die Bilanz der Berufungspolitik für die Vertreter der Parteilinie, wie dem Eingeständnis Wilhelm Webers zu entnehmen war, ganz überwiegend negativ ausfallen. Von einer zielbewußten „Besetzungspolitik" nach der Entlassung der „Nichtarier" und der politischen Gegner konnte keine Rede sein. Eine einheitliche nationalsozialistische Ausrichtung des Faches wurde durch die Berufung jüngerer Gelehrter nicht erreicht. Insofern blieb die Säuberung die konsequenteste und zugleich einschneidendste Maßnahme nationalsozialistischer Personalpolitik, von der die Alte Geschichte betroffen wurde. Der Verlust an wissenschaftlichem Potential läßt sich nicht nur an der Summe der Einzelschicksale abschätzen. Vielmehr waren auch die *[177]* fachspezifischen Konsequenzen für die weitere Beschäftigung mit der Geschichte des Judentums und für die Vertretung der Sozial- und Wirtschaftsgeschichte der Antike an den deutschen Universitäten zu berücksichtigen.

Im Unterschied zu den Disziplinen der Mittleren und der Neueren Geschichte wurde für die Althistoriker keine den Reichsinstituten vergleichbare Einrichtung geschaffen, in der sich auf breiter Basis eine neue Auseinandersetzung mit der Antike hätte anbahnen können. Engeren Kontakt zum Institut Walter Franks fand nur der Altphilologe Hans Bogner, dessen Einfluß auf die Alte Geschichte unerheblich war. Wenn sich das Fach weder im nationalen noch im internationalen Rahmen auf Tagungen und Kongressen in einheitlicher Ausrichtung präsentierte, so läßt das Rückschlüsse auf den begrenzten Erfolg der Gleichschaltungsbemühungen zu. Die Berichterstattung des „Völkischen Beobachters" über den Internationalen Archäologenkongreß zeigt mit aller Deutlichkeit, daß die dort vertretenen Altertumswissenschaftler dem unvermindert starken ideologischen Druck der Anhänger Rosenbergs und Reinerths in der Breite keineswegs nachgegeben haben. Sechs Jahre nach der Machtübernahme ließen sich hier nur wenige Einzelinitiativen wie die Wilhelm Webers ausmachen, die in die gewünschte Richtung wiesen. Nicht weniger uneinheitlich war die Selbstdarstellung des Faches in der Lagerarbeit des Dozentenbundes. Allein die Tatsache, daß dieses erste nationale Treffen der Altertumswissenschaft erst 1941 zustande kam, spricht für die geringe Neigung der Fachvertreter, sich in neuen Arbeitsformen zu organisieren. Auch in diesem Kreis profilierten sich in Vorträgen und Diskussionen als nationalsozialistische Althistoriker vornehmlich Gelehrte wie Schachermeyr und Miltner, an deren Einstellung ohnehin kein Zweifel bestand.

Schachermeyrs Grundsatzreferat über „Rassenkunde und Altertumsforschung" war für den diesbezüglichen Bewußtseinsstand seiner Fachgenossen atypisch. Die im Verlauf der Diskussion formulierten Vorbehalte fießen eher eine nur sehr bedingte Bereitschaft der meisten Altertumswissenschaftler erkennen, auf diesem Gebiet ernsthaft zu arbeiten. Ein weiteres Ziel der Lagerarbeit, die in der Archäologie und Philologie verbreitete

„Indifferenz gegenüber der politischen Geschichte“ abzubauen,[3] konnte ebensowenig erreicht werden, wie die systemkonforme Bewältigung des „Dritten Humanismus“. Der Versuch der offiziellen Vertreter des „Amtes Rosenberg“, in diesem Kreis Fuß zu fassen, erregte ganz offenbar nicht nur den Unwillen der Teilnehmer, sondern scheiterte daran, daß diese Gralshüter der neuen Wissenschaft einfach nicht die Voraussetzungen mitbrachten, in dieser Diskussion mitzuhalten. Daß gerade ein Vertreter der jüngeren Generation eine ganz entschiedene *[178]* Gegenposition in einem Lager des Dozentenbundes vertreten konnte, belegt wohl am deutlichsten, wie weit die Altertumswissenschaft von den Zielvorstellungen der nationalsozialistischen Wissenschaftspolitik noch entfernt war. „Trotz der starken programmatischen Forderungen“[4] blieb auch das Ergebnis des „Kriegseinsatzes der Altertumswissenschaften“, soweit sich an den dazu geleisteten Beiträgen die Gesamtentwicklung der fachwissenschaftlichen Arbeit ablesen läßt, hinter den Erwartungen zurück. In den verschiedenen Organisationsformen, in denen eine Selbstdarstellung der Althistoriker versucht wurde, fehlte es keineswegs an eindeutigen Belegen für die bedingungslose Unterordnung unter die Parolen der NS-Geschichtsideologen. Ausdrucksformen oberflächlicher Anpassung sind darin aber ebenso zu fassen, wie Zeugnisse unbeirrten Festhaltens an den unverzichtbaren Normen wissenschaftlicher Arbeit. Das differenzierte äußere Erscheinungsbild der althistorischen Disziplin ist um so bemerkenswerter, als die einzelnen Formen der Selbstdarstellung naturgemäß auf eine gewisse Außenwirkung des Faches abgestellt waren. Wenn das Bild dennoch uneinheitlich blieb, ist das ein weiterer Beleg für den geringen Erfolg der NS-Wissenschaftspolitik.

Die Schwäche der eigenen Position im Bereich der Wissenschaft haben die nationalsozialistischen Machthaber durchaus empfunden. Für die Entwicklung weiter Teile der Geschichtswissenschaft liegt eine aufschlußreiche Zwischenbilanz in dem Jahreslagebericht des Reichssicherheitshauptamtes für 1938 vor, in der man zu folgendem Ergebnis kam: „Auf dem Gebiete der alten und mittelalterlichen Geschichte sind keinerlei Vorstöße im Sinne eines nationalsozialistischen Geschichtsbildes zu verzeichnen. Die Forscher begnügen sich vielmehr, alte wissenschaftliche Enzyklopädien weiterzuführen und für die Aufhellung einzelner Epochen neue wissenschaftliche Beiträge zu liefern.“[5] Die vor allen Dingen von Himmler und Rosenberg vorangetriebene Planung und Einrichtung von Instituten und Arbeitsgruppen außerhalb der Universitäten ist auch als Eingeständnis des Scheiterns der parteiamtlichen Hochschulpolitik zu werten.

Zur Mitarbeit an den altertumswissenschaftlichen Unternehmungen der beiden Parteiführer fand sich eine kleine Gruppe von jüngeren Wissenschaftlern bereit, der in unterschiedlicher Ausprägung zumindest der Drang, in größerem Rahmen zu wirken, gemeinsam war. Im Hinblick auf den wissenschaftlichen Rang und die eindeutige Qualifikation hebt sich die Gruppe Klassischer Altertumswissenschaftler im „Ahnenerbe“ und der „Hohen Schule“ deutlich ab von den nicht wenigen Mitarbeitern, die sich im Auftrag Himmlers und Rosenbergs scheinwissenschaftlichen Projekten widmeten. Be-

3 Vgl. oben, *[104]*.
4 Vgl. oben, *[112]*.
5 Jahreslagebericht des RSHA 1938, Bd. 2 (R 58/1095 fol. 14).

sonders auffällig tritt dieser Unterschied im Falle Richard *[179]* Harders zu Tage. Das Beispiel der Initiative Dirlmeiers ließ erkennen, daß dabei die Frage, welchem der konkurrierenden Lager man sich anschloß, nicht unbedingt im Vordergrund der Überlegungen stand.[6] In die gleiche Richtung deutete die Bereitschaft Altheims, auch an Projekten Rosenbergs mitzuarbeiten.[7] Für das ausgeprägte Interesse an möglichst weitreichender Förderung sprach nicht nur der Plan Miltners, sondern auch die eindeutig positive Reaktion Altheims. Bedenken, die sich hinsichtlich der Folgen für das wissenschaftliche Ansehen aus der Bindung an Institutionen Himmlers und Rosenbergs nahezu zwangsläufig ergeben mußten, traten hinter diesen im weiteren Sinne am Karriereinteresse orientierten Erwägungen ganz offenbar zurück. Im Schriftwechsel dieser Gruppe mit ihren jeweiligen Patronen finden sich Bekundungen nationalsozialistischen Reformwillens, die von bedenkenlosem Eingeben auf die abstruse Gedankenwelt Himmlers und Rosenbergs geprägt sind. Die z.T. beängstigende Intensität dieser Äußerungen findet aber keine Entsprechung in dem publizistischen Eintreten für diese Ziele vor dem Forum der Fachwelt. So hat keiner derjenigen, die Anschluß an eines der beiden Lager gefunden hatten, in der Diskussion über die Grundsatzfragen der Altertumswissenschaft, sei es unmittelbar nach der Machtübernahme oder im Verlauf der weiteren Entwicklung, eine besondere Rolle gespielt.[8] Das schließt selbstverständlich nicht aus, daß Altheim und Harder in ihren Publikationen ein Bekenntnis zum Rassegedanken abgelegt haben oder daß auch in Beiträgen Dirlmeiers und Tills Spuren der Anpassung zu fassen waren. Daran lassen sich aber unterschiedliche Grade des Engagements nach innen und außen ablesen, die für das zwiespältige Verhalten dieser Wissenschaftler gegenüber ihren „Dienstherren" und ihren Fachkollegen charakteristisch sind. In welchem genauen Verhältnis hier opportunistische Überlegungen und tatsächliche Überzeugung zueinander stehen, läßt sich im Einzelfall schwer abschätzen, wie überhaupt der Versuch, die Vielzahl der Motive zu entschlüsseln, vor letzten persönlichen Motivationen seine Grenze findet. In diesem Zusammenhang war darauf hinzuweisen, daß bei Altheim und Harder in ihrem keineswegs eindeutigen Verhältnis zum Nationalsozialismus unmittelbar nach der Machtübernahme eine vergleichbare Ausgangsposition vorlag.[9] Zu den wichtigsten Antriebskräften dieses Engagements dürfte, wie an diesen beiden Fällen deutlich wird, die Verlockung gehört haben, Altertumsforschung in großem Maßstab betreiben zu können. Während sich die Förderung der beiden Klassischen Philologen des „Ahnenerbes" in einem relativ bescheidenen Rahmen hielt, boten sich Altheim und Harder z.T. in kriegsbedingten Einsatzformen erstaunliche Möglichkeiten, auch wenn nicht alle Pläne realisiert wurden. Ein unterschiedlicher Bedarf an entsprechender Unterstützung ergab sich *[180]* natürlich auch aus der Natur der jeweiligen Forschungsprojekte. Gleichzeitig ist aber nicht zu übersehen, daß mit der Ausschöpfung aller sich bietenden Förderungsmöglichkeiten eine stei-

6 Vgl. oben, *[71ff.]*.

7 Vgl. oben, *[167]*.

8 Diese Feststellung bezieht sich auf Altheim, Dirlmeier, Harder und Till. Miltner zählt nicht zu dieser Gruppe.

9 Vgl. oben, *[44]*.

gende Kompromißbereitschaft und Abhängigkeit einherging. Dennoch bleibt zwischen den wissenschaftlichen Arbeiten dieser Gelehrten und den von Himmler und Rosenberg entworfenen „Forschungsprogrammen" eine erhebliche Diskrepanz bestehen.

Eine das Gesicht der deutschen Altertumswissenschaft im Sinne einer nationalsozialistischen Umprägung grundlegend verandernde Wirkung ist weder von den „Ahnenerbe"-Mitarbeitern noch von Richard Harders Einsatz im Rahmen der „Hohen Schule" ausgegangen. Auch im Bereich der von Himmler und Rosenberg geförderten Organisationsformen altertumswissenschaftlicher Arbeit hat sich die Rassenlehre als oberste Maxime der Forschung in der Praxis nicht eindeutig durchsetzen können. Die gutachtlichen Äußerungen aus dem Kreis der „Ahnenerbe"-Mitarbeiter zu dem von Franz Miltner vorgelegten Plan zur Gründung eines „Rassenkundlich-historischen Instituts" ließen ganz sicher in einem Fall erhebliche Vorbehalte und die fehlende Bereitschaft erkennen, sich an einem Projekt zu beteiligen, das für einen dem neuen Gedankengut aufgeschlossenen Altertumswissenschaftler Priorität besitzen mußte. Auch in dieser Gruppe, die nach den Vorstellungen ihrer Schirmherren eine genuin nationalsozialistische Auseinandersetzung mit der Antike anbahnen sollte, gab es unterschiedliche Grade der Kooperations- und Kompromißbereitschaft. Wie die Vorgänge um die Einrichtung des „Instituts für Indogermanische Geistesgeschichte" zeigten, spielt dabei auch die jeweilige Abhängigkeit von Universitäts- und Fakultätsinteressen eine nicht geringe Rolle. Das Scheitern des Konzepts, das diesen Arbeitsformen zugrunde lag, hat Alfred Baeumler im April 1944 in einer bemerkenswert kritischen Bilanz eingestanden. „Das Ziel, die deutsche Wissenschaft nationalsozialistisch zu machen", so formulierte er in einer Aktennotiz für Rosenberg, „ist auf dem Wege der Bildung kleiner, sich im besonderen Sinne nationalsozialistisch nennender Professorenkreise nach meiner Überzeugung nicht zu erreichen. Das bisherige Verfahren hat eine Frontbildung hervorgerufen, die die Forschung in unserem Sinne nicht zu beleben, sondern zu hemmen droht."[10] Mit „Rücksicht auf die besonderen Bedingungen der wissenschaftlichen Leistung" schlug er deshalb vor, „die Ausnahmestellung, in die der deutsche Wissenschaftler gedrängt worden ist, aufzuheben, die Klassifizierung in verschiedene Gruppen langsam zurücktreten zu lassen, und unsere Wissenschaftspolitik auf die Gewinnung der besten Fachvertreter einzustellen".[11] Ungeachtet der Tatsache, daß Himmler und Rosenberg durchaus qualifizierte Althistoriker und Philologen hatten gewinnen *[181]* können, kennzeichnet die Feststellung Baeumlers auch Entwicklungstendenzen im Bereich der Altertumswissenschaft.

Im Vergleich zu der Gesamtzahl der im Bereich der Altertumsforschung tätigen Wissenschaftler beschränkte sich die Bereitschaft, mit der Konzeption einer nationalsozialistischen Altertumswissenschaft ernst zu machen, auf einen relativ kleinen Kreis. Dabei blieben die Ergebnisse der Gruppe, die unter der Oberleitung Himmlers und Rosenbergs nach neuen Wegen suchte, an Eindeutigkeit noch hinter denen zurück, die ein Gelehrter wie Schachermeyr vorlegte. Wenn sich diese Konzeption, die in Einzelinitiativen im uni-

10 Vgl. A. Baeumler Ergänzung der Aktennotiz für den Reichsleiter v. 3.4.1944; zitiert nach Poliakov u. Wulf, 100.

11 Ebd., 101.

versitären wie im außeruniversitären Bereich vertreten wurde, in der Breite des Faches nicht durchgesetzt hat, so vor allem deshalb, weil sie die bedingungslose Unterordnung unter die Parolen der Parteiideologen erforderte und ihre konsequente Verwirklichung gleichbedeutend mit der Aufgabe des wissenschaftlichen Anspruchs gewesen wäre. Im Hinblick auf den Maßstab, an dem im Rahmen der vorliegenden Untersuchung die Entwicklung des Faches Alte Geschichte gemessen wurde, scheint es geboten, nachdrücklich auf den Gesamtbereich althistorischer Lehre und Forschung im Dritten Reich zu verweisen. Naturgemäß tritt im Rahmen der „äußeren" Geschichte der Disziplin die spektakuläre Aktion ungleich stärker ins Blickfeld als der Universitätsalltag. Das Erscheinungsbild des Faches ist aber von beiden Faktoren geprägt. Es dürfte sich weiter differenzieren, wenn insbesondere die Ergebnisse der althistorischen Forschung zwischen 1933 und 1945 genauer analysiert werden.

Die Vertreibung zahlreicher Gelehrter bedeutete einen erheblichen Substanzverlust für das Fach und markiert den stärksten Bruch in seiner Entwicklung. Daneben ließen sich Elemente der Kontinuität im Positiven wie im Negativen nachweisen. Wenn dabei aufs Ganze gesehen der Eindruck relativer Behauptung entsteht, so wird dies einmal vor dem Hintergrund der gemeinsamen Traditionslinien verständlich, die die Geschichtsauffassung des Bildungsbürgertums mit der des Nationalsozialismus verbanden. Möglichkeiten der Behauptung eröffneten darüber hinaus auch die Bedingungen der Hochschulpolitik des Dritten Reiches, deren Grenzen sich aus der „instabilen Substruktur" des nationalsozialistischen Herrschaftssystems ergaben.[12] Insofern vermittelt auch dieser Teilbereich der Entwicklung der althistorischen Disziplin, ohne daß die Bedeutung der behandelten Vorgänge damit überschätzt werden soll, einen Einblick in die Wirklichkeit nationalsozialistischer Wissenschaftspolitik.

12 Bollmus, 250.

[183] Anhang

Nr. 1a

Besetzung althistorischer Lehrstühle im Deutschen Reich von 1933–1945*

Berlin
Wilhelm Weber
(1932–1945)

Bonn
Friedrich Oertel
(1929–1953)

Breslau
Ernst Kornemann
(1918–1936)
Joseph Vogt
(1936–1940)
Alfred Heuß
(1941–1945)

Erlangen
Adolf Schulten
(1907–1935)
Wilhelm Ensslin
(1936–1943)
Johannes Straub
(1944–1948)

Frankfurt
Matthias Gelzer
(1919–1955)

Freiburg i.Br.
Walter Kolbe
(1927–1943)
Joseph Vogt
(1944–1945)

Gießen
Fritz Taeger
(1930–1935)
Kurt Stade
(1936–1941)
Franz Hampl
(1942–1945)

Göttingen
Ulrich Kahrstedt
(1921–1952)

Greifswald
Josef Keil
(1927–1936)
Hans Volkmann
(1937–1945)

[184] Halle
Richard Laqueur
(1932–1936)
Franz Altheim
(1938–1945)

Hamburg
Erich Ziebarth
(1919–1938)
Hans Rudolph
(1939–1974)

Heidelberg
Eugen Täubler
(1925–1953)
Fritz Schachermeyr

* Zahlen von 1933 bzw. nach 1945 verweisen auf kontinuierliche Lehrstuhlbesetzung.

(1936–1940)
Hans Schaefer
(1941–1961)

Jena
Fritz Schachermeyr
(1931–1936)
Hans Schaefer
(1936–1941)
Hermann Bengtson
(1942–1945)

Kiel
Hugo Prinz
(1915–1934)
Paul L. Strack
(1935–1941)

Köln
Johannes Hasebroek
(1927–1938)
Lothar Wickert
(1939–1966)

Königsberg
Oscar Leuze
(1921–1934)
Lothar Wickert
(1935–1939)
Kurt Stade
(1941–1945)

Leipzig
Helmut Berve
(1927–1943)

Marburg
Anton v. Premerstein
(1916–1935)
Fritz Taeger
(1936–1960)

München
Walter Otto
(1918–1941)
Helmut Berve
(1943–1946)

Münster
Friedrich Münzer
(1921–1935)
Hans Erich Stier
(1936–1968)

Rostock
Ernst Hohl
(1919–1950)

Tübingen
Woldemar Graf Uxkull-Gyllenband
(1932–1939)
Joseph Vogt
(1940–1944)

[185] Würzburg
Joseph Vogt
(1929–1936)
Alexander Graf Schenk von Stauffenberg
(1936–1941)
Wilhelm Ensslin
(1943–1952)

Graz
Wilhelm Ensslin
(1930–1936)
Franz Schehl
(1936–1938)
Fritz Schachermeyr
(1940–1945)

Innsbruck
Franz Miltner
(1933–1945)

Wien
Josef Keil
(1937–1952)

Prag
Arthur Stein
(1918–1939)
Victor Ehrenberg
(1929–1939)
Willy Hüttl
(1941–?)

Posen
Friedrich Vittinghoff
(1943–1945)

Straßburg
Alexander Graf Schenk v. Stauffenberg
(1942–1945)

Die Seiten *[186–257]* umfassen in der Originalpublikation den Anmerkungsteil.

[258] Nr. 1b

Abkürzungsverzeichnis

AA	Auswärtiges Amt
Abh.	Abhandlung
ADB	Allgemeine Deutsche Biographie
ADAP	Akten zur deutschen auswärtigen Politik
AE	„Ahnenerbe“
AfK	Archiv für Kulturgeschichte
AfR	Archiv für Religionswissenschaft
AOK	Armee-Oberkommando
Anm.	Anmerkung
Aufl.	Auflage
Ausg.	Ausgabe
BA	Bundesarchiv Koblenz
Beih.	Beiheft
CAH	Cambridge Ancient History
CEH	Central European History
DAI	Archäologisches Institut des Deutschen Reiches (nach 1945: Deutsches Archäologisches Institut)
DBFU	Dienststelle des Beauftragten des Führers für die Überwachung der gesamten weltanschaulichen und geistigen Schulung und Erziehung der NSDAP
DFG	Deutsche Forschungsgemeinschaft
Diss.	Dissertation
DLZ	Deutsche Literaturzeitung
DRbg.	Dienststelle Rosenberg
ERR	Einsatzstab Reichsleiter Rosenberg
gedr.	gedruckt
G.F.P.	Geheime Feldpolizei
Gruf.	Gruppenführer
GSTA	Geheimes Staatsarchiv (Berlin-Dahlem)
GWU	Geschichte in Wissenschaft und Unterricht
HA	Hauptamt

Hrsg. hrsg.	Herausgeber, herausgegeben
[259] HJb.	Historisches Jahrbuch
hs	handschriftlich
HZ	Historische Zeitschrift
ifz	Institut für Zeitgeschichte München
JHS	Journal of Hellenic Studies
JRS	Journal of Roman Studies
KGK	Kürschners Gelehrtenkalender
M.	mit
ms.	Maschinenschrift
NDB	Neue Deutsche Biographie
NDr.	Nachdruck
NT.	Neue Folge
NPL	Neue Politische Literatur
NS	Nationalsozialismus
NSDD	Nationalsozialistischer Deutscher Dozenten-Bund
NSDStB	Nationalsozialistischer Deutscher Studenten-Bund
NSLB	Nationalsozialistischer Deutscher Lehrer-Bund
o.D.	ohne Datum
OKH	Oberkommando des Heeres
OKW	Oberkommando der Wehrmacht
Ostuf.	Obersturmführer
Phil. phil.	Philosophische, philosophische
Pkz.	Partei-Kanzlei
RE	Realencyclopädie der classischen Altertumswissenschaft von Pauly-Wissowa
REM	Reichsministerium für Erziehung, Wissenschaft und Volksbildung
Rez.	Rezension
RFSS	Reichsführer SS
RGG	Religion in Geschichte und Gegenwart
RGK	Römisch-Germanische Kommission
RMBO	Reichsminister für die besetzten Ostgebiete
RS.	Rückseite
RSHA	Reichssicherheitshauptamt
RSI	Rivista Storica Italiana
SA	Sturmabteilung
SB	Sitzungsbericht
SD	Sicherheitsdienst der SS
SHA	Scriptores Historiae Augustae
Sipo	Sicherheitspolizei
SP	Spalte
SS	Schutzstaffel
[260] StA	Staatsarchiv
UA	Universitätsarchiv
Univ.	Universität
VB	Völkischer Beobachter

VfZ	Vierteljahrshefte für Zeitgeschichte
VSWG	Vierteljahresschrift für Sozial- und Wirtschaftsgeschichte
WZ	Wissenschaftliche Zeitschrift (jeweils Gesellschafts- u. Sprachwissenschaftliche Reihe)
ZRG	Zeitschrift der Savigny-Stiftung für Rechtsgeschichte
(RA)	Romanistische Abteilung

[261] Nr. 1c

Quellen- und Literaturverzeichnis

1. Ungedruckte Quellen

1. Reichsministerium des Inneren

Ministerbüro Frick
Rep. 320 Originalbestand BA-Koblenz (ehemals GSTA-Berlin-Dahlem).

2. Reichsministerium für Wissenschaft, Erziehung und Volksbildung

Personalakten und Amt Wissenschaft: Ablage Philosophische Fakultäten.
R 21/... Originalbestand BA-Koblenz.
GSTA Rep. 76.. Originalbestand Stiftung Preußischer Kulturbesitz GSTA-Berlin-Dahlem.

3. Reichssicherheitshauptamt

SD-Lageberichte 1936–44.
R 58/... Originalbestand BA-Koblenz.

4. Kanzlei Rosenberg

Schriftwechsel mit verschiedenen Dienststellenbereichen Rosenbergs z.B. der „Hohen Schule".
NS 8/... Originalbestand BA-Koblenz.
MA 205 Mikrofilmarchiv IfZ-München.
MA 252
MA 698

5. Der Beauftragte des Führers für die Überwachung der gesamten geistigen und weltanschaulichen Schulung und Erziehung der NSDAP

Ausgewertet wurden in erster Linie die Akten des „Hauptamtes Wissenschaft“, des „Amtes Wissenschaftsbeobachtung und -wertung“ und des „Kulturpolitischen Archivs“, die entweder im Original oder im Film zugänglich waren:

NS 15/...	Originalbestand BA-Koblenz.
MA 116/...	Mikrofilmarchiv IfZ-München.
MA 129/...	
MA 141/...	
T 81-...	Mikrofilme der National-Archives Washington; vgl. Guide to German Records Microfilmed at Alexandria, Va, Nr. 3.
[262] CXLIII-...	Einzeldokumente (Kopien) aus dem Centre Documentation Juive Contemporaine Paris.

6. Persönlicher Stab Reichsführer SS

Korrespondenz betr. Forschungsvorhaben.

NS 19neu/...	Originalbestand BA-Koblenz.

7. Lehr- und Forschungsgemeinschaft „Das Ahnenerbe“

Forschungsvorhaben im Bereich der Altertumswissenschaften.

NS 21/...	Originalbestand BA-Koblenz.

8. Anweisungen der „Kulturpressekonferenz“ des Propagandaministeriums

1093/...	„Kulturpolitische“ und „Vertrauliche Informationen“ Jahrgänge 1940–44 im IfZ-München.

9. Nachlaß R. Walther Darré

Stadt-Archiv Goslar.

10. Einzeldokumente

a) betr. Kunstschutz in Griechenland.

B 120/vorl. 258...	BA-Koblenz (vormals Archiv des Instituts für Besatzungsfragen Tübingen).

b) betr. Überwachungsaufgabe der Parteiamtlichen Prüfungskommission zum Schutze des NS-Schrifttums.

NS 11/...	Originalbestand BA-Koblenz.

c) betr. Einsatzstab Reichsleiter Rosenberg.

NO ...	Nürnberger Prozeßakten (IfZ-München).
NOKW ...	

d) betr. Lehrstuhlbesetzungen Phil. Fak. Philipps-Univ. Marburg 1938ff.

307d, acc. 17/1974...	UA-Marburg im StA-Marburg.

e) betr. Berufungsangelegenheiten der Phil. Fak. I. Ludwigs. Univ. Gießen.

Phil. K	UA-Gießen.

f) betr. Berufungsangelegenheiten Phil. Fak. Univ. Graz (Kopien) UA-Graz.

g) betr. Nachlaß Victor Hehn (Kopien), Schiller-National-Museum Marbach/Cotta Archiv.

2. *Gedruckte Quellen*

Db 04...	„Mitteilungen zur weltanschaulichen Lage". Hrsg. von der Dienststelle des Beauftragten des Führers ... Jg. 1941 im IfZ-München.
RD 32/	Zeitschriften-Dienst und Deutscher Wochendienst (1939 bis 1945) im BA-Koblenz.
VB	Völkischer Beobachter. Jahrgänge 1933–1945 in wechselnden Ausgaben (Einzelnachweis).

Zeitungsausschnittarchiv des „Reichsinstituts für Geschichte des neuen Deutschlands", heute im IfZ-München (Einzelnachweis).

[263] 3. Literatur

Das Literaturverzeichnis enthält nur die wichtigsten Titel. Beiträge zu Spezialproblemen werden ebenso wie die zahlreichen Nekrologe in den Anmerkungen vollständig nachgewiesen.

Ackermann, Josef: Heinrich Himmler als Ideologe, Göttingen 1970.
Altheim, Franz u. Trautmann, Erika: Nordische und italische Felsbildkunst, Welt als Geschichte 3, 1937, 83–113.
Altheim, Franz u. Trautmann, Erika: Grundsätzliches zur Runen- und Felsbildforschung, Germanien 11, N. F. 1, 1939, 449–456.
Altheim, Franz u. Trautmann, Erika: Vom Ursprung der Runen, Frankfurt 1939.
Altheim, Franz: Die Soldatenkaiser, Frankfurt 1939.
Altheim, Franz u. Trautmann, Erika: Kimbern und Runen, Berlin 1942.
Altheim, Franz: Die Krise der Alten Welt, Bd. I u. 3, Berlin 1943.
Altheim, Franz: Der Niedergang der Alten Welt. Eine Untersuchung der Ursachen, Bd. 1–2, Frankfurt 1952.
Altheim, Franz: Bibliographie seiner Schriften. Zusammengestellt von Eberhard Merkel, Frankfurt 1958.
Asen, Johannes. Gesamtverzeichnis des Lehrkörpers der Universität Berlin, Bd. 1 (1810–1945), Leipzig 1955.

Baeumler, Alfred: Männerbund und Wissenschaft, Berlin 1934.
Bengtson, Hermann: Griechische Geschichte von den Anfängen bis in die römische Kaiserzeit, 4. Aufl., München 1969.
Bengtson, Hermann: Kleine Schriften, München 1974.
Bengtson, Hermann: Einführung in die Alte Geschichte, 7. Aufl., München 1975.
Bentwich, Norman: The Rescue and Achievement of Refugee Scholars, Den Haag 1953.
Bericht über den VI. Internationalen Kongreß für Archäologie Berlin 21.–26. August 1939, Berlin 1940.
Berning, Cornelia: Vom „Abstammungsnachweis" zum „Zuchtwart". Vokabular des Nationalsozialismus, Berlin 1964.
Berve, Helmut: Die Erfüllung des Reiches, in: Wille und Macht 2 (1934) H. 516, 4–9.
Berve, Helmut: Antike und nationalsozialistischer Staat, in: Vergangenheit und Gegenwart 24 (1934) 257–272.
Berve, Helmut: Zur Kulturgeschichte des Alten Orients, in: AfK 25 (1935) 216–230.
Berve, Helmut: Sparta, Leipzig 1937 (NDr. 1944).
Berve, Helmut (Hrsg.): Das Neue Bild der Antike, Bd. 1–2, Leipzig 1942.
Bickermann, Elias J.: Ein unbekannter Versuch deutsch-französischer Versöhnung im Jahre 1888, in: Die deutsche Nation 7 (1925) 129–132.
Bickermann, Elias J.: Die Makkabäer, Berlin 193 5 (Bücherei des Schocken-Verlages 47).
Boehm, Laetitia u. Spörl, Johannes (Hrsg.): Ludwigs-Maximilians-Universität 1472–1972, Berlin 1972.
Bogner, Hans: Die verwirklichte Demokratie. Die Lehren der Antike, Hamburg 1930.
Bogner, Hans. Die Judenfrage in der griechisch-römischen Welt, in: Forschungen zur Judenfrage, Bd. 1, Hamburg 1937, 81–91.
[264] Bogner, Hans: Thukydides und das Wesen der altgriechischen Geschichtsschreibung, Hamburg 1937.
Bogner, Hans: Philon von Alexandrien als Historiker, in: Forschungen zur Judenfrage, Bd. 2, Hamburg 1937, 63–74.
Bollmus, Reinhard: Das Amt Rosenberg und seine Gegner. Studien zum Machtkampf im nationalsozialistischen Herrschaftssystem, Stuttgart 1970.
Boshof, Egon u.a.: Grundlagen des Studiums der Geschichte, Köln 1973.
Botzenhardt, Erich: Der 19. Deutsche Historikertag in Erfurt 5.–7. Juli 1937, in: HZ 156 (1937) 659–667.
Bracher, Karl Dietrich u.a.: Die nationalsozialistische Machtergreifung. Studien zur Errichtung des totalitären Herrschaftssystems in Deutschland 1933/34, 2. Aufl., Köln 1962.
Bracher, Karl Dietrich: Die deutsche Diktatur. Entstehung, Struktur, Folgen des Nationalsozialismus, 2. Aufl., Köln 1969.
Brenner, Hildegard: Die Kunstpolitik des Nationalsozialismus, Reinbek 1963.
Broszat, Martin: Betrachtungen zu „Hitlers Zweitem Buch", in: VfZ 9 (1961) 417–429.
Broszat, Martin: Der Staat Hitlers. Grundlegung und Entwicklung seiner inneren Verfassung, München 1969.
Bullock, Alan: Hitler. Eine Studie über Tyrannei, vollständig überarbeitete Neuausgabe, Düsseldorf 1974.
Bußmann, Walter: Zur Entstehung und Überlieferung der „Hoßbach-Niederschrift", in: VfZ 16 (1968) 373–384.

Calder III, William M.: Die Geschichte der Klassischen Philologie in den Vereinigten Staaten, in: Jahrbuch für Amerikastudien 11 (1966) 213–240.
Canfora, Luciano: Classicismo e fascismo, in: Quaderni di storia 3 (1976) 15–48.
Carsten, Francis L.: Arthur Rosenberg: Ancient Historian into Leading Communist, in: Journal of Contemporary History 8 (1973) 63–75.
Cecil, Robert: The Myth of the Master Race. Alfred Rosenberg and Nazy Ideology, London 1972.
Christ, Karl: Zur Beurteilung Hannibals, in: Historia 17 (1968) 461–495.
Christ, Kark Zur Beurteilung der Politik des Augustus, in: GWU 19 (1968) 329–343.
Christ, Karl: Der Untergang des Römischen Reiches in antiker und moderner Sicht, in: ders. (Hrsg.): Der Untergang des Römischen Reiches, Darmstadt 1970, 1–31.
Christ, Karl: Joseph Vogt und die Geschichte des Altertums. Eine Würdigung, in: Saeculum 21 (1970) 106–150.
Christ, Karl: Zur Entwicklung der Alten Geschichte in Deutschland, in: GWU 10 (1971) 577–593.
Christ, Karl: Von Gibbon zu Rostevtzeff. Leben und Werk führender Althistoriker der Neuzeit, Darmstadt 1972.
Christ, Karl: Römische Geschichte. Einführung, Quellenkunde, Bibliographie, Darmstadt 1973.
Congrès international des sciences historiques Zürich 1938, Communications presentées – Aetes du congrès, Paris o. J.
Curtius, Ludwig: Mussolini und das antike Rom, Köln 1934.
Curtius, Ludwig: Deutsche und antike Welt, Stuttgart 1950.
Dachs, Herbert: Österreichische Geschichtswissenschaft und Anschluß 1919–1930, Wien 1974.
Darré, Richard Walther: Das Bauerntum als Lebensquell der Nordischen Rasse, 6. Aufl., München 1937.
Deichgräber, Karl: Aus Victor Hehns Nachlaß, Abh. d. Mainzer Akad. d. Wiss. u. d. Lit., Geistes- und Sozialwiss. Kl. 1951, 9.
[265] Demandt, Alexander: Politische Aspekte im Alexanderbild der Neuzeit, in: AfK 54 (1972) 325–363.
Dietze, Hans-Helmut: Bericht über die Arbeitstagung zum Kriegseinsatz der Geisteswissenschaften am 27. und 28.4.1940 in Kiel, in: Kieler Blätter (1940), 397–398.
Dirlmeier, Franz: Apollon, Gott und Erzieher des hellenischen Adels, in: AfR 36 (1939) 277–299.
Dirlmeier, Franz: Die Pelasgermauer der Akropolis, in: Joseph Otto Plassmann (Hrsg.): Kleine Kostbarkeiten aus Kunst und Geschichte, Berlin 1940, 37–43.
Dirlmeier, Franz: Ausgewählte Schriften zu Dichtung und Philosophie der Griechen, Heidelberg 1970.
Domarus, Max: Hitler, Reden und Proklamationen 1932–1945. Kommentiert von einem deutschen Zeitgenossen, Bd. 1–2, München 1965.
Döring, Herbert: Deutsche Professoren zwischen Kaiserreich und Drittem Reich, NPL 19, 1974, 34–352.
Döring, Herbert: Der Weimarer Kreis. Studien zum politischen Bewußtsein verfassungstreuer Hochschullehrer in der Weimarer Republik, Meisenheim 1975.

Drexler, Hans: Der Dritte Humanismus. Ein kritischer Epilog, Frankfurt 1942 (Auf dem Wege zum nationalpolitischen Gymnasium H. 10).
Eberhardt, Walter: Die Antike und wir, in: Nationalsozialistische Monatshefte 6 (1935) 115–127.
Edelmann, Moritz: Der 19. Historikertag in Erfurt vom Geschichtserzieher gesehen, in: Vergangenheit und Gegenwart 27 (1937) 472–477.
Ehrenberg, Eva: Sehnsucht – mein geliebtes Kind. Bekenntnisse und Erinnerungen, o. O. (Oberursel) 1963.
Ehrenberg, Victor: Rez. E. Will, Doriens et loniens, Paris 19 56, in: JHS 78 (1958) 156.
Eilers, Rolf: Die nationalsozialistische Schulpolitik. Eine Studie zur Funktion der Erziehung im totalitären Staat, Köln 1963.
Faulenbach, Bernd: Deutsche Geschichtswissenschaft zwischen Kaiserreich und NS-Diktatur, in: ders. (Hrsg.): Geschichtswissenschaft in Deutschland, München 1974, 66–85.
Faust, Anselm: Der nationalsozialistische Studentenbund. Student und Nationalsozialismus in der Weimarer Republik, Bd. 1–2, Düsseldorf 1973.
Ferber, Christian von: Die Entwicklung des Lehrkörpers der deutschen Universitäten und Hochschulen 1864–1954, Göttingen 1956.
Fest Joachim C.: Hitler. Eine Biographie, Frankfurt 1973.
Finley, Moses I.: The Use and Abuse of History, London 1975.
Fleming, Donald u. Bailyn, Bernhard (Hrsg.): The Intellectual Migration, Europe and America 1930–1960, Cambridge, Mass. 1969.
Flitner, Andreas (Hrsg.): Deutsches Geistesleben und Nationalsozialismus. Eine Vortragsreihe der Universität Tübingen, Tübingen 1965.
Fuhrmann, Manfred: Die Antike und ihre Vermittler, Konstanz 1969.
Geber, Matthias: Der Rassengegensatz als geschichtlicher Faktor beim Ausbruch der römisch-karthagischen Kriege, in: Joseph Vogt (Hrsg.): Rom und Karthago, Leipzig 1943, 178–202.
Gies, Horst: R. Walther Darré und die nationalsozialistische Bauernpolitik in den Jahren 1930–1933, phil. Diss. Frankfurt 1965.
Gies, Horst: NSDAP und landwirtschaftliche Organisationen in der Endphase der Weimarer Republik, in: VfZ 15 (1967) 341–376.
[266] Graus, František: Rez. K. F. Werner, NS-Geschichtsbild und Geschichtswissenschaft, Stuttgart 1967, in: VfZ 17 (1969) 87–95.
Grobba, Fritz: Männer und Mächte im Orient. 25 Jahre diplomatischer Tätigkeit im Orient, Göttingen 1967.
Gumbel, Emil Julius (Hrsg.): Freie Wissenschaft. Ein Sammelbuch aus der deutschen Emigration, Strasbourg 1938.
Gundel, Hans Georg: Die Geschichtswissenschaft an der Universität Gießen im 20. Jahrhundert, in: Ludwigs-Universität – Justus-Liebig-Hochschule 1607–1957, Festschrift zur 350-Jahrfeier, Gießen 1957, 222–252.
Günther, Hans F. K.: Rassengeschichte des hellenischen und römischen Volkes, München 1929.
Günther, Rigobert: Geschichte des Altertums im sozialistischen Geschichtsbild, WZ Friedrich-Schiller-Univ. Jena 18, 4, 1969, 117–120.
Günther, Hornig, Margot: Kunstschutz in den von Deutschland besetzten Gebieten 1939–1945, Tübingen 1958 (Studien des Instituts für Besatzungsfragen in Tübingen Nr. 13).
Hagemann, Jürgen: Die Presselenkung im Dritten Reich, Bonn 1970.

Hampe, Roland: Griechischer und englischer Kunstschutzbericht, in: Gnomon 22 (1950) 1–7.
Hans, Jan u. Röder, Werner: Emigrationsforschung, in: Akzente 20 (1973) 58–591.
Harder, Richard: Die neue Höhere Schule, in: Kieler Blätter (1938), 147–152.
Harder, Richard: Tyrtaios. Altspartanische Kampfreden. übers. v. R. H., in: Neue Jahrbücher für Antike und deutsche Bildung 2 (1939) 353–357.
Harder, Richard: Franz Bopp und die Indogermanistik, in: Nationalsozialistische Monatshefte 13 (1942) 751–761.
Harder, Richard: Kleine Schriften, hrsg. v. W. Marg, München 1960.
Haug, Wolfgang Fritz: Der hilflose Antifaschismus. Zur Kritik der Vorlesungsreihen über Wissenschaft und NS an deutschen Universitäten, 3. Aufl., Frankfurt 1970.
Haushofer, Heinz: Ideengeschichte der Agrarwirtschaft und Agrarpolitik im deutschen Sprachgebiet, Bd. 2, München 1958.
Heer, Friedrich: Der Glaube des Adolf Hitler. Anatomie einer politischen Religiosität, München 1968.
Heiber, Helmut: Walter Frank und sein Reichsinstitut für die Geschichte des neuen Deutschlands, Stuttgart 1966.
Heiber, Helmut (Hrsg.): Reichsführer! ... Briefe an und von Himmler, Stuttgart 1968.
Heidenreich, Robert: Das Grabmal Theoderichs zu Ravenna, Wiesbaden 1971.
Hellseher, Gottlieb (d. i. Ernst Stein): Un projecteur sur l'Allemagne, „Le Flambeau" XV.2, 1932, 129–146.
Hentschke, Ada u. Muhlack, Ulrich: Einführung in die Geschichte der Klassischen Philologie, Darmstadt 1972.
Herrle, Theo: Das Altertum im Widerschein der Gegenwart, in: Geistige Arbeit 15 (1942) 3–4.
Herrle, Theo: Nationalsozialismus und Altertumswissenschaft, Aufbau 3, 2, 1947, 29–32.
Hitler, Adolf: Mein Kampf, 444.–448. Aufl., München 1939 (Volksausgabe).
Hitlers Zweites Buch. Ein Dokument aus dem Jahre 1928. Eingeleitet und kommentiert von Gerhard L. Weinberg, Stuttgart 1961.
Hofmann, Erich: Die Christian-Albrechts-Universität in preußischer Zeit, in: Geschichte der Christian-Albrechts-Universität 1665–1965, Bd. 1, T. 2, Neumünster 1965, 9–115.
[267] Hohl, Ernst: Die „gotische Abkunft" des Kaisers Maximinus Thrax, Klio 34, N. F. 16, 1942, 264–289.
Hölscher, Uvo: Die Chance des Unbehagens, Göttingen 1965.
Hubatsch, Walter (Hrsg.): Hitlers Weisungen für die Kriegsführung 1939–1945, Frankfurt/Main 1962.
Hüttenberger, Peter: Die Gauleiter. Studie zum Wandel des Machtgefüges in der NSDAP, Stuttgart 1969.
Iggers, Georg G.: Deutsche Geschichtswissenschaft. Eine Kritik der traditionellen Geschichtsauffassung von Herder bis zur Gegenwart, 2. Aufl., München 1972.
Irmscher, Johannes. Altsprachlicher Unterricht im faschistischen Deutschland, Jahrbuch für Erziehungs- und Schulgeschichte 5/6, 1965, 225–271.
Irmscher, Johannes: Die Antike im Bildungssystem der Weimarer Republik und der Zeit des Faschismus, WZ Friedrich-Schiller-Univ. Jena 18, 4, 1969, 17–25.
Jäckel, Eberhard: Hitlers Weltanschauung, Tübingen 1969.
Jaeger, Werner: Die Erziehung des politischen Menschen und die Antike, Volk im Werden 1, 1933, 3, 43–49.

Jaeger, Werner: Die Klassische Philologie an der Universität Berlin von 1870–194 5, in: H. Leussink u.a. (Hrsg.): Gedenkschrift zur 150. Wiederkehr des Gründungsjahres der Friedrich-Wilhelms-Universität zu Berlin, Bd. 2, Berlin 1960, 459–485.
Jochmann, Werner. Die Ausbreitung des Antisemitismus, in: Werner E. Mosse (Hrsg.): Deutsches Judentum in Krieg und Revolution, Tübingen 1971, 409–510.
Jordan, Karl u. Hofmann, Erich Bearb.: Geschichte der Christian-Albrechts-Universität Kiel 1665–1965, Bd. 5, T. 2: Geschichte der Philosophischen Fakultät, Neumünster 1969.
Kater, Michael H.: Das „Ahnenerbe". Die Forschungs- und Lehrgemeinschaft in der SS. Organisationsgeschichte von 1935–1945, phil. Diss. Heidelberg 1965.
Kater, Michael H.: Das „Ahnenerbe" der SS 1935–1945. Ein Beitrag zur Kulturpolitik des Dritten Reiches, Stuttgart 1974.
Kater, Michael H.: The Reich Vocational Contest and Students of Higher Learning in Nazi Germany, CEH 7, 1974, 225–261.
Kater, Michael H.: Studentenschaft und Rechtsradikalismus in Deutschland 1918–1933, Hamburg 1975.
Katsch, Günter: Alexander Graf Schenk von Stauffenberg – Eine historiographisch-biographische Untersuchung, phil. Diss. Leipzig 1968 (Ms.).
Kaznelson, Siegmund (Hrsg.): Juden im deutschen Kulturbereich, 3. Aufl., Berlin 1962.
Kirk, George E.: The Middle East in the War. Survey of International Affairs 1939–1946, 3. Aufl., London 1954.
Kirsten, Ernst: Der internationale Archäologenkongreß in Berlin 1939, in: Neue Jahrbücher für Antike und deutsche Bildung 3 (1940) 156–160.
Kirsten, Ernst: Die griechische Polis als historiographisch-geographisches Problem des Mittelmeerraumes, Bonn 1956.
Kluke, Paul: Nationalsozialistische Europaideologie, in: VfZ 3 (1955) 240–275.
Kluke, Paul. Die Stiftungs-Universität Frankfurt am Main 1914–1932, Frankfurt/Main 1972.
Knauß, Erwin: Die jüdischen Bürger Gießens 1933–1945. Eine Dokumentation, Wiesbaden 1974.
Krieck, Ernst: Unser Verhältnis zu Griechen und Römern, in: Volk im Werden 1 (1933) 5, 77–78.
[268] Krüger, Peter u. Hahn, Erich J. C.: Der Loyalitätskonflikt des Staatssekretärs Bernhard Wilhelm von Bülow im Frühjahr 1933, in: VfZ 20 (1972) 376–410.
Lagergren, E. T. H. (d. i. R. W. Darré): Hellenen, Germanen und wir, in: Die Sonne 6 (1929) 316–328.
Laqueur, Walter: Deutschland und Russland, Berlin 1965.
Lauffer, Siegfried: Frühgriechische Weltanschauung, in: Nationalsozialistische Monatshefte 10 (1939) 620–628.
Liebeschütz, Hans: Das Judentum im deutschen Geschichtsbild von Hegel bis Max Weber, Tübingen 1967.
Ludwigs-Universität – Justus-Liebig-Hochschule 1607–1957. Festschrift zur 350-Jahrfeier, Gießen 1957.
Lutzhöft, Hans-Jürgen: Der Nordische Gedanke in Deutschland 1920–1940, Stuttgart 1971.
Mägdefrau, Werner: Zum Kampf um eine neue Geschichtswissenschaft an der Friedrich-Schiller-Universität Jena, WZ Friedrich-Schiller-Univ. Jena 15, 1966, 63–77.

Maier, Hans: Nationalsozialistische Hochschulpolitik, in: Die deutsche Universität im Dritten Reich, München 1966, 71–102.
Marg, Walter: Nachwort, in: Richard Harder, Kleine Schriften, München 1960, 475–499.
Maser, Werner: Hitlers Mein Kampf. Entstehung, Aufbau, Stil, Änderungen, Quellen, Quellenwert, kommentierte Auszüge, München 1966.
Maser, Werner: Adolf Hitler. Legende, Mythos, Wirklichkeit, 3. Aufl., München 1972.
Matz, Friedrich (Hrsg.): Forschungen auf Kreta 1942, Berlin 1951.
Miltner, Franz: Sparta, Vorbild und Mahnung, Antike 19, 1943, 1–29.
Mohler, Armin: Die Konservative Revolution in Deutschland 1918–1932, 2. Aufl., Darmstadt 1972.
Momigliano, Arnaldo: Rez. H. Berve, Storia Greca, Bari 1959, RSI 71, 1959, 665–672.
Momigliano, Arnaldo: Rez. A. Heuss e A. Wucher, Studi su Th. Mommsen, in: Secondo Contributo alla storia degli studi classici, Rom 1960, 421–427.
Momigliano, Arnaldo: Jews in Classical Scholarship, in: Encyclopaedia Judaica-Year Book 1974 (Events 1973), 223–225.
Neubaus, Helmut: Der Germanist Dr. phil. Joseph Goebbels, in: Zeitschrift für deutsche Philologie 93 (1974) 398–416.
Nickel, Rainer: Der Mythos vom Dritten Reich und seinem Führer in der Ideologie des humanistischen Gymnasiums vor 1945, Paedagogica Historica 10, 1970, 118–128.
Nickel, Rainer: Humanistisches Gymnasium und Nationalsozialismus, Paedagogica Historica 12, 1972, 485–503.
Nolte, Ernst: Zur Typologie des Verhaltens der Hochschullehrer im Dritten Reich, in: Aus Politik und Zeitgeschichte, B 46/65 v. 17.11.1965, 3–14.
Nolte, Ernst: Der Faschismus in seiner Epoche, 2. Aufl., München 1965.
Nolte, Ernst: Der Faschismus von Mussolini zu Hitler, Texte, Bilder, Dokumente, München 1968.
Oberkofler, Gerhard: Die geschichtlichen Fächer an der Universität Innsbruck 1850–1945, Innsbruck 1969.
Oppermann, Hans: Wissenschaftliche Gemeinschaftsarbeit, in: Deutschlands Erneuerung 25 (1941) 337–345.
[269] Oppermann, Hans: Zur Lage der griechisch-römischen Altertumswissenschaft, in: Deutschlands Erneuerung 26 (1942) 574–579.
Oppermann, Hans: Der Jude im griechisch-römischen Altertum, München 1943 (Schriftenreihe zur weltanschaulichen Schulungsarbeit der NSDAP, H. 22).
Orlow, Dietrich: Die Adolf-Hitler-Schulen, in: VfZ 13 (1965) 272–284.
Otto, Walter: Forschungsbericht zum Problem der Universalgeschichte, in: DLZ 58 (1937) Sp. 1119–1133 und Sp. 1161–1175.
Petersen, Jens: Hitler – Mussolini. Die Entstehung der Achse Berlin – Rom 1933 bis 1936, Tübingen 1973.
Petry, Ludwig: Geistesleben des Ostens im Spiegel der Breslauer Universitätsgeschichte, in: W. Hubatsch u.a.: Deutsche Universitäten und Hochschulen im Osten, Köln 1964, 86–112.
Pfiffig, Ambros: Einführung in die Etruskologie. Probleme, Methoden, Ergebnisse, Darmstadt 1972.
Phelps, Reginald H.: Hitlers „grundlegende“ Rede über den Antisemitismus, in: VfZ 16 (1968) 390–420.

Piacentini, Ugo: Über die Rolle des Lateinunterrichtes im faschistischen Italien, in: Das Altertum 10 (1964) 117–126.
Picker, Henry: Hitlers Tischgespräche im Führerhauptquartier 1941–1942, hrsg. v. Percy Ernst Schramm, 2. Aufl., Stuttgart 1965.
Piessner, Monika: Die deutsche „University in Exile“ in New York und ihr amerikanischer Gründer, Frankfurter Hefte 19, 1964, 181–186.
Poliakov, Leon u. Wulf, Josef: Das Dritte Reich und seine Denker, Berlin 1959.
Pross, Helge: Die deutsche akademische Emigration nach den Vereinigten Staaten 1933–1941, Berlin 1955.
Radkau, Joachim: Die deutsche Emigration in den USA. Ihr Einfluß auf die amerikanische Europapolitik 1933–45, Düsseldorf 1971.
Ramhardter, Günther: Geschichtswissenschaft und Patriotismus. Österreichische Historiker im Weltkrieg 194–1918, München 1973.
Rawson, Elizabeth: The Spartan Tradition in European Thought, Oxford 1969.
Reinhardt, Karl: Akademisches aus zwei Epochen, in: ders.: Vermächtnis der Antike, hrsg. v. Carl Becker, Göttingen 1960, 380–401.
Rosenberg, Alfred. Der Mythus des 20. Jahrhunderts, 87.–90. Aufl., München 1935.
Rosenberg, Alfred. An die Dunkelmänner unserer Zeit. Eine Antwort auf die Angriffe gegen den ‚Mythus des 20. Jahrhunderts‘, München 1935.
Rosenberg, Alfred: Der Kampf um die Freiheit der Forschung, Halle 1938 (Schriften der Hallischen Wissenschaftlichen Gesellschaft, Bd. 1).
Rosenberg, Alfred: Letzte Aufzeichnungen. Ideale und Idole der nationalsozialistischen Revolution, Göttingen 1951.
Rosenberg, Arthur: Die Aufgabe des Historikers in der Emigration, in: Emil Julius Gumbel (Hrsg.): Freie Wissenschaft, Strasbourg 1938, 207–213.
Rothfeder, Herbert Ph.: A Study of Alfred Rosenberg's Organization for National Socialist Ideology, phil. Diss. Michigan (USA) 1963.
Rust, Bernhard: Die Grundlagen der nationalsozialistischen Erziehung, in: Hochschule und Ausland 13 (1935) 1–18.
Schachenmayer, Helmut: Arthur Rosenberg als Vertreter des historischen Materialismus, Wiesbaden 1964.
Schachermeyr, Fritz: Die nordische Führerpersönlichkeit im Altertum, in: Humanistische Bildung im nationalsozialistischen Staate, Leipzig 1933 (Neue Wege zur Antike R. 1, H. 9), 36–43.
[270] Schachermeyr, Fritz: Die Aufgaben der Alten Geschichte im Rahmen der nordischen Weltgeschichte, in: Vergangenheit und Gegenwart 23 (1933) 589–600.
Schachermeyr, Fritz: Lebensgesetzlichkeit in der Geschichte. Versuch einer Einführung in das geschichtsbiologische Denken, Frankfurt/Main 1940.
Schachermeyr, Fritz: Karthago in rassengeschichtlicher Betrachtung, in: Joseph Vogt (Hrsg.): Rom und Karthago, Leipzig 1943, 9–43.
Schachermeyr, Fritz: Forschungen und Betrachtungen zur Griechischen und Römischen Geschichte, Wien 1975.
Schäfer, Karl Theodor: Verfassungsgeschichte der Universität Bonn 1818–1960, Bonn 1968.
Scheffler, Wolfgang. Judenverfolgung im Dritten Reich, Berlin 1964.

Schenk von Stauffenberg, Alexander Graf: Theoderich der Große und seine römische Sendung, in: Reinhard Herbig (Hrsg.): Würzburger Festgabe, Heinrich Bulle dargebracht zum 70. Geburtstag am 11. Dezember 1937, Stuttgart 1938, 111–129.
Scheurig, Bodo: Einführung in die Zeitgeschichte, 2. Aufl., Berlin 1970.
Schieder, Theodor: Hermann Rauschnings „Gespräche mit Hitler" als Geschichtsquelle, Opladen 1972.
Schiemann, Theodor: Victor Hehn, Ein Lebensbild, Stuttgart 1994.
Schiering, Wolfgang: Zur Geschichte der Archäologie, in: Ulrich Hausmann (Hrsg.): Allgemeine Grundlagen der Archäologie, München 1969, 11–161.
Schlenke, Manfred: Das „preußische Beispiel" in Propaganda und Politik des Nationalsozialismus, in: Aus Politik und Zeitgeschichte B 27/68 v. 3.7.1968, 15–23.
Scholtz, Harald. Die „NS-Ordensburgen", in: VfZ 15 (1967) 269–298.
Scholtz, Harald: Nationalsozialistische Ausleseschulen. Internatsschulen als Herrschaftsmittel des Führerstaates, Göttingen 1973.
Schrot, Gerhard: Forschung und Lehre zur Alten Geschichte an der Universität Leipzig, in: WZ Karl-Marx-Univ. Leipzig 8 (1958/59) 323–337.
Schulz-Falkenthal, Heinz: Zur Entwicklung des Faches Alte Geschichte an der Universität Halle, in: WZ Martin-Luther-Univ. Halle-Wittenberg 10 (1961) 915–926.
Schumann, Peter: Die deutschen Historikertage von 1893–1937. Die Geschichte einer fachhistorischen Institution im Spiegel der Presse, phil. Diss. Marburg 1974.
Schumann, Wolfgang: Die Universität Jena in der Zeit des deutschen Faschismus (1933–1945), in: Geschichte der Universität Jena 1548/58–1958, Bd. 1, Jena 1958, 615–670.
Schwabe, Klaus: Wissenschaft und Kriegsmoral. Die deutschen Hochschullehrer und die politischen Grundfragen des Ersten Weltkrieges, Göttingen 1969.
See, Klaus von: Deutsche Germanen-Ideologie vom Humanismus bis zur Gegenwart, Frankfurt/Main 1970.
Seier, Hellmut: Der Rektor als Führer. Zur Hochschulpolitik des Reichserziehungsministeriums 1934–1945, in: VfZ 12 (1964) 105–146.
Seier, Hellmut: Niveaukritik und partielle Opposition. Zur Lage an den deutschen Hochschulen 1939/40, in: Festschrift Kluke, Paul Kluke zum 60. Geburtstag dargebracht von Frankfurter Schülern und Mitarbeitern, Frankfurt/Main 1968 (Ms.), 167–189.
Seraphim, Hans-Günther (Hrsg.): Das politische Tagebuch Alfred Rosenbergs 1934/35 und 1939/40, Göttingen 1956.
Simon, Ernst: Aufbau im Untergang. Jüdische Erwachsenenbildung im nationalsozialistischen Deutschland als geistiger Widerstand, Tübingen 1959.
[271] Smith, Bradley F.: Heinrich Himmler: A Nazi in the Making, 1900–1926, Stanford, Calif. 1971.
Speer, Albert: Erinnerungen, 3. Aufl., Frankfurt/Main 1969.
Speer, Albert: Spandauer Tagebücher, Frankfurt 1975.
Stier, Hans Erich: Zum römischen Philhellenismus der Flamininuszeit, in: H. Leussink u.a. (Hrsg.): Gedenkschrift zur 150. Wiederkehr des Gründungsjahres der Friedrich-Wilhelms-Universität zu Berlin, Bd. 2, Berlin 1960, 614–624.
Straub, Johannes: Vom Herrscherideal der Spätantike, Stuttgart 1939 (NDr. Darmstadt 1964).
Stürmer, Michael: Bismarck-Mythos und Historie, in: Aus Politik und Zeitgeschichte, B 3/71 v. 16.1.1971, 3–30.

Taeger, Fritz: Völker- und Rassenkämpfe im westlichen Mittelmeer, in: Joseph Vogt (Hrsg.): Rom und Karthago, Leipzig 1943, 44–82.

Täubler, Eugen: Nachwort, in: Theodor Mommsen: Judaea und die Juden, Berlin 1936, 81–92 (= Bücherei des Schocken-Verlagcs 70).

Thies, Jochen: Architekt der Weltherrschaft. Die Endziele Hitlers, Düsseldorf 1976.

Thiessenhusen, Karen: Politische Kommentare deutscher Historiker zur Revolution und Neuordnung 1918/19, in: Aus Politik und Zeitgeschichte B 45/69 v. 8.11.1969, 3–63.

Till, Rudolf: Ein Bild von Stilicho, in: J. O. Plassmann (Hrsg.): Kleine Kostbarkeiten aus Kunst und Geschichte, Berlin 1940, 69–73.

Till, Rudolf: Handschriftliche Untersuchungen zu Tacitus Agricola und Germania (Der Codex Aesinas), Berlin 1943.

Till, Rudolf. Die Überlieferung von Tacitus Germania, Germanien 15, 1943, 119–129.

Tillmann, Heinz: Deutschlands Araberpolitik im zweiten Weltkrieg, Berlin 1965.

Timm, Albrecht: Die Universität Halle-Wittenberg, Frankfurt/Main 1960.

Treue, Wilhelm: Zum nationalsozialistischen Kunstraub in Frankreich. Der „Bargatzky-Bericht" (Dokumentation), in: VfZ 13 (1965) 285–337.

(Universität): Die deutsche Universität im Dritten Reich. Eine Vortragsreihe der Universität München, München 1966.

Universitätstage 1966. Veröffentlichung der Freien Universität Berlin: Nationalsozialismus und die deutsche Universität, Berlin 1966.

Vacano, Otto-Wilhelm von: Das Problem des alten Zeustempels in Olympia, phil. Diss. Köln 1937.

Vacano, Otto-Wilhelm von (Bearb.): Sparta: Der Lebenskampf einer nordischen Herrenschicht, Kempten 1940 (Arbeitsheft der Adolf-Hitler-Schulen).

Vagts, Alfred: Deutsch-Amerikanische Rückwanderung, Heidelberg 1960.

Vierhaus, Rudolf: Walter Frank und die Geschichtswissenschaft im nationalsozialistischen Deutschland, in: HZ 207 (1968) 617–627.

Villard, P.: Antiquité et Weltanschauung hitlérienne, Revue d'histoire de la deuxième guerre mondiale 22, 88, 1972, 1–18.

Vogt, Joseph: Unsere Stellung zur Antike, Breslau 1937 (110. Jahresbericht d. Schles. Gesellschaft für vaterländische Cultur, Geisteswiss. Reihe 3, 4).

Vogt, Joseph: Kaiser Julian und das Judentum. Studien zum Weltanschauungskampf in der Spätantike, Leipzig 1939 (Morgenland H. 30).

Vogt, Joseph (Hrsg.): Rom und Karthago. Ein Gemeinschaftswerk, Leipzig 1943.

Wacker, Otto: Bewegung und Wissenschaft, Volk im Werden 6, 1938, 161–166.

Weber, Wilhelm: Erwartungen und Forderungen des Professors, in: Der deutsche Student 1 (Oktober) 1933, 2–11.

[272] Weickert, Carl: Das deutsche archäologische Institut, 2. Aufl., Berlin 1950.

Weisz, Christoph: Geschichtsauffassung und politisches Denken Münchener Historiker der Weimarer Zeit, Berlin 1970.

Werner, Joachim: Zur Lage der Geisteswissenschaften in Hitler-Deutschland, in: Schweizerische Hochschulzeitung 19 (1945/46) 71–81.

Werner, Karl Ferdinand. Das NS-Geschichtsbild und die deutsche Geschichtswissenschaft, Stuttgart 1967.

Werner, Karl Ferdinand: Deutsche Historiographie unter Hitler, in: Bernd Faulenbach (Hrsg.): Geschichtswissenschaft in Deutschland. Traditionelle Positionen und gegenwärtige Aufgaben, München 1974, 86–96.
Widmann, Horst: Exil und Bildungshilfe. Die deutschsprachige akademische Emigration in die Türkei nach 1933, Frankfurt 1973.
Wilhelm, Kurt (Hrsg.): Wissenschaft des Judentums im deutschen Sprachbereich. Bd. 1–2, Tübingen 1967.
Will, Edouard: Doriens et Ioniens. Essai sur la valeur du critère ethnique appliqué à l'étude de l'histoire et de la civilisation grecques, Paris 1956.
Wüst, Walther: Indogermanisches Bekenntnis. Sechs Reden, Berlin 1942.
Zobel, Hans Jürgen (Hrsg.): Eugen Täubler, Biblische Studien, Tübingen 1958.

[273] Nr. 1d

Summary

After commenting on the remarkably disparate attitudes of the NSDAP leadership toward antiquity, this study examines the development of the discipline of Ancient History and its connection with the other closely related fields of *Klassische Altertumswissenschaft*. The most immediate consequence of the seizure of power by the National Socialists for Ancient History was the prosecution of numerous scholars for racial and political reasons. This led to a substantial loss in the discipline and marked the greatest break in its entire development. The chapter which deals with the contradictions in the NSDAP university policy as manifest in the academic hiring practises 1933–1945 describes not only personnel changes. It also analyses fundamental policy decisions of the competent ministry, the self-administrative organs of the universities and the interested party organs. In this way the study passes beyond the single discipline of Ancient History to general problems of university policy in the Third Reich. The procedures employed in the evaluation of candidates by the *Amt Rosenberg* and the reports on the activities of the *NS-Dozentenbund* show vividly that the hardline spokesmen of National Socialist university policy could not fully achieve their ends. Even the broadly conceived Kriegseinsatz der Altertumswissenschaften could not change this. The monograph devotes special attention to attempts to organize classical studies outside the university. It examines the efforts of classical scholars to create a genuine National Socialist *Altertumswissenschaft* in Himmler's „Forschungs- und Lehrgemeinschaft ‚Das Ahnenerbe'" and in Rosenberg's *Hohe Schule*. Different degrees of willingness to cooperate and cornpromise were also manifest in this group.

Within the discipline of Ancient History in the period from 1933 to 1945 a wide variety of positions can be seen. Evidence of unconditional acceptance of the teachings of the Naziideologists is by no means lacking. One finds also expressions of acceptance which are only superficial and opportune. And there are examples of individuals who in no way compromised the rigid norms of scholarship.

[Die Seiten *[274–283]* umfassen in der Originalpublikation das Register, welches in diesem Buch in ein Gesamtregister integriert wurde.]

Nr. 1e

Lebenslauf

Am 9.6.1942 wurde ich als zweiter von drei Söhnen des Kaufmanns Erich Losemann und seiner Ehefrau Erna, geb. Scheidt, in Kassel geboren. Nach dem Besuch der Volksschulen Kirchlotheim (Kreis Frankenberg/Eder) und Korbach, des altsprachlichen Zweigs der Alten Landesschule Korbach und des altsprachlichen Friedrichsgymnasiums Kassel legte ich am 26.2.1962 die Reifeprüfung ab.

Vom Sommersemester 1962 bis zum Wintersemester 1968 studierte ich an der Philipps-Universität Marburg die Fächer Geschichte und Latein. Die wissenschaftliche Prüfung für das Lehramt an Gymnasien bestand ich am 19.11.1968. Seit dem 1.2.1969 bin ich als wissenschaftlicher Mitarbeiter am Seminar für Alte Geschichte der Philipps-Universität Marburg tätig.

In den Fächern Geschichte und Latein besuchte ich während meines Studiums Vorlesungen und Übungen bei den Professoren und Dozenten Becker, Beumann, Bog, Büttner, Christ, Habicht, Heinemeyer, Hillgruber, Kienast, Kullmann, Lendle, Mommsen, Nolte, Oestreich, Schlenke, Schlesinger, Wagner, Wenskus und Wimmel.

Zu größtem Dank bin ich Herrn Prof. Dr. K. Christ verpflichtet, der das Zustandekommen der vorliegenden Arbeit in jeder Weise gefördert hat.

[Der Lebenslauf ist der im Jahr 1975 im Fachbereich Geschichtswissenschaften der Philipps-Universität Marburg eingereichten Dissertationsfassung entnommen.]

Teil II:
Aufsätze zur Wissenschafts- und Rezeptionsgeschichte

Nationalsozialismus

Nr. 2

Originalpublikation in: K. Malettke (Hrsg.), Der Nationalsozialismus an der Macht. Aspekte nationalsozialistischer Politik und Herrschaft, Vandenhoeck und Ruprecht, Göttingen 1984, 9–52.

Nationalsozialistische Weltanschauung und Herrschaftspraxis 1933–1945

Die Diskussion über den Charakter des NS-Staates wird seit einiger Zeit von dem Streit über die „monokratische" oder „polykratische" Struktur des Dritten Reiches beherrscht. Hinter der von der Totalitarismusdiskussion geprägten – also älteren – Vorstellung von der „Monokratie" steht das Bild einer totalitären Führerdiktatur bzw. eines „monolithischen" Führerstaates, in dem Hitler die in allen Bereichen ausschlaggebende Rolle zufällt.[1] In dem „polykratischen" Modell wird dagegen die Position des „Führers" erheblich relativiert. Diese vornehmlich von sozialgeschichtlich orientierten Historikern vertretene Einschätzung leitet sich zu einem guten Teil aus der Beobachtung des „Kompetenzen-Chaos", des „Ämterdarwinismus", der „Kompetenzenanarchie" ab, um nur einige der wichtigsten Schlagworte zu nennen, mit denen man versucht, gewissermaßen das „Organisationsprinzip" der Innenpolitik des Regimes auf den Begriff zu bringen. In beiden Konzeptionen spielt die Frage nach der Durchsetzungskraft Hitlers und seines Programmes eine wesentliche Rolle. Nach der zumindest im Ansatz vorgenommenen Übertragung der „revidierten" Ansicht auf den außenpolitischen Sektor scheint die Frontlinie nunmehr zwischen „Revisionisten" und „Programmologen" zu verlaufen. Die Diskussion bezieht sich vorwiegend auf die Außenpolitik und auf die mit ihr programmatisch verknüpfte Rassenpolitik. Anders ausgedrückt stehen „Lebensraumpolitik" und „Endlösung" der Judenfrage im Mittelpunkt der Erörterungen, womit nicht nur deren Inhalt, sondern auch die Konzentration auf die Phase des Zweiten Weltkriegs bezeichnet wäre.[2]

Es versteht sich, daß eine Auseinandersetzung mit dem Thema „Nationalsozialistische Weltanschauung und Herrschaftspraxis" von dieser nur grob skizzierten Diskussion tangiert wird, auch wenn im folgenden etwas andere Akzente gesetzt werden.

---

1 Vgl. generell zu dieser Diskussion A. Hillgruber, Endlich genug über Nationalsozialismus und Zweiten Weltkrieg? Forschungsstand und Literatur, Düsseldorf 1982, 24ff. u. 57ff.

2 So jetzt z.B. H. Mommsen, Die Realisierung des Utopischen: Die „Endlösung der Judenfrage" im „Dritten Reich", in: Geschichte und Gesellschaft 9 (1983) 381–420.

[10] Im ersten Teil dieses Beitrages wird es um den Versuch einer Beschreibung der nationalsozialistischen Weltanschauung gehen. Die absolute Autorität Hitlers in Weltanschauungsfragen ist unbestritten, von daher sind wir in erster Linie auf seine Konzeption verwiesen. Diese soll hier in den Entwicklungsstufen betrachtet werden, in denen sie lange vor 1933 zunehmende Geschlossenheit gewonnen hat bzw. fixiert worden ist. Die Frage nach der Weltanschauung des Nationalsozialismus zielt dabei auf den „Kerngehalt", d. h. es wird vornehmlich die Entwicklungslinie des rassenpolitischen Programmes und der damit korrespondierenden Herrschaftsvorstellungen nachgezogen, die Hitler in einem Geschichtsbild konkretisiert hat.[3]

Wie eingangs bemerkt wurde, ist die umstrittene Frage nach der Realisierung des Programms in der Herrschaftspraxis vor allem auf die außen- und rassenpolitischen Ziele Hitlers konzentriert worden. Im zweiten Teil des vorliegenden Beitrags soll sie auf die von außerordentlicher Dynamik geprägte Anfangsphase des Dritten Reiches von 1933 bis 1935 und den in einem weiten Sinn dem innenpolitischen Bereich zuzurechnenden Komplex der Rassenpolitik eingegrenzt werden. Rassenpolitik schließt – in der weltanschaulichen Begründung und in der Realisierung nach 1933 – antijüdische Politik und Maßnahmen der „Erb- und Rassenpflege" ein. Es ist zu hoffen, daß auch von diesem Teilbereich nationalsozialistische Herrschaftspraxis her Aspekte des Verhältnisses von Programm und praktischer Politik des Nationalsozialismus geklärt werden können.

Den Ansatzpunkt der Frage nach den Inhalten der nationalsozialistischen Weltanschauung bildet gewöhnlich das Parteiprogramm vom 24. Februar 1920. Auf der ersten Massenversammlung der „Deutschen Arbeiter Partei" (DAP), die damals ihren Namen programmatisch in „Nationalsozialistische Deutsche Arbeiter Partei" (NSDAP) erweiterte, verlas Hitler das 25-Punkte-Programm.[4] Diese Leitsätze vermitteln zwar nur bedingt Aufschluß über die Weltanschauung Hitlers, sie spiegeln aber dennoch die Interessenlage der frühen NSDAP und müssen deshalb hier berücksichtigt werden.

An seinem Beginn stehen außenpolitische Forderungen, wie die nach Revision des Versailler Vertrages und nach „Land und Boden (Kolonien) zur Ernährung unseres Volkes und Ansiedlung unseres Bevölkerungsüberschusses". (Punkt 3)[5] In dem folgenden „antisemitischen" Abschnitt wird der jüdische Bevölkerungsanteil vom deutschen „Volksgenossen" deutlich abgegrenzt: „Staatsbürger kann nur *[11]* sein, wer Volksgenosse ist. Volksgenosse kann nur sein, wer deutschen Blutes ist, ohne Rücksichtnahme auf Konfession. Kein Jude kann daher Volksgenosse sein." (Punkt 4) „Nicht-Staatsbürger" sind ferner unter Fremdengesetzgebung zu stellen, von öffentlichen Ämtern auszuschließen, bei fehlender „Erwerbs- und Lebensmöglichkeit der Staatsbürger [...] auszuweisen". Schließlich soll jede weitere Einwanderung „Nicht-Deutscher" verhindert und Ein-

3 Vgl. dazu generell E. Jäckel, Hitlers Weltanschauung. Entwurf einer Herrschaft, Neuausgabe Stuttgart 1981.

4 Vgl. A. Tyrell, Vom ‚Trommler' zum ‚Führer' – Der Wandel von Hitlers Selbstverständnis zwischen 1919 und 1924 und die Entwicklung der NSDAP, München 1975, 32f.

5 Im folgenden zitiert nach: G. Feder, Das Programm der NSDAP und seine weltanschaulichen Grundgedanken, München [111–115]1933, 19ff.

wanderungen aus diesem Personenkreis nach 1914 wieder rückgängig gemacht werden. (Punkte 5–8) Abgesehen von den mehr oder weniger offen gegen den jüdischen Bevölkerungsteil gerichteten Punkten, wie sie schon vor dem Ersten Weltkrieg etwa von dem Alldeutschenführer Heinrich Claß vertreten worden waren, zielten auch weitere Aussagen indirekt, aber dennoch eindeutig gegen die Juden.[6]

Das gilt besonders für die aus dem Programm Gottfried Feders stammende Parole von der „Brechung der Zinsknechtschaft" mit der der „sozialistische" oder wirtschaftspolitische Teil eingeleitet wurde. Diese Tendenz prägt aber auch die übrigen „antikapitalistischen" Programmpunkte; dabei ging es u.a. um „Abschaffung des arbeits- und mühelosen Einkommens" (Punkt 11), die „Einziehung aller Kriegsgewinne" (Punkt 12), „Verstaatlichung aller (bisher) bereits vergesellschafteten (Trusts) Betriebe" (Punkt 13), „Schaffung eines gesunden Mittelstandes" und „sofortige Kommunalisierung der Groß-Warenhäuser" (Punkt 16). Heftig umstritten war der Passus des Punktes 17, in dem „die Schaffung eines Gesetzes zur unentgeltlichen Enteignung von Boden für gemeinnützige Zwecke" gefordert wurde.

In der Entstehungsphase liegt der Hauptakzent des Programms zweifellos auf den antikapitalistischen Forderungen, mit denen die Stimmungen der Nachkriegszeit aufgenommen werden.[7] Letztere zeigen sich auch darin, daß „gemeine Volksverbrecher, Wucherer, Schieber usw." mit der Todesstrafe bedroht wurden. (Punkt 18) Zu nennen bleiben schließlich recht disparate allgemein-innenpolitische Punkte: „Ersatz für das der materialistischen Weltordnung dienende römische Recht durch ein deutsches Gemeinrecht" (Punkt 19), „Ausbau des gesamten Volksbildungswesens" (Punkt 20), „Hebung der Volksgesundheit" (Punkt 21), „Bildung eines Volksheeres" (Punkt22), „Schaffung einer deutschen Presse" (Punkt 23) und „Freiheit aller religiösen Bekenntnisse im Staat, soweit sie nicht dessen Bestand gefährden oder gegen das Sittlichkeits- und Moralgefühl der germanischen *[12]* Rasse verstoßen." (Punkt 24) Im letzten Punkt schließlich finden sich die einzigen Aussagen zu den staatlichen Organisationsformen, in deren Rahmen dieses Programm verwirklicht werden sollte: Notwendig erschien die „Schaffung einer starken Zentralgewalt des Reiches [...] unbedingte Autorität des politischen Zentralparlaments" und die „Bildung von Stände- und Berufskammern zur Durchführung der vom Reich erlassenen Rahmengesetze in den einzelnen Bundesstaaten". (Punkt 25)

Insgesamt bietet sich dieses Programm dar als Sammelbecken, das aus vielen Quellen gespeist ist. Darin fanden sich von Anton Drexler, dem Gründer der Deutschen Arbeiter Partei (DAP) vermittelte Elemente der völkischen Ideologie, die Lehre Gottfried Feders von der „Brechung der Zinsknechtschaft", die auf Hitler ursprünglich großen Eindruck gemacht hatte und das Gedankengut älterer „nationalsozialistischer" Reformbewegungen und antisemitischer Gruppen.[8]

---

6 H. Claß (Pseudonym D. Frymann), Wenn ich der Kaiser wär, Leipzig 1912.

7 K. D. Bracher/W. Sauer/G. Schulz, Die nationalsozialistische Machtergreifung. Studien zur Errichtung des totalitären Herrschaftssystems in Deutschland 1933/34, Köln/Opladen ^{2}1962, 382.

8 Vgl. W. Maser, Der Sturm auf die Republik. Frühgeschichte der NSDAP, Stuttgart 1973, 205ff., und K. D. Bracher, Die deutsche Diktatur. Entstehung – Struktur – Folgen des Nationalsozialismus

Gemessen an den Assoziationen, die man gemeinhin mit nationalsozialistischer Weltanschauung verbindet, ist Hitler – darüber ist sich die Forschung einig – weit über dieses Programm hinausgegangen. Das belegen am besten die Aussagen zur Judenfrage, die eher auf der Ebene eines „normalen“ Antisemitismus liegen.[9] Abgesehen von graduellen Unterschieden fehlen, wie noch zu zeigen ist, wesentliche Elemente, die zum Kernbestand von Hitlers Weltanschauung gerechnet werden. Was deren immerhin mögliche Realisierung in der Herrschaftspraxis angeht, so sollte sich erweisen, daß das Parteiprogramm für Hitler keinesfalls eine verbindliche Leitlinie seines Handelns darstellte. Insofern bestätigt sich die nur scheinbar paradoxe Aussage Jäckels „Wer also nach Hitlers Weltanschauung fragt, darf vom Parteiprogramm keine Aufschlüsse erwarten.“[10]

Der Hauptadressat war zweifellos der bürgerliche Mittelstand, dessen Ängste und Wünsche angesprochen wurden. „Der ‚Sozialismus‘ war“, so K. D. Bracher, „auf eine Bekämpfung des Bolschewismus bei den Arbeitern abgestellt: dies zielte ebenso auf die Sympathien der Reichswehr und politisch potenten Gesellschaftskreise wie die emphatische Versicherung, Hitler sei ein ‚guter Katholik‘.“[11] In „Mein Kampf“ hat Hitler die Funktion dieser „Leitsätze“ dahingehend bestimmt, daß sie „in erster Linie dem Mann aus dem Volk ein grobes Bild des Wollens der Bewegung“ vermitteln sollten. Dementsprechend hätte bei der Abfassung die „Rücksicht auf psychologische *[13]* Momente“ eine große Rolle gespielt.[12] Die begrenzte Reichweite wird auch in der weiteren Behandlung des Programms deutlich: Gegenüber Revisionsforderungen der Strasser-Gruppe wurde am 22. Mai 1926 beschlossen, das Programm sei „unabänderlich“. Programmdiskussionen sollten generell verbunden werden. Zwei Jahre später sah sich Hitler dennoch genötigt, den Punkt 17 „gegenüber den verlogenen Auslegungen [...] von seiten unserer Gegner“ näher zu erläutern: Er versicherte, daß die NSDAP „auf dem Boden des Privateigentums“ stehe. Die Forderung nach „unentgeltliche(r) Enteignung“ beziehe sich auf unrechtmäßig erworbenen Boden und richte „sich demgemäß in erster Linie gegen die jüdischen Grundspekulationsgesellschaften.“[13]

Wenn man von begrenzter Reichweite oder tagespolitischer Verfügbarkeit des Parteiprogramms sprechen kann, so am ehesten in bezug auf das weitere Schicksal der „antikapitalistischen“ Programmpunkte. Die Punkte aber, die den Kernbereich der Weltanschauung des Nationalsozialismus betrafen, dem wir uns jetzt zuwenden wollen, erfuhren nach der Machtübernahme eine z. T. sehr konkrete Umsetzung in Gesetze des NS-Staates.

Köln/Berlin [2]1980, 91f.

9 Vgl. G. Mai, Sozialgeschichte Bedingungen von Judentum und Antisemitismus im Kaiserreich, in: Th. Klein/V. Losemann/ders. (Hrsg.), Judentum und Antisemitismus von der Antike bis zur Gegenwart, Düsseldorf 1984, 133.

10 Jäckel, 86.

11 K. D. Bracher, Deutsche Diktatur, 91, der sich auf eine Äußerung von Rudolf Heß stützt. Dazu Maser, Sturm, 289.

12 A. Hitler, Mein Kampf (Volksausgabe – Zwei Bände in einem Band), München 1939, 511.

13 Feder, Programm der NSDAP, 21.

In einschlägigen Beiträgen werden die Hauptelemente von Hitlers Weltanschauung auf prägnante, unterschiedlich akzentuierte Formeln gebracht, wie etwa „Biologismus und Lebensraum“ (H. Krausnick) oder „Imperialismus und rassenideologisch motivierter Antisemitismus“ (A. Hillgruber).[14] Im kritischen Blick auf die sich auf Hitler beschränkende „Analyse des weltanschaulichen Bestimmungsgrundes der Politik des Dritten Reiches“ hat M. Broszat den Sachverhalt ausführlicher so umschrieben: „Dabei läßt sich dann unschwer aufzeigen, daß ein fanatischer Antisemitismus und Antibolschewismus sowie das außenpolitisch Ziel der Gewinnung neuen Lebensraumes im Osten, eingebettet in ein darwinistisch-heroisches Geschichtsbild mit der Leitvorstellung ewigen Kampfes und der Auslese des Stärkeren, die einzigen stabilen Weltanschauungsinhalte darstellen, an denen Hitler konsequent festgehalten hat. Demnach wären diese Inhalte allein der feste, in sich relativ geschlossene Kern der NS-Weltanschauung, alles andere unverbindliche Phraseologie.“[15] Broszat bezieht sich hier auf den in dieser Hinsicht konsequentesten Ansatz, den E. Jäckel erstmals 1969 vorgelegt hatte. Die daran anknüpfenden kritischen Fragen Broszats nach Funktion und Bedeutung von „Hitlers Weltanschauung“ müssen einstweilen zurückgestellt werden. Unabhängig davon *[14]* bestreitet auch Broszat nicht die zentrale Rolle der genannten Faktoren, wenn er sie als „Primärinhalte“ oder auch als „Fixpunkte der persönlichen Weltanschauung Hitlers“ bezeichnet.[16] Eben diese sollen genauer in den Blick genommen werden, zumal nach neuerer Einschätzung Jäckel der überzeugende Nachweis gelungen ist, „daß Hitlers Weltanschauung ein zwar irrationales, aber durchaus kohärentes und somit ernstzunehmendes Gedankengebäude war.“[17] Auszugehen ist dabei von der Fixierung des antisemitischen Programms, dem „Schlüsselelement in der nationalsozialistischen Ideologie“.[18]

Der rassisch begründete Antisemitismus entwickelte sich im 19. Jahrhundert auf dem Fundament, das Joseph Arthur de Gobineau (1816–1882) gelegt hatte.[19] Sein „Versuch über die Ungleichheit der Menschenrassen“, der in Deutschland gegen Ende des 19. Jahrhunderts zu besonderer Wirkung kam, schuf die Grundlage für eine wertende Klassifizierung der Rassen. Eine besondere Schubkraft gewann die Rassentheorie durch die Verknüpfung der Gedanken Gobineaus mit sozialdarwinistischen Lehren, die sehr eingängige Begriffe wie „Kampf ums Dasein“ oder „Auslese der Tüchtigsten“ aus der Biologie Darwins entlehnt hatte. Auf diese Weise schien sich die Möglichkeit zu bewußter Rassenpolitik

14 Vgl. A. Hillgruber, Imperialismus und Rassendoktrin als Kernstück der NS-Ideologie, in: L. Haupts/G. Mölich (Hrsg.), Strukturelemente des Nationalsozialismus, Köln 1981, 11.

15 M. Broszat, Soziale Motivation und Führer-Bindung des Nationalsozialismus, in: Vierteljahrshefte für Zeitgeschichte 18 (1970) 399f.

16 Ebd., 400 u. 403.

17 L. Kettenacker, Sozialpsychologische Aspekte der Führer-Herrschaft, in: G. Hirschfeld/ders. (Hrsg.), Der „Führerstaat“: Mythos und Realität. Studien zur Struktur und Politik des Dritten Reiches, Stuttgart 1981, 119.

18 Hillgruber, Imperialismus, 19.

19 Einzelnachweise zu dem folgenden Überblick vgl. V. Losemann, Rassenideologien und antisemitische Publizistik in Deutschland im 19. und 20. Jahrhundert, in: Th. Klein u.a., Judentum und Antisemitismus, 137ff. *[= Nr. 3]*.

zu bieten. In den 70er Jahren des 19. Jahrhunderts taucht in der ursprünglich religiös und sozial-politisch bestimmten antisemitischen Agitation die Argumentation des Rassenantisemitismus auf, die bald zum prägenden Element des modernen Antisemitismus wird. Einen frühen Gipfelpunkt erreicht der Rassenantisemitismus in Deutschland mit Eugen Dührings Werk „Die Judenfrage als Racen-, Sitten- und Culturfrage" (1881), in dem die „parasitäre" Existenz des Juden („Die Einstreuung von Racejudentum in die Fugen und Spalten unserer nationalen Behausungen") aufs schärfste angegriffen und schon „Wege zur Lösung" des Problems gesucht werden. Die rasche Verbreitung des Rassenantisemitismus im deutschen Sprachraum läßt sich an der nach der Jahrhundertwende sprunghaft anwachsenden Entwicklungskurve der antisemitischen Publizistik ablesen.[20] In diese Jahre fällt schon Hitlers von ihm selbst so bezeichnete „Lehrzeit" in Wien (1907–1913), in der er die Wandlung „vom schwächlichen Weltbürger zum fanatischen Antisemiten" vollzogen haben will.[21]

Zum österreichischen Erfahrungshintergrund Hitlers gehörte die eher sozial motivierte antisemitische Ausrichtung der Christlich-Sozialen *[15]* Partei des Bürgermeisters Karl Lueger (1844–1910), die rassistisch-deutschnational geprägte Bewegung Georg Ritter von Schönerers, das Einströmen jüdischer Einwanderer aus Galizien und die Bekanntschaft mit den in den „Ostara"-Heften verbreiteten, wirren Rassenlehren des ehemaligen Zisterziensers Adolf Lanz von Liebenfels, der eine „Reinzucht- und Rassenkultgemeinde" gegründet und einen erbarmungslosen Rassenkampf vorausgesagt hatte.[22]

Die antisemitische Agitation lieferte für die Niederlage von 1918 Erklärungsmuster wie das von der „jüdisch-bolschewistischen Revolution" bzw. „Weltverschwörung", vom „Dolchstoß", in die dann die „Erfüllungs- und Verzichtpolitiker", die Linksparteien und die Weimarer „Judenrepublik" einbezogen wurden. Hitler will im November 1918 während seiner Lazarettzeit in äußerster Erbitterung über „die Urheber dieser Tat" den in „Mein Kampf" beschriebenen Entschluß gefaßt haben, den er effektvoll an den Beginn seiner politischen Laufbahn setzte: „Mit dem Juden gibt es kein Paktieren, sondern nur das harte Entweder – Oder. Ich aber beschloß, Politiker zu werden."[23] Das erste Schriftstück dieser Laufbahn und zugleich der erste dokumentarische Nachweis seines Antisemitismus datiert vom 16. September 1919.[24] Hitler beantwortete als Angehöriger eines Aufklärungskommandos „Zur Renationalisierung der Truppe" eine Anfrage über das Verhältnis der „Regierungssozialdemokratie gegenüber dem Judentum". In diesem Zusammenhang wird das Judentum als „Rassentuberkulose der Völker" gekennzeichnet. „Der Antisemitismus aus rein gefühlsmäßigen Gründen wird seinen letzten Ausdruck finden in der Form von Pogromen. Der Antisemitismus der Vernunft jedoch muß führen

20 P. v. z. Mühlen, Rassenideologien. Geschichte und Hintergründe, Berlin/Bonn [2]1979, 231ff.

21 A. Hitler, Mein Kampf, 69.

22 Vgl. R. Breitling, Die nationalsozialistische Rassenlehre. Entstehung, Ausbreitung, Nutzen und Schaden einer politischen Ideologie, Meisenheim am Glan 1971, 25.

23 A. Hitler, Mein Kampf, 225.

24 E. Deuerlein, Hitlers Eintritt in die Politik und die Reichswehr, in: Vierteljahrshefte für Zeitgeschichte 7 (1959) 185.

zur planmäßigen gesetzlichen Bekämpfung und Beseitigung der Vorrechte des Juden, die er nur zum Unterschied der anderen zwischen uns lebenden Fremden besitzt. [...] Sein letztes Ziel aber muß unverrückbar die Entfernung der Juden überhaupt sein."[25]

Diese Forderung hat Hitler von diesem Zeitpunkt an in seinen Reden nahezu stereotyp wiederholt, auch nach der Verkündung des Parteiprogramms am 24. Februar 1920. So etwa in der bekannten Passage aus der sogenannten „grundlegenden" Rede über den Antisemitismus vom 13. August 1920: Nach der Protokollnotiz verlangte er darin unter stürmischem, lang anhaltendem Beifall „die Entfernung der Juden aus unserem Volke".[26] Die Forderung nach „Entfernung des Erregers" (der Rassentuberkulose der Völker) erschien übrigens auch *[16]* schon auf den Plakaten, mit denen die Grundsatzrede Hitlers angekündigt wurde.

Nähere Erläuterungen dazu, was unter „Entfernung" zu verstehen war, fehlen. Die beabsichtigte „planmäßige und gesetzliche Bekämpfung und Beseitigung der Vorrechte der Juden" korrespondiert wohl mit den oben erwähnten Punkten 7 und 8 des Parteiprogramms, in denen als weitestgehende Maßnahme die Ausweisung vorgesehen war. Der Terminus „Entfernung" ist aber von solchen Maßnahmen deutlich abgehoben und geht über das Parteiprogramm hinaus. Die vermutlich bewußt undeutlich gefaßte Formulierung läßt nicht nur, was in einigen Fällen naheliegt, an „Ausweisung" oder „Auswanderung", sondern auch an weitaus radikalere Absichten bis hin zur physischen Liquidierung denken.[27]

Es ist die Auffassung vertreten worden, daß die vorgelegten Zeugnisse aus den Jahren 1919 und 1920 mit ihrer Terminologie den Schluß zulassen, daß bereits damals die stärkste Ausprägung des Hitlerschen Antisemitismus erreicht war.[28] Nach der Interpretation Jäckels, auf die noch einzugehen ist, hat sich dessen Brutalisierung und Radikalisierung erst ab 1924 vollzogen. Unbestritten bleibt dabei aber, daß der Antisemitismus Hitlers in seinen „politischen Lehrjahren" von 1919–1923 seine entscheidende Prägung erfahren hat.

Im Zusammenhang mit der Erörterung des Parteiprogramms ist schon auf die faszinierende Wirkung der antikapitalistischen Parole von Gottfried Feders „Manifest zur Brechung der Zinsknechtschaft" auf Hitler verwiesen worden. Wichtig ist weiter die Vermittlerfunktion des völkischen Publizisten Dietrich Eckart. Mit seinem Namen verbindet sich nicht nur die antisemitische Zeitschrift „Auf gut deutsch", sondern auch die bekannte Broschüre „Der Bolschewismus von Moses bis Lenin", deren Originalität und Bedeutung für Hitler freilich umstritten ist.[29] Ihre These von der jüdisch- bolschewistischen Weltverschwörung, „die scharfe antikommunistische Ausrichtung der NSDAP [...] und die unbedingte Gleichsetzung des Bolschewismus mit dem Judentum" geht auf den

25 Ebd., 204.

26 R. H. Phelps, Hitlers „grundlegende" Rede über den Antisemitismus, in: Vierteljahrshefte für Zeitgeschichte 16 (1968) 417; vgl. generell Jäckel, Hitlers Weltanschauung, 55ff.

27 Ebd., 57.

28 Vgl. H. Auerbach, Hitlers politische Lehrjahre und die Münchener Gesellschaft 1919–1923, in: Vierteljahrshefte für Zeitgeschichte 25 (1977), 15 Anm. 56.

29 Auerbach, Hitlers politische Lehrjahre, 21.

Deutschbalten Max Erwin von Scheubner-Richter und vor allem auf Alfred Rosenberg zurück.[30] Beide waren baltischer Herkunft, von daher verband sie auch das Erlebnis der russischen Oktoberrevolution. Nicht zuletzt deshalb galten sie damals als einflußreiche außenpolitische Berater Hitlers. Rosenberg hat Hitler vermutlich auch mit einer „Grundschrift des neueren Antisemitismus", den in verschiedenen Versionen verbreiteten „Protokollen *[17]* der Weisen von Zion" bekannt gemacht. Das Werk, in dem eine jüdische Wellverschwörung von ungeheuerlichem Ausmaß „entlarvt" wird, stellt den Höhepunkt und die Synthese älterer Verschwörungstheorien und -mythen dar.[31]

In „Mein Kampf" hat Hitler seine antisemitische Argumentation, soweit sie bis jetzt behandelt wurde, zumindest in eine geschlossene Form gebracht. E. Jäckel glaubt, an vier Aspekten nicht nur eine Systematisierung, sondern auch eine Verschärfung nachweisen zu können: Erstens sei der Antisemitismus „jetzt ganz in den Mittelpunkt sowohl seines persönlichen wie seines politischen Werdeganges" getreten, zweitens werde der Judenfrage jetzt eine „Bedeutung für die ganze Welt zugemessen", drittens sei die Rede vom jüdischen Internationalismus „ganz an die Spitze aller antisemitischen Vorwürfe" gerückt und schließlich sei viertens in „Mein Kampf" eine „geradezu ungeheuerliche Radikalisierung und Brutalisierung der empfohlenen Maßnahmen" zu erkennen.[32]

Es würde in diesem Rahmen zu weit führen, die Belege Jäckels bzw. die Frage möglicher Entwicklungsformen ausführlich zu erörtern. Generell wird nicht bestritten, daß die genannten Aspekte wichtige Elemente der antisemitischen Argumentation Hitlers darstellen. Was den interessantesten vierten Aspekt angeht, so wird man Jäckel zumindest zugeben müssen, daß Hitler in seinem Kampfbuch klarer ausgedrückt hat, was unter der von ihm geforderten „Entfernung der Juden" zu verstehen war. Dies können die folgenden Passagen stichhaltiger belegen als die mündliche Äußerung Hitlers, er sei bei der Abfassung von „Mein Kampf" zur Erkenntnis gekommen, daß in Zukunft „die schärfsten Kampfmittel" anzuwenden seien, oder als Jäckels Verweis auf die ausufernde Übertragung von Ausdrücken aus dem Bereich der Parasitologie auf die Juden.[33]

Zwei dieser schlimmsten Ausfälle Hitlers sind nicht nur mit dem Beginn des Ersten Weltkriegs verknüpft, sondern schließen auch die für ihn in hohem Maße charakteristische Verbindung von Antisemitismus und Antimarxismus ein: „Nun wäre aber", so formuliert er an die Adresse der kaiserlichen deutschen Regierung, „der Zeitpunkt gekommen gewesen, gegen die ganze betrügerische Genossenschaft dieser jüdischen Volksvergifter vorzugehen. [...] Es wäre die Pflicht einer besorgten Staatsregierung gewesen, nun, da der deutsche Arbeiter wieder den Weg zum Volkstum gefunden hatte, die Verhetzer dieses Volkstums unbarmherzig auszurotten. Wenn an der Front die besten *[18]* fielen, dann konnte man zu Hause wenigstens das Ungeziefer vertilgen."[34]

---

30 Ebd.

31 Vgl. Verf., Rassenideologien, 148ff. *[Nr. 3]*.

32 Vgl. Jäckel, Hitlers Weltanschauung, 63–67.

33 Vgl. E. Jäckel/A. Kuhn (Hrsg.), Hitler. Sämtliche Aufzeichnungen, Stuttgart 1980, 1242, und Jäckel, Hitlers Weltanschauung, 69.

34 A. Hitler, Mein Kampf, 185f.

„Die versäumte Abrechnung mit dem Marxismus“ beklagte Hitler dann im zweiten Band von „Mein Kampf“ nur wenig abgewandelt:

> „Hätte man zu Kriegsbeginn und während des Krieges einmal zwölf- oder fünfzehntausend dieser hebräischen Volksverderber so unter Giftgas gehalten, wie Hunderttausende unserer allerbesten deutschen Arbeiter aus allen Schichten und Berufen es im Felde erdulden mußten, dann wäre das Millionenopfer der Front nicht vergeblich gewesen. Im Gegenteil: Zwölftausend Schurken zur rechten Zeit beseitigt, hätte vielleicht einer Million ordentlichen, für die Zukunft wertvollen Deutschen das Leben gerettet.“[35]

Bei der Erörterung der Grenzproblematik seiner Gegenwart hieß es schließlich nicht weniger deutlich:

> „Nicht Fürsten und fürstliche Mätressen schachern und feilschen um Staatsgrenzen, sondern der unerbittliche Weltjude kämpft für seine Herrschaft über die Völker. Kein Volk entfernt diese Faust anders von seiner Gurgel als durch das Schwert. Nur die gesammelte, konzentrierte Stärke einer kraftvoll sich aufbäumenden Leidenschaft vermag der internationalen Völkerversklavung zu trotzen. Ein solcher Vorgang ist und bleibt aber ein blutiger.“[36]

Wir können die Reihe der Belege für die Radikalität der Vorstellungen Hitlers abbrechen, in die die Konsequenz der Endlösung zumindest gedanklich eingeschlossen ist. Für den Nachweis ihrer Kontinuität von dem ersten Dokument einer politischen Laufbahn bis zu ihren letzten Stunden genügt das erschreckende Zeugnis aus dem sogenannten „Politischen Testament“ Hitlers vom 29. April 1945: Er verpflichtete darin „die Führung der Nation und die Gefolgschaft zur peinlichen Einhaltung der Rassegesetze und zum unbarmherzigen Widerstand gegen den Weltvergifter aller Völker, das internationale Judentum.“[37]

Der Radikalantisemitismus Hitlers ist hier zunächst isoliert behandelt worden. Hitler aber betrachtet die „Rassenfrage“ in einem weiteren Rahmen „als Schlüssel zur Weltgeschichte.“[38] Seine Rassenlehre enthält – wie bekannt – auch Zielvorstellungen zur Verbesserung und Regeneration der Rassen. Neben den rassepolitischen Zielen mit ihren ‚negativen‘ und ‚positiven‘ Aktionsrichtungen nehmen die raumpolitischen Vorstellungen in Hitlers Weltanschauung den wichtigsten Platz ein. Die Systematisierung seines Konzepts hat Hitler, wie Jäckel zeigen konnte, vor allem in dem bekannten 11. Kapitel „Volk und Rasse“ in „Mein Kampf und in seinem (unveröffentlichten) „Zweiten *[19]* Buch“ von 1928 vorgenommen. Für diese Zusammenfassung wird häufig und wohl auch

---

35 Ebd., 772.
36 Ebd., 738.
37 Zitiert nach E. Nolte, Der Faschismus in seiner Epoche, München [5]1979, 444.
38 A. Hitler, Mein Kampf, 372.

zutreffend der sehr weit gefaßte Begriff „Geschichtsbild" gebraucht.[39] Dessen „Primärinhalte" sind jetzt in einem konzentrierten Überblick zu betrachten.

An die erste Stelle einer zunächst nur losen Reihe der wichtigsten Begriffe, die das Geschichtsbild konstituieren, wären „Volk" und/ oder „Rasse" zu setzen. Als wichtige bewegende Elemente wären ferner zu nennen Lebenskampf, Selbsterhaltungstrieb, Lebensraum, die Faktoren Volkswert, Persönlichkeitswert, Rassenwert (Blutswert) und ihnen gegenübergestellt als negative Gegenposition der Jude.[40]

Der Zusammenhang zwischen diesen Begriffen läßt sich in Kürze wie folgt darstellen:

Die Notwendigkeit zum „Lebenskampf" ergibt sich letztlich aus dem „Selbsterhaltungstrieb", der ebenso wie die „Sehnsucht der Forterhaltung" unbegrenzt ist. Begrenzt ist dagegen der Lebensraum. In dieser Begrenzung „liegt der Zwang zum Lebenskampf". Im Lebenskampf findet der „aristokratische Grundgedanke der Natur" im „Sieg des Stärkeren und Vernichtung des Schwachen" seine eindrucksvolle Bestätigung.[41]

In einer häufig zitierten Passage aus „Mein Kampf" ist dieses Geschichtsbild einigermaßen prägnant zusammengefaßt:

> „Arische Stämme unterwerfen (häufig in wahrhaft lächerlich geringer Volkszahl) fremde Völker und entwickeln nun, angeregt durch die besonderen Lebensverhältnisse des neuen Gebietes (Fruchtbarkeit, klimatische Zustände usw.), sowie begünstigt durch die Menge der nun zur Verfügung stehenden Hilfskräfte an Menschen niederer Art, ihre in ihnen schlummernden geistigen und organisatorischen Fähigkeiten. Sie erschaffen in oft wenigen Jahrtausenden, ja Jahrhunderten, Kulturen, die ursprünglich vollständig die inneren Züge ihres Wesens tragen, angepaßt den oben schon angedeuteten besonderen Eigenschaften des Bodens sowie der unterworfenen Menschen."[42]

Konkretisierungen sollen einstweilen zurückstehen: Doch sei eingeschoben, daß neben den hier als „Kulturgründer" eingeführten arischen Stämmen noch „Kulturträger" (wie etwa die Japaner) und „Kulturzerstörer" (die Juden) anzutreffen sind. Das weitere Schicksal der „Kulturgründer" vollendet sich in folgender Weise: „Endlich aber gehen die Eroberer von der am Anfang eingehaltenen Reinheit ihres Blutes ab, beginnen sich mit den unterjochten Einwohnern zu vermischen und beenden damit ihr eigenes Dasein; denn dem Sündenfall im Paradies folgte noch immer die Vertreibung aus demselben."[43] Reinheit des Blutes, strengste Einhaltung von Rassevorschriften, ist also *[20]* eine unabdingbare Voraussetzung für Machtentfaltung und -behauptung der Herrenvölker. Zu den entscheidenden Faktoren in diesem Auf und Ab der Völker zählt die „Volkszahl": Bevölkerungsvermehrung ist die Voraussetzung für Sicherung und vor allem Erweiterung

39 Vgl. generell Jäckel, Hitlers Weltanschauung, 97ff.

40 Ebd., 110.

41 A. Hitler, Mein Kampf, 421.

42 Ebd., 319.

43 Ebd., 319f.

des Lebensraumes. Bevölkerungsrückgang etwa durch Geburtenbeschränkung führt zum Verlust desselben.[44]

Größte Bedeutung kommt dem „Volks“- oder „Rassenwert“ zu, dem „wahre(n) Ewigkeitsfaktor für die Größe und Bedeutung eines Volkes“: Völker, die das Bewußtsein für ihren Volks-, Rasse- oder Blutswert verlieren, werden alsbald Opfer der „Blutsvermischung“ der „Rassensenkung“. Der Weg dahin führt über „eine sogenannte Ausländerei [...] ein Minderschätzen eigener kultureller Werte gegenüber denen fremder Völker.“[45] In der Reihe der geschichtsmächtigen Faktoren bedürfen schließlich die Begriffe „Persönlichkeitswert“ und „Selbsterhaltungstrieb“ näherer Erläuterung: Beachtung des Persönlichkeitswerts bedeutet Anerkennung der „Arbeit einzelner schöpferischer Personen“, schafft die Voraussetzung für das „Entstehen kraftvollen Führertums“.[46] Der Selbsterhaltungstrieb ist wesentlich Ausdruck einer heroischen Bereitschaft, sich dem Existenz- oder Lebenskampf zu stellen. Die Faktoren Volkswert, Persönlichkeitswert und Selbsterhaltungstrieb finden ihre Entsprechung in den Begriffen Nationalismus, Führerprinzip und Heroismus. Ihre Bedeutung für Hitlers Geschichtsbild wird, wie Jäckel gezeigt hat, noch augenfälliger, wenn man sie von ihren Gegenpositionen *Internationalismus*, *Demokratie*, *Pazifismus* her beschreibt und im Sinne Hitlers den Juden als ihren wichtigsten Träger oder geradezu als ihre Verkörperung begreift.[47] Diese Begriffe sind uns in der antisemitischen Vorstellungswelt Hitlers schon begegnet. In ihrer Wendung gegen Marxismus und Sozialismus, gegen das parlamentarische System, gegen die Weimarer Republik, gegen die Ideen des Völkerbundes sind sie mit konkreten innen- und außenpolitischen Zielvorstellungen verbunden.

Die Sonderstellung der Juden in diesem Rahmen ergibt sich zu einem wesentlichen Teil daraus, daß ihnen die Fähigkeit zur Erhaltung eines räumlich begrenzten Staates und damit eine wesentliche Voraussetzung für die Schaffung großer Kulturen abging. Dem Juden fehlte „die idealistische Gesinnung der Staatsrasse“ als Ausdruck für wirklichen Rassenwert. War für den Arier der Boden Grundlage des Lebenskampfes, führte der Jude seinen Lebenskampf als „parasitäre ***[21]*** Existenz“ auf dem Boden seiner Gastvölker, deren Ausrottung als letztes Ziel der Juden beschworen wird.[48]

Wenn in diesem Sinne die „Primärinhalte“ von Hitlers Weltanschauung zu umreißen waren, so stellt sich jetzt die Frage der Konkretisierung des Herrschaftsprogramms und des Herrschaftsmodells, das in diesem Geschichtsbild angelegt war. Aufs Ganze gesehen, dominiert darin zweifellos die außenpolitische Perspektive, was auch der prinzipiellen Gewichtung Hitlers entspricht. Wenn hier das Hauptaugenmerk auf das innenpolitische Aufgabenfeld gerichtet wird, so rechtfertigt sich das nicht allein von der Zielsetzung dieses Beitrags, sondern auch von der Anlage des Herrschaftsprogramms: War „ein schlagkräf-

44 Ebd., 317.
45 G. L. Weinberg (Hrsg.), Hitlers Zweites Buch. Ein Dokument aus dem Jahr 1928, Stuttgart 1961, 65f.
46 Ebd., 67.
47 Vgl. Jäckel, Hitlers Weltanschauung, 110f.
48 Weinberg (Hrsg.), Hitlers Zweites Buch, 221.

tiges Schwert" Instrument expansiver Außenpolitik, so hatte die innenpolitische Leitung des Staates „dieses Schwert zu schmieden".[49] Die Funktiosverteilung ist im „Zweiten Buch" noch deutlicher akzentuiert: „Außenpolitik ist die Kunst, einem Volke den jeweils notwendigen Lebensraum in Größe und Güte zu sichern. Innenpolitik ist die Kunst, einem Volke den dafür notwendigen Machteinsatz in Form seines Rassenwertes und seiner Zahl zu erhalten.[50] Im Vordergrund der Innenpolitik stand also der rassenpolitische Auftrag des Staates, wobei dieser, wie Hitler immer wieder betonte, nur „Mittel zum Zweck" war.[51]

Die antisemitische Aktionsrichtung dieses Auftrages, die bereits erörtert wurde, ist dabei natürlich im Auge zu behalten. Zu den *konkreten* rassehygienischen Aufgaben des Staates gehören die Verhinderung jeder Rassenmischung und die Sorge um die Reinhaltung des Blutes. Als Mittel dazu waren u.a. eine exzessive Sterilisationspraxis und die Durchsetzung eugenischer Regeln ins Auge gefaßt. Propaganda und Erziehung hatten – der Widerstände war sich Hitler durchaus bewußt – langfristig dafür zu sorgen, „daß das deutsche Volk rassisch zur Besinnung gelangt und sich außer der Zucht von Hunden, Pferden und Katzen auch des eigenen Blutes erbarmt."[52] Dementsprechend spielte die „Anerziehung von Rassesinn" und „Staatliche Auslese der Tüchtigen" eine wichtige Rolle in den „Erziehungsgrundsätzen des völkischen Staates", die Hitler entwickelte.[53]

Diese hier erörterten rassehygienischen Maßnahmen zeigen sehr plastisch, daß Hitler durchaus konkrete Vorstellungen darüber besaß, wie „Primärziele" seiner Weltanschauung in die Praxis umzusetzen waren und daß er dieses auch beabsichtigte. Rassenhygienische Erwägungen mit aktuellem Bezug verband Hitler in seinem Sinne konsequent *[22]* mit der rassenantisemitischen Argumentation, als er die Stationierung französischer farbiger Besatzungssoldaten im Rheinland anprangerte: „Juden waren und sind es, die den Neger an den Rhein bringen, immer mit dem gleichen Hintergedanken und klaren Ziele, durch die dadurch zwangsläufig eintretende Bastardierung die ihnen verhaßte weiße Rasse zu zerstören, von ihrer kulturellen und politischen Höhe zu stürzen und selber zu ihren Herren aufzusteigen."[54]

Bei der Einschätzung des rassenhygienischen Programms hat man sich zu vergegenwärtigen, daß dem heutigen Betrachter in Kenntnis der Herrschaftspraxis des Dritten Reiches das Schreckliche und Absurde dieser Vorstellungen klarer ist als manchem Zeitgenossen Hitlers. Ein Blick in die entsprechende Literatur zeigt, daß vieles von dem, was Hitler anklingen ließ, damals zumindest diskussionswürdig erschien. Ein Indiz dafür ist etwa, daß es in Deutschland seit 1904 ein „Archiv für Rassen- und Gesellschaftsbiologie" und eine „Deutsche Gesellschaft für Rassenhygiene" gab, deren Gründer Alfred Ploetz der „humanen" Richtung des Sozialdarwinismus zugerechnet wird.[55] Auch von diesem

---

49 A. Hitler, Mein Kampf, 689.

50 Weinberg (Hrsg.), Hitlers Zweites Buch, 62.

51 Zu dieser Formel vgl. Jäckel, Hitlers Weltanschauung, 79f.

52 A. Hitler, Mein Kampf, 732; vgl. auch ebd., 449f.

53 Ebd., 476.

54 A. Hitler, Mein Kampf, 357; vgl. Verf., Rassenideologien, 152 *[= Nr. 3]*.

55 Ebd., 140.

Bereich der Rassenpolitik führen Kontinuitätslinien weit ins 19. Jahrhundert zurück, die hier nicht aufgenommen werden können. Hier sei nur noch die heftig diskutierte erstmals 1920 erschienene Programmschrift „Die Freigabe der Vernichtung lebensunwerten Lebens" erwähnt, die von zwei angesehenen Wissenschaftlern, dem Strafrechtler Karl Binding und dem Neuropathologen Alfred Hoche vorgelegt worden war.[56]

Hitler hat einige seiner Leitvorstellungen über die allgemeinen Entwicklunglinien seines „Rassen-Geschichtsbildes" hinausgehend – wenn auch in groben Umrissen – im Sinne eines Herrschaftsprogramms historisch konkretisiert. Bei der Frage nach dem Zusammenhang zwischen Geschichtsbild und Herrschaftsentwurf ist in allererster Linie von den Weltreichsvorstellungen auszugehen, die Hitler im Blick auf das „Imperium Romanum" artikuliert hat. „Römische Geschichte in ganz großen Linien richtig aufgefaßt" – so hieß es in „Mein Kampf" – „ist und bleibt die beste Lehrmeisterin nicht nur für heute, sondern wohl für alle Zeiten."[57] Ganz zweifellos lieferte ihm das römische Vorbild die Stichworte für eine „deutsche Weltmachtsgeschichte". Daß Rom zum „Kristallisationspunkt eines Weltreichs" werden konnte, führte Hitler in einer Rede von 1929 darauf zurück, daß es „im tiefsten Grunde ein Bauernstaat gewesen"[58] sei. Man hat in diesen Spekulationen mit Recht den Ansatzpunkt einer Agrarutopie gesehen, *[23]* für die das „Festhalten an agrarischen Lebensformen", Verteidigung des Bodens mit „eigenem Blut" und „riesiger Machtzuwachs" charakteristisch sind.[59]

Die Perspektiven der Rassengeschichte prägen auch das Bild vom Untergang dieser Weltmacht: Hitler war davon überzeugt, daß Rom nicht durch Germanen und Hunnen, sondern durch das „jüdisch-bolschewistisch" gesteuerte Christentum „gebrochen" worden sei.[60] Wichtig für Hitler war schließlich die Funktion antiker Modelle, insbesondere der Großbauten im Rahmen der Herrschaftssymbolik. Das Bauprogramm, durch das Berlin zur „Weltkapitale" werden sollte, bildet, wie J. Thies formuliert hat, den Rahmen für eine nach antiken Vorbildern zu gestaltende „deutsche Weltführungsrolle"[61]

Zu den historischen Vorbildern Hitlers zählt dann Sparta, das als Prototyp einer rassisch hochwertigen Minderheit erscheint. Daß Hitler in Sparta „den klarsten Rassenstaat der Geschichte" wiederfand, ergibt sich einmal aus dem Zahlenverhältnis von 6000 herrschenden spartanischen Familien und dreihundertvierzigtausend unterdrückten Heloten. Das war für ihn, wie er im 2. Weltkrieg einmal äußerte, nicht nur ein Beleg für „die Großartigkeit dieses Blutes", sondern ein unmittelbares Vorbild für die Herrschaftsordnung im Osten.[62]

---

56 Dazu K. Nowak, ‚Euthanasie' und Sterilisierung im ‚Dritten Reich', Göttingen ²1980, 48ff.

57 A. Hitler, Mein Kampf, 470.

58 Vgl. Weinberg (Hrsg.), Hitlers Zweites Buch, 129 und J. Thies, Architekt der Weltherrschaft. Die „Endziele" Hitlers, Düsseldorf ²1976, 72.

59 Ebd.

60 Vgl. W. Jochmann, Adolf Hitler. Monologe im Führerhauptquartier 1941–1944, Hamburg 1980, 96; vgl. dazu oben *[16]* die Argumentationslinie von Dietrich Eckart.

61 J. Thies, Architekt, 103f.

62 Nolte, Faschismus, 500; vgl. Jochmann, Hitler-Monologe, 263 u. 279.

Das Vorbild „planmäßiger Rasseerhaltung“ in letzter Konsequenz für „Vernichtung lebensunwerten Lebens“ begegnet erstmals im „Zweiten Buch“ von 1928. Das historische Beispiel wird eingeführt bei dem Stichwort „Geburtenpolitik“, wobei die, so wörtlich „Aussetzung kranker, schwächlicher, mißgestalteter Kinder, d. h. also deren Vernichtung“ stärkster Ausdruck der Rassenpolitik dieses „ersten völkischen Staat[es]“ ist.[63] Diese historisch unterlegten Erwägungen Hitlers sind – das sei hier eingeschoben – nicht nur in „Mein Kampf“ oder im „Zweiten Buch“ gewissermaßen ‚versteckt‘. Hitler hat seine Grundsätze in aller Öffentlichkeit verkündet wie etwa im Rahmen einer Parteitagsrede von 1929: „Würde Deutschland jährlich eine Million Kinder bekommen und 700.000–800.000 der Schwächsten beseitigen, dann würde am Ende das Ergebnis vielleicht sogar eine Kräftesteigerung sein.“[64]

Zur Spartavorstellung gehört natürlich auch das, was J. Fest die „Strategie des grandiosen Untergangs“ genannt hat, die unbedingte Pflicht zur Aufopferung im Kampf.[65] In Sparta sieht Hitler ebenso wie im frühen „Bauernstaat Rom“ aber vor allem den archaischen Zustand der Rassereinheit in agrarischen Verhältnissen verwirklicht. *[24]* Darüber hinaus findet er in der spartanischen Lebensordnung die eindrucksvollste Bestätigung für das sozialdarwinistische Prinzip vom „Sieg des Stärkeren und der Vernichtung des Schwachen“.

Hitler selbst hat den Blick von Rom und Sparta auf die zukünftige Herrschaftsordnung im Osten gelenkt. Darum geht es auch bei der für Hitler mit am wichtigsten Bildgruppe aus der Deutschen Geschichte:

Die „glänzende“ Kolonisation der Ostmarken“ hatte er schon 1921 zu den „grandiosesten Leistungen“ der deutschen Geschichte gezählt.[66] In dem Kapitel „Ostorientierung oder Ostpolitik“ von „Mein Kampf“ präzisierte Hitler seine Vorstellungen und hob aus dem „Blutmeer“ von über tausend Jahren deutscher Geschichte drei Erscheinungen hervor:

> „1. Die hauptsächlich von Bajuwaren betätigte Kolonisation der Ostmark,
> 2. die Erwerbung und Durchdringung des Gebietes östlich der Elbe und“

– die Reihe soll hier vollständig wiedergegeben werden –

> „3. die von den Hohenzollern betätigte Organisation des brandenburgisch-preußischen Staates als Vorbild und Kristallisationskern eines neuen Reiches.“[67]

Diese Ausführungen, es geht hier nur um die ersten beiden Punkte, nehmen in Verbindung mit Erwägungen über „gesunde Bodenpolitik“ im Programm Hitlers eine Schlüssel-

63 Weinberg (Hrsg.), Hitlers Zweites Buch, 56f.
64 Zitiert nach Nolte, Faschismus, 503.
65 J. Fest, Hitler. Eine Biographie, Frankfurt 1973, 989.
66 Jäckel/Kuhn (Hrsg.), Hitlers Aufzeichnungen, 377.
67 A. Hitler, Mein Kampf, 733.

stellung ein: „Wollte man in Europa Grund und Boden, dann konnte dies im großen und ganzen nur auf Kosten Rußlands geschehen, dann mußte sich das neue Reich wieder auf der Straße der einstigen Ordensritter in Marsch setzen, um mit dem deutschen Schwert dem deutschen Pflug die Scholle, der Nation aber das tägliche Brot zu geben."[68] In dieser Aussage aus dem ersten, 1925 veröffentlichten Teil von „Mein Kampf", ist das schon 1919 anvisierte Ziel der Erschließung von „Bauernland" mit dem Bild „glänzender deutscher Ostkolonisation" zum Programm der Lebensraumpolitik verschmolzen.[69] Seine „Bodenpolitik der Zukunft" – so wiederum im 2. Teil von „Mein Kampf" – setzte dort ein , „wo man vor sechs Jahrhunderten endete. Wir stoppen den ewigen Germanenzug nach dem Süden und Westen Europas und weisen den Blick nach dem Land im Osten."[70]

Mit dem imperialistischen Ziel verband sich dann die antisemitische und antibolschewistische Leitlinie zu dem schlechthin zentralen Programmpunkt Hitlers: „Wenn wir", so Hitler weiter,

> *[25]* „heute in Europa von neuem Grund und Boden reden, dann können wir in erster Linie nur an Rußland und die ihm untertanen Randstaaten denken. Das Schicksal selbst scheint uns hier einen Fingerzeig geben zu wollen. Indem es Rußland dem Bolschewismus überantwortete, raubte es dem russischen Volk jene Intelligenz, die bisher dessen staatlichen Bestand herbeiführte und garantierte [...] Seit Jahrhunderten zehrte Rußland von diesem germanischen Kern seiner oberen leitenden Schichten. Er kann heute als fast restlos ausgerottet und ausgelöscht angesehen werden. An seine Stelle ist der Jude getreten. [...] Das Riesenreich im Osten ist reif zum Zusammenbruch. Und das Ende der Judenherrschaft in Rußland wird auch das Ende Rußlands als Staat sein. Wir sind vom Schicksal ausersehen, Zeugen einer Katastrophe zu werden, die die gewaltigste Bestätigung für die Richtigkeit der völkischen Rassentheorie sein wird."[71]

In dieser Argumentation tritt uns, wie A. Hillgruber bündig formuliert hat, „die ‚Endlösung' und das deutsche Ostimperium als Kernstück des rassenideologischen Programms des Nationalsozialismus" entgegen: „Im Geschichtsbild eines permanenten, gnadenlosen Kampfes der Völker um einen ihrer wachsenden Größe angemessenen, aber nur bei „Rassenreinheit" zu behauptenden „Lebensraum" fanden diese beiden Grundelemente ihre Synthese."[72]

In den Bildgruppen Sparta, Rom und Ostimperium haben zentrale ideologische Prämissen des Nationalsozialismus ihren Ausdruck gefunden. Gemeinsam ist diesen Bildern der Modellcharakter für das Herrschaftsprogramm: Imperiales Ausgreifen, vorbildliche

68 Ebd., 742f.
69 Vgl. Jäckel, Hitlers Weltanschauung, 38.
70 A. Hitler, Mein Kampf, 742.
71 Ebd., 742f.
72 A. Hillgruber, Die „Endlösung" und das deutsche Ostimperium als Kernstück des rassenideologischen Programms des Nationalsozialismus, in: Vierteljahrshefte für Zeitgeschichte 20 (1972) 135.

Methode der Herrschaftssicherung nach innen, agrarisch strukturierte Gesellschaftsordnungen, in denen urtümliche Rassereinheit verwirklicht war. Es ist sicher zuzugeben, daß der Gehalt dieser Vorstellungen an historischer Realität äußerst begrenzt oder reduziert ist, die Aussagekraft wird dadurch aber in keiner Weise beeinträchtigt.

Die Aussage eines Geschichtsbildes zielt naturgemäß zunächst auf die Vergangenheit. Wenn in diesem Komplex freilich die „Endziele" Hitlers ihren Ausdruck gefunden haben, dann liegt in der Rückwendung zugleich der Ansatz einer Utopie: Gleich, ob Hitler den Blick auf Rom, Sparta richtete oder an die „bewußte Wiederaufnahme der mittelalterlichen Ostkolonisation"[73] dachte, ein utopischer Grundzug seiner Lebens- und Großraumvisionen ist unverkennbar. Der konservative und reaktionäre Charakter dieser Utopien ist am Ziel der Errichtung eines autarken Agrarstaates ablesbar,[74] und prägt besonders augenfällig auch die megalomanische Herrschaftsarchitektur und das Bauprogramm überhaupt: „Antimodernistisch war nur die Inspiration, die politische Ausführung seiner Pläne war ohne den Großeinsatz *[26]* der Technik nicht zu meistern. Letztlich ging es um eine ganz neue Zivilisation, die Verwirklichung einer Utopie."[75]

Unabhängig von weitergehenden Funktionsbestimmungen dieser „utopischen" Geschichtsbilder herrscht Einigkeit darüber, daß sie für Hitler hohen Rang besaßen.[76] Die allgemein anerkannte dominierende Rolle Hitlers als Programmatiker wird im Grunde auch dadurch nur unterstrichen, daß ähnliche Weltanschauungselemente bei den Mitgliedern der NS-Führungsschicht nachzuweisen sind, die versucht haben, stärkeren Einfluß auf die ideologische Ausrichtung der NSDAP zu nehmen, wie Heinrich Himmler, Richard Walther Darré und Alfred Rosenberg.[77]

Dieser Zusammenhang ist hier nur in Stichworten anzudeuten. Besonders eindrucksvoll ist das Beispiel Himmlers, da sich die Genese seiner Weltanschauung, wie Bradley F. Smith zeigen konnte, detailliert nachzeichnen läßt. So hat man festgestellt, daß sich die Entwicklung von Himmlers rassenbiologischem Antisemitismus „analog, aber unabhängig von Hitler" vollzogen hat.[78] „Himmler als Ideologe" war darüber hinaus auf das Programm der „Germanisierung der deutschen Geschichte" festgelegt.[79] Wenn die von Rauschning überlieferte Äußerung Hitlers von 1934 authentisch ist, war es ihm freilich „höchst gleichgültig, ob sich die Vorgeschichte so oder anders abgespielt hat. [...] Wir haben nur das einzige Interesse, daß wir das, was wir als Zukunftsbild für unser Volk

73 So Kettenacker, Sozialpsychologische Aspekte der Führer-Herrschaft, 129.

74 W. Michalka, Geplante Utopie: Zur Ideologie des Nationalsozialismus, in: Neue Politische Literatur 18 (1973) 224.

75 Kettenacker, Sozialpsychologische Aspekte der Führer-Herrschaft, 130.

76 Broszat, Soziale Motivation, 403.

77 Vgl. H. Auerbach, Führungspersonen und Weltanschauungen des Nationalsozialismus, in: M. Broszat/H. Möller (Hrsg.), Das Dritte Reich. Herrschaftsstruktur und Geschichte, München 1983, 132.

78 Nach Michalka, Geplante Utopie, 220.

79 Vgl. J. Ackermann, Heinrich Himmler als Ideologe, Göttingen 1970, 53ff.

hinstellen, in die graue Vergangenheit hineinprojizieren."[80] Zum Zukunftsbild Himmlers gehört schon sehr früh die Absicht, einen „neugermanischen Kriegerorden" zurückzuzüchten. Die für ihn zentralen Begriffe „Orden und Ordensstaat" korrespondieren mit Vorstellungen von einem germanischen Großreich, in dem der SS die Rolle der rassischen Elite zufiel: „Sein Reichsgedanke wurde somit zu einem biologischen Begriff."[81]

Im Falle Hitlers ist die Verbindungslinie vom Geschichtsbild zur „Realisierung der Utopie" in der „Endlösung" bereits nachgezogen worden. Himmler gilt in vielleicht noch stärkerem Maße als „Hauptexekutor der nationalsozialistischen Ideologie".[82] Er kam, wie J. Fest formuliert hat, „unter den spezifischen Bedingungen eines totalitären Herrschaftssystems zu ungewöhnlicher Macht und damit in die Lage [...], seine Narrheiten blutig zu bekräftigen."[83]

Wichtige Anregungen für seine Rasse- und Siedlungspolitik mit all ihren Implikationen hatte Himmler von Richard Walther Darré empfangen, dem „Verkünder der Idee von Blut und Boden". In seinen *[27]* Programmschriften „Das Bauerntum als Lebensquell der nordischen Rasse" (1928) und „Neuadel aus Blut und Boden" (1930) ging es um die Idealisierung des vom „Zerrbild des schmarotzenden jüdischen, und mongolischen Nomadentums" abgehobenen Bauerntums. Hinter dem Begriff des „Neuadels" stehen Pläne zur „Wiederaufnordung des deutschen Volkes."[84] Darré war erst 1930 zum Agrarexperten der NSDAP berufen und bereits 1931 zum Chef des sogenannten „Rasse- und Siedlungshauptamtes der SS" gemacht worden. 1933 stieg er zum Minister für Ernährung und Landwirtschaft auf. In seinen Reagrarisierungsvorstellungen spielte Sparta als ein Modellthema nationalsozialistischer Geschichtsbetrachtung eine wichtige Rolle, das hat Darré im Zusammenhang mit der von ihm verantworteten Erbhofgesetzgebung stets betont.[85]

Auf die wichtige Vermittlerfunktion Rosenbergs war im Zusammenhang mit der Fixierung Hitlers auf die Verbindung von Antisemitismus und Antibolschewismus schon hinzuweisen.[86] Das Schema seiner im „Mythus des 20. Jahrhunderts" entwickelten „Geschichtsinterpretation" besteht in dem Kampf der hochwertigen nordischen Rasse gegen feindlich gesonnene minderwertige Mächte, vor allem verkörpert durch die „asiatische Gegenrasse" der Juden. Begriffe wie „Rassenbastardisierung" und „Rassenchaos" entsprechen dem ‚bekannten' Geschichtsablauf.[87] Besonderes Interesse darf Rosenberg – und darin berührt sich seine Konzeption mit der Himmlers – als Hauptvertreter einer nach dem Vorbild H. St. Chamberlains gestalteten „germanischen Weltanschauung"

80 Zitiert nach G. Franz, Das Geschichtsbild des Nationalsozialismus und die deutsche Geschichtswissenschaft, in: O. Hauser (Hrsg.), Geschichte und Geschichtsbewußtsein, Göttingen 1981, 96.
81 Vgl. Michalka, Geplante Utopie, 222.
82 So Auerbach, Führungspersonen, 145.
83 J. Fest, Das Gesicht des dritten Reiches. Profile einer totalitären Herrschaft, München 1963, 157.
84 Vgl. F. Grundmann, Agrarpolitik im Dritten Reich. Anspruch und Wirklichkeit des Reichserbhofgesetzes, Hamburg 1979, 20ff.
85 Vgl. Verfasser, Nationalsozialismus und Antike, Hamburg 1977, 2ff. *[= Nr. 1]*.
86 Vgl. oben *[16]*.
87 A. Rosenberg, Der Mythus des 20. Jahrhunderts, München [87–90]1935, 35ff.

beanspruchen, die zu einem starken antikirchlichen – insbesondere antikatholischen Affekt Rosenbergs führte.[88] Auch wenn Hitler sich – darauf wird im Zusammenhang der Erörterung der Probleme nationalsozialistischer Weltanschauung häufig verwiesen – z. T. recht nachdrücklich von Rosenbergs Gedankengängen distanziert hat,[89] ist die Übereinstimmung im Kernbestand der NS-Weltanschauung – und das gilt ebenso für Himmler und Darré – unübersehbar.

Der Entwicklung und den Inhalten der Weltanschauung Hitlers ist hier breiter Raum gegeben worden. Im Verl auf der Darstellung ist dabei die Perspektive eines konsistenten Herrschaftsprogramms in den Vordergrund gerückt worden. Aus „revisionistischer Sicht" hat diese „herkömmliche Auffassung" den insbesondere gegen Jäckel gerichteten Vorwurf einer „Hyperstasierung der Hitlerschen ‚Weltanschauung'" auf sich gezogen:[90] M. Broszat und H. Mommsen heben, um die *[28]* Grundzüge dieser Argumentation anzusprechen, generell den »metaphorisch-propagandistischen Charakter" der Äußerungen Hitlers hervor, die vielfach als Ausdruck zielbewußter Planung der „Endlösung" verstanden worden sind.[91] Der Problemkreis der Endzielplanung interessiert uns im Zusammenhang der Funktionsbestimmung von Hitlers Weltanschauung. Die Existenz der „Primärinhalte" (Antisemitismus, Antibolschewismus, Lebensraum-Utopie) – darauf war bereits hinzuweisen – bestreitet auch Broszat nicht: Sie besitzen für Hitler *persönlich* den Rang „letzter Glaubenswahrheiten".[92]

Wenn Hitler „bestimmte fanatisch geglaubte positive und negative Weltanschauungsziele leidenschaftlich propagierte", so liegt deren *objektive* Funktion für Broszat darin, daß sie als „Beziehungspunkt des vagen Dranges nach sozialer und nationaler Erneuerung und als Ablenkung dieses Dranges von realen und konkreten Neuordnungsprogrammen" dienen. Gerade deshalb, weil diesen Zielen jeder Bezug zur „unmittelbaren sozialen Wirklichkeit" fehlt, können sie propagandistisch wirkungsvoll durch Hitlers „mitreißendes Führer-Rednertum" vermittelt, zur Mobilisierung der „sozialen und nationalen Ressentiments der mittelständischen Schichten" eingesetzt werden.[93]

Es dürfte klar geworden sein, daß in dieser Sichtweise die Bedeutung der zentralen Weltanschauungselemente Hitlers erheblich relativiert wird. In der politischen Praxis der NSDAP ist dies nach Broszat gegenüber einem höheren Grad ideologischer Fixierung in der Frühzeit seit 1929/30 auch daran ablesbar, daß die „Bekämpfung des Marxismus, des demokratischen Parteienstaates, die Parole sozialer und nationaler Wiedergeburt u.ä." für Hitler im Vordergrund standen.[94]

Es kann wohl kaum bestritten werden, daß die nationalsozialistische Weltanschauung von der Propaganda instrumentalisiert worden ist und daß Hitler dabei eine „unerläßli-

88 Vgl. dazu generell R. Baumgärtner, Weltanschauungskampf im Dritten Reich, Mainz 1977.
89 Vgl. Auerbach, Führungspersonen, 132.
90 Mommsen, Realisierung des Utopischen, 386.
91 Ebd.
92 Broszat, Soziale Motivation, 403.
93 Ebd., 402f.
94 Ebd., 400; vgl. auch ders., Der Staat Hitlers. Grundlegung seiner inneren Verfassung, München [10]1983, 45f.

che Integrationsfigur" (Broszat) war. Außerordentlich wichtig bleibt auch der Hinweis auf wechselnde Inhalte und Schwerpunkte der Propaganda. Daraus muß aber nicht folgen, daß Hitler nicht nach wie vor auf die zentralen Elemente seiner Weltanschauung fixiert und entschlossen war, diese zu realisieren.

Die Frage nach der Bewertung und Einschätzung der Weltanschauung Hitlers und ihrem Verhältnis zur „sozialen Realität" stellt sich mit dem „Übergang von der Propagandabewegung zur Herrschaftsorganisation" (Broszat) nach der Machtübernahme am 30. Januar 1933 eigentlich neu bzw. schärfer. Wir wollen diesem Zusammenhang unter Eingrenzung auf die Rassenpolitik des Regimes im Zeitraum von 1933 *[29]* bis 1935 jetzt weiter nachgehen. Im Vordergrund der Erörterung steht dabei – das entspricht dem unterschiedlichen Grad der Verwirklichung – die antijüdische Politik.

Die Nationalsozialistische Judenpolitik zwischen 1933 und 1945 wird zumeist in vier Etappen bzw. Entwicklungsstufen eingeteilt: Fixpunkte einer ersten Phase bilden die Machtergreifung von 1933 und der Erlaß der „Nürnberger Gesetze" im September 1935. Eine zweite Phase, in der der Pogrom vom 9./10. November 1938 (die sogenannte „Reichskristallnacht") den wichtigsten Bezugspunkt darstellt, reicht dann bis zum Beginn des Zweiten Weltkrieges. Die auf die Massenvernichtung, d. h. auf die „Endlösung", zu laufende Entwicklung im Kriege unterteilt man gewöhnlich in die Abschnitte 1939–1941 und 1941– 1944. Die Eskalation der „antijüdischen Maßnahmenpolitik" in diesen Phasen hat R. Hilberg mit den Stichworten „Definition" (1933–1935), „Ausbeutung" (1938–1939), „Konzentration" (1940–1941) und „Vernichtung" (1941–1944) gekennzeichnet. Andere Gliederungsvorschläge weichen von diesem Modell geringfügig ab.[95]

Nach außen weniger sichtbar setzt die Entwicklungslinie der anderen Seite der Rassenpolitik mit dem „Gesetz zur Verhütung erbkranken Nachwuchses" vom 24. Juli 1933 an. Kurz vor Kriegsbeginn schlägt die eugenische Auslesepolitik mit der sogenannten „Kinderaktion" um in die Praxis der „Vernichtung lebensunwerten Lebens", die ihren Höhepunkt in den Massentötungen des „Euthanasieprogramms" in den ersten Kriegsjahren erreicht.[96]

Mit der Eingrenzung auf den Zeitraum 1933–1935 in diesem Beitrag werden nur „der erste Schritt" des „Krieges gegen die Juden" (L. Dawidowicz) und die Anfänge der „Erb- und Rassenpflege" in den Blick genommen. Von der Sache ergeben sich als Schwerpunkte der Darstellung die Ereignisse des Jahres 1933 und der Komplex der „Nürnberger Gesetze".

Folgt man den gängigen Klassifizierungen, so beginnt die antijüdische Maßnahmenpolitik im engeren Sinn mit dem sogenannten „April-Boykott" des Jahres 1933. Doch schon in den ersten beiden Monaten nach der Machtergreifung sind Juden Opfer politischer Verfolgung und zahlreicher „wilder Aktionen" geworden, die für die allererste

95 R. Hilberg, Die Vernichtung der europäischen Juden. Die Gesamtgeschichte des Holocaust, Berlin 1982, 41; vgl. W. Scheffler, Judenverfolgung im Dritten Reich, Berlin [2]1979, 17ff.

96 Vgl. generell Nowak, Euthanasie und Sterilisierung, 64ff.; ferner K. D. Erdmann, „Lebensunwertes Leben". Totalitäre Lebensvernichtung und das Problem der Euthanasie, in: Geschichte in Wissenschaft und Unterricht 26 (1975) 215–225 und E. Klee, „Euthanasie" im NS-Staat. Die „Vernichtung lebensunwerten Lebens", Frankfurt 1983.

Phase der Machtergreifung so außerordentlich charakteristisch sind. Bevor wir auf diese Vorgänge näher eingehen, muß zunächst die erste Etappe der Machtergreifung etwas näher betrachtet werden, weil sie den Rahmen für die einsetzende Judenpolitik bildet.

[30] Der Zugriff auf die unumschränkte Macht beginnt schon zwei Tage nach Hitlers Ernennung zum Kanzler der Regierung der „nationalen Konzentration" mit der von ihm gegen den Willen seiner deutschnationalen Bündnispartner durchgesetzten Auflösung des Reichstags am 1. Februar 1933.[97] Das bedeutete die Ausschaltung des Parlaments für sieben Wochen und Herrschaftsausübung mit Hilfe des Artikels 48 der Weimarer Verfassung: Durch präsidiale Notverordnungen wurde am 4. Februar die Meinungs- und Pressefreiheit eingeschränkt, am 6. Februar die „Gleichschaltung" Preußens durchgeführt und die Entlassung republikanischer Beamter eingeleitet.

Eine Voraussetzung für den Erfolg der Machtergreifung bestand darin, daß Göring mit der Schlüsselstellung des preußischen Innenministers die Verfügungsgewalt über den großen preußischen Polizeiapparat besaß, dem noch 40.000 „SA"- und 10.000 „Stahlhelm"-Hilfspolizisten zugeordnet wurden. Wie Goebbels bemerkte, hatte Göring in dieser Position das „Zeug dazu, ganz radikale Sache zu machen." Das zeigte nicht zuletzt auch Görings bekannte, an die Polizei gerichtete „Aufforderung zum fleißigen Gebrauch der Schußwaffe."[98] Unter diesen Voraussetzungen kam der nationalsozialistische Terror in dem Wahlkampf für die Wahlen am 5. März zu voller Entfaltung und prägte damit sehr eindeutig das Erscheinungsbild der sogenannten „nationalen Erhebung".

Noch vor dem Wahltermin nahm Hitler die wohl entscheidende Stufe im Rahmen der Machtergreifung. Mit der einen Tag nach dem Reichstagsbrand erlassenen „Verordnung zum Schutze von Volk und Staat" vom 28. Februar 1933 wurde praktisch der „permanente Ausnahmezustand" verhängt. Wie auch immer die Frage nach dem oder den Brandstiftern geklärt werden mag, der rasche Einsatz von Massenverhaftungen, vor allem von Kommunisten und Sozialdemokraten belegt deutlich genug, wie konsequent der Vorgang genutzt wurde: „Meine Maßnahmen werden nicht angekränkelt sein durch irgendwelche juristische Bedenken", formulierte Göring und fuhr fort: „Hier habe ich keine Gerechtigkeit zu üben, hier habe ich nur zu vernichten und auszurotten, weiter nichts!"[99]

Flankiert wurde die „Brandverordnung" durch eine bereits vorher konzipierte, aber ebenfalls am 28. Februar erlassene „Verordnung gegen Verrat am Deutschen Volke und hochverräterische Umtriebe", mit der die Todesstrafe für Hoch- und Landesverrat festgesetzt wurde. Diese Verordnungen und nicht erst das „Ermächtigungsgesetz" haben, *[31]* wie K. D. Bracher betont, „den großen Rahmen für Gleichschaltung und Dauerterror geschaffen und ‚legalisiert' [...]."[100]

---

97 Einzelnachweise zum folgenden Überblick generell bei Bracher, Machtergreifung, 31ff.; vgl. jetzt zum Gesamtkomplex: M. Broszat u.a. (Hrsg.), Deutschlands Weg in die Diktatur. Internationale Konferenz zur nationalsozialistischen Machtübernahme, Berlin 1983.

98 Zitiert nach Bracher, Machtergreifung, 72.

99 H. Göring, Reden und Aufsätze, München 1942, 27.

100 Bracher, Machtergreifung, 87.

Wenige Tage nach der Reichstagsbrandverordnung fanden die letzten „Mehrparteienwahlen" statt, in denen die NSDAP mit 43,9 % allein keine Wählermehrheit, aber zusammen mit dem deutschnationalen Bündnispartner eine knappe Mehrheit von 51,9 % der Stimmen erreichen konnte. Damit hätte sich also durchaus die Möglichkeit zu einer verfassungskonformen Regierungspraxis auf parlamentarischer Grundlage geboten. Wie wenig daran zu denken war, zeigte alsbald die Vorlage des Ermächtigungsgesetzes auf der ersten Arbeitssitzung des neugewählten Reichstags am 23. März 1933. Das Gesetz, das einer Zweidrittelmehrheit des Reichstags bedurfte, machte Hitler unabhängig von dem Instrument der „präsidialen Verordnungsgewalt". Die Regierung erhielt die Möglichkeit, zunächst für vier Jahre Gesetze ohne Beteiligung des Reichstages und des Reichsrats zu erlassen. Die „funktionelle und regionale Gewaltenteilung" (Erdmann) war damit freiwillig preisgegeben. Mit Ausnahme der noch verbliebenen 94 Sozialdemokraten haben die Parteien ihrer „Selbstentmachtung" freilich nicht ohne schwerwiegende Bedenken zugestimmt.[101]

Eine Erörterung der verschiedenen Interessenlagen, Erwartungen und Befürchtungen muß hier ebenso unterbleiben wie eine Auseinandersetzung mit der Frage nach der Legalität dieses Gesetzes. Wenn mit dem Ermächtigungsgesetz, wie K. D. Bracher formuliert hat, der Höhepunkt der „terroristische(n), zutiefst verfassungswidrige(n) Verschärfung des Machtergreifungskurses" erreicht war,[102] wird mit dem „Terror" ein wesentlicher Grundzug nationalsozialistischer Machtergreifungspolitik zutreffend beschrieben. Zu dieser gehört aber auch die Entfaltung der Propaganda großen Stils, mit der eine andere Seite der Machtergreifung sichtbar wird: „Terror und Massenpropaganda bildeten tatsächlich seit Beginn des ‚Dritten Reiches' komplementäre Methoden zur Regimestabilisierung."[103] Dabei handelte es sich natürlich u.a. um massive antimarxistische Propaganda, die insbesondere dann, wenn sie sich gegen die „revolutionsverdächtigen" Kommunisten richtete, in bürgerlichen und konservativen Kreisen durchaus auf Zustimmung stieß. Eben dieses Lager war aber auch die Zielgruppe für die propagandistisch höchst gelungene Inszenierung des „Tages von Potsdam« zwei Tage vor der Verabschiedung des Ermächtigungsgesetzes am 21. März 1933. Der nationalsozialistische Reichskanzler verbeugte sich vor dem greisen Reichspräsidenten, der Symbolfigur *[32]* des nationalen Deutschlands und nährte die Illusion von der „nationalen Erhebung". Nicht zuletzt unter diesem Eindruck standen auch die Parteien, die dem Ermächtigungsgesetz ihre Zustimmung gegeben hatten.

Mit Reichstagsbrandverordnung und Ermächtigungsgesetz besaß Hitler Ende März 1933 umfassende Zugriffsmöglichkeiten auf den gesamten Staatsapparat unter Durchbrechung der weiterbestehenden Weimarer Verfassung. Damit hatte sich nach dem bekann-

101 Ebd., 158ff.; vgl. K. D. Erdmann, Die Zeit der Weltkriege, in: B. Gebhardt, Handbuch der deutschen Geschichte, Bd. IV. 2. Stuttgart [2]1976, 370ff.

102 Bracher, Deutsche Diktatur, 230.

103 E. Kolb, Die Maschinerie des Terrors. Zum Funktionieren des Unterdrückungs- und Verfolgungsapparates im NS-System, in: K. D. Bracher/M. Funke/H.-A. Jacobsen (Hrsg.), Nationalsozialistische Diktatur 1933–1945. Eine Bilanz, Düsseldorf 1983, 272.

ten Bild von Ernst Fraenkel der „Doppelstaat" konstituiert: Der die Gesetze respektierende „Normenstaat" wird zunehmend zurückgedrängt von dem die Gesetze bei Bedarf mißachtenden „Maßnahmenstaat".[104]

Das Ergebnis von zwei Monaten nationalsozialistischer Regierungsverantwortung läßt sich an den Zielvorstellungen messen, die Hitler für den innenpolitischen Bereich am 3. Februar 1933 vor den Befehlshabern der Wehrmacht entwickelt hatte:

> „Völlige Umkehrung der gegenwärtigen innenpolitischen Zustände in Deutschland. Keine Duldung der Betätigung, die dem Ziel entgegensteht (Pazifismus!). Wer sich nicht bekehren läßt, muß gebeugt werden. Ausrottung des Marxismus mit Stumpf und Stiel. Einstellung der Jugend und des ganzen Volkes auf den Gedanken, daß nur der Kampf uns retten kann und diesem Gedanken gegenüber alles zurückzutreten hat. [...] Ertüchtigung der Jugend und Stärkung des Wehrwillens mit allen Mitteln. Todesstrafe für Landes- und Volksverrat. Straffste autoritäre Staatsführung. Beseitigung des Krebsschadens der Demokratie!"[105]

Vergegenwärtigt man sich die „Fortschritte", die Hitler mit Hilfe der Reichstagsbrandverordnung und dem Ermächtigungsgesetz in Auseinandersetzung mit dem Marxismus und der Demokratie erreicht hatte, so vermittelt das einen Eindruck von der Dynamik der Machtergreifung. Wir haben uns in diesem Zusammenhang aber auch daran zu erinnern, daß Pazifismus, Marxismus und Demokratie in Hitlers antisemitischer Vorstellungswelt mehr oder weniger stark jüdisch geprägte Erscheinungsformen waren.[106]

Mit dem 30. Januar 1933 waren nun auch „der Übergang von antisemitischer Agitation quasi ‚privaten' Charakters zu Praktiken gegen die Juden und antisemitischen Gesetzen und Maßnahmen des deutschen Staates vollzogen."[107] Die ersten antijüdischen Ausschreitungen im Februar 1933 stehen im Zusammenhang mit der Verfolgung exponierter politischer Gegner, die zu ersten Fluchtwellen führte. In größerem Umfang setzen „wilde Aktionen" nach der Reichstagswahl vom 5. März 1933 ein.[108] Dazu gehören willkürliche Mißhandlungen, *[33]* Verhaftungen und der von der SA und dem „Kampfbund des gewerblichen Mittelstandes" organisierte Boykott von jüdischen Geschäften und Warenhäusern. Gewalttätigkeiten richteten sich in dieser Phase vor allem gegen Juden im öffentlichen Leben, wobei besonderer Druck auf die Justiz ausgeübt wurde: Im ganzen Reich kam es zur Belagerung und Besetzung von Gerichten, zu Störungen und Abbruch von Verhandlungen, an denen jüdische Richter, Staats- und Rechtsanwälte beteiligt waren. In Breslau wurde etwa am 11. März unter Führung des SA-Obergruppenführers Edmund

---

104 Vgl. E. Fraenkel, Der Doppelstaat, Frankfurt/Köln 1974, 13.

105 Neue Dokumente zur Geschichte der Reichswehr 1930–33, in: Vierteljahrshefte für Zeitgeschichte 2 (1954) 434f. (= Aufzeichnungen des Generals Liebmann).

106 Vgl. oben *[20]*.

107 Hillgruber, Imperialismus, 26.

108 H. Genschel, Die Verdrängung der Juden aus der Wirtschaft im Dritten Reich, Göttingen 1966, 44; vgl. auch W. Röder/H. A. Strauß (Hrsg.), Biographisches Handbuch der deutschsprachigen Emigration nach 1933, Bd. I, München 1980, XXI.

Heines, der örtlicher Polizeipräsident und Mitglied des Reichstages war, das Landgericht besetzt. Wie hier wurden diese Aktionen auch an anderen Orten von SA-, SS- und Stahlhelm-Einheiten und z. T. von der Polizei getragen.[109]

Wenn Göring am 11. März erklärte, er „werde die Polizei überall rücksichtslos einsetzen, wo dem deutschen Volk Schaden zugefügt wird", er „weigere sich aber, die Polizei zu Wächtern jüdischer Warenhäuser zu machen", bedeutete das zweifellos eine Ermunterung für die zu revolutionärer Aktion drängende SA.[110] Vor allem mit Blick auf die Reaktionen des Auslandes hatte Hitler schon am 10. März dazu aufgerufen, „Disziplin zu wahren, und einen gesetzlichen Weg der ‚Revolution' zu verfolgen".[111] Die einschlägigen Berichte der ausländischen Presse und der diplomatischen Vertretungen, deren Proteste und nicht zuletzt Gegenkundgebungen und beginnende Boykottmaßnahmen gegen deutsche Waren, boten Hitler Anlaß zum Eingreifen.

Die Wendung der Dinge zum April-Boykott ist bezeichnend genug: Die Vorbereitung dazu begann unmittelbar nach dem Erlaß des Ermächtigungsgesetzes (23. März). Ziel der Aktion sollte die Abwehr ausländischer „Greuelpropaganda" sein, mit der propagandistischen Begleitung war Goebbels am 26. März beauftragt worden. Nach seinen Vorstellungen handelt es sich dabei gewissermaßen um eine „Geiselaktion": „Wir werden", so notierte er nach der Besprechung mit Hitler, „gegen die Auslandshetze nur ankommen, wenn wir ihre Urheber oder doch wenigstens Nutznießer, nämlich die in Deutschland lebenden Juden, die bisher unbehelligt blieben, zu packen bekommen. Wir müssen also zu einem groß angelegten Boykott aller jüdischen Geschäfte in Deutschland schreiten. Vielleicht werden sich dann die ausländischen Juden eines Besseren besinnen, wenn es ihren Rassegenossen in Deutschland an den Kragen geht."[112] Die Leitung des Boykotts war ebenfalls von Hitler dem Nürnberger Gauleiter Streicher *[34]* übertragen worden, der an die Spitze eines „Zentralkomitees zur Abwehr der jüdischen Greuel- und Boykotthetze" trat.[113] Mit Streicher hatte man den Vertreter der radikalsten und primitivsten antisemitischen Agitation, die in dem Organ „Der Stürmer" verbreitet wurde, besonders herausgestellt. Gerade die Wirkung seiner Berufung nach innen und außen gilt es, bei der Bewertung des Boykotts zu berücksichtigen.

Am 28. März wurde dann von der NSDAP-Parteileitung eine von Hitler gebilligte Anordnung zum Boykott erlassen, die ganz offen Verbreitung fand. Danach erfolgte die Einsetzung von Aktionskomitees „zur praktischen planmäßigen Durchführung des Boykotts jüdischer Geschäfte, jüdischer Waren, jüdischer Ärzte und jüdischer Rechtsanwälte". Zu ihren Aufgaben gehörte „Popularisierung" des Boykotts und Aufklärungsarbeit „bis in das kleinste Bauerndorf hinein" [...] „in Zehntausenden von Massenversammlungen", ferner die Überwachung der Beteiligung der Presse. Der Boykott sollte „schlagartig

109 Vgl. U. D. Adam, Judenpolitik im Dritten Reich, Königstein ²1979 (NDr.), 47.
110 Vgl. L. Dawidowicz, Der Krieg gegen die Juden 1933–1945, München 1979, 60.
111 Zitiert nach Genschel, Verdrängung, 45.
112 J. Goebbels, Vom Kaiserhof zur Reichskanzlei. Eine historische Darstellung in Tagebuchblättern, München 1934, 288 (Eintrag zum 26.3.1933).
113 Bracher, Machtergreifung, 278.

Samstag, den 1. April, Punkt 10 Uhr vormittags" einsetzen. An SS und SA erging die Anweisung, „durch Posten die Bevölkerung vor dem Betreten der jüdischen Geschäfte zu warnen". Zeitlich war der Boykott, wie ausdrücklich festgestellt wurde, zunächst nicht begrenzt worden.[114]

Der Aufruf mußte zu größter Besorgnis der Betroffenen und Bedrohten führen. Zu ihren Reaktionen gehörten neben erfolglosem Widerspruch und Protest auch der Versuch, durch wiederholte Loyalitätsbekundungen Abmilderungen zu erreichen und zur Beruhigung der Lage beizutragen. Göring selbst hatte im übrigen am 26. März unter massiven Drohungen die Vertreter jüdischer Gemeinden aufgefordert, von den Organisationen der Juden im Ausland die Einstellung der „Greuelpropaganda" und „Boykotthetze" zu fordern.[115] Auf diese Weise gelang es tatsächlich, im Ausland bis zu einem gewissen Grad eine Bagatellisierung der Vorgänge in Deutschland zu erreichen.[116]

Der Aufruf der NSDAP-Parteileitung vom 28. März, der an Deutlichkeit nichts zu wünschen übrig ließ, muß auch als „Signal an die Reichsregierung" (Adam) und zwar insbesondere an deren deutschnationale Mitglieder angesehen werden, endlich eine aktive Judenpolitik zu betreiben.[117] Auf einer Kabinettssitzung am 29. März setzte man sich offenbar mit den von den Koalitionspartnern Hitlers befürchteten negativen Auswirkungen der Boykottaktion auf die Außenpolitik *[35]* auseinander. Hitler sprach beschwichtigend davon, daß die Aktion nur einen Tag andauern müsse und stellte sie als eine Maßnahme dar, mit der sonst unkontrollierbare antisemitische Ausschreitungen „kanalisiert" werden sollten bzw. mußten.[118] Man kann wohl davon ausgehen, daß inzwischen auch innerhalb der nationalsozialistischen Führung die Bedenken größer geworden waren. Das belegen Notizen von Goebbels, der auch am Vorabend des 1. April vom „Abflauen" der feindlichen Hetze des Auslandes sprach und damit schon den Beginn eines Rückzugs ankündigte."[119] Der Boykott wurde tatsächlich nach zwei Tagen ausgesetzt und nicht wieder aufgenommen. Am 4. April verkündete man offiziell das Ende des Unternehmens. Gemessen an den ursprünglichen Planungen kam dies in der Wirkung einem vorzeitigen Abbruch gleich.[120]

Der Ablauf des Boykottages entsprach dem von früheren Aktionen bekannten Bild mit Posten und aggressiven Plakaten vor Geschäften und Warenhäusern, mit Umzügen, Belästigungen, Festnahmen von Juden, begleitet von einer drohenden Goebbels-Rede im Rundfunk. Dies alles vollzog sich im vollen Licht der internationalen Öffentlichkeit. Die Berichte in der ausländischen Presse spiegeln den verheerenden Eindruck, den diese

---

114 Abdruck des Aufrufs bei: Scheffler, Judenverfolgung, 68f.

115 Vgl. Dawidowicz, Krieg, 60.

116 Dazu Genschel, Verdrängung, 48.

117 Adam, Judenpolitik, 61.

118 Bracher, Machtergreifung, 279.

119 Presseerklärung vom 31.3.1933 zitiert nach Genschel, Verdrängung, 51; vgl. J. Goebbels, Vom Kaiserhof, 290: „Viele lassen die Köpfe hängen und sehen Gespenster. Sie meinen, der Boykott würde zum Krieg führen." (Eintrag vom 31.3.1933).

120 U. D. Adam, Der Aspekt der „Planung" in der NS-Judenpolitik, in: Th. Klein u.a. (Hrsg.), Judentum und Antisemitismus, 168; vgl. auch Mommsen, Realisierung, 390.

Maßnahmen hervorriefen. Die deutsche Bevölkerung verspürte, wie Nolte formuliert, „damals inmitten des Enthusiasmus der Nationalen Revolution wohl zum erstenmal eine Ahnung kommender Dinge [...]".[121] Aufschlußreich ist auch der Prozeß der Meinungsbildung in der Berichterstattung des englischen Botschafters, der zur Auffassung kam, »Apathie sei die vorherrschende Stimmung gewesen".[122]

Die ausführliche Erörterung des April-Boykotts rechtfertigt sich vor allem deshalb, weil in ihm gewissermaßen ein „Lehrstück" nationalsozialistischer Herrschaftspraxis zu sehen ist. So hat Bracher (und nach ihm andere) diese Aktion auch als Vorwegnahme des Pogroms in der „Reichskristallnacht" von 1938 „in kleinerem Maßstab« bezeichnet und das Prinzip wie folgt beschrieben: Es geht immer darum, „durch Berufung auf eine angeblich spontane ‚Volkswut' die Willkür und Terroraktionen zu legitimieren, die in Wirklichkeit von einer Minderheit planmäßig organisiert und durchgeführt wurden".[123]

Fragt man nach der Zielrichtung und dem Erfolg der Boykottmaßnahmen, so wird man mit Genschel zu dem Ergebnis kommen, daß eine Charakterisierung als Wirtschaftsboykott nur die ganz äußerliche Seite des Vorgangs trifft. Natürlich gibt es – man denke etwa an die *[36]* Aktionsrichtung gegen jüdische Warenhäuser – Anknüpfungspunkte an das Parteiprogramm von 1920.[124] Doch fehlen jegliche Hinweise, die auf Pläne zur Ausschaltung der Juden aus der Wirtschaft schon zum damaligen Zeitpunkt schließen lassen. Abgesehen von den wirtschaftspolitischen Schwierigkeiten, in die man damit gekommen wäre, war auch das außenpolitische Risiko im Falle einer härteren Gangart in der Judenpolitik in dieser Phase viel zu groß.

Eindeutig nicht erreicht wurde auch das angebliche Hauptanliegen des Boykotts, nämlich die Abnahme der „Greuelpropaganda", die nach dem 1. April erst in koordinierter Form einsetzte. Bedingt erfolgreich war der Boykott nach dem Urteil Genschels vor allem in folgenden Zielen: Erstens in der gegen die Juden gerichteten Machtdemonstration nach innen und außen, zweitens mit der Befriedigung des revolutionären Eifers der SA und SS und drittens mit dem eindrucksvollen Hinweis auf die ‚Notwendigkeit' gesetzlicher Regelung der Judenfrage (vor allem an die Adresse des Bürgertums).[125]

Bündelt man diese Motivreihe, wird man daran die unveränderte Geltung der zentralen programmatischen Aussagen bzw. die unveränderte Bereitschaft zu aktiver Judenpolitik ablesen können. Insofern besitzt der April-Boykott doch wohl deutlichen Signalcharakter. Ganz sicher werden hier „Grenzen des staatlichen Antisemitismus" (Bracher) im Jahre 1933 sichtbar.[126] Natürlich mußte Hitler in der Anfangsphase der Machtergreifung auf innen- und außenpolitische Machtstabilisierung bedacht sein. Diese Interessenlage ist auf Grund der in ihrem Ausmaß sicherlich nicht erwarteten Proteste des Auslandes und der zumindest nicht eindeutig zustimmenden Reaktionen der deutschen Bevölke-

121 Nolte, Faschismus, 458.
122 Vgl. Bracher, Machtergreifung, 279 Anm. 92.
123 Bracher, Machtergreifung, 278f.; vgl. Adam, Judenpolitik, 61 und Genschel, Verdrängung, 58f.
124 Vgl. oben *[11]*.
125 Vgl. Genschel, Verdrängung, 54f.
126 Bracher, Machtergreifung, 279.

rung zur Geltung gebracht worden. Dennoch gibt es keinen Zweifel daran, daß Hitler an den Vorbereitungen der Aktion aktiv beteiligt war, daß er die Maßnahmen gebilligt hat und damit offensichtlich auch bereit war, negative außen- und innenpolitische Konsequenzen bis zu einem gewissen Grade zu tragen. Bei der Frage nach dem Stellenwert der Boykottaktion im Rahmen der nationalsozialistischen Judenpolitik sollte dieser Gesichtspunkt stärkere Berücksichtigung finden als das bisher geschehen ist. So gesehen war Hitler vielleicht doch nicht, wie Adam meint, „bereit, seine vorgeblichen ‚Leitideen' bloßen Zweckmäßigkeitserwägungen zu opfern".[127]

Die Konsequenz des rassenpolitischen Vorgehens ergibt sich nicht zuletzt daraus, daß unmittelbar nach dem Boykott – ganz im Stil nationalsozialistischer Machtergreifungstechnik – praktisch die „Legalisierung" *[37]* erfolgte. Nach Adam hatte Hitler sich „mit einiger Wahrscheinlichkeit [...] am 31. März oder 1. April persönlich in die laufenden Vorarbeiten zum Beamtengesetz eingeschaltet und Forderungen auf das Ausscheiden aller jüdischen Beamten angemeldet".[128]

L. Dawidowicz stellt dieses erste „antijüdische Gesetz des Dritten Reiches" zu Recht in eine lange Reihe antisemitischer Gesetzesinitiativen, die bis ins 19. Jahrhundert zurückzuverfolgen wären. Aus der Vielzahl nationalsozialistischer Vorstöße in diese Richtung, die ja auf der Linie des Parteiprogramms lagen, sei hier nur auf einen Antrag der Reichstagsfraktion vom 27. Mai 1924 verwiesen, in dem gefordert wurde, „alle Mitglieder der jüdischen Rasse unter Sonderrecht zu stellen".[129] Auch wenn Hitler selbst 1930 einen Antrag seiner Fraktion, der auf Enteignung u.a. auch von „Personen fremder Rasse" abzielte, gebremst hat, sind doch die Vorarbeiten zur Rassengesetzgebung seit 1930 intensiviert worden.[130] Die entsprechenden Planungen wurden zu einem Großteil von dem Leiter der innenpolitischen Abteilung der NSDAP-Reichsleitung, Dr. Helmut Nicolai, vorangetrieben.[131] Verstärkte Bemühungen in dieser Richtung nach der Machtübernahme setzten dann unmittelbar nach den Wahlen vom 5. März 1933 ein.

Das „Gesetz zur Wiederherstellung des Berufsbeamtentums" vom 7. April schuf allgemein die Voraussetzung für die Entlassung politischer Gegner aus dem Staatsdienst. Mit dem berüchtigten „Arierparagraphen" richtete es sich aber in erster Linie gegen Juden. Die Bestimmung, daß „nichtarische Beamte" in den Ruhestand zu versetzen waren, wurde auf Intervention Hindenburgs so modifiziert, daß „Frontkämpfer" vorläufig davon ausgenommen blieben.[132]

127 Adam, Planung, 168.

128 Adam, Judenpolitik, 61.

129 Zitiert nach Dawidowicz, Krieg, 63.

130 Ebd.

131 Vgl. Adam, Judenpolitik, 28.

132 Vgl. J. Walk (Hrsg.), Das Sonderrecht der Juden im NS-Staat. Eine Sammlung der gesetzlichen Maßnahmen und Richtlinien – Inhalt und Bedeutung, Karlsruhe 1981, 12, Nr. 46. – Die ministerielle Definition der Bezeichnung „nicht-arische Abstammung" erfolgte in einer Verordnung vom 11.4.1933; sie orientierte sich an der Religion der Vorfahren des betroffenen Personenkreises. Dazu Hilberg, Vernichtung, 55.

In der Antwort auf die Intervention Hindenburgs, der sich nach dem April-Boykott an den Reichskanzler gewandt hatte, versprach Hitler dem Reichspräsidenten, daß die „Lösung dieser Fragen [...] der Willkür einzelner Aktionen entrückt und gesetzlich allgemein geregelt werden" sollten.[133] Er beschrieb damit treffend die Praxis, die auch in der Folgezeit angewandt wurde. Es ging im Sinne einer „scheinrechtliche(n) justificatio post eventum" um Kanalisierung und Legalisierung der Willkürmaßnahmen, die mit den Boykottaktionen seit der Machtergreifung zusammenhingen.[134]

Das „Gesetz zur Wiederherstellung des Berufsbeamtentums" vom 7. April 1933 steht am Beginn einer wahren Flut von Folgegesetzen. Die erste Welle der „legislatorischen Ausschaltung im Gefolge der *[38]* Machtergreifung" (Adam) traf neben den Beamten vor allem Rechtsanwälte und Kassenärzte. Besonderes Aufsehen auch im Ausland erregte das „Gesetz gegen die Überfüllung der Schulen und Hochschulen vom 25. April 1933" mit dem der Anteil der Nichtarier an diesen Institutionen drastisch reduziert wurde. Ausnahmebestimmungen galten zunächst auch hier für die Kinder von Frontkämpfern. Nicht begrenzt wurde ferner die Aufnahme ausländischer Studierender jüdischen Glaubens. Auch wenn man die endgültige Fassung dieses Gesetzes gegenüber dem ursprünglichen Entwurf u.a. mit Rücksicht auf völkerrechtliche Bindungen und außenpolitische Erwägungen abmilderte, so war es „in seinen rechtlichen Auswirkungen ein klarer Sieg der Nationalsozialisten".[135]

Nach den „Aprilgesetzen" wurde dann in einer zweiten Gesetzgebungswelle das Netz der Ausschaltungspolitik immer enger geknüpft bzw. der jüdische Lebensbereich immer stärker eingeengt. Entsprechend den Forderungen des Parteiprogramms schienen Regelungen im Pressewesen vordringlich zu sein, ebenso wie die „Entjudung des Kulturlebens", die man bereits unmittelbar nach der Machtergreifung in Angriff genommen hatte. Mit dem Reichskulturkammergesetz vom 22. September 1933 und dem Schriftleitergesetz vom 4. Oktober 1933 besaß Goebbels umfassende Eingriffsmöglichkeiten, wobei dieser, wie bekannt ist, gerade im Hinblick auf die Anwendung der rassenpolitischen Bestimmungen bisweilen pragmatisch verfuhr. Die schrittweise Verschärfung des rassenpolitischen Kurses im Jahre 1933 läßt sich auch an einem „Gesetz zur Änderung von Vorschriften auf dem Gebiet des allgemeinen Beamten- und Versorgungsrechts vom 30. Juni 1933 „ablesen, mit dem die Berufung von Reichsbeamten vom Nachweis der arischen Abstammung auch des Ehepartners abhängig gemacht wurde.[136]

Der Überblick über die rassenpolitische Gesetzgebungspraxis, der weitgehend auf die erste Hälfte des Jahres 1933 konzentriert war, dürfte die Dynamik und Konsequenz des Vorgehens deutlich gemacht haben, auch wenn dabei die Perspektive der Betroffenen keinesfalls hinreichend berücksichtigt werden konnte. Wir haben damit den Punkt erreicht, an dem Anfang Juli 1933 u.a. mit Zielrichtung gegen weitergehende Forderungen der SA mehrfach das Ende der „nationalen Revolution" verkündet wurde.

---

133 Zitiert nach Dawidowicz, Krieg, 63.

134 Bracher, Machtergreifung, 172.

135 Adam, Judenpolitik, 70.

136 Einzelnachweise bei Walk (Hrsg.), Sonderrecht, 34 Nr. 158, 52 Nr. 248 u. 55 Nr. 264.

Dieser Abschnitt wird markiert vom 14. Juli 1933, dem „großen Tag der Revolutionsgesetze“ (Bracher): So steht das „Gesetz gegen *[39]* die Neubildung der Parteien“ für das Ende der „Gleichschaltungswelle“ und zugleich den Beginn des Einparteienstaates. Mit diesem Datum fällt auch der Erlaß des „Gesetzes über den Widerruf von Einbürgerungen“ zusammen, das nach Einschätzung des Innenministers den „Beginn und Ausgangspunkt der deutschen Rassengesetzgebung“ darstellte.[137] Damit sollte ein wichtiger Punkt des Parteiprogramms erfüllt, d. h. die Einbürgerung insbesondere der nach 1914 eingewanderten Ostjuden widerrufen werden. In dieser speziellen Zielsetzung sah sich Hitler, wie er bei der Diskussion des Vorhabens erläuterte, durchaus im Einklang mit der öffentlichen Meinung: „Ihm werde stets gesagt, daß nicht für ein Vorgehen gegen die Juden schlechthin, wohl aber für ein Vorgehen gegen die Ostjuden Verständnis allgemein vorhanden sei.“[138] In der Praxis der Ausbürgerung zeigte sich aber bald, daß das Gesetz nicht nur handhaben gegen die Ostjuden, sondern auch gegen andere Gruppen bot.

Zu den am 14. Juli 1933 getroffenen Regelungen gehört schließlich auch das „Gesetz zur Verhütung erbkranken Nachwuchses“ mit dem der Überblick über die rassenpolitische Entwicklung des Jahres 1933 abzuschließen ist. Dem Gesetz lag, auch hier gab es viele Vorarbeiten, ein Entwurf des preußischen Landesgesundheitsamts aus dem Jahre 1932 zugrunde. Der entscheidende Unterschied zwischen dem Gesetz und seinem Entwurf bzw. auch entsprechenden Regelungen in anderen Ländern ist darin zu sehen, daß nun die Möglichkeit zur Zwangssterilisation Erbkranker, d. h. also auch gegen den Willen der Betroffenen oder ihrer gesetzlichen Vertreter eröffnet wurde.[139] Von dieser Möglichkeit – das Instrumentarium war allein bis Ende 1936 durch sechs Ausführungsverordnungen verfeinert worden – hat man bald exzessiven Gebrauch gemacht.[140] Die Gefahr des Zwangseingriffes liegt auch, das sollte sich ja noch vor Kriegsbeginn bestätigen, in dem relativ raschen Umschlag von der „Verhütungspolitik“ in die „Vernichtungspraxis“.[141]

Mit diesem Gesetz, das gibt auch die offizielle Kommentierung zu erkennen, werden zentrale Punkte des in „Mein Kampf“ entwickelten rassenideologischen Programms in die Praxis umgesetzt. Wie umfassend dieser Ansatz war, zeigt die Behandlung der Kinder deutscher Frauen und farbiger Besatzungssoldaten nach 1933. Wie erwähnt, hatte Hitler die rassenpolitischen Konsequenzen der Stationierung farbiger Soldaten angeprangert: 1933 begann die Erfassung und ab 1937 die Sterilisierung der sogenannten „Rheinlandbastarde“.[142] *[40]* Die Bemerkung von K. D. Erdmann, daß das „Gesetz zur Verhütung erbkranken Nachwuchses“ „im allgemeinen hingenommen“ wurde,[143] gibt Anlaß zu dem Hinweis, daß die Verwirklichung dieser rassenpolitischen Programmpunkte ebenso wie manche Aspekte des Antisemitismus nach einer Formulierung von

137 Adam, Judenpolitik, 81.

138 Zitiert nach Adam, Judenpolitik, 80f.

139 Vgl. Klee, „Euthanasie“ im NS-Staat, 36.

140 Vgl. die Zahlenangaben bei Nowak, ‚Euthanasie‘, 65.

141 Erdmann, „Lebensunwertes Leben“, 221.

142 Vgl. R. Pommerin, Sterilisierung der Rheinlandbastarde. Das Schicksal einer farbigen deutschen Minderheit 1918–1937, Düsseldorf 1979, 87.

143 Erdmann, „Lebensunwertes Leben“, 221.

K. Hildebrand „bis zu einem gewissen Maße populär“ war: Die Existenz entsprechender Aversionen, „die auch in anderen europäischen Ländern seit langem als ‚Normalantisemitismus‘ vorhanden und aktivierbar waren“, hat den Einsatz der Rassenpolitik im Jahre 1933 beträchtlich erleichtert.[144]

Die weitere Entwicklung bis zum Erlaß der Nürnberger Gesetze im September 1935, die den Höhepunkt rassenpolitischer Aktivitäten zwischen 1933 und 1935 darstellen, kann nur gestreift werden. Sie war im Jahre 1934 davon gekennzeichnet, daß die Dynamik der Machtergreifung gebremst bzw. überhaupt der Abschluß dieses Prozesses festgestellt wurde. Bevor Hitler am 2. August 1934 nach dem Tode Hindenburgs die Ämter des Reichspräsidenten und Reichskanzlers in Personalunion übernahm, war der Ruf nach der „zweiten Revolution“ mit der Ausschaltung der SA Ende Juni 1934 erstickt worden. Das blutige Vorgehen gegen die SA-Führung (und auch konservative Regimegegner) galt in den Augen vieler Betrachter einem Hauptträger des revolutionären Anspruchs und Terrors der Machtergreifungsphase. Dementsprechend wurde der Vorgang vielfach als Einleitung eines eher gesetzmäßigen Kurses mißverstanden und im Grunde gebilligt.[145]

Von daher haben sich zweifellos auch Illusionen bezüglich der künftigen Judenpolitik abgeleitet, die sogar eine nicht ganz geringe Zahl bereits ausgewanderter Juden zur Rückkehr nach Deutschland veranlaßte. Dennoch vermittelt die jüdische Fluchtbewegung – 1933/34 gingen ungefähr 60000 Juden in die Emigration – eine realistischere Einschätzung der Lage.[146] Im Jahr 1934 wurden zwar keine größeren antijüdischen Gesetzesvorhaben verwirklicht, doch trieb man die berufliche Schlechterstellung, die Einengung ihres Lebensbereiches konsequent voran, wie die Einfügung entsprechender Bestimmungen in Prüfungs- und Ausbildungsverordnungen zeigt. So verlangte etwa die neue Reichshabilitationsordnung vom Dezember 1934 den Nachweis der arischen Abstammung des Bewerbers.[147]

Allein die Intensivierung der propagandistischen Aktivitäten – in der zweiten Jahreshälfte 1934 wurden die Stürmer-Schaukästen angebracht – kann kaum den Eindruck vermitteln, daß es an der rassenpolitischen *[41]* Front zu einer Beruhigung gekommen war. Dieser Eindruck wird noch verstärkt, wenn man nur einen oberflächlichen Blick auf die Vielzahl der mit rassenpolitischen Fragen befaßten Instanzen wirft, die sich im Partei- und Staatsapparat etablierten: So z.B. eine Abteilung Rassenpolitik im Hauptamt Volksgesundheit der NSDAP-Reichsleitung, ein „Rassenpolitisches Amt“ im Stab des Stellvertreters des Führers, der eine Schlüsselstellung im Gesetzgebungsverfahren einnahm, entsprechende Abteilungen und Referate im Sicherheitsdienst (SD) der SS und der Gestapo, ein „Sachverständigenbeirat für Bevölkerungs- und Rassenpolitik“ im Reichs-

144 K. Hildebrand, Das Dritte Reich, München ²1980, 7; vgl. zur Illustration die Bemerkungen des Kölner Zentrumspolitikers C. Bachem zum „Gesetz zur Wiederherstellung des Berufsbeamtentums“ zitiert bei H. Greive, Geschichte des modernen Antisemitismus in Deutschland, Darmstadt 1983, 147.

145 Dawidowicz, Krieg, 68.

146 Vgl. Genschel, Verdrängung, 108 und Röder/Strauß (Hrsg.), Biographisches Handbuch, XIX und XXI.

147 Vgl. Adam, Judenpolitik, 76f.

innenministerium und schließlich das außerordentlich wichtige „Judenreferat" dieses Ministeriums.[148]

Die einzelnen Etappen auf dem Weg zu den Nürnberger Gesetzen vom September 1935 sind hier nicht detailliert zu behandeln. Bemerkenswert ist aber, daß die Entwicklung in diesem Jahr z. T. genau nach dem Schema des Jahres 1933 verläuft: Auf die Intensivierung der antisemitischen Agitation im Frühjahr folgen Terror- und Boykottwellen mit Höhepunkten im März, Juli und August, z. T. die bekannten „wilden Aktionen", die bei Bedarf wieder „abgewiegelt" wurden. Auch diese Aktionen schienen auf weitere legislatorische Regelung des Judenproblems zu drängen.[149]

Wohl erstmals am 26. April – also zwischen der ersten und zweiten Boykottwelle des Jahres 1935 – kündigte Innenminister Frick eine Neufassung des Staatsbürgerrechts an, dessen Verleihung künftig auch von „rassischen Bedingungen" abhängig sein sollte. In die gleiche Richtung wies ein Memorandum Fricks an die deutschen Landesregierungen. Unter Hinweis auf bevorstehende gesetzliche Regelungen der Eheverhältnisse zwischen Ariern und Nichtariern wurden sogar Standesämter angewiesen, solche Ehen vorläufig nicht zuzulassen. Diese und weitere Ankündigungen gewinnen ihr besonderes Gewicht auf dem Hintergrund der laufenden Ausschreitungswellen.[150]

Hitler blieb bei diesen Aktionen eher im Hintergrund, erkennbar ist wiederum, daß er Belastungen der Außen- und Wirtschaftspolitik vermeiden wollte. Daß er mit aktuellem Bezug an die gesetzliche Regelung rassenpolitischer Fragen dachte, konnte man unter Umständen einer Passage in seiner Parteitagsproklamation vom 11. November entnehmen, auf die Adam aufmerksam gemacht hat: Im Zusammenhang der Rede vom „jüdischen Marxismus" stellte er fest, „daß der *[42]* Kampf gegen die inneren Feinde der Nation niemals an einer formalen Bürokratie und ihren Unzulänglichkeiten scheitern wird, sondern dort, wo sich die formale Bürokratie des Staates als ungeeignet erweisen sollte, ein Problem zu lösen, wird die deutsche Nation ihre lebendigere Organisation ansetzen, um ihren Lebensnotwendigkeiten zum Durchbruch zu verhelfen".[151] Der drohende Hinweis auf eine Einschaltung der Partei kann wohl auch zeigen, daß Hitler dem Aktionismus der Boykottwellen nicht so fern stand , wie es von außen her scheinen mochte. Zwei Tage später hatte sich der Reichskanzler entschlossen, möglichen Widerständen der Bürokratie zum Trotz den Weg gesetzlicher Regelung der Judenfrage weiterzuverfolgen. Er gab am 13. September den Auftrag, für die Reichstagssitzung am 15. September (!), die am Schluß des Parteitages stattfand, einen Gesetzesentwurf zu erarbeiten, in dem alle mit der Verbindung von Ariern und Nichtariern zusammenhängenden Probleme geregelt werden sollten.

Die beinahe unglaubliche Entstehungsgeschichte der Nürnberger Gesetze hat der mit anderen Experten eilig aus Berlin herbeigeholte Rassereferent des Innenministeriums Bernhard Lösener geschildert: In äußerster Hektik mußte die Arbeitsgruppe, die über

148 Vgl. ebd. 97ff.
149 Vgl. Genschel, Verdrängung, 108.
150 Ebd., 109 und Dawidowicz, Krieg, 69.
151 Zitiert nach Adam, Judenpolitik, 128f.

Frick in dauernder Verbindung mit Hitler stand, vom Morgen des 14. bis in die frühen Stunden des 15. September an verschiedenen Fassungen des sogenannten „Blutschutzgesetzes" arbeiten. Zusätzlich erhielt sie um Mitternacht noch den Auftrag, ein „Reichsbürgergesetz" vorzubereiten. Trotz der chaotischen Umstände wurde das Gesetzeswerk fristgerecht fertiggestellt und am Abend des 15. September vom Reichstag verabschiedet.[152]

Der Inhalt des „Gesetzes zum Schutze des deutschen Blutes und der deutschen Ehre" ist mit wenigen Worten zu umreißen: Verboten war die Eheschließung zwischen Juden und „Staatsangehörigen deutschen oder artverwandten Blutes" wie auch der außereheliche Verkehr zwischen den beiden Gruppen.

Ferner durften weibliche „Staatsangehörige deutschen Blutes" unter 45 Jahren nicht mehr in jüdischen Haushalten beschäftigt werden. Hinzu kam schließlich noch das Verbot des Hissens der „Reichs- und Nationalflagge" für Juden.

Noch kürzer gefaßt war das „Reichsbürgergesetz", in dem zwischen „Staatsangehörigen" und „Reichsbürgern" unterschieden wurde, wobei die letzteren „deutschen oder artverwandten Blutes" sein mußten und die „alleinigen Träger der politischen Rechte" waren.[153]

[43] Mit diesen beiden Gesetzen war nur ein sehr allgemeiner Rahmen abgesteckt worden, so daß eine längere gesetzestechnische Behandlung erforderlich war. Im Falle des „Blutschutzgesetzes" vollzog sich ein erbittertes Ringen zwischen Partei- und Staatsvertretern bis in den November hinein. Problematisch war die bei der späteren Anwendung außerordentlich wichtige Bestimmung von Mischlingskategorien, die nach einer Zusatzverordnung vom 14. November in drei Gruppen erfolgte: 1. Juden; 2. Mischlinge ersten Grades und 3. Mischlinge zweiten Grades. Die Klassifizierungen reichten später bis zu „Achtel- und Sechzehntel-Juden", die als Deutsche betrachtet wurden.[154] Aus der Perspektive des Jahres 1935 schienen diese Regelungen nur die Bestimmung der Nachkommenschaftsverhältnisse zu betreffen: „In nur wenigen Jahren sollten sie", wie L. Dawidowicz formuliert, „den Unterschied zwischen Leben und Tod bedeuten."[155] Mit dem „Blutschutzgesetz" hatte man, das mußte auch dem Betrachter des Jahres 1935 klar sein, einer Hauptforderung der antisemitischen Agitation, die etwa in den Kampagnen des „Stürmer" immer wieder erhoben wurde, Geltung verschafft: Es ging um das sogenannte Verbot der „Rassenschande", die nun zunächst mit Zuchthaus – später mit der Todesstrafe – geahndet wurde.[156]

Auch das Reichsbürgergesetz, das bis Juli 1942 mit 13 Zusatzverordnungen weiterentwickelt wurde, entsprach beinahe wörtlich dem Punkt 4 des Parteiprogramms von

152 B. Lösener, Als Rassereferent im Reichsministerium des Innern, in: Vierteljahrshefte für Zeitgeschichte 9 (1961) 272ff.

153 Vgl. Walk (Hrsg.) Sonderrecht, 127, Nrn. 636 u. 637.

154 Dazu detailliert Hilberg, 57ff.

155 Dawidowicz, Krieg, 73.

156 Vgl. Bracher, Machtergreifung, 184.

1920.[157] Auf den programmatischen Ansatz verwies auch die mitternächtliche Arbeitsanweisung Fricks, der den konsternierten Referenten nach der Erinnerung Löseners mitteilte, „es sollten bloß ein paar lapidare Worte sein, der Bedeutung des Gesetzes angemessen, aus dem Gedankenbereich des einschlägigen Kapitels aus dem Buch des Führers, eine Art Vorrechtsstellung für rein Deutschblütige".[158]

Selbst wenn man, wie H. Mommsen die Nürnberger Gesetze im Blick auf die grotesken Umstände ihrer Entstehung als „Verlegenheitslösung" qualifiziert, kann man doch die „engagierte Beteiligung Hitlers" (Adam) am Gesetzgebungsverfahren schwerlich bestreiten.[159] Auch der häufig angeführte Hinweis, Hitler habe im Falle des Blutschutzgesetzes die „mildeste" von vier Fassungen gewählt, spricht nicht für eine Neigung zum Kompromiß. In der betreffenden Fassung strich er nämlich den Passus, daß das Gesetz nur für „Volljuden" gelten solle. Wenn Hitler in dieser Situation, so wiederum H. Mommsen, „eine schwankende und widersprüchliche Rolle" einnahm, ging von *[44]* ihm wohl doch unstreitig die unmittelbare Initiative zu diesen Gesetzen aus.[160]

Auch an die Nürnberger Gesetze knüpfte sich, so schwer vorstellbar das aus der Retrospektive auch scheinen mag, bei Teilen des Judentums die Hoffnung auf Beruhigung der Lage. Sie gründete sich auf die Aussage Hitlers vor dem Reichstag, die Regierung sei bestrebt gewesen, mit diesen Gesetzen „durch eine einmalige säkulare Lösung vielleicht doch eine Ebene schaffen zu können, auf der es dem deutschen Volke möglich ist, ein erträgliches Verhältnis zum jüdischen Volk finden zu können." [...] „Im Falle des abermaligen Scheiterns" sollte dann aber das Problem, so hieß es drohend unter Bezug auf das Reichsbürgergesetz, „zur endgültigen Lösung der nationalsozialistischen Partei übertragen werden [...]."[161]

Wenn die von H. Mommsen vermittelte Auffassung richtig ist, daß die Nürnberger Gesetze von der Partei „als schwere Niederlage" betrachtet wurden, weil schärfere, z.B. auch wirtschaftliche Ausschaltungsmaßnahmen erwartet worden waren, so belegt diese Reaktion auch das Ausmaß der Fehleinschätzung in jüdischen Kreisen.[162] Von der Interessenlage der Partei her war Hoffnung auf Beruhigung der Rassenpolitik kaum gerechtfertigt.

Wie schon im ersten Teil dieses Beitrages wurde auch im Hinblick auf die rassenpolitische Entwicklung zwischen 1933 und 1935 die Perspektive zielgerichteten Vorgehens in den Vordergrund gerückt. Daß dieser Eindruck, der schon die Formulierung der Anklagepunkte vor dem Nürnberger Internationalen Gerichtshof bestimmte, sich aus der Retrospektive – so Adam – „geradezu aufdrängt", braucht die Annahme planvoller Rassenpolitik nicht widerlegen.[163] Auch im Blick auf die Flut der Gesetze, Erlasse und

157 Vgl. oben *[11]*.
158 Lösener, Rassereferent, 275.
159 Vgl. Adam, Judenpolitik, 130.
160 Vgl. Mommsen, Realisierung, 387, und Adam, Judenpolitik, 130.
161 Reden Hitlers auf dem Parteitag der Freiheit, München 1935, 66; vgl. Genschel, Verdrängung, 114.
162 Mommsen, Realisierung, 388.
163 Adam, Planung, 162.

Verordnungen – die einschlägige Sammlung von J. Walk verzeichnet allein für 1933 insgesamt 316 Vorgänge antijüdischer Maßnahmenpolitik – und die hier behandelte Umsetzung früh formulierter rassenpolitischer Zielsetzung legt den Eindruck der Planung und Verwirklichung des Programms zumindest nahe.[164]

Im Sinne der eingangs skizzierten Grundpositionen betont etwa L. Dawidowicz ausdrücklich für die Friedensjahre – also auch für die Phase von 1933 bis 1935 – die Zielrichtung der programmatisch geleiteten Rassenpolitik. Auf der anderen Seite wird von Autoren wie M. Broszat, H. Mommsen und U. D. Adam die Rolle Hitlers in der Judenpolitik insgesamt relativiert.[165] In der auf die Zeit vor der Machtergreifung *[45]* bezogenen Argumentation Broszats war diese Tendenz deutlich erkennbar, sie bestimmt auch seine Interpretation der Vorgänge nach 1933.[166] Wie die zentralen Programmpunkte Hitlers für Broszat generell „metaphorisch-propagandistischen Charakter" besitzen, so ist für ihn die Judenfrage „primäres Symbol für den unablässigen Kampf im Innern".[167]

Immerhin räumt auch Broszat ein, daß „wenigstens in einigen Fällen Weltanschauungsvorstellungen auch in die Wirklichkeit umgesetzt wurden".[168] Dieser Prozeß vollzieht sich u.a. auch in dem hier in Rede stehenden Zeitraum von 1933–1935 als „Selektion negativer Weltanschauungsziele": Darunter fallen „Maßnahmen zur Bekämpfung von bestimmten ohnehin machtlosen Minderheiten: Erbkranken, Geistesgestörten, Asozialen, Bibelforschern und Juden durch die von der SS monopolisierte Staats- und Kriminalpolizei oder durch diskriminierende Sondergesetze (Gesetze über die Verhütung erbkranken Nachwuchses, Nürnberger Judengesetze)".[169] Gegenüber der Realisierung dieser negativen Ziele blieben die – damit ist die Argumentation Broszats angedeutet – „positiven Utopien weiter nur Fernziele und Gegenstand der propagandistischen Erbauung".[170]

Broszats Ausführungen sind hier stellvertretend für die ‚revisionistische' Position angeführt worden. Von den Vertretern dieser Richtung wird die Bedeutung der Vorgänge, die im Rahmen der Rassenpolitik bis 1935 hervorzuheben waren, eher gering veranschlagt. Sowohl der April-Boykott als auch die Nürnberger Gesetze werden nach dem Urteil H. Mommsens „vielfach überschätzt".[171] Gleichzeitig zielt diese Interpretationsrichtung darauf ab, den Grad der Beteiligung Hitlers an diesen Maßnahmen möglichst niedrig anzusetzen: Zumindest bei H. Mommsen bleibt die Rolle Hitlers letztlich unklar: Einerseits gehen „jene Maßnahmen, durch die die eskalierende Ausschaltung der Juden aus dem deutschen Lebensbereich Wirklichkeit wurde, [...] nicht auf unmittelbare Initiativen des Diktators zurück". Auf der anderen Seite möchte Mommsen damit aber „keinesfalls"

---

164 Vgl. Walk (Hrsg.), Sonderrecht, 3–66.

165 Vgl. die Beschreibung der Positionen von K. Hildebrand, Monokratie oder Polykratie? Hitlers Herrschaft und das Dritte Reich, in: Bracher u.a. (Hrsg.), Nationalsozialistische Diktatur, 84.

166 Vgl. oben *[27f.]*.

167 Broszat, Soziale Motivation, 408: vgl. Hillgruber, Endlich genug?, 26.

168 Broszat, Soziale Motivation, 404.

169 Ebd.

170 Ebd., 405.

171 Mommsen, Realisierung, 389.

meinen, „daß Vorgänge dieser Art sich ohne Billigung, ja ohne Ermunterung durch Hitler ereigneten".[172]

Diese Einschätzung, gegen die schon der Vorwurf einer „Verharmlosung" Hitlers erhoben wurde,[173] ergibt sich z. T. auch aus einer vielleicht zu starken Fixierung einzelner Vertreter dieser Richtung auf die Entscheidungsvorgänge. Im konkreten Falle der Nürnberger Gesetze verführt die intensive Auseinandersetzung mit der unmittelbaren Entstehungsgeschichte *[46]* allzu leicht dazu, den Stellenwert dieser Regelungen im Gesamtzusammenhang der nationalsozialistischen Rassenpolitik nicht mehr zu beachten. Demgegenüber sollte man zum einen die auf das Prinzipielle zielende Einschätzung Noltes stärker zur Geltung bringen, daß diese Gesetze „das Sein bestrafen" und insofern „einen fundamentalen Bruch in der deutschen Rechtsentwicklung" bedeuten.[174] Konzentriert man sich zum anderen auf die Gesamtentwicklung, in die dieser Vorgang einzuordnen ist, so wird ein früher Einsatz der Rassenpolitik Hitlers sichtbar.[175] In ihr verbanden sich antijüdische und eugenische Maßnahmen, Ziele, die frühzeitig offengelegt und auch nach der Machtübernahme offen ausgesprochen wurden. Bei aller Rücksicht Hitlers auf innen-, außen- und wirtschaftspolitische Ziele gerade in der ersten Phase der Machtstabilisierung hat Hitler selbst die Nürnberger Gesetze 1935 gewissermaßen der Weltöffentlichkeit vorgelegt.

Wie auch immer die Beteiligung Hitlers an der Rassenpolitik zu gewichten sein wird, es wird kaum zu bestreiten sein, daß sie „einem zentralen Führungsimpuls erwuchsen".[176] Auf diesem Sektor nationalsozialistischer Politik geschah – so könnte der vielleicht kleinste gemeinsame Nenner mit der revisionistischen Position lauten – zwischen 1933 und 1945 „nichts, was Hitlers Intention, Deutschland von der ‚jüdischen Gefahr' zu befreien, prinzipiell widersprochen hätte".[177]

Wer 1935 fragte, was von den visionären Zielen Hitlers aus der Kampfzeit verwirklicht worden war, der mußte zumindest in dem bis dahin realisierten Gesetzesprogramm den konsequenten Ansatz zur Verwirklichung der rassenpolitischen Pläne sehen. Von daher sollte auch der „weltanschauliche Bestimmungsgrund" (Bracher) dieser Politik, das ist ein Anliegen dieses Beitrags, stärker beachtet werden, denn die „Geschichte Hitlers" war oder ist, „die Geschichte seiner Unterschätzung".[178]

[Die Seiten *[46–52]* umfassen in der Originalpublikation den Anmerkungsteil.]

---

172 Ebd.

173 So A. Hillgruber, Tendenzen, Ergebnisse und Perspektiven der gegenwärtigen Hitler-Forschung, in: Historische Zeitschrift 226 (1978) 617.

174 Nolte, Faschismus, 459.

175 Vgl. Hildebrand, Das Dritte Reich, 7.

176 Nolte, Faschismus, 464.

177 A. Tyrell, Voraussetzungen und Strukturelemente des nationalsozialistischen Herrschaftssystems, in: Bracher u.a. (Hrsg.), Nationalsozialistische Diktatur, 71f.

178 So die abgewandelte Formulierung von Veit Valentin nach Jäckel, Hitlers Weltanschauung, 16.

Nr. 3

Originalpublikation in: Th. Klein / V. Losemann / G. Mai (Hrsg.), Judentum und Antisemitismus von der Antike bis zur Gegenwart. Im Auftrag des Fachbereichs Geschichtswissenschaften der Philipps-Universität Marburg, Droste, Düsseldorf 1984, 137–159.

Rassenideologien und antisemitische Publizistik in Deutschland im 19. und 20. Jahrhundert

Die in meinem Thema angelegte Verbindung von „Rassenideologien und antisemitischer Publizistik" zielt auf die Entwicklung des Rassenantisemitismus in Deutschland. Es handelt sich dabei um einen Prozeß, der im ausgehenden 19. Jahrhundert beginnt und seinen Höhepunkt in der antisemitischen Propaganda des Dritten Reiches findet. Die Fülle des Stoffes zwingt zur Konzentration auf die wichtigsten Entwicklungslinien, d.h. ich kann hier keine differenzierte Betrachtung antisemitischer Publizistik bieten, die sich in Form von Büchern und Broschüren bis hin zu den Hetzblättern der NS-Zeit über Deutschland ergoß. Ich beschränke mich vielmehr darauf, zunächst Ausgangspositionen der Rassenlehre von Gobineau und Darwin her zu skizzieren. Es geht dann um die maßgebenden Konzeptionen, die am Ende des 19. Jahrhunderts von Eugen Dühring und Houston Stewart Chamberlain verbreitet wurden. Von dort wird ein Bogen geschlagen zu dem Programm Hitlers, das in „Mein Kampf" zu fassen ist. Die Entwicklung des Rassenantisemitismus soll also – das ist der leitende Gesichtspunkt dieser Auswahl – bis zur Einmündung in die Rassenlehre Hitlers verfolgt werden, in deren Rahmen die Politik der Judenvernichtung formuliert ist.

Wenn ich neben dem Oberbegriff Rassenideologie von Rassentheorie, Rassenlehren oder Rassendoktrin spreche, ist hinreichend klargestellt, daß mit diesen Bezeichnungen kein wissenschaftlicher Anspruch in strengem Sinne verbunden ist. Entsprechendes gilt für den häufig unscharf gebrauchten Begriff Rasse. Er kommt von Anfang an vieldeutig in französischer Schreibweise (*race*) nach Deutschland und kann so etwa Menschenschlag, Gattung, Typus, Stamm und Volkscharakter bedeuten.[1] Von den späteren Rassenideologen wird er selten genau definiert: Es kann damit ein einheitlicher anthropologischer Typus bezeichnet werden. Eine Gruppe wird aber auch dann mit dem Begriff Rasse beschrieben, wenn man nur annimmt oder sich einbildet, sie verfüge über vererbte Eigenarten oder Eigenschaften.[2]

1 P. von zur Mühlen, 39.
2 Ebd., 12.

[138] Noch eine letzte Vorbemerkung: Wenn hier antisemitische Publizistik ausführlich zum Sprechen gebracht wird, so demaskiert sich diese selbst so eindeutig, daß es sich von daher erübrigt, beständig dem Abscheu Ausdruck zu verleihen. In leichter Abwandlung folge ich damit Grundsätzen, die Eberhard Jäckel „keineswegs aus moralischer Gleichgültigkeit oder aus Unempfindlichkeit für die Leiden der Opfer, sondern allein um der Erkenntnis willen" für die Hitler-Forschung ausführlicher formuliert hat.[3]

Zu den Voraussetzungen der Entwicklung des Rassengedankens im 18. Jahrhundert gehört der Zerfall des christlichen Weltbildes bzw. das veränderte Menschenbild der Aufklärung.[4] Erst sie ermöglichte Versuche einer im weiteren Sinne naturwissenschaftlichen Ordnung bzw. Klassifizierung der Völker und Menschengattungen. Stellvertretend für andere ist hier der allgemein als Begründer der wissenschaftlichen Anthropologie angesehene Naturforscher Johann Friedrich Blumenbach (1752–1840) zu nennen. Für ihn spielten z.B. Umweltfaktoren wie das Klima eine wichtige Rolle bei der Erklärung von Unterschieden in Gestalt und Hautfarbe der Menschen. Ein konstituierendes Merkmal seines Rassenbegriffs waren die Formen des menschlichen Schädels. In diesen Versuch einer Bestandsaufnahme der Menschenarten flossen in hohem Maße ästhetische Kriterien ein. Der nach den Proportionen griechischer Skulpturen gebildete Idealtypus taucht auch bei Autoren dieser Zeit auf, die sich mit Phrenologie, der Schädelvermessung und -deutung, und Physiognomik, der Gesichtsdeutung, beschäftigen.

Vorbereitet wurde der Rassengedanke – damit komme ich zu einer anderen Entwicklungslinie in der 2. Hälfte des 18. Jahrhunderts – durch die Wiederbelebung des historischen Bewußtseins. Die Aufmerksamkeit Johann Gottfried Herders (17 44–1803) galt dem Ursprung und der unverfälschten Frühzeit der Völker. Der Begriff des „Volksgeistes", der sich in den Liedern und Sagen eines Volkes offenbarte, führte in die Vorzeit zurück. Auf der Suche nach den Ursprüngen der Sprache als dem „Lebensstrom" eines Volkes stieß man bis zu den Germanen und noch weiter bis zu den Ariern vor. Wir fassen hier die Gedankengänge, die den Germanenkult und Ariermythos zumindest angeregt haben.[5]

Auf diese Entwicklungen im Umfeld von Anthropologie, Sprachwissenschaft und Geschichte im 18. und frühen 19. Jahrhundert konnte die Rassentheorie Gobineaus aufbauen. Sein *Essai sur l'inégalité des races humaines, Der Versuch über die Ungleichheit der Menschenrassen*, erschien in vier Bänden von 1853–1855. Der weitgereiste Diplomat und spätere Schriftsteller Comte Joseph Arthur de Gobineau (1816–1882), dem beste humanistische Bildung zugesprochen wird, wollte „der Geschichte den Eintritt in die Familie der Naturwissenschaften ... erwirken, (und) ihr ... die ganze Genauigkeit dieser Klasse von Kenntnissen ... verleihen".[6] Entscheidend war für ihn dabei die Gewißheit, „daß die Rassenfrage alle anderen Probleme der Geschichte beherrscht, den Schlüssel dazu birgt, und daß die Ungleichheit der Rassen ... die ganze Kette der Völkergeschicke erklären kann".[7]

---

3 E. Jäckel, 21.
4 Zum folgenden Überblick vgl. G. L. Mosse, 9ff., und P. von zur Mühlen, 32ff.
5 Vgl. K. von See, 53ff.
6 A. Graf Gobineau, Bd. IV, 303.
7 Ebd., Bd. I, XVIII.

Wie andere vor ihm hatte Gobineau drei Grundrassen, die Weiße, die Gelbe *[139]* und die Schwarze, ermittelt, die in einer Hierarchie von hell nach dunkel angeordnet waren.[8] Die naturgegebene Ungleichheit der Menschenrassen manifestierte sich in dem Herrschaftsanspruch der unbedingt überlegenen Weißen, die auf die Arier zurückgingen. Nach Gobineau hatten die Arier als Eroberervölker mit wenigen Ausnahmen auch alle nichteuropäischen Kulturen begründet. Die Kultivierung unterlegener Völker durch den Arier brachte diesem einen Verlust an Reinheit und Überlegenheit, weil sie sich in einem Vermischungsprozeß vollzog. Dieser Vermischungsprozeß leitet den unvermeidbaren Untergang der Arier ein.

Der Zerfall begann um die Zeitwende und sollte im späten 19. oder im frühen 20. Jahrhundert enden. Dann nämlich hatten sich die Germanen, die als „letzter rein erhaltener Zweig" der Arier eine „späte Blüte" dieser Kultur im Mittelalter hervorgebracht hatten, verausgabt. Offen blieb der Zeitpunkt des völligen Aufgehens in einer Mischrasse, die zu keiner höheren Kulturleistung mehr fähig war. In der Unausweichlichkeit dieses Schicksals wird der tiefe Pessimismus als ein wesentliches Merkmal der Geschichtsvision Gobineaus deutlich. Alle Geschichte bedeutete in dieser Sicht Rassenveränderung, in letzter Konsequenz Degeneration.

Die Merkmale seiner drei Grundrassen übertrug Gobineau auf das soziale Schichtungsgefüge seiner Zeit: der weißen Rasse entsprach die französische Aristokratie, der gelben Rasse die Bourgeoisie, der schwarzen Rasse schließlich die Proletarier. Adel, Bürgertum und Volk unterschieden sich durch stärkere und schwächere Anteile an arischem Blut. In Anknüpfung an ältere restaurative Vorstellungen erschien die Revolution von 1789 in der Sicht des entmachteten Adels als Aufstand gallischer Plebejer gegen den germanischen Adel. Entsprechend stark war die Sympathie Gobineaus für die Entwicklung in Deutschland nach 1848. Der Gedanke, daß dem Adel als der höherwertigen Rasse die Herrschaft von der Natur zugewiesen sei, ließ sich auch auf andere Gesellschaften übertragen und zur beliebigen Rechtfertigung von Herrschaft und Unterdrückung verwenden.

Als wesentliche Merkmale der Rassenlehre Gobineaus lassen sich damit die folgenden Punkte hervorheben: Die Überzeugung von der Ungleichheit der Menschenrassen, die Interpretation der sozialen Schichtung als Rassenunterschiede und ein tiefsitzender Pessimismus.

Gobineau hat entscheidende Voraussetzungen für eine rassisch wertende Gegenüberstellung der ursprünglich als Sprachgruppen verstandenen „Arier" und „Semiten" geschaffen. Es muß aber hervorgehoben werden, daß er selbst nicht als Antisemit einzuordnen ist.[9] Auch wenn für ihn Semiten und Juden unter den Ariern standen, so charakterisierte er sie doch als „ein Volk, geschickt in allem, was es unternahm, ein freies, ein starkes, ein kluges Volk, das, ehe es tapfer, die Waffen in der Hand, den Ehrennamen einer unabhängigen Nation verlor, der Welt fast ebenso viele weise Männer als Kaufleute ge-

8 Vgl. A. Bein, Bd. I, 218ff. und P. von zur Mühlen, 52ff.

9 Gestützt auf A. Bein, Bd. I, 220 hat dies von zur Mühlen besonders gegen E. Nolte und P. G. Pulzer betont (126); vgl. auch G. L. Mosse, 54f.

liefert hatte".[10] Von der antisemitischen Bewegung vereinnahmt wurde seine Rassenlehre im Rahmen der deutschen Gobineau-Rezeption gegen Ende des 19. Jahrhunderts, wovon später die Rede sein wird.

[140] Nach oder neben Gobineau ist die Entwicklung der Rassentheorien am Ende des 19. Jahrhunderts am stärksten von der Lehre Darwins beeinflußt worden. Nur sechs Jahre nach Gobineaus *Essai* erschien 1859 sein Werk *On the origin of species by means of natural selection*. In der Fassung des deutschen Titels von 1893 *Die Entstehung der Arten durch natürliche Zuchtwahl oder die Erhaltung der bevorzugten Rassen im Kampfe ums Dasein* sind die Grunderwägungen der Lehre Darwins enthalten. Im Zentrum seiner Biologie steht der Begriff der natürlichen Auslese, der Selektion der Arten, von denen im „Kampf ums Dasein" (*struggle for life*) nur die „Tüchtigsten" überleben (*survival of the fittest*), das sind diejenigen, die ihrer Umwelt am besten angepaßt sind. Die Selektionstheorie Darwins entsprach damit im Biologischen Auffassungen, die im politischen Bereich in der liberalen Idee vom freien Spiel der Kräfte verbreitet waren.

Es kann kein Zweifel daran bestehen, daß dieser Ansatz für Rassentheoretiker allein schon von der Begrifflichkeit her außerordentlich attraktiv sein mußte. Für die Veränderungen und Vereinfachungen seiner Theorie im Rahmen darwinistischer und vor allem sozialdarwinistischer Richtungen ist Darwin kaum verantwortlich zu machen. Seine Lehre erfuhr bei der Anwendung auf Rassen und Menschen schon bald eine Modifikation von großer Bedeutung: Hatte Darwin den Einfluß der Umwelt auf die natürliche Auslese sehr hoch veranschlagt, so wurde später die Rolle der Vererbung betont.

Im Gefolge Darwins wichtig geworden ist – ich nenne nur einige Namen, die für bestimmte Richtungen stehen – zunächst sein Vetter Francis Galton (1822–1911).[11] Dieser versuchte, mit quantifizierenden Methoden die für das Überleben notwendigen Eigenschaften zu ermitteln und so die Grundlagen für eine Steuerung der Selektion von Individuen und Gruppen zu schaffen. Ihm selbst ging es nicht zuletzt darum, die britische Rasse zu verbessern. Von daher kann Galton als Begründer der Eugenik, der Erbgesundheitslehre oder Erbhygiene gelten. Die Tätigkeit seines 1904 eingerichteten Laboratoriums für nationale Eugenik und entsprechender Gesellschaften zur Verbreitung des eugenischen Gedankens wurden auch in Deutschland mit großer Aufmerksamkeit verfolgt. Seit 1904 gab es hier das „Archiv für Rassen- und Gesellschaftsbiologie" und eine „Deutsche Gesellschaft für Rassenhygiene".

Alfred Ploetz (1860–1940), der Gründer beider Institutionen, suchte nach Mitteln zur qualitativen Veränderung der erbhygienischen Bedingungen. So forderte er 1895 in seinem Buch „Grundlinien einer Rassenhygiene. Die Tüchtigkeit unserer Rasse und der Schutz der Schwachen" (Untertitel), das Heiratsalter der „Tüchtigen" zu senken, das der sozial Schwachen aber zu heben. Ploetz wird der „humanen" Richtung des Sozialdarwinismus zugerechnet. Für die „inhumane" Variante – diese Klassifizierung stammt von Hedwig Conrad-Martius – mag hier der Name des „Sozialaristokraten" Alfred Tille (1866–1912)

---

10 A. Graf Gobineau, Bd. I, 77

11 Für den Problemkreis Darwin – Sozialdarwinismus ist über die bereits genannten Titel hinaus das Werk von H. Conrad-Martius grundlegend.

stehen, der sich 1895 wie folgt gegen das „Hineinpfuschen in das Naturwalten" wandte: „Du (große Natur) läßt die Tüchtigsten überleben, wir auch die Untüchtigen. Wir haben eigene Anstalten in denen wir Krüppel, Lahme, Blinde, Irre, Schwindsüchtige, Syphilitische aufpäppeln, damit sie *[141]* sich fortpflanzen und ihre Krankheiten weiter vererben können".[12] Von solchen Gedankengängen ist es nicht mehr weit zu Menschenvernichtungsprogrammen, die ebenso Wirklichkeit wurden, wie die „Utopien der Menschenzüchtung", die Sozialdarwinisten entworfen hatten.

Ganz erheblich gefördert wurde die Verbreitung sozialdarwinistischer Theorien in der zweiten Hälfte des 19. Jahrhunderts durch die Fortschritte von Disziplinen wie der naturwissenschaftlichen Anthropologie. Von daher bot sich den Rassenideologen die Möglichkeit, ihre Theorien durch Rückgriff auf anscheinend gesicherte neuere naturwissenschaftliche Erkenntnisse zu fundieren. Die „Tendenz zur Verwissenschaftlichung der Doktrinen", von der Patrick v. z. Mühlen gesprochen hat, ist unverkennbar.[13] In der breiten Strömung im Gefolge Darwins wurden die Rassenideologien und damit auch der Rassenantisemitismus in Deutschland aufgewertet. Wichtig ist aber auch, daß sich durch die Umgestaltung der Theorie Darwins zu einer Vererbungslehre den Rassenideologen die Möglichkeit eröffnete, den pessimistischen Ansatz Gobineaus, die Angst vor der Degeneration der Rasse, zu überwinden. Das Stichwort „Menschenzüchtung" ist schon gefallen. In der Folgezeit wurden die Ansätze Gobineaus und Darwins vielfach kombiniert, wobei das Bemühen um rassentheoretische Klarheit nur eine geringe Rolle spielte.

Im Blick auf die angesprochenen „humanen" und „inhumanen" Varianten des Sozialdarwinismus ist darauf hinzuweisen, daß Antisemitismus nicht unbedingt zu den Konsequenzen des Darwinismus gehörte. Die Lehre bot insgesamt breiteste Ausdeutungsmöglichkeiten und hat von daher auch einer Brutalisierung des Rassengedankens Vorschub geleistet. Was den Antisemitismus angeht, so sind ihre Vertreter nicht auf eine einheitliche Linie festzulegen.[14]

Mit dem Überblick über darwinistische Richtungen bin ich aus sachlichen Gründen schon über den Zeitraum hinausgegangen, in dem in den letzten Jahrzehnten des 19. Jahrhunderts der Rassenantisemitismus einsetzt. Bis dahin argumentierte die im Zusammenhang mit der Judenemanzipation seit dem Ende des 18. Jahrhunderts entstandene antijüdische Publizistik vorwiegend auf religiös-dogmatischer oder wirtschaftlich-sozialer Ebene. Mit diesen Formen der Judenfeindschaft verschmelzen die Rassentheorien zum eigentlichen Rassenantisemitismus. Von ihm kann „erst dann die Rede sein, wenn mit den antijüdischen Ressentiments" die Annahme verbunden war, daß die Juden wegen angeborener und damit als unveränderlich geltender Eigenschaften eine Fremdgruppe bildeten, die aufgrund ihrer rassenbiologischen Determinanten nicht integriert werden könne und dürfe".[15]

12 H. Conrad-Martius, 220.
13 P. von zur Mühlen, 113.
14 Dazu H. Conrad-Martius, 168 und G. L. Mosse, 78f.
15 P. von zur Mühlen, 126.

Vorformen rassenantisemitischer Argumentation finden sich freilich auch schon im 18. Jahrhundert im Umkreis „germanomanischer Natur- und Rassenforschung", auf die Eleonore Sterling aufmerksam gemacht hat.[16] So vertrat der Göttinger Polyhistor Christoph Meiners (1747–1810) in seinem „Grundriß der Geschichte der Menschheit" 1786 die Auffassung, zwischen Juden und Tieren stünden als die „Primitivsten" nur Neger und Indianer.[17] Abgesehen von diesen „vor-‚wissenschaftlichen' Rassenideologien" (Bein) läßt man die Reihe rassenantisemitischer Publizistik gewöhnlich mit der 1861 anonym *[142]* später unter dem Pseudonym D. H. Naudh erschienenen Schrift „Die Juden und der deutsche Staat" beginnen. Neben bekannten Anschuldigungen findet sich hier der Aufruf, „das Judentum nicht allein als Religion und Kirche, sondern auch als den Ausdruck einer Rasseneigentümlichkeit" aufzufassen, da jüdischer Sinn und jüdisches Blut in mehrtausendjähriger Abschließung untrennbar eins geworden seien.[18]

Der neue Argumentationsansatz taucht dann in den siebziger Jahren auf im Titel von Wilhelm Marrs Broschüre „Der Sieg des Judentums über das Germanentum vom nicht-konfessionellen Standpunkt aus betrachtet".[19] Marr (1819–1904), ein stellungsloser Journalist, beschwor die Gefahr einer Machtergreifung des „Semitentums", für den Fall, daß das Germanentum nicht endlich Gegenmaßnahmen ergreife. Marr hatte 1879 die atheistische „Antisemitenliga" gegründet. In diesem Zusammenhang hat er als erster den wahrscheinlich schon früher geprägten Begriff „Antisemitismus", der sich nun sehr rasch durchsetzte, in politischem Sinne gebraucht.[20] Er ist als einer der unermüdlichsten Agitatoren der antisemitischen Propagandawelle anzusehen, die seit 1878 losbrach. Da ich mich auf die Nachzeichnung der Entwicklungslinien des Rassenantisemitismus beschränken muß, kann die Vielfalt der Publizistik der 70er und 80er Jahre, deren politisch-soziale Bedingungen in dem vorhergehenden Beitrag schon umrissen wurden, hier nicht durchgemustert werden.[21] Lediglich ihre wichtigsten und erfolgreichsten Vertreter seien noch einmal genannt: Stoecker, Böckel, Glagau, Henrici, Ahlwardt und Foerster.[22]

Diese Vielfalt spiegelt aber auch die Uneinigkeit der antisemitischen Bewegung, die sich etwa in den Differenzen zwischen dem christlich-sozialen Stoecker und dem entschiedenen Atheisten Marr zeigt. „Als einziges bindendes Element" blieb der Bewegung, um eine Formulierung von Werner Jochmann aufzunehmen, „der Haß gegen die

16 E. Sterling, 139ff.

17 Nach K. Saller, 21.

18 A. Bein, Bd. I, 222.

19 Bern [4]1879. Die Datierung dieser Schrift bereitet den Antisemitismusforschern Schwierigkeiten, nach P. W. Massing, 5 und P. G. Putzer, 48, ist sie 1873 erschienen. A. Bein, Bd. II, 166 nennt 1879, P. von zur Mühlen, 127 gibt 1893 an. Sicher ist, daß die Broschüre 1879 bereits mehrere Auflagen erlebt hatte.

20 Zur Begriffsgeschichte vgl. A. Bein, Bd. II, 163ff.

21 [Vgl. G. Mai, Sozialgeschichtliche Bedingungen von Judentum und Antisemitismus im Kaiserreich, in: Th. Klein / V. Losemann / G. Mai (Hrsg.), Judentum und Antisemitismus von der Antike bis zur Gegenwart. Im Auftrag des Fachbereichs Geschichtswissenschaften der Philipps-Universität Marburg, Düsseldorf 1984, 113–136.]

22 Vgl. W. Jochmann, 411ff.

Juden".[23] Dennoch waren z.B. auch von Stoecker und Böckel, deren Antisemitismus primär sozial-politisch geprägt war, rassistische Untertöne zu vernehmen. Ganz sicher ist die rassistische Argumentation ein prägendes Element des modernen Antisemitismus, von dem man gemeinhin spricht.

Eindeutig ins Zentrum rückt der Rassenantisemitismus 1881 bei dem Berliner Philosophen und Nationalökonomen Eugen Dühring (1833–1921) in dem Werk „Die Judenfrage als Racen-, Sitten- und Culturfrage".[24] Breiteren Kreisen ist Dühring bekannt durch Friedrich Engels „Anti-Dühring" von 1878, einer Abrechnung mit Dührings Abweichungen von der marxistischen Orthodoxie. Seine Wendung zum Rassismus fällt in die Zeit nach 1877, dem Jahr, in dem der erblindete Privatdozent wegen heftiger Angriffe auf das Universitätswesen von der Berliner Universität relegiert worden war.

Die Radikalität seiner Position ist kaum zu überbieten: Die Judenfrage als Religionsfrage zu betrachten, wäre nach Dühring eine Irreführung. Das Problem des „Racejudentums" kann auch durch die Taufe nicht gelöst, sondern im Gegenteil nur verschlimmert werden: „Die Einstreuung von Racejudentum in die Fugen und Spalten unserer nationalen Behausungen" schien ihm „unverträglich mit unseren besten Trieben" zu sein.[25] Dühring sah das Christentum *[143]* stark jüdisch bestimmt. Derjenige, der an der christlichen Überlieferung festhielt, war nicht imstande, sich entschieden genug gegen das Judentum zu wenden.[26] Seinen Atheismus begründete er in dem Buch „Der Ersatz der Religion durch Vollkommeneres und die Ausscheidung alles Judäertums durch den modernen Völkergeist" (1883).

Das Judentum ließ sich nach Dühring lediglich von einer „naturwissenschaftlichen Betrachtungsart" her erfassen.[27] Erst von daher enthüllte sich auch die jüdische Religion als Ausdruck eines schlechten Rassencharakters. Die Kritik Dührings zielte dabei auf den Monopolanspruch des unduldsamen Judengottes. Bei dem Gang durch die Geschichte der Juden hatte Dühring eine Vielzahl von Themen antisemitischer Agitation angeschlagen: So prangerte er die „eingefleischte Selbstsucht" dieses Stammes an, sprach vom unschöpferischen Juden, der sich als „Parasit" am wohlsten fühle und überhaupt zu den „niedrigsten und mißlungensten Erzeugnisse(n) der Natur" zähle.[28] Wichtig ist der Hinweis auf den internationalen Charakter der Judenfrage bzw. -feindschaft, wobei Deutschland gegenwärtig als Brennpunkt anzusehen sei. Aus der negativen Bewertung dieser Rasse ergab sich für Dühring, daß gegenüber den Juden das Toleranzgebot etwa aus religiösen Gründen nicht gelten konnte: „Die Judenreligion ist eine Racenreligion, wie die Judenmoral eine Racenmoral".[29] In dieser Beschreibung des Judentums waren die in Frage kommenden Lösungsmöglichkeiten schon angedeutet, die Dühring dann vor allem in den Kapiteln 5 und

23 Ebd., 419.
24 Karlsruhe-Leipzig 1881.
25 E. Dühring, 4.
26 Vgl. P. G. Putzer, 53.
27 E. Dühring, 30.
28 Ebd., 109; vgl. A. Bein, Bd. I, 224.
29 E. Dühring, 99.

6 („Weg zur Lösung" und „Nächste Mittel und letzte Ziele") diskutierte: Die Vertreibung erschien ihm „als vorläufig von der übersehbaren Wirklichkeit und Praxis noch zu entlegen". Der Schaffung eines Judenstaates stand einmal der nomadenhafte, kaum zur Staatsgründung fähige Charakter des Juden entgegen, es drohte aber auch die Gefahr, daß ein „neu mit Juden besiedeltes Palästina, am Ende gar noch zum Kopf" werde. Ausscheiden als im Augenblick noch zu radikal mußte auch die Deportation, die ihm vorerst nur gegen Gruppen „bei kollektivem Landesverrat" anwendbar schien. Übrig blieben für Dühring am Beginn der achtziger Jahre des 19. Jahrhunderts nur Übergangslösungen: Der Einfluß der Juden auf das öffentliche Leben, auf die Erziehung und Presse mußte beseitigt, ihr Vermögen staatlich kontrolliert werden, Ehen mit Juden waren zu ächten.[30] Das Endziel oder die „Endlösung" behielt Dühring im Auge: „Wo die Race einmal gründlich erkannt ist", mit dieser Passage schließt das Werk, „da steckt man sich von vornherein ein weiteres Ziel, zu welchem der Weg nicht ohne die kraftvollsten Mittel zu bahnen ist. Die Juden sind, das wird für den Kenner dieser Race immer der Schluß sein, ein inneres Carthago, dessen Macht die modernen Völker brechen müssen, um nicht selbst von ihm eine Zerstörung ihrer sittlichen und materiellen Grundlagen zu erleiden".[31]

Wenn Dührings Werk von 1881 „als die Grundschrift des modernen, auf dem Prinzip der Rasse basierenden Antisemitismus" bezeichnet wird[32], so ist darauf hinzuweisen, daß seine Einordnung in die Rassentheorie nicht leicht ist: Zwar wird die Judenfrage durchgängig als Rassenfrage behandelt. Was aber fehlt, ist ein rassenideologischer Bezugsrahmen, die übliche Hierarchie: Neben *[144]* den Juden als der Inkarnation des Bösen wird nicht das positive Gegenbild des Ariers gestellt.[33] In dieser Konzentration auf das Judentum wird offenbar eine persönliche Prägung des Dühringschen Ansatzes sichtbar. Es wird berichtet, daß gerade seine Einseitigkeit und sein Unabhängigkeitsdrang, die sich bis zum Verfolgungswahn steigerten, seine damals relativ kleine Anhängerschar und andere Zeitgenossen beeindruckt hat.[34]

Der blanke Haß, der uns aus dem Werk Dührings entgegenschlägt, fiel nicht nur in Teilen der Studentenbewegung auf fruchtbaren Boden, sondern fand wirkungsvollste Umsetzung in der antisemitischen Propaganda der Folgezeit. Einer ihrer Hauptträger soll hier erwähnt werden, weil seine publizistische und politische Tätigkeit, er brachte es bis zum nationalsozialistischen Reichstagsabgeordneten, sich bis in die 20er Jahre unseres Jahrhunderts erstreckte. Es handelt sich hier – so der NS-Sprachgebrauch – um den „Altmeister" des Antisemitismus, Theodor Fritsch (1853–1933). Der Leipziger Ingenieur, ein Schüler Marrs, war der Verfasser des 1887 erstmals erschienenen „Antisemiten-Katechismus", der später als „Handbuch der Judenfrage" fortgeführt wurde und 1932 schon in der

30 Ebd., 110f.

31 Ebd., 158. Weitere zentrale Belege in prägnanter Zusammenfassung bei A. Bein, Bd. I, 223ff. In der sechsten, vermehrten und zugleich letzten Auflage dieser Schrift, die E. Dühring 1920 kurz vor seinem Tod fertiggestellt hatte, die aber erst 1930 herausgebracht wurde, qualifizierte er die 1881 erwogenen Lösungsmöglichkeiten als „Neben- und Halbmittel" (Ebd., 114).

32 A. Bein, Bd. I, 226.

33 P. von zur Mühlen, 129.

34 A. Bein, Bd. II, 195f.

31. Auflage erschien![35] Die Gründung seiner „Antisemitischen Correspondenz" im Jahre 1885 erfolgte in der Absicht, den damals spürbaren Rückgang der Bewegung aufzuhalten. In der politischen Praxis konnte diese Richtung – das gilt für Dühring und Fritsch gleichermaßen – die Isolierung nicht durchbrechen. Ihre eigentliche Wirkung entfaltete diese Publizistik erst nach dem verlorenen Weltkrieg.

Wesentlichen Anteil an der Verbreitung des Rassenantisemitismus in Deutschland hatte neben Dühring auch die um die Jahrhundertwende einsetzende Gobineau-Rezeption. Gefördert wurde sie in besonderer Weise von Richard Wagner, der auch persönlich engen Kontakt zu Gobineau hielt. Wagner, dessen judenfeindliche Haltung bekannt ist, hatte den Bibliothekar und Privatgelehrten Ludwig Schemann (1852–1938) auf Gobineau verwiesen: Schemann gründete 1894 die bald unter alldeutschem Einfluß stehende Gobineau-Gesellschaft und widmete sich ganz der Verbreitung von Gobineaus Schrifttum in Deutschland. Ergebnis dieser Bemühungen war, neben der Übersetzung des *Essai*, vor allem die Popularisierung der Gedanken Gobineaus. Seine negative Bewertung der gelben und der schwarzen Rasse wurde nun auf die Juden übertragen. Der *Essai* konnte danach in den „Bayreuther Blättern" eine „mächtige und wissenschaftliche Waffe in den Händen der Antisemiten" genannt werden.[36] Auf dem Hintergrund eines verklärten Arierbildes gewann die Gestalt des Juden in übertragenem Sinne immer schwärzere Züge. Schemann hat im Rahmen seiner Gobineaudarstellung auch versucht, die pessimistische Grundhaltung dieses Geschichtsbildes durch den optimistischen Zusatz zu überwinden, daß der Rassenverfall durch Züchtung aufgehalten werden könne und müsse.[37] In dem Bayreuther Kreis als einem Zentrum des Rassenmystizismus ist auch ein in der rassenantisemitischen Literatur außerordentlich wichtiges Werk entstanden, das hier berücksichtigt werden muß. Es stammt von dem Schwiegersohn Wagners, dem englischen Wahldeutschen, wie er häufig genannt wird, Houston Stewart Chamberlain (1855–1927).

[145] Seine „Grundlagen des 19. Jahrhunderts", die 1899 herauskamen, hat man als eine „Art Bestandsaufnahme des Jahrhunderts" bezeichnet.[38] Chamberlain lieferte darin den umfassenden Entwurf eines Geschichtsbildes, in dem die abendländische Geschichte seit den Griechen als Rassenkampf abläuft. Das entscheidende Kriterium für die Bestimmung der Rasse war – so enthob sich Chamberlain theoretischer Schwierigkeiten – das „Rassenbewußtsein": „Unmittelbar überzeugend wie nichts anderes ist der Besitz von ‚Rasse' im *eigenen* Bewußtsein. Wer einer ausgesprochenen, reinen Rasse angehört, empfindet es täglich … . Rasse hebt eben einen Menschen über sich selbst hinaus, sie verleiht ihm außerordentliche, fast möchte ich sagen, übernatürliche Fähigkeiten, so sehr zeichnen sie ihn vor dem aus einem chaotischen Mischmasch von allerhand Völkern hervorgegangenen Individuum aus".[39] Damit verließ Chamberlain das naturwissenschaftliche

---

35 Vgl. R. H. Phelps, Th. Fritsch, 442ff.
36 Vgl. G. L. Mosse, 56.
37 Vgl. P. von zur Mühlen, 67.
38 K. von See, 59.
39 H. S. Chamberlain, Bd. I, 271f.

Fundament, auf das er sich als promovierter Biologe gern berief. Der Weg war frei für einen nahezu schrankenlosen Rassenmystizismus, der gleichsam religiöse Züge gewann.

Für Chamberlain traten die Germanen „Das Erbe der Alten Welt" an und hatten im „Völkerchaos" der untergehenden Antike mit der Kirche erbitterte Kämpfe um die Freiheit der „Rassenseele" zu bestehen. Der entscheidende Kampf aber tobte zwischen arischen Germanen und Juden, wobei sich in letzteren alles Minderwertige und Schädliche konzentrierte. Wie andere Rassenideologen bewunderte Chamberlain die Juden wegen der mustergültigen Beachtung der Rassenprinzipien. Auf der anderen Seite warnte er entschieden vor dem jüdischen Weltherrschaftsstreben, aus dem sich die Gefahr einer „Infizierung der Indoeuropäer mit jüdischem Blute" ergebe.[40] Der Rassenkampf zwischen Germanen und Juden gehe, damit endet der erste Band, „auf Leben und Tod".[41] Der endliche Sieg der Rassenseele werde mit der Kraft einer neu entstandenen Kultur errungen, die, von den Vorbildern Shakespeares und Beethovens geprägt, dann die Degeneration der Gegenwart überwinden könne. Der Rassenkampf und in gewissem Sinne die Lösung der Rassenfrage wurde in deutlichem Unterschied zu den Konzepten der Rassenbiologen auf das Feld der Kultur verlagert: Die „Weltanschauung und Religion" und „Kunst" benannten Schlußkapitel seines Werkes sind gegenüber den Bereichen Politik und Wirtschaft deutlich breiter ausgeführt. Gerade der Versuch, den Rassengedanken von diesen Bereichen her zu begründen, dürfte das Werk in den Kreisen annehmbar gemacht haben, die noch radikaleren Ausformungen des Antisemitismus, wie sie etwa Dühring vertrat, reserviert gegenüberstanden.[42]

Der Rassenmystizismus, den Chamberlain predigte, war auch ein Beitrag zu dem im Kreis um Wagner unternommenen Versuch, eine „positive germanische Weltanschauung" zu entwickeln. Nach Peter Pulzer ist das „Streben nach einer germanischen Religionssynthese" und das „Schwanken zwischen Heidentum und gereinigtem Christentum" Kennzeichen vieler rassenideologischer Ansätze von Gobineau bis Wagner.[43] Für Chamberlain selbst war es sehr wichtig, den arischen Ursprung des Christentums nachzuweisen. Wenn die Religion ein Ausdruck der Rasse war, besaß das Problem des Verhältnisses zum Christentum für die Rassenantisemiten zentrale Bedeutung. Auch in dieser *[146]* Hinsicht hatte der Atheist Dühring die radikalste Position vertreten.

Daß den Zeitgenossen die Identifikation mit dem von Chamberlain propagierten germanischen Kulturbewußtsein leicht fiel, dafür steht zumindest das Zeugnis Kaiser Wilhelms II., auf dessen Anordnung Chamberlains „Grundlagen" zur Pflichtlektüre in der Seminarausbildung der Oberschullehrer erklärt wurden.[44] Der Erfolg und die Breitenwirkung dieses Werkes ist an Auflageziffern abzulesen: Bis 1938 hatten die „Grundlagen" 24 Auflagen in Deutschland erlebt![45]

40 Ebd., 324.
41 Ebd., 531.
42 Vgl. A. Bein, Bd. I, 228.
43 P. G. Putzer, 52.
44 L. Cecil, 330f.
45 Nach P. von zur Mühlen, 230.

Versucht man eine Bilanz der Entwicklung des modernen Antisemitismus unter dem Einfluß der Rassentheorien des 19. Jahrhunderts zu ziehen, so kann man zunächst hervorheben, daß der ursprünglich aus religiösen und wirtschaftlich-sozialen Motiven gespeiste Antisemitismus eine neue theoretische Grundlage erhalten hatte. Ein breites Fundament für die wertende Klassifizierung der Rassen hatte Gobineau gelegt. Darwinistische Lehren eröffneten die Möglichkeit einer bewußten Rassenpolitik. Von diesen Voraussetzungen her wurden die traditionellen Vorurteile gegen die Juden „naturgesetzlich" verankert. Eine „Besserung" des Juden durch die Taufe war nicht mehr möglich. In Konsequenz der Position Dührings waren Vernichtung oder Internierung als zwei Möglichkeiten der Lösung der Judenfrage angedeutet. Auch dem Rassenmystizismus Chamberlains war der Aufruf zum Kampf auf Leben und Tod gegen das Judentum immanent. Am Ende des 19. Jahrhunderts war somit die „Endlösung" der Judenfrage bereits vorformuliert worden.

Die weitere Entwicklung der antisemitischen Publizistik nach 1900, die mit beträchtlicher Breitenwirkung von den verschiedensten Gruppierungen vertrieben wurde, muß in den Einzelheiten hier übergangen werden.[46] In der Tendenz dürfte sie der Entwicklungskurve der rassenkundlichen Literatur entsprechen, die von zur Mühlen nachgezeichnet hat.[47] Mit allem Vorbehalt ergibt sich dabei folgendes Bild: Bis zur Jahrhundertwende entwickelte sich die einschlägige Buch- und Zeitschriftenproduktion ungefähr in dem gleichen Rahmen wie in England und Frankreich, d.h. es erschienen bis zu fünf Titel jährlich. Nach 1900 ist in Deutschland eine rasche Steigerung, in den frühen zwanziger Jahren ein weiteres sprunghaftes Anwachsen bis hin zu Rekordzahlen nach 1933 festzustellen. In England und Frankreich blieb es dagegen bei der gekennzeichneten Entwicklung: Von 1900 bis 1945 ergaben sich nur geringfügige Schwankungen nach oben und unten.[48] In der politischen Praxis in Deutschland wurden diese Lehren erst nach dem Ersten Weltkrieg aktualisiert. Bei meinen weiteren Darlegungen beschränke ich mich daher auf das rassenideologische Programm Hitlers. Es geht dabei auch um die Frage, unter welchen Voraussetzungen dieser folgenreichste Beitrag zur antisemitischen Publizistik konzipiert wurde, der in „Mein Kampf" seine endgültige Form fand.

Fragt man nach der Herkunft des rassischen Antisemitismus bei Hitler, werden wir von ihm selbst auf seine „Lehrzeit" in Wien (1907–1913) verwiesen, in der er, wie es in „Mein Kampf" heißt, „vom schwächlichen Weltbürger zum fanatischen Antisemiten"

46 Zu den zahlreichen antisemitischen Gruppen vgl. generell P. G. Putzer und W. Jochmann. Symptomatisch für die Entwicklung in Deutschland ist etwa, daß 1902 von dem Sozialdarwinisten Ludwig Woltmann die „Politisch-Anthropologische Revue" gegründet wurde.

47 Vgl. P. von zur Mühlen, 231ff.

48 Im Blick auf den Rassenantisemitismus in Frankreich, der hier nicht einbezogen werden kann, müssen zumindest zwei Namen Erwähnung finden: Einmal ist das der von Edouard Drumont (1844–1917), Verfasser des Werks „La France Juive" (Paris 1885/86); hier sei er auf den Umweg über E. Dühring charakterisiert, den G. L. Masse, 150, als den „Drumont Deutschlands" bezeichnet. Für die Entwicklung in Frankreich und Deutschland ist schließlich Georges Vacher de Lapouge (1854–1936) mit dem Buch „L'Aryen, son rôle social" (Paris 1899) zu nennen, der als Rassentheoretiker beinahe die Bedeutung Gobineaus erlangt; vgl. G. L. Mosse, 57ff.

geworden sei.[49] Gegenüber der Stilisierung *[147]* seines weltanschaulichen Reifeprozesses sind erhebliche Vorbehalte angebracht, dennoch braucht man nicht daran zu zweifeln, daß er damals starken antisemitischen Einflüssen ausgesetzt war.[50] Dazu gehören die Bewegungen des christlich-sozialen Bürgermeisters Karl Lueger (1844–1910) und des Alldeutschen Georg Ritter von Schönerer (1842–1921) – nicht weniger aber auch die Atmosphäre der Großstadt Wien, in der die erhebliche jüdische Einwanderung aus Galizien ein für Hitler augenfälliges Judenproblem hatte entstehen lassen. Durch den ehemaligen Zisterzienser Adolf Lanz von Liebenfels und seine „Ostara"-Hefte lernte Hitler schließlich eine wirre religiöse Rassenlehre kennen, in der ein Rassenkampf zwischen den blondblauen „Ario-Heroikern" mit den dunklen Tiermenschen, den „Sodoms-Äfflingen", geschildert wurde.[51] Von den Einflüssen der Wiener Zeit und auch vom Kriegserlebnis her, kann man die antisemitische Vorstellungswelt Hitlers nur z.T. erklären. Was die Formulierung eines konkreten Programms angeht, so fallen sichere Belege dafür erst in die Zeit nach dem Ersten Weltkrieg.

Hitler fand nach dem Kriegsende in München eine politische Situation vor, die die Sammlung antisemitischer Kräfte begünstigte: Das stark jüdisch geprägte Erscheinungsbild der Münchener Revolution und Räterepublik lieferte eine Vorlage für die über Deutschland hinaus verbreitete These von einer jüdisch-bolschewistischen Revolution bzw. Weltverschwörung. Von der Propaganda wurden dabei ein Prototyp des Revolutionärs wie der brutale ungarische Kommunistenführer Bela Kirn und der Pazifist Kurt Eisner in einen Topf geworfen.[52]

Hitler bekam bald Gelegenheit, sich mit der Judenfrage zu beschäftigen: Nach der Zerschlagung der Räterepublik war er in einem Aufklärungskommando zur „Renationalisierung der Truppe" eingesetzt. In dieser Funktion wurde er mit der Beantwortung einer Anfrage über das Verhältnis der „Regierungssozialdemokratie gegenüber dem Judentum" betraut. Daraus entstand das sogenannte „erste Schriftstück der politischen Laufbahn", ein Brief zur Judenfrage vom 16. September 1919, der erste dokumentarische Nachweis seines Antisemitismus.[53] Hitler charakterisierte die jüdische Rasse und ihre Rolle in der Geschichte: Das Wirken der Juden wurde „in seinen Folgen zur Rassentuberkulose der Völker. ... Der Antisemitismus aus rein gefühlsmäßigen Gründen", so folgerte er weiter, „wird seinen letzten Ausdruck finden in der Form von Pogromen. Der Antisemitismus der Vernunft jedoch muß führen zur planmäßigen gesetzlichen Bekämpfung und Beseitigung der Vorrechte des Juden ... Sein letztes Ziel aber muß unverrückbar die Entfernung der Juden überhaupt sein."[54] Damit stehen bereits zwei „Kernbegriffe des Hitlerschen Antisemitismus" (E. Jäckel) fest: „Vernunft- statt Gefühls- oder Pogromantisemitismus" und „Entfernung der Juden".

49 A. Hitler, Mein Kampf, 69.
50 Vgl. E. Jäckel, 121ff.
51 Dazu W. Daim, 88ff.
52 Vgl. R. Breitling, 31 und G. L. Mosse, 163.
53 E. Deuerlein, 185 u. 202.
54 Ebd., 204.

Ausführlicher hat sich Hitler am Beginn seiner Laufbahn, am 13. August 1920, mit dem Thema „Warum sind wir Antisemiten?" befaßt. Es handelt sich dabei um die sogenannte „grundlegende" Rede über den Antisemitismus, eine von zwei seiner frühen Reden, die vollständig erhalten sind.[55] Hitler ging darin zunächst vom Begriff der Arbeit aus, der aus dem sittlichen Pflichtgefühl *[148]* der nordischen Arier erwachsen sei. Die Juden dagegen betrachteten Arbeit als „Strafe" für den Sündenfall. Aus dem unterschiedlichen Verhältnis zur Arbeit ergab sich für den Arier die Disposition zu „Rassenreinzucht" und „staatenbildender Kraft", die den Juden abging. Entsprechend angelegt ist die Fähigkeit zur Kulturschöpfung und -zerstörung. In mehrfachem Wechsel zwischen historischer Perspektive und aktuellem Bezug begegnet der Jude als Parasit und Nomade, die „Komödie des Zionistenstaates", eine Reihe von Vorwürfen von Egoismus, Mammonismus, Materialismus – bis zum Mädchenhandel.[56] Gebrandmarkt wird die Zinsknechtschaft und die Verschwörung des „internationalen Juden", der es darauf angelegt habe, die Rassen zu entnationalisieren. Als Ziel der Bekämpfung des Judentums wird auch hier wiederum – wie das Protokoll vermerkt: unter stürmischem, lang anhaltenden Beifall und Händeklatschen – „die Entfernung der Juden aus unserem Volke" gefordert.[57] Was darunter zu verstehen war, blieb noch offen. Ähnliche Passagen in anderen Reden legen nahe, daß Hitler in dieser frühen Phase „Entfernung" zumindest in der Bedeutung von „Auswanderung" oder „Ausweisung" gebrauchte.[58] Die antisemitische Argumentation Hitlers hatte schon klare Konturen gewonnen, die hier angeschlagenen Themen wurden in den Reden immer wieder variiert. Erkennbar sind dabei Einflüsse Gobineaus, Dührings, Chamberlains, Fritschs und anderer, wobei man aber lediglich Parallelen und keine sicheren Quellen erschließen kann. Natürlich haben auch die Erfahrungen der Wiener Jahre ihren Ausdruck gefunden.

Seine entscheidende Prägung dürfte der Antisemitismus Hitlers erst in der Münchener Zeit durch die Begegnung mit Männern wie Gottfried Feder (1883–1941), Dietrich Eckart (1868–1923) und Alfred Rosenberg (1893–1946) erfahren haben. Die Verbindungslinien sind mit wenigen Worten anzudeuten. Da ist zum einen die antikapitalistische Parole „Brechung der Zinsknechtschaft", die von Gottfried Feder als Ansatz zur Lösung der Judenfrage ins Parteiprogramm gebracht worden war. In ihrer Anwendung auf das jüdische Bank- und Börsenwesen wurde ein altes antijüdisches Argument aufgegriffen. Von dem Stückeschreiber und unermüdlichen Propagandisten Dietrich Eckart stammt die Broschüre „Der Bolschewismus von Moses bis Lenin. Zwiegespräch zwischen Adolf Hitler und mir" (1924), in deren Titel die These der jüdisch-bolschewistischen Weltver-

55 Vgl. E. Jäckel, 59. Abdruck und Kommentierung bei R. H. Phelps, Hitlers „grundlegende" Rede, 390ff.

56 Vgl. ebd., 394.

57 Ebd., 411. Eben diese Forderung war in Ankündigung der Grundsatzrede Hitlers auch auf Plakaten verbreitet worden: „Wir bekämpfen sein Wirken als Rassentuberkulose der Völker, und sind überzeugt, daß Genesung nur eintritt nach Entfernung des Erregers"; vgl. die Abbildung bei E. Nolte, Faschismus. Texte, Bilder, Dokumente, 72.

58 Vgl. E. Jäckel, 56ff.

schwörung gewissermaßen universalhistorische Deutung findet.[59] Auch Alfred Rosenberg, der spätere „Beauftragte des Führers für die Überwachung der gesamten geistigen und weltanschaulichen Schulung und Erziehung der NSDAP“, hatte die „Spur des Juden im Wandel der Zeiten“, so der Titel einer seiner frühen Schriften aus dem Jahre 1920, verfolgt und das Sowjetregime als Judenherrschaft entlarvt.[60] R. Breitling hat zu Recht darauf hingewiesen, daß vieles von dem, was Hitler als eigenes Studium ausgab, von Rosenberg vermittelt wurde.[61]

Der Vermittlung Eckarts und Rosenbergs verdankt Hitler die Kenntnis der sogenannten „Protokolle der Weisen von Zion“, einem Produkt antisemitischer Publizistik mit außerordentlicher Sprengkraft, das auch in „Mein Kampf“ verarbeitet ist. Es besteht also doppelter Anlaß, etwas ausführlicher *[149]* darauf einzugehen.

Man nimmt heute an, daß die „Protokolle“ zwischen 1894 und 1899 unter Mithilfe der russischen Geheimpolizei im Zusammenhang mit der Dreyfus-Affäre in Frankreich gefälscht wurden.[62] Nach vorgeschobener Auffassung der antisemitischen Verbreiter und Herausgeber sind sie 1897 auf dem ersten Zionistenkongreß in Basel oder in einer parallelen geheimen Sitzung jüdischer Weiser verfaßt worden.[63] Die Frage nach der Entstehung und Echtheit, Widersprüchen usw. braucht uns hier nicht im Einzelnen zu interessieren. Denn die natürlich sofort aufgeworfene Echtheitsfrage war, wie der schon erwähnte Theodor Fritsch bezeichnenderweise schrieb, nicht entscheidend: „Maßgebend ist nur der intelligible Inhalt der Protokolle; der aber ist jüdisch!“[64] Diese Argumentation deckt sich, wie noch gezeigt wird, beinahe wörtlich mit der Hitlers. Nach Deutschland, wo sie große Verbreitung fanden, gelangten die Protokolle 1919. Rosenberg selbst hat 1923 Auszüge veröffentlicht.[65]

Die Protokolle wollen den Inhalt einer sich über vierundzwanzig Sitzungen erstreckenden Rede eines ungenannten jüdischen Führers wiedergeben, die hier kurz zu charakterisieren ist.[66] Allgemein geht es um die Ziele jüdischer Weltherrschaft in Vergangenheit und Gegenwart. In der ersten Sitzung werden mehr oder weniger macchiavellistische Grundsätze über die Lenkung von Staaten erörtert, die der Devise folgen „Der Zweck heiligt die Mittel“. Die Losung der jüdischen Freimaurerloge, die als bedrohliches Element

---

59 Auch wenn diese „frühe Quelle zu Hitlers Antisemitismus“ (E. Nolte) keine authentische Äußerung Hitlers enthalten sollte, bleibt die Schrift doch ein beweiskräftiger Beleg für die antisemitischen Strömungen nach dem Ersten Weltkrieg; vgl. dazu jetzt E. Jäckel (Hrsg.), Hitler. Sämtliche Aufzeichnungen, 37.

60 Vgl. R. Baumgärtner, 42ff.

61 Vgl. R. Breitling, 32f.

62 Grundlegend hierzu ist das Werk von N. Cohn.

63 Vgl. A. Bein, Bd. I, 329f.

64 Ebd., Bd. I, 331.

65 In der *D*eutschen *A*rbeiter *P*artei Drexlers kursierten die Protokolle wohl schon seit Februar 1920; vgl. W. Horn, 31, Anm. 5.

66 Der Name des Herausgebers der von mir benutzten Fassung der Protokolle, Gottfried zur Beek, ist ein Pseudonym für den Hauptmann a.D. Ludwig Müller von Hansen (vgl. A. Bein, Bd. I, 328). Das Copyright für die im „Vorposten-Verlag“ erschienene Ausgabe lag beim „Verband gegen die Überhebung des Judentums e.V.“. Zu den Trägern antisemitischer Publizistik vgl. N. Cohn, 178ff.

neben den Juden eingeführt wird, lautet „Macht und Hinterlist“. Deshalb gibt es keinen Grund, „vor Bestechung, Betrug und Verrat“ zurückzuschrecken, sobald sie jüdischen Plänen nützen.[67] Beispiel dafür ist die Verbreitung der Gedanken des Liberalismus und des Sozialismus, die nur dem Zweck diente, bei den nichtjüdischen Völkern den Adel als das Abwehrorgan gegen die Juden zu vernichten: „Auf den Trümmern des alten Bluts- und Geschlechtsadels haben wir den Adel unserer Gebildeten, und an seine Spitze unseren Geldadel gesetzt.“[68] Grundlage der jüdischen Vorherrschaft sollten, so hieß es in der zweiten Sitzung, Wirtschaftskriege sein, denn in dieser Lage würden beide kriegführende Parteien den über den ganzen Weltball verteilten Verbindungen des Judentums ausgeliefert sein. In diesem umfassenden Verschwörungssystem fand alles seinen Platz, so die Presse, die die Aufgabe hatte, die Widerstandskraft selbständigen Denkens zu lähmen. Ähnliche zersetzende Funktion hatte die Volksvertretung, der ganze Staatsapparat und die Arbeiterbewegung. Widerstände gegen das jüdische Weltherrschaftsstreben waren mit allen Mitteln zu brechen, nicht nur mit Geld, sondern durch jede Ausnutzung von Gegensätzen und Krisen. „Sobald ein nichtjüdischer Staat es wagt, uns Widerstand zu leisten, müssen wir in der Lage sein, seine Nachbaren zum Kriege gegen ihn zu veranlassen. Wollen aber auch die Nachbaren gemeinsame Sache mit ihm machen und gegen uns vorgehen, so müssen wir den Weltkrieg entfesseln.“[69] Am Ende des Kampfes könnte dann ein König aus dem Hause David die Weltherrschaft übernehmen. Soweit in kurzen Zügen der Inhalt.

Zweifel an der Echtheit der Protokolle wurden von Rosenberg, Hitler und Fritsch zumindest indirekt eingestanden. Unübersehbar ist aber dennoch die *[150]* Faszination, die dieses Dokument auf die Antisemiten ausübte. Sie läßt sich z. T. daraus erklären, daß hier das Judentum, so der Herausgeber der ersten deutschen Ausgabe, angeblich „entschleiert“ wurde, und zwar entschleiert durch Bekenntnisse von Juden.[70] Die Protokolle stellen den Höhepunkt und die Synthese älterer Verschwörungstheorien dar, die sich z.T. an dem Bild des ewig wandernden Juden orientierten. Dieser Verschwörungsmythos paßte, wie G. L. Mosse formuliert hat, „in die Ungewißheiten und Ängste des 19. Jahrhunderts und baute eine Brücke über die Kluft zwischen den alten, antisemitischen Legenden und dem modernen Juden in einer Welt dramatischer Veränderungen“.[71]

Die ganz unmittelbare Wirkung der Protokolle auf einen in diesem Sinne aufnahmebereiten Zeitgenossen, lassen die handschriftlichen Randnotizen eines unbekannten Lesers in dem mir zugänglichen Exemplar der Protokolle erkennen: Dort wo die Rede auf „grenzenlose Gewaltherrschaft“ der Juden oder auf „Schreckensmänner, die ihre Herrschaft auf Terror gründen“ kommt, erscheint dick unterstrichen „Sowjetrußland“: Die Assoziation „Hitler“ stellt sich beim Thema „Bedeutung der Persönlichkeit“ ein und neben dem Abschnitt „Beratung der nichtjüdischen Herrscher und Günstlinge durch

67 G. zur Beek (Hrsg.), 71f.
68 Ebd., 74.
69 Ebd., 89.
70 Vgl. A. Bein, Bd. I, 331f.
71 G. L. Mosse, 111.

die Vertrauensmänner der Freimaurerlogen“ findet sich die Eintragung: „Schacht, Luther, Stresemann“.[72] Es sind dies ganz gewiß nur Assoziationen, aber sie sind doch sehr aufschlußreich dafür, wie leicht sich für einen bestimmten Leserkreis die Tagespolitik der 20er Jahre von den Protokollen her aufschlüsseln ließ. Auflösen konnte man mit dem Erklärungsmuster dieser Schrift solche Gegensätze wie Marxismus und Hochfinanz, die nun als Bundesgenossen der jüdischen Weltverschwörung firmierten. Es liegt auf dieser Linie, daß die Protokolle in einer französischen Wochenzeitung 1920 unter der Überschrift „Die Ursprünge des Bolschewismus“ besprochen wurden.[73]

Ihre Wirkung auf Hitler kann kaum überschätzt werden. Das belegt die Auswertung seiner Reden und natürlich „Mein Kampf“. Dort vertrat er die Auffassung, daß diese Enthüllungen „mit geradezu grauenerregender Sicherheit das Wesen und die Tätigkeit des Judenvolkes aufdecken und in ihren inneren Zusammenhängen sowie den letzten Schlußzielen darlegen“.[74] Gerade im Hinblick auf ihre propagandistische Verwertung ist Hitler 1936 zu Recht als „Schüler der Weisen von Zion“ bezeichnet worden.[75]

Aufnahmebereit für die „Protokolle“ aber erwies sich nicht nur der mehr oder minder sektiererische Kreis um Hitler, sondern auch ein breites, überwiegend bürgerliches, mittelständisches Publikum. Als besonders eifrige Leser werden Offiziere genannt. Allem Anschein nach war auch Exkaiser Wilhelm II. ebenso wie Ludendorff davon überzeugt, der Sturz des Kaiserreichs sei ein Werk der jüdischen Weltverschwörung.[76] Es gibt auch Hinweise darauf, daß Exemplare an den Hochschulen zirkulierten. Die Folgen solcher Lektüre blieben nicht aus: In der Verhandlung gegen die Mörder Walther Rathenaus bekannte einer der Täter u.a., daß man das Opfer als einen der „300 Weisen von Zion“ identifiziert habe.[77] Das Werk war zweifelsfrei schon Anfang der 20er Jahre in Hunderttausenden von Exemplaren verbreitet. Allein die erste *[151]* deutsche Ausgabe erreichte bis 1933 insgesamt 33 Auflagen.

Nach den „Protokollen“ möchte ich noch ein weiteres Beispiel antisemitischer Publizistik vorstellen, das Hitler ganz offenbar in seiner Münchener Zeit verarbeitet hat: Zu den wichtigsten Anklagen gegen das Judentum, die im Rahmen der nationalsozialistischen Rassenlehre erhoben wurden, gehört der Vorwurf der Rassenvergiftung. Auf der untersten Stufe antisemitischer Agitation wurde damit die sexuelle Ebene angesprochen und mit der Ausbreitung von Sittenskandalen geradezu krankhafte Phantasien entwickelt. Hierin hat Julius Streicher, der sogenannte „Frankenführer“, mit seinem berüchtigten „Stürmer“ alle anderen Hetzschriften übertroffen.[78] Daß Hitler diese Argumentation nicht fremd war, belegt schon seine „grundlegende Rede“.[79] Er steht hier deutlich unter dem Einfluß des Romans „Die Sünde wider das Blut“ von Arthur Dinter, einem

72 Vgl. die Bezugsstellen bei G. zur Beek (Hrsg.), 83, 86, 89 u. 134.
73 N. Cohn, 212.
74 A. Hitler, Mein Kampf, 337.
75 Vgl. Alexander Stein, Adolf Hitler, ‚Schüler der Weisen von Zion‘, Karlsbad 1936.
76 Vgl. N. Cohn, 172.
77 Ebd., 187.
78 Vgl. R. Breitling, 47 und die Zusammenstellung von Fred Hahn.
79 Vgl. oben 147f.

seiner treuesten Gefolgsleute, der bis 1928 Gauleiter von Thüringen war. Dieses vom Autor als „Zeitroman“ vorgestellte Werk – 1918 erschienen und nach zwei Jahren in mehr als 100000 Exemplaren verkauft – stellt eines der typischsten Beispiele primitiver antisemitischer Literatur dar, deren Wirksamkeit nicht unterschätzt werden sollte. Es geht dabei um die Folgen der „Rassenmischung“.[80]

Der Held des Buches, ein habilitierter Chemiker, trägt den bezeichnenden Namen Dr. Hermann Kämpfer und stammt aus bäuerlichem Geschlecht, das durch einen Wucherjuden ins Unglück gestürzt worden war. Er „verkauft“ sich an einen Kommerzienrat in Berlin, einen getauften jüdischen „Großschieber“, und heiratet dessen blonde Tochter. Nach dem Tode des jüdischen Kommerzienrates wird ein Schriftwechsel aufgefunden, der eine ähnliche entschleiernde Funktion hat wie die „Protokolle der Weisen von Zion“. Aus ihm geht hervor, daß der Kommerzienrat zusammen mit anderen im Zuge planmäßiger Rassenvergiftung „unberührte blonde Jungfrauen zu Müttern“ machte. Das Rassendrama nimmt seinen Lauf: Aus der unglücklichen Ehe mit der blonden Halbjüdin geht ein schwarzer Judenknabe hervor, das jüdische Blut ist durchgeschlagen. Auf der Ehe lastet hinfort „der schwarze Schatten des unnatürlichen Kindes“. Die Mutter stirbt zusammen mit einem wiederum jüdisch geprägten Kind und gibt vorher dem Mann die Empfehlung, sich ein arisches Mädchen zu suchen! Bevor das geschieht, muß sich noch das Schicksal des ehelichen Bastards vollenden, der als verlogen, geldgierig und zügellos gezeichnet wird. Er wächst heran mit einem unehelichen, aber reinrassigen und deshalb schöpferisch, mutig und selbstlos veranlagten Sohn des germanischen Chemikers. Die Halbbrüder ertrinken schließlich beide, auch dies ein aussagekräftiges Bild, weil der Bastard nicht schwimmen kann und den blonden Halbbruder beim Rettungsversuch umklammert und mit in die Tiefe hinabzieht. Der unglückliche Vater hat sich inzwischen dem Studium der Rassenfrage verschrieben. Das „zusammengeschacherte Geld“ des Schwiegervaters wird „zur Sühne“ für die Gründung einer Anstalt für Rassenforschung und -hygiene und den Kampf gegen die „Hauptmacht der jüdischen Presse“ verwandt. Es folgt schließlich die zweite Verbindung des Chemikers mit einer nichtjüdischen Frau, einer blonden Krankenschwester, deren Blut, dies gilt als unumstößliches *[152]* Naturgesetz, aber durch früheren Geschlechtsverkehr mit einem jüdischen Offizier für immer verunreinigt war: D.h. auch sie kann dem Chemiker nur ein schwarzes Judenkind zur Welt bringen, das sie mit sich in den Tod nimmt. Auch sie ist ein Opfer der teuflischen, planmäßigen Rassenvergiftung geworden. Der germanische Held bringt nun den Juden um, der das Blut seiner Frau verseucht hat. Vor Gericht enthüllt er dann die ganze grausige Verschwörung gegen die germanische Rasse, die ans Licht gekommen war. Vor den verständnisvollen Geschworenen, die den arischen Helden dann freisprechen, wird zugleich eine Abwehrstrategie angedeutet: „Wenn es dem deutschen Volke nicht gelingt“, so mahnt er das Gericht, „den jüdischen Vampyr, den es ahnungslos mit seinem Herzblut grossäugt, von sich abzuschütteln und unschädlich zu machen – und das ist schon durch

80 Zur folgenden Zusammenfassung vgl. auch A. Bein, Bd. I, 337ff. und R. Breitling, 48ff.

einfache gesetzliche Maßnahmen möglich –, so wird es in absehbarer Zeit zugrunde gehen."[81]

In der Handlung, die hier nur in den Grundzügen skizziert wurde, ist auf mehreren Ebenen diese abstoßende, pornographische Argumentation mit der gegen den Wucher- und Börsenjuden verknüpft. Eingearbeitet sind aber auch längere Partien, in denen offenbar „positive" Aufklärungsarbeit geleistet werden soll: So leitet der Held des Zeitromans eine Braut zum Studium der Bibel an und versucht, ihr die Rassenproblematik von Platon her verständlich zu machen. Dinter hatte seine Auslassungen schließlich mit pseudowissenschaftlichen Anmerkungen versehen und wähnte sich obendrein zusammen mit Chamberlain „auf dem festgefügten Boden der Naturwissenschaft".[82] Wichtig ist dieses Werk aber nicht allein, weil es Hitler beeinflußt hat.[83] Bedeutungsvoller ist, daß Dinter mit seinem Roman Angstvorstellungen und Instinkten seiner Zeit Ausdruck verlieh, an deren Vorhandensein zumindest in Unterströmungen es keinen Zweifel gibt.

So wurde im Zusammenhang mit der Stationierung farbiger französischer Besatzungssoldaten im Rheinland im Jahre 1920 in Schriften wie Guido Kreutzers „Die Schwarze Schmach. Der Roman des geschändeten Deutschland"[84] mit beträchtlicher Publizität die Gefahr der Bastardisierung beschworen. Es gab daneben, das bewegt sich auf einer anderen Ebene, auch seriöse Dokumentationen über Übergriffe farbiger Soldaten. Der ganze Problemkreis, den Reiner Pommerin in einer neueren Studie aufgehellt hat, fand 1937 in der tatsächlichen „Sterilisierung der sogenannten Rheinlandbastarde" die dem Konzept der NS-Rassenideologie entsprechende Lösung.[85] Ernsthafte Überlegungen, das Problem auf diese Weise zu lösen, waren aber auch schon in der Weimarer Zeit, in der rassenhygienische Fragen lebhaft diskutiert wurden, angestellt worden. Hitler hat, wie wir „Mein Kampf" entnehmen können, auch die Vorgänge im Rheinland konsequent rassenantisemitisch interpretiert: „Juden waren und sind es, die den Neger an den Rhein bringen, immer mit dem gleichen Hintergedanken und klaren Ziele, durch die dadurch zwangsläufig eintretende Bastardisierung die ihnen verhaßte weiße Rasse zu zerstören, von ihrer kulturellen und politischen Höhe zu stürzen und selber zu ihren Herren aufzusteigen."[86] Es ist dies, wie ich meine, ein sehr eindrucksvoller Beleg dafür, daß der Antisemitismus den Kernbestand der NS-Rassenideologie *[153]* ausmacht.

An den Beispielen der „Protokolle der Weisen von Zion" und des Romans „Die Sünde wider das Blut" war zu verfolgen, wie Hitler wesentlich durch Vermittlung von Eckart

81 A. Dinter, 366.

82 Ebd., 430 (Nachwort). Das Werk war „Dem Deutschen Houston Stewart Chamberlain" gewidmet. Neben dem umfänglichen Anmerkungsapparat enthält es auch eine „Schriftkunde zur Einführung in die Judenfrage", 422.

83 Parallelen finden sich sowohl in „Mein Kampf"; vgl. z.B. 357, 630 u. 730, als auch in „Hitlers Zweitem Buch", 125 u. 222.

84 Deutlich von Dinter inspiriert ist auch die Schrift „Eine deutsche Blutschande. Der Untergang Deutschlands". Naturgesetze über die Rassenlehre zusammengestellt und herausgegeben vom Deutsch-Völkischen Schutz- und Trutzbund, Großenhain i. Sa. 1921 (mit Abbildungen).

85 Vgl. dazu das Werk von R. Pommerin.

86 A. Hitler, Mein Kampf, 357.

und Rosenberg die antisemitische Argumentation seiner Zeit rezipiert hat. Damit sind nicht zuletzt aus Raumgründen freilich nur zwei wichtige Argumentationsträger der antisemitischen Propaganda angesprochen.[87] Im Sinne des eingangs abgesteckten Themas soll jetzt abschließend gezeigt werden, wie Hitler die rassenantisemitischen Vorstellungen in „Mein Kampf" weiterentwickelt hat. Insgesamt ergibt sich darin eine bemerkenswerte Verschärfung seines Antisemitismus. Ganz offenbar hat Hitler die Ruhe der Festungshaft in Landsberg zur Systematisierung seiner Rassenlehre benutzt. Ihr wichtigstes Merkmal ist, daß alle anderen rassenideologischen Aussagen vom Rassenantisemitismus überlagert werden. Hitler entwickelte zwar eine Einteilung der Menschheit, in deren Mittelpunkt der „Arier als Kulturbegründer" steht, von denen die „Kulturträger" wie etwa die Japaner und schließlich die Kulturzerstörer, die Juden, zu trennen waren. Aber das Idealbild des Ariers spielte bei ihm bei weitem nicht die Rolle wie bei Rosenberg.

Die Radikalisierung seines Antisemitismus ist – darin folge ich Eberhard Jäckels Analyse von Hitlers Weltanschauung – an vier Aspekten ablesbar. Zum ersten gibt es keinen Zweifel daran, daß die Judenfrage zum zentralen Motiv seiner politischen Mission geworden ist.[88] Dafür spricht die Verknüpfung von zwei wesentlichen Aussagen am Schluß des 7. Kapitels von „Mein Kampf". Es handelt sich um die Reaktion Hitlers auf die Nachricht vom Ausbruch der Novemberrevolution, deren Hintermänner sofort erkannt sind: Auf den Satz „Mit dem Judentum gibt es kein Paktieren, sondern nur das harte Entweder – Oder" folgt die vielzitierte Stelle: „Ich aber beschloß nun Politiker zu werden".[89] Ein weiterer neuer Aspekt – Jäckel spricht von dem „universalmissionarischen Zug" – ist darin zu sehen, daß Hitler im Kampf gegen das Judentum nicht nur eine nationale Aufgabe lösen wollte, sondern hoffte, die „größte Völkergefahr für die gesamte Welt" zu brechen.[90] Schließlich ist die Rede vom „Jüdischen Internationalismus" als beinahe untrennbares Begriffspaar an die Spitze aller antisemitischen Vorwürfe gerückt. Wir fassen darin die Argumentation der „Protokolle der Weisen von Zion". Im zweiten Band von „Mein Kampf" (1927) wurde dieser Vorwurf mit dem außenpolitischen Konzept verknüpft, und zwar zuerst in einem für Hitler positiven Zusammenhang: Er war davon überzeugt, daß ein Eroberungskrieg gegen Rußland leicht sein würde, weil dort die bisherige germanische Führungsschicht durch eine jüdische abgelöst worden sei. Juden aber konnten bekanntlich keinen Staat organisieren und erhalten. Er hoffte so, im Osten „die gewaltigste Bestätigung für die Richtigkeit der völkischen Rassentheorie" zu erhalten.[91] Daneben wurde der jüdische Internationalismus im außenpolitischen Kontext zu einem Problem bei der Suche nach Bündnispartnern. Im Falle Englands war es die Frage, ob dort die Verfechter einer „jüdischen Weltdiktatur" oder die wahren Vertreter britischer Staatsinteres-

87 Ausführlicher vorgestellt werden ähnlich wichtige Beispiele von A. Bein, Bd. I, 303ff. Eine ungefähre Vorstellung von der Fülle des Materials vermittelt die Bibliographie von A. Gercke (Hrsg.). – Verwiesen sei hier auch auf die Sammlungen von E. Fuchs und T. Pugel.

88 E. Jäckel, 64ff.

89 A. Hitler, Mein Kampf, 225. Das hier zitierte „nun" taucht nur in der Erstausgabe auf; vgl. E. Jäckel, 63 mit Anm. 23 (167f.).

90 A. Hitler, Mein Kampf, 703.

91 Ebd., 743; vgl. auch A. Hillgruber, 133ff.

sen siegen würden. Optimistischer fiel die Prognose für ein Bündnis mit Italien aus, das *[154]* dabei keine „Rücksicht auf das Gezische der jüdischen Welthydra“ nehmen werde.[92] Die Beständigkeit dieser Argumentation belegt noch eine Klage Hitlers in seinem „Politischen Testament“ vom 4. Februar 1945: Er warf sich vor, „das Ausmaß des jüdischen Einflusses auf die Engländer Churchills“ unterschätzt zu haben.[93]

Die Radikalisierung seiner Vorstellungen für die Bekämpfung des Judentums – dies ist der vierte und wichtigste Aspekt – enthüllt schließlich eine bekannte Äußerung Hitlers gegenüber einem Besucher in seiner Landsberger Zeit (Juli 1924): Es handelt sich um das Bekenntnis, bisher gegenüber den Juden viel zu milde gewesen zu sein. Hinfort müßten die „schärfsten Kampfmittel“ angewendet werden. Er war nunmehr überzeugt, „daß nicht nur für unser Volk, sondern für alle Völker dies eine Lebensfrage ist. Denn Juda ist die Weltpest“.[94] Dieser Radikalisierung entspricht das Vokabular der antisemitischen Passagen: Der Jude begegnet als die Made im faulenden Leibe, als Pestilenz, er ist schlimmer als der Schwarze Tod von einst und Bazillenträger der schlimmsten Art.[95]

Mit der Anwendung der Begriffe Völkerparasit und -vampyr, steht Hitler, wie wir schon sehen konnten, in der Nachfolge Dührings und Dinters. Diese Traditionslinien lassen sich indessen noch weiter zurückverfolgen: Alexander Bein hat gezeigt, daß der Jude als Parasit im biologischen Sinne in der Bedeutung von Schmarotzer schon bei Herder, Proudhon, Bakunin, Lagarde und anderen vorkommt.[96]

Allein schon von daher gewann das, was unter „Entfernung der Juden“ zu verstehen war, klare Konturen. Neben Erörterungen darüber, daß man die Niederlage von 1918 „durch rücksichtslosen Einsatz aller militärischer Machtmittel zur Ausrottung dieser Pestilenz“ hätte verhindern können,[97] wurde Hitler im 2. Band von „Mein Kampf“ noch deutlicher. Er bezieht sich dabei auf den „unerbittliche(n) Weltjude(n)“ der „für seine Herrschaft über die Völker“ kämpft: „Kein Volk entfernt diese Faust anders von seiner Gurgel als durch das Schwert. Nur die gesammelte konzentrierte Stärke einer kraftvoll sich aufbäumenden, nationalen Leidenschaft vermag der internationalen Völkerversklavung zu trotzen. Ein solcher Vorgang ist und bleibt aber ein blutiger“.[98]

Daß Hitler hier an die physische Liquidierung der Juden dachte, läßt sich mit weiteren Stellen aus „Mein Kampf“ belegen. Es ist keine Frage, daß das rassenideologische Programm gegenüber den Juden mit der Konsequenz der Endlösung hier nahezu vollständig ausformuliert worden war. Auch wenn man, wie Klaus Hildebrand, die Auffassung vertritt, daß die tatsächlich praktizierte Endlösung nicht schlüssig aus „Mein Kampf“ nachzuweisen sei, so wird doch eingeräumt, daß sie „auch in ihrer radikalen Form im

92 A. Hitler, Mein Kampf, 721.
93 Hitlers Politisches Testament, 43.
94 A. Hitler, Sämtliche Aufzeichnungen, 1242.
95 Vgl. den von E. Jäckel, 69 zusammengestellten Katalog.
96 A. Bein, Bd. I, 358ff.
97 Vgl. A. Hitler, Mein Kampf, 786.
98 Ebd., 738; vgl. E. Jäckel, 71.

Keim in der Gedankenbildung des Diktators, in seiner Weltanschauung und in seinem Herrschaftsentwurf angelegt" war.[99]

Hitler hat zwar seine Rassenlehre in seinem unveröffentlichten, dem sogenannten „zweiten Buch" von 1928 noch systematisiert, die das Judentum betreffenden Positionen, die den Kernbestand der NS-Rassenlehre ausmachen, *[155]* sind aber nicht verändert worden. Gegenüber der Radikalität des Hitlerschen Antisemitismus verblassen die Konzeptionen bekannter Rassentheoretiker wie H. F. K. Günther und Alfred Rosenberg, die lange vor der nationalsozialistischen Machtübernahme eine führende Rolle bei der Verbreitung des Rassengedankens spielten.[100] So gesehen war in „Mein Kampf" bereits der Gipfelpunkt antisemitischer Publizistik in Deutschland erreicht, deren Konsequenzen zu lange – ob bewußt oder unbewußt sei hier dahingestellt – nicht beachtet wurden. An dieser Linie, die sich schon in seiner ersten Äußerung zur Judenfrage vom 16. September 1919 abzeichnete, hat Hitler bis zum Ende festgehalten. In seinem „Politischen Testament" vom 29. April 1945 verpflichtete er „die Führung der Nation und die Gefolgschaft zur peinlichen Einhaltung der Rassegesetze und zum unbarmherzigen Widerstand gegen den Weltvergifter aller Völker, das internationale Judentum".[101]

Mit diesem abschließenden Hinweis soll nicht alle Verantwortung auf Hitler abgeladen werden, denn die Entwicklung und Vollendung seines rassenideologischen Programms wurden, dies sollte hier deutlich werden, durch weitverbreitete antisemitische Strömungen begünstigt.

[Die Seiten *[155–158]* umfassen in der Originalpublikation den Anmerkungsteil.]

[158] Quellen und Darstellungen

1. Antisemitisches und Rassistisches Schrifttum:

G. zur Beek (Hrsg.), Die Geheimnisse der Weisen von Zion, Charlottenburg ²1919.
H. S. Chamberlain, Die Grundlagen des neunzehnten Jahrhunderts, 2 Bde., München ²1900.
A. Dinter, Die Sünde wider das Blut, Leipzig-Hartenstein ⁹1920.
E. Dühring, Die Judenfrage als Racen-, Sitten- und Culturfrage, Karlsruhe-Leipzig 1881.
E. Dühring, Die Judenfrage als Frage des Rassencharakters und seiner Schädlichkeiten für die Existenz und Kultur der Völker, Leipzig ⁶1930 (hrsg. v. H. Reinhardt).
E. Fuchs, Die Juden in der Karikatur, München 1921.
A. Gercke (Hrsg.), Die Rasse im Schrifttum, bearbeitet von Rudolf Kummer, Berlin 1933 (mit kurzen Kommentaren).
A. Graf Gobineau, Versuch über die Ungleichheit der Menschenrassen, 4 Bde., Stuttgart ⁵1939.
A. Hitler, Mein Kampf (Volksausgabe – Zwei Bände in einem Band), München 1939.

99 K. Hildebrand, 83.
100 Zu dem sogenannten „Rasse-Günther" und seinem Umfeld vgl. das Werk von H.-J. Lutzhöft.
101 E. Nolte, Faschismus in seiner Epoche, 444.

G. Kreutzer, Die Schwarze Schmach. Der Roman des geschändeten Deutschlands, Leipzig 1921.

T. Pugel (Hrsg.), Antisemitismus der Welt in Wort und Bild, Berlin 1935.

2. Quellenpublikationen nach 1945

F. Halm, Lieber Stürmer! Leserbriefe an das NS-Kampfblatt 1924–1945, Stuttgart 1980.

Hitlers zweites Buch, hrsg. v. Gerhard L. Weinberg, Stuttgart 1961.

E. Jäckel (Hrsg.), Hitler. Sämtliche Aufzeichnungen 1905–1924, Stuttgart 1980.

Hitlers Politisches Testament. Die Barmann Diktate vom Februar und April 1945. Mit einem Essay von H. R. Trevor-Roper und einem Nachwort von A. Francois-Poncet, Hamburg 1981.

R. H. Phelps, Hitlers „grundlegende“ Rede über den Antisemitismus, in: Vierteljahrshefte für Zeitgeschichte 16 (1968) 390–420.

3. Sekundärliteratur

R. Baumgärtner, Weltanschauungskampf im Dritten Reich, Mainz 1977.

A. Bein, Die Judenfrage. Biographie eines Weltproblems, 2 Bde., Stuttgart 1980.

R. Breitling, Die nationalsozialistische Rassenlehre. Entstehung, Ausbreitung, Nutzen und Schaden einer politischen Ideologie. Meisenheim am Glan 1971.

L. Cecil, Wilhelm II. und die Juden, in: W. E. Mosse (Hrsg.), Juden im Wilhelminischen Deutschland, Tübingen 1976.

N. Cohn, Die Protokolle der Weisen von Zion. Der Mythos von der Jüdischen Weltverschwörung, *[159]* Köln-Berlin 1969.

H. Conrad-Martius, Utopien der Menschenzüchtung. Der Sozialdarwinismus und seine Folgen, München 1955.

W. Daim, Der Mann der Hitler die Ideen gab. Von der religiösen Verirrung eines Sektierers zum Rassenwahn eines Diktators, München 1958.

E. Deuerlein, Hitlers Eintritt in die Politik und die Reichswehr, in: Vierteljahrshefte für Zeitgeschichte 7 (1959) 177–227.

K. Hildebrand, Das Dritte Reich, München ²1980.

A. Hillgruber, Die „Endlösung“ und das deutsche Ostimperium als Kernstück des rassenideologischen Programms des Nationalsozialismus, in: Vierteljahrshefte für Zeitgeschichte 20 (1972) 133–153.

W. Horn, Führerideologie und Parteiorganisation in der NSDAP (1919–1933), Düsseldorf 1972.

E. Jäckel, Hitlers Weltanschauung. Entwurf. einer Herrschaft, erw. Neuausgabe Stuttgart 1981.

W. Jochmann, Struktur und Funktion des deutschen Antisemitismus, in: W. E. Mosse (Hrsg.), Juden im Wilhelminischen Deutschland, Tübingen 1976.

H.-J. Lutzhöft, Der Nordische Gedanke in Deutschland 1920–1940, Stuttgart 1971.

P. W. Massing, Vorgeschichte des politischen Antisemitismus, Frankfurt 1959.

G. L. Mosse, Rassismus. Ein Krankheitssymptom in der europäischen Geschichte des 19. und 20. Jahrhunderts, Königsstein 1978.
P. von zur Mühlen, Rassenideologien. Geschichte und Hintergründe, Berlin/Bonn ^{2}1979.
E. Nolte, Der Faschismus in seiner Epoche, München ^{5}1979.
E. Nolte, Der Faschismus von Mussolini zu Hitler. Texte, Bilder, Dokumente, München 1968.
R. H. Phelps, Theodor Fritsch und der Antisemitismus, in: Deutsche Rundschau 87, 1961.
P. G. Pulzer, Die Entstehung des politischen Antisemitismus in Deutschland und Österreich 1867–1914, Gütersloh 1966.
R. Pommerin, Sterilisierung der Rheinlandbastarde. Das Schicksal einer deutschen Minderheit 1918–1937, Düsseldorf 1979.
K. Salier, Die Rassenlehre des Nationalsozialismus in Wissenschaft und Propaganda, Darmstadt 1961.
K. von See, Deutsche Germanen-Ideologie vom Humanismus bis zur Gegenwart, Frankfurt 1970.
E. Sterling, Er ist wie Du. Aus der Frühgeschichte des Antisemitismus in Deutschland (1815–1850), München 1956.

Arminius und die Germanen

Nr. 4

Originalpublikation in: P. Kneissl / V. Losemann (Hrsg.), Alte Geschichte und Wissenschaftsgeschichte. Festschrift für Karl Christ zum 65. Geburtstag, Wissenschaftliche Buchgesellschaft, Darmstadt 1988, 256–284.

Aspekte der nationalsozialistischen Germanenideologie

Die folgenden Ausführungen stehen im Zusammenhang mit Untersuchungen des Verfassers zum Verhältnis von Nationalsozialismus und Antike und zum Stellenwert der römisch-germanischen Auseinandersetzung im deutschen Geschichtsbild.* Dessen Entstehung ist bekanntlich eng mit der Rezeption der taciteischen ‚Germania' verknüpft. Dieses Werk des Tacitus, das dem deutschen Volk als „Patengeschenk in die Wiege seiner vaterländischen Geschichte" gelegt wurde, spielt auch in der nationalsozialistischen Germanenideologie eine wichtige Rolle.[1] Mit der Bemerkung, daß man „all das, was sich im 19. und 20. Jahrhundert im Umkreis der Beschäftigung mit der taciteischen Schrift abgespielt hat, als die gigantische Extrapolation zweier Grundpositionen betrachten (kann), die sich schon während der ersten Hälfte des 16. Jahrhunderts abgezeichnet hatten", hat Manfred Fuhrmann dic Sachlage treffend gekennzeichnet.[2] Diese Blickrichtung führt in unserem Zusammenhang zu speziellen Aspekten der nationalsozialistischen Germanenideologie. Bevor diese Spuren aufzunehmen sind, ist der angesprochenen Entwicklungslinie folgend zunächst ein kurzer Blick auf die Frühphase der ‚Germania'-Rezeption und bestimmte Ausformungen im 19. Jahrhundert zu werfen. Erst im Anschluß daran werden Aspekte der NS-Germanenideologie behandelt, die in einem teils engeren und teils weiteren Bezugsrahmen mit der politischen Wirkungsgeschichte der ‚Germania' verbunden sind.

Die wichtigsten Entwicklungsstufen der deutschen Germanenideologie hat Klaus von See vom Humanismus bis hin zur Gegenwart untersucht.[3] In *[257]* engerer Verbindung

* Mein Interesse an beiden Themenbereichen hat – diese persönliche Bemerkung sei hier gestattet – Karl Christ letztlich in seinem Hauptseminar „Probleme der römisch-germanischen Auseinandersetzung" im Wintersemester 1965/66 geweckt, an das ich gerne zurückdenke. Der Jubilar wird um Nachsicht gebeten, wenn ihm hier auch ganz alte Bekannte begegnen – ich bin ihm auch heute noch für diese Anregungen sehr dankbar.

1 Ed. Norten, Die germanische Urgeschichte in Tacitus' Germania, Leipzig-Berlin 1920, 5.

2 M. Fuhrmann, Einige Dokumente zur Rezeption der taciteischen ‚Germania', Der altsprachliche Unterricht 21, 1978, 45.

3 K. v. See, Deutsche Germanen-Ideologie vom Humanismus bis zur Gegenwart, Frankfurt am Main 1970.

mit der taciteischen ‚Germania' sind diese Linien von M. Fuhrmann mehrfach aufgenommen worden, während Luciano Canfora in einer neueren Studie die Spannweite von nationalkonservativen bis zu genuin nationalsozialistischen ‚Germania'-Interpretationen umrissen hat.[4] Diese Arbeiten machen auch deutlich, daß von Problemen der Germanenideologie die Interessen zahlreicher Disziplinen aus den Bereichen der Geschichts-, der Altertumswissenschaften und der Germanistik tangiert sind. Das gilt letztlich auch für die Aspekte der nationalsozialistischen Germanenideologie, die im Folgenden beleuchtet werden sollen.

Zu den wenigen Belegen für die Beschäftigung mit Tacitus im frühen Mittelalter, von der hier auszugehen ist, zählt die ‚Translatio Sancti Alexandri' des Mönchs Rudolf von Fulda aus dem neunten Jahrhundert.[5] Dieser schildert die Überführung der Gebeine des Märtyrers als Reliquie von Rom zu den Sachsen. In dieser Schrift nimmt Rudolf von Fulda mit seiner Gleichsetzung von den taciteischen und den späteren Germanen bereits die Identifikation von Altgermanen und Deutschen durch die frühen Humanisten vorweg.[6] In Anlehnung an das 4. Kapitel der ‚Germania', jedoch ohne seine Quelle zu nennen, beschreibt er zunächst die Sachsen als unverdorbenes Naturvolk (*tantum sui similis gens*), um dann unter Hinweis auf Götzendienst, Aberglauben und kultische Gebräuche (Kap. 9, 10 u. 11) ein Bild barbarischen Heidentums zu entwerfen. Von diesem Gegenbild her rechtfertigt sich dann die Erlösung von heidnischem Irrglauben, die Einführung des Christentums bei den Sachsen, unter denen jetzt die Alexanderreliquie ihre segensreiche Wirkung entfalten soll.[7] Die Gegensatzpaare Heidentum/Vergangenheit – Christentum/Gegenwart werden hier also mit den gewissermaßen negativ ausgeschriebenen ‚Germania'-Kapiteln voneinander abgehoben.

Die ‚Germania'-Rezeption des italienischen Humanismus setzt mit dem Jahr 1455 ein, in dem der Kodex, der die Opera minora des Tacitus und Teile von Suetons ‚De viris illustribus' enthielt, von Deutschland nach Rom gelangt *[258]* war. Bereits 1458 verfaßte der Kardinal Enea Silvio de' Piccolomini, der spätere Papst Pius II., in Anlehnung an Tacitus die Schrift ‚De situ, ritu, moribus et conditionibus Teutoniae descriptio', die 1496 im Druck erschien.[8] Er antwortete damit auf einen Beschwerdebrief von Martin Mair,

4 L. Canfora, La Germania di Tacito da Engels al nazismo, Neapel 1979; vgl. auch die einleitenden Bemerkungen von D. Timpe, Zum politischen Charakter der Germanen in der ‚Germania' des Tacitus, in diesem Band S. 502 mit Anm. 1.

5 Rudolf von Fulda, Translatio S. Alexandri, ed. G. H. Pertz, in: MGH, SS., Bd. 2, Hannover 1829, Repr. Stuttgart 1963, 673–681.

6 Vgl. M. Fuhrmann, Die Germania des Tacitus und das deutsche Nationalbewußtsein, in: ders., Brechungen. Wirkungsgeschichtliche Studien zur antik-europäischen Bildungstradition, Stuttgart 1982, 122.

7 „Generis quoque ac nobilitatis suae providissimam curam habentes, nec facile ullis aliarum gentium vel sibi inferiorum conubiis infecti, propriam et sinceram et tantum sui similem gentem facere conati sunt"; vgl. Translatio S. Alexandri, ed. G. H. Pertz, 675 und L. Krapf, Germanenmythos und Reichsideologie. Frühhumanistische Rezeptionsweisen der taciteischen „Germania", Tübingen 1979, 6.

8 So der Titel der Leipziger Druckausgabe von Wolfgang Stöckel; vgl. L. Krapf, Germanenmythos 49.

dem Kanzler des Erzbischofs von Mainz, über die hohen Abgaben, welche die römische Kurie von Deutschland forderte. Der Klage über die gegenwärtige Verelendung des im Mittelalter einst so glanzvollen Reiches setzt Enea Silvio in seiner großangelegten Antwort den Vergleich zwischen mittelalterlicher Vergangenheit und germanischer Frühzeit entgegen („ostendendum est imprimis, quenam fuerit olim Germania et que sit hodie").[9] Mit diesem Kunstgriff soll der Beschwerde Mairs der Boden entzogen werden, denn jetzt hebt sich vom Bild germanischer Barbarei der zivilisatorische Fortschritt der Renaissancegegenwart, der etwa an der Siedlungskultur ablesbar ist, wirkungsvoll ab.[10]

Es ist dies ein Fortschritt, der in der Sicht der Kurie wiederum der Einführung des Christentums, d.h. vor allem der römischen Kirche, verdankt wird. Auch in diesem Zusammenhang fällt Tacitus, ebenso wie anderen antiken Gewährsmännern Enea Silvios, eine Funktion in einem negativ gestalteten Germanienbild zu.

Ganz andere Möglichkeiten der Benutzung der taciteischen Schrift offenbart ein Dokument, das ebenfalls aus dem Umkreis der römischen Kurie kommt und ein weiteres bekanntes Beispiel der ‚Germania'-Rezeption des italienischen Humanismus darstellt. Es handelt sich um die ‚Oratio in conventu Ratisponensi dicta ad exhortandos principes Germanorum contra Turcos' von Giovanni Antonio Campano (1429–1477).[11] Die Rede war für den Reichstag in Regensburg von 1471 konzipiert, kam dort aber nicht zum Vortrag. Als päpstlicher Gesandter hatte Campano, wie andere kuriale Reichstagsredner vor ihm, den Auftrag, die deutschen Fürsten zum Einsatz gegen die Türken zu mobilisieren. Unter Rückgriff auf Tacitus werden jetzt aber positive Eigenschaften der Germanen, vor allem ihr Kampfesmut, ins Bild gerückt. Wie L. Krapf bemerkt, hat Campano dabei seine Vorlage „erkennbar militarisiert".[12] Das geschieht nun nicht in dem Sinne, daß die Germanen vor allem als naturwüchsige barbarische Krieger dargestellt werden, vielmehr verleiht Campano ihnen in dem alles dominierenden militärischen Bereich, etwa *[259]* mit der Erfindung von Waffen, kulturschöpferische Züge. Bemühte sich Enea Silvio darum, möglichst scharfe Kontraste zwischen Vergangenheit und Gegenwart herauszuarbeiten, so versuchte Campano im Sinne seiner Parole „Die Kriegstüchtigkeit eurer Ahnen, deutsche Fürsten, verpflichtet euch zum Kampf gegen die Türken!" gerade die Verbindungslinien zu den germanischen Ahnen möglichst stark auszuziehen.[13]

Nicht zuletzt die „topische barbaries Anschuldigung" (Krapf) der italienischen Humanisten, die bei Enea Silvio faßbar ist, hat die ‚Germania'-Rezeption im frühen deutschen Humanismus inspiriert, die erst relativ spät nach dem Erscheinen der Editio princeps (1470) einsetzt. Hierbei spielt von allem Anfang an eine antirömische bzw. antiitalienische Komponente, eine Haltung, die sich zum antirömischen Affekt steigert, eine

9 Aeneas Silvius Germania und Jakob Wimpfeling „Responsa et Replicae ad Eneam Silvium", ed. A. Schmidt, Köln-Graz 1962, 46 (= c. 2,1).
10 Vgl. L. Krapf, Germanenmythos 51f. und K. v. See, Germanen-Ideologie 14.
11 Vgl. M. Fuhrmann, Dokumente 42f.
12 L. Krapf, Germanenmythos 59.
13 Vgl. L. Krapf, Germanenmythos 60 und M. Fuhrmann, Dokumente 13 (Beilage).

wichtige Rolle. Nach einer Bemerkung von Paul Joachimsen hat Enea Silvio „sehr wider seinen Willen ... die Deutschen zur Rivalität mit Italien (erzogen)“.[14]

Bei der Abwehr des Barbarenvorwurfs lösen sich die frühen deutschen Humanisten schrittweise von der Vermittlung des taciteischen Werkes durch die italienischen ‚Vorgänger‘. So wird etwa in der ‚Epithoma rerum Germanicarum‘ des Schlettstädters Jakob Wimpfeling von 1505 Tacitus als Zeuge für die Gastfreundschaft, die Freigebigkeit und andere germanische Tugenden wie Treue, Keuschheit, Gerechtigkeit und Lauterkeit bemüht.[15] Es geht Wimpfeling und anderen darum, negative Eigenschaften wie die der germanischen Trunksucht zu kompensieren und das Verhältnis zwischen germanischen Kultgebräuchen und dem Christentum zu harmonisieren. Vor allen Dingen aber möchte man im europäischen Rahmen zumindest den Anspruch der Gleichwertigkeit der Deutschen erheben und sichern.

Mit Hilfe der taciteischen ‚Germania‘ versuchten die frühen deutschen Humanisten nicht nur Wesenszüge ihres eigenen Volkes zu bestimmen, mit ähnlichen Argumentationsformen untermauerten sie gelegentlich auch territoriale Ansprüche gegenüber unmittelbaren Nachbarn. Jakob Wimpfeling tritt in seiner 1501 entstandenen ‚Germania‘ franzosenfreundlichen Kreisen in Straßburg mit der Ansicht entgegen, daß im Elsaß seit Augustus Deutsche gelebt hätten. Er stützte sich dabei u.a. auf die von Tacitus im 28. Kapitel gebrauchte Bezeichnung *Germani* für linksrheinische Stämme.[16] Theobald Bieder zählt ihn deshalb aus der Befangenheit der ‚Germania‘-Rezeption des 20. Jahrhunderts in seiner ‚Geschichte der Germanenforschung‘ zu den „auf ***[260]*** treuer Wacht gegen die von Westen her drohende Überfremdung stehenden Posten des Deutschtums“.[17]

Eine besondere Stellung in der frühhumanistischen ‚Germania‘-Rezeption „zwischen Politik und Propaganda“ (Krapf) nimmt der Tübinger Professor für Poesie und Rhetorik Heinrich Bebel ein. In der ‚Oratio ad Maximilianum de eius atque Germaniae laudibus‘ von 1501 zeichnet er ein geradezu panegyrisches Wesensbild, in das Germanen und Deutsche eingeschlossen sind. Tacitus zitiert er als Zeugen für die Kriegstüchtigkeit der Germanen. Darüber hinaus entnimmt er der ‚Germania‘ auch die Motive von der Ureinwohnerschaft und der „Rassenreinheit“ der Germanen, die Tacitus in den Kapiteln 2 und 4 behandelt hat, die im Übrigen von den frühen Humanisten häufig aufgegriffen wurden.[18]

Gerade von der Panegyrik Bebels her lassen sich auf den ersten Blick leicht Verbindungslinien zum modernen Nationalismus ziehen. Darin darf man freilich, wie L. Krapf

---

14 P. Joachimsen, Der Humanismus und die Entwicklung des deutschen Geistes, in: Deutsche Vierteljahrsschrift 8 (1930) 436; vgl. K. v. See, Germanen-Ideologie 14.

15 J. Wimpfeling, Epithoma rerum Germanicarum ad nostra tempora, Straßlburg 1505, c. 70: ‚De nobilitate Germanorum‘; cap. 71: ‚De liberalitate Germanorum‘. Dazu und zum Folgenden L. Krapf, Germanenmythos 104.

16 Vgl. M. Fuhrmann, Dokumente 44.

17 Th. Bieder, Geschichte der Germanenforschung, T. I: 1500–1806, Leipzig/Berlin [2]1939, 28 (1. Aufl. 1921).

18 So z.B. auch von Conrad Celtis (1459–1508) und J. Wimpfeling; vgl. M. Fuhrmann, Dokumente 44 und 15 (Beilage).

zeigt, nicht nur ein „Zeichen eines mitunter in Chauvinismus umkippenden Nationalismus" sehen, hier spiegelt sich vielmehr „die verzweifelte Lage der Reichspublizistik angesichts der massiven Bedrohung von außen". In diesem Sinne liest Heinrich Bebel die ‚Germania' „nicht zuerst als pro-germanisches, sondern als antirömisches Dokument".[19] Unter Hinweis auf die Rolle der Germanen im Imperium Romanum will er Wege aus der Krise der Gegenwart aufzeigen, das Imperium Romanum war im Prinzip verwundbar: Deswegen zitiert er z.B. Tacitus' ironische Bemerkung zur römischen Germanienpolitik im ersten Jahrhundert n.Chr.: *triumphati magis quam victi sunt* (c. 37).[20]

Die Möglichkeiten einer einläßlichen Interpretation dieser Texte, die sich damit andeuten, können in unserem Zusammenhang nicht ausgeschöpft werden. Hier sollte in einem summarischen Überblick die Ausgangslage, die Grundpositionen der frühhumanistischen ‚Germania'-Rezeption, skizziert werden.

Bereits in der Frühphase der ‚Germania'-Rezeption ist der Gegensatz zwischen barbarischem Heidentum auf der einen und dem Christentum auf der anderen Seite als ein wesentliches Element christlich gebundener Auseinandersetzung mit diesem Text in ganz unterschiedlichen historischen Konstellationen faßbar. Im Zusammenhang mit der Abwehr des Barbarenvorwurfs verfestigt sich auf deutscher Seite ein überwiegend positiv akzentuiertes Wesensbild des Germanen, das sehr stark auf das Gegenbild des Römers *[261]* fixiert ist. Die ‚Germania' des Tacitus kann – auch das dürfte deutlich geworden sein – für sehr unterschiedliche, z.T. gegensätzliche Anliegen historischer Argumentation eingesetzt werden, die Reihe solcher Interpretationsmuster ließe sich leicht vermehren.

Die Gründe dafür liegen, wie man längst gesehen hat, in der „Struktur der antiken Rezeptionsvorgabe" (Krapf) selbst: In der Strenge ihrer moralischen Verhaltensformen hebt Tacitus z.B. die Germanen äußerst positiv von der korrupten römischen Gegenwart ab. Nicht weniger deutlich aber verleiht er seiner Abscheu über ausgesprochen barbarische Bräuche und Gewohnheiten Ausdruck.[21] Das „primitive" Naturvolk eröffnet dem römischen Leser so unterschiedliche Vergleiche. Dieses „antithetische Vorstellungsschema" bietet im Verlauf der ‚Germania'-Rezeption vielfältige Möglichkeiten wechselnder Aktualisierungen.[22]

Wenn einleitend auf den Zusammenhang zwischen der ‚Germania'-Rezeption und der Konstituierung des nationalen deutschen Geschichtsbildes einzugehen war, darf wenigstens ein Hinweis auf eine zweite Entwicklungslinie dieses Geschichtsbildes nicht fehlen: Sie beginnt mit dem Arminius-Dialog Ulrich von Huttens von 1517 (Druck 1529), der sich dazu durch die Lektüre der ‚Annalen' des Tacitus hatte anregen lassen. Das Thema der Befreiung Germaniens von den Römern wird nun übertragen in den Aufruf zur Befreiung von der Tyrannei des Papstes und der Pfaffen. Hutten wird damit zum Begründer eines Arminiuskultes, der in unterschiedlichsten Ausprägungen seinen Gipfel – aber

19 L. Krapf, Germanenmythos 106f.
20 Vgl. a.a.O. 107.
21 L. Krapf, Germanenmythos 47f.
22 Vgl. K. v. See, Germanen-Ideologie 10. Grundlegend dafür E. Wolff, Das geschichtliche Verstehen in Tacitus' Germania, in: H. Oppermann (Hrsg.), Römertum, Darmstadt 1962, 299ff.

noch nicht den Endpunkt – im 19. Jahrhundert erreicht.[23] In engster Verbindung mit der ‚Germania'-Rezeption wird der Arminiuskult zu einem wesentlichen Element des nationalen deutschen Geschichtsbildes.

In den folgenden Jahrhunderten verläuft die deutsche ‚Germania'-Rezeption in den gleichen Entwicklungskurven wie das nationale Denken, das von ihr in aller Regel ebenso wie vom Arminiuskult gestützt wird. M. Fuhrmann spricht von zwei Phasen der deutschen ‚Germania'-Rezeption – der humanistischen in der ersten Hälfte des 16. Jahrhunderts und einer zweiten, die vom Napoleonischen Zeitalter bis 1945 reicht. Dazwischen liegt ein Abschnitt von zweieinhalb Jahrhunderten, in dem das Interesse an der ‚Germania' u.a. im Zusammenhang mit der Aufklärung deutlich zurückgeht.[24] Speziell für die ‚Germania'-Rezeption mag diese Einteilung zutreffen, im weiteren Bezugsrahmen der deutschen Germanenideologie wird dieser Einschnitt aber nicht *[262]* so klar. So wären wohl auch in der engen Verbindung von „Germanenbild und Patriotismus in der deutschen Literatur des 18. Jahrhunderts"[25] oder in dem von Th. Bieder besprochenen Bereich der „Germanenforschung" im Zeitraum von 1500–1806 deutliche Spuren der ‚Germania'-Rezeption aufzunehmen.[26]

Dennoch ist es keine Frage, daß sich im 19. Jahrhundert nicht zuletzt unter dem Einfluß der Romantik und des Ringens um einen deutschen Nationalstaat eine neue Lage ergab. Die Vorgaben des 19. Jahrhunderts, die für die Entwicklung der NS-Germanenideologie wichtig geworden sind, kann man, wenn der Begriff nur weit genug gefaßt wird, in den Rahmen des „politischen Germanismus" einordnen.[27] Fichtes ‚Reden an die deutsche Nation' liefern nur einen Beleg dafür, welche Wirkungsmacht diese Strömung gerade in ihrer Verknüpfung „mit analogen philologischen, juristischen, historischen Anschauungen" besaß.[28]

In enger Verbindung damit steht – wobei „sich Rassismus· und Germanismus gegenseitig stützten" – die Entfaltung der biologisch motivierten Rassenlehre, die in Deutschland wesentlich von der Gobineau-Rezeption getragen wird.[29] Wenn Gobineau in seinem ‚Essai sur l'inégalité des races humaines' bemerkt, daß von den Ariern die Germanen ihre rassenspezifische Art am meisten von fremden Beimischungen freigehalten hätten, ist das nicht nur ein Hinweis auf die wichtige Rolle, die Gobineau den Germanen in seiner

---

23 H. Callies, Arminius – Held der Deutschen, in: G. Engelbert (Hrsg.), Ein Jahrhundert Hermannsdenkmal 1875–1975, Detmold 1975, 39f.

24 Vgl. M. Fuhrmann, Dokumente 47.

25 Vgl. K. Düwel-H. Zimmermann, Germanenbild und Patriotismus in der deutschen Literatur des 18. Jahrhunderts, in: H. Beck (Hrsg.), Germanenprobleme in heutiger Sicht, Berlin/New York 1986, 358–395, insbes. 369.

26 Vgl. Th. Bieder, Geschichte der Germanenforschung, T. I, 45ff.

27 Grundlegend dazu H. Gollwitzer, Zum politischen Germanismus des 19. Jahrhunderts, in: Festschrift für H. Heimpel, Bd. 1, Göttingen 1971, 282–356. Gollwitzer warnt zu Recht vor einer zu engen Fixierung des Phänomens am Nationalsozialismus (283).

28 H. Gollwitzer, Politischer Germanismus 284.

29 H. Gollwitzer, Politischer Germanismus 319.

Konzeption zuweist.[30] Er stützt sich mit dieser Feststellung natürlich auch auf die ‚Germania' des Tacitus. Gobineaus Werk ist bekanntlich auf einen pessimistischen Grundton gestimmt, am Ende der Geschichte steht der unausweichliche Rassenverfall. Bezeichnenderweise versuchte Ludwig Schemann, der die Verbreitung der Gedanken Gobineaus in Deutschland entscheidend gefördert hat, durch den Hinweis auf die Züchtungsmöglichkeiten den Pessimismus Gobineaus zu überwinden. In diesem Sinne ist von ihm dann auch das Germanenbild Gobineaus modifiziert worden.[31]

[263] Grundlegende Bedeutung für die Ausbildung der NS-Germanenideologie kommt schließlich dem Werk Houston Stewart Chamberlains zu. Auch er zitiert bei der Bestimmung des Begriffs „Germane" die „intuitiv richtige Einsicht" des Tacitus, daß die Germanen „seit jeher ein besonderes, unvermischtes Volk bilden, welches nur sich selber gleicht (Germania, 4)".[32] Die abendländische Geschichte läuft für ihn als Rassenkampf ab, in dessen Verlauf die Germanen das „Erbe der Alten Welt" antreten. Im Ringen um die Freiheit der „Rassenseele" tragen die Germanen im „Völkerchaos" der untergehenden Antike erbitterte Kämpfe mit der Kirche aus. Der wichtigste Gegner des Germanen – und darin liegt wohl die eigentliche Sprengkraft dieser Konzeption – ist der Jude. Zwischen Germanentum und Judentum tobt – so endet der erste Band der „Grundlagen des 19. Jahrhunderts" – ein Kampf „auf Leben und Tod".[33]

Diese wenigen Hinweise zeigen, in welcher Weise H. St. Chamberlain das Terrain der NS-Germanenideologie vorbereitet hat. Gerade Alfred Rosenberg, einer ihrer Hauptvertreter, hat immer wieder darauf hingewiesen, wie stark sein Germanenbild von Chamberlain geprägt worden war: „Und was Chamberlain über das Germanentum sagt", so notierte er 1935, „begründete bei mir, was ich beim Lesen germanischer Sagen erlebt hatte."[34] Im ‚Mythus des 20. Jahrhunderts' korrespondiert mit Rosenbergs geradezu exzessiver Germanenverehrung eine ausgesprochen „kulturkämpferische Anti-Romhaltung", die vor allem in seinen Angriffen auf die katholische Kirche zum Ausdruck kam.[35]

Die Ahnen- bzw. Germanenverehrung stellte auch für Heinrich Himmler eine Art Religionsersatz dar. „Die Geschichte eines herrlichen, guten Volkes echter Germanen" war ihm nicht nur durch die Lektüre von Felix Dahns ‚Ein Kampf um Rom', sondern auch durch die ‚Germania' des Tacitus vermittelt worden.[36] Zu den Hauptträgern der NS-

30 J. A. Gobineau, Versuch über die Ungleichheit der Menschenrassen, Bd. 1, Stuttgart [5]1939, 280; vgl. auch P. v. z. Mühlen, Rassenideologien. Geschichte und Hintergründe, Berlin/Bonn [2]1979, 52ff.

31 Vgl. Verf., Rassenideologien und antisemitische Publizistik in Deutschland im 19. und 20. Jahrhundert, in: Th. Klein u.a. (Hrsg.), Judentum und Antisemitismus von der Antike bis zur Gegenwart, Düsseldorf 1984, 144 [= **Nr. 3**] und K. v. See, Germanen-Ideologie 58.

32 H. St. Chamberlain, Die Grundlagen des 19. Jahrhunderts, Bd. 1, München [17]1933, 551.

33 H. St. Chamberlain, Grundlagen Bd. 1, 632.

34 A. Rosenberg, Wie der Mythus entstand (Ungedruckte Niederschrift 1935). Zitiert nach R. Bollmus, Das Amt Rosenberg und seine Gegner. Studien zum Machtkampf im nationalsozialistischen Herrschaftssystem, Stuttgart 1970, 21.

35 K. v. See, Germanen-Ideologie 93.

36 Zitiert nach J. Ackermann, Heinrich Himmler als Ideologe, Göttingen 1970, 35. Himmler hat als Präsident der Forschungs- und Lehrgemeinschaft „Das Ahnenerbe" nicht nur die „Germania-", son-

Germanenideologie zählt schließlich *[264]* R. Walther Darré, der „Verkünder der Idee von Blut und Boden", der in seinen Programmschriften ‚Das Bauerntum als Lebensquell der nordischen Rasse' (1928) und ‚Neuadel aus Blut und Boden' (1930) das Bauerntum nicht nur idealisierte, sondern auch Pläne zur „Wiederaufnordung des deutschen Volkes" verfolgte.[37]

Die Germanenverehrung Rosenbergs, Himmlers und Darrés trug, wie K. v. See bemerkt hat, pseudoelitäre und sektiererische Züge.[38] Ein gutes Beispiel für die gefühlsbetonten Diskussionen in den „Kreisen" und Zirkeln der Nordischen Bewegung bietet ein Beitrag „Hellenen, Germanen und wir", den Darré 1929 unter einem Pseudonym in der Zeitschrift ‚Die Sonne. Monatsschrift für nordische Weltanschauung und Lebensgestaltung' erscheinen ließ. Es handelt sich dabei um einen sehr verkrampften Versuch, zwischen den Positionen der „Griechenbegeisterung" und „Germanenverehrung" zu vermitteln.[39]

Auch wenn man die Probleme dieser Kreise heute kaum noch verstehen kann, so zeigt sich auf einer ganz anderen Ebene, mit welchen Emotionen die Bewertung der germanischen Vorfahren über die Zirkel einer sektiererischen Germanenverehrung hinaus in dieser Zeit belastet war: Als 1920 Eduard Norden in seinem Werk ‚Die germanische Urgeschichte in Tacitus Germania' auf die Abhängigkeit des taciteischen Germanenbildes von ethnographischen Vorläufern hinwies und damit die Frage der „Glaubwürdigkeit" aufgeworfen war, reagierten patriotische Kreise mit beträchtlicher Beunruhigung.[40] Die Aufregung ergriff insbesondere auch Philologen und Schulmänner. Die Diskussion über Nordens These, die hier nicht weiter verfolgt werden kann, geriet 1933 schließlich auch in das antisemitische Fahrwasser.[41]

Nach der Machtübernahme der Nationalsozialisten ergab sich eine neue Lage. Die Germanenideologen vom Schlage Rosenbergs, Himmlers und Darrés rückten in Führungspositionen ein, Rosenberg schien sogar eine Schlüsselposition in weltanschaulichen Fragen einzunehmen.[42] Gemessen an dem Lärm und dem Aktivismus, mit dem man nun vorging, schien die Furcht vor *[265]* der Totalrevision des deutschen Geschichtsbildes zunächst durchaus berechtigt. In den einschlägigen „Programmdiskussionen" erhoben gerade die Anhänger Rosenbergs maßlose Ansprüche im Hinblick auf die „Ausweitung

---

dern auch die „Germanenforschung" gefördert. Th. Bieders, Geschichte der Germanenforschung, T. 1 (vgl. oben Anm. 17), erschien 1939 in zweiter Auflage in der Reihe Deutsches Ahnenerbe R. A. Unterstützt wurden auch R. Tills Handschriftliche Untersuchungen zu Tacitus' Agricola und Germania; vgl. Verf., Nationalsozialismus und Antike. Studien zur Entwicklung des Faches Alte Geschichte 1933–1945, Hamburg 1977, 121 [= **Nr. 1**].

37 Vgl. Verf., Nationalsozialismus und Antike 23f. [= **Nr. 1**].

38 K. v. See, Germanen-Ideologie 89.

39 Verf., Nationalsozialismus und Antike 24f. [= **Nr. 1**].

40 Vgl. E. Norden, Germanische Urgeschichte, Vorwort 2. Aufl. 1921, XII und K. v. See, Der Germane als Barbar, in: Jahrbuch für internationale Germanistik 13 (1981) 42f.

41 K. v. See, Der Germane als Barbar 42, Anm. 5. – Ausführlich dazu auch L. Canfora, La Germania 34ff.; vgl. insbes. 38f.

42 Vgl. R. Bollmus, Amt Rosenberg 154ff.

des deutschen Geschichtsbildes" und die „Umwertung der deutschen Geschichte".[43] Es waren die Parolen, die aus Rosenbergs Mythus schon längst bekannt waren, denen nun aber im ‚Völkischen Beobachter', in den ‚Nationalsozialistischen Monatsheften' und anderen Organen der NS-Publizistik mit großer Breitenwirkung der Charakter offizieller Verlautbarungen verliehen wurde. Ein ganz zentrales Anliegen dieser Richtung war es, ganz einfach gesagt, in verschiedensten Bereichen den Germanen nun zu ihrem „Recht" zu verhelfen.

Die wissenschaftspolitischen Aspekte dieser Auseinandersetzung sind schon weitgehend aufgehellt worden. Angegriffen sahen sich die Klassischen Altertumswissenschaften, insonderheit die klassischen und provinzialrömischen Archäologen, gegen die jetzt „antirömisch" argumentiert wurde, weil sie sich der Erforschung „fremder" Kulturkreise widmeten.[44] Zu erwähnen sind hier vor allem die Kampagnen des Rosenberg-Schützlings Hans Reinerth, der einen „Kampf um die deutsche Vorgeschichte" führte und sie im Sinne von Gustaf Kossinna als eine „hervorragende nationale Wissenschaft" betrieben wissen wollte.[45] In den Sog dieser Entwicklungen gerieten z.T. auch die nicht weniger unmittelbar von „Germanenfragen" betroffenen germanistischen Disziplinen, die sich mit dem nach der Machtübernahme etablierten „neuen, ekstatischen Germanenbild" (v. See) konfrontiert sahen.[46] Dabei werden in den Diskussionen über „Verwerfung und Rettung" fachspezifischer Inhalte sehr unterschiedliche Reaktionen der betroffenen Fachvertreter erkennbar.[47]

Betroffen von dieser Entwicklung waren freilich auch andere Bereiche als die der Wissenschafts- und Schulpolitik. Der neu entbrannte „Streit um die Kulturhöhe der Germanen" hatte auch eine kirchenpolitische Dimension, wobei in der aktuellen Diskussion, die jetzt behandelt werden soll, wiederum ***[266]*** der ‚Germania' des Tacitus eine Schlüsselrolle zufiel. Es geht dabei um eine Auseinandersetzung der Germanenideologen mit dem Münchener Kardinal Faulhaber. Der Streit entzündete sich an der Silvesterpredigt des

43 Vgl. Verf., Programme deutscher Althistoriker in der Machtergreifungsphase, in: Quaderni di storia 11 (1980) 35f. [= V. Losemann, Klio und die Nationalsozialisten. Gesammelte Schriften zur Wissenschafts- und Rezeptionsgeschichte, hrsg. v. C. Deglau, P. Reinard u. K. Ruffing, Wiesbaden 2017, 3–41].

44 R. Bollmus, Amt Rosenberg 153ff.

45 G. Kossinna, Die deutsche Vorgeschichte eine hervorragende nationale Wissenschaft, Würzburg 1912. Zu Kossinna jetzt H. Jankuhn, Das Germanenproblem in der älteren archäologischen Forschung, in: H. Beck (Hrsg.), Germanenprobleme 298–309.

46 Vgl. K. v. See, Das ‚Nordische' in der deutschen Wissenschaft des 20. Jahrhunderts, in: Jahrbuch für internationale Germanistik 15 (1985) 36 (und generell).

47 R. Herzog, Antike-Usurpationen in der deutschen Belletristik seit 1866 (mit Seitenblicken auf die Geschichte der Klassischen Philologie), in: Antike und Abendland 23 (1977) 19ff. und Verf., Programme [= V. Losemann, Klio und die Nationalsozialisten. Gesammelte Schriften zur Wissenschafts- und Rezeptionsgeschichte, hrsg. v. C. Deglau, P. Reinard u. K. Ruffing, Wiesbaden 2017, 3–41].

Kardinals vom 31.12.1933 zum Thema „Christentum und Germanentum“, die am Schluß einer Reihe von vier stark beachteten Adventspredigten Faulhabers stand.[48]

Im Verhältnis der katholischen Kirche zum Nationalsozialismus belegen „Faulhabers Adventspredigten den fließenden Übergang zu einer neuen Linie“:[49] Auch der in völkischen Kreisen bereits 1923 als „Judenkardinal“ verschriene Münchener Erzbischof hatte ganz im Sinne der Politik des deutschen Episkopats, die vom Abschluß des Konkordats zwischen Hitler und dem Heiligen Stuhl bestimmt war, noch im April 1933 seinen „Willen zur Mitarbeit“ bekundet. Am Ende eines Jahres „trügerischer Hoffnungen“ schien sich diese Position zu ändern.[50]

Den konkreten Anlaß für die Auseinandersetzung des Kardinals mit diesem Thema gaben Befürchtungen, daß ein „nordisch-germanisches Bekenntnis“ an die Seite der beiden christlichen Konfessionen treten sollte.[51] Angesichts der Gefahr einer „Rückkehr zum alten heidnischen Germanentum“ stellte Faulhaber zunächst die Frage: „Wie es bei den alten Germanen in ihrer vorchristlichen Zeit ausgesehen hat.“ In einer kurzen Vorbemerkung sprach er – die Zielrichtung war deutlich – von der Gefährdung der Geschichtswissenschaft und Altertumskunde durch „Romanschreiber und Märchendichter“ und warnte vor der Interpretationsrichtung, „das Günstige in der vorchristlichen Germanenzeit über alles zu loben, dagegen die späteren Entartungen dem Christentum auf Rechnung zu schreiben“.[52] Gleichzeitig hob er den besonderen Wert der ‚Germania‘ des Tacitus hervor, an die er sich bei seinen Ausführungen halten wollte.

In einer rhetorisch wirkungsvoll aufgebauten Reihe, die immer wieder mit der Formel „Tatsache ist, daß ...“ eingeleitet wurde, entwickelte Faulhaber sein Germanenbild: Germanisches Heidentum war geprägt – damit begann *[267]* die Reihe – durch Verehrung einer „Vielheit von Göttern“. Menschenopfer, wilder Aberglauben, Kriegslust, Blutrache, Sklaverei, Faulheit und Trunksucht waren weitere negative Stichworte, die Faulhaber unter Hinweis auf einzelne Kapitel der ‚Germania‘ hervorhob.[53]

Ein „günstiges Bild“ boten die Altgermanen in den drei Punkten der „Mannentreue“, der „Gastfreundschaft“ und der „hohen Auffassung von der Ehe“, die sich in der besonderen Verehrung der Frau äußerte. „Über dieses leuchtende Bild“ fiel – und bemerkenswerterweise gerade damit endete erst einmal Faulhabers Germanencharakteristik nach Tacitus – „freilich ein tiefer Schatten: An sich war es verboten, nachgeborene Kinder zu

48 Abgedruckt in: Kardinal Faulhaber, Judentum, Christentum, Germanentum. Adventspredigten gehalten in St. Michael zu München 1933, München o. J. (1934), 101–124 (zitiert als Faulhaber).

49 R. Baumgärtner, Weltanschauungskampf im Dritten Reich. Die Auseinandersetzung der Kirchen mit Alfred Rosenberg, Mainz 1977, 141.

50 Vgl. R. Baumgärtner, Weltanschauungskampf 141, Anm. 13b und K. Scholder, Die Kirchen und das Dritte Reich, Bd. 1, Berlin 1977, 660f.

51 Faulhaber 102, bezog sich ausdrücklich auf den Entwurf einer neuen Kirchensteuerordnung, in dem dem nordisch-germanischen Bekenntnis öffentlich-rechtlicher Charakter in Aussicht gestellt worden sei; vgl. auch R. Baumgärtner, Weltanschauungskampf 141.

52 Faulhaber 104.

53 Angesprochen waren die Kapitel 9, 39, 40, 10, 37, 21, 41, 15 und 22; vgl. Faulhaber 104ff.

töten (K. 19), in Wirklichkeit aber konnten krüppelhafte oder ganz arme Kinder ausgesetzt werden".[54]

Mit dem Hinweis auf die Aussetzung krüppelhafter und armer Kinder, der der üblichen Kommentierung der Stelle folgt, ging Faulhaber über die taciteische Vorlage hinaus und verschärfte somit die negative Akzentuierung.[55]

Dementsprechend zog er unmittelbar anschließend eine vernichtende Bilanz: „*Von einer eigentlichen Kultur* der vorchristlichen Germanenzeit kann nach Tacitus nicht die Rede sein."[56] Soweit die wichtigsten Punkte der unmittelbar auf die ‚Germania' bezogenen Argumentation Faulhabers.

Im weiteren Verlauf seiner Predigt verfolgte der Kardinal die Etappen der Christianisierung und wies dem Christentum die entscheidende Rolle bei der „Volkwerdung" der Germanen zu. Umgekehrt mußte nach Meinung Faulhabers „eine Rückführung dieses Volkes in das germanische Heidentum ... mit der gleichen Sicherheit die völkische Auflösung einleiten".[57] Wie stark die Befürchtungen hinsichtlich der Einführung eines nordisch-germanischen Bekenntnisses ausgeprägt waren, mag man der folgenden Abgrenzung aus einem anderen zeitgeschichtlichen Blickwinkel entnehmen: „Dazu hat uns Gottes Gnade nicht vor dem russischen Heidentum bewahrt, um uns jetzt in einem germanischen Heidentum versinken zu lassen."[58]

Die erste Reaktion auf diese Predigt, die hier erst einmal kurz skizziert wurde, ist in einem Artikel ‚Geschichtlicher Irrtum' in der ‚Bayerischen Staatszeitung' vom 2./3. Januar 1934 zu fassen. Ganz im Sinne der Rosenbergschen Argumentation hob man dort auf die „ganz außerordentliche Höhe", ja geradezu eine „mystische Höhe" der altgermanischen Kultur ab. Kritisiert *[268]* wurde schließlich, daß Faulhaber seiner Predigt nicht auch die ‚Edda' zugrunde gelegt habe.[59]

In einer rasch verfaßten Erwiderung verwies Faulhaber einmal auf den unterschiedlichen „quellengeschichtlichen Wert", der zwischen einem Geschichtsschreiber des ersten Jahrhunderts und einer „Liedersammlung" aus dem 13. Jahrhundert bestehe. Zum anderen habe er in seiner Predigt „unter der ‚eigentlichen Kultur' die religiöse Kultur verstanden und unter diesem Gesichtspunkt den Vergleich zwischen der altgermanischen und frühchristlichen Kultur durchgeführt". Weiter meinte der Kardinal, daß man von einer christlichen Predigt „für die ‚mystische Höhe' des Heidentums und seines Götterwahns ... allerdings kein Verständnis" erwarten dürfe.[60] Zu einem Abdruck dieser Erwiderung kam es freilich nicht. Laut einer Anordnung des bayerischen Staatsministers Esser, der im

54 Faulhaber 108; vgl. M. Schmidt, Hephaistos lebt – Untersuchungen zur Frage der Behandlung behinderte Kinder in der Antike, in: Hephaistos 5/6 (1983/4) 133–161.

55 Vgl. R. Much, Die Germania des Tacitus, Heidelberg ³1967, 293.

56 Faulhaber 108.

57 Faulhaber 113.

58 Faulhaber 123.

59 Im Übrigen hielt man „die Hereinziehung derartiger Themen in die Predigttexte der Kirchen für sehr ungeeignet"; vgl. Bayerische Staatszeitung Nr. 1 v. 2./3. Januar 1934, 6.

60 Aufzeichnung Faulhabers v. 5.1.1934. Zitiert nach L. Volk, Akten Kardinal Michael von Faulhabers I (1917–1934), Mainz 1975 (= Veröffentl. d. Komm. f. Zeitgeschichte R.A, Bd. 17), 835f.

Einvernehmen mit Goebbels handelte, sollte in der gesamten bayerischen Presse über die Adventspredigten Faulhabers und ähnliche Äußerungen von kirchlicher Seite nicht mehr berichtet werden.[61]

Der Versuch, mit den Mitteln der Presselenkung eine weitere öffentliche Diskussion zu verhindern, scheiterte schon daran, daß, nachdem die in hoher Auflage erschienenen Separatdrucke der einzelnen Predigten rasch vergriffen waren, alle fünf Ansprachen in der Broschüre ‚Judentum, Christentum, Germanentum' herausgebracht wurden.[62] Das beste Zeugnis für die in der Tat „ungeheuere Resonanz", die Faulhaber fand, liefert ein vom Chef des Sicherheitsdienstes des Reichsführers SS erstellter geheimer Lagebericht vom Mai/Juni 1934.[63] Die Predigten werden darin unter den Stichworten „Herabsetzung der germanisch-deutschen Geschichte, Eintreten für das Judentum, Protestantismus als Bundesgenosse, Vorgehen gegen deutsche Glaubensbewegung" eingeordnet.[64] Man sprach ausdrücklich von der „aufhetzenden Wirkung ... besonders seiner Silvesterpredigt über Germanentum" und fuhr fort: „Wenn die Adventspredigten noch als Verteidigung gegen Angriffe auf *[269]* das alte Testament verständlich sind, so kann man die wissenschaftlich unhaltbaren Behauptungen über das Germanentum, wie überhaupt die Themastellung für eine Jahresschlußfeier, nur als politischen Mißbrauch der Kanzel bezeichnen." Ferner stellte man fest, daß Kardinal Faulhaber „allgemein als der geistige Führer des katholischen Widerstands gegen den nationalsozialistischen Staat angesehen (wird), besonders in der Auslandspresse". Vermerkt wurde schließlich ebenfalls unter Berufung auf ausländische Presseorgane ein geradezu reißender Absatz der Buchausgabe der Predigten. Trotz vereinzelter Versuche, die Verbreitung über den Buchhandel zu verhindern, waren dennoch schon im Februar 1934 250.000 Exemplare verkauft worden.[65] Wenn „keine Kritik an der nationalsozialistischen Weltanschauung ... während des Dritten Reiches so viel polemischen Aufwand auf sich gezogen (hat) wie die Adventspredigten Faulhabers"[66] bietet das allein schon Anlaß genug, sich mit den Reaktionen auf die Silvesterpredigt von nationalsozialistischer Seite, die freilich nur in einem Ausschnitt erfaßt werden können, auseinanderzusetzen.[67]

Das Thema „Altgermanische Kulturhöhe" war im parteiamtlichen ‚Völkischen Beobachter' im Zusammenhang mit Rosenbergs „Kampf um die Vorgeschichte" auch ohne Bezug auf die Predigt Faulhabers in zahlreichen Varianten behandelt worden.[68] Auf

61 Vgl. L. Volk, Akten Faulhabers 835, Anm. 5.

62 L. Volk, Der Bayerische Episkopat und der Nationalsozialismus 1930–1934, Mainz ²1966 (= Veröffentl. d. Komm. f. Zeitgeschichte R.B, Bd. 1), 171.

63 In: H. Boberach, Berichte des SD und der Gestapo über Kirchen und Kirchenvolk in Deutschland 1933–1944, Mainz 1971 (= Veröffentl. d. Komm. f. Zeitgeschichte R.A, Bd. 12), 3ff.

64 Vgl. H. Boberach, Berichte 6f. und 41.

65 H. Boberach, Berichte 21.

66 So L. Volk, Episkopat 171f.

67 Nicht zugänglich war mir ein Manuskript Faulhabers vom Herbst 1936, in dem er sich mit Kritikern seiner Adventspredigten auseinandersetzte; vgl. L. Volk, Episkopat 172, Anm. 47.

68 Vgl. z.B. die Artikel ‚Germanen und Hellenen' und ‚Staat und Gesellschaft der heidnischen Germanen', in: Völkischer Beobachter v. 27.10.1933 (Berliner Ausgabe).

Faulhabers Äußerungen reagierte man dort aber erst, als die Predigten schon im Druck erschienen waren. Thilo von Trotha, Leiter des „Nordischen Amtes" und damals Hauptschriftleiter der ‚Nationalsozialistischen Monatshefte', polemisierte in dem Artikel ‚Vorgeschichte in zweierlei Beleuchtung' gegen die Ansicht des Kardinals, „daß das Volk der großen Kaiser, der unsterblichen Dichter, Musiker und Denker nicht tausend Jahre vor Goethes Geburt wie ein Kannibalenstamm in Wäldern und Sümpfen sein Unwesen getrieben habe".[69] Von Trotha sah durch solche Ausführungen insbesondere die positiven Ansätze „unserer Vorgeschichte und Rasseforschung" gefährdet, habe doch das deutsche Volk „dank einer irregeleiteten Wissenschaft ... lange genug unter völkischem Minderwertigkeitsgefühl gelitten". Faulhabers Versuch, die Quellen „einer uralten heldischen Überlieferung ... unbewußt oder wissentlich zu trüben", wurde gar als „geistiger *[270]* Defaitismus" qualifiziert.[70] In diesen Zeilen – insofern kommt ihnen exemplarische Bedeutung zu – spiegelt sich die übergroße Empfindlichkeit der „Germanomanen" gegenüber jeder Kritik an den Vorfahren.

Eben mit dieser Haltung, „mit dem etwas komischen Eifer, die frühgeschichtlichen Germanen in Schutz zu nehmen gegen ihre ‚Kulturlosigkeit'", setzte sich gut einen Monat später der Heidelberger Professor Eduard Heyck in dem Beitrag ‚Die Kulturhöhe der Germanen' auseinander.[71] Heyck, der sich ganz offenbar auf den Artikel v. Trothas bezog, schien diese „Rettung" jetzt entbehrlich. Er distanzierte sich auch in anderen Passagen von dem übersteigerten Germanenkult der Richtung Rosenbergs. Vor allen Dingen aber machte Heyck klar – und das trifft wohl den Kern –, daß hier auf beiden Seiten, bei Faulhaber und seinen Gegnern, Klischeevorstellungen eine starke Rolle spielten: „Man erwehrt sich nicht ganz des Verdachts", spottete Heyck, „die jetzt so angenehm erstaunten Kulturretter unserer Ahnen könnten selber noch bis vorgestern noch einigermaßen, in der Vorstellung des bekannten Bierverses gelebt haben – die übrigens auch Herrn Kardinal Faulhaber beseelt –: wie die alten Germanen zu beiden Ufern des Rheins auf Bärenhäuten lagen, usw. usw."[72] Heyck selbst steuerte Belege für die Kulturhöhe der Germanen aus dem Bereich der germanischen Rechtsgeschichte bei. Diese Ausführungen entsprachen wohl kaum den Erwartungen der völkischen Germanenideologen, sie lagen eher auf der von Goebbels und Hitler vertretenen Linie, die sich einer radikalen Germanisierung der deutschen Geschichte widersetzten.[73]

---

69 Völkischer Beobachter v. 30.1.1934 (Süddeutsche Ausgabe; danach werden auch die folgenden VB-Artikel zitiert!).

70 Ebd.; zu v. Trotha vgl. H.-J. Lutzhöft, Der Nordische Gedanke in Deutschland 1920–1940, Stuttgart 1971, 42.

71 Völkischer Beobachter v. 9.3.1934. E. Heyck (1862–1941), Archivrat a.D., ab 1890 a.o. Prof. in Freiburg, dann in Heidelberg für das Gebiet „Kulturgeschichte und Kulturerscheinungen". Heyck trat im ‚Völkischen Beobachter' vom März 1933 bis November als Verfasser einschlägiger Artikel in Erscheinung.

72 Ebd.

73 Vgl. G. Franz, Das Geschichtsbild des Nationalsozialismus und die deutsche Geschichtswissenschaft, in: O. Hauser (Hrsg.), Geschichte und Geschichtsbewußtsein, Göttingen 1981, 95ff.

Nur wenige Tage später folgte ebenfalls aus der Feder Heycks der Artikel ‚Kardinal Faulhaber und die Germanen', der diesmal keine Spitzen gegen die nationalsozialistische Germanenverehrung enthielt.[74] Kritisiert wurde vor allem – das hatte auch v. Trotha ausführlich getan – die ausschließliche Benutzung der ‚Germania' des Tacitus als Quelle. Als Zeugnis für die „Kulturhöhe der Germanen" bleibe Tacitus „sehr ergänzbar".

Heyck sprach dabei auch die Darstellungsweise des Tacitus an, der als „altrömischer Rousseau" den Römern einen Spiegel habe vorhalten wollen. In *[271]* diesem Zusammenhang, der Rückgriff ist außerordentlich aufschlußreich, bedauerte Heyck, „daß der gelehrte Münchner Prälat wohl nie die translatio sancti Alexandri gelesen hat", und zitiert Rudolf von Fulda, der ein Bild „von den Altsachsen in ihrer Heidenzeit ... unberührt von Römern und Kirche" geliefert habe. Freilich konnte auch Heyck nicht die entscheidende Korrektur des Fuldaer Mönchs an dem Bild „wahrhaft glücklichen Daseins" übersehen, die sich daraus ergab, daß die Sachsen eben Heiden waren. Was aber bei Heyck nicht zum Ausdruck kommt, ist der Umstand, daß auch die Sachsenschilderung Rudolfs von Fulda der taciteischen Vorlage und ihrem Darstellungsschema verpflichtet war.[75]

Weiter ging es Heyck darum, die These Faulhabers zurückzuweisen, daß das Christentum den Germanen „Ackerbau, Handwerk, richtige Ansässigkeit, auch den rechten Anstoß zum Kulturschöpferischen" gebracht habe. In diesem Zusammenhang wird schließlich auch der religionspolitische Aspekt dieser Auseinandersetzung angesprochen und Faulhaber als „defensor fidei des Katholizismus" bezeichnet. Auch Heyck zeigte sich schließlich, wie übrigens alle nationalsozialistischen Kritiker des Kardinals, besonders betroffen von Faulhabers Vergleich zwischen bolschewistischem und germanischem Heidentum.[76]

Zieht man eine vorläufige Bilanz dieser Auseinandersetzung, so hat man sich zunächst einmal zu vergegenwärtigen, daß Faulhabers Predigt eine Reaktion auf Angriffe gegen die katholische Kirche – insbesondere die „antirömischen Kampagnen" aus dem Umkreis Rosenbergs – darstellt. Faulhaber hatte für sich den Anspruch erhoben, eine Verteidigungsrede für das Christentum halten zu wollen, sein Maßstab, an dem germanische Sitten gemessen werden, ist daher auch der der christlichen Lehre.[77] Wenn Faulhaber mit Tacitus historisch gegen verschiedene Erscheinungsformen des Heidentums im 20. Jahrhundert argumentiert, so setzt er dabei ganz bewußt scharf akzentuierte Klischeevorstellungen von den germanischen Barbaren bzw. Heiden ein. Die Ansatzpunkte eines positiven Germanenbildes, an die eine nationalistische ‚Germania'-Interpretation anknüpfen konnte, werden zwar nicht ganz unterdrückt, aber in dem Argumentationszusammenhang Faulhabers stark relativiert.

Die Frage, ob Faulhaber die translatio sancti Alexandri wirklich nicht gekannt hat – dagegen spricht die größere Wahrscheinlichkeit –, ist hier nicht zu klären. Es unterliegt aber kaum einem Zweifel, daß sich das Argumentationsschema des Kirchenfürsten stark

---

74 Völkischer Beobachter v. 14.3.1934.

75 Vgl. oben *[257]*.

76 E. Heyck, Kardinal Faulhaber und die Germanen, in: Völkischer Beobachter v. 14.3.1934.

77 Faulhaber 103.

mit dem Rudolfs von Fulda und Enea Silvios berührt. Die Kritik Heycks an dieser einseitig auf Tacitus gestützten *[272]* Argumentationsform ist z.T. durchaus berechtigt. Faulhabers Korrektur am stilisierten Germanenbild des Nationalsozialismus war, wie Ludwig Volk bemerkt hat, in der Tat „von grobem Zuschnitt".[78] Allerdings hätte sich die Kritik Heycks auch wesentlich konsequenter gegen die Einseitigkeit der nationalsozialistischen Germanenverehrung wenden müssen.

Die Aufmerksamkeit, die dem Streit um die Kulturhöhe der Germanen in den Spalten des ‚Völkischen Beobachters' gewidmet wurde, offenbart das Ausmaß der Betroffenheit, die die Reaktionen auf Faulhabers Predigten bei den offiziellen Stellen ausgelöst hatten. Daß es bei diesem „Frontalangriff auf den braunen Kult und Zeitgeist" (L. Volk) um mehr ging als um die Germanendarstellung des Tacitus, belegt aus der Vielzahl ähnlicher „Antworten" die Broschüre ‚Der Kardinal und die Germanen', mit der sich im März 1934 Johann von Leers zu Wort meldete.[79] Der Verfasser zählte sich selbst zu denen, die „aus dem Erlebnis des Kampfes um die Wiedererweckung der nordischen Seele, aus dem Ringen gegen Judengeist und Judentum kommen".[80] Wie zutreffend diese Selbstcharakteristik war, bestätigt ein Blick auf die Publikationsliste dieses Mannes, der zu den aggressivsten Vertretern antisemitischer NS-Publizistik gerechnet werden muß.[81]

In seiner Auseinandersetzung mit dem Germanenbild Faulhabers begegnen zunächst die uns schon bekannten Argumente, d.h. vor allem der Vorwurf einer einseitigen Quellenauswahl und einer geradezu „haarsträubenden Unkenntnis einfachster Dinge der deutschen Vorgeschichte".[82]

Nach ausführlicher Würdigung aller „Tatsachenfeststellungen" Faulhabers kam v. Leers zu folgendem Ergebnis bzw. zur Widerlegung:

> Fassen wir so die von Kardinal Faulhaber gegebenen Charakteristiken der schlechten Charaktereigenschaften der Germanen zusammen, so erscheint ihr religiöses Leben weder geborgt noch als plumpe Vielgötterei, abergläubische Gebräuche nicht häufiger als bei anderen Völkern, ihre ‚Kriegslust' als geschichtlich notwendige Wehrhaftigkeit, die Blutrache als durch die Form ihres auf dem selbstverantwortlichen Freibauerntum beruhenden Verfassungslebens erklärlich, ihre ‚Sklaverei' als eine sehr milde Form der Hörigkeit und zugleich offenbar als Rassenschranke in den einfachen Formen jener Zeit, ihre Faulheit als Verständnislosigkeit des römischen Beobachters für ihre Wirtschaftsform – es bleibt lediglich der Vorwurf, daß sie gelegentlich zuviel tranken.[83]

78 L. Volk, Episkopat 171.

79 Erste und zweite Aufl. Hamburg 1934 (zitiert als v. Leers).

80 v. Leers 7.

81 v. Leers war Dozent an der Deutschen Hochschule für Politik; vgl. Kürschners Gelehrten-Kalender 1934 und ferner L. Poliakov / J. Wulf, Das Dritte Reich und seine Denker. Dokumente, Berlin 1959, 57–59; vgl. J. v. Leers, Juden sehen Dich an!, Hamburg 1933, und ders., Geschichte auf rassischer Grundlage, Hamburg 1934.

82 v. Leers 35 bezog sich indirekt auf die „Glaubwürdigkeitsdiskussion".

83 v. Leers 28.

[273] Im Hinblick auf altgermanische Mannestreue, Gastfreundschaft und die hohe Auffassung von der Ehe war man sich einig, denn „hier“ – so v. Leers – „werden die Berichte des Tacitus im wesentlichen auch von den übrigen Quellen gedeckt“.[84] Von der Ausgangslage her war es wenig verwunderlich, daß v. Leers einem anderen Germanenklischee verpflichtet war als Faulhaber. Seine ‚Interpretation‘ – das Muster ist, wie die Bemerkungen M. Fuhrmanns zu Heinrich Bebel zeigen, in der ‚Germania‘-Rezeption durchaus geläufig – „insistierte auf den positiven Aussagen der Germania; die ungünstigen Züge wurden meist verschwiegen, oder man versuchte sie durch den Rekurs auf andere Quellen zu widerlegen“.[85]

Eine besondere Interessenlage und Betroffenheit dieses Kritikers, damit kommen wir zu weiteren Implikationen der NS-Germanenideologie, wird in seiner Reaktion auf die Bemerkungen Faulhabers über die barbarische Praxis der Aussetzung von krüppelhaften und armen Kindern deutlich. Von Leers räumt zunächst ein, daß diese Praxis „für unser heutiges Sittlichkeitsempfinden“ anstößig sei, will in dieser Haltung aber keinen Ausdruck und kein Ergebnis christlicher Morallehre sehen. Entscheidend für ihn ist, daß „der Zweck, den die Aussetzung dieser Kinder, insbesondere der krüppelhaften ... verfolgte, heute menschlicher gefördert wird“.[86] Er verwies auf Parallelen bei den Spartanern, den Persern und in der römischen Frühzeit, mit denen sich belegen ließ, daß die Kindesaussetzung „eine den Völkern der nordischen Rasse gemeinsame Sitte“ war. „Gedanken der Höherentwicklung des Lebens, der Hochzucht des Menschen“ vertrat auch der „arische Perser Zarathustra“: Hinter ihnen stand „mit Notwendigkeit der Wunsch, minderwertiges Erbgut auszuschalten, das die Art verdirbt, das ‚bösartig‘ sein kann, ‚niederträchtig‘ – alles noch Ausdrücke, die auf Abstammung und Herkunft hindeuten“.

Abgesehen davon, daß mit diesen Hinweisen die germanische zur indogermanischen Perspektive erweitert wird, ließ die Verteidigung altgermanischer Sitten – das deutete sich bereits an – einen aktuellen Bezug erkennen: „Heute haben wir mit der einfacheren Methode der Sterilisierung die Möglichkeit, ohne die harten Mittel unserer Vorfahren in viel wirkungsvollerer Weise das Entarten des Volkskörpers zu verhindern.“[87]

Gerade diese abschließende Bemerkung zeigt, daß die Anspielungen in der Predigt Faulhabers durchaus auch als Kritik an der rassenpolitischen Gesetzgebung verstanden worden waren. Insbesondere ist hier an das ‚Gesetz zur *[274]* Verhütung erbkranken Nachwuchses‘ vom 14. Juli 1933 und die damit eingeleitete Praxis der Zwangssterilisation zu erinnern.[88] Daß die Bemerkungen Faulhabers auch in diesem Zusammenhang zu sehen sind, ergibt sich aus der Diskussion innerhalb des deutschen Episkopats über die Zweckmäßigkeit einer Stellungnahme zur Sterilisationspraxis, an der Faulhaber beteiligt war.[89] Von daher ist es kein Zufall, daß das Stichwort von der Aussetzung krüppelhafter

---

84 Ebd.

85 M. Fuhrmann, Nachwort zu Tacitus' Germania, Stuttgart 1986 (Reclam Nr. 726), 74.

86 v. Leers 29.

87 Ebd.

88 E. Klee, „Euthanasie“ im NS-Staat. Die Vernichtung lebensunwerten Lebens, Frankfurt 1983, 64ff.

89 Vgl. L. Volk, Akten Faulhabers I 827 und H. Boberach, Berichte 8f.

Kinder in der Predigt Faulhabers über die taciteische Vorlage hinausgehend aufgegriffen worden war.[90] Die sehr zurückhaltenden, in gewisser Weise auch halbherzigen Argumentationsformen der Kritik sind für die Anfangsphase der nationalsozialistischen Herrschaft außerordentlich charakteristisch. Wie berechtigt der indirekte Hinweis auf inhumane Konsequenzen der Germanenideologie war, zeigt die Reaktion v. Leers, die die ganz klare Bereitschaft ausdrückt, rassenpolitische Ziele in die Praxis umzusetzen. Der Streit um die Kulturhöhe der Germanen hatte somit eine neue Qualität gewonnen.

Wenn v. Leers hier einen historischen Bezugsrahmen der NS-Rassenideologie entwickelte, befand er sich in Übereinstimmung mit Gedanken Hitlers. Dieser hatte in seinem ‚Zweiten Buch' von 1928 unter dem Stichwort ‚Geburtenpolitik' sich sehr eindeutig mit der „planmäßigen Rasseerhaltung" in Sparta, dem „ersten völkischen Staat", auseinandergesetzt: „Die Aussetzung kranker, schwächlicher, mißgestalteter Kinder, d.h. deren Vernichtung war menschenwürdiger und in Wirklichkeit tausendmal humaner als der erbärmliche Irrsinn unserer heutigen Zeit, die krankhaftesten Subjekte zu erhalten."[91] In diesen historischen Argumentationsformen wird ein Grundelement eines genuin nationalsozialistischen Geschichtsbildes sichtbar: Die Fixierung auf die urtümliche Rassereinheit agrarisch strukturierter Gesellschaftsordnungen, wie sie sich ansatzweise in der ‚Germania' spiegelte und wie man sie z.B. in Sparta und dem frühen Rom wiederzufinden glaubte.[92]

In der Auseinandersetzung mit Kardinal Faulhaber verteidigte v. Leers nicht nur die NS-Rassepolitik; nicht weniger engagiert trat er als Anwalt eines nordisch-germanischen Bekenntnisses auf. In diesem Zusammenhang forderte er „daß der Deutsche, wenn er will, seine Religion auch aus der eigenen Heimat, der eigenen Seele, der eigenen Überlieferung nehmen darf, daß er *[275]* nicht zu dem Weg nach Palästina gezwungen wird, daß er vor allem, wenn er es will, verschont bleibt von allem, was er für sich als Gefahr der Seelenverjudung ablehnt".[93] In der Argumentation gegen den Totalitätsanspruch des Christentums – das belegt auch die eben zitierte Passage – verbinden sich die antichristlichen bzw. antikirchlichen Aussagen immer stärker mit antisemitischen Parolen. Damit antwortete v. Leers wohl auch auf wiederholte Anspielungen des Kardinals, mit denen sich nach Klaus Scholder belegen läßt, daß Faulhaber auch „das heiße Eisen des Antisemitismus" angefaßt hat.[94]

Die Vielzahl der Belege für v. Leers entsprechende Ausfälle soll hier nicht ausgebreitet werden. Die Zusammenfassung seines Überblicks über das Alte und Neue Testament ist aussagekräftig genug: „Abstoßend und unerträglich sind für den nordisch gerichteten Deutschen derartig viele Dinge der christlichen Lehre und ihrer Bücher, daß er – auch ab-

---

90 Vgl. oben *[267]*.

91 Hitlers Zweites Buch. Ein Dokument aus dem Jahre 1928, hrsg. v. G. L. Weinberg, Stuttgart 1961, 56f.

92 Vgl. Verf., Nationalsozialistische Weltanschauung und Herrschaftspraxis (1933–1935), in: K. Malettke (Hrsg.), Der Nationalsozialismus an der Macht, Göttingen 1984, 25f. [= **Nr. 2**]; zur Aktualität dieser Vorstellungen auch nach 1945 vgl. M. Schmidt, Hephaistos 133.

93 v. Leers 59.

94 K. Scholder, Die Kirchen und das Dritte Reich, Bd. 1, 661 m. Anm. 850.

gesehen von der Art, wie das Christentum bei uns eingeführt wurde, auch abgesehen von der Kulturvernichtung, die mit seiner Einführung verbunden war – das Recht hat, für sich und seine Kinder es abzulehnen." Als Anwalt ‚neugermanischer' Religiosität erkannte v. Leers die Existenzberechtigung der christlichen Konfessionen durchaus an. Mit dem Pathos der Germanenideologen im Umfeld Rosenbergs und Darrés verwahrte er sich aber gegen „Ansätze zu einer Germanenverfolgung".[95]

In dem Streit um die Kulturhöhe der Germanen begegnen Grundmuster einer emotionalisierten ‚Germania'-Interpretation, wobei von ‚Interpretation' sicher nur mit einem gewissen Vorbehalt die Rede sein kann. Dabei wird von kirchlicher Seite mit Argumentationsformen, die aus der Frühphase der ‚Germania'-Rezeption bekannt sind, eine Programmschrift des deutschen Nationalismus als Waffe gegen die sektiererische NS-Germanenideologie benutzt. Deren Vertreter reagieren, wie die Reaktionen zeigen, auf diese Vertiefung des Barbarenklischees außerordentlich gereizt.

Der Streit um Kulturhöhe oder Kulturlosigkeit der Altvorderen bildet den Rahmen für eine religionspolitische Auseinandersetzung, in der vordergründig altgermanisches Barbaren-/Heidentum dem Christentum gegenübergestellt wird. In den Angriffen des Kardinals auf das neugermanische Heidentum und der Verteidigung eines nordisch-germanischen Bekenntnisses durch v. Leers besitzt die Diskussion ausgesprochen kulturkämpferische Züge. Diese gehören ebenso wie der stark ausgeprägte antirömische Affekt zu den bekannten Elementen emotionalisierter ‚Germania'-Interpretation bzw. der deutschen Germanenideologie.[96]

[276] Die alte Antithese Römer-Germanen, die hier im religionspolitischen Kontext zu fassen ist, wird durch v. Leers im Sinne der NS-Rassenideologie in doppelter Hinsicht erweitert: Das Gegenbild des Juden gewinnt seine Konturen in der Abwehr alt- und neutestamentlich begründeter christlicher Lehren. Auf der anderen Seite tritt z.B. beim Stichwort Kindesaussetzung jetzt der Germane dem Juden im indogermanischen Bezugsrahmen gegenüber.[97] An diesem Punkt der Diskussion werden aktuelle rassenpolitische Implikationen faßbar. Der Vorwurf des germanischen Barbarentums, den Faulhaber erhoben hatte, findet nicht nur als Urteil über die historischen Germanen erbitterten Widerspruch. Er bezog sich, wie zu zeigen war, auch auf aktuelle Maßnahmen der nationalsozialistischen Rassenpolitik. Damit werden Perspektiven der NS-Germanenideologie deutlich, die weit über die Probleme germanophiler Zirkel hinausweisen. Die Legitimationsfunktion und -wirkung dieser und anderer Elemente des NS-Geschichtsbildes, mit denen historisch argumentiert wurde, sollte nicht unterschätzt werden.

Die Bedeutung der Silvesterpredigt Faulhabers, von der aus diese Bezüge zu entwickeln waren, wird im Grundsatz nicht gemindert, wenn am Schluß dieses Abschnitts darauf hinzuweisen ist, daß das Verhältnis des Kardinals zu den nationalsozialistischen Machthabern in dieser Phase sehr differenziert betrachtet werden muß. Wie L. Volk formuliert hat, fühlte Faulhaber „weder Neigung noch Auftrag in sich", die ihm auch in

95 v. Leers 57.
96 K. v. See, Germanen-Ideologie 9ff.
97 Vgl. oben *[273]*.

der Berichterstattung des Sicherheitsdienstes für den deutschen Katholizismus zugesprochene Führungsrolle „im anbrechenden Kirchenkampf" zu übernehmen.[98] Volk bezieht sich u.a. darauf, daß Faulhaber sein Autorenhonorar für die Buchausgabe der Predigten als Geste guten Willens dem Winterhilfswerk zur Verfügung gestellt hatte.[99] Der Vorgang zeigt zumindest, welches Ausmaß an freilich trügerischen Hoffnungen auf mögliche Kompromisse bei aller Schärfe der Kritik an der nationalsozialistischen Politik bei Faulhaber und wohl auch in seinem Umkreis noch vorhanden war. Diese Haltung des Episkopats orientierte sich an der Politik des Heiligen Stuhls. Dessen Politik aber war, wie K. Scholder resümiert hat, „nicht allein ein Irrtum des Heiligen Stuhles. Sie war der Irrtum Europas".[100]

Der mit besonderen Formen der ‚Germania'-Rezeption verknüpfte Streit um die Kulturhöhe der Germanen blieb auch der internationalen Öffentlichkeit nicht verborgen. Im Zusammenhang mit den darin faßbaren Reaktionen sollen im folgenden allgemeinere Gesichtspunkte der nationalsozialistischen Germanenideologie zur Geltung gebracht werden. Abgesehen von den *[277]* kirchenpolitischen Konsequenzen der Auseinandersetzung kollidierte diese extreme Ausdrucksform des politischen Germanismus mit ihrer „natürlichen" Entsprechung, mit dem politischen Romanismus.[101] Von der dezidiert „antirömischen" Argumentation Rosenbergs war auch die Interessenlage des faschistischen Italien tangiert, der Streit rückte damit in außenpolitische Perspektiven ein.

Kein Geringerer als Benito Mussolini erteilte den Germanomanen eine deutliche Antwort. Wie er am 6. September 1934 gegenüber einer französischen Parlamentarierdelegation in einer bekannten Äußerung bemerkte, erlaubten ihm „dreißig Jahrhunderte der Geschichte ... mit überlegenem Mitleid auf gewisse Theorien jenseits der Alpen zu blicken, die von den Nachkommen eines Volkes vertreten werden, das zu einer Zeit, als Rom Caesar, Virgil und Augustus besaß, nicht einmal die Schrift kannte, um Zeugnisse seines Lebens zu überliefern".[102]

Die Äußerung Mussolinis fiel in einer Zeit schwerer Belastungen der deutsch-italienischen Beziehungen. Nach der Ermordung des österreichischen Bundeskanzlers Dollfuß am 25.7.1934 waren italienische Truppen an der Brennergrenze aufmarschiert. Zum anderen deutete sich eine Neuorientierung der italienischen Politik gegenüber Frankreich an, die zunächst in das Mussolini-Laval-Abkommen vom Januar 1935 einmündete. Mussolinis Attacke ist nur ein Beleg für eine ‚esplosione giornalistica antigermanica' in Italien im August und September 1934, in der die nationalsozialistische Rassenlehre, ausdrücklich auch die Sterilisationspraktiken, der nordische Gedanke, antisemitische Äußerungen und die neugermanische Religiosität angegriffen wurden.[103]

---

98 L. Volk, Episkopat 172.

99 Ebd.

100 K. Scholder, Die Kirchen und das Dritte Reich, Bd. 1, 662.

101 H. Gollwitzer, Politischer Germanismus 283.

102 Zitiert nach J. Petersen, Hitler – Mussolini. Die Entstehung der Achse Berlin-Rom 1933–1936, Tübingen 1973, 370.

103 J. Petersen, Hitler – Mussolini 369f.

Die Betroffenheit über Mussolinis Antwort ist in zahlreichen Reaktionen zu spüren, sah man sich doch wiederum mit der „uralte(n) Lüge von unserem nordischen Barbarentum“ konfrontiert.[104] Im Hinblick auf die Rede Mussolinis war im Übrigen die Presseanweisung ergangen, ähnliche Angriffe der Italiener sollten „in überlegen zynischer Form kommentiert, aber nicht als große Staatsaktion aufgemacht werden“.[105] Die offizielle Reaktion war, wie weitere Presseanweisungen belegen, in dem Bemühen, stärkere Belastungen zu vermeiden, eher defensiv gehalten.[106]

[278] Aus dem „Streit um die Kulturhöhe der Germanen“ wurde in der Sichtweise des ‚Völkischen Beobachters‘ ein „deutsch-italienischer Kulturstreit“. Der Ausdruck fällt in einem Bericht über einen Vortrag des deutschen Botschafters in Rom, v. Hassell, vom 19. November 1934 über das Thema ‚Deutsches und lateinisches Wesen‘, der offenbar um Eingrenzung des Streits bemüht war.[107] „Die scharfe Betonung der Rasse, die kritische Einstellung gegenüber griechisch-römischen Elementen in unserer Bildung und ein gewisser Widerstand gegen das römische Recht“ interpretierte der Botschafter als „eine Art Selbstbesinnung auf das eigenste deutsche Wesen“.[108] Damit hatte v. Hassell freilich nur eine Position des NS-Geschichtsbildes angesprochen.

Nicht nur in der Gleichsetzung Germanen-Deutsche, sondern auch in der Gesamtaussage belegt Mussolinis Äußerung die Lebenskraft alter Klischeevorstellungen. Bekanntlich hat Hitler später – das unterstreicht die Interessenlage seines Geschichtsbildes – die Äußerung Mussolinis ohne die Tendenz zu verfälschen abgewandelt: „In derselben Zeit, in der unsere Vorfahren die Steintröge und Tonkrüge hergestellt hätten, von denen unsere Vorzeitforscher soviel Aufhebens machten“, so äußerte er im Juli 1942, „sei in Griechenland eine Akropolis gebaut worden.“[109]

Wenn Mussolini die imperiale Tradition und die zivilisatorischen Leistungen Roms der mit sektiererischen Zügen behafteten Germanenverehrung bestimmter nationalsozialistischer Kreise entgegenstellte, tat er das also in Übereinstimmung mit Hitler, der, wie wir wissen, von Großreichsbildungen, insbesondere auch vom Imperium Romanum fasziniert war.[110]

Wie die Programmdiskussionen über das nationalsozialistische Verständnis der Antike in der Machtergreifungsphase zeigen, war dieser im NS-Geschichtsbild angelegte Grundkonflikt zwischen Antike- und Germanenverehrung nur schwer aufzulösen.[111] Möglichkeiten zu einem gewissen Ausgleich der Gegensätze innerhalb des NS-Geschichtsbildes

---

104 Vgl. z.B. K. Holler, Die Italiener und die Rassenfrage, in: Rasse 1 (1934) 237.

105 Presseanweisung vom 29.8.1934; zitiert nach J. Petersen, Hitler – Mussolini 370, Anm. 11.

106 J. Petersen bezieht sich a.a.O. auf weitere Presseanweisungen v. 25.8., 27.9. und 18.9.1934.

107 Völkischer Beobachter v. 19.11.1934.

108 Ebd.

109 H. Picker, Hitlers Tischgespräche im Führerhauptquartier 1941–42, Stuttgart ^{2}1965, 446.

110 Vgl. Verf., Nationalsozialistische Weltanschauung 22 [= **Nr. 2**] und L. Kettenacker, Der Mythos vom Reich, in: K. H. Bohrer (Hrsg.), Mythos und Moderne, Frankfurt 1983, 261ff.

111 Vgl. Verf., Programme deutscher Althistoriker 73ff. [= V. Losemann, Klio und die Nationalsozialisten. Gesammelte Schriften zur Wissenschafts- und Rezeptionsgeschichte, hrsg. v. C. Deglau, P. Reinard u. K. Ruffing, Wiesbaden 2017, 3–41].

– und im Verhältnis zum italienischen Faschismus – bot die Erweiterung der germanischen zur indogermanischen Perspektive. In engster Verbindung mit der gegenbildlich entwickelten antisemitischen Position war der indogermanische Bezugsrahmen in unserem Zusammenhang schon in der Argumentation von Johann v. Leers zu fassen.

[279] Nach K. v. See hat sich die weitere Entwicklung nun so vollzogen, daß das „herkömmliche Römer-Germanen-Klischee" im Zeichen der sich wieder stabilisierenden Achse Berlin – Rom von „tagespolitischen Erfordernissen" verdrängt wurde und gewissermaßen in der weiteren indogermanischen Perspektive aufging. Klaus von See bezieht sich dabei auf die seit dem Kriegsbeginn in Himmlers Forschungsgemeinschaft „Ahnenerbe" und in der im Aufbau befindlichen „Hohen Schule" Rosenbergs besonders geförderten indogermanischen Arbeiten.[112] Es ist nicht zu bestreiten, daß hier auch „tagespolitische Erfordernisse" eingewirkt haben: „Außenpolitisch inszenierte Retouchen" führten, wie Reinhart Herzog bemerkt hat, bei der Bestimmung des Verhältnisses zum antiken und modernen Rom zu einer bisweilen „grotesken Kurzatmigkeit".[113]

Der Hinweis auf J. v. Leers zeigt aber, daß die Erweiterung von der germanischen zur indogermanischen Perspektive auch anders zu begründen wäre: Wenn sich im weiteren indogermanischen Rahmen auch die antisemitische Agitation entfalten konnte, entsprach das zentralen Vorgaben der NS-Weltanschauung, einer Linie also, mit der sich Anhänger Himmlers und Rosenbergs durchaus identifizieren konnten. Darüber hinaus bleibt zu fragen, ob die Römer-Germanen-Antithese wirklich in dem angedeuteten Sinne aufgelöst wurde. Wenn im ideologischen Umfeld Rosenbergs die Gegensätze mit Rücksicht auf Erfordernisse der Tagespolitik bestenfalls abgemildert, aber keineswegs aufgehoben wurden, verwundert das angesichts der Intensität der Germanenverehrung kaum. Aber auch abgesehen davon, daß sich in den Organisationsbereichen Himmlers und Rosenbergs germanische Forschungen neben dem indogermanischen Ansatz behaupten konnten,[114] gibt es Hinweise darauf, daß auch in einem größeren politischen Rahmen die germanische Perspektive nichts von ihrer Anziehungskraft verloren hatte.

Gegenüber dem imperialen Anspruch und der Beschwörung der Reichstradition durch Mussolini behielten die Parolen der nationalistischen deutschtümelnden Germanenideologie beinahe zwangsläufig ihren provinziellen Charakter. Mit dem Anspruch großgermanischer Politik und Reichsbildung gewann die Herrschaftsplanung des Nationalsozialismus aber einen Rahmen, der die Dimensionen der ‚impero'-Vorstellung Mussolinis wohl noch übertraf.[115] Mit der großgermanischen Politik ist eine andere Perspektive der Germanenideologie angesprochen, auf die jetzt eingegangen werden muß.

[280] In relativ unscharfer Form begegnet die Rede vom „Germanischen Reich deutscher Nation" schon in einem Leitartikel Hitlers für den ‚Völkischen Beobachter' vom

---

112 K. v. See, Germanen-Ideologie 97f.

113 R. Herzog, Antike-Usurpationen 20 mit Anm. 35.

114 Dazu M. H. Kater, Das „Ahnenerbe" der SS 1935–1945, Stuttgart 1974, 170ff.

115 Vgl. J. Petersen, Mussolini: Wirklichkeit und Mythos eines Diktators, in: K. H. Bohrer (Hrsg.), Mythos und Moderne 246 und H.-D. Loock, Zur „großgermanischen Politik" des Dritten Reiches, in: Vierteljahrshefte für Zeitgeschichte 8 (1960) 37–63.

1. Januar 1921 und taucht dann später in den Programmschriften und -reden Hitlers immer wieder auf.[116] Bis zum eigentlichen Beginn der großgermanischen Politik des Dritten Reiches im April 1940 deckte das Wort „germanisch" aber bei Hitler, wie H.-D. Loock betont, „wesentlich seinen antijüdischen und antichristlichen Affekt".[117]

Eine wichtige Rolle spielte die „germanische" bzw. „großgermanische Reichsidee" in der Gedankenwelt Himmlers. Sein Ansatz zu einer „praktischen, SS-internen germanischen Politik" führt schon 1935 zur Aufstellung der SS-Standarte „Germania". Wenn in diesen Verband auch „Menschen germanischer Abkunft", die nicht die deutsche Staatsangehörigkeit besaßen, aufgenommen werden sollten, zeigt das schon die Nähe zur großgermanischen Reichsidee.[118] Ganz deutlich artikuliert hat Himmler seine Vorstellungen von einem „großgermanischen Imperium" im Jahre 1938. In den entsprechenden Erwägungen ist der auf Expansion abzielende Reichsgedanke mit dem „Blutsgedanken" eng verschmolzen: „Alles gute Blut, alles germanische Blut" – so äußerte sich Himmler im Kreise seiner Gruppenführer –, „was nicht auf deutscher Seite ist, kann einmal unser Verderben sein. Es ist deswegen jeder Germane mit bestem Blut, den wir nach Deutschland holen und zu einem deutsch-bewußten Germanen machen, ein Kämpfer für uns, auf der anderen Seite ist einer weniger."[119]

Es dürfte klargeworden sein, welches ideologische Konfliktpotential eine derartig begründete Konzeption großgermanischer Politik für das Verhältnis zum faschistischen Italien barg. Wohl auch im Hinblick darauf ist der Begriff vom germanischen Reich in der deutschen Presse nicht sehr häufig verwandt worden.[120] Problematisch war die Betonung des Reichsgedankens – das sei hier eingeschoben – auch in den unmittelbar von der großgermanischen Politik betroffenen nordischen Ländern. In unserem Zusammenhang ist es aber wichtig hervorzuheben, daß Hitler ebenso wie Himmler und Rosenberg auf dieses „ideologische Leitmotiv" (Lutzhöft) festgelegt war, als die großgermanische Politik mit der Besetzung Dänemarks und Norwegens in 1940 konkrete Züge annahm: „So, wie aus dem Jahre 1866 das Reich Bismarcks entstand" – erklärte Hitler, als am 9. April 1940 der deutsche Einmarsch in Dänemark begann –, „so wird aus dem heutigen Tage das Großgermanische Reich entstehen."[121]

[281] Die megalomanischen Herrschaftsentwürfe, die Lebens- und Großraumvisionen Hitlers, die im Osten verwirklicht werden sollten, berühren sich eng mit den Vorstellungen Himmlers, der im Verlauf des Zweiten Weltkrieges immer größere Radien großgermanischer Politik zog. Der neue „Orden" der SS war dazu ausersehen, „die deutsch-germanische Expansionskraft" in den Osten zu tragen: Himmler sah seine Aufgabe darin, „den Osten nicht im alten Sinne zu germanisieren, das heißt den dort wohnenden Men-

116 H.-D. Loock, Großgermanische Politik 38.
117 Ebd.; vgl. auch L. Kettenacker, Der Mythos 264ff.
118 J. Ackermann, Heinrich Himmler als Ideologe, Göttingen 1970, 181.
119 Ebd.
120 H.-D. Loock, Großgermanische Politik 37.
121 Zitiert nach H.-D. Loock, Großgermanische Politik 39.

schen deutsche Sprache und deutsche Gesetze beizubringen, sondern dafür zu sorgen, daß im Osten nur Menschen wirklich deutschen germanischen Blutes wohnen".[122]

Schon dieser kurze Blick auf die Entwicklungslinie der großgermanischen Politik und insbesondere ihrer rassenpolitischen Implikationen macht deutlich, welche Sprengkraft der politische Germanismus nationalsozialistischer Provenienz besaß.[123] Die Gegensätze zwischen der NS-Germanenideologie und dem „römischen" Sendungsbewußtsein des faschistischen Italien waren im Grunde nicht zu überbrücken, auch wenn sie aus bündnispolitischen Rücksichten kurzfristig überdeckt wurden: Denn „in diesem sogenannten Europa Hitlerscher Auslegung" gab es, wie P. Kluke formuliert hat, auch für die romanischen Völker „kaum einen Platz".[124]

Daß diese Gegensätze nicht aufgelöst worden waren, daß diese ‚geistige Frontstellung' weiter bestand, belegt ein als geheim deklarierter Bericht des Sicherheitsdienstes vom 8.12.1942 über „Kulturpolitische Bestrebungen Italiens", in dem in gewissem Sinne eine Bilanz des Kulturstreites gezogen wurde.[125]

Nach dem Eindruck des Sicherheitsdienstes hatte sich die von ihm „laufend beobachtete" italienische Kulturpropaganda seit Beginn des Kriegs erheblich verstärkt. Die „kulturpolitischen Ansprüche", die, wie Ohlendorf feststellte, von den „Inhaber(n) der höchsten politischen und wissenschaftlichen Ämter" getragen wurden, gründeten vor allem darauf, daß sich der Faschismus „zu einem wesentlichen Teil seiner Ideologie als Wiedergeburt der Antike und als Fortsetzung des römischen Imperiums mit allen sich daraus ergebenden macht- und geistespolitischen Konsequenzen" betrachtete.[126] Daraus ergaben sich die folgenden „Parolen für die kulturellen Expansionsbestrebungen *[282]* Italiens": Einmal der auf die antik-römische Kulturtradition gegründete „italienische Anspruch, auch wieder die geistige Gestalt Europas zu formen". Dieser Anspruch stützte sich ganz wesentlich auf die *„Parolen der Romanität und Latinität*, mit deren Hilfe Italien die Herstellung eines Gemeinschaftsbewußtseins der romanischen Völker erstrebte". Betont wurden in diesem Zusammenhang schließlich die „Verbindungen zwischen dem Imperiumsgedanken und der Universalität der römischen Kirche" und die „gemeinsame katholische Tradition der romanischen Länder". Auf dieser Linie lagen dann auch Äußerungen italienischer Kulturpolitiker über die Gefahren, die der „westlichen Kultur" drohten. „Aus der nachdrücklichen Betonung der romanischen, lateinischen und katholischen Grundlagen der europäischen Kultur geht hervor" – und das ist wohl der wichtigste Teil dieser Bilanz –, „daß man als gefährlichsten Widersacher die germanische Welt ansieht."[127]

122 Äußerung Himmlers vom Juni/Juli 1942, zitiert nach J. Ackermann, Himmler als Ideologe 205.
123 Vgl. H. Gollwitzer, Politischer Germanismus 355.
124 P. Kluke, Nationalsozialistische Europaideologie, in: Vierteljahrshefte für Zeitgeschichte 3 (1955) 261.
125 Chef der Sicherheitspolizei und des SD/SS-Brigadeführer Ohlendorf an Reichsleiter Bouhler v. 8.12.1942 betr. Kulturpolitische Bestrebungen Italiens (Bundesarchiv Koblenz NS 11/36).
126 Kulturpolitische Bestrebungen, fol. 1.
127 Kulturpolitische Bestrebungen, fol. 2.

Bot sich auf italienischer Seite das Bild außerordentlicher Aktivität, sah man „bisher in Deutschland nicht die entsprechenden Gegenkräfte auf den Plan gerufen". Hier dominierte die von „maßgeblichen Vertretern der klassischen Philologie" geförderte „Ausprägung der humanistischen Ideen zu einer universalistischen, übervölkischen Weltanschauungs- und Kulturtheorie". Vor allem der Altertumswissenschaft fehlten – und auch das ist eine bemerkenswerte Bilanz – nach dem Eindruck des Sicherheitsdienstes die wesentlichen Voraussetzungen dafür, diese kulturpolitische Auseinandersetzung mitzutragen: „Die deutschen Veröffentlichungen über römische Antike und Humanismus stehen fast ausnahmslos einer völkisch-politisch-anthropologischen Betrachtungsweise fremd gegenüber und münden in eine subjektive Bewunderung der römischen und griechischen Ideale."[128]

Dem Bericht war ein umfangreicher Textanhang mit Auszügen aus neueren Publikationen prominenter (italienischer) faschistischer Autoren beigegeben, mit deren Hilfe sich die Feststellungen des Berichtes belegen ließen. Im Kontext der bekannten Beschwörungen der imperialen Tradition von Mussolini und anderen sah man auch in den vierziger Jahren den „Stolz auf die germanische Vergangenheit" verletzt. Pietro de Francisci hatte im Hinblick auf die Diskussion über die Anfänge der Kultur Westeuropas Gelehrte angegriffen, „die das, was Rom beigetragen hat, auf ein Minimum zu begrenzen suchen und dafür die Bildungsstufe ihrer Vorfahren oder wenigstens derjenigen, die sie für ihre Vorfahren halten, preisen".[129] Nach italienischer Auffassung war es dagegen „Roms Tat" gewesen, Westeuropa „aus seiner barbarischen Absonderung" *[283]* befreit und „es mit der zivilisierten Mittelmeerwelt" verknüpft zu haben. Wenn Julius Evola, ein wichtiger Vertreter der Rassenlehre in Italien, von „partikularistisch bestimmten Affekten der einzelnen Völker" sprach,[130] oder der Minister für nationale Erziehung Guiseppe Bottai „eine gegenwartsnahe Romanität" forderte, so war es für den Beobachter des Sicherheitsdienstes besonders bemerkenswert, daß diese Parolen z.T. in deutschsprachigen Publikationen italienischer Provenienz verbreitet wurden.[131]

Insgesamt ergab sich eine in der Tat eindrucksvolle Auflistung von Aktivitäten der italienischen Kulturpolitik, die auf deutschem Boden vor allen Dingen vom Petrarca-Haus in Köln mit Publikations- und Vortragsreihen usw. gefördert wurden. Auf der deutschen Seite war demgegenüber nicht nur die institutionelle Schwäche im Bereich der Kulturpolitik, sondern auch die aktive Unterstützung der italienischen Position durch deutsche Verlage zu beklagen, die wiederum deutschen Anhängern humanistischen Gedankenguts Gehör verschafften.[132]

---

128 A.a.O., fol. 3.

129 A.a.O., fol. 5. Der Berichterstatter des SD zitiert aus P. de Francisci, Der Geist der römischen Kultur, Köln 1941 (= Veröffentl. d. Petrarca-Hauses 3, R. 3), 193, wo gegen C. Jullian und J. Strzygowski polemisiert wird.

130 A.a.O., fol. 5 und 12.

131 A.a.O., fol. 13.

132 A.a.O., fol. 19. Besonders erwähnt wurden die Klassischen Philologen W. F. Otto und K. Reinhardt und die Aktivitäten des Küppers Verlages.

In diesem Dokument gewinnt die nationalsozialistische Germanenideologie ihre Konturen überwiegend als Gegenbild des politischen Romanismus in seiner italienischen bzw. faschistischen Variante. Von daher erscheint es gerechtfertigt, die nationalsozialistische Germanenideologie als eine Ausdrucksform des politischen Germanismus zu betrachten. Gewissermaßen in einem Nachhutgefecht mit dem „Dritten Humanismus" – das zeigen die Anspielungen auf maßgebliche Klassische Philologen – werden dessen Vertreter dem gegnerischen Romanismus zugeordnet.[133] In dem Angriff auf den Dritten Humanismus wird wiederum der Grundkonflikt zwischen Germanenideologie und klassischer Antike-Rezeption deutlich. Versucht man mit Hilfe dieses Dokuments eine Bilanz des Kulturstreites zu ziehen, so war dieser schon von der gegensätzlichen Anlage der beiden nationalen Geschichtsbilder aus gesehen prinzipiell nicht lösbar.

Die Aspekte der NS-Germanenideologie, die hier im engeren und weiteren Zusammenhang mit der ‚Germania'-Rezeption angesprochen wurden, erfassen sicherlich nur einen begrenzten Ausschnitt aus der langen Wirkungsgeschichte dieser Schrift. Dennoch waren auch in der Argumentation nach 1933 bemerkenswerte Spuren der Kontinuität aufzunehmen. In der engeren Verbindung mit dem politischen Germanismus muß die Bedeutung der nationalsozialistischen Germanenideologie höher veranschlagt werden, als das unter *[284]* dem Eindruck der wissenschaftspolitischen Auseinandersetzungen zwischen Anhängern und Gegnern Rosenbergs gemeinhin geschieht. Im Zusammenhang mit der Rassenideologie besaß sie ausgesprochene Sprengkraft, das zeigt sich in der Diskussion zwischen v. Leers und Faulhaber, aber auch im weiteren Rahmen der großgermanischen Politik.

Nach 1945 sind der „Germanismus als politisch-metapolitische Größe" (Gollwitzer) und – die Bilanz lautet bei K. v. See ganz ähnlich – „Germanen-Ideologie und arisch-nordischer Rassenmythos von der Bildfläche verschwunden".[134] Für die extremen und gefährlichen Formen, die der Nationalsozialismus aufgegriffen und entwickelt hat, trifft das ganz sicher zu. Abgesehen davon sind aber nicht nur, wie K. v. See weiter feststellt, „die daraus entwickelten Ingredienzien des Selbstverständnisses ... zum großen Teil unter der Oberfläche erhalten geblieben".[135] Spuren dieser Germanenideologie sind – das muß in anderem Zusammenhang behandelt werden – eher in sektiererischen Kreisen bis in unsere Gegenwart zu verfolgen.

---

133 Zum damals aktuellen Diskussionsstand vgl. H. Drexler, Der Dritte Humanismus. Ein kritischer Epilog, Frankfurt am Main 1942.

134 K. v. See, Germanen-Ideologie 104; vgl. H. Gollwitzer, Politischer Germanismus 356.

135 K. v. See, Germanen-Ideologie 104.

Nr. 5

Originalpublikation in: K. Christ / E. Gabba (Hrsg.), Römische Geschichte und Zeitgeschichte in der deutschen und italienischen Altertumswissenschaft während des 19. und 20. Jahrhunderts I: Caesar und Augustus (Biblioteca di Athenaeum 12), Edizioni New Press, Como 1989, 129–163.

Arminius und Augustus. Die römisch-germanische Auseinandersetzung im deutschen Geschichtsbild

Im Hinblick auf die folgenden Ausführungen sind verschiedene Einschränkungen nötig: Arminius und Augustus stehen hier gleichsam formelhaft erstens für die Anfangsphase der römisch-germanischen Auseinandersetzung, zweitens für die Gegenüberstellung von Römern und Germanen, oder wie man später formulierte, „Römern" und „Deutschen", in deren Rahmen sich das deutsche Geschichtsbild konstituierte. Arminius und Augustus stehen drittens in einem sehr weiten Sinne für die Strömungen „Romanismus" und „Germanismus" bzw. ihre jeweiligen Antihaltungen.

Während Augustus weitgehend zurücktritt, wird vor allem die Stellung des Arminius im deutschen Geschichtsbild belichtet. Im Sinne der von Walter Hedinger getroffenen Unterscheidung zwischen propagandistischen, vorwissenschaftlichen und wissenschaftlich begründeten Geschichtsbildern[1] geht es hauptsächlich um die zuerst genannten Felder, um das allgemeine Geschichtsbild und -bewußtsein, das sich auf unterschiedlichen Qualitätsstufen z.B. im literarischen Bereich, in der populärwissenschaftlichen Historiographie oder auch in der Lokalforschung spiegelt, das Arminiusbild der Forschung wird also nur gelegentlich berührt.

Für den Ausschnitt aus diesem Geschichtsbild, den ich betrachten möchte, lieferte Tacitus die wichtigste Vorgabe. Der breite Rezeptionsstrom belegt, wie Horst Callies bemerkt, daß die „historische *[130]* Wirkung ... größer gewesen (ist) als das Handeln des Arminius und das Ergebnis der Varusschlacht selbst".[2] Die Dynamik der Arminiusrezeption verstärkt sich mit einer zweiten neuzeitlichen Rezeptionsvorgabe, dem Her-

---

1 Umfassende Nachweise zum Themenkomplex „Arminius und die Varusschlacht" liefert die Lippische Bibliographie I, O, Nrn. 1–1392, Detmold 1957 und II, N, Nrn. 13929–14807 (1982). H. W. Hedinger, Subjektivität und Geschichtswissenschaft, Berlin 1969, 49ff.

2 H. Callies, Arminius – Held der Deutschen, in: G. Engelbert (Hrsg.), Ein Jahrhundert Hermannsdenkmal 1875–1975, Detmold 1975, 42.

mannsdenkmal Ernst von Bandels, mit dem der Cherusker einen modernen bildlichen Ausdruck findet.

Der taciteische Arminius und der Hermann im Teutoburger Wald sind eingebettet in die deutsche Germanenideologie, die den allgemeinen Bezugsrahmen für mein Thema bildet. Als weiterer Bezugspunkt bietet sich das Denkmal selbst an, einmal, weil hier im Wechsel die Jubiläen der Schlacht im Teutoburger Wald und der Baugeschichte des Monuments gefeiert wurden, vor allem aber weil in diesem Raum bis heute eine besondere Disposition für die Arminiusverehrung vorhanden zu sein scheint.

Die Wirkungskraft der deutschen Germanenideologie im 19. Und 20. Jahrhundert ist nicht denkbar ohne die weitreichenden Traditionslinien der Arminius- und *Germania*-rezeption. In einem ersten Teil verfolge ich daher die Hauptetappen dieser Rezeptionsgeschichte. Der leitende Gesichtspunkt ist die Frage nach der Bedeutung der römisch-germanischen Auseinandersetzung im deutschen Geschichtsbild.

Wenn ich dem Abschnitt nach 1945 mehr Raum widme, so deshalb, weil er nicht so gut erschlossen ist, wie die frühen und die spektakulärsten Phasen der Arminiusrezeption im Bezugsrahmen der deutschen Germanenideologie. Ich verweise hier vor allem auf die kleine Schrift von Klaus v. See, *Deutsche Germanenideologie vom Humanismus bis zur Gegenwart* aus dem Jahre 1970.[3]

Die Konstituierung des deutschen Geschichtsbildes steht bekanntlich in engstem Zusammenhang mit der Wiederentdeckung des Tacitus im 15. und 16. Jahrhundert. Dabei verläuft eine erste Entwicklungslinie über die „*Germania*rezeption" im frühen deutschen Humanismus, die relativ spät nach dem Erscheinen der *editio princeps* (1470) einsetzt. Zu ihren Kennzeichen gehört von Anfang an eine antirömische bzw. antiitalienische Komponente, ein „antirömischer Affekt", der auch eine Reaktion auf die „topische barbaries" Anschuldigung (L. Krapf) der italienischen Humanisten ist.[4] Im frühen Humanismus *[131]* verfestigt sich so auf deutscher Seite ein überwiegend positiv akzentuiertes Wesensbild der Germanen. Wenn die taciteische *Germania* im Rahmen historischer Argumentation für gegensätzliche Zwecke eingesetzt werden konnte, so liegt ein Grund dafür in dem bekannten „antithetischen Vorstellungsschema" des Tacitus.[5]

Die zweite Entwicklungslinie des deutschen Geschichtsbildes beginnt mit dem Bekanntwerden der *Annalen*. Mit der *editio princeps* von 1515 tritt Arminius ins historische Bewußtsein.[6] Der Bericht des Tacitus wurde 1520 durch die *editio princeps* des Velleius Paterculus ergänzt.

---

3 Frankfurt 1970.

4 Vgl. K. v. See, Deutsche Germanen-Ideologie, 9ff. und L. Krapf, Germanenmythos und Reichsideologie. Frühhumanistische Rezeptionsweisen der taciteischen „Germania", Tübingen 1979, 60.

5 K. v. See, Germanen-Ideologie, 10; vgl. M. Fuhrmann, Die Germania des Tacitus und das deutsche Nationalbewußtsein, in: ders., Brechungen. Wirkungsgeschichtliche Studien zur antik-europäischen Bildungstradition, Stuttgart 1982, 113–128.

6 I. Buchholz, Die Varusschlacht im Urteil der Humanisten, phil. Diss. Mainz 1955 (Masch.). Auszug mit dem gleichen Titel, in: Lippische Mitteilungen aus Geschichte und Landeskunde 28 (1959) 1–57 (zitiert als Auszug). Gute Überblicke auch bei W. John, P. Quinctilius Varus, RE XXIV (1963), 975ff. und G. Unverfehrt, Arminius als nationale Leitfigur. Anmerkungen zu Entstehung und

Am Beginn der deutschen Arminiusrezeption steht der Name Ulrich von Huttens. In der Wirkung wichtiger als der zumeist genannte „Arminius-Dialog", der erst 1529 gedruckt erschien, war wohl sein im September 1520 an Friedrich den Weisen von Sachsen gerichtetes, in Latein abgefaßtes Sendschreiben. Als die „verteuscht Clag" fand es als Flugblatt bald weitere Verbreitung.[7] Hutten verweist darin auf Arminius als den „aller besten und aller stercksten hauptman der je auff erdenn gewest ist", und fordert die deutschen Fürsten zur Einigkeit und zum Kampf gegen die Pfaffen auf.[8] In ähnlicher Weise überträgt er in seinem Arminius-Dialog das Thema der Befreiung Germaniens von den Römern in den Aufruf zur Befreiung von der Tyrannei des Papstes und der Pfaffen.

Eine weitere höchst folgenreiche Parallele – sie steht für den Kampf gegen „Rom" – fassen wir im Umkreis Luthers: 1530 wird in den Tischreden *Lutherus Cheruscus* mit dem *Cherusker Hermanus* verglichen.[9] Folgenreich ist sie auch in der Hinsicht, als damit eine Entwicklungslinie des deutschen Geschichtsbildes vorgeprägt wird, ***[132]*** die angeblich von Hermann über Luther, Friedrich d. Gr. bis zu Hitler verläuft.[10] Die „Verdeutschung" der „*Germania*" des Tacitus – Melanchthon gab übrigens 1538 diese Schrift zusammen mit dem Arminius-Dialog Huttens in einer Neuauflage heraus[11] - die einfache Gleichsetzung Germaniens und der Germanen mit „Deutschland" und „Deutschen" weist auch Arminius/Hermann seinen festen Platz am Beginn der deutschen Geschichte zu.[12]

Die weiteren Abschnitte der Arminiusrezeption bis zum Beginn des 19. Jahrhunderts sind mit wenigen Namen anzudeuten. Zunächst nenne ich den umfangreichen, 1689 posthum erschienenen Barockroman Caspar von Lohensteins mit dem aussagekräftigen Titel: *Großmüthiger Feldherr/Arminius oder Hermann/Als/Ein tapfferer Beschirmer der deutschen Freyheit/Nebst seiner/Durchlauchtigen Thussnelda/In einer sinnreichen/Staats-Liebes- und Heldengeschichte/Dem Vaterlande zu Liebe/Dem deutschen Adel aber zu Ehren und rühmlichen Nachfolge/In zwei Theilen/vorgestellet/Und mit annehmlichen Kupffern gezieret.*[13]

Lohenstein versetzt darin die römisch-germanische Auseinandersetzung in die Zeit um den 30jährigen Krieg. Arminius ist (dabei) Kaiser Leopold I. (1658–1705). Bei aller

---

Wandel eines Reichssymbols, in: E. Mai – St. Waetzold, Kunstverwaltung, Bau- und Denkmal-Politik im Kaiserreich. Berlin 1981, 315–340.

7 Vgl. I. Buchholz, Varusschlacht (Ausz.), 19 und G. Unverfehrt, Arminius, 316; grundlegend ferner: R. Kuehnemund, Arminius or the Rise of a National Symbol in Literature, New York 1966.

8 Opera Hutteni, ed. E. Böcking, Leipzig 1859–1870, Bd. I, 389f., 19.

9 Luthers Werke (Weimarer Ausgabe), Tischreden Bd. III, 329.

10 Vgl. R. Koselleck, Rez. G. Engelbert (Hrsg.), Ein Jahrhundert Hermannsdenkmal, in: Lippische Mitteilungen 5 (1979) 305.

11 Vgl. F. Graus, Lebendige Vergangenheit, Köln/Wien 1975, 249, Anm. 31.

12 K. v. See, Deutsche Germanen-Ideologie, 9ff.

13 Leipzig 1689.

Kritik an dem dem Laster und der Sittenlosigkeit verfallenen Rom, erkennt Lohenstein aber Tapferkeit und andere Werte der Römer durchaus an.[14]

Mit Friedrich Gottlieb Klopstocks *Hermanns-Bardieten*, der *Hermannsschlacht* (1769), *Hermann und die Fürsten* (1784) und *Hermanns Tod* (1789) ist eine neue Ebene der literarischen Arminiusrezeption erreicht. Klopstock fordert mit der *Hermannsschlacht* nicht nur „Freiheit von Unterdrückung“, sondern auch „Erhalt germanischer, das meint deutscher, Sprache und Sitte“. Er steht damit wie Gerd Unverfehrt formuliert hat, „am Beginn eines allgemeineren Germanismus“, der erst im 19. Jahrhundert zu breiter Wirkung kam.[15]

In den ersten drei Jahrhunderten seit seiner Wiederentdeckung *[133]* sind Arminius, wie diese wenigen Beispiele zeigen können, recht unterschiedliche Rollen zugewiesen worden: Im reformatorischen Umfeld begegnet er z.B. als „nationaler Freiheitskämpfer“ und in der Gleichsetzung mit David – das sei hier nachgetragen – als „gottgesandter Krieger“, als „absoluter Herrscher“ bzw. Leopold I. bei Lohenstein und schließlich als „aufgeklärter Diener seines Volkes“ und als „Wahrer deutscher Sprache und Sitte“ bei Klopstock.[16]

Damit dürften die wichtigsten „Argumente“ genannt sein, die in der politischen Arminiusrezeption im 19. und 20. Jahrhundert in unterschiedlicher Konfiguration aufgenommen werden.

Der in hohem Maße politische Charakter der Rezeption des 19. Jahrhunderts spiegelt sich im literarischen Bereich am stärksten in Heinrich von Kleists Drama die *Hermannsschlacht.*

Die politische Vorgabe der Entstehungszeit 1808/9 ist der Kampf gegen das napoleonische Frankreich, der konsequent mit der römisch-germanischen Auseinandersetzung parallelisiert wird. So werden die Römer zu Franzosen, die Cherusker zu Preußen, die Sueben zu Österreichern und die uneinigen Germanenfürsten zu den Vertretern der Rheinbundstaaten. Hinter der Aktualisierung tritt der Bezug zur historischen Vorlage, wie sich u.a. am Schicksal von „Germaniens Henker“ Varus, dem die Rolle eines französischen Okkupationsgenerals zufällt, leicht zeigen ließe, stark zurück.[17]

Die antirömisch-französische Tendenz kommt in der Schlußszene in aller Schärfe zum Ausdruck: „Denn eh doch“, so heißt es im Aufruf an die Söhne Teuts,

> „seh ich ein, erschwingt der Kreis der Welt
> Vor dieser Mordbrut keine Ruhe,
> Als bis das Raubnest ganz zerstört,

14 Dazu E. M. Szarota, Lohensteins Arminius als Zeitroman. Sichtweisen des Spätbarock, Berlin/München 1970; vgl. auch W. Gössmann, Deutsche Nationalität und Freiheit. Die Rezeption der Arminius-Gestalt in der Literatur von Tacitus bis Heine, in: Heine Jahrbuch 1977, 79f.

15 G. Unverfehrt, Arminius, 317.

16 G. Unverfehrt, a.a.O. 318.

17 Vgl. W. John, P. Quinctilius Varus, 980 und W. Gössmann, Deutsche Nationalität, 82f.

Und nichts, als eine schwarze Fahne,
Von seinem öden Trümmerhaufen weht!“[18]

Für die Wirkung des Kleistschen Dramas, das trotz seines, so Thomas Mann, „nationalistischen Furors“ in der Hermannsliteratur das literarisch höchststehende Werk repräsentiert, sprechen die folgenden Daten: 1809 verhinderte die österreichische Zensur eine Aufführung in Wien. Nach der 1821 aus dem Nachlaß erfolgten Veröffentlichung *[134]* wurde das Stück 1839 zum ersten Mal gespielt. Auf dem Spielplan der großen Bühnen kam es aber erst nach 1871 zur Geltung.[19]

Die politische Wirkung der *Hermannsschlacht* von Christian Dietrich Grabbe (1801–36) ist weitaus geringer, auch deshalb weil das in der lippischen Heimat des Autors angesiedelte Stück sich nicht eng an den Forderungen des germanisch-deutschen Nationalismus orientierte.[20] Bei der Düsseldorfer Uraufführung zum 100. Todestag Grabbes im Jahre 1936 ließ man deshalb den „christlichen Schluß“, in dem Augustus visionär auf den Aufstieg des Christentums verweist, einfach weg.[21] So ließ sich Grabbe zeitgemäß in die NS-Germanenverehrung einpassen.

Eine solche Aufbereitung für Zwecke der Germanenverehrung lassen die Äußerungen Heinrich Heines zu unserem Thema nicht zu, auch wenn man heute meint, einen Wandel in der Arminius-Beurteilung Heines auf die Jahre 1823/24 eingrenzen zu können.[22] So empfinden Arminius-Anhänger die Verse im XI. Caput des Wintermärchens von 1844 auch heute noch als Provokation. Für andere Zeitgenossen stellen sie eine liberale oder erfreuliche Alternative zur Hauptströmung des 19. Jahrhunderts dar, wenn Heine formuliert:

„Hier“, das heißt, im „klassischen Morast“ des Teutoburger Waldes
„schlug ihn der Cheruskerfürst
Der Hermann, der edle Recke;
Die deutsche Nazionalität,
Die siegte in diesem Drecke.
Wenn Hermann nicht die Schlacht gewann,
Mit seinen blonden Horden,
So gäb es deutsche Freiheit nicht mehr,
Wir wären römisch geworden!“[23]

---

18 H. v. Kleist, Sämtliche Werke und Briefe, Bd. 1, hrsg. v. H. Sembdner, München, 1964³, 628.
19 Nach W. Gössmann, Deutsche Nationalität, 82f.
20 Vgl. W. John, P. Quinctilius Varus, 981f.
21 W. Gössmann, Deutsche Nationalität, 86.
22 W. Gössmann, a.a.O., 88.
23 Heinrich Heine, Sämtliche Werke, Bd. 4, Düsseldorfer Ausgabe, Hamburg 1985, 114.

Von „Deutscher Nationalität“ und „Freiheit“, das sollte man sich ins Bewußtsein rufen, spricht Heine hier vier Jahre vor der 48er Revolution. Mit dem Hinweis auf Heine beenden wir den kurzen Blick auf politische Bezüge der literarischen Rezeption.

[135] Wenn sich diese nach dem Beitrag Heinrich Heines nur noch auf eine, „breite popularisierende Rezeption und triviale Produktion“ reduziert, bedeutet das nach den Maßstäben literarischer Qualität sicher einen Abstieg.[24] Umso höher ist aber die Wirkung einzuschätzen, die dieser breite Rezeptionsstrom im Geschichtsbewußtsein und Geschichtsbild entfaltet. Eine annähernde Vorstellung vom Umfang dieser Produktion mögen die folgenden Zahlen vermitteln: Allein zwischen Kleists Hermannsschlacht (1809) und Heines Wintermärchen (1844) verzeichnet eine einschlägige Aufstellung 22 Bearbeitungen dieses Stoffes, bis 1900 ist diese Zahl um weitere 50 Titel angewachsen![25]

Wie schon eingangs bemerkt, wird das Denkmal ein wichtiger Faktor in der weiteren Arminiusrezeption. Es kann hier nur darum gehen, etwas von den politischen Implikationen und dem Wandel der Deutungen dieses Monuments sichtbar zu machen.

Das Projekts v. Bandels, der erfolgreicher war als viele seiner Vorläufer, die, wie z.B. Klopstock, Hermannsdenkmäler geplant, aber nicht ausgeführt hatten, ordnet sich ein in die breite Denkmalsbewegung, die mit den Befreiungskriegen einsetzt.[26] Unter ihrem Eindruck entstanden 1819 die ersten Pläne. Bandel selbst wollte dem „Befreier Deutschlands“ ein Denkmal „als Mahnzeichen zur Einigkeit aller deutschen Stämme“ setzen.[27] Sein republikanisch gesonnener Freund Maßmann erweiterte 1839 die nationale Perspektive und wollte in dem zu schaffenden Monument das „Sinnbild einer geistig und frey vereinten Menscheit“ sehen.[28] Bei der offiziellen Grundsteinlegungs-Feier 1841 wurde zwar von der „Achtung fremder Sitte, fremden Rechts“ und „fremder Freiheit“ gesprochen, aber zugleich Arminius als „Retter“ deutscher Freiheit, Sprache und Sitte vor „römischer Überfremdung“, vor dem „Herrschaftsanspruch des Romanismus“ gefeiert.[29] Das Denkmal war bereits vor der Fertigstellung *[136]* zumindest vielseitig deut- oder verwendbar, in seiner weiteren Geschichte kamen neue Deutungsmöglichkeiten hinzu.

Dazu gehört eine Variante der antirömischen Argumentation, die „kulturkämpferische Inbesitznahme“, die 1875 den Höhepunkt erreichte.[30] In einer bekannten Karikatur des „Kladderadatsch“ stehen mit der Devise „Gegen Rom“ vereint Arminius und Luther

---

24 W. Gössmann, Deutsche Nationalität, 91.

25 W. Sydow, Deutung und Darstellung des Arminius-Schicksals in seinen wesentlichen Ausprägungen besonders seit Kleist, phil. Diss. Greifswald 1937, 141ff.; vgl. ferner das Diagramm „Literatur über Arminius, die Varusschlacht und das Hermannsdenkmal 1700–1950“ bei W. Hansen, Nationaldenkmäler und Nationalfeste im 19. Jahrhundert, Braunschweig 1976, 18 (Abb. 10).

26 Th. Nipperdey, Nationalidee und Nationaldenkmal in Deutschland im 19. Jahrhundert, in: Historische Zeitschrift 206 (1969) 529–585.

27 Zitiert nach W. Gössmann, Deutsche Nationalität, 74 (Inschrift auf dem Fundament von 1838).

28 Vgl. G. Unverfehrt, Arminius, 322.

29 Festrede von M. L. Petri v. 8.9.1841; vgl. Th. Nipperdey, Zum Jubiläum des Hermannsdenkmals, in: G. Engelbert (Hrsg.), Ein Jahrhundert Hermannsdenkmal (o. Anm. 2), 19 (11–31).

30 G. Unverfehrt, Arminius, 322.

vor dem Hintergrund des Petersdomes über dem Wolken aufziehen.[31] Wir kennen das Grundmuster bereits aus der Zeit der Reformation.

Noch stärkeren Ausdruck fand die zweite antirömische, gegen Frankreich gerichtete Argumentationslinie nach dem Krieg von 1870/71 in den Inschriften des Denkmals. Da war die Rede davon, daß „alle deutschen Volksstämme ... immer siegreich französischen Übermut züchtigten", und von der „Verwelschung" des deutschen Volkes und seiner Uneinigkeit, bis Preußen 1813 das Schwert gegen Napoleon Bonaparte erhob und schließlich erschien Kaiser Wilhelm I., der „welsche Macht und Tücke siegreich überwand" – „Armin dem Retter ... gleich". Der *liberator Germaniae* wurde im lateinischen Text mit der bekannten Würdigung des Tacitus gefeiert.[32] Im Vordergrund steht aber ganz deutlich die antifranzösische Argumentation, die während der Bauzeit immer stärker in den Vordergrund gerückt war.

Als „wilhelminisches Siegeszeichen" diente das Hermannsdenkmal auch der politischen Agitation des Kaiserreiches gegen Frankreich, in der der historische Kern der römisch-germanischen Auseinandersetzung stark zurücktritt. Diese Argumentation ist in den Rahmen des politischen Germanismus einzuordnen, dessen Spuren z.T. schon sichtbar wurden. Diese Form des Germanismus wurzelt, wie Heinz Gollwitzer gezeigt hat, in einem international angelegten „kulturellen Germanismus", der literarisch geprägt im 18. Jht. faßbar ist.[33] Über den Rahmen des deutschen Nationalismus hinausgehend steigert sich seine „politische und geschichtsinterpretatorische Funktion" (Nipperdey) im 19. Jahrhundert und erreicht die Qualität eben des politischen Germanismus. Dieser gewinnt in Verbindung mit „analogen philologischen, juristischen, historischen *[137]* Anschauungen" beträchtliche Wirkung.[34] Der Gegenpol des „Romanismus" wird durch das antike, das kirchliche Rom und das napoleonische Frankreich verkörpert. Entscheidende Stützung erfährt diese Richtung durch die deutsche Germanenideologie, deren „antirömischer Affekt" bereits die früheste Phase der „Germaniarezeption" prägte.[35]

Mit dem betonten Bezug auf die germanische Frühgeschichte verbindet sich die Zivilisationskritik, das Ressentiment gegen römische, gegen westliche Zivilisation, der „junge, unverbrauchte und unverdorbene" Völker gegenübergestellt werden.[36] In diesem Antitheseschema findet auch Arminius/Hermann seinen Platz. Für die weitere Entwicklung dieser Strömung, darauf wird noch einzugehen sein, ist es wichtig, daß sich „Rassismus und Germanismus" gegenseitig stützen.[37]

Sicherlich nicht ganz ohne politische Bezüge, aber nicht so stark in den politischen Tageskampf eingebunden wie der Arminius des Jahres 1875, erscheint eine Form des Romanismus und Germanismus, deren Perspektive auf die römisch-germanische Auseinan-

---

31 Abbildung z.B. in: G. Engelbert (Hrsg.), Ein Jahrhundert Hermannsdenkmal, 176.

32 Nach: Hermannsdenkmal. „Lippische Sehenswürdigkeiten" H. 3, 1984², 17ff.

33 H. Gollwitzer, Zum politischen Germanismus des 19. Jahrhunderts, in: Festschrift für H. Heimpel, Bd. 1, Göttingen 1971, 282–356.

34 H. Gollwitzer, Germanismus, 284.

35 Vgl. oben, 130.

36 Vgl. K. v. See, Deutsche Germanen-Ideologie, 9ff.

37 H. Gollwitzer, Germanismus, 319.

dersetzung verengt ist. Die Fronten verlaufen dabei zwischen Personen und Gruppen, deren genuin historisches und archäologisches Interesse mit dem politischen Germanismus konfrontiert wird, und die sich unter Umständen zu einer Entscheidung für die eine oder andere „Partei“ genötigt sehen. Gemeint sind die bodenständigen Geschichts- und Altertumsvereine, die sich der Erforschung des Limes widmeten. Die vorwissenschaftliche Vereinsforschung, die Arnold Esch untersucht hat, setzt auf breiterer Front in den 30er Jahren des 19. Jhts. ein und erreicht nach einer Phase der Stagnation um die Jahrhundertmitte nach der Reichsgründung einen Höhepunkt, um dann beinahe ein „Opfer“ der Verwissenschaftlichung der Bodenforschung zu werden.[38]

Im Kreis der Lokalforscher stellt sich – und nur darum kann es hier gehen – die Grundfrage nach dem „Sinn“ der Erforschung des *limes imperii Romani*. Davon bestimmt ist etwa die Polemik des *[138]* Sinsheimer Pfarrers Wilhelmi gegen Friedrich Creuzer. Der Pfarrer hatte im Stil der Zeit 1830 eine „Gesellschaft zur Erforschung der vaterländischen Denkmahle der Vorzeit“ gegründet.[39] Die Position des „reinen“ Romanismus markierte Creuzer im Jahre 1833 in der Denkschrift *Zur Geschichte alt-römischer Cultur an Ober-Rhein und Neckar, mit einem Vorschlage zu weiteren Forschungen* mit der Bemerkung, daß „selbst der gemeine Handwerker“ ... „aus der Betrachtung römischer und nur römischer Objekte“ großen Nutzen ziehen werde.[40] Wilhelmi verwahrte sich gegen die Beschränkung auf die „Untersuchung der Römischen Trümmer“ und fand – immerhin noch vermittelnd – „alle Denkmahle der Vorzeit nehmlich ... zumahl unsere alten Deutschen Todtenhügel ... untersuchenswerth“.[41] Weitaus schärfere Töne hatte ungefähr in der gleichen Zeit der „Historische Verein für Mittelfranken“ angeschlagen: „Römische Denkmahle“ waren danach nur insofern von Bedeutung, „als daraus irgend ein Anlaut vom Verhältniß einer Römischen Vorwelt zu unserer Deutschen hervorgeht“. Als „ein ganz besonders wichtiger Satz für die ganze deutsche Geschichte“ galt in diesen Kreisen die Feststellung, daß „kein Römer ... je den Limes ostwärts überschritten habe“, womit die Frontlinie des Limes in ihr Gegenteil verkehrt war.[42]

In der Folgezeit sahen sich die Anhänger des Romanismus in den Geschichtsvereinen zunehmend von den „Germanisten“ bedrängt, und z.B. als Anhänger der „Wissenschaft des Heidenthums“ abqualifiziert und schließlich mit der zunehmenden Organisation der Erforschung der römisch-germanischen Auseinandersetzung als Dilettanten diskreditiert.[43] Beispiele dafür bietet die Auseinandersetzung zwischen Karl August von Cohausen und Theodor Mommsen.[44]

---

38 A. Esch, Limesforschung und Geschichtsvereine. Romanismus und Germanismus, Dilettantismus und Facharchäologie in der Bodenforschung des 19. Jahrhunderts, in: Geschichtswissenschaft und Vereinswesen im 19. Jahrhundert, Göttingen 1972, 163–191.

39 A. Esch, Limesforschung, 174.

40 F. Creuzer, Zur Geschichte alt-römischer Cultur, 3.

41 Zitiert nach A. Esch, Limesforschung, 182.

42 Beleg von 1833. Zitiert nach A. Esch, a.a.O., 182.

43 Vgl. A. Esch, a.a. o., 183f.

44 Vgl. A. v. Cohausen, Der römische Grenzwall in Deutschland, Wiesbaden 1884, Anhang 1886 und Stenographische Berichte über die Verhandlungen des Deutschen Reichstags VIII. Legislaturperi-

Gerade an der Frontlinie des Limes prallten die Positionen des Romanismus und des Germanismus besonders hart aufeinander. Das Dilemma der „römisch" orientierten Lokalforschung verweist auf das generelle Problem, wie die Bewunderung für die nationale Befreiungstat *[139]* des Arminius einerseits und die positive Bewertung römischer Zivilisationsreste im westlichen Deutschland andererseits in ein deutsches Geschichtsbild einzupassen war. In „germanischer" Perspektive ging es um Befreiung „besetzten" Gebietes aus „römischer", um die Alternative zwischen römisch und dann christlicher Zivilisation und germanischer Barbarei. Diese Spannung scheint, wie sich zeigen wird, zumindest im vorwissenschaftlichen Raum bis heute noch nicht gänzlich aufgelöst zu sein.

Das Aufkommen der Rassenlehre im letzten Viertel des 19. Jahrhunderts verschärfte die Probleme erheblich. Die in ihrer Wirkung für die deutsche Germanenideologie kaum zu überschätzende Konzeption H. St. Chamberlains ist mit dem Gegensatzpaar „Germanische Rassenzucht – mittelmeerisches Völkerchaos" schlagwortartig zu kennzeichnen.[45] Damit ist im Kern schon die antisemitische Erweiterung der Römer-Germanen-Antithese angelegt: Zwischen Germanentum und Judentum – so endet der 1. Band der Grundlagen des 19. Jahrhunderts von 1899 – tobt ein „Kampf auf Leben und Tod".[46] Zu der damit angedeuteten Verbindung zwischen Antisemitismus und Germanenideologie paßt der Hinweis, daß sich zu Pfingsten 1893 die „Antisemiten" Deutschlands zu einer Festversammlung am Hermannsdenkmal trafen.[47]

Am Beginn des 20. Jahrhunderts im Jahre 1909 erreichte die „Fieberkurve" der Arminius-Literatur ihren höchsten Ausschlag im Zusammenhang mit der 1900-Jahrfeier der Schlacht im Teutoburger Wald.[48] Das „nationale Spektakel provinzieller Prägung" wurde mit einem Festzug im Stil „naiver Germanentümelei" begangen, in dem die herkömmlichen Klischees vertreten waren.[49] Von diesen Manifestationen des „Teutonismus" hob sich dagegen die Festrede Hans Delbrücks geradezu maßvoll ab. Er beschwor nicht nur die Entwicklung der Germanen „von den Urwäldern und ihrer barbarischen Wildheit ... bis zu den höchsten Gipfeln der Kultur", sondern verwies auch darauf, daß diese Kultur erst durch die „Synthese von *[140]* germanischem Geist, römischer Kultur und christlichem Denken" entstehen konnte.[50]

---

ode I. Session 1890/92, Bd. 6, 3681ff.; vgl. insbesondere 3685f. und 3688; zum Gesamtzusammenhang A. Esch, Limesforschung, 189.

45 Vgl. generell K. v. See, Deutsche Germanen-Ideologie, 59ff.

46 H. St. Chamberlain, Die Grundlagen des 19. Jahrhunderts, Bd. 1, München 1933[17], 632; vgl. Verf., Rassenideologie und antisemitische Publizistik in Deutschland im 19. und 20. Jahrhundert, in: Th. Klein u.a. (Hrsg.), Judentum und Antisemitismus von der Antike bis zur Gegenwart, Düsseldorf 1984, 144 [= **Nr. 3**].

47 Zu „Festprogramm" und Presseberichten vgl. P. Böhning, Hermannsdenkmal, Bielefeld 1985 (= „Betrifft Bielefeld" H. 11), 51f.

48 Vgl. W. Hansen, Nationaldenkmäler (o. Anm. 25), 18 (Abb. 10).

49 P. Veddeler, Nationale Feiern am Hermannsdenkmal in früherer Zeit, in: G. Engelbert (Hrsg.), Ein Jahrhundert Hermannsdenkmal, 173ff. (167–182).

50 H. Delbrück, Die Schlacht im Teutoburger Walde, in: Preußische Jahrbücher 137 (1909) 381f. und 393f.

Aus der ungeheueren Masse des populärwissenschaftlichen Schrifttums am Beginn des 20. Jahrhunderts soll hier ein Beitrag Arthur Moeller van den Brucks, dem Schöpfer der griffigen Formel vom „Dritten Reich", hervorgehoben werden, der in allgemeinem und speziellem Zusammenhang als Autor aus dem Umfeld der „konservativen Revolution" in seiner Vorläuferfunktion für den Nationalsozialismus von Interesse ist.[51] Das eigenwillige Arminius-Porträt aus dem Jahre 1909 steht am Anfang einer Reihe „scheiternder Deutscher", die Moeller van den Bruck im Rahmen einer *Deutschen Menschheitsgeschichte* behandelt.[52] Die „zentrale Erscheinung in der Anfangsgeschichte unserer Rasse" scheitert, weil Armin vor der endgültigen Einigung Deutschlands in „tragischer Erfüllung des deutschen Erbfluches" vom Dolchstoß getroffen wird.[53]

In diesem Arminiusporträt hat insbesondere die Zivilisationskritik einen starken Ausdruck gefunden: „Das Rom des Augustus" das Armin sah, „war bereits das des Verfalls" ... Ein Rom über dem schon der „Verwesungsglanz" lag. Und wer wie Armin, so heißt es weiter, „die Sinne von Wiese und Wald mitbrachte, der mußte den Fäulnisduft spüren ... Schon war der Durchschnittstyp des Römers der gierige Bankier, der Römerin die schnuppernde Bestie".[54]

Ganz im Sinne der neuzeitlichen Entwicklung der Germanenideologie spiegelt sich in diesem Bild das Frankreich-Erlebnis des Autors aus den Jahren um die Jahrhundertwende, das zur scharfen Betonung des Gegensatzes zwischen „germanisch-deutschem" und „französisch-westlichem Wesen" führt.[55]

Noch schärfer ausgezogen wurde diese Linie von Ludwig Schemann, dem Wegbereiter Gobineaus in Deutschland, für den 1928 „alle neuere und neueste Geschichte ... in dem Zwiespalt des Germanismus und des Romanismus einerseits, des Germanentums und Semitentums *[141]* andererseits" gipfelte. Als Vormacht des „Romanismus" galt ihm in seiner Zeit als „Erbin Roms" –damit wird die Römer-Germanen Antithese wiederum antisemitisch erweitert – „die durch und durch mit semitischem Geist getränkte katholische Kirche".[56]

Von Schemann zu den Glaubenssätzen der NS-Germanenideologie, deren Terrain von H. Stewart Chamberlain vorbereitet war, ist nur noch ein kleiner Schritt zu vollziehen. Als nach der Machtübernahme das Programm der „Germanisierung der deutschen Geschichte" verkündet wurde, ergaben sich daraus im weiteren Sinne politische Folgen, die nur anzudeuten sind. Dazu zählen etwa mögliche wissenschaftspolitische Konsequenzen für die Klassische Altertumswissenschaft und die Provinzialarchäologie, die sich mit dem

51 Vgl. A. Mohler, Die konservative Revolution in Deutschland 1918–1932, Darmstadt 1972², 401ff.

52 Minden 1904–1910. Bd. VII: Scheiternde Deutsche (1909).

53 So G. Steinbömer in der Einführung zu A. Moeller van den Bruck, Armin, Reclam-Ausg. Leipzig o.J. (1934), 70; vgl. auch W. Sydow, Deutung und Darstellung (o. Anm. 25), 97f.

54 A. Moeller van den Bruck, Scheiternde Deutsche (1909), 33.

55 Vgl. H. Callies, Arminius – Held der Deutschen (o. Anm. 2), 42 und G. Steinbömer, Einführung, 56ff.

56 L. Schemann, Die Rasse in den Geisteswissenschaften Bd. I, München 1928, 381.

Führungsanspruch der Vor- und Frühgeschichte auseinandersetzen mußte, was nicht heißen muß, daß nicht auch bekannte Althistoriker „antirömisch" argumentierten.[57]

Der „Streit um die Kulturhöhe der Germanen" hatte auch kirchen- und religionspolitische Bezüge, bekannter ist seine außenpolitische Dimension, die sich in der mitleidsvollen Bemerkung Mussolinis über die kulturlosen Barbaren niederschlug.[58] Allzu forscher Antiromanismus erregte dennoch das Mißfallen des Achsenpartners. Zu den weiteren Perspektiven der NS-Germanenideologie gehört schließlich – und damit ist ihr allgemeiner Rahmen abgesteckt – die sogenannte „großgermanische Politik" des Dritten Reiches. Stark ausgeprägt in der Gedankenwelt Himmlers gewann sie mit der Besetzung Norwegens und Dänemarks 1940 konkrete Züge.

Arminius, um damit zum engeren Rahmen der römisch-germanischen Auseinandersetzung zurückzukehren, hatte nach der Machtübernahme ausgesprochene „Konjunktur". In der Vergröberung der *Angewandten Geschichte* von Heinrich Wolf, wurde aus der Machtübernahme die „armindeutsche Revolution".[59] Das der Rassenlehre verpflichtete Werk war schon 1910 in erster Auflage herausgekommen, aber damals, wie der Autor nach 1933 behauptete, von den *[142]* „Flavusdeutschen" nahezu unterdrückt worden.[60] Bezeichnend für die Entwicklung in der Anfangsphase des dritten Reiches, ist auch der Rückgriff auf Moeller van den Brucks Armin, der 1934 in einer Reclam-Ausgabe[61] und ein Jahr später stark gekürzt in einer Auswahl aus seinen Schriften erschien, wobei man in der gekürzten Version den „Antiromanismus" schärfer akzentuierte.[62]

Ein Blick auf den literarischen Bereich läßt einerseits ein doch erhebliches Anschwellen der Literatur erkennen, aber andererseits Zweifel aufkommen, ob hier wirklich eigenständige nationalsozialistische Beiträge zum Arminiusbild vorliegen.[63] Das zeigt sich vielleicht am Beispiel von Hjalmar Kutzleb, der neben seinem 1934 erschienenen fast 600 Seiten starken Roman *Der erste Deutsche*, zwischen 1933 und 1935 drei weitere Bücher zur Vorgeschichte und zur römisch-germanischen Auseinandersetzung vorlegte.[64] Er beteuerte im Vorwort, daß er nicht „für ein Museum und für Altertümerfreunde, auch nicht für Romantiker, sondern für Deutsche aus den Tagen Hitlers" schreibe. Um 1929, als der Roman entstanden war, sei die „Zeit noch nicht erfüllt" gewesen.[65]

---

57 Vgl. Verf., Nationalsozialismus und Antike, Hamburg 1977, 17ff. [= **Nr. 1**].

58 Dazu Verf., Aspekte der nationalsozialistischen Germanenideologie, in: Alte Geschichte und Wissenschaftsgeschichte. Festschrift K. Christ Darmstadt 1988, 265ff. [= **Nr. 4**].

59 H. Wolf, Angewandte Geschichte, Bd. 1, 11; zu Wolf ausführlich W. Völker, Als die Römer frech geworden. Die Schlacht im Teutoburger Wald, Berlin 1981, 140ff.

60 W. Völker, a.a.O., 141; vgl. Vorwort 12. Aufl. 1937, VII.

61 Vgl. o. Anm. 52.

62 Moeller van den Bruck, Das ewige Reich, H. Schwarz (Hrsg.), Bd. 1, 53–67: Der erste Deutsche (Breslau 1933).

63 Vgl. wiederum die aufschlußreichen – wenn auch unvollständigen – Angaben bei W. Sydow, Deutung und Darstellung, 98ff.

64 Vgl. W. Sydow, a.a.O., 108.

65 H. Kutzleb, Der erste Deutsche, Braunschweig 1934, 6; kritisch dazu W. Sydow, a.a.O., 109.

Mit seinem modernisierenden Vorgehen steht Kutzleb fest in den Traditionen der neueren deutschen Germanenideologie: Bei ihm tritt, wie sein Rezensent formuliert, „um germanisches (und damit unser eigenes Wesen) in seiner Eigenart klarer erscheinen zu lassen ... sein Antipode entgegen: der Jude".[66] Die Modernisierung reicht vom jüdischen Händler, der Rasierklingen feilbietet, bis zum Germanen, der „römischer Pfaffe" wird. Schließlich begegnet ein „Gerichtsrat Romeius", der sich mit dem für Rom brennenden „Bevölkerungsproblem" auseinandersetzte. Er hat erfahren, daß im Unterschied zu den Römern „bei diesen Deutschen 10 Kinder keine Seltenheit sind" und zittert nun davor, „daß uns der deutsche Überfluß eines Tages ertränkt".[67] Wie im Falle Kutzlebs legten auch weitere *[143]* Autoren nach 1933 lediglich Neuauflagen älterer Bearbeitungen des Arminiusthemas vor.[68]

Natürlich trifft man in dieser Literatur auch auf das von der Rassenlehre entworfene positive Erscheinungs- und Wesensbild des Germanen. In einer Übersicht über die bis 1935 erschienene Arminiusliteratur schreibt Th. Langenmaier:

> „Vertrauter denn je blicken uns die großen, abgehärteten Gestalten mit ihren blauen Augen an: wir verstehen wieder ihre schwermütig-stille Seelentiefe, abgestimmt auf nordischen Winter, weite Wälder und Moore – verstehen wieder ihre im Kampf mit dem Meer und anderen Naturgewalten errungene Schicksalsgläubigkeit – ihre staunende Aufgeschlossenheit gegenüber dem zivilisatorischen Blendwerk der Römer – verstehen wieder ihren verhaltenen Groll, hervorgerufen durch die immer bedrohlicher werdenden Anschläge auf ihre Unabhängigkeit und Ehre – und schließlich ihre in stürmischer Leidenschaft aufflammende Rachewut und Rachetat."[69]

Wie sehr das Thema nach der Machtübernahme strapaziert wurde, belegen zwei Publikationen, die die Germanen- und Hermannsbegeisterung aus oppositioneller Perspektive aufgreifen. In Lion Feuchtwangers Roman *„Die Geschwister Oppermann"* von 1933 zwingt ein nationalsozialistischer Oberlehrer einem Primaner das Vortragsthema „Was bedeutet uns Heutigen Hermann der Deutsche?" auf und treibt den jüdischen Schüler mit dem Vorwurf „eine der hehrsten deutschen Taten durch platte rationalistische Kritik zu zersetzen" zum Selbstmord.[70]

Bei dem anderen Beispiel handelt es sich um Werner Hegemanns kürzlich in der Reihe Exil-Literatur wiederaufgelegtes Werk *Entlarvte Geschichte*, dessen 1933 in Leipzig er-

---

66 W. Sydow, Deutung und Darstellung, 111f.

67 H. Kutzleb, Der erste Deutsche, 155f. und 320; vgl. F. Graus, Lebendige Vergangenheit, 252.

68 Vgl. W. Sydow, Deutung und Darstellung, 146, Nrn. 117–119; vgl. E. Weber, Germanenschilderungen in neueren geschichtlichen Romanen, in: Zeitschrift für Deutschkunde 50 (1936) 191–201.

69 Th. Langenmaier, Armin der Befreier Germaniens, im erzählenden Schrifttum der Zeit, zitiert nach P. Aley, Jugendliteratur im Dritten Reich, Gütersloh 1967, 126.

70 L. Feuchtwanger, Die Geschwister Oppermann, Ges. Werke Bd. 11, Berlin – Weimar 1988³, 94. Bemerkenswert ist auch, daß der Primaner bei seiner vorbereitenden Lektüre auf den „deutschnationalen Historiker Seeck" stößt. (a.a.O., 62); vgl. ferner F. Graus, Lebendige Vergangenheit, 251.

schienene Ausgabe ein Opfer *[144]* der Bücherverbrennungen wurde.[71] Hegemann, der 1925 mit seinem Fridericus-Buch nach dem Urteil von Walter Benjamin den ‚radikalsten Versuch' unternommen hatte, die Größe des Monarchen zu erledigen,[72] trug seine „Entlarvung" des NS-Geschichtsbildes, insbesondere das Kapitel „Frühgermanentum", den Vorwurf des „Radauantigermanismus" ein.[73]

Hegemann vertrat damit in schärfster Ironie eben die, wenn man so will, provinzialrömische Position, die uns schon begegnet ist: „Des Arminius anfänglicher Sieg im Verzweiflungskampfe gegen Rom hatte zum Verzweifeln böse Folgen für Deutschland östlich und nördlich des römischen Grenzwalles: Die Römer überließen künftig die Germanen östlich des Rheins ihrer Barbarei".[74] Arminius war also „schuld daran, daß große germanische und auch slawische Gebiete der besseren Segnungen der römischen Kultur nicht teilhaftig geworden sind".[75]

Diese Spuren der und die Reaktionen auf die NS-Germanenideologie in der Machtergreifungsphase können hier nicht weiterverfolgt werden.

Arminius hatte seinen Platz im Geschichtsbild des Nationalsozialismus als germanische Führerfigur in der Folge zwar behauptet, aber er hat dennoch nicht im Zentrum nationalsozialistischer Geschichtsbetrachtung gestanden. Ihm mag, wie F. Graus meint, „allzusehr ein konservativ-klassischer Hauch" angehaftet haben.[76] Wenn die Arminius-Begeisterung Ende der 30er Jahre zurückging, gab es dafür auch die z.T. angesprochenen außenpolitischen Gründe: 1936 sparte man das Hermannsdenkmal auf Weisung der Reichskanzlei aus dem Besuchsprogramm Mussolinis aus, da es den „Duce" beleidigen könne. Ich möchte mich der Vermutung Gerd Unverfehrts anschließen, der in dieser Rücksichtnahme den Grund für ein eher „distanziertes Verhältnis" der nationalsozialistischen Machthaber zu Arminius sieht.[77] 1933 war – leider liegt mir die Begründung nicht vor – *[145]* ein Antrag abgelehnt worden, das Denkmal zur nationalen Wallfahrtsstätte zu machen.[78]

Nach dem 2. Weltkrieg war der Cherusker nach einer Bemerkung von D. Timpe vielen suspekt geworden und schien einer „Entnazifizierung" bedürftig zu sein.[79] Am Ort so vieler patriotischer Feiern war zunächst Ernüchterung eingekehrt.

Als im August 1950 die Feier des 75-jährigen Bestehens anstand, wollte man nach offizieller Lesart lediglich im Interesse des Fremdenverkehrs Veranstaltungen durchführen und diesen ausdrücklich „keinen politischen Charakter ... geben".[80] Das Programm

71 W. Hegemann, Entlarvte Geschichte, Hildesheim 1979 (NDr. d. 2. Aufl. Prag 1934).

72 Nach P. Schumann, Die deutschen Historikertage von 1893–1937, phil. Diss. Marburg 1974, 390.

73 W. Hegemann, Entlarvte Geschichte, 13.

74 W. Hegemann, Entlarvte Geschichte, Leipzig 1933, 21.

75 W. Hegemann, Entlarvte Geschichte, 25.

76 F. Graus, Lebendige Vergangenheit, 253.

77 G. Unverfehrt, Arminius, 337 m. Anm. 93.

78 Nach H. Schmidt, Das Hermannsdenkmal im Spiegel der Welt, Detmold 1975, 41.

79 D. Timpe, Neue Gedanken zur Arminius- Geschichte, in: Lippische Mitteilungen aus Geschichte und Landeskunde 42 (1973) 7.

80 P. Veddeler, Nationale Feiern (o. Anm. 47), 180.

enthielt aber auch eine Großkundgebung der Ostvertriebenen von überregionalem Charakter. Genau hier setzten auch die Versuche erneuter Sinnstiftung ein: Das Hermannsdenkmal figuriert in den 50er Jahren als Mahnmal für die Wiedervereinigung.

Die besondere lokale Disposition dieser Region für den nationalen Gedanken, die auch nach dem 2. Weltkrieg deutlich wird, prägt die Arminiusrezeption in diesem Raum nachdrücklich. Einer ihrer typischen Vertreter begegnet uns in dem ehemaligen Geschichts- und Lateinlehrer, dem Studienrat Dr. Hermann Kesting.[81]

Wenn auf ihn hier etwas ausführlicher eingegangen wird, so nicht zuletzt deshalb, weil seine Schriften in der neueren Arminiusliteratur eine bestimmte Rolle spielen. Vor allem seine Schrift *Der Befreier Arminius im Lichte der geschichtlichen Quellen* und, wie später erweitert wurde, *„in der wissenschaftlichen Forschung"*, die von 1950 bis 1984 sechzehn Auflagen erreichte, besitzt mit 60 bis 70 Tausend gedruckten Exemplaren beträchtliche Breitenwirkung, das zeigen Übersetzungen und der Umstand, daß sie häufig von modernen Sachbuchautoren benutzt wird. Unser Interesse gilt dabei insbesondere der Würdigung des Arminius in den darstellenden Passagen.[82]

[146] Kesting spricht in der ersten Auflage von 1950 noch relativ allgemein von „vaterländischer Verpflichtung" gegenüber dem „Befreier Germaniens".[83] In der zweiten Auflage (1953) wird dann der Zusammenhang mit der Wiedervereinigung hergestellt: Es geht darum, Arminius für die „Gestaltung der Gegenwart nutzbar zu machen", die Persönlichkeit des Cheruskers hat „unserem in West und Ost zerrissenen Volke etwas zu sagen ..."[84] Noch deutlicher drückt sich dieses Anliegen dann von der dritten (1957) bis zur (offensichtlich letzten) der 15./16. Auflage (1984) aus: Die Schrift soll u.a. „Teilnahme für den Freiheitskampf und das tragische Geschick des Arminius, Liebe zu unserem Volk wecken und dadurch zu seiner Wiedervereinigung beitragen!"[85]

Arminius ist aber für Kesting nicht nur Mahnmal für die Einigung Deutschlands wie im 19. Jahrhundert und die Wiedervereinigung nach dem 2. Weltkrieg, er nimmt vielmehr auch andere Traditionslinien seiner Rezeption wieder auf: Wie Hermann Simon schon 1968 festgestellt hat, klingt bei Kesting – und das gilt auch für die neuesten Auflagen aus unseren Tagen –, „der alte germanische Rassendünkel" bis heute durch.[86] Das läßt sich insbesondere an der Passage „Ende (des Arminius) und Würdigung" zeigen.

Seine Bewertung stützt sich zunächst auf die klassischen Zeugen: Velleius Paterculus und Tacitus, dessen Formel *haud dubie liberator Germaniae* die Hauptlast der Argumentation trägt.

---

81 H. Kesting (1891–1979). K. war 1916 mit einer Arbeit über *Geschichte und Verfassung des niedersächsisch-westfälischen Grafenkollegiums* in Münster promoviert worden.

82 Wenn diese kritisch beleuchtet wird, soll doch erwähnt werden, daß K. über viele Strecken eine zuverlässige Zusammenstellung der einschlägigen Quellen liefert. Einzelnachweise zu den Ausgaben und Besprechungen in der Lippischen Bibliographie I und II.

83 Vgl. H. Kesting, Arminius, 1950^{1}, 3.

84 1953^{2}, 3.

85 1957^{3}, 3 bis 1984$^{15/16}$, 4.

86 H. Simon, Geschichte der Deutschen Nation. Wesen und Wandel des Eigenverständnisses der Deutschen, Mainz 1968, 46.

„Was seine Tat bedeutet", so heißt es dann bereits in der Auflage von 1950, „darüber sind sich heute alle Deutschen klar. Arminius hat durch seinen Sieg Germanien, also unser Deutschland, vor dem Schicksal Galliens, der politischen und kulturellen Fremdherrschaft bewahrt. Daß wir heute deutsch sprechen, denken und fühlen, daß wir nicht Romanen geworden sind, wie die Franzosen, Portugiesen oder Spanier geht letzten Endes auf ihn und seine Tat zurück".[87] Als „Befreier des Gesamtgermanentums"[88] wird Arminius, wie Kesting formuliert, „neuerdings" auch von englischen Historikern anerkannt: *[147]* „Hätte Arminius keinen Erfolg gehabt, so hätte unsere Insel nie den Namen England getragen, und dieses große englische Volk, dessen Rasse und Sprache die Erde von einem Ende bis zum anderen überzieht, wäre aufs äußerste bedroht gewesen". Die Passage entstammt dem Artikel *Arminius the Great* aus dem „British Zone Review" Nr. 16 von 1948.[89]

Den Verfasser, einen Oberst Stuart-Wortley, also einen Vertreter der damaligen englischen Besatzungsmacht, reiht Kesting in die große Reihe von Zeugen für die „gesamtgermanische Politik" des Arminius ein: „Nach der Beurteilung der römischen, deutschen und englischen Historiker ..." ist die Tat des Arminius „keine Episode, sondern eine welthistorische Epochenwende, und er selbst eine der genialsten Persönlichkeiten, die den Grund legte für ein neues Zeitalter für die Entstehung eines germanischen Europa".[90]

Was den deutschen und den englischen Arminius-Bewunderer des 20. Jahrhunderts ganz offenbar eint, ist die Überzeugung von der historischen Bedrohung der germanischen Rasse durch römische Fremdherrschaft. Nicht nur die Formulierung „germanisches Europa", sondern auch der Zusammenhang, den Kesting herstellt, zeigt, wie nahe er der Position der großgermanischen Politik steht.[91]

Im Hinblick auf diese Formulierungen ist 1968 zu Recht von Vorstellungen gesprochen worden, „die dem gleichen Boden (entstammen), wie der großgermanische Rassenimperialismus der SS".[92] Abgesehen von der besonderen Entwicklung der Arminiusforschung Ende der 60er und Anfang der 70er Jahre, auf die später einzugehen ist, war es vielleicht auch dieser schwere Vorwurf, der Kesting Anlaß gab, gerade das Kapitel „Ende und Würdigung des Arminius" umzugestalten.

Bei diesen Änderungen werden zunächst Ausdrücke, die die historische Bedeutung des Arminius übersteigern, etwas zurückgenommen. Aus der wiederholten Rede vom „staatsmännischen Genie" wird so etwa „staatsmännische Einsicht»", oder von einer

87 H. Kesting, Arminius, 1950[1], 13 bis 1961[4], 21f.; vgl. 1984[15/16], 25: „Daß wir nicht Romanen geworden, sondern Germanen geblieben und Deutsche geworden sind, verdanken wir den erfolgreichen Abwehrkämpfen gegen die römische Invasion".

88 Diese Formulierung durchgängig ab 1953[2], 13; vgl. 1950[2], 13: „Befreier".

89 Vgl. z.B. 1950[1], 13 und 1984[15/16], 26f.

90 H. Kesting, Arminius, 1950[1], 13.

91 Vgl. oben, 16. – Die entsprechenden Positionen hat K. auch in dem von ihm herausgegebenen kleinen Sammelband ‚Arminius und die Varusschlacht. Beiträge zu den Forschungen über die Zeit vor 1950 Jahren', Detmold 1961, 9ff., vertreten. Zu den Mitarbeitern zählten u.a. H. E. Stier und K. Tackenberg.

92 H. Simon, Geschichte der Deutschen Nation, 47.

„welthistorischen *[148]* Epochenwende" bleibt einfach nur noch eine „historische Epochenwende" übrig.[93]

Was aber die großgermanische Perspektive anlangt, bzw. die Argumentation nach den Intentionen des politischen Germanismus hat sich im Kern der Argumentation kaum etwas geändert. Vielmehr hat Kesting ausdrücklich die ihm, wie er sagt, oft gestellte Frage aufgeworfen, „ob eine Romanisierung Germaniens für unsere kulturelle Entwicklung nicht vorteilhafter gewesen wäre als eine jahrhunderte lange Beschränkung auf die einfachen Brauchtumsformen des germanischen Volkes". Dazu formulierte er zwei Gegenargumente: „1. Mit dem Siege der Römer wäre auch unzweifelhaft eine Demoralisierung und die weit fortgeschrittene Dekadenz Roms in Germanien eingedrungen und hätte wertvolle Kräfte und Lebensformen zerstört und folkloristische Schöpfungen unmöglich gemacht". Arminius habe zweitens durch die „Vereitelung der Romanisierung die Voraussetzungen dafür geschaffen", daß „im Volke gewachsene Kulturwerte" erhalten blieben und sich „die germanische Kultur... bei den Westgermanen als eigen-, boden- und selbständiger Wertfaktor auf allen Gebieten" bis zur Renaissance entwickeln konnte.[94]

Im Grunde hat Kesting seine Position damit nur verdeutlicht und bekräftigt. Der Rekurs auf das einfache Leben, die Zivilisationskritik die hier zum Ausdruck kommt, zählt zu den bekannten Elementen der Germanenideologie. Auch wenn einige, man darf im Hinblick auf die großgermanische Perspektive wohl sagen, verräterische Formulierungen abgemildert sind, hat sich an den prinzipiellen Wertungen kaum etwas geändert: Nach wie vor werden die Gefahren „der politischen und kulturellen Fremdherrschaft" am Schicksal der Gallier und Spanier verdeutlicht.[95]

Wenn hier die Perspektiven der altbekannten Germanenideologie dominieren, so ist das von der Literaturbasis dieser Schrift wenig verwunderlich. Unter den Klassikern der Germanenliteratur vom Beginn des 20. Jahrhunderts und den 20er und 30er Jahren begegnet – und das ist bezeichnend genug noch in der letzten Auflage von 1984 - Moeller van den Brucks *Arminius*, wobei das Erscheinungsdatum der benutzten Reclam-Ausgabe (1934) übergangen wird. Dagegen ist der im Bezugsrahmen der NS-Germanenideologie nicht weniger bekannte Hjalmar Kutzleb mit seinem Titel *Arminius* in das *[149]* Literaturverzeichnis der neuesten Auflage nicht mehr aufgenommen, in dem er bis zum Ende der 60er Jahre seinen Platz hatte.[96] Nachgetragen aber nicht rezipiert und wirklich eingearbeitet ist dagegen moderne Germanen-, auch althistorische Fachliteratur.[97]

Kesting knüpft mit der skizzierten Betrachtungsweise aber auch an eigene „Vorarbeiten" an: So trat er 1938 als Herausgeber der Reihe „Bausteine für den Geschichtsunterricht und nationalpolitische Schulung" hervor, zu der er selbst im Kreise damals prominenter

93 Vgl. H. Kesting, Arminius, $1984^{15/16}$, 25–27.

94 Diese Erwägungen ab $1972^{9/11}$, 26; vgl. $1984^{15/16}$, 26.

95 Vgl. $1984^{15/16}$, 25.

96 Vgl. H. Kesting, Arminius, $1984^{15/16}$, 113f.

97 Das gilt z.B. für das ausdrücklich auf Zerstörung von Geschichtsmythen angelegte Werk von H. Döbler, Die Germanen. Legende und Wirklichkeit, Gütersloh 1975; vgl. H. Kesting, a.a.O., 113.

Mitautoren das Heft *Germanisches Heldentum der Völkerwanderungszeit* beisteuerte.[98] Im Jahre 1941 gab er dann die *Grossdeutsche Reihe. Geschichte und Politik* heraus, in der er das Thema „Erneuerung und Erhebung des deutschen Volkes nach Tilsit und Versailles" behandelte.[99] Zu den genannten Themen hielt er von 1941 bis 1943 als Lehrbeauftragter für „Geschichte und Politik" auch Vorlesungen und Übungen an der Universität Münster ab.[100] Von dieser Tätigkeit her werden manche Wertungen Kestings wohl verständlicher.

Kesting ist hier als Vertreter der lokalpatriotischen „Germanenforschung" aus dem Detmolder Raum, aber auch als Vertreter entsprechender Literatur der 50er Jahre vorgestellt worden. Damit wird deutlich, wie tief die Denkmuster der Germanenideologie in das nationale Geschichtsbild eingeschliffen sind.[101]

Die Kontinuitätslinien verlaufen hier wie in anderen Fällen, die sich nicht allein im lokalen Schrifttum nachweisen lassen, nahezu ungebrochen von den 40ern in die 50er Jahre.[102] Dazu gehören etwa die Publikationen des „Heimatforschers" Ulrich v. Motz, der sich *[150]* insbesondere dem hier ausgeklammerten Themenbereich Siegfried – Armin widmete, und einschlägige Schriften im Verlag „Hohe Warte" erscheinen ließ, der vor allem rassenkundliche Literatur verbreitet und dem rechten Spektrum zuzuordnen ist. Dieser Autor spielte auch in der von starken Emotionen geprägten Diskussion über eine 1950-Jahrfeier der Schlacht im Teutoburger Wald im Jahre 1959, die ich hier übergehen muß, eine wichtige Rolle.[103]

Obwohl es zu einer offiziellen öffentlichen Feier nicht kam, ging das Jubiläum dennoch nicht ganz spurlos vorüber: Im Juli 1959 versammelte sich die sogenannte „Nordische Liga" zu einem „pan-nordischen Treffen" am Hermannsdenkmal. Gegenüber der Genehmigungsbehörde hatte sich die Gruppe, der auch Mitglieder aus England, Norwegen und Holland angehörten, als „unpolitisch" erklärt. Zu ihren Zielen zählte das der „Wissenschaftlichen Erforschung der germanischen Vorgeschichte". Unter diesen Vo-

98 Leipzig: Quelle und Meyer 1938. Zu den Mitautoren zählten etwa Rudolf Stampfuss und Ernst Anrich.

99 Münster: Coppenrath 1941 (= Heft 6). Kesting fungierte damals als „Gausachbearbeiter des NSLB".

100 So im Sommersemester 1943 die Vorlesung „Großgermanische Zeit im Überblick"; (vgl. Vorlesungsverzeichnis der Univ. Münster SS 1943, 70).

101 Dabei wird nicht verkannt, daß in dieser Region auch nüchternere Positionen als die Kestings vertreten wurden und werden.

102 Vgl. den Titel ‚Arminius, Römer und Deutsche. Der erste Kampf um die Erhaltung Germanien – Deutschlands in seinen Grenzen nach den Annalen des Tacitus. Aus dem Urtext übertragen in die Sprache unserer Tage' von Theobald Lehbrink, Lippoldsberg: Klosterhaus Verlag o.J. (1957). (Der Verlag ist dem Werk von Hans Grimm, Verfasser von „Volk ohne Raum" verpflichtet).

103 U. v. Motz, Siegfried – Armin. Dichtung und geschichtliche Wirklichkeit, Pähl: Hohe Warte 1957[2] und ders., Die Externsteine – ein Volksheiligtum, Pähl 1954. – Zu dem 1961 verbotenen Verlag „Hohe Warte" und zu dem W. Teudt-Schüler v. Motz vgl. E. Kittel, Die Externsteine als Tummelplatz der Schwarmgeister, Detmold 1965, 23 und 28. Reiches Material, Zeugnisse umfassender nahezu „seismographischer" Sammeltätigkeit zum Themenkomplex Arminius/Varusschlacht bietet der Nachlaß U. v. Motz im Staatsarchiv Detmold (D 72, 743–774).

raussetzungen wurde die Veranstaltung zugelassen, auch wenn die zuständigen Stellen schon damals eine „pro-nazistische Tendenz“ nicht ausschließen konnten.[104]

Die „Northern League“ war 1957 in Großbritannien gegründet worden und setzte die Tradition der im 2. Weltkrieg aufgelösten nordisch ausgerichteten Vereinigung in den Angelsächsischen Ländern fort. Die Spuren der in der Tat international angelegten Gruppe, zu der auch lokale Arminiusverehrer allem Anschein nach Verbindungen besaßen, weisen bis nach Südafrika.[105] Die pan- bzw. großgermanisch ausgerichtete Arminius- und Germanenverehrung steht ganz deutlich in der Tradition der sektiererischen Zirkel der 20er Jahre, für die Germanenverehrung eine Art „Religionsersatz“ bedeutete.[106]

Abgesehen von diesen Extrempositionen finden sich die Spuren der älteren Germanenverehrung in den 50er Jahren auch in den weitverbreiteten populärwissenschaftlichen Darstellungen. Dazu *[151]* zählt etwa die umfängliche *Deutsche Geschichte. Der Weg des Reiches in zwei Jahrtausenden* von Hubertus Prinz zu Löwenstein aus dem Jahre 1951.[107]

Zu den Etappen der nicht uninteressanten Biographie dieses Autors gehört die Mitgliedschaft in der Zentrumspartei und im Reichsbanner Schwarz-Rot-Gold. Nach der Rückkehr aus der Emigration war Prinz zu Löwenstein politisch (auch als Bundestagsabgeordneter) bei den Freien Demokraten, publizistisch u.a. bei der Wochenzeitung „Die Zeit“ beheimatet.[108] Einen besonderen Namen machte er sich nach der Gründung der Bundesrepublik als Exponent des Europagedankens. Zu dem reichen schriftstellerischen Werk zählen mehrere historische Romane, deren letzter mit dem Titel *Konstantin der Große – Schöpfer des christlichen Europa* die Richtung seines Wirkens angibt.[109] Die „Deutsche Geschichte“ gehört auf jeden Fall zu der historischen Literatur, die z.B. auf dem Weg über Buchgemeinschaften einen breiten Leserkreis erreichten.

Den persönlichen Vorgaben des Autors entsprechend gewinnt die Schlacht im Teutoburger Wald als „entscheidende(r) Wendepunkt für die deutsch-römischen Beziehungen“ ihre Bedeutung zunächst in der „abendländischen Geschichte“.[110]

Er bespricht die weltgeschichtlichen Folgen des Sieges von Hermann, den Tacitus „wahrlich Deutschlands Befreier“ genannt habe[111] und sinniert darüber, ob der Ausgang der Teutoburger Schlacht nicht ein „Fehlurteil“ der Geschichte gewesen sei: Denn „ohne Hermanns Sieg“ – damit wird eine paneuropäische Variante angeboten oder diskutiert –

104 H. Schmidt, Das Hermannsdenkmal (o. Anm. 78), 71f.

105 Dazu H.-J. Lutzhöft, Der Nordische Gedanke in Deutschland 1920–1940, Stuttgart 1971, 402.

106 Vgl. J. Ackermann, Heinrich Himmler als Ideologe, Göttingen 1970, 17ff.

107 Erste Auflage: Frankfurt/Main 1951 – 8. Auflage Berlin 1984.

108 Vgl. die Autobiographie H. Prinz zu Löwenstein, Abenteurer der Freiheit. Ein Lebensbericht, Frankfurt-Berlin 1983. Im amerikanischen Exil gründete er die „American Guild for German Cultural Freedom“. Dazu zahlreiche Belege in den Briefen Hermann Brochs; vgl. Komm. Werksausgabe hrsg. v. P. M. Lützeler, Bd. 13, 1–3, Frankfurt 1981, insbes. 13, 2, 199f.

109 München 1983.

110 H. Prinz zu Löwenstein, Deutsche Geschichte, 1951, 27; zur Entstehung dieses Werkes und der Englischen Vorlage The Germans in History, New York 1945, vgl. ders., Abenteurer der Freiheit, 242.

111 A.a.O., 28; vgl. auch H. Simon, Geschichte der Deutschen Nation, 42.

„wäre der Rhein auf Jahrhunderte hinaus nicht zur Grenze, sondern zum verbindenden Strom zwischen der römisch-keltischen und der germanischen Welt geworden". Letztlich aber hat sich das germanische Europa durchgesetzt. An dem „starken Antrieb", den dieser Sieg „durch seine legendenbildende Kraft ... dem deutschen Eigenbewußtsein" gegeben habe, *[152]* konnten „alle germanischen Stämme ... auch die in Skandinavien und Britannien (teilnehmen)".[112] Ganz ähnlich wie bei Kesting und seinem englischen Kronzeugen avanciert Arminius hier zum Vorkämpfer des Pangermanentums.

Hubertus Prinz zu Löwenstein widmet dem Thema „Tacitus und die Deutschen" ein eigenes Kapitel, vor allem deshalb „weil unter dem Einfluß der Propaganda des Zweiten Weltkriegs so viel unentschuldbarer Unsinn über die ‚Germania' geschrieben worden" sei.[113] Er zielt damit nicht etwa auf Produkte aus der Feder der NS-Germanenideologen im Umkreis Himmlers und Rosenbergs, sondern auf „das beschämende Machwerk von Sir, jetzt Viscount Robert Vansittart, Black Record, (London 1941), das die Germania mißbraucht, um die Deutschen seit Tacitus als den Abschaum der Menschheit darzustellen".[114] Diese nicht falsche Charakterisierung des „Black Record" belegt wiederum die vielfältigen Verwendungsmöglichkeiten der *Germania*.[115]

Darüber hinaus schien ihm die Beschäftigung mit der *Germania* auch deshalb wichtig, weil deren Beobachtungen „für die Deutung europäisch-deutscher Geschichte von grundlegender Bedeutung" seien.[116] Gerade die „europäisch-deutschen" Bezüge treten in der Ausführung des Ganzen aber weitgehend zurück. Umso deutlicher werden die vertrauten Spuren der deutschen Germanenideologie: In einer *Germania*-Paraphrase entsteht ein durchweg positives Wesensbild mit eben jenen Elementen wie der Sittenreinheit, dem Lob der germanischen Frau usf., das dem „sittlichen Verfall" des Römertums entgegengesetzt wird. In dieser Sicht konnte „kaum bezweifelt werden, daß der Fortlauf abendländischer Kultur mit dem Verfall römischer Kraft zerbrochen wäre, hätte es nicht junge, unberührte Völker mit der Gabe gegeben, das Erbe einer stärkeren und reineren Vergangenheit aufzunehmen und weiterzutragen".[117]

Wie gesagt, der Verfasser wandelt auf bekannten Pfaden der deutschen *Germania*-Rezeption, nicht nur in der unbekümmerten *[153]* Gleichsetzung von „Germanen" und „Deutschen", mit der der Schlußsatz des 37. Kapitels der Germania „*magis triumphati quam victi sunt*" auf die Formel gebracht wird: „Wir haben Triumphe gefeiert, aber Deutschland ist unbesiegt".[118] Gelegentlich bewegt sich diese Konzeption auch in der Nähe der NS-Germanenideologie; zumindest wird man – das gilt für die älteren Auflagen dieses Werkes – von einer fehlenden Sensibilität für die Problematik des deutschen Germanenkultes sprechen dürfen.

---

112 H. Prinz zu Löwenstein, Deutsche Geschichte, 1951, 29.

113 A.a.O., 30.

114 A.a.O., 558, Anm. 4. – Robert G. Vansittart (1881–1957) war als Unterstaatssekretär im britischen Außenministerium bis 1938 Vertreter einer entschieden antideutschen Politik („Vansittartismus").

115 Vgl. Verf., Aspekte der nationalsozialistischen Germanenideologie (o. Anm. 58) [= **Nr. 4**].

116 H. Prinz zu Löwenstein, Deutsche Geschichte, 1951, 30.

117 A.a.O., 33.

118 A.a.O., 37.

Möglicherweise hat auch die von Hermann Simon in diesem Sinne vorgebrachte Kritik dazu beigetragen, daß die entsprechenden Abschnitte in der wesentlich erweiterten Neuauflage von 1976 völlig neu gestaltet wurden. In den Kapiteln „Römisch-Germanische Ursprünge" und der „Taciteische Bericht" wird nun insgesamt wesentlich zurückhaltender formuliert.[119]

So wie hier in dem Rahmen eines Geschichtswerkes, das seinem Anspruch nach der „gesamtabendländischen Kultur" verpflichtet war, Spuren unreflektierter Germanenverehrung und Arminiusbegeisterung zu finden sind, lassen sich diese auf verschiedenen Ebenen des deutschen Geschichtsbildes ausmachen.[120]

Die Grundmuster der Positionen, die in der Lokalforschung und allgemeineren Geschichtswerken nachzuweisen waren, sind zumindest noch in den 50er Jahren auch in den Werken bekannter Altertumswissenschaftler anzutreffen: So hat etwa Hans Erich Stier „den ersten großen Freiheitshelden unserer vaterländischen Geschichte" aus den 30er und 40er in die 50er Jahre unseres Jahrhunderts hinübergerettet![121]

Auch wenn zweifellos von deutschen Historikern in den 50er Jahren *[154]* noch Anstöße zur Germanenverehrung alten Stils ausgegangen sind, war die römisch-germanische Auseinandersetzung – das sei hier eingeschoben – weiter oder gleichzeitig Gegenstand sachbezogener Spezialforschung z.B. der Provinzialarchäologen und Althistoriker jenseits aller Germanenideologie.

Abgesehen davon zeichnet sich aber Ende der 60er Jahre in verschiedenen Bereichen, die für das Geschichtsbild prägend sind, ein Bewußtseinswandel ab, der auch für die Beurteilung des Arminius nicht ohne Folgen geblieben ist. Dazu haben Entwicklungen an den Universitäten der 60er Jahre beigetragen, die für den uns interessierenden Bereich nur angedeutet werden können: In der Geschichtswissenschaft unter Einschluß der Althistorie und in anderen Disziplinen, die wie z.B. die Vor- und Frühgeschichte oder die Ältere Germanistik im Kern oder in Randgebieten von der Germanenideologie tangiert waren, hat man damit begonnen, Problemzonen in der Vergangenheit der eigenen Fächer aufzuarbeiten.[122]

Vom geschärften Bewußtsein für die zeitgeschichtliche Bedingtheit mancher Interpretationen blieb auch die fachwissenschaftliche Arminiusforschung nicht unbeeinflußt.

---

119 Vgl. H. Prinz zu Löwenstein, Deutsche Geschichte, 1976⁵, 38 und 45ff. Insofern ist H. J. Berbig, Kleine Geschichte der deutschen Nation, Düsseldorf 1985, 18, zu korrigieren.

120 Vgl. H. Simon, Geschichte der Deutschen Nation, 42, der auf das Biographische Wörterbuch von H. Rössler/G. Franz in der Aufl. von 1952 verweist, in dem Arminius als „Befreier (N-)Deutschlands von der römischen Fremdherrschaft und damit als Erhalter des deutschen Volkstums" figuriert. Es handelt sich um einen Artikel v. W. Hoppe, a.a.O., 29f.

121 H. E. Stier, Deutsche Geschichte im Rahmen der Weltgeschichte, Berlin 1934, 43 und Neuausgabe Frankfurt 1959, 62; vgl. B. Haller, Bibliographie H. E. Stier, in: Antike und Universalgeschichte. Festschrift Stier, Münster 1972, 447ff. und Lippische Bibliographie I (1957) , 1395. In diesen Arbeiten wird eine besondere lokale Affinität zum Arminiusstoff deutlich. Stier zählt auch zu den Mitarbeitern an dem Sammelwerk Kestings; (vgl. o. Anm. 91).

122 Vgl. z.B. K. F. Werner, Das NS-Geschichtsbild und die deutsche Geschichtswissenschaft, Stuttgart 1967.

Den Einschnitt markieren in deutlicher Weise die 1970 herausgebrachten *Arminius-Studien* von D. Timpe, die in ihrer Grundannahme jeder Heroisierung den Boden entzogen.

Der klar als hypothetisch gekennzeichnete Ansatz läuft bekanntlich darauf hinaus, daß Arminius als „römischer Offizier und nicht als Stammeshäuptling" gegen den Legaten Varus rebellierte, daß er „abtrünnige Hilfstruppen" und nicht „das Volk" gegen die Römer führte. Demnach wäre die Schlacht im Teutoburger Wald kein „auf breiter Basis geführter Volkskampf gegen die aufgezwungene Fremdherrschaft", sondern die „Folge einer Meuterei der germanischen Auxilien gegen die Legionen des römischen Rheinheeres".[123] Eine Absicht, vielleicht das Hauptanliegen dieser Studie war es, nicht nur, „die Probleme der Erhebung gegen Varus zu präzisieren", sondern auch „die Stellung dieses Vorgangs im modernen Geschichtsbewußtsein zu modifizieren".[124]

Im weiteren Vorfeld der Vorbereitung auf das 100jährige Jubiläum des Hermannsdenkmals hat Timpe 1971 eben diese Thesen seiner *Arminius-Studien* mit dem Bemühen um eine allgemeinverständliche *[155]* Form in Detmold zur Diskussion gestellt.[125] Die z.T. verärgerten Vorbemerkungen zum Abdruck dieses Vortrags lassen ahnen, auf welch erbitterten Widerspruch der Althistoriker bei dem Versuch der Revision des Geschichtsbildes stieß. Sie kennzeichnen aber auch treffend das lokale Umfeld germanophiler Schwarmgeister um das Hermannsdenkmal immerhin noch am Anfang der 70er Jahre: Timpe sah sich der „Entrüstung jener Patrioten" ausgesetzt, „die zwar mit sicherem Gefühl ‚Nestbeschmutzung' konstatieren, wenn die Erörterung dieses Stoffs nicht vom vertrauten Luren–Schall untermalt wird, die aber wenig geneigt sind, einer wissenschaftlichen Argumentation zu folgen, die nicht ihre Mühlen treibt". Für die Anhänger – so Timpe weiter – „von pseudoreligiösen Gedankengespinsten der Volkstumsektierer und der teutomanen Erbauungsliteratur",[126] die offensichtlich den Verlauf der Diskussion bestimmten, bedeutete die Degradierung des „Freiheitshelden" zum mit dem Ruch des Meuterers belasteten „Empörer" eine Provokation.

Als Wortführer der anschließenden Kritik in der Lokalpresse, die sich auch auf einen späteren Vortrag von Horst Callies zum Thema „Hermann der Cherusker. Legende oder Wirklichkeit?" bezog, beklagte der uns nun schon bekannte Hermann Kesting die „im Zug der Zeit liegende Entheroisierung und Nivellierung" und fand, daß man mit den beiden Althistorikern, nur abwertende und negierende Stimmen (habe) zu Wort kommen lassen.[127] „Abwertung des Arminius und des Freiheitskampfes" war der Hauptvorwurf, der insbesondere gegen Timpe erhoben wurde.[128]

---

123 D. Timpe, Arminius-Studien, Heidelberg 1970, 49.

124 A.a.O., 140.

125 D. Timpe, Neue Gedanken zur Arminius-Geschichte (o. Anm. 79).

126 D. Timpe, Neue Gedanken, 5.

127 H. Kesting, Schwankt Arminius-Bild in neuerer Geschichte? Detmolder nehmen Stellung gegen junge Historiker, in: ‚Lippische Rundschau' v. 12.12.1972. Weitere Belege für den Fortgang der kontroversen Diskussion bei D. Timpe, Neue Gedanken, 5 (Anm. d. Redaktion).

128 H. Kesting, Volkserhebung oder Offiziersrevolte des Arminius?, in: Heimatland Lippe 64 (1971) 245f.

Es bleibt die Frage, ob angesichts der geradezu erstarrten Heroisierung eine Vermittlung zwischen diesen beiden Ebenen von Geschichtsanschauung und -betrachtung möglich ist. Das gilt vermutlich sowohl für wissenschaftliche Bemühungen um eine neue historische Interpretation des dürftigen Quellenbestandes als auch für die Konfrontation dieser Kreise mit einer um Abbau von Klischees bemühten Rezeptionsforschung.

Im Blick auf diesen mehr oder weniger unbelehrbaren Teil seines *[156]* Detmolder Publikums hat Timpe einen ähnlichen Schluß gezogen: „Die wahnhafte und politisch bösartige Ideologie des nationalistischen Paganismus kann man hingegen weder pflegen noch über sich aufklären und am allerwenigsten zum Ferment historischer Bildung machen".[129]

Mit seiner Arminius-Konzeption setzte sich Timpe in zahlreichen Einzelpunkten kritisch vor allem von der älteren Forschung ab: So etwa, wenn er die Position Ernst Hohls als „biographisches Gemälde" kennzeichnet, „bei dessen Ausführung die Feder des Professors von der Phantasie des Romanciers geleitet worden zu sein scheint".[130] Dieses Vorgehen hängt aber ebenso wie die nach Timpe in der Arminiusliteratur scheinbar selbstverständliche Grundannahme, daß sich Arminius nur als freier Cherusker der Vorbereitung der Erhehung habe widmen können, sicher auch wesentlich damit zusammen, daß zumindest die ältere Forschung auf die für das nationale Geschichtsbild konstitutive Rolle des *liberator Germaniae* festgelegt war.[131]

Gleich, ob man den Hypothesen Timpes folgt oder nicht, so ist der mögliche „Verlust an lebendigem Geschichtsbewußtsein" geeignet, den Intentionen Timpes entsprechend, „die Forschung freier und unbefangener zu machen" was wiederum „auch einen Gewinn für die wissenschaftliche Geschichtserkenntnis bedeutet".[132]

In diesem Sinne markieren die *Arminius-Studien* einen wichtigen Einschnitt in der deutschen Arminius-Literatur, der wohl als starker Beleg für den Bewußtseinswandel, der sich Anfang der 70er Jahre anbahnte, gelten kann. In gewisser Weise erinnern die Reaktionen im außer- und vorwissenschaftlichen Bereich auf die Hypothesen Timpes an die Emotionen, die Eduard Nordens Werk, *Die germanische Urgeschichte in Tacitus Germania* 1920 in patriotischen Kreisen weckte. War doch mit dem Nachweis der Abhängigkeit des taciteischen Germanenbildes von ethnographischen Vorläufern die Frage der „Glaubwürdigkeit" des wichtigsten Gewährsmannes für das deutsche Germanenbild aufgeworfen worden,[133] – Das Echo in der Fachwissenschaft auf Timpes Ansatz zu einem neuen Arminiusbild nahm sich demgegenüber ermutigender aus.[134]

---

129 D. Timpe, Neue Gedanken, 5f.

130 A.a.O., 11.

131 A.a.O., 17; vgl. D. Timpe, Arminius-Studien, 13.

132 D. Timpe, Neue Gedanken, 7.

133 Vgl. K. v. See, Der Germane als Barbar, in: Jahrbuch für internationale Germanistik 13 (1981) 42f.

134 E. W. Gray, Rez. D. Timpe, Arminius-Studien, in: Classical Review 23 (1973) 63; weitere Nachweise Lipp. Bibliographie II (1982), 1086.

[157] Blieben die Vertreter der lokalen extremen Arminiusverehrung auch unbelehrbar,[135] so zeichnete sich auf einer anderen Ebene auch im Detmolder Raum ein Bewußtseinswandel ab: Unter Federführung des „Naturwissenschaftlichen und historischen Vereins für das Land Lippe" wurde zum 100jährigen Jubiläum der Einweihung des Hermannsdenkmals 1975 ein Sammelband herausgegeben, der respektable Ansätze einer Aufarbeitung der Arminius-Hermann Problematik vor Ort aufweist.[136] Wenn dort das Denkmal und sein Held von Alt- und Neuhistorikern wie Horst Callies und Thomas Nipperdey, beleuchtet, vom Kunsthistoriker ikonographisch, vom Literaturwissenschaftler motivgeschichtlich eingeordnet, nahezu ganz von der Rezeptionsgeschichte vereinnahmt wird, so bleibt wenig Raum für die Arminiusverehrung alter Art. So klang die Festesfreude, wenn sie überhaupt vorhanden war, hier recht gedämpft.

Die Gegenseite meldete sich freilich auch 1975 zu Wort: „Auf welchen geistigen Tiefstand wir heute gesunken sind, zeigt erschreckend die Art, wie die Tat der Errichtung des Denkmals für Hermann den Cherusker, vor 100 Jahren von den derzeit Regierenden in den Schmutz gezogen wurde", hieß es in einem Kommentar zur Feier von 1975. „Das Hermannsdenkmal bleibt", so die trotzige Reaktion dieser Kreise, „jedoch für deutschbewußte Menschen nun erst recht das Mahnmal zur deutschen Einheit. Daß die Mehrzahl der Deutschen diesen Willen trotz der Umerziehung noch hat, beweist der Besuch des Hermannsdenkmals durch Tausende und Abertausende deutscher Menschen jedes Jahr erneut».[137]

Die „rechtsradikale Neuauflage der Arminius-Ideologie" (Unverfehrt) spiegelt sich in einem Flugblatt der NPD zum Jubiläum von *[158]* 1975: Darauf ist die Silhouette des Denkmals, als „Symbol für die Einheit und Freiheit" über eine schematisierte Karte des geteilten Deutschland geblendet.[138] In diesem Zusammenhang ist anzumerken, daß gegenüber den 50er Jahren ein Bewußtseinswandel auch hinsichtlich der Genehmigung von nationalistischen Feiern am Hermannsdenkmal festzustellen ist, die in den 70er Jahren notfalls auch auf dem gerichtlichen Instanzenweg untersagt wurden.[139]

Es wäre nun zu fragen, wie sich die weitere Entwicklung in den 70er und 80er Jahren zwischen den Positionen, die bisher zu Wort kamen, der Extremform der lokalen, rück-

---

135 In seiner Fixierung auf den „Befreier Arminius" war H. Kesting zu einer wissenschaftlichen Auseinandersetzung mit den Hypothesen und dem weiteren Anliegen Timpes offensichtlich nicht in der Lage. – Zuspruch gegen Timpe erhielt er – dabei werden lokale bzw. regionale Zusammenhänge deutlich – von dem Münsteraner Prähistoriker Kurt Tackenberg, der Kestings Arminius einer kritischen Durchsicht unterzogen hatte (1972$^{9/10}$, 4) und dann die nächste Auflage wohlwollend besprach! Vgl. Lippische Mitteilungen 46 (1976) 323–325. Zum Problem der Germanenideologie äußerte sich Tackenberg ebenso wenig wie sein althistorischer Kollege H. E. Stier, der Timpes Arminius-Studien in der gleichen Zeitschrift ablehnend rezensierte (Lippische Mitteilungen 41(1972) 391–394); (vgl. o. Anm. 91).

136 Vgl. o. Anm. 2 und R. Koselleck, in: Lippische Mitteilungen 48 (1979) 303ff. (wie Anm. 10).

137 H. W. Hammerbacher, Deutsche Gedenkstätten und Ehrenmale, Heusenstamm 1976, 9 und 46; vgl. auch W. Völker, Als die Römer frech geworden (o. Anm. 60), 169.

138 G. Unverfehrt, Arminius, 337 (Abb. 22).

139 H. Schmidt, Das Hermannsdenkmal, 42.

wärts gewandten Arminiusverehrung und der wissenschaftlichen Konzeption Timpes, die solcher Verehrung den Boden entzieht, gestaltet hat. Dabei geht es darum zu klären, ob der Bewußtseinswandel sich auch auf breiterer Ebene durchgesetzt hat, von der aus dann Veränderungen im deutschen Geschichtsbild auszumachen wären. Es versteht sich, daß hier nur ein sehr summarischer erster Überblick möglich ist, in den verschiedene Literaturbereiche einbezogen werden sollen.[140]

Aus Raumgründen verzichte ich auf die genauere Einzelanalyse neuerer Sachbücher zur römisch-germanischen Auseinandersetzung und nenne zunächst nur die Titel, die sicher zeigen, daß das Interesse am Gegenstand durchaus vorhanden ist. Zu nennen wäre Hansferdinand Döblers Lexikon *Die Germanen. Legende und Wirklichkeit von A–Z* von 1975.[141] Im gleichen Jahr erschien von dem Bestsellerautor S. Fischer-Fabian das Buch *Die ersten Deutschen. Das rätselhafte Volk der Germanen.*[142] In den weiteren Themenkreis gehört „*Sie bezwangen Rom. Die dramatische Rolle der Germanen*“ von Ernst F. Jung (1977), das der Sachbuchproduktion zuzurechnen ist.[143] 1981 kam das bei Wagenbach erschienene Taschenbuch von Werner Völker *Als die Römer frech geworden ... Die Schlacht im Teutoburger Wald* hinzu, das auch die Wirkungsgeschichte bis in den schulischen Bereich verfolgt.[144] Noch einen Schritt weiter ging W. Völker dann in seinem Roman *Ein gewisser Arminius. Versuch **[159]** einer Rekonstruktion. Die Schlacht im Teutoburger Wald und die römische Antwort* (1982), in dem recht unkonventionelle Fragen an den „mythischen Vielzweckhelden“ gestellt werden.[145] Schließlich ist in dieser Werkreihe Walter Böckmanns Buch *Als die Adler sanken. Arminius, Marbod und die Legionen des Varus* von 1983 zu nennen.[146]

Die Durchsicht dieser Werke belegt eindeutig, daß in der neueren Sachbuchliteratur und in weiteren allgemeinen Überblicksdarstellungen bei der Behandlung der um Augustus und Arminius zentrierten Probleme der römisch-germanischen Auseinandersetzung ein neuer Bewußtseinsstand erreicht ist. Das zeigt sich gewiß in unterschiedlicher Ausprägung und Konsequenz in der Berücksichtigung der wirkungsgeschichtlichen Perspektive und der Aspekte der deutschen Germanenideologie, – auch in unterschiedlicher Nähe zur neueren Forschung: Nur zwei der fünf zuletzt genannten Autoren haben sich – eher zustimmend – mit dem Ansatz Timpes auseinandergesetzt.[147] Wie weit diese einem breiten Leserkreis vermittelte Sicht das deutsche Geschichtsbild bereits verändert hat, ist schwer abzuschätzen. Man darf aber wohl hoffen, daß mit dieser Literatur zumindest der Abbau alter Klischeevorstellungen gefördert wird.

---

140 Dabei bleibt die in erster Linie auf die Lokalisierungsfrage der Varusschlacht bezogene Literatur außer Betracht; vgl. die Diskussion um W. Leise, Wo Arminius die Römer schlug, Münster 1986.

141 Gütersloh: Bertelsmann 1975.

142 München: Droemer-Knaur 1975.

143 Düsseldorf–Wien: Econ 1976.

144 Berlin 1981.

145 Modautal–Neukirchen: Anrich 1982.

146 Bergisch-Gladbach: Lübbe 1983.

147 Vgl. H. F. Döbler und W. Völker (1981).

Nach wie vor melden sich aber in sehr unterschiedlichen Schattierungen auch Vertreter der nationalistischen und germanophilen Arminiuskonzeption zu Wort: Theodor Fuchs beleuchtet in der Monographie *Arminius und die Externsteine. Der Kampf um die Geistesfreiheit Europas* (1981)[148] das Geschichts- und das Naturdenkmal vom anthroposophischen Standpunkt aus und reiht sich damit in die lange Reihe derer ein, die diese Denkmälergruppe in eine gleichsam religiöse Sphäre eingerückt haben.[149]

In extremer Weise äußert sich Konrad Höfinger, mit dessen Werk *Germanen gegen Rom. Europäischer Schicksalskampf* (1986) „der üblichen Herabsetzung unserer Vorfahren ... der Boden entzogen" werden soll.[150] Zu nennen ist schließlich das einem nationalen Arminiusbild verpflichtete Werk *Der Cherusker. Arminius im Kampf* ***[160]*** *mit der römischen Weltmacht* (1988) von Heinz Ritter-Schaumburg.[151] Auch diese Bücher haben ihre Lesergemeinde – und weitere Arminius/Germanenliteratur dieser Art ist auf dem Weg.[152]

Es ist freilich nicht allein die mehr oder weniger kritische Aufarbeitung der Arminiusrezeption und der Germanenideologie, die zu einem anderen Bewußtseinsstand gegenüber der römisch-germanischen Vergangenheit führen kann. Aus einer anderen lokalgeschichtlichen Perspektive, ich meine vor allem die der Römerstädte am Rhein, ergab sich schon immer eine positivere Bewertung des Romanisierungsprozesses. Die Formen, in denen etwa seit den siebziger Jahren in Köln das, wie es altertümelnd heißt, „römisch-germanische Erbe" erschlossen und vermittelt wird, entwickeln eher eine Römer-Begeisterung neuer Art, die gelegentlich zu einem neuen „Wir"-Bewußtsein aus der Perspektive der scheinbar wiedererstandenen *Colonia Claudia Ara Agrippinensium* führt. Die Präsentation moderner Museumsarbeit in Gestalt der Kölner „Römer Illustrierten",[153] die Anreize, die zum Nachspielen oder Nachahmen römischer Sitten und Gebräuche im Archäologischen Park der ehemaligen *Colonia Ulpia Traiana* in Xanten geboten werden, bis hin zum Genuß römischer Speisen im Selbstbedienungsrestaurant – all diese Formen geschickt vermarkteter Römerbegeisterung bilden einem Rahmen, in dem ein Arminius kaum patriotische Gefühle wecken kann.

Ähnlich bewußtseinsbildend und verändernd – auch diese Ebene soll nur kurz angesprochen werden – wirkt von Jugend an der geradezu spielerische Umgang mit der Vergangenheit des gallisch-germanischen Raums in den Asterix-Heften. Gewiß werden auch hier z.T. Klischeevorstellungen vermittelt, aber doch wohl auch Nationalismen verschiedener Provenienz eher karikiert. Wie weit es mit der Arminius-Darstellung in diesem Rahmen gekommen ist, zeigt die Sequenz „Das haut den stärksten Krieger um" in der deutschen Comic-Serie „Fix und Foxi" von 1969: „Hermann Teutonus" begegnet dort

---

148 Stuttgart: Urachhaus Verlag 1981.

149 Vgl. E. Kittel, Die Externsteine als Tummelplatz der Schwarmgeister, Detmold 1965, 30f. und G. Graichen, Das Kultplatzbuch. Ein Führer zu den alten Opferplätzen, Heiligtümern und Kultstätten in Deutschland, Hamburg 1988, 259ff.

150 Tübingen: W. Grabert 1986; vgl. auch die Beschreibung in: Ihr Buchberater, Tübingen: Grabert 1988, Folge 23.

151 München–Berlin: Herbig 1988.

152 Vgl. die Ankündigung von H. Ritter-Schaumburg, Der Cherusker, 279.

153 ‚Kölner Römer Illustrierte' 1 (1974) und 2 (1975).

als, ich zitiere, „römischer Offizier, ein brüllender Schleifer, auf seine Art tapfer und ein Kriegsheld, der schließlich in das freie Germanien zurückkehrt".[154]

[161] Zum „Jugendleitbild", zu diesem Ergebnis kommt C.-R. Müller-Thurau, der Verfasser der Studie *Deutsche Idole. Jugendleitbilder von Hermann dem Cherusker bis Otto*, taugt dieser Hermann kaum noch.[155]

Um wieder zu seriöseren Literaturformen zurückzukehren, in denen „Römisch-Germanisches" behandelt wird, wäre an die Sach- oder eher Handbuchreihen zu erinnern, in denen in ahistorischer Regionalisierung die „Römer" in Baden Württemberg (1976), Hessen (1982), Nordrhein-Westfalen (1987) usf. vor allem von den Provinzialarchäologen präsentiert werden. In den erfolgreichen Bänden dominiert die römische Perspektive. Wenn dort von patriotischer Geschichtsbetrachtung die Rede ist, dann nur im Rückblick auf die Forschungsgeschichte des jeweiligen Raumes, in dem auch die Arbeit der Geschichts- und Altertumsvereine dokumentiert wird. Jeder Anklang an die Positionen des „Romanismus" oder „Germanismus" fehlt.[156]

Möglicherweise hat sogar eine besondere Sensibilität für die historische Sprachregelung und nicht nur die angestrebte Vereinfachung der Zitierweise dazu geführt, daß man 1984 die 1965 begonnene Reihe „Kleine Schriften zur Kenntnis der römischen Besetzungsgeschichte Südwestdeutschlands" umbenannt hat in „Schriften des Limesmuseums Aalem".[157] Heinz Heinen hat in diesem Sinne in seiner Geschichte Triers die Verwendung des Terminus „Besetzung" in der einheimischen Publizistik moniert, weil man sich „bei der Beurteilung dieser Phänomene von Vorstellungen des modernen Kolonialismus" freimachen müsse.[158]

Es ist schon am Beginn dieses Kapitels bemerkt worden, daß im engeren Rahmen der Fachwissenschaft im Zusammenwirken der Spezialisten verschiedener altertumswissenschaftlicher Disziplinen auch in den 50er Jahren die nüchterne Behandlung römisch-germanischer Fragen vorherrschte. Die Bearbeitung des Gesamtthemas die „Römer in Deutschland" wird heute von Althistorikern kaum als besonderes nationales Anliegen betrachtet. Gerade wenn man an wichtige neuere Gesamtdarstellungen, wie die von C. W. Wells zur augusteischen *[162]* Germanienpolitik, oder das Trierbuch Elizabeth Wightmans denkt, könnte man von einer Internationalisierung der römisch-germanischen Forschung sprechen.[159]

---

154 Zitiert nach F. Graus, Lebendige Vergangenheit, 253, Anm. 58. Beispiele für Jugendbücher: O. Kampe, Armin der Cherusker. Ein Leben für die Befreiung Germaniens, Göttingen: Fischer Verlag o. J. (1959); L. Renn (Ps.), Herniu und Armin, Berlin (Ost) Kinderbuch Verlag 1979[10] und W. D. v. Tippelskirch, Die Stunde der Germanen. Entscheidung im Teutoburger Wald, Varus, Armin, Germanicus, Düsseldorf: Hoch 1978.

155 Düsseldorf 1987, 36.

156 Vgl. D. Baatz / F. R. Hermann, Die Römer in Hessen, Stuttgart 1982, 13ff.

157 Vgl. Ph. Filtzinger, in: G. Winkler, Die römischen Straßen und Meilensteine in Noricum – Österreich, Aalen 1985, 3.

158 H. Heinen, Trier und das Trevererland in römischer Zeit, Trier 1985, 177.

159 C. M. Wells, The German Policy of Augustus, Oxford 1972; E. M. Wightman, Roman Trier and the Treveri, London 1970.

Die Suche nach Belegen für einen Bewußtseinswandel bei der Bearbeitung der römisch-germanischen Auseinandersetzung auf verschiedenen Ebenen der Geschichtsbetrachtung muß hier abgeschlossen werden.

Wir stehen am Ende eines Überblicks über die deutsche Arminius-Rezeption. Die ursprüngliche Identifikation mit dem Cherusker im frühen Humanismus wies ihm seinen festen Platz am Beginn sogenannter deutscher Geschichte und im deutschen Geschichtsbild zu. Zunächst vor allem im literarischen Bereich wurden zahlreiche Identifikationsmöglichkeiten sichtbar. Die mit Arminius von Anfang an verknüpfte vieldeutige Parole „Gegen Rom" verstärkt sich unter den Vorzeichen des politischen Germanismus. Nicht zuletzt im Zusammenhang mit der Errichtung des Hermannsdenkmals 1875, das zwar den Sieg der Germanen in der Varusschlacht feiert, in der politischen Aussage aber eher gegen Westen, gegen Frankreich gerichtet ist, tritt Armin immer deutlicher ins historische und politische Bewußtsein der Zeitgenossen. Auch wenn der höchste Grad seiner Verehrung 1909 erreicht ist, konnte er doch seinen Platz im deutschen Geschichtsbild bis zum Ende des 2. Weltkriegs behaupten. Das nie sehr scharf konturierte Bild des historischen Arminius verblaßte dabei immer mehr und konnte nach 1933 auch in den Rahmen der antisemitischen Rassenideologie des Nationalsozialismus eingepaßt werden.

Nach dem 2. Weltkrieg können die eher vordergründigen Versuche mit einer neuen Sinngebung, Armin zum Vorkämpfer der Wiedervereinigung zu machen, nicht verdecken, daß man zumindest in den 50er Jahren in der Lokalforschung an die Traditionslinien der Arminiusverehrung des späten 19. und frühen 20. Jahrhunderts wieder anknüpft und dabei etwa die Perspektiven der großgermanischen Politik sichtbar werden. Ein Bewußtseinswandel setzte in den 60er Jahren ein und wird auch in der althistorischen Forschung deutlich markiert. Er äußert sich darin, daß in den populärwissenschaftlichen Darstellungen zunehmend die rezeptionsgeschichtliche Perspektive einbezogen wird. Das hat wiederum zur Folge, daß Arminius *[163]* nicht mehr automatisch am Beginn der Deutschen Geschichte im engeren Sinne steht.

Die Zeiten überdauert hat die Arminiusverehrung in rechtsradikalen und germanophilen, insgesamt eher sektiererischen Kreisen.

Aus dem Geschichtsbewußtsein der Deutschen ist der *liberator Germaniae* nicht völlig verschwunden. Das Interesse gilt aber wohl kaum noch seiner Tat, sondern einer Touristenattraktion im Teutoburger Wald. Als nationale Identifikationsfigur hat Arminius in unseren Tagen ausgedient.

Nr. 6

Originalpublikation in: V. Gallé (Hrsg.), Arminius und die Deutschen. Dokumentation der Tagung zur Arminiusrezeption am 1. August 2009 im Rahmen der Nibelungenfestspiele Worms, Worms Verlag, Worms 2011, 39–67.

Arminius – Rezeption eines deutschen Helden

In der bekannten Heldentypologie des Schriftstellers und Historikers Thomas Carlyle (1795–1881) von 1841 (deutsch zuerst 1853) vom Helden als Gottheit, als Dichter, als Prophet bzw. Religionsstifter, als Priester oder König bzw. Herrscher taucht Arminius nicht auf. Enge Berührungspunkte mit Arminius gibt es aber, wie zu zeigen sein wird, zwischen dem ‚Priesterhelden Luther' und – darauf komme ich zurück – dem ‚Königs-/Herrscherhelden Napoleon'.[1] In den klassischen Heldenkatalogen, die häufig von Achill angeführt werden, behauptet Arminius bis heute seinen Platz: Seit der vom frühen 19. Jahrhundert an geläufigen ‚Mythenkopplung' ‚Arminius/Hermann' = ‚Siegfried' genau genommen sogar zwei Plätze.[2]

Wie Arminius heute gesehen wird oder gesehen werden soll, konnte man in den im Oktober 2009 zu Ende gegangenen Ausstellungen zum 2000. Jubiläum der Schlacht im Teutoburger Wald ‚Imperium' (Haltern am See), ‚Konflikt' (Kalkriese) – am möglichen Ort der Varusschlacht – und ‚Mythos' (in Detmold unterhalb des Hermannsdenkmals) erleben. Arminius begegnete in den einzelnen Abteilungen der Detmolder Mythos-Ausstellung bzw. in deren voluminösen Katalog als ‚mythischer Held der Deutschen', als ‚internationaler Opernheld', als ‚ein deutscher *[40]* Theaterheld', als ein ‚Denkmalheld' und mit Fragezeichen versehen als ‚germanischer Held'.[3]

In der Abteilung ‚Der Mythos von der Befreiung und Einheit Deutschlands' hätte man eigentlich den Begriff ‚Freiheitsheld' erwartet. Man gewinnt den Eindruck, dass die Ausstellungsmacher gerade den im Licht der Arminiusrezeption wohl zutreffendsten Begriff ‚Freiheitsheld' vermeiden wollten – im Bemühen um einen ‚politisch korrekten' Arminius. Das gilt auch für die in den Katalogen abgedruckten Grußworte der Politprominenz, der Bundeskanzlerin Angela Merkel, der Schirmherrin und den Schirmherren, den Ministerpräsidenten Rüttgers und Wulff, sowie den aus der für den Arminius-/Hermannsmythos besonders anfälligen Detmolder Region stammenden damaligen

1 Vgl. Carlyle, Helden 1910, 4.
2 Vgl. Beitrag Gallé in diesem Band.
3 Vgl. z.B. Ausstellungskatalog Mythos 2008, 315, 326, 331, 333 u. 351.

Präsidenten des Europäischen Parlaments Hans-Gert Pöttering. Letzterer erwähnt – und das markiert die aktuelle Blickrichtung – „die Aufstellung von fast 2000 [!] zu Friedenszeichen umgestalteten [römischen] Feldzeichen, wie sie während der Varusschlacht üblich waren und die 1000 Menschen in der Region Osnabrück künstlerisch gestalteten." Teile dieser Installation, die Pöttering als „Beitrag zur friedlichen Erneuerung Europas" würdigt, kann man im Museumspark Kalkriese noch sehen. In der Ikonografie der Arminiusrezeption wurden römische Feldzeichen gemeinhin zertreten oder zerbrochen – das dokumentieren zahlreiche Historienbilder und nicht zuletzt das Hermannsdenkmal selbst. „Die Erinnerung an die Varusschlacht lehrt uns", so die Botschaft von Hans-Gert Pöttering 2009, „nicht der Krieg, sondern der Friede ist der Ernstfall Europas."[4]

Im Blick auf einen langen Rezeptionsprozess, dessen erste Etappe auf der Wormser Tagung im Beitrag von Dietrich Mertens behandelt wurde, kann Arminius und die Schlacht im Teutoburger Wald durchaus als ein ‚Heldenplatz' bzw. als ein zentraler ‚Erinnerungsort' der Deutschen Geschichte bezeichnet werden.

[41] In dem von Etienne François und Hagen Schulze bearbeiteten Konzept deutscher ‚Erinnerungsorte' (lieux de mémoire) im übertragenen Sinne nimmt Arminius einen wichtigen Platz in der Rubrik ‚Identität' ein. Nicht nur der ‚Held', sondern auch der Ort der ‚Varusschlacht' im ‚Teutoburger Wald', durch den er zum Helden wurde, und der Autor Tacitus, der ihn mit der Formel *‚liberator Germaniae'*, ‚Befreier Germaniens' in seinen Annalen zum Freiheitshelden machte und dessen Schrift Germania vermutlich 98 n.Chr. entstand, zählen zu den ‚Erinnerungsorten', die mit der Arminius-Geschichte eng verknüpft sind.[5]

Der ‚Freiheitsheld' erreicht den Höhepunkt seiner neuzeitlichen Karriere, die ich vorstellen möchte, in der zweiten Hälfte des 19. Jahrhunderts in z. T. sehr populären Ausprägungen des ‚Hermannsmythos'. Die ‚Karriere' des Arminius endet nicht wie in der Detmolder ‚Mythos-Ausstellung' von 2009 praktisch mit dem Ende des Zweiten Weltkriegs. In dem sonst sehr verdienstvollen Katalogartikel ‚Politische Feiern am Hermannsdenkmal nach 1875' von Dirk Mellies sind gerade mal zwei Seiten der Bundesrepublik und der DDR gewidmet.[6] Im Katalog, selbst in der Abteilung XXII ‚Der Mythos lebt weiter ...', beziehen sich lediglich die Nummern 368 bis 373 auf die Zeit nach 1945![7]

Wie ich zeigen möchte, sind sehr interessante Spuren der Arminiusrezeption in der Altertumswissenschaft, Literatur, Malerei und im politischen Raum bis in unsere Gegenwart aufzunehmen: Dazu kann ich u.a. auf die Ergebnisse des studentischen Ausstellungsprojekts ‚Arminius/Hermann und die Deutschen. Ein nationaler Mythos' an der Philipps-Universität Marburg vom Jahre 2009 zurückgreifen, in dem Spuren der Arminiusrezeption bis in die Gegenwart verfolgt wurden.[8]

---

4 Pöttering, Ausstellungskatalog Mythos 2009, Grußwort, 11.
5 Werner, Germania 2001, 569–586.
6 Mellies, Politische Feiern 2009, 270–272.
7 Vgl. Ausstellungskatalog Mythos 2009, 388f.
8 Vgl. Losemann/Stiewe, Arminius/Hermann 2009; **[vgl. Nr. 7a–b]**.

Die ‚römisch-germanischen Auseinandersetzungen' im 19. und 20. Jahrhundert hat der Soziologe Helmuth Plessner (1892–1985) *[42]* in seinem Klassiker *Die verspätete Nation* von 1959 in einen großen Zusammenhang eingeordnet: Am Ende des dritten Kapitels ‚Nicht Staat sondern Volk. Der römische Komplex' beschreibt Plessner „alle großen Aufbrüche deutscher Geschichte [...,] den Krieg gegen Napoleon, Luthers Reformation, Widukinds Widerstand gegen Karl" als „einen Kampf der Riesen gegen Rom, den Armin der Cherusker begann".[9] Dieser Interpretationslinie folgt aktuell auch der Berliner Politikwissenschaftler Herfried Münkler in seinem im März 2009 erschienenen Werk *Die Deutschen und ihre Mythen*: Im Hauptkapitel II, ‚Ein Kampf gegen Rom', geht es um Tacitus und den frühen Germanenmythos, die Schlacht im Teutoburger Wald, Luthers Kampf gegen Rom, den Untergang der Goten und den Bußgang nach Canossa![10]

Auf die wesentlich von Tacitus beeinflusste frühe Arminiusrezeption, die Merten behandelt hat, folgt zunächst ein vor allem literarisch geprägter Rezeptionsschub im 17. und 18. Jahrhundert. Hier muss ein Hinweis auf Friedrich Gottlieb Klopstock genügen. In seinen *Hermanns-Bardieten* (1769–1789) begegnet Hermann als ‚aufgeklärter Diener seines Volkes' und als ‚Wahrer deutscher Sprache und Sitte'.[11]

Die Dynamik der Arminius-Rezeption im politischen Kontext erschließt sich aus der folgenden Szene von Schillers Drama *Die Räuber* (1781/1782). In der zweiten Szene des ersten Akts beschwört der ‚Räuberhauptmann' Karl Moor Arminius/Hermann wie folgt: Ein im „Geist Hermanns" geführtes Heer, so verspricht Moor, würde aus Deutschland „eine Republik" machen, „gegen die Rom und Sparta Nonnenklöster seyn sollen".[12] Mit Hermann hat Schiller Rom und Sparta, zwei klassischen antiken Schlüsselfiguren der Imagination, eine zentrale deutsche Schlüsselfigur voran- oder entgegengestellt. Der Literaturwissenschaftler Andreas Kelletat hat diese Imagination 2003 treffend *[43]* als die „Moor-Schillersche Vision eines deutsch-arminischen Mega-Spart" bezeichnet.[13] Mit dem Ausdruck ‚deutsch-arminisch' spielt Kelletat auf eine Notiz des in der NS-Zeit als Juden verfolgten Romanisten Victor Klemperer (1881–1960) an, der unter dem Eindruck der exzessiven NS-Germanenideologie am 1. März 1933 in seinem Tagebuch notierte: „Statt Deutschland sollte man künftig Arminien sagen."[14]

Die „nationale Leitfigur" Arminius – so der Ausdruck von Gerd Unverfehrt – steht „am Beginn eines allgemeineren Germanismus", der sich im 19. Jahrhundert breiter entfaltete und im ‚politischen Germanismus' mündet.[15]

Im 19. Jahrhundert gewinnt die Arminius-Rezeption immer stärkere politische Bezüge. Den Impuls dafür geben die Herrschaft Napoleons und die Befreiungskriege, in deren ‚Lyrik' Ernst Moritz Arndt (1769–1860) eine starke Rolle spielt und die die Politisierung

---

9 Plessner, Verspätete Nation 1959, 57.
10 Münkler, Mythen 2009, 141–210.
11 Unverfehrt, Nationale Leitfigur 1981, 317.
12 Schiller, Räuber 1984, 21.
13 Zitiert nach Losemann, Arminius Karriere 2008, 99.
14 Klemperer, Tagebücher ^{3}1999, 17.
15 Unverfehrt, Nationale Leitfigur 1981, 317.

der römisch-germanischen Auseinandersetzung fördert. Seit seinem 1787 entstandenen ‚Siegerlied Hermanns' ruft Arndt immer drängender nach dem Freiheitshelden:

> „An der Schlacht im Teutoburger Walde", so formuliert er 1813 in der *Friedensrede eines Deutschen*, „hing das Schicksal der Welt, darum ist Hermann Weltname geworden; er ist nicht bloß etwas poetisches für uns, etwas bloß durch das graue Alterthum und den Wahn der wachsenden Zeitenlänge Geheiligtes, nein, er ist etwas Ewiges und Wirkliches, weil wir noch durch ihn sind, weil ohne ihn vielleicht seit sechzehnhundert Jahren kein Teutsch mehr gesprochen sein würde."[16]

Gerade mit dem letzten Satz lieferte Arndt eine vielfach aufgenommene Formel, mit der er die Leistung Hermanns zusammenfasste. Arndts Arminiusbeschwörungen begegnen uns später im 21. Jahrhundert. Die ‚Befreiungslyrik' Arndts fand ihren wohl stärksten Ausdruck in dem 1812 entstandenen Vaterlandslied *Der Gott, der Eisen wachsen ließ*: ***[44]*** „So ziehn wir aus zur Hermannsschlacht", heißt es in der dritten Strophe, „und wollen Rache haben".[17]

Sowohl bei Arndt als auch bei Johann Gottlieb Fichte (1762–1814) finden sich Spuren einer nationalistischen Germania-Rezeption, die seit dem Humanismus mit dem Arminius-Mythos einhergeht. Ihren wichtigsten Bezugspunkt bilden in der Regel die Kapitel zwei und vier der *Germania* des Tacitus mit der Rede von den ‚unvermischten' Germanen.

Neben Arndt und Fichte ist vor allem Heinrich von Kleist zu nennen. Die Wirkungsgeschichte seiner 1809 entstandenen Ode *Germania an ihre Kinder* lässt sich als Kleists ‚Haßgesang' oder ‚Kriegslied der Deutschen' bis ins Dritte Reich verfolgen.[18] Es ist ein flammender Aufruf zum Kampf gegen die „Franken", den er an „Unbesiegtes Marsenblut, Enkel der Kohortenstürmer, Römerüberwinderbrut" richtet.[19]

In Heinrich von Kleists ausdrucksstarker 1808/1809 entstandener *Hermannsschlacht* wird unter dem Eindruck der französischen Besatzung der Kampf gegen das napoleonische Frankreich konsequent mit der römisch-germanischen Auseinandersetzung parallelisiert: Aus den Römern werden so Franzosen, aus Cheruskern Preußen, aus Sueben Österreicher und den uneinigen Germanenfürsten Vertreter der Rheinbundstaaten. Der Bezug zur historischen Vorlage tritt hinter der Aktualisierung stark zurück, wie sich am Schicksal von ‚Germaniens Henker' Varus, dem die Rolle eines französischen Okkupationsgenerals zugewiesen wurde, leicht zeigen ließe.[20] Kleists jeweils aktualisierte *Hermannsschlacht* wird uns noch häufiger begegnen.

Der Rezeptionsprozess wird von seinem Anfang an, das gilt es hervorzuheben, immer schon von ironischer Distanz begleitet. Ich verweise zunächst auf Heinrich Heine: In sei-

16 Arndt, Friedensrede 1813, 94f.
17 Arndt, Vaterlandslied 1900, 100.
18 Vgl. Seeba, Hermanns Kampf ^{3}2003, 361.
19 von Kleist, Germania 1965, 25.
20 Vgl. Losemann, Arminius Karriere 2008, 100.

nem *Wintermärchen* (1844) *[45]* lässt er „die deutsche Nationalität [...] im Drecke“, d.h. im ‚klassischen Morast‘ des Teutoburger Waldes siegen.

Heine variiert in der ihm eigenen Art die u.a. von Arndt und Fichte bekannten Formeln:

> Wenn Hermann nicht die Schlacht gewann,
> Mit seinen blonden Horden,
> So gab es deutsche Freiheit nicht mehr,
> Wir wären römisch geworden![21]

Auf seiner Harzreise von 1826 trifft Heine schließlich auf einen ‚deutschen Barden‘ aus Greifswald, der ihm anvertraute, daß er an einem ‚Nazionalheldengedicht zur Verherrlichung Hermanns und der Hermannsschlacht‘ arbeite. Heine gibt dem ‚Barden‘ ‚nützliche‘ Hinweise und schlägt ihm vor, „daß er die Sümpfe und Knüppelwege des Teutoburger Waldes sehr onomatopöisch durch wässrige und holprige Verse andeuten könne, und daß es eine patriotische Feinheit wäre, wenn er den Varus und die übrigen Römer lauter Unsinn sprechen ließe.“[22]

Ironisch gebrochen erscheint die Geschichte Hermanns auch in Karl Leberecht Immermanns Roman *Münchhausen*: In dem Buch *Der Oberhof* (1838) heißt es, dass das ‚ganze deutsche Wesen‘ ‚auf der Hermannsschlacht‘ beruhe. Immermann glossiert im Oberhof auch die bis heute nicht abgeschlossene Suche nach dem Ort der Varusschlacht. Er stellt einen typischen Sammler vor, der erklärt, er „habe nun wahr und wahrhaftig den Ort gefunden, wo Hermann den Varus schlug“. Als er im Dialog mit seinem Widerpart einem ‚Hofschulzen‘, triumphierend einen Knochen hervorzieht, antwortet dieser trocken: „Ein Kuhknochen, Herr Schmitz. Sie sind auf einen Schindanger gestoßen und nicht auf das Teutoburger Schlachtfeld.“[23] In diesem Prozess, der Suche nach dem Schlachtfeld, darf man wohl eine Art ‚Nebenkriegsschauplatz‘ des modernen Interesses an der Varusschlacht sehen, *[46]* wie die aktuelle kontroverse Diskussion über den Fundplatz Kalkriese zeigt.

Als den ‚Brennpunkt‘ der ‚römisch-germanischen Auseinandersetzung‘ im 19. Jahrhundert kann man das Hermannsdenkmal bei Detmold bezeichnen. In der langen Projektgeschichte tauchen prominente Namen wie Klopstock, Arndt und Schinkel auf. Eines der frühesten Denkmalsprojekte fassen wir in dem fast vergessenen ‚Arminiusgrab‘ im ‚germanischen Garten‘ des Guts Windhausen (nahe Heiligenrode, Kreis Kassel). Der hessische Minister und Generalleutnant Martin Ernst von Schlieffen (1732–1825) ließ dort 1781 einen großen unbehauenen Steinblock auf einer Erderhebung errichten.[24] Das Arminiusgrab steht nicht zufällig im ‚germanischen‘ Wald, in dem nach Montesquieu (*Vom Geist der Gesetze* XVII, 5) die Freiheit wohnt.

21 Heine, Wintermärchen 1985, 114.
22 Heine, Harzreise 1973, 123.
23 Immermann, Münchhausen 1972, 148ff.
24 Winter, Grabmal des Arminius 2009, 89–96.

Vermutlich wollte Schlieffen mit diesem Grabmal seine Genealogie bis zu Arminius verlängern. Auf dem Stein befindet sich eine französische Inschrift, die dem Gedanken eines germanischen Gartens und einer deutschen Erinnerungsstätte für Arminius eigentlich widerspricht. Jedoch distanzierte sich Schlieffen später vom Französischen und förderte geradezu extrem die deutsche Sprache.[25]

Um das Kloster Haina bei Marburg legte der Obervorsteher des Klosters Friedrich von Stamford (1786–1803) um 1800 den ‚Stamfordschen Garten' an. In dieser Anlage wurde u.a. ein nicht mehr erhaltenes Denkmal für Hermann geschaffen, von dem auch keine Abbildung existiert.[26] Hier und anderorts begegnen frühe Hermannsdenkmäler als Teil der Gartenarchitektur gleichsam als ‚Germanen in den Gärten' wie ein neuerer Titel von Michael Niedermeier heißt. Am bekanntesten von den frühen Denkmalsentwürfen ist das ‚Hermanns Denkmahl' im Seifersdorfer Tal, das zwischen 1781 und 1791 errichtet wurde.[27]

[47] Die ersten Pläne zum Hermannsdenkmal bei Detmold legte Ernst von Bandel 1819 vor. Er selbst wollte, wie die Inschrift auf dem Fundament von 1838 zeigt, in ‚großdeutscher Perspektive' dem ‚Befreier Deutschlands' ein Denkmal zur ‚Einigkeit aller deutschen Stämme' errichten. Sein republikanisch gesinnter Freund, der Germanist Hans Ferdinand Maßmann, verknüpfte das Monument eher mit ‚weltbürgerlichen' Zielen.[28]

Wichtige Träger der Denkmalsinitiative waren zahlreiche Zweigvereine, die im Gefolge des 1838 in Detmold gegründeten Vereins für die Errichtung des Hermannsdenkmals in ganz Deutschland entstanden waren. Bei der offiziellen Feier zur Schließung des Grundsteingewölbes 1841 sprach man zwar von der ‚Achtung fremder Sitte, fremden Rechts' und ‚fremder Freiheit', aber zugleich feierte man Arminius als ‚Retter' deutscher Freiheit, Sprache und Sitte vor ‚römischer Überfremdung', vor dem ‚Herrschaftsanspruch des Romanismus'.[29] Mit Rheinwasser und Rheinwein als Grundsteineinlagen bemühte man zudem die gegen Frankreich gerichtete Rheinsymbolik. Die Inszenierung des Festaktes von 1841 bezog sich rückwärtsgewandt auf die Befreiungskriege, visierte damit aber deutlich die nationalstaatliche Einigung an. Nach der Fertigstellung des Unterbaus 1846 kam das Projekt dann für fast sechzehn Jahre zum Erliegen![30]

An den Torso im Teutoburger Wald erinnerte man sich erst wieder 1869 als der preußische König Wilhelm I. (der spätere Kaiser Wilhelm I.) Bandel in seiner Werkstatt besuchte. Den entscheidenden Impuls für die Vollendung des Projekts gab dann der Sieg über Frankreich 1871: Das Denkmal ist daher mit dem Gründungsmythos des Kaiserreichs aufs Engste verbunden.

Als „wilhelminisches Siegeszeichen" (Unverfehrt) diente das Hermannsdenkmal u.a. der politischen Agitation gegen Frankreich. Dieser Deutungsimpuls der Reichsgrün-

---

25 Vgl. Winter, Grabmal des Arminius 2009, 91f.

26 Dazu auch Winter, Arminius Grabmal 2009, 94.

27 Niedermeier, Germanen 2002, 95.

28 Nach Unverfehrt, Nationale Leitfigur 1981, 322.

29 Ebd.

30 Nach Losemann, Arminius Karriere 2008, 106.

dung fand einen sehr starken Ausdruck in den Inschriften: Wie die gesamte Arminius-Geschichte *[48]* trägt auch das Denkmal einen „römischen Anstrich" (Callies). Das belegt nicht zuletzt eine lateinische Inschrift, die die berühmte Würdigung des Tacitus von Arminius als dem ‚*liberator Germaniae*', dem ‚Befreier Germaniens', zitierte (Tac. *Ann.* 2,88,2).

In der Sprache des politischen Germanismus zogen drei weitere Inschriften die zweite ‚antirömische', auch nach 1870/1871 gegen Frankreich gerichtete Argumentationslinie scharf aus. Hinzu kam schließlich ein Bildnis Kaiser Wilhelms I., der, so der Text, seiner Inschrift „welsche Macht und Tücke siegreich überwand [...] Armin, dem Retter [...], gleich". So waren der Kaiser und Arminius buchstäblich miteinander verschmolzen. Im Hermannsdenkmal konnte man den ‚Wilhelminischen Arminius' erkennen. Gleichsam als Arminius zieht Kaiser Wilhelm I., wie ihn eine bekannte Karikatur im *Punch* vom 11. März 1871 zeigt; mit der Parole ‚*Vae Victis*' (‚Wehe den Besiegten') in Paris ein (Abb. 1).[31]

Die Frage, ob ‚mit dem Kaiser auch der Kulturkampf in das Fest' Einzug hielt, muss differenziert beantwortet werden.[32] In den Reden zur Einweihung und der ‚Begleitpublizistik' findet sich durchaus eine ausgeprägte ‚Kulturkampfrhetorik'. Hier ist an die bekannte Karikatur des *Kladderadatsch* vom 16. August 1875 zu erinnern: Arminius/Hermann und Luther in Gestalt seines Wormser Denkmals stehen mit der Devise ‚Gegen Rom' vereint vor dem Hintergrund des Petersdomes, über dem die dunklen Wolken des Kulturkampfes aufziehen (Abb. 2).[33] Dies kommt dem Grundmuster der frühhumanistischen Arminiusrezeption nahe.

Für die Bewertung der römisch-germanischen Auseinandersetzung im 19. Jahrhundert ist die konfessionelle Perspektive ebenso wichtig wie der regionale Blickwinkel aus ‚norddeutscher' oder ‚süddeutscher' Richtung. Der wilhelminische Arminius stand in einem breiteren ‚germanischen' Umfeld: Mit dem 1876 erstmals geschlossen aufgeführten *Ring der Nibelungen* zeichnen sich hinter ‚Arminius/Hermann' die Konturen des in der Reichsgründungszeit *[49] [50]* ‚heldisch' aufgefassten Siegfried immer deutlicher ab.[34]

Zu den unmittelbaren Impulsen der Reichsgründung gehört die 1872 in Dresden uraufgeführte, von Heinrich Hofmann nach einem Text von Felix Dahn komponierte, ‚heroische' Oper *Arminius.* Gewissermaßen an die Seite des Arminius trat 1881 auf der Opernbühne seine Gattin Thusnelda in Carl Grammanns (1842–1897) ebenfalls in Dresden uraufgeführter großer Oper *Thusnelda und der Triumphzug des Germanicus.* Die von dem „Traumpaar des deutschen Gründungsmythos" verkörperten „männlichen und weiblichen Nationaltugenden" sollten sich vor „dem Hintergrund des dekadenten

---

31 [Abb. 1: Wilhelm I. zieht als ‚Arminius' in Paris ein. *Punch* 61, 11. März 1871. Für diese Abbildung vgl. die Originalpublikation auf S. 49.]

32 Tacke, Denkmal 1995, 217.

33 [Abb. 2: Enthüllungsfeier des Hermannsdenkmals. *Kladderadatsch*, 16. August 1875. Für diese Abbildung vgl. die Originalpublikation auf S. 49, die lediglich Abb. 1–2 enthält.]

34 von See, Barbar 1994, 99.

Abb. 3: Peter Janssen, *Streitrede zwischen Arminius und Flavus über die Weser*, (1870–1873)

Rom" wirkungsvoll abheben.[35] Felix Dahn lieferte mit seinem ab 1876 erscheinenden *Ein Kampf um Rom* ein weiteres ‚Identifikationsangebot' mit den Germanen.

Zwischen 1870 und 1873 fertigte der bekannte Historienmaler und Kunstprofessor Peter Janssen (1844–1908) einen Arminius gewidmeten Gemäldezyklus für das Krefelder Rathaus, wobei er sich eng an taciteische Motive anlehnte. Janssen brachte etwa die 16 n.Chr. über die Weser hinweggeführte ‚Wechselrede' der streitenden Brüder Arminius und Flavus ins Bild. Er übertrug die von Tacitus (*Ann.* 2,9–10) in eindrucksvoller Antithese gestaltete Szene gleichsam ins 19. Jahrhundert und traf, wie zeitgenössische Äußerungen belegen, die Gemütslage der Nation: Ein Zeitgenosse verspürte in Janssens Bildern „eine Wucht und ein[en] flammende[n] Ernst", so „als ob sie unterm Donner der Kanonen von Sedan gemalt wären"[36] (Abb. 3).

Karl Theodor von Pilotys monumentales Gemälde *Thusnelda im Triumphzug des Germanicus* (1873) rückt auch die Frau des Arminius in die ‚Genealogie' des deutschen Kaiserreichs als Symbol weiblicher germanischer Tugend: „Weder zu Tränen sich erniedrigend, noch mit einem Laute flehend" (Tac. *Ann.* 1,57) begegnet *[51]* Thusnelda im Triumphzug dem Germanicus. Wie sehr Pilotys Bild dem Zeitgeist entsprach, kann man daran ablesen, dass es als deutscher Beitrag zur Wiener Weltausstellung 1873 gezeigt wurde.[37]

Zum ‚germanischen' Umfeld des wilhelminischen Kaiserreichs gehört schließlich auch die völkische Bewegung, die um die Jahrhundertwende schärfere Konturen gewann: Das Beispiel des ‚Altvölkischen' Chamberlain zeigt die Bedeutung der Rassenideologie für die völkische Weltanschauung. „Sprache-Rasse-Religion" sind, wie Uwe Puschner formuliert hat, Schlüsselbegriffe der Völkischen und der Germanenideologen.[38] Wenn der engen Verbindung von Germanen- und Rassenideologien nachzugehen ist, so muss unter den ‚Anti'-Haltungen der ‚Völkischen', wie Antiromanismus oder -slawismus, auch der Antisemitismus eingereiht werden. Mit Klaus von See kann man geradezu von der bei Chamberlain fassbaren „antisemitischen Erweiterung der Römer-Germanen-Antithese"

35 Eichner, Eisenmänner 2007, 137.
36 Zitiert nach Losemann, Denkmäler 2008, 236.
37 Flöper, Piloty Thusnelda 2009, 84.
38 Puschner, Völkische Bewegung 2001, 15ff.

sprechen, die in *[52]* der zeitgenössischen Parole „Ohne Juda, ohne Rom bauen wir Germaniens Dom" plastisch formuliert wurde.[39]

Auf einer Klebemarke des extrem antisemitischen ‚Deutschbundes' sind die „völkischen Ikonen" (Uwe Puschner), Hermann und Bismarck, genauer das Detmolder Hermannsdenkmal und vermutlich das Hamburger Bismarckdenkmal, vereint. Wichtig ist die Eichen- und Waldsymbolik, die mit beiden deutschen ‚Helden' verbunden ist. Das auf dem Stamm der Eiche abgebildete Kürzel ‚I.d.N.H.' steht für das Motto der Völkischen ‚Im deutschen Namen Heil'[40] (Abb. 4).[41]

Die Entwicklungslinien der Germanenideologie führen auch zur 1900-Jahr-Feier der Schlacht im Teutoburger Wald im August 1909 in Detmold. Dieser bekannte Beitrag zur bürgerlichen Festkultur (Tacke) kann hier nicht erörtert werden. Im Folgenden stelle ich einen interessanten regionalen Beitrag der Arminius/Hermann-Rezeption vor.[42] Wir begeben uns dazu nach Rattlar ins sogenannte Waldeck'sche Upland, d.h. in die nördlichste Spitze von Hessen.

Wilhelm Schwaner (1863–1944), ein bekannter ‚Völkischer Vordenker', Gründervater der mitgliederstarken ‚Volkserzieherbewegung' und Verfasser einer *Germanenbibel*, die von 1904 bis 1941 sieben Auflagen erreichte, errichtete dort 1912 mit Blick auf die Jahrhundertfeier der Völkerschlacht bei Leipzig (1813) eine Weihestätte der Germanisch-Deutschen Religionsgemeinschaft. Mit Gesinnungsgenossen hatte er den ungefähr 700 Meter hohen ‚Hermannsberg' erworben, auf dessen Gipfel der sogenannte ‚Hermannstein' errichtet wurde. Dabei handelt es sich um einen aus Blöcken zusammengesetzten ‚Feueraltar'. Der Stein war Bezugspunkt für gemeinsame Weihetage, Sonnwendfeiern und ähnliche Veranstaltungen der ‚deutschreligiös' orientierten ‚Volkserzieher' oder auch – so die Eigenbezeichnung – der ‚Hermannssöhne'. Die von Tannen umrahmte Anlage war durch ein *[53]* hölzernes ‚Runentor' (mit Hakenkreuzsymbolen) zugänglich (Abb. 5).

Mit der Weihe 1912/1913 begann, so Schwaner, die ‚Hermannsschlacht der Geister'. Der ‚Feuer-' bzw. Hermannstein wurde an Pfingsten 1912 von den Volkserziehern „im Beisein von Vertretern des Armanenbundes, des Deutschen Ordens, des Deutschen Kulturbundes, der Wandervögel und der gesamten Uplandbevölkerung *[54]* durch Hammerschlag und Waberlohe geweiht". Laut der Urkunde erfolgte die Weihe am 26. Wonnemond – in der bemerkenswerten Zeitrechnung – im Jahr „1903 n. d. Teutoburger Schlacht".[43]

Von nun an wurde hier ein neuheidnischer Kult der ‚Germanisch-Deutschen Religionsgemeinschaft' begangen. Der Bezug zu dem in ein Wald- oder Bergheiligtum eingebettetes Hermannsgedenken belegt eindrucksvoll auch ein unsicher datiertes Ölgemälde des Schriftstellers und Malers Ludwig Fahrenkrog (1867–1952), der zu den Weggefährten

39 von See, Barbar 1994, bes. 299ff. u. 310ff.; von See, Hermann der Cherusker 2003; vgl. ferner für den Wortlaut der Zitate auch Losemann, Denkmäler 2008, 239.

40 Giersch, Völkische Germanenideologie 2009, 132.

41 [Abb. 4: Klebemarke des Deutschbundes um 1900 (Nachlass Friedrich Lange, Bundesarchiv Berlin). Für diese Abbildung vgl. die Originalpublikation auf S. 53.]

42 Zum Folgenden vgl. Losemann, Denkmäler 2008, 248–253.

43 Losemann, Denkmäler 2008, 251.

Schwaners zählte. Fahrenkrog selbst unterzeichnete die Weiheurkunde mit der Parole „Germania erwache, sei frei!". Schwaner und seine Mitstreiter hatten sich aus der lebensreformerisch-germanisch orientierten ‚Vorstadtkultur' in Berlin-Schlachtensee gleichsam in die germanischen Wälder und Berge, in altes Cheruskerland, den – der Sage nach – südlichsten Besitz Hermanns zurückgezogen. Das erwähnte Runentor der Anlage ist offenbar um 1960 niedergelegt worden.[44] Ob die ‚Hermannssöhne' am Altar noch ‚praktizieren', muss offen bleiben. Das ‚Sonnenrad am Altar', gemeint ist wohl das Hakenkreuz, ist heute entfernt. „Zwei dort ausgeschmiedete eiserne Hämmer werden zuweilen entwendet und ersetzt." So hieß es bis vor Kurzem auf der Homepage der ‚Germanischen Glaubens-Gemeinschaft'.[45] Der Hermannsstein wird in Usseln-Rattlar heute noch als Wanderziel ausgewiesen. Erhalten am Ort ist lediglich der von einem Eisenband zusammengehaltene Steinsockel. Jeglicher Hinweis auf seine frühere Funktion fehlt[46] (Abb. 6).[47]

Abb. 5: Titelseite der Zeitschrift *Upland*.

In der Weimarer Republik wird Arminius/Hermann symbolpolitisch vereinnahmt; das zeigt zunächst das als Postkarte weit verbreitete schon erwähnte Gemälde von Ludwig Fahrenkrog *Germania – Es kommt dein Tag*: Im Vordergrund streckt die von *[55]* den Ketten des Versailler Vertrags buchstäblich gefesselte Germania dem auf dem Gipfel des Wald- bzw. Bergheiligtums präsentierten Arminius/Hermann ein zerbrochenes Schwert entgegen. Fahrenkrog zitiert offenbar Caspar David Friedrichs *Kreuz im Gebirge* von 1809 und weist damit dem Freiheitshelden die Rolle des Erlösers zu.[48]

In der Weimarer Republik fungierte Arminius als eine Art Chiffre für Widerstand. Das kann das Titelblatt der Frontkämpferzeitschrift Arminius mit dem deutlichen Untertitel ‚Kampfschrift *[56]* für deutsche Nationalisten' belegen, einer Publikation, die zu-

44 Ebd. 252f.

45 Ebd. 253.

46 Vgl. auch Losemann, Arminius Karriere 2008, 114f.

47 [Abb. 6: Der Hermannstein bei Rattlar. Der Pfeil zeigt auf den angeschmiedeten Thorhammer. Aufnahme 1920er-Jahre. (Nachlass W. Schwaner, Archiv der deutschen Jugendbewegung, Burg Ludwigstein). Für diese Abbildung vgl. die Originalpublikation auf S. 55.]

48 Esau, Germania 2009, 156f. mit Abb. 2; vgl. auch Wolters, Teutoburger Wald 2008, 194 mit Abb. 27f.

Abb. 7: Titelblatt der Zeitschrift *Arminius*.

mindest zeitweise von Ernst Jünger mitherausgegeben wurde. *Arminius* war der neue Titel der verbotenen Zeitschrift Standarte. Mit der Übernahme der Herausgeberschaft distanzierte sich Jünger damals vom ‚legalistischen' Kurs des Stahlhelms (Abb. 7).

Die Entwicklungslinie der NS-Germanenideologie spreche ich zuerst aus oppositioneller Perspektive an: In den bekannten Tagebüchern des Dresdner Romanisten Victor Klemperer (1881–1960) findet sich unter dem 31. März 1933 folgender Eintrag: „Statt Deutschland sollte man künftig Arminien sagen." Mit seinem Umbenennungsvorschlag stand Klemperer ganz offenbar unter dem Eindruck des vor allem von dem NS-Chefideologen Alfred Rosenberg und Heinrich Himmler ausgerufenen ‚Kampfes um die deutsche Vorgeschichte' mit dem Ziel der ‚Germanisierung der deutschen Geschichte', von der sich der als Jude aus dem Hochschuldienst entfernte Klemperer bedroht fühlte.[49]

Von dem öffentlichen ‚Streit um die Kulturhöhe der Germanen'[50] und der extrem ‚antirömischen' Argumentation der NS-Germanenideologen war auch die Interessenlage des faschistischen Italien berührt: Es war Mussolini selbst, der den Germanomanen deutlich antwortete: Wie er im September 1934 gegenüber französischen Parlamentariern äußerte, erlaubten ihm „dreißig Jahrhunderte der Geschichte [...] mit überlegenem Mitleid auf gewisse Theorien jenseits der Alpen zu blicken, die von den Nachkommen eines Volkes vertreten werden, das zu einer Zeit, als Rom Caesar, Virgil und Augustus besaß, nicht einmal die Schrift kannte, um Zeugnisse seines Lebens zu überliefern."[51] Diese viel zitierte Äußerung des ‚Duce' fiel in einer schwierigen Phase der deutsch-italienischen Beziehungen: ‚Jenseits der Alpen' sahen sich die erbitterten Germanomanen wiederum von der ‚uralten Lüge von unserem nordischen Barbarentum' verunglimpft. Nicht nur in der Gleichsetzung Germanen = Deutsche, *[57]* sondern auch in der Gesamtaussage belegt Mussolinis Äußerung die Lebenskraft alter Klischeevorstellungen. Wenn er die zivilisatorischen Leistungen Roms und seine imperiale Tradition der ‚Kulturhöhe' der Germanen gegenüberstellte, tat er das in Übereinstimmung mit Hitler, der zum Ärger

49 Dazu Losemann, Arminien 2010, 169–182.
50 Vgl. Losemann, ‚Kulturhöhe' der Germanen 2009, 234–242 [= **Nr. 8**].
51 Zitiert nach Losemann, Denkmäler 2008, 256.

der Germanomanen ganz ähnlich argumentierte. Für Hitler stellte die Antike so etwas wie eine „Idealzeit" (Kroll) dar.

Ein bemerkenswertes Beispiel für die ‚römisch-germanische Auseinandersetzung' auf Museumsebene ist die 1936 von Otto Land geschaffene Idealbüste *Hermann der Deutschen Befreier*. Sie wurde während der ‚Neuordnung' des Rheinischen Landesmuseums in Bonn am Beginn der Ausstellung ‚Kampf um den Rhein' präsentiert. Diese Büste sollte „ideologisch" dem frühesten *[58]* archäologischen Zeugnis der „Varusschlacht", dem in Bonn verwahrten Caelius-Stein, gegenübergestellt werden[52] (Abb. 8).[53]

In der frühen Bundesrepublik hätte man Arminius eigentlich „entnazifizieren" (Timpe) müssen – das fand aber nicht statt. Zumindest im Detmolder Raum hielten die dortigen ‚Arminiuspatrioten' lange an ‚groß germanischen' Interpretationen von vor 1945 fest.

Abgesehen davon zeichnete sich aber am Ende der 1960er-Jahre auf verschiedenen Diskussionsebenen, die für das Geschichtsbild prägend sind, ein Bewusstseinswandel ab, der auch für die fachwissenschaftliche Beurteilung des Arminius nicht folgenlos blieb. Den Einschnitt markieren am deutlichsten die 1970 herausgebrachten Arminius-Studien des Würzburger Althistorikers Dieter Timpe (Jahrgang 1931), die in ihrer Grundannahme gegen jede Heroisierung des Arminius standen.

Der deutlich als hypothetisch gekennzeichnete Ansatz läuft darauf hinaus, dass Arminius als „römischer Offizier und nicht als Stammeshäuptling" gegen den Legaten Varus rebellierte, dass er „abtrünnige Hilfstruppen" und nicht „das Volk" gegen die Römer führte. Demnach wäre die Schlacht im Teutoburger Wald kein „auf breiter Basis geführter Volkskampf gegen die aufgezwungene Fremdherrschaft", sondern die „Folge einer Meuterei der germanischen Auxilien gegen die Legionen des römischen Rheinheeres". Das Hauptanliegen dieser Studie war es, nicht nur, „die Probleme der Erhebung gegen Varus zu präzisieren", sondern auch „die Stellung dieses Vorgangs im modernen Geschichtsbewusstsein zu modifizieren".[54]

Dieser Versuch der Revision des Arminiusbildes stieß bei den germanophilen Schwarmgeistern, aber auch bei älteren Fachwissenschaftlern auf Empörung – heute werden, das belegt die reichhaltige Jubiläumsliteratur zum Jahre 2009, die Thesen Timpes eher leidenschaftslos diskutiert. *[59]*

Ein wichtiges Beispiel für die Auseinandersetzung mit dem Komplex Hermannsschlacht lieferte 1976 der Maler Anselm Kiefer, der Friedenspreisträger des deutschen Buchhandels 2008. Wahrscheinlich angeregt durch die 1975 geführten Diskussionen zum hundertjährigen Jubiläum der Einweihung des Hermannsdenkmals schuf Kiefer 1976 die Vorstudie ‚Varus' zu dem Zyklus *Wege der Weltweisheit / Hermannsschlacht*, die heute zur Sammlung des Van-Abbe-Museums in Eindhoven gehört.[55] Der Künstler betritt damit in Distanz zur nationalistischen Waldverehrung den „Wald der deutschen Geschichte"

52 Nach Bouresch, Neuordnung 1996, 113 u. 314.

53 [Abb. 8: Idealporträt *Hermann* der Deutschen Befreier von Otto Land (1936). Für diese Abbildung vgl. die Originalpublikation auf S. 59.]

54 Timpe, Ariminiusstudien 1970, 140.

55 **[Vgl. Nr. 7b mit Abb. 1]**.

(Schama). Vermutlich auf den Spuren von Caspar David Friedrichs *Der Chasseur* im Walde (1814) zeigt Kiefer einen winterlichen Waldeingang, über dem nackte Äste ein Dach bilden. Der beschneite Weg ist von Blutspuren gezeichnet; vorne erkennt man die Schriftzüge VARUS (schwarz) und HERMANN und THUSNELDA (weiß). Vor den *[60]* Bäumen bzw. dem Walddach werden mit Grabbe, Kleist, Klopstock, Fichte und Schlieffen prominente Namen aufgerufen, die für Aspekte des Hermannsmythos stehen.[56]

Spuren der Arminiusrezeption, auf die Martin Schierbaum aufmerksam gemacht hat, führen auch in die DDR. Unter dem Titel *Die Welt ist ein Schlachthaus* – damit ist eine Formel von Alfred Döblin wiedergegeben – und mit dem Untertitel ‚Arminius und die Endspiele des Humanismus' widmet sich der Autor der *Hermannsschlacht* von Kleist und Heiner Müllers *Germania Tod in Berlin*. Hier ist vor allem der Ansatz Heiner Müllers kurz vorzustellen:

Germania Tod in Berlin entstand zwischen 1956 und 1971 in der DDR und wurde 1977 veröffentlicht, 1978 dann in den Münchener Kammerspielen uraufgeführt. Müller inszeniert dabei in unterschiedlichen Kontexten ‚Serien von Agonie, Betrug, Morden und Selbstmorden', wobei große Diktatoren und Feldherren von Caesar bis Stalin auftreten. In diesem Szenario kämpfen z.B. die Nibelungen gegen ‚imaginäre Hunnen' und liefern damit auch das Schema für den Konflikt des Arminius mit seinem römerfreundlichen Bruder Flavus.

Die einzelnen Szenen sind durch historische Einschnitte des 20. Jahrhunderts geprägt. So z.B. durch den Kessel von Stalingrad, die Gründung der DDR 1949 oder die Gefängniszelle mit Dissidenten des 17. Juni 1953. Uns interessieren die Szenen Brüder 1 und Brüder 2: In Brüder 1 zitiert Müller wörtlich die von Tacitus' *Annalen* (2,9–10) geschilderte ‚Kampfrede' der feindlichen Brüder über die Weser. Müller gibt dafür die auf die Kämpfe zwischen Arminius und Germanicus 16 n.Chr. bezogene Stellenangabe ‚Tacitus 0016'. Er greift damit die Szene auf, die, wie oben erwähnt, der Historienmaler Peter Janssen zwischen 1870 und 1873 nach Tacitus ins Bild gesetzt hatte.

Die Parteinahme für Germanen (Arminius) und Römer (Flavus) ist bei Tacitus durch Größe und Macht des Imperiums und die *[61]* Verpflichtung für Vaterland, Erbe und Freiheit erklärt. Müller findet bei Tacitus den Beginn des Themas Bruder- und Familienzwist in der deutschen Literatur.[57]

Zu den Spuren der DDR-Arminiusrezeption gehören letztlich auch Aufführungen von Kleists *Hermannsschlacht* in der DDR. Dokumentiert ist, dass Walter Ulbricht 1956 mit seiner Frau Lotte eine programmatische Aufführung in dem aus der völkischen Bewegung bekannten ‚Harzer Bergtheater' in Thale besuchte: Die Aufführung stand unter dem Motto ‚Die Römer sind die Amerikaner und Aristan [das ist bei Kleist ein Fürst der Ubier, der zu den Verbündeten des Varus zählte] ist Adenauer'.[58]

56 Nach Losemann, ‚Varus' und ‚Hermann / Che Guevara' 2009, 199 **[vgl. Nr. 7b]**.

57 Nach Losemann, Denkmäler 2008, 260f. u. Weide, Brüder 0016, 2009, 201–208.

58 So die Kommentierung des Bildes in: Burgtheater Wien (Hrsg.), Programmbuch Nr. 14 vom 20. Februar 1987, 209.

Von der DDR-Aufführungspraxis kann man freilich nur sehr bedingt zur bis heute spektakulärsten Inszenierung der Kleist'schen *Hermannsschlacht* übergehen, die Claus Peymann 1982 in Bochum ablieferte: Damit wurde nach Matthias Matussek von der Spiegel-Kulturredaktion „Hermann hundert Jahre nach Kaiser Wilhelm zur Linken zurückgeholt!". Matussek berichtet von einer Unterhaltung mit Peymann über seine Kleist-Inszenierung. Dort heißt es: „Er sprach kurz von den deutschen Befreiungskriegen und dann viel und lang von Frantz Fanon (1925–1961) und den Guerillakämpfern gegen die kolonialistische Unterdrückung in der Dritten Welt." Aus Hermann wurde in Bochum ‚Che Guevara', jedenfalls besprach die FAZ am 12. November 1982 Peymanns Inszenierung unter dem Titel ‚Che Guevara im Teutoburger Wald'.[59]

Für die über die Auseinandersetzung mit Arminius und der Germania des Tacitus hinausgehende ‚rechtsradikale Neuauflage der Arminius-Ideologie' in den 1960er- bis 1990er-Jahren (Unverfehrt) blieb das Hermannsdenkmal ein wichtiger Bezugspunkt: ***[62]*** Ich präsentiere hier einen anderen aktuellen Beitrag des NPD-Organs *Deutsche Stimme* zum 2000-jährigen Jubiläum der Varusschlacht. Der Slogan ‚Kraft und Einigkeit für Germanien' prangt auf einem sogenannten T-Hemd (so der Rechte-Szene-Jargon für T-Shirt). Der Slogan ist unterlegt mit einem Ausschnitt aus dem bekannten Historiengemälde von Friedrich Tüshaus (1832–1885) von 1876, *Schlacht zwischen Germanen und Römern am Rhein*. Das T-Hemd gehört zur Produktreihe ‚Hermann der Cherusker', die vom Internet-Shop der *Deutschen Stimme* vertrieben wurde.[60]

Im März 2009 wurde die eng mit der NPD verbundene ‚Heimattreue Deutsche Jugend' (HDJ) vom Verfassungsschutz verboten. Diese ‚volks- und heimattreue Jugendbewegung' trat für ein ‚unabhängiges Deutschland' und u.a. gegen eine ‚Verenglischung der deutschen Sprache' ein. Zu ihren vier regionalen ‚Leitstellen' – der Terminus ist dem NS-Jargon entlehnt – gehörte auch eine der ‚Leitstelle West' zugeordnete ‚Einheit Hermannsland'. Die Auseinandersetzung neuheidnischer Gruppen, die z.T. der rechten Szene nahe stehen, mit dem Arminiusstoff kann hier nicht weiter verfolgt werden.[61]

Spuren der Arminiusrezeption führen auch in die rechte Musikszene, wobei einzelne Gruppen allem Anschein nach ein Verwirrspiel mit radikalen Arminiusbekenntnissen betreiben um strafrechtlicher Verfolgung zu entgehen.

So begegnen Arminius-Bezüge bei der Neofolk-Band ‚Graumahd', die der ‚Darkwave'-Szene zugerechnet wird. Das 2006 veröffentlichte Debütalbum spielt mit dem Titel *Cheru* auf ‚Hermann den Cherusker' an. Über ein Konzeptalbum zu den ‚Nibelungen', so erklärt die Gruppe ihren Titel *Cheru*, sei man zu Siegfried und Arminius gekommen.

Die Gruppe ‚Blutharsch' ‚zitiert' bzw. zeigt auf dem Cover des Albums *Der Sieg des Lichtes ist des Lebens Heil* von 1998 den bekannten Gobelinentwurf *Die Hermannsschlacht* von ***[63]*** 1938/1939, den Werner Peiner (1897–1984) für die Reichskanzlei Hitlers lieferte. Im Internet wird die eindeutig erkennbare Darstellung aus der NS-Zeit provozierend

---

59 Vgl. Losemann, ‚Varus' und ‚Hermann / Che Guevara' 2009, 199f. **[vgl. Nr. 7b]**.

60 Dazu Stöckel, ‚Kraft und Einigkeit für Germanien' 2009, 210.

61 Dazu von Schnurbein, Göttertrost 1993, 51f.

im Sinne des Verwirrspiels als ein sozialistischer Gemeindebau im Wien der 1960er-Jahre beschrieben.[62]

1999 zitiert diese Gruppe das oben erwähnte 1812 entstandene *Vaterlandslied* von Ernst Moritz Arndt aus den Befreiungskriegen mit dem Anfangsvers „Der Gott, der Eisen wachsen ließ". Arndts *Vaterlandslied* wird 2003 in dem ‚Military Pop'-Ein-Mann-Projekt ‚Freiheit' vertont – neben lyrischen Texten z.B. von Goethe oder Else Lasker-Schüler.[63]

Am Ende dieses kurzen Überblicks soll der Song *Arminius* der niederländischen Deathmetal-Band ‚Arminius' stehen:

Romans are closing in
Arminius draws his sword
Trumpets signal viciously
Battle cries arise
Thousands of soldiers close the trap
None leaves this fight alive.[64]

Die genannten Gruppen entziehen sich allem Anschein nach bewusst eindeutigen Zuordnungen zum NS-Gedankengut, sondern betreiben öffentlich ein Verwirrspiel, um strafrechtlicher Verfolgung zu entgehen. Es ist aber deutlich geworden, dass Arminius bis in die Gegenwart im rechten Spektrum ‚heimisch' ist. Die Arminiusrezeption der Rechten greift erkennbar auf die Motive des 19. Jahrhunderts zurück. Der ‚Hermann' der Befreiungskriege wird in den Texten der Darkwave-Szene und des ‚Military Pop' besungen, Arminius ist in der Deathmetal-Szene präsent. Das sind sicher einzelne Spuren, aber sie sind fassbar. Der konservative Grundcharakter der rechten Arminiusrezeption *[64]* wird auch im Rückgriff auf die Historienmalerei des 19. Jahrhunderts deutlich.

Was bleibt am Ende dieses Überblicks von dem ‚geschichtlichen' Arminius? Er behauptet mehr oder weniger symbolisch seinen Platz am Anfang der deutschen Geschichte. Er gilt aber auch als anerkannter Deutscher ‚Erinnerungsort' im übertragenen Sinn.

Der Arminius-Bearbeiter Werner M. Doyé (Jahrgang 1971) erinnert abschließend an den 2000 Jahre langen Kampf des Arminius gegen Rom – aus dem ich einen schmalen Ausschnitt präsentiert habe. Sehr zu Recht weist er darauf hin, dass fast alle europäischen Länder ‚antike Streiter' für ihre Nationalgeschichte gefunden haben, wie Vercingetorix, Boudicca, Civilis „im propagandistischen Kampf gegen europäische Nachbarn". Er wagt dann die Prognose, dass ein geeintes Europa andere Helden brauche und „dabei vermutlich auf das letzte real existierende gesamteuropäische Reich zurückgreifen [werde] – das antike Rom", und schließt mit dem Satz: „Ein später Triumph der Stadt am Tiber über den ‚Befreier Germaniens'."[65]

62 Nach Stöckel, ‚Kraft und Einigkeit für Germanien' 2009, 213.
63 Stöckel, ‚Kraft und Einigkeit für Germanien' 2009, 213f.
64 URL: http://www.arminius.nl (letzter Zugriff: 8. März 2009).
65 Doyé, Arminius 2001, 602.

Demgegenüber versucht Matthias Matussek Arminius/Hermann für die Gegenwatt zu retten. Im Anschluss an die Feststellung, dass Hermann heute eine interessante Figur wäre, stellt er die folgende Frage:

Säße er bei Attac oder im Europäischen Parlament oder in Davos? Oder würde er eine Separatistengruppe anführen? Vielleicht genügt das Wissen, dass er nicht der schlechteste Beginn war.[66]

[65] Literaturverzeichnis

Arndt, Ernst Moritz: Friedensrede eines Deutschen (1813), in: Geist der Zeit, 2. Teil, hrsg. von H. Meissner, Leipzig 1813, 85–118.

Arndt, Ernst Moritz: Vaterlandslied, in: Leffson, August / Steffens, Wilhelm (Hrsg.), Arndts Werke. Teil I: Gedichte, Berlin 1900, 100f.

Bouresh, Bettina: Die Neuordnung des Rheinischen Landesmuseums Bonn 1930–1939, Köln 1996.

Carlyle, Thomas: Über Helden, Heldenverehrung und das Heldentümliche in der Geschichte, übers. von E. Pfannkuch, Leipzig 1910.

Doyé, Werner M.: Arminius. In: François, Etienne / Schulze, Hagen (Hrsg.): Deutsche Erinnerungsorte III, München 2001, 587–602.

Eichner, Barbara: Eisenmänner und edle Völkerchöre. Die deutsche Nation auf der Opernbühne, in: Wischermann, Clemens u.a. (Hrsg.): Geschichtsbilder. Berichtsband 46. Deutscher Historikertag in Konstanz, Konstanz 2007, 137–173.

Esau, Dietrich: Germania es kommt dein Tag, in: Losemann, Volker / Stiewe, Barbara (Hrsg.): Arminius / Hermann und die Deutschen, Marburg 2009, 155–160.

Flöper, Fabian H.: Karl von Piloty und sein Gemälde ‚Thusnelda im Triumphzug des Germanicus', in: Losemann, Volker / Stiewe, Barbara (Hrsg.): *Arminius / Hermann und die Deutschen*, Marburg 2009, 79–85.

Giersch, Stephan: Völkische Germanenideologie, in: Losemann, Volker / Stiewe, Barbara (Hrsg.): *Arminius / Hermann und die Deutschen*, Marburg 2009, 125–132.

Heine, Heinrich: Deutschland, ein Wintermärchen, Frankfurt am Main 1992.

Heine, Heinrich: Harzreise. Sämtliche Werke. Bd. 6, Hamburg 1973.

Immermann, Karl: Münchhausen. Werke in fünf Bänden, hrsg. von Benno von Wiese. Bd. 3, Frankfurt am Main 1972.

von Kleist, Heinrich: Germania an ihre Kinder, in: Sämtliche Werke Bd. I, hrsg. von H. Sembdner, München ^{4}1965, 25ff.

Klemperer, Viktor: Tagebücher 1933–1934, hrsg. von W. Nowojski, Berlin ^{3}1999, 17.

Landesverband Lippe (Hrsg.): Ausstellungskatalog 2000 Jahre Varusschlacht-Mythos, Stuttgart 2009.

66 Matussek, Wir Deutschen 2006, 172.

[66] Losemann, Volker: Arminius und Augustus. Die römisch-germanische Auseinandersetzung im deutschen Geschichtsbild, in: Christ, Karl / Gabba, Emilio (Hrsg.): Caesar und Augustus. Römische Geschichte und Zeitgeschichte, Como 1989, 129–163 [= **Nr. 5**].

Losemann, Volker: Arminius. Karriere eines Freiheitshelden, in: van Schlun, Betsy / Neumann, Michael (Hrsg.): Mythen Europas. Schlüsselfiguren der Imagination. Das 19. Jahrhundert, Regensburg 2008, 98–119.

Losemann, Volker: Denkmäler, völkische Bewegung und Wissenschaft. Die römisch-germanische Auseinandersetzung in der Sicht des 19. und 20. Jahrhunderts, in: Schneider, Helmuth (Hrsg.), Feindliche Nachbarn. Rom und die Germanen, Köln 2008, 229–269 [= V. Losemann, Klio und die Nationalsozialisten. Gesammelte Schriften zur Wissenschafts- und Rezeptionsgeschichte, hrsg. v. C. Deglau, P. Reinard u. K. Ruffing, Wiesbaden 2017, 237–268].

Losemann, Volker / Stiewe, Barbara (Hrsg.): Ausstellungskatalog Arminius/Hermann und die Deutschen. Ein nationaler Mythos, Marburg 2009.

Losemann, Volker: ‚Varus' und ‚Hermann / Che Guevara' im Teutoburger Wald. Zugänge zu Arminius / Hermann in den 1970er und 1980er Jahren, in: Losemann, Volker / Stiewe, Barbara (Hrsg.): Arminius / Hermann und die Deutschen, Marburg 2009, 199–200 [= **Nr. 7b**].

Losemann, Volker: Die ‚Kulturhöhe' der Germanen, in: Landesverband Lippe (Hrsg.): Ausstellungskatalog 2000 Jahre Varusschlacht-Mythos, Stuttgart 2009, 234–242 [= **Nr. 8**].

Losemann, Volker: ‚Statt Deutschland sollte man künftig Arminien sagen!' Bemerkungen zur Terminologie der römisch-germanischen Auseinandersetzung, in: Becker, Armin / Rasbach, Gabriele / Ruffing, Kai (Hrsg.): Kontaktzone Lahn, Wiesbaden 2010, 169–182 [= V. Losemann, Klio und die Nationalsozialisten. Gesammelte Schriften zur Wissenschafts- und Rezeptionsgeschichte, hrsg. v. C. Deglau, P. Reinard u. K. Ruffing, Wiesbaden 2017, 283–294].

Matussek, Matthias: Wir Deutschen. Warum uns die anderen gern haben *können*, Frankfurt am Main 2006.

Mellies, Dirk: Politische Feiern am Hermannsdenkmal nach 1875, in: Landesverband Lippe (Hrsg.): Ausstellungskatalog 2000 Jahre Varusschlacht-Mythos, Stuttgart 2009, 263–272.

Münkler, Herfried: Die Deutschen und ihre Mythen, Berlin 2009.

Niedermeier, Michael: Germanen in den Gärten. ‚Altdeutsche Heldengräber', ‚gotische' Denkmäler und die patriotische Gedächtniskultur, in: Hermand, Jost / Niedermeier, Michael (Hrsg.): Revolutio Germanica: Die Sehnsucht nach der ‚alten Freiheit' der Germanen, Wien 2002, 21–116.

Plessner, Helmuth: Die verspätete Nation. Über die politische Verführbarkeit bürgerlichen Geistes, Stuttgart 1959.

Puschner, Uwe: Die Völkische Bewegung im wilhelminischen Kaiserreich, Darmstadt 2001.

von Schiller, Friedrich: Die Räuber, Stuttgart 1984.

[67] von Schnurbein, Stefanie: Göttertrost in Wendezeiten. Neugermanisches Heidentum zwischen New Age und Rechtsradikalismus, München 1993.

von See, Klaus: Barbar, Germane, Arier. Die Suche nach der Identität der Deutschen, Heidelberg 1994.

von See, Klaus: ‚Hermann der Cherusker' in der deutschen Germanen-Ideologie, in: ders.: Texte und Thesen. Streitfragen der deutschen und skandinavischen Geschichte, Heidelberg 2003, 63–100.

Seeba, Heinrich C.: Hermanns Kampf für Deutschlands Not. Zur Topographie der nationalen Identität, in: Wiegels, Rainer / Woesler, Winfried (Hrsg.): Arminius und die Varusschlacht, Paderborn ³2003, 355–365.

Stöckel, Ramon: ‚Kraft und Einigkeit für Germanien'. Das Arminiusbild im rechten Umfeld: von den 1970er Jahren bis zur Gegenwart, in: Losemann, Volker / Stiewe, Barbara (Hrsg.): Arminius/Hermann und die Deutschen. Marburg 2009, 209–217.

Tacke, Charlotte: Denkmal im sozialen Raum: nationale Symbole in Deutschland und Frankreich im 19. Jahrhundert, Göttingen 1995.

Timpe, Dieter: Arminiusstudien, Heidelberg 1970.

Unverfehrt, Gerd: Arminius als nationale Leitfigur, in: Mai, Ekkehard / Waetzoldt, Stephan (Hrsg.): Kunstverwaltung, Bau- und Denkmal-Politik im Kaiserreich, Berlin 1981, 315–340.

Weide, Nicole: Die Brüder 0016. Heiner Müllers ‚Germania Tod in Berlin', in: Losemann, Volker / Stiewe, Barbara (Hrsg.): Arminius/Hermann und die Deutschen, Marburg 2009, 201–208.

Werner, Michael: Die ‚Germania', in: François, Etienne / Schulze, Hagen (Hrsg.): Deutsche Erinnerungsorte III, München 2001, 569–586.

Wiegels, Rainer / Woesler, Winfried (Hrsg.): Arminius und die Varusschlacht, Paderborn ³2003.

Winter, Sascha: Das ‚Grabmal des Arminius' im Landschaftspark Windhausen. Genealogisch-patriotische Gedächtniskultur in der Gartenkunst des späten 18. Jahrhunderts, in: Losemann, Volker / Stiewe, Barbara (Hrsg.): Arminius/Hermann und die Deutschen, Marburg 2009, 89–96.

Wolters, Reinhard: Die Schlacht im Teutoburger Wald. Arminius, Varus und das römische Germanien, München 2008.

Nr. 7a–b

Originalpublikation in: V. Losemann / B. Stiewe (Hrsg.), Katalog zur Ausstellung ‚Arminius / Hermann und die Deutschen. Ein nationaler Mythos'. Ein studentisches Ausstellungsprojekt in der Universitätsbibliothek Marburg (30. April – 21. Juni 2009), Marburg 2009, 165–170 u. 199–200.

Nr. 7a
„... wie hoch, sittenrein und erhaben unsere Vorfahren waren." Die Rezeption der „Germania" des Tacitus im Nationalsozialismus

> *Das herrliche Bild, wie hoch, sittenrein und erhaben unsere Vorfahren waren. So sollten wir wieder werden oder wenigstens Teile von uns.*

Dies notierte der junge Heinrich Himmler (1900–1945) unter dem Eindruck seiner „Germania"-Lektüre am 24.09.1924. Hauptanknüpfungspunkte für die nationalistische bzw. nationalsozialistische Lesart der „Germania" finden sich in den Kapiteln 2 und 4 der taciteischen Schrift, die hier in der Übersetzung von Eugen Fehrle (1880–1957) wiedergegeben werden:

> *2.–4. Urgeschichte der Germanen*
> *A. Bodenständigkeit und Rassereinheit*
> *2. Die Germanen selber möchte ich für Ureinwohner halten und keineswegs für Mischlinge infolge von Zuwanderung und gastlicher Aufnahme fremder Stämme [...]*
> *C. Rassemerkmale.*
> *4. Ich selbst trete der Meinung derer bei, die glauben, die Stämme Germaniens seien nicht durch irgendwelche Heiraten mit anderen Völkern verfälscht, sondern eine eigenartige, rassenreine und nur sich selbst ähnliche Volkseinheit. Daher ist auch das Äußere ihrer Erscheinung, wenn das Volk noch so zahlreich ist, bei allen **[166]** dasselbe: die Augen trotzig und blau, die Haare rötlich-blond, die Körper hochgewachsen und nur zum Ansturm stark.*
> (Hervorhebungen im Original)

Diese Übersetzung ist der zweiten, verbesserten Auflage der „Germania"-Ausgabe Fehrles von 1935 entnommen, wobei die hier zitierten Passagen im Wortlaut der ersten Ausgabe von 1929 entsprechen (Abb. 1). Der klassische Philologe und Volkskundler Fehrle war in den 1930er-Jahren ordentlicher Professor in Heidelberg und ein in der NS-Wissenschaftspolitik einflussreicher Ministerialrat im badischen Kultusministerium.

Seit Anfang 1934 stand die „Germania" des Tacitus im Zentrum des Streits um die „Kulturhöhe der Germanen": Der Münchner Kardinal Faulhaber (1869–1952) argumentierte, gestützt auf Tacitus, in seiner Silvesterpredigt zum Thema „Christentum und Germanentum" religionspolitisch gegen ein nordisch-germanisches Bekenntnis. Unter Hinweis auf die alte Praxis der Aussetzung von krüppelhaften Kindern spielte er sehr deutlich auf das NS-„Gesetz zur Verhütung erbkranken Nachwuchses" vom Juli 1933 und die Zwangssterilisierungen an. Tacitus war sein Kronzeuge dafür, dass von *„einer eigentlichen Kultur"* bei den vorchristlichen Germanen keine Rede sein konnte.

Eine Antwort auf die *„schwerste Diffamierung der deutschen Vorfahren"* war der Abdruck folgender „Richtlinie" für den politisch korrekten Umgang mit den Germanen in der Zeitschrift „Germanien" 1934 im Artikel „Die Germanen in der Silvesterpredigt des Kardinals Faulhaber" von Oskar Suffert:

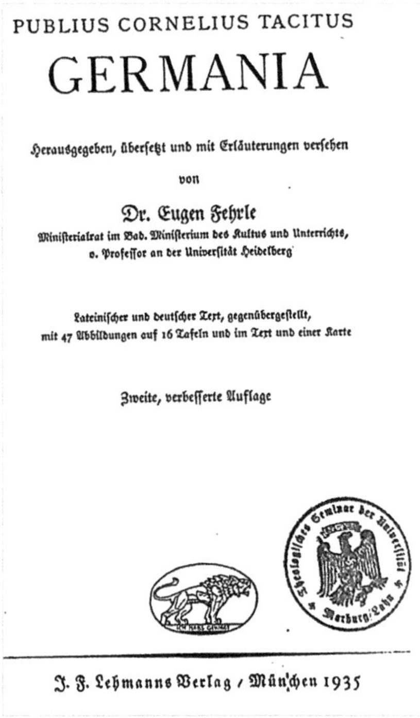
PUBLIUS CORNELIUS TACITUS

GERMANIA

Herausgegeben, übersetzt und mit Erläuterungen versehen

von

Dr. Eugen Fehrle

Ministerialrat im Bad. Ministerium des Kultus und Unterrichts, o. Professor an der Universität Heidelberg

Lateinischer und deutscher Text, gegenübergestellt, mit 47 Abbildungen auf 16 Tafeln und im Text und einer Karte

Zweite, verbesserte Auflage

J. F. Lehmanns Verlag / München 1935

Abb. 1: Titelblatt der „Germania"-Ausgabe von Eugen Fehrle. 2. verb. Aufl., München 1935 (Bibliothek des Theologischen Seminars der Philipps-Universität Marburg, RG VIIa 10).

> *Ein volksbewußter Staat hat nicht nur von seinen Geistlichen und Lehrern, sondern auch von seinen Beamten zu fordern, daß sie über den Hauptinhalt unserer Geschichte, über den 2000jährigen Gegensatz zwischen Armindeutschen und Flavusdeutschen, auch über die germanische Vorgeschichte Bescheid wissen; es darf nicht vorkommen, daß unsere Vorfahren als halbe Wilde dargestellt werden.*

[167] Dabei zitiert Suffert aus Heinrich Wolfs „Geschichte der katholischen Staatsidee. Kaiser Augustus oder Jesus?", die 1933 in Leipzig erschienen war.

Noch direkter antwortete dem Kirchenmann einer der aggressivsten Vertreter der NS-Rassenideologie, Johann von Leers (1902–1965), mit der Schrift „Der Kardinal und die Germanen" von 1934. Er las die „Germania" rassistisch und bekannte sich zum Ziel der *„Hochzucht des Menschen"* und der Ausschaltung *„minderwertigen Erbguts"* (Abb. 2). In

[169] Abb. 2: NS-Antwort an Faulhaber: Johann von Leers: Der Kardinal und die Germanen. Hamburg 1934 (Hessische Landesbibliothek Wiesbaden, Mb 4996).

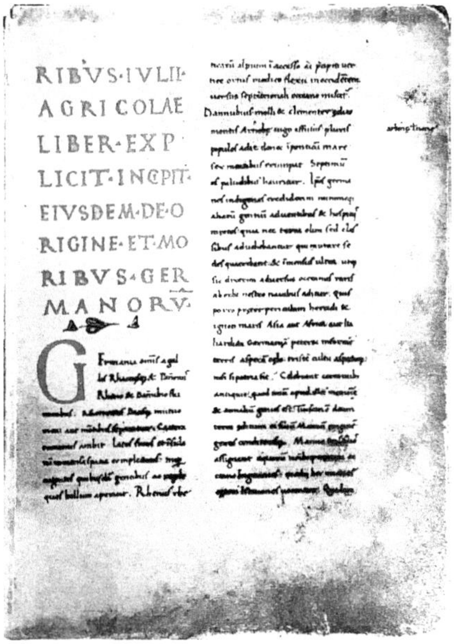

[170] Abb. 3: Umschlagbild von Rudolf Till (Hrsg.): Handschriftliche Untersuchungen zu Tacitus Agricola und Germania mit einer Photokopie des Codex Aesinas, Berlin 1943 (= Deutsches Ahnenerbe B. Abt. Arbeiten zur Klassischen Philologie und Altertumskunde Nr. 1). Der Umschlag zeigt den Anfang der „Germania“.

der Folge verschärfte sich die „rassistische Lesart“ des Textes bis hin zur Legitimation der „Nürnberger Gesetze“.

Der öffentliche Streit um die *„Kulturhöhe der Germanen“* forderte eine Reaktion Mussolinis auf das „ekstatische Germanenbild“ (K. v. See) der NS-Ideologen heraus: *„Dreißig Jahrhunderte der Geschichte“*, so äußerte der Duce im September 1934, erlaubten ihm,

> *mit überlegenem Mitleid auf gewisse Theorien jenseits der Alpen zu blicken, die von den Nachkommen eines Volkes vertreten werden, das zu einer Zeit, als Rom Vergil und Augustus besaß, nicht einmal die Schrift kannte, um Zeugnisse seines Lebens zu überliefern.*

Der christlich-kirchenpolitischen und der rassistischen Lesart der „Germania“ liegt das aus der humanistischen „Germania“-Rezeption bekannte Muster der Römer/Germanen- bzw. Barbarenantithese zugrunde. Mussolini lieferte die faschistische Variante.

Zur „Germania“-Rezeption in der NS-Zeit gehören auch die letzten vergeblichen Bemühungen Himmlers, den ältesten Textzeugen, den so genannten „Codex Aesinas“, der im 15. Jahrhundert vom Kloster Hersfeld nach Rom gelangt war, wieder nach Deutschland zu holen. Die moderne „Handschriftenjagd“ einer SS-Einheit in der Bibliothek des Grafen Balleani in Iesi bei Ancona 1944 war ein Fehlschlag. Zuvor hatte der Latinist Rudolf Till (1911–1979) im Auftrag von Hitlers „Ahnenerbe“ 1943 eine Faksimileausgabe des Codes (Abb. 3) auf der Basis von Fotokopien herausgebracht; sie war mit dem üblichen Geleitwort des Reichsführer-SS versehen: *„Ein Volk lebt [168] solange glücklich in Gegenwart und Zukunft, als es sich seiner Vergangenheit und der Größe seiner Ahnen bewusst ist.“* Den Gesamtkomplex hat der klassische Philologe Allan A. Lund aufgearbeitet.

Nr. 7b
„Varus“ und „Hermann / Che Guevara“ im Teutoburger Wald. Zugänge zu Arminius/Hermann in den 1970er und 1980er Jahren

Vermutlich angeregt durch die Diskussionen über die Hundertjahrfeier der Einweihung des Hermannsdenkmals 1975, eröffnete der Friedenspreisträger des deutschen Buchhandels des Jahres 2008, Anselm Kiefer (Jg. 1945), mit der Vorstudie „Varus“ 1976 (Abb. 1) den Zyklus „Wege der Weltweisheit / Hermanns-Schlacht“.[1] Darin betritt der Künstler in Distanz zur nationalistischen Waldverehrung „den Wald der deutschen Geschichte“ (S. Schama). Auf den Spuren von Caspar David Friedrich „Chasseur im Walde“ (1814) zeigt er einen winterlichen Waldeingang, über dem nackte Äste ein Dach bilden. Der beschneite Weg ist von Blutspuren gezeichnet; vorne stehen die Schriftzüge VARUS (schwarz) und HERMANN und THUSNELDA (weiß). An den Bäumen werden mit Grabbe, Kleist, Klopstock, Fichte und Schlieffen prominente Namen aufgerufen, die für Aspekte des Hermannsmythos stehen.

Am 12.11.1982 besprach die FAZ mit dem Slogan „Che Guevara im Teutoburger Wald“ Claus Peymanns (Jg. 1937) spektakuläre Bochumer Inszenierung von Kleists „Hermannsschlacht“, die er mit Reminiszenzen aus modernen Befreiungskämpfen aufgeladen hatte. Nach Matthias Matussek vom Kulturressort des „Spiegels“ wurde damit „Hermann hundert Jahre nach Kaiser Wilhelm zur Linken zurückgeholt!“ Matussek bezieht sich hier auf ein Gespräch mit Peymann, der zu ihm „kurz von den Befreiungskriegen und dann viel und lang von Frantz Fanon [1925–1961] und den Guerillakämpfen gegen die kolonialistische Unterdrückung in der Dritten Welt gesprochen“ habe. Im *[200]* Programmheft zur

1 [**Vgl. Nr. 6**; Abb. 1: Anselm Kiefer: „Varus“, 1976, Öl auf Leinwand, 200 × 270,5 (Sammlung Van Abbemuseum, Eindhoven, Niederlande; Foto: Peter Cox, Eindhoven, Niederlande). Für diese Abbildung vgl. die Originalpublikation auf S. 199 oder die Internetseiite des Museums: https://vanabbemuseum.nl/en/collection/details/collection/?lookup%5B1673%5D%5Bfilter%5D%5B0%5D=id%3AC1148.]

Inszenierung ist die antikolonialistische Linie mit einem Abdruck aus Fanons Hauptwerk „Die Verdammten dieser Erde“ (1961), das von Jean-Paul Sartre kommentiert wird, breit ausgezogen. Ähnlich wie später Che Guevara hatte Fanon ab 1958 als Vertreter der provisorischen algerischen Regierung versucht, die antikolonialistische Bewegung in Afrika zu stärken.

2009 „spielt“ man in Detmold mit der Kopplung von Che Guevara und den Cheruskern: So trägt ein T-Shirt den Schriftzug „Cherusker“. Dabei sind die drei Anfangsbuchstaben CHE farblich vom Rest des Wortes abgesetzt und erinnern damit an Peymanns Hermann alias Che Guevara.

Nr. 8

Originalpublikation in: 2000 Jahre Varusschlacht. Mythos, hrsg. v. Landesverband Lippe, Theiss, Stuttgart 2009, 234–242.

Die ‚Kulturhöhe' der Germanen. Spuren der NS-Germanenideologie

Der Streit um die Kulturhöhe der Germanen, dem im Folgenden mit dem Schwerpunkt auf der NS-Zeit nachgegangen werden soll, beginnt im Grunde mit der Wiederentdeckung der Schriften des Tacitus im 15. und 16. Jh. Von Anfang an ist diese Auseinandersetzung mit der Rezeption und politischen Wirkungsgeschichte der wohl 98 n.Chr. entstandenen *Germania* des Tacitus verknüpft.

Nach Manfred Fuhrmann lässt sich „all das, was sich im 19. und 20. Jh. im Umkreis der Beschäftigung mit der taciteischen Schrift abgespielt hat, als die gigantische *Extrapolation zweier Grundpositionen betrachten*, die sich schon während der ersten Hälfte des 16. Jhs. abgezeichnet hatte".[1] Diese Blickrichtung führt in unserem Zusammenhang letztlich zur NS-Germanenideologie. Zuvor sind diese Grundpositionen kurz zu umreißen: Zu den wichtigsten Kennzeichen der Germania-Rezeption in Italien und Deutschland gehören die nahezu topischen Barbaren-Anschuldigungen der italienischen Humanisten auf der einen und der antirömische Affekt der deutschen Frühhumanisten auf der anderen Seite. Mit der *Germania* argumentieren die deutschen Frühhumanisten einerseits gegen Rom in Gestalt der Kurie und andererseits gegen die ‚Welschen', den westlichen Nachbarn Frankreich. Eine weitere Entwicklungslinie beginnt mit dem Bekanntwerden der *Annalen* des Tacitus. Mit der *editio princeps* von 1515 tritt dann im Umfeld der Reformation auch Arminius ins historische Bewusstsein. In diesen Kontext gehört die ‚Verdeutschung' der *Germania* und die seit dieser Zeit fassbare Gleichsetzung Germaniens und der Germanen mit ‚Deutschland' und den ‚Deutschen' in der „Gleichung germanisch-deutsch".[2]

Die *Germania* (und auch die Arminiusgeschichte bei Tacitus) sind von einer antithetischen Struktur bestimmt, die wechselseitige Aktualisierungen erleichtert. So hebt Tacitus die Germanen mit der Strenge ihrer moralischen Verhaltensformen positiv von seiner korrupten römischen Gegenwart ab. Die Römer-Germanen-Antithese, in die der Gegensatz zwischen germanisch-barbarischem Heidentum auf der einen und dem Christentum auf

1 Fuhrmann 1978, 45.
2 Vgl. See 1971, 9ff.

der anderen Seite eingeschlossen ist, prägt nachhaltig den im 15. Jh. einsetzenden Rezeptionsprozess und führt zu einer „stufenweisen Konstruktion nationalen Bewusstseins".[3]

Bereits in der Frühphase der Germania-Rezeption ist der Gegensatz zwischen germanisch-barbarischem Heidentum auf der einen Seite und dem Christentum auf der anderen Seite zu fassen. In der Abwehr des Barbarenvorwurfs verfestigt sich auf deutscher Seite ein überwiegend positives Wesensbild der Germanen; das stark auf das Gegenbild des Römers fixiert ist. In diesem Prozess kann die Schrift für unterschiedliche, zumeist politische Anliegen als Argumentationshilfe eingesetzt werden.

Die zweite wichtige Phase der deutschen Germania-Rezeption reicht von den Befreiungskriegen bis 1945. Der Einfluss der Romantik und das Ringen um einen deutschen Nationalstaat schufen am Beginn des 19. Jhs. eine neue Lage: Seine Vorgaben für die Entwicklung der Germanenideologie lassen sich in einen weiten Rahmen des ‚politischen Germanismus' einordnen.

‚Germanisierung' der deutschen Geschichte

In enger Verbindung damit steht – wobei „sich Rassismus und Germanismus gegenseitig stützen" – die Entfaltung der biologisch motivierten Rassenlehre, die in Deutschland von der Gobineau-Rezeption am Ende des 19. Jhs. getragen wird.[4]

Grundlegende Bedeutung für die Ausbildung der Germanenideologie kommt der völkischen Bewegung im Kaiserreich zu: ‚Sprache-Rasse-Religion' sind Schlüsselbegriffe der Völkischen und der Germanenideologen, mit denen sie sich von ‚römischen Einflüssen' beinahe jeder Art abgrenzen.[5] Der ‚Altvölkische' Houston Stewart Chamberlain zitiert wie zuvor Gobineau bei der Bestimmung des Begriffs ‚Germane' die „intuitiv richtige Einsicht" des Tacitus, dass die Germanen „seit jeher ein besonderes, unvermischtes Volk bilden, welches nur sich selber gleicht (Tacitus, *Germania* 4)".[6] Die abendländische Geschichte läuft für ihn als Rassenkampf ab, in dessen Verlauf die Germanen das ‚Erbe der Alten Welt' antreten. Bei Chamberlain ist die „antisemitische Erweiterung" der Römer-Germanen-Antithese fassbar (K. v. See).

[235] Diese wenigen Hinweise zeigen, in welcher Weise H. St. Chamberlain das Terrain der NS-Germanenideologie vorbereitet hat. Gerade Alfred Rosenberg, einer ihrer Hauptvertreter, hat immer wieder darauf hingewiesen, wie stark sein Germanenbild von Chamberlain geprägt worden war. In seinem *Mythus des 20. Jahrhunderts* (1930) korrespondiert mit Rosenbergs geradezu exzessiver Germanenverehrung eine ausgesprochen „kulturkämpferische Anti-Romhaltung", die vor allem in seinen Angriffen auf die katholische Kirche zum Ausdruck kam.[7] Wie tief das Germanenbild der taciteischen *Germania*

3 Werner 2001, 574.
4 Gollwitzer 1971, 282–356.
5 Vgl. generell Puschner 2001.
6 Chamberlain 1933^{17}, 551.
7 See 1971, 35.

in Deutschland am Anfang der 1920er-Jahre im ‚völkischen' Bewusstsein verankert war, zeigten die Reaktionen auf die wesentlich von dem Philologen Eduard Norden angestoßene Diskussion über den literarisch-topischen Charakter der Schrift, die, so Norden, dem deutschen Volk als „Patengeschenk in die Wiege seiner vaterländischen Geschichte" gelegt worden war.[8]

‚Wesentliche' germanische Eigenschaften wie z.B. die drohenden blauen Augen, das rotblonde Haar, hoher Wuchs (Tacitus, *Germania* 4) und „autochthoner Charakter" (Tacitus, *Germania* 2) waren danach nicht mehr als ‚Wandertopoi' bzw. ‚-motive', die zur Kennzeichnung unterschiedlicher Barbarenvölker gehörten.[9]

Angesichts der erheblichen Beunruhigung patriotischer Gemüter sah sich Norden veranlasst, „im Grunde die Ergebnisse seiner eigenen Forschungen (zu) widerrufen".[10] Unbeeindruckt von dieser Diskussion berief sich H. F. K. Günther (der bekannte ‚Rassen-Günther') in seiner zuerst 1922 erschienenen *Rassenkunde des Deutschen Volkes* in rassenkundlicher Hinsicht weiter auf das Zeugnis der *Germania* des Tacitus. Günthers zahlreiche ‚Rassegeschichten' zählen zur wichtigsten Vermittlungsliteratur für die NS-Germanenideologen.

Die Ahnen- bzw. Germanenverehrung stellte auch für Heinrich Himmler eine Art Religionsersatz dar. „Die Geschichte eines herrlichen, guten Volkes echter Germanen" war ihm nicht nur durch die Lektüre von Felix Dahns *Ein Kampf um Rom*, sondern auch durch die *Germania* des Tacitus vermittelt worden.[11] Zu den Hauptträgern der NS-Germanenideologie zählt schließlich R. Walther Darré, der ‚Verkünder der Idee von Blut und Boden', der in seinen Programmschriften *Das Bauerntum als Lebensquell der nordischen Rasse* (1928) und *Neuadel aus Blut und Boden* (1930) das Bauerntum auch in Auseinandersetzung mit der Germania idealisierte. Die Germanenverehrung Rosenbergs, Himmlers und Darrés trug, wie K. v. See bemerkt hat, pseudoelitäre und sektiererische Züge.[12]

Nach der NS-Machtübernahme gewann der Streit um die germanische Kulturhöhe eine neue Dimension. Die Germanenideologen vom Schlage Rosenbergs, Himmlers und Darrés rückten in Führungspositionen ein, Rosenberg schien sogar eine Schlüsselposition in weltanschaulichen Fragen einzunehmen. Gemessen an dem Lärm und dem Aktivismus, mit dem man nun vorging, schien die Furcht vor der Totalrevision des deutschen Geschichtsbildes zunächst durchaus berechtigt. In den einschlägigen ‚Programmdiskussionen' erhoben gerade die Anhänger Rosenbergs maßlose Ansprüche im Hinblick auf die ‚Ausweitung des deutschen Geschichtsbildes' und die ‚Umwertung der deutschen Geschichte'. Es waren die Parolen, die aus Rosenbergs *Mythus* schon längst bekannt waren, denen nun aber im parteioffiziösen ‚Völkischen Beobachter', in den ‚Nationalsozialistischen Monatsheften' und anderen Organen der NS-Publizistik mit großer Breiten-

8 Norden 1920, 5; See 1994, 31f.
9 Vgl. Werner 2001, 584.
10 Vgl. Lund 1995, 35–36.
11 Zitiert nach Ackermann 1970, 3.
12 See 1971, 38.

wirkung der Charakter offizieller Verlautbarungen verliehen wurde.[13] Ein ganz zentrales Anliegen dieser Richtung war es, ganz einfach gesagt, in verschiedensten Bereichen den Germanen nun zu ihrem ‚Recht' zu verhelfen. In diesem Kontext etablierte sich ein neues, geradezu ‚ekstatisches' Germanenbild (K. v. See).

Die aufgeladene Atmosphäre lässt sich wohl am besten aus oppositioneller Perspektive erfassen: Am 31. März 1933 fixierte der als Jude verfolgte Romanist Victor Klemperer in seinem Tagebuch den Umbenennungsvorschlag: „Statt Deutschland sollte man künftig Arminien sagen."[14]

Die ‚Kulturhöhe' der Germanen

In diese Perspektive gehört auch eine Szene aus Lion Feuchtwangers Exilroman *Geschwister Oppermann* von 1933. Darin zwingt ein nationalsozialistischer Lehrer einem halb-jüdischen Schüler das Referatsthema ‚Was bedeutet uns Heutigen Hermann der Deutsche?' auf. Der Vorwurf, „eine der hehrsten deutschen Taten durch platte rationalistische Kritik zu zersetzen", treibt den Schüler letztlich in den Selbstmord.[15]

Der NS-Germanenkult hatte u.a. wissenschaftspolitische Konsequenzen: Angegriffen sahen sich die Klassischen Altertumswissenschaften, insonderheit die klassischen und provinzialrömischen Archäologen, gegen die jetzt ‚antirömisch' argumentiert wurde, weil sie sich der Erforschung ‚fremder' Kulturkreise widmeten. Zu erwähnen sind hier vor allem die Kampagnen des Rosenberg-Schützlings Hans Reinerth, der seinen *Kampf um die deutsche Vorgeschichte* führte und diese im Sinne von Gustaf Kossinna als eine ‚hervorragende nationale Wissenschaft' betrieben wissen wollte. In den Sog dieser Entwicklungen gerieten z.T. auch die nicht weniger unmittelbar von ‚Germanenfragen' betroffenen germanistischen Disziplinen.

Wenn die Germanenideologie insbesondere im Umfeld Rosenbergs, wie man gesagt hat, nahezu den Charakter einer „Staatsreligion" gewann,[16] so ist es notwendig, sich mit den *[236]* kirchen- bzw. religionspolitischen Aspekten des nun entbrannten Streits um die germanische Kulturhöhe auseinanderzusetzen. In dieser Diskussion fiel der *Germania* des Tacitus eine Schlüsselrolle zu. Es geht dabei um eine Auseinandersetzung der Germanenideologie mit dem Münchener Kardinal Faulhaber. Der Streit entzündete sich an der Silvesterpredigt des Kardinals vom 31.12.1933 zum Thema ‚Christentum und Germanentum', die am Schluss einer Reihe von vier stark beachteten Adventspredigten Faulhabers stand.[17]

Den konkreten Anlass für die Auseinandersetzung des Kardinals mit diesem Thema gaben Befürchtungen, dass ein ‚nordisch-germanisches Bekenntnis' an die Seite der

13 Losemann, 1988, 264f.
14 Klemperer 1999, 17.
15 Feuchtwanger 1988, 94. 62.
16 See 1970, 93.
17 Losemann 1988, 265ff. [= **Nr. 4**]; Faulhaber 1934.

beiden christlichen Konfessionen treten sollte. Angesichts der Gefahr einer ‚Rückkehr zum alten heidnischen Germanentum' stellte Faulhaber zunächst die Frage: „Wie es bei den alten Germanen in ihrer vorchristlichen Zeit ausgesehen hat." In einer kurzen Vorbemerkung sprach er – die Zielrichtung war deutlich – von der Gefährdung der Geschichtswissenschaft und Altertumskunde durch ‚Romanschreiber und Märchendichter' und warnte vor der Interpretationsrichtung, „das Günstige in der vorchristlichen Germanenzeit über alles zu loben, dagegen die späteren Entartungen dem Christentum auf Rechnung zu schreiben". Gleichzeitig hob er den besonderen Wert der *Germania* des Tacitus hervor, an die er sich bei seinen Ausführungen halten wollte.
In einer rhetorisch wirkungsvoll aufgebauten Reihe, die immer wieder mit der Formel ‚Tatsache ist, daß …' eingeleitet wurde, entwickelte Faulhaber sein Germanenbild: Germanisches Heidentum war geprägt – damit begann die Reihe – durch Verehrung einer ‚Vielheit von Göttern'. Menschenopfer, wilder Aberglauben, Kriegslust, Blutrache, Sklaverei, Faulheit und Trunksucht waren weitere negative Stichworte, die Faulhaber unter Hinweis auf einzelne Kapitel der *Germania* hervorhob.[18]

Alt- und Neugermanisches Heidentum

Ein ‚günstiges Bild' boten die Altgermanen in den drei Punkten der ‚Mannentreue', der ‚Gastfreundschaft' und der ‚hohen Auffassung von der Ehe', die sich in der besonderen Verehrung der Frau äußerte. „Über dieses leuchtende Bild" fiel – und bemerkenswerterweise gerade damit endete erst einmal Faulhabers Germanencharakteristik nach Tacitus – „freilich ein tiefer Schatten: An sich war es verboten, nachgeborene Kinder zu töten, in Wirklichkeit aber konnten krüppelhafte oder ganz arme Kinder ausgesetzt werden."[19]

Mit dem Hinweis auf die Aussetzung krüppelhafter und armer Kinder, der der üblichen Kommentierung der Stelle folgte, ging Faulhaber über die taciteische Vorlage hinaus und verschärfte somit die negative Akzentuierung. Dementsprechend zog er unmittelbar anschließend eine vernichtende Bilanz: „*Von einer eigentlichen Kultur* (Hervorhebung im Original) der vorchristlichen Germanenzeit kann nach Tacitus nicht die Rede sein."[20] Soweit die wichtigsten Punkte der unmittelbar auf die *Germania* bezogenen Argumentation Faulhabers.

Im weiteren Verlauf seiner Predigt verfolgte der Kardinal die Etappen der Christianisierung und wies dem Christentum die entscheidende Rolle bei der ‚Volkwerdung' der Germanen zu. Umgekehrt musste nach Meinung Faulhabers „eine Rückführung dieses Volkes in das germanische Heidentum […] mit der gleichen Sicherheit die völkische Auflösung einleiten".[21] Wie stark die Befürchtungen hinsichtlich der Einführung eines nordisch-germanischen Bekenntnisses ausgeprägt waren, verrät die Abgrenzung

18 Faulhaber 1943, 104ff.
19 Faulhaber 1934, 108.
20 Faulhaber 1934, 108.
21 Faulhaber 1934, 113.

aus zeitgeschichtlicher Perspektive: „Dazu hat uns Gottes Gnade nicht vor dem russischen Heidentum bewahrt, um uns jetzt in einem germanischen Heidentum versinken zu lassen.“[22]

Faulhabers Predigten fanden reißenden Absatz, schon im Februar 1934 waren 250.000 Exemplare der Broschüre *Judentum, Christentum, Germanentum* verkauft (Abb. 1). Die „ungeheure Resonanz“ dieser Ausführungen belegt ein geheimer Lagebericht des Sicherheitsdienstes (SD) von Mai/Juni 1934, der die Predigten unter den Stichworten „Herabsetzung der germanisch-deutschen Geschichte, Eintreten für das Judentum, Protestantismus als Bundesgenosse, Vorgehen gegen die deutsche *[237]* Glaubensbewegung“ einordnet. Man sprach von einer „aufhetzenden Wirkung“ und vom „politischen Missbrauch der Kanzel“.[23] Der Versuch, mit den Mitteln der Presselenkung die Diskussion über Faulhabers Silvesterpredigt, die die ‚Bayerische Staatszeitung‘ bereits am 2./3. Januar (!) mit dem Artikel ‚Geschichtlicher Irrtum‘ eröffnet hatte, zu beeinflussen, scheiterte.[24]

Abb. 1: Kardinal M. v. Faulhaber; Judentum, Christentum, Germanentum. Adventspredigten, gehalten in St. Michael zu München 1933, München 1934.

Unabhängig davon konnte und wollte Alfred Rosenberg die Predigt des Kardinals nicht unbeantwortet lassen. Als ‚Leiter des außenpolitischen Amtes der NSDAP‘ und als ‚Reichsleiter des Kampfbundes für Deutsche Kultur‘ äußerte er sich auf einer Kundgebung der Gauleitung Südhannover-Braunschweig und des Kampfbundes Deutsche Kultur am 21. Januar 1934.[25]

Die Römer-Germanen Antithese

Dabei zitierte er empört aus der Predigt des Kardinals, der den Ergebnissen „der Erforschung der germanischen Urgeschichte ganz unwissend gegenüberstände“. Aus außenpolitischer Perspektive verwahrte er sich gegen die Gegenüberstellung von „echten Jüngern des Evangeliums“ und „kriegslüsterner Germanen“ durch Faulhaber.

22 Faulhaber 1934, 123.
23 Nach Boberach 1971, 3ff.
24 Vgl. Losemann 1988, 267 [= **Nr. 4**].
25 Zitiert nach Bericht eines Teilnehmers bei Suffert 1934, 66f.

„Unser ganzes außenpolitisches Ringen", so der Reichsleiter, sei darauf gerichtet, entsprechende „Beschuldigungen unserer Feinde" zu entkräften.

Darüber hinaus qualifizierte Rosenberg den von Faulhaber hergestellten Bezug von kommunistischer und „altgermanischer Barbarei" als „schwerste Diffamierung" der deutschen „Selbstbesinnung" auf die Vorfahren. Schließlich markierte Rosenberg die Grundlinien seines Geschichtsbildes: „Wir sehen eine neue Geschichtsreihe vor uns entstehen, die von Armin dem Cherusker über Widukind, Heinrich den Löwen bis zu Adolf Hitler führt."[26] Damit blieb Karl der Große jedenfalls in der Konzeption Rosenbergs aus der germanisch-deutschen Geschichte ‚ausgespart'. Hitler selbst und J. Goebbels, darauf ist noch einzugehen, vertraten andere Positionen.

Die Reaktionen der NS-Publizistik, die hier nur in einem schmalen Ausschnitt präsentiert werden können, wurden weitgehend von Rosenberg gesteuert. Gemeinsam ist ihnen eine übergroße Empfindlichkeit der ‚Germanomanen' an jeder Kritik der germanischen Vorfahren.

Eben mit dieser Haltung, „mit dem etwas komischen Eifer, die frühgeschichtlichen Germanen in Schutz zu nehmen gegen ihre ‚Kulturlosigkeit'", setzte sich am 9. März 1934 im ‚Völkischen Beobachter' der ehemalige Heidelberger Professor Eduard Heyck in dem Beitrag *Die Kulturhöhe der Germanen* auseinander. Er distanzierte sich auch in anderen Passagen von dem übersteigerten Germanenkult der Richtung Rosenbergs. Vor allen Dingen aber machte Heyck klar – und das trifft wohl den Kern –, dass hier auf beiden Seiten, bei Faulhaber und seinen Gegnern, Klischeevorstellungen eine starke Rolle spielten: „Man erwehrt sich nicht ganz des Verdachts", spottete Heyck, „die jetzt so angenehm erstaunten Kulturretter unserer Ahnen könnten selber noch bis vorgestern noch einigermaßen in der Vorstellung des bekannten Bierverses gelebt haben – der übrigens auch Herrn Kardinal Faulhaber beseelt –: wie die alten Germanen zu beiden Ufern des Rheins auf Bärenhäuten lagen, usw. usw."[27] Diese Ausführungen entsprachen wohl kaum den Erwartungen der völkischen Germanenideologie, sie lagen eher auf der von Hitler und Goebbels vertretenen Linie, die sich einer radikalen Germanisierung der deutschen Geschichte widersetzten. Wohl als eine Art Richtigstellung wurde im ‚Völkischen Beobachter' am 14. März 1934 ein Artikel Heycks mit dem Titel ‚Kardinal Faulhaber und die Germania' nachgeschoben, der kaum Spitzen gegen die Rosenberg'sche Germanenverehrung enthielt.

Hitler hatte seine starke Distanz zur völkischen Germanenschwärmerei schon früh erkennen lassen. In einer Rede von 1926 machte er die „völkischen Wanderscholaren" lächerlich „die im vermeintlichen Bärenfell aufs neue ihre Wanderung antraten" und von den „Erfahrungen einer zweitausendjährigen Geschichte vertilgt" würden.[28] Auf dieser Linie liegt eine Vielzahl von ‚antigermanischen' Äußerungen z.B. gegenüber Albert Speer oder z.T. drastische Bemerkungen in den Tischgesprächen während des Zweiten Weltkriegs.

26 Nach Suffert 1934, 67.
27 Zitiert nach Losemann 1988, 270 [= **Nr. 4**].
28 Zitiert nach Kroll 1998, 73.

„Ein volksbewußter Staat hat nicht nur von seinen Geistlichen und Lehrern, sondern auch von seinen Beamten zu fordern, daß sie über den Hauptinhalt unserer Geschichte, über den 2000jährigen Gegensatz zwischen Armindeutschen und Flavusdeutschen, auch über die germanische Vorgeschichte Bescheid wissen; es darf nicht vorkommen, daß unsere Vorfahren als halbe Wilde dargestellt werden."

Heinrich Wolf in „Geschichte der katholischen Staatsidee".

Abb. 2: Zitat aus: H. Wolf, Geschichte der katholischen Staatsidee. Kaiser Augustus oder Jesus Christus? Leipzig 1933.

In eher seltenen offiziellen Äußerungen, so in einer häufig zitierten Rede vom 5.12.1934, bezog er sich u.a. auch auf den „Kulturellen Hochstand" der Germanen „schon 1000 Jahre bevor Rom gegründet wurde" und die Verdienste der Vorgeschichtsforschung.[29]

Man könnte dies als eine offizielle persönliche Stellungnahme Hitlers zum Streit um die ‚germanische Kulturhöhe' ansehen. Indessen lässt die Vielzahl seiner Äußerungen im privaten Rahmen keinen anderen Schluss zu, als dass bei dem ‚Führer der Germanen' die Distanz zu den Germanen überwog. Hitlers „Idealzeit" (F.-L. Kroll) war und blieb die Antike.

Im März (Lenzing) 1934 meldete sich mit Oskar Suffert (1892–1974) ein Gefolgsmann Wilhelm Teudts zu Wort. Der Schriftleiter von ‚Germanien', den ‚Monatsheften für Vorgeschichte und Erkenntnis deutschen Wesens', der 1934 zum Leiter des Lippischen Landesmuseums avanciert war, wertete die Silvesterpredigt Faulhabers als ‚Kampfansage' für 1934 und mahnte eine Antwort der „zünftigen Vorgeschichte" an den Kardinal an.[30]

Am Schluss des Artikels stand in Fettdruck hervorgehoben (Abb. 2) adressiert an Faulhaber ein Zitat aus Heinrich Wolfs *Geschichte der katholischen Staatsidee* von 1933: Es ging ***[238]*** um Forderungen eines „volksbewußten Staats an seine Geistlichen, Lehrer und Beamten, der von seinen Dienern Kenntnisse über den Hauptinhalt unserer Geschichte", aber „auch über die germanische Vorgeschichte" einfordern musste. Die 2000-jährige Geschichte Deutschlands wurde konsequent in der Tradition der Römer-Germanen-Antithese „als Gegensatz zwischen Armindeutschen und Flavusdeutschen" gelesen.[31] Die von Flavus, dem lebenslang in römischen Diensten kämpfenden Bruder des Arminius, abgeleiteten ‚Flavusdeutschen' hatte Wolf schon früher als ‚Gegner' Deutschlands entdeckt. Ihnen war jetzt auch Kardinal Faulhaber zuzurechnen. Der Rückgriff auf den Rassenideologen Heinrich Wolf (1858–1942), der sich seit dem Beginn des 20. Jhs. entsprechend artikulierte, verweist auf die völkischen Vorläufer der NS-Germanenideologie im

29 Zitiert nach Lund 1995, 104.
30 Suffert 1934, 118.
31 Vgl. Suffert 1934, 118.

Kaiserreich und der Weimarer Republik und deren antirömische, d.h. auch antikirchliche Haltung.

Die Aufmerksamkeit, die dem Streit um die Kulturhöhe der Germanen in der NS-Publizistik gewidmet wurde, offenbart das Ausmaß der Betroffenheit, die die Reaktionen auf Faulhabers Predigten bei den Germanenideologen ausgelöst hatten.

Dass es bei diesem „Frontalangriff auf den braunen Kult und Zeitgeist" (L. Volk) um mehr ging als um die Germanendarstellung des Tacitus, belegt aus der Vielzahl ähnlicher ‚Antworten' ausführlich die Broschüre *Der Kardinal und die Germanen*, mit der sich im März 1934 Johann von Leers (1902–1965) zu Wort meldete (Abb. 3).[32] Der Verfasser zählte zu den aggressivsten Vertretern antisemitischer NS-Publizistik.[33]

In seiner Auseinandersetzung mit dem Germanenbild Faulhabers begegnen zunächst die aus anderen Äußerungen bekannten Argumente, d.h. vor allem der Vorwurf einer einseitigen Quellenauswahl und einer geradezu „haarsträubenden Unkenntnis einfachster Dinge der deutschen Vorgeschichte". Nach ausführlicher Würdigung aller ‚Tatsachenfeststellungen' Faulhabers kam v. Leers zu folgendem Ergebnis:

„Fassen wir so die von Kardinal Faulhaber gegebenen Charakteristiken der schlechten Charaktereigenschaften der Germanen zusammen, so erscheint ihr religiöses Leben weder geborgt noch als plumpe Vielgötterei, abergläubische Gebräuche nicht häufiger als bei anderen Völkern, ihre ‚Kriegslust' als geschichtlich notwendige Wehrhaftigkeit, die Blutrache als durch die Form ihres auf dem selbstverantwortlichen Freibauerntum beruhenden Verfassungslebens erklärlich, ihre ‚Sklaverei' als eine milde Form der Hörigkeit und zugleich offenbar als Rasseschranke in den einfachen Formen jener Zeit, ihre Faulheit als Verständnislosigkeit des römischen Beobachters für ihre Wirtschaftsformen – es bleibt lediglich der Vorwurf, dass sie gelegentlich zuviel tranken."[34]

Im Hinblick auf altgermanische Mannestreue, Gastfreundschaft und die hohe Auffassung von der Ehe war man sich einig, denn „hier" – so v. Leers – „werden die Berichte des Tacitus im wesentlichen auch von den übrigen Quellen gedeckt". Von der Ausgangslage her war es wenig verwunderlich, dass v. Leers einem anderen Germanenklischee verpflichtet war als Faulhaber. Auch das Muster seiner ‚Interpretation' ist in der Germania-Rezeption durchaus geläufig – man „insistierte auf den positiven Aussagen der Germania; die ungünstigen Züge wurden meist verschwiegen, oder man versuchte sie ‚durch den Rekurs auf andere Quellen' zu widerlegen".[35]

NS-Germanenideologie und Rassenlehre

Eine besondere Interessenlage und Betroffenheit des Kritikers – damit kommen wir zum rassenideologischen Kern der NS-Germanenideologie – war in seiner Reaktion auf die

32 [Abb. 3 ist identisch mit Abb. 2 in Aufsatz **Nr. 7a** (s.o. S. 365)]
33 Vgl. z.B. J. v. Leers, Juden sehen dich an! (Hamburg 1933).
34 Leers 1934, 28.
35 Fuhrmann 1986, 74.

Bemerkungen des Kardinals zur Kindesaussetzung zu fassen. Im Prinzip bekannte sich v. Leers unter Hinweis auf die Methode der Sterilisierung dazu, „ohne die harten Mittel unserer Vorfahren in viel wirkungsvollerer Weise das Entarten des Volkskörpers zu verhindern". Es ging um ‚Hochzucht des Menschen' und Ausschaltung ‚minderwertigen Erbguts'. Diese *[239]* Bemerkungen zeigen, dass Faulhabers Anspielungen durchaus als Kritik an der rassenpolitischen Gesetzgebung, konkret dem ‚Gesetz zur Verhütung erbkranken Nachwuchses' vom Juli 1933 und der Praxis der Zwangssterilisation, verstanden worden war. Faulhaber hatte, wie sich an der Argumentation v. Leers erkennen lässt, in seinen Predigten auch „das heiße Eisen des Antisemitismus" angefasst.[36] Gerade in diesem Zusammenhang wird deutlich, dass er auch als engagierter Anwalt eines nordisch-germanischen Bekenntnisses auftrat.

Wenn v. Leers hier einen historischen Bezugsrahmen der NS-Rassenideologie entwickelte, befand er sich zweifellos in Übereinstimmung mit Gedanken Hitlers.

In diesen historischen Argumentationsformen wird ein Grundelement eines genuin nationalsozialistischen Geschichtsbildes sichtbar: die Fixierung auf die urtümliche Rassereinheit agrarisch strukturierter Gesellschaftsordnungen, wie sie sich ansatzweise in der Germania spiegelte und wie man sie z.B. in Sparta und dem frühen Rom wiederzufinden glaubte.[37]

Die Germania und die Rassengesetze

Wie berechtigt die ‚rassenpolitischen' Befürchtungen des Kardinals waren, zeigte der ‚zeitgemäße' Kommentar *Die Taciteische* ‚Germania' *als Künderin eines urdeutschen Heroismus*, den der Breslauer Studienrat Max Schlossarek 1935 vorlegte. Im Anschluss an Tacitus' Ausführungen über die ‚rassereinen' Ureinwohner Germaniens bezog sich der Autor konkret auf die NS-Rassengesetze und -politik. Er würdigte sie als „ein groß angelegtes Unternehmen zur Förderung und Verbesserung der arischen Rasse und zur Verminderung der Möglichkeiten weiterer Vermischung von Deutschen und Nichtariern". Dabei erwähnte er zustimmend das ‚Gesetz zur Förderung von Eheschließungen' sowie das ‚Gesetz zur Wiederherstellung des Berufsbeamtentums', die Rasseämter, ‚das Biologische Passamt für Asoziale' und „die sonstigen Maßnahmen der Eugenik".[38] Der Gesetzeskatalog wird im Kommentar zum vierten Kapitel um das ‚Erbhofrecht', in dem „Mischehen mit Nichtariern eine große Rolle spielen" und um „die Gesetze in der ‚Judenfrage'" (gemeint sind die Nürnberger Gesetze) erweitert.[39] Schlossarek unterstützte ausdrücklich die sog. ‚negative Eugenik'.

In dem Streit um die Kulturhöhe der Germanen begegnen Grundmuster einer emotionalisierten Germania-Interpretation, wobei von ‚Interpretation' sicher nur mit einem

36 Scholder 1986, 661 m. Anm. 850.
37 Losemann 2001, 724.
38 Schlossarek 1935, 8.
39 Schlossarek 1935, 19.

gewissen Vorbehalt die Rede sein kann. Dabei wird von kirchlicher Seite mit Argumentationsformen, die aus der Frühphase der Germania-Rezeption bekannt sind, eine Programmschrift des deutschen Nationalismus als Waffe gegen die sektiererische NS-Germanenideologie benutzt. Deren Vertreter reagieren, wie die Reaktionen zeigen, auf diese Vertiefung des Barbarenklischees außerordentlich gereizt.

Mit welcher Verbissenheit man in diesen Kreisen geradezu ein Monopol auf ‚Germanenbilder' im weiteren Sinne beanspruchte, zeigt die skurrile Auseinandersetzung mit ‚Faulhaber-Germanen im Rheinland", wobei der „Streit um die germanische Kulturhöhe" offensichtlich ‚typenbildend' gewirkt hat. Der Typus ‚Faulhaber-Germane' begegnet dem germanischen Zensor auf einem Relief des Bildhauers Alfred Pieper aus dem Jahre 1927 auf dem Rolandsturm bei Monschau in der Eifel, auf dem ein römischer Wachposten und ein Germane abgebildet sind. Der Kommentator des ‚Germanenerbe' moniert, „daß unsere Vorfahren als vertierte Unholde und ungeschlachte Waldteufel im Sinne der Barbarentheorie des Kardinals Faulhaber geschildert werden". Darüber hinaus bedeute „die widerlich-gemeine, geradezu satanische Fratze, die hier den stiergehörnten, keulenbewehrten und halbnackten Barbaren im Gegensatz zu dem wesentlich edler gezeichneten Römern aufgesetzt ist, [...] eine offene Verhöhnung des Germanentums", *[240]* die auch als Witz nicht toleriert werden könne. Für Bilder von einer der schicksalsschwersten Zeiten „deutscher Geschichte" müsse man eine „würdige" und „abgewogene" Darstellung verlangen.[40]

Der Streit um die Kulturhöhe oder Kulturlosigkeit der Altvorderen bildet den Rahmen für eine religionspolitische Auseinandersetzung, in der vordergründig altgermanisches Barbaren- / Heidentum dem Christentum gegenübergestellt wird. In den Angriffen des Kardinals auf das neugermanische Heidentum und der Verteidigung eines nordisch-germanischen Bekenntnisses durch v. Leers besitzt die Diskussion ausgesprochen bekannte kulturkämpferische Züge.

Die alte Antithese Römer-Germanen wird durch v. Leers im Sinne der NS-Rassenideologie erweitert: Er zielt auch auf aktuelle Maßnahmen der nationalsozialistischen Rassenpolitik. Damit werden Perspektiven der NS-Germanenideologie deutlich, die weit über die Probleme germanophiler Zirkel und Phantasten hinausweisen. Die Silvesterpredigt Faulhabers war als Angriff auf die NS-Germanenideologen sicher ein außerordentlich mutiger Schritt. Im Rückblick bewertete man sie im Umfeld Rosenbergs „als ersten Höhepunkt des römischen Totalangriffs".[41] Das spätere Verhältnis des Kardinals zu den NS-Machthabern ist freilich sehr kritisch zu beurteilen.[42]

Allem Anschein nach hat sich Heinrich Himmler an dem Streit bzw. der Diskussion mit Kardinal Faulhaber nicht direkt beteiligt. Mit seinem Angriff auf ‚neugermanische Religiosität' zielte Kardinal Faulhaber zweifellos aber auch auf Himmlers ‚germanenpolitische' Aktivitäten.

40 Germanenerbe 2, 1937, 239; vgl. Lund 1995, Abb. 10.
41 Nach Piper 2005, 224.
42 Vgl. Piper 2005, 404; 414.

Römische Zivilisation vs. NS-Germanenideologie

Es ist hier noch einmal an das „germanische Erweckungserlebnis“ Himmlers (Longerich), an seine Notiz zu seiner Germania-Lektüre am 24.September 1924 zu erinnern: „Das herrliche Bild, wie hoch, wie sittenrein und erhaben unsere Vorfahren sind. So sollten wir wieder werden, oder wenigstens Teile von uns.“[43] In dem vom Reichsführer SS in Konkurrenz zu Rosenberg forcierten Plänen zur „Erschließung des germanischen Erbes [...] im umfassendsten und weitesten Sinn“, sind zumindest Ansätze zu einer Realisierung dieses jugendlichen Wunschtraumes zu fassen. Anders als Rosenberg und R. W Darré hat sich Himmler bei seinen diesbezüglichen Aktivitäten selbst kaum wirklich mit der germanischen Vorzeit auseinandergesetzt. Zu finden sind etwa allgemeine Beschwörungen germanischen ‚Führertums‘ und des ‚Gefolgschaftswesens‘. Die germanische Vorzeit aber galt Himmler, wie F.-L. Kroll formuliert hat, als ein „überhistorisches Ideal, als das Ideal nationalsozialistischen Regenerationsstrebens schlechthin“.[44]

Mit den Schwerpunkten (regermanisiertes) Mittelalter, antichristliche Bewegungen und Preußen kann man Himmlers konkretes Geschichtsbild so nur bedingt als ‚germanisch‘ bezeichnen.[45]

Unter diesen Voraussetzungen hat Himmler den Germanenkult in der SS etabliert.[46] Seine Bemühungen um das ‚germanische Erbe‘ schlossen den Ansatz einer ‚neugermanischen Ersatzreligion‘ ein, in der etwa das ‚Julfest‘ an die Stelle von Weihnachten trat. Darüber hinaus förderte Himmler vielfältig die Auseinandersetzung mit der *Germania* des Tacitus. So liefert der Bonner Rechtshistoriker Karl-August Eckhardt (1901–1979) unter dem Titel *Widernatürliche Unzucht ist todeswürdig* in dem SS-Organ ‚Das Schwarze Korps‘ eine Interpretation des 12. Kapitels der Germania. Es ging im Zusammenhang mit den Moorleichen um das lange schon interdisziplinär und kontrovers diskutierte Problem des Umgangs mit ‚Unzüchtigen‘ (*corpore infames*), die wie andere Gruppen im Sumpf versenkt oder ertränkt wurden. Eckhardt sah darin eine Strafe für den ‚Rassenverrat‘ homosexueller bzw. gleichgeschlechtlich veranlagter Männer.[47] Diese ‚rassistische Lesart‘ der Germania wurde von Himmler geteilt. Dieser Argumentation entsprechend verschärfte die NS-Gesetzgebung die Strafen für Homosexuelle, „um die ‚germanische Rasse‘ zu schützen“.[48]

Letztlich vergeblich bemühte sich Himmler, den sog. *Codex Aesinas*, den ältesten Textzeugen für die Germania, wieder „heim ins Reich“ zu holen.[49] Der Codex war im 15. Jh. vom Kloster Hersfeld nach Rom gelangt. Immerhin erhielt der Latinist Rudolf Till (1911–1979) als aktiver Mitarbeiter von Himmlers Lehr- und Forschungsgemeinschaft *Das Ah-*

43 Zitiert nach Longerich 2008, 87.
44 Kroll 1998, 221.
45 Ebd.
46 Longerich 2008, 284.
47 Zitiert nach Lund 1995, 61.
48 Lund 1995, 63f.
49 Werner 2001, 569.

nenerbe die Möglichkeit, die Textvorlage 1939 in Rom zu untersuchen. Als Ergebnis konnte er 1943 eine Faksimile-Ausgabe des Codex herausbringen, die mit dem üblichen Geleitwort des Reichsführers SS versehen war: „Ein Volk lebt so lange glücklich in Gegenwart und Zukunft, als es sich seiner Vergangenheit und der Größe seiner Ahnen bewusst ist."[50]

Der mit besonderen Formen der Germania-Rezeption verknüpfte Streit um die Kulturhöhe der Germanen blieb auch der internationalen Öffentlichkeit nicht verborgen. Abgesehen von den kirchenpolitischen Konsequenzen kollidierte diese extreme Ausdrucksform des politischen Germanismus mit ihrer ‚natürlichen' Entsprechung, mit dem politischen ‚Romanismus'. Von der dezidiert ‚antirömischen' Argumentation Rosenbergs war auch die Interessenlage des faschistischen Italien tangiert, der Streit rückte damit in außenpolitische Perspektiven ein.

Kein Geringerer als Benito Mussolini erteilte den Germanomanen eine deutliche Antwort. Wie er am 6. September 1934 gegenüber einer französischen Parlamentarierdelegation *[241]* in einer bekannten Äußerung bemerkte, erlaubten ihm „dreißig Jahrhunderte der Geschichte [...] mit überlegenem Mitleid auf gewisse Theorien jenseits der Alpen zu blicken, die von den Nachkommen eines Volkes vertreten werden, das zu einer Zeit, als Rom Caesar, Virgil und Augustus besaß, nicht einmal die Schrift kannte, um Zeugnisse seines Lebens zu überliefern".[51]

Die Äußerung Mussolinis fiel in eine Zeit schwerer Belastungen der deutsch-italienischen Beziehungen. Mussolinis Attacke ist nur ein Beleg für eine ‚esplosione giornalistica antigermanica' in Italien im August und September 1934, in der die nationalsozialistische Rassenlehre, ausdrücklich auch die Sterilisationspraktiken, der nordische Gedanke, antisemitische Äußerungen und die neugermanische Religiosität angegriffen wurden.

Die Betroffenheit über Mussolinis Antwort ähnelt den Reaktionen auf Faulhabers Silvesterpredigt, sah man sich doch wiederum mit der „uralte(n) Lüge von unserem nordischen Barbarentum" konfrontiert. Im Hinblick auf die Rede Mussolinis war im Übrigen die Presseanweisung ergangen, ähnliche Angriffe der Italiener sollten „in überlegen zynischer Form kommentiert, aber nicht als große Staatsaktion aufgemacht werden".[52] Die offizielle Reaktion war, wie weitere Presseanweisungen belegen, in dem Bemühen, stärkere Belastungen zu vermeiden, eher defensiv gehalten.

Nicht nur in der Gleichsetzung Germanen – Deutsche, sondern auch in der Gesamtaussage belegt Mussolinis Äußerung die Lebenskraft alter Klischeevorstellungen. Hitler hat später die Äußerung Mussolinis, ohne die Tendenz zu verfälschen, abgewandelt: „In derselben Zeit, in der unsere Vorfahren die Steintröge und Tonkrüge hergestellt hätten, von denen unsere Vorzeitforscher soviel Aufhebens machten", so äußerte er im Juli 1942, „sei in Griechenland eine Akropolis gebaut worden."[53]

Wenn Mussolini die imperiale Tradition und die zivilisatorischen Leistungen Roms der mit sektiererischen Zügen behafteten Germanenverehrung bestimmter nationalsozia-

50 Vgl. Till 1943 (Vorsatz) und Losemann 1977, 121 [= **Nr. 1**].
51 Zitiert nach Losemann 1988, 277 [= **Nr. 4**].
52 Zitiert nach Petersen 1973, 369f.
53 Picker 1965, 446.

listischer Kreise entgegenstellte, tat er das also in Übereinstimmung mit Hitler, der von Großreichsbildungen, insbesondere auch vom *Imperium Romanum*, fasziniert war.

Prinzipiell war dieser im NS-Geschichtsbild angelegte Grundkonflikt zwischen Antike- und Germanenverehrung nur schwer aufzulösen.

Gegenüber dem imperialen Anspruch und der Beschwörung der Reichstradition durch Mussolini behielten die Parolen der nationalsozialistischen deutschtümelnden Germanenideologie beinahe zwangsläufig ihren provinziellen Charakter. Mit dem Anspruch großgermanischer Politik und Reichsbildung gewann die Herrschaftsplanung des Nationalsozialismus aber einen Rahmen, der die Dimension der ‚impero'-Vorstellung Mussolinis bei Weitem übertraf.[54] Mit der großgermanischen Politik ist eine andere Perspektive der Germanenideologie angesprochen, auf die abschließend eingegangen werden muss.

Wichtigster Repräsentant der „großgermanischen Politik" war Heinrich Himmler, dessen Zielvorstellungen mit denen Hitlers übereinstimmten. Schon die Aufstellung einer SS-Standarte ‚Germania' im Jahr 1935, in die auch „Menschen mit germanischer Abkunft" ohne deutsche Staatsangehörigkeit aufgenommen werden konnten, lässt die Nähe zu einer großgermanischen Reichsidee erkennen.[55] Seine Vorstellungen von einem ‚großgermanischen Imperium' hat Himmler 1938 deutlicher entwickelt: Dabei ist der auf Expansion abzielende Reichsgedanke eng mit dem ‚Blutsgedanken' verschmolzen. Im Kreis seiner Gruppenführer äußerte er sich wie folgt:

> „Alles gute Blut, alles germanische Blut, was nicht auf deutscher Seite ist, kann einmal unser Verderben sein. Es ist deshalb jeder Germane mit bestem Blut, den wir nach Deutschland holen und zu einem deutsch-bewußten Germanen machen, ein Kämpfer für uns, auf der anderen Seite einer weniger."[56]

Perspektiven ‚Großgermanischer Politik'

In dieser Konzeption lag beträchtliches Konfliktpotenzial zum faschistischen Italien und den ‚nordischen' Ländern. Konkrete Züge nahm die großgermanische Politik zunächst mit der Besetzung Norwegens und Dänemarks 1940 an. Die Sprengkraft dieser Konzeption zeigte sich aber vor allem im Osten. Die megalomanischen Herrschaftsentwürfe, die Lebens- und Großraumvisionen, die Hitler dort von der geplanten Hauptstadt ‚Germania' aus verwirklichen wollte, berühren sich eng mit den Vorstellungen Himmlers, der im Kriegsverlauf immer größere Radien großgermanischer Politik zog: Die SS war dazu ausersehen, die ‚deutsch-germanische Expansionskraft' in den Osten zu tragen. Himmler sah im Juni/Juli 1942 seine Aufgabe darin, „den Osten nicht im alten Sinn zu germanisieren, das heißt den dort wohnenden Menschen deutsche Sprache und deutsche Gesetze

54 Vgl. Loock 1960, 37–63.
55 Ackermann 1970, 181.
56 Zitiert nach Ackermann 1970, 181.

beizubringen, sondern dafür zu sorgen, daß im Osten nur Menschen wirklich deutschen germanischen Blutes wohnen".[57]

Das von Himmler anvisierte großgermanische Reich war, wie F.-L. Kroll herausgearbeitet hat, ein „rassisch bzw. biologisch fundiertes, transnationales Gebilde, in das die Deutschen und ihre Nachbarvölker germanischen Bluts einzugliedern waren". Das großgermanische Konzept übertraf alle ostpolitischen Programme der Vergangenheit. Dazu gehörte die Verschiebung der ‚Volkstumsgrenze' um 500 (!) km nach Osten *[242]* und, so hieß es in einer Himmler-Rede in Charkow vom April 1943, das „Beherrschen von fremden Hundertmillionenvölkern" (nach britischem Vorbild, das auch Hitler häufig bemühte).[58] Himmler ging es nicht um ein ‚traditionelles' Bollwerk im Kampf zwischen Europa und Asien, zwischen Zivilisation und Barbarei. Himmler wollte vielmehr einen „biologisch verstandenen" – so hieß es in seiner Geheimrede vom Februar 1942 – „Blutswall" errichten.[59] Peter Longerich hat die Konsequenzen dieser Politik auf die Formel ‚Das großgermanische Reich: Lebensraum und Völkermord' gebracht.[60]

Über die Zielvorstellungen der großgermanischen Politik herrschte zwischen Hitler, Himmler und auch Rosenberg weitgehendes Einvernehmen. In ihrer radikalen Ausformung fassen wir wiederum den rassenideologischen Kern der NS-Germanenideologie. Rassenpolitische Ziele und Forderungen waren im engeren ‚germanisch-deutschen' Bezugsrahmen Gegenstand des „Streits um die germanische Kulturhöhe". In der Entwicklung vom „Streit um die germanische Kulturhöhe" bis zur großgermanischen Politik entfaltet sich das erhebliche politische Potenzial der NS-Germanenideologie.

Literatur:

J. Ackermann 1970, Heinrich Himmler als Ideologe, Göttingen.

H. Boberach 1971, Berichte des SD und der Gestapo über Kirchen und Kirchenvolk in Deutschland. 1934–1944. Veröffentlichung der Kommission für Zeitgeschichte bei der Katholischen Akademie in Bayern: Reihe A, Quellen 1, Mainz.

H. S. Chamberlain 1933, Die Grundlage des neunzehnten Jahrhunderts 1. 17. Aufl., München.

M. Faulhaber 1934, Judentum, Christentum, Germanentum. Adventspredigten, gehalten in St. Michael zu München 1933, München.

L. Feuchtwanger 1988, Die Geschwister Oppermann, in: Gesammelte Werke 11, Berlin/Weimar.

M. Fuhrmann 1978, Einige Dokumente zur Rezeption der taciteischen Germania, in: Der altsprachliche Unterricht 21, 39–49.

M. Fuhrmann 1986, Tacitus' Germania, Stuttgart.

57 Zitiert nach Ackermann 1970, 281.
58 Zitiert nach Kroll 1998, 221.
59 Zitiert nach Kroll 1998, 222.
60 Überschrift Teil VI von Longerich 2008, 531.

H. Gollwitzer 1971, Zum politischen Germanismus des 19. Jahrhunderts, in: Festschrift für Hermann Heimpel zum 70. Geburtstag. Veröffentlichungen des Max-Planck-Instituts für Geschichte 36, Göttingen, 282–356.

V. Klemperer 1999, Tagebücher 1933–1934. 3. Aufl., Berlin.

F. L. Kroll 1998, Utopie als Ideologie. Geschichtsdenken und politisches Handeln im Dritten Reich, Paderborn.

J. von Leers 1934, Der Kardinal und die Germanen, Hamburg.

P. Longerich 2008, Heinrich Himmler. Biographie, München.

H. D. Loock 1960, Zur großgermanischen Politik des Dritten Reiches, in: Vierteljahreshefte für Zeitgeschichte 8, 37–63.

V. Losemann 1977, Nationalsozialismus und Antike. Studien zur Entwicklung des Faches Alte Geschichte 1933–1945. Historische Perspektiven 7, Hamburg [= **Nr. 1**].

V. Losemann 1988, Aspekte der nationalistischen Germanenideologie, in: Kneissl, P. / Losemann V. (Hrsg.), Alte Geschichte und Wissenschaftsgeschichte. Festschrift für Karl Christ zum 65. Geburtstag, Darmstadt, 256–284 [= **Nr. 4**].

V. Losemann 2001, Nationalsozialismus, in: DNP 15/1, Stuttgart, 723–754.

A. A. Lund 1995, Germanenideologie im Nationalsozialismus. Zur Rezeption der ‚Germania' des Tacitus im ‚Dritten Reich', Heidelberg.

E. Norden 1920, Die germanische Urgeschichte in Tacitus Germania, Leipzig.

J. Petersen 1973, Hitler-Mussolini. Die Entstehung der Achse Berlin-Rom 1933–1936. Bibliothek des Deutschen Historischen Instituts in Rom 43, Tübingen.

H. Picker (Hrsg.) 1965, Hitlers Tischgespräche im Führerhauptquartier. 1941–1942. 2. Aufl., Stuttgart.

E. Piper 2005, Alfred Rosenberg. Hitlers Chefideologe, München.

U. Puschner 2001, Die völkische Bewegung im wilhelminischen Kaiserreich. Sprache – Rasse – Religion, Darmstadt.

M. Schlossarek 1935, Die Taciteische ‚Germania' als Künderin eines urdeutschen Heroismus. Sammlung Neudeutscher Humanismus 15, Breslau.

K. Scholder 1986, Die Kirchen und das Dritte Reich 1, Frankfurt a.M.

K. von See 1970, Deutsche Germanen-Ideologie. Vom Humanismus bis zur Gegenwart, Frankfurt a.M.

K. von See 1971, Germanische Heldensage. Stoffe, Probleme, Methoden. Eine Einführung, Frankfurt a.M.

K. von See 1994, Barbar, Germane, Arier. Die Suche nach der Identität der Deutschen, Heidelberg.

O. Suffert 1934, Die Germanen in der Silvesterpredigt des Kardinals Faulhaber, in: Germania 6, 65–71 und 113–118.

R. Till 1943, Handschriftliche Untersuchungen zu Tacitus Agricola und Germania. Mit einer Photokopie des Codex Aesinas. Deutsches Ahnenerbe: Reihe B, Fachwissenschaftliche Untersuchungen, Abteilung Arbeiten zur klass. Philologie u. Altertumskunde, Berlin.

M. Werner 2001, Die ‚Germania', in: François, E. / Schulze, H. (Hrsg.), Deutsche Erinnerungsorte 3, München, 568–586.

Sparta

Nr. 9

Originalpublikation in: DNP 15/3, 2003, Sp. 153–172 (Metzler / Springer).

Sparta

Bild und Deutung

A. Einleitung: Sparta als Modell

Außer Rom ist kein ant. Gemeinwesen mehr bewundert oder abgelehnt worden als Sparta. In der von der Ant. bis ins 20. Jh. von E. Rawson erschlossenen ‚Spartan Tradition' [75] begegnen immer wieder „antithetische Wahrnehmungsmuster" (St. Rebenich), an deren Beginn die klass. ant. Gegenbilder Athen und S. stehen. Dabei evoziert S. ‚Bilder' und ‚Geschichten' anderer Art als das bis h. mit klass. Monumenten erinnerte ‚demokratische' Athen: ‚Spartanische' Lebensweise ist ebenso sprichwörtlich wie ‚spartanische Erziehung', die mit der Verfassung die wichtigsten Anknüpfungspunkte ant. und mod. Interesses bilden, dessen ant. Ausprägung als ‚Le mirage Spartiate' [73] und ‚The Legend of Sparta' [88] zutreffend erfaßt ist.

Zu dem gleichermaßen faszinierenden wie provozierenden Modell der polit. und sozialen Ordnung S. gehört die exklusive Herrenschicht der auf Kriegsdienst fixierten und von wirtschaftlicher Betätigung freigestellten Spartiaten. Dieser privilegierten Minderheit von Vollbürgern, den nach ihrem Selbstverständnis in allen Lebensbereichen ‚Gleichen', steht die übergroße Mehrheit brutal unterdrückter Heloten gegenüber. Im Umgang mit ihnen erscheint S. als „Prototyp des klass. griech. Polizeistaates" [56, 9]. Die Wahrnehmung S. ist so stark auf diese schroffen Gegensätze fixiert, daß die ‚mittlere' Gruppe der Periöken darin kaum eine Rolle spielt.

[154] Modellcharakter trägt auch die von äußerster Härte geprägte Staatserziehung, die im Grunde bei der Entscheidung der Ältesten über die Aufzucht gesunder oder die Aussetzung schwacher und mißgestalteter Kinder beginnt. Der spartanische Erziehungsweg führt über die Altersklassen der Jungen konsequent in das ‚Militärlager' S., in den Alltag einer kasernierten Männergesellschaft. Ebenso zeigen die Frauen einen besonderen Charakter: Die Erziehung der Mädchen ist kraft- und körperbetont, als eine Voraussetzung für das vitale Interesse an kräftigen Nachkommen, das im Bild der heroischen, ‚spartanischen Mutter', die bewußt nur tapfere Söhne gebären will, Ausdruck gefunden hat. Spartanische Erziehung zielt auf Tapferkeit, unbedingten Gehorsam und Aufopferung

für den Staat, für die der Opfertod des Leonidas und seiner Spartiaten in der Schlacht an den Thermopylen das bekannteste Beispiel ist.

Die ‚Konstruktion' des spartanischen Herrschafts- und Erziehungsmodells wird auf den legendären Gesetzgeber Lykurg zurückgeführt, ohne den der S.-Mythos nicht zu denken ist.

In den ant. Debatten über Mischverfassung und Idealstaat spielt das spartanische Modell eine zentrale Rolle. Einen breiten Raum nimmt es in der *Politik* des Aristoteles ein. Der Staat von Platons *Nomoi* trägt Züge des von ihm bewunderten Sparta. Auch der athenische Autor Xenophon hat dieses Modell in seiner *Verfassung der Spartaner* geradezu verklärt. Kein Autor hat mehr zur Idealisierung S. in der Ant. und Moderne beigetragen als Plutarch, der den mythischen ‚Gesetzgeber' Lykurg eindrucksvoll ins Bild setzt, dessen Biographien (darunter die des Lykurgos, Lysander, Agesilaos und der ‚Reformkönige' Agis IV. und Kleomenes III.) ebenso wie die *Apophtegmata Laconica* (*Sprüche der Spartaner*), die *Instituta Laconica* (*Bräuche der Spartaner*) und die *Apophtegmata Lacaenarum* (*Sprüche spartanischer Frauen*) die wichtigste Grundlage des S.-Mythos bilden.

Die spartanische Modellvorlage erwies sich als vielseitig verwendbar. Der aristokratische Ansatz der Verfassung stimulierte röm. Politiker wie Cato oder Cicero zum Vergleich mit der eigenen Verfassung. Mit dem oder gegen das Herrschafts- und Erziehungsmodell S. argumentierten seit der Wiederentdeckung der ant. Autoren – zunächst mit Schwerpunkten im 16. und 18. Jh. – Anhänger unterschiedlichster Staats- und Verfassungsformen, die frz. Aufklärer ebenso wie die Revolutionäre, Historiker, Politiker und Literaten in Europa und Amerika, bis hin zu Vertretern totalitärer Systeme im 20. Jh. und insbesondere den Repräsentanten des NS-Staates. Deutliche Schwerpunkte der mod. S.-Rezeption liegen in Frankreich im 18. Jh. und in Deutschland im 20. Jh.; dabei verfolgt man in neuerer Zeit Entwicklungslinien der ‚Spartan Tradition', die nahezu zwangsläufig zur NS-Zeit führen [51, 416; 89. Bd. 1, 137f.]

[155] B. Frühe Neuzeit

Die Rezeptionsmöglichkeiten des MA waren eingeschränkt, da wesentliche ant. Autoren noch nicht wieder zur Verfügung standen [75, 116–129].

Die Neuentdeckung der ant. Autoren (v.a. Platon, Xenophon und Plutarch) im Ren.-Human. (→ Humanismus I.) leitet die Wiederentdeckung oder -belebung S. ein. Dieses ‚Sparta Rediviva' [75] gewinnt seine Konturen wesentlich aus den Schriften Plutarchs, die seit dem frühen 15. Jh. ins Lat., im 16. Jh. ins Frz. und Engl. übertragen wurden. Im Vordergrund dieses Aneignungsprozesses stehen eindeutig Erziehungsinteressen, für die Plutarch reiches Material bereitstellte [75, 131f.]. Beim Vergleich ant. und mod. Verfassungen etwa im Gefolge Machiavellis, der die Unterscheidung des Polybios zw. Rom und S. fortführte, rangiert S. weit hinter der röm. Republik [75, 142 u 148]. Den Zeitgenossen Machiavellis diente im Kontext der Diskussionen über die Mischverfassung Venedig als ein nach dem Muster S. gebildetes Modell einer starken → Republik [72, 164].

Das Interesse am Erziehungsmodell S. bleibt erhalten. Darüber hinaus spielt S. seit der Reformationszeit in verfassungspolit. Diskussionen eine gewisse Rolle: Johann Calvin (1509–1564) entwarf in seiner Genfer Verfassung von 1535 das Modell einer aus der Bibel begründeten Republik gegen den absolutistischen Anspruch der Herzöge von Savoyen. Um die fürstliche Macht zu begrenzen, wies er den Ständeversammlungen eine Kontrollfunktion zu, analog zu der der spartanischen Ephoren und der röm. Volkstribune [58, 413; 72, 161f.]. Ähnlich sollten bei Melanchthon Bischöfe – wiederum in Parallele zu den Ephoren in S. – die Königsgewalt kontrollieren [75, 159]. Das spartanische Königtum allein (oder auch im Spannungsverhältnis zu den Ephoren) wird auch in der Folgezeit diskutiert: *Vindiciae Contra Tyrannos* (1579) [75, 161f.], Joh. Althusius, *Politica methodice digesta* (1603), H. Grotius, *De iure Belli ac Pacis* (1625) [75, 166f.] (→ Tyrannis).

Größere Bed. kommt den frühneuzeitlichen Utopien zu: Mit Thomas Morus (1478–1535) beginnt ein Rezeptionsstrang, der bis ins 20. Jh. mit dem Gedanken der ökonomischen Gleichheit und kommunitären Lebensformen verbunden ist. Unter den ant. Autoren, deren Vorstellungen in *De optimo rei publicae statu deque nova insula Utopia* (1516) eingeflossen sind, ist Plutarch (mit seiner Lykurg- und Agis-Biographie) an erster Stelle zu nennen. Konstitutive Elemente der *Utopia* wie gleiche Landanteile, Gemeinschaftsmahlzeiten, Verachtung des Luxus und des Geldes usw. sind nach dem Vorbild von Lykurgs S. gebildet [32, 140, 147, 150 u. 152]. Hinter dem ‚Gründungsheroen' Eunomus steht nicht ein gestrenger Gesetzgeber wie Lykurg, sondern ein vitaler junger Reformkönig Agis IV., dessen Reformwerk Morus seiner eigenen Zeit vorhält [47, 348f.].

In der weiteren Diskussion des 16. Jh. erörterte Jean Bodin (1530–1596) in den *Six livres de la République* (1576) auch die ökonomisch-egalitären und kommunitären ***[156]*** Elemente der spartanischen Gesellschaft und ihre Bed. für die Utopisten.

Der modellhafte abgeschlossene Charakter S. und seines polit. Systems führt zu einer Parallelisierung von spartanischer und jüd. Verfassung. Zu dieser, bes. seit dem 17. Jh. ausgeprägten Traditionslinie, gehört auch die Konstruktion einer ‚Urverwandtschaft' zw. Juden und Spartanern [75, 167; 62, 37].

Einem klass. Ansatz der S.-Rezeption folgt die im England des 17. Jh. geführte Debatte über die Mischverfassung, in der die Kontrollfunktion der Ephoren – bis hin zur „Radikalisierung des Ephorenvergleichs" (W. Nippel) im Bürgerkrieg – im Zusammenhang mit dem Prozeß gegen den 1659 hingerichteten König Karl I. eine zentrale Rolle spielt.

Im weiteren Kontext der Debatte entwarf James Harrington 1656 sein in der Utopie angesiedeltes *Commonwealth of Oceana*, in dem der Lykurg nachempfundene Gesetzgeber Olphaus Megaletor (d.i. Oliver Cromwell) und die wiederum (Plutarchs) Lykurg entsprechende Figur des für Landreform und -verteilung zuständigen ‚Agrarian' eingeführt werden [61, 10]. Gegen Harringtons ‚S.' argumentierte u.a. Henry Stubbe mit dem Werk *The Common-Wealth of Oceana put into the Ballance and found too light. Or an account of the Republick of Sparta, with occasional animadversions upon Mr. James Harrington and the Oceanistical model* (1660), das die Umsetzbarkeit von Harringtons Programm bezweifelt und auf dem oligarchischen Charakter S. insistiert. Am E. des 17. Jh. wird die Debatte von dem ‚Neo-Harringtonianer' Henry Neville in seinem *Plato redivivus, or a Dialogue concerning Government* (1681) und in Walter Moyles *An essay upon the Lacedaemonian Govern-*

ment (1698) fortgeführt, wobei zwar der hohe Rang Lykurgs betont, aber Harringtons Vorstellung von einem neuen Gesetzgeber nicht geteilt wird [61, 10f.].

Im 17. Jh. hält S. auf der Theaterbühne Einzug und spielt dort eine bedeutendere Rolle als in der Lit. [75, 205]. In Frankreich und England treten dabei wiederum die Reformkönige Agis und Kleomenes wie in G. Guérin de Bouscals *Cleomene* (1640) oder seinem Stück *La Mort d'Agis* (1642) oder in J. Drydens *Cleomenes or the Spartan Heroe* (1692) in den Vordergrund. Neben ihnen figurieren Spartanerinnen in A. de Montchrestiens Tragödie *Les Lacènes* (1601/²1604), *The Spartan Ladies* (1640) in einer Kom. von L. Carlell. Spartanische Themen, zu denen natürlich auch Leonidas zählt, bieten auch Vorlagen für → Oper und Ballett [75, 202–219].

C. Aufklärung

1. Frankreich

Das 18. Jh. ist v.a. in seiner zweiten H. das große Zeitalter mod. *laconomania* [75, 227]. In Jean-Jacques Rousseau (1712–1778) treffen wir auf den mod. ‚arch-priest of laconism' [75, 242], der im Unterschied zu seinen ant. Entsprechungen – Platon und Xenophon – einen prinzipiell demokratischen Ansatz verfolgt [52, 311–337]. Sein Lakonismus verbindet sich mit einer extrem fortschrittlichen Form polit. Denkens [53, 324].

[157] Das S.-Bild des Autodidakten Rousseau formt sich schon seit seinem siebten Lebensjahr aus der Lektüre Plutarchs und findet starken Ausdruck in dem *Discours sur les sciences et les arts* (1750), mit dem er die Preisfrage, ob der kulturelle Fortschritt die Menschheit gebessert habe, verneinte. Sein S. zeichnet einen glücklichen urtümlichen Naturzustand: Es ist eine Stadt, „die sowohl durch ihre glückliche Unwissenheit wie durch die Weisheit ihrer Gesetze berühmt ist", eine „Republik eher von Halbgöttern denn von Menschen". Sparta steht mit den alten Persern, den Skythen, den Germanen, mit Rom – „in der Zeit seiner Armut und Unwissenheit" – und der ländlich geprägten Schweiz in einer Reihe weniger Völker, die „durch ihre Tugend ihr eigenes Glück schufen". Sparta, in dem die „Menschen tugendhaft geboren" werden und „sogar die Luft des Landes ... die Tugend zu entzünden (scheint)", ist „dauernder Gegenbeweis gegen eine eitle Doktrin", gegen Athen, in das „geführt von den schönen Künsten – die Laster ... Einzug hielten". Von Athen, „dem Land der Redner und der Philosophen gingen jene erstaunlichen Werke aus, die zu allen verderbten Zeiten als Muster dienen werden". Demgegenüber blieb von den Spartanern „nur das Andenken ihrer heroischen Taten" [40, 19–21]. Der Rekurs auf ein frühes und unverdorbenes S. ergibt sich aus den ‚Luxusdebatten' im Frankreich des 18. Jh.; gegenüber dem kultivierten und damit dekadenten Athen kam S. mit seiner Strenge und seinem Lebensstil den Idealvorstellungen Rousseaus näher [59, 456–468].

Der S.-Idealisierung, die in dieser berühmten Passage begegnet, ist Rousseau stets treu geblieben. Sein besonderes Interesse an S. dokumentieren die zw. 1751 und 1753 entstandenen Fragmente einer *Histoire de Lacédémonie* und die *Parallèle entre les deux républiques de Sparte et de Rome*, den wichtigsten ant. Modellen Rousseaus.

Sparta liefert Rousseau auch das Beispiel des dem Kollektiv verpflichteten *citoyen*. Am stärksten tritt freilich in den späteren Schriften vom *Contract social* (1762) bis zu den *Considérations sur le gouvernement de Pologne* (1772) in Lykurg der Gesetzgeber als „die Schlüsselfigur im Diskurs der Aufklärer“ [89, Bd. 2, 122] in den Blick. Lykurg – wie Moses und Numa wirklicher Gesetzgeber – bindet die Spartaner lebenslang an ein ‚joug de fer‘, ein ‚eisernes Joch‘ [39, Bd. 3, 529]; mit seiner Landverteilung verbindet er die Idee ökonomischer Gleichheit. Die Modelle S. und Rom sind unerreichbare Teile eines Traums oder einer Utopie – eben darin liegt der Grund für ihre Wirkungsmächtigkeit [59, 500].

Als entschiedenster Anwalt der Gleichheit argumentiert Gabriel Bonnot, Abbé de Mably (1709–1785), in seinen *Observations sur l'Histoire de la Grèce* (1766) gegen die Physiokraten mit dem vollkommenen Gleichheitskonzept Lykurgs, der das Streben nach Reichtum und materiellen Gütern aus S. verbannt hatte [60, 105–139]. Zutiefst von der Entbehrlichkeit des Grundbesitzes überzeugt, verwies Mably auf das Beispiel der Spartiaten, die keinen Landbesitz, sondern nur die Nutzung des Landes kannten. Die ‚communauté des biens‘, die spartanische *[158]* Gütergemeinschaft, verkörpert in *De la législation* (1776) das Gemeinwesen natürlicher Ordnung [61, 11f.]. Dementsprechend endet S. sechshundertjährige Blüte mit der Einführung des Privateigentums im 4. Jh. [75, 248]. Mablys egalitärer S.-Kult wird im 19. Jh. von konservativer Seite heftig kritisiert [81, 199].

Zu den zeitgenössischen S.-Kritikern zählen etwa Turgot, Voltaire, Chastellux und Holbach. Mit wiss. Argumenten und einer kritischen Analyse von Plutarchs Lykurg setzte der Athen zugeneigte Cornelius de Pauw (1720–1799) mit seinen in Berlin (1787) und Paris (1788) erschienenen *Recherches philosophiques sur les Grecs* einen Kontrapunkt gegen die S.-Verehrung [56, 13].

Die Frz. → Revolution trug, wie ihre Festkultur (→ Festkultur/Trionfi) und zahlreiche Ant.-Referenzen zeigen, ein ant., in der radikalen Phase ein ‚griech. Kostüm‘ [89, Bd. 2, 125]. In der ‚Konkurrenz‘ zw. Athen und S. holte sich der eine das aus S., was der andere aus Athen bezog. In der Zeit der *terreur* identifizierten sich die Montagnards ideologisch eindeutig mit S. (und Rom) als Ort der Freiheit [89, Bd. 2, 136f.]. „Sparta“, sagt am 18. Floréal des Jahres II (7. Mai 1794) Robespierre, „leuchtet wie ein Stern in einer unendlichen Finsternis“, die für fast ununterbrochene Tyrannei und Verbrechen steht [44, 338]. Auf das ‚spartanische Freiheitsideal‘ war auch Saint-Just fixiert [86, 130].

Das ‚leuchtende‘ S., dessen ‚Tugend‘ und ‚Gleichheit‘ faszinierten, gehörte wohl eher in den Bereich des ‚Imaginären‘ [89, Bd. 2, 135]. Es sollte, so Robespierre in der Rede *Über die Grundsätze der polit. Moral*, weder im Hinblick auf ‚klösterliche Strenge, noch klösterliche Korruption‘, das Vorbild der frz. Republik abgeben [44, 590]. Eine letztlich realistische, z.T. nüchterne Erinnerung an S. prägt die intensiven Debatten der Frz. Revolution über Erziehungsprogramme [68, 108f.; 89, Bd. 2, 134].

In der ant. ‚Bilderwelt‘ der Frz. Revolution ist neben Lykurg der Leonidas- und Thermopylenstoff präsent: J.-L. David gestaltete Leonidas an den Thermopylen (1799) [75, pl. 5] (Schlachtorte, Abb. 2) und einen Lykurg (1791) [68, 96f.].

2. Nordamerika

Man mag die mit den wichtigsten ‚europ.' Positionen verknüpfte Debatte darüber, was die im revolutionären Aufbruch begriffene ‚Neue' von der ‚Alten Welt' lernen könne, als paradox ansehen, sie spricht aber für die Ambitionen der ‚Gründungsväter' [78, 107f.]. In den Verfassungsdiskussionen tauchte S. als Modell und Gegenmodell auf im Dialog zw. John Adams (1739–1826), dem zweiten Präsidenten der USA, Verfasser von *Defence of the Constitutions of Government of the United States of America* (1787/8), und John Taylor (1753–1824), Autor der *Inquiry into the Principles and Policy of the Government of the United States* (1814) [72, 309f.].

Andere S.-Referenzen wie Bezüge zur agrarisch strukturierten alt-röm. Gesellschaft entspringen dem Ideal des ‚farmer-citizen', das in John Dickinsons (1732–1808) *Letters from a Farmer in Pennsylvania to the* ***[159]*** *Inhabitants of the Bristish Colonies* (1767/8) zu fassen ist [78, 262, Anm. 21]. Sparta firmiert in einer bekannten Wendung als „the land of the free and home of the brave" [78, 214].

Darüber hinaus begegnen zentrale Bezüge der S.-Rezeption: Lykurg, die auf Leonidas und die Thermopylen bezogene Heldenverehrung [79, 136f. u. 207] ebenso wie die Vermittlerrolle Plutarchs auch für Erziehungskonzepte [78, 250–264]. Im Rahmen einer ‚Greek-Revival-Welle' in der Architektur entstanden im 19. Jh. auch Städte, denen Siedler den Namen S. gaben [87, 24] (→ Greek Revival).

3. Deutschland

In Deutschland dominierten anfangs engl. und frz. Einflüsse. Das belegt die weite Verbreitung von Richard Glovers (1712–1785) Poem *Leonidas* (1737), von dem in Deutschland sogar zwei engl. Ausgaben (auch in Prosa) und seit 1776 vier dt. Übersetzungen erschienen [75, 308; 66a, 211]. Die Reihe dt. S.-Beiträge beginnt mit Johann Christoph Gottscheds *Agis. König zu Sparta* (1745/1751?), einem der klass. frz. Tragödie verpflichteten Stück mit einem Appell für moralisches und vernunftgemäßes Handeln der Herrschenden [80, 123]. Sie führt weiter über Johann Jakob Wilhelm Heinses *Ardinghello und die glückseligen Inseln* (1787) aus der Sturm-und-Drang-Zeit (→ Sturm und Drang), in dem ein Idealstaat nach Lykurg, Platon und Aristoteles projektiert wird [75, 175f.]. Im dt. Griechenbild der Klassik überwiegt aber die Zuneigung zu Athen, obwohl Johann Joachim Winckelmann (1717–1768), der den Grund für die Idealisierung des Griechentums legte, einen positiven Zugang zu S. fand. Hier sah er im Zusammenhang des natürlichen und einfachen Lebensstils das ‚normative griech. Körperideal' als Voraussetzung für die vollendeten griech. Kunstwerke nahezu modellhaft verwirklicht [56, 14].

Für Johann Gottfried Herder (1744–1803) zählten Athen und S., so in den *Ideen zur Philos. der Geschichte der Menschheit* (1784), zu den „beiden großen Gedächtnisplätze(n)" der Menschheit, dabei steht Athen für ‚Aufklärung', S. für ‚Patriotismus' [25, 545]. Von seinen frühen Schriften bis zur Sammlung *Adrastea* (1801–1803) bezieht Herder sich immer wieder auf Lykurg (und Solon), wobei Lykurg in Herders ‚Abschiedswerk' als größter Held und Gesetzgeber präsentiert wird – in einer Zeit, in der die „Lacedämonier äußerst rauh und unwissend (waren)“ [24, 383]. Gemessen an der Ausbildung der Humanität überwog aber die Distanz zu S., wie auch in Friedrich Schillers bekannter Vorlesung *Die Gesetzgebung des Lykurgus und Solon* (1789): Lykurgs Staatsverfassung war zwar ein ‚vollendetes Kunstwerk‘, sie hinderte aber den wesentlichen ‚Zweck der Menschheit‘, die ‚Fortschreitung des Geistes‘. In dieser Akzentuierung gegen einen Staat, der „niemals Zweck“ sein durfte [41, 82f.], wurde Schillers Schrift in den Flugblättern des Widerstandskreises um die Geschwister Scholl zitiert [56, 16].

[160] D. 19. Jahrhundert

Im 19. Jh. kommt es als Antwort auf die Frz. Revolution zu einer Abwendung von Sparta. S. wird kritisiert und gerät ins Lager der Reaktion [89, Bd. 1, 137f.]. Die Bewunderung gilt einem eher liberalen und bürgerlichen Athen; doch auch S. fand weiter Anhänger.

Mit Johann Caspar Friedrich Mansos (1760–1826) Werk *Sparta* [31] erscheint die erste mod. Geschichte Spartas. Manso verbindet Ansätze der Aufklärung des 18. Jh. mit solchen des Liberalismus des 19. Jahrhunderts. Er schreibt über S. als ‚lehrendes und warnendes Beispiel‘ für Preußen, das ähnlich zerteilt ist wie die griech. Halbinsel der Ant. [31, Bd. 3, 455]. Dabei liefert er alles andere als ein idealisiertes Bild, wenn er die Situation aller Gruppen des spartanischen Modells in der Bandbreite von „reinste(r) Demokratie“ (für die Spartaner) über „strenge Aristokratie“ (für die Perioken) bis zum „Despotismus in seiner furchtbarsten Gestalt“ (für die Heloten) beschreibt [31, Bd. 1, 185f.].

Unter dem Einfluß des → Philhellenismus und der → Romantik stehen Karl Otfried Müllers (1797–1840) 1824 als Teil der unvollendet gebliebenen *Geschichten hellenischer Stämme und Städte* erschienene *Dorier*, deren Ansatz seine Wirkung bis in die 30er und 40er J. des 20. Jh. entfaltete. Konstitutiv für dieses Werk ist das von Friedrich von Schlegel (1772–1829) abgeleitete Konzept der ‚Stämme‘, das in positiver und negativer Akzentuierung im Gegensatz von ‚Dorischem‘ und ‚Ionischem‘, wie in der Schrift *Von den Schulen der griech. Poesie* (1794) ausgeführt, ein Grundmuster der frühen griech. Geschichte erkennt.

Müller wollte den dorischen Stamm gewissermaßen als Individuum erfassen. In weitem Zugriff behandelt er „Religion, Staat, Sitte und Kunst ... unter dem Titel von Geschichte“ und ermittelt den „Dorischen Normalstaat“ als ‚Seele‘ der griech. Geschichte. Den „Grundcharakter des Dorischen Stammes“ erkennt Müller im „Streben nach der Einheit im Ganzen“ und in der „Anhänglichkeit an das Gegebene und Gewordene“ [33, Bd. 2, 392–394], einer besonderen Fähigkeit zur Ein- und Unterordnung in die Gemeinschaft. Nahezu alle Lebensbereiche werden idealisiert, auch die ‚dunklen‘ Seiten S., wie die ‚Untertänigkeitsverhältnisse‘, beschreibt Müller durchaus harmonisierend.

Zu den Kritikern seiner Position gehört Georg Wilhelm Friedrich Hegel (1770–1831), in dessen System auch im Blick auf das demokratische Athen die Freiheit des Individuums eine große Rolle spielt. Das erklärt den überaus kritischen Blick auf S. in seinen *Vorlesungen über die Philos. der Geschichte* (1822–1831): In S. ist die „Freiheit der Individualität zurückgesetzt“, und der Charakter der Spartaner von „unmenschliche(r) Härte“ bestimmt, ihr Staat gleicht einem „Sklavenschiff“ [22, 341f.].

Eine ausgeprägte – eher polit. begründete – Sympathie für das freiheitliche Athen verbindet George Grote (1794–1871) mit Hegel. Die zwölfbändige *History of Greece* (1846–1856) des liberalen Politikers, die schon ***[161]*** 1850–1859 ins Deutsche übersetzt wurde, trägt einen deutlich spartakritischen Grundzug. Im Widerspruch zu K. O. Müller sieht er in S. keineswegs den vollständigen „Typus der dorischen Principien, Tendenzen und Gefühle“ [18, Bd. 1, 662]. Er kritisiert die Verfassung und das verrohende Erziehungssystem Lykurgs; letztlich wird auch das engagiert diskutierte Gleichheitskonzept Lykurgs eher desillusionierend beurteilt [56, 24]. Grotes kritischer Blick auf S. dominiert weithin das 19. Jh.

Im engl. Kontext stellt W. Paters (1839–1894) *Essay Lacedaemon* (1893) eine Ausnahme dar. In einem „Tagtraum“ [75, 362] von S. beschwört der von K. O. Müller beeinflußte Pater den „halb mil., halb klösterlichen Geist, der an diesem Ort von strenger Schönheit herrschte“ und findet von dort zur Parallele der engl. Public Schools [36, 224; 87, 238f.].

In Jacob Burckhardts (1818–1897) *Griech. Kulturgeschichte* (1898–1902) begegnet S. als Modell der nahezu „vollendeten griech. Polis“ [56, 33]. Fasziniert von der Machtbildung S., seiner Geschlossenheit und der führenden „aristokratischen Kaste“, belichtet Burckhardt aber auch die Lebenswirklichkeit S., die konsequente Unterdrückung von Periöken und Heloten und die verrohenden Züge seines Erziehungssystems. Darin wird die Distanz zur Idealisierung des Griechentums, auch der Dorier, im Sinne K. O. Müllers deutlich.

Friedrich Nietzsches (1844–1900) Bild des ‚Dorischen‘ ist u. a. von Müllers Doriern beeinflußt; sein griech. Staat ist mit vielfältigen Implikationen ein dorischer Staat. Seine Kritik an den grausamen Zügen S. (und an Vorstellungen Müllers) zeigt, daß er wie Burckhardt nicht zu den Bewunderern S. zählt. Die Ansätze Nietzsches und Burckhardts gewinnen außerhalb der Fach-Wiss. um und nach 1900 auch für die Auseinandersetzung mit S. größere Bedeutung.

E. Vom 19. ins 20. Jahrhundert (bis 1933)

1. Wissenschaft

Der neben Th. Mommsen wichtigste Repräsentant der Alt.-Wiss. im Übergang vom 19. zum 20. Jh., Ulrich von Wilamowitz-Moellendorff (1848–1931), rühmte v.a. „des att. Reiches Herrlichkeit“; er lieferte in seinem Komm. zu Euripides *Herakles* nach K. Reinhardt einen „dorischen Katechismus“ [62, 22]. Der Autor von Staat und Gesellschaft der Griechen (1910) zeigt sich von dem in S. herrschenden ‚Wehrstand‘ ebenso angezogen wie von dorischer Nacktheit und Knabenliebe [46, 87–89].

Die spartanische Homoerotik war für Verehrer S. lange Zeit ein schwieriges Thema. Das zeigt schon K. O. Müllers Versuch, die spartanische „Knabenschänderei“ [33, Bd. 2, 292] auf eine Niedergangsepoche einzugrenzen. Insofern darf man E. Bethes kontrovers diskutierte Studie *Die dorische Knabenliebe – ihre Ethik und Ideale* (1907) im wilhelminischen Deutschland durchaus als mutigen Ansatz bezeichnen [45, 230]. Bethe zeigte u.a., wie oft die Theorie vom „Idealvolk der Griechen" der wiss. Auseinandersetzung im Wege stand [8, 17–57].

Um die Wende vom 19. zum 20. Jh. spielen die im Zeitalter der Entdeckungen eröffneten „neue(n) Möglichkeiten *[162]* des Kulturvergleichs" [71, 48–55], die eine Idealisierung S. nicht zulassen, eine immer größere Rolle. So versuchte z.B. Martin P. Nilsson (1874–1967) in *Die Grundlagen des spartanischen Lebens* (1912) den Nachweis, daß S. „auf primitiver Grundlage ruht" [34, 340].

Die im ‚Modell S.' angelegten v.a. mit dem Reformkönigtum verknüpften Vorstellungen zogen auch die marxistische und sozialdemokratische Bewegung an. In engem Anschluß an Engels (1820–1895) Schrift *Der Ursprung der Familie, des Privateigentums und des Staates* (1884) beschrieb August Bebel (1840–1913) in *Die Frau und der Sozialismus* (1879) den „freie(n) Zustand der Frau unter dem Mutterrecht" in Sparta [3, 43].

Mit der *Geschichte des ant. Kommunismus und Sozialismus* (1893–1901), seit der zweiten Auflage von 1912 unter dem Titel *Die Geschichte der sozialen Frage und des Sozialismus in der ant. Welt*, bezog der Althistoriker Robert von Pöhlmann (1852–1914) in sehr mod. Terminologie auch zum ‚sozialistischen' S. Stellung. Der in seiner Disziplin den ‚Modernisten' zugerechnete Autor, der polit. durchaus dem eher konservativen Habitus seiner Kollegen entsprach, distanzierte sich von ant. und mod. ‚sozial-polit.' Konstruktionen und von dem Nachweis ‚kommunistischer' Spuren in frühen griech. Gesellschaften. Die Quellengrundlage der „sozialreformatorische(n)" Konzepte seiner Zeit schien ihm „kaum weniger problematisch (...)" als die „Ansicht der Alten über die prinzipielle Gütergleichheit S." [37, Bd. 1, 112]. Engagiert untersucht Pöhlmann die ‚soziale Revolution' unter Agis und Kleomenes. Damit scheitert ein zum „Sozialismus der Tat" schreitender „Romantiker" Agis mit seinem „Idealbild" an den „harten Schranken der Wirklichkeit" [37, Bd. 1, 372 u. 376]. Von der Gesamtanlage her steht Pöhlmanns Werk auch gegen die Idealisierung der Griechen am Beginn des 19. Jh. (→ Sozialismus).

Die mit S. verbundenen ‚sozialen Fragen' werden auch nach dem I. und II. Weltkrieg diskutiert. Ernst Bux (1890–1951), dem erst „die Terminologie der mod. Sozialdemokratie" das Verständnis für diese „griech. sozialrevolutionäre Bewegung" ermöglichte, liest Plutarchs Biographien von Agis IV. und Kleomenes III. 1925 als „sozialistische Novellen" [11, 413]. Ähnliche Dispositionen in England findet man in Naomi Mitchisons (1897–1999) fiktionalem *Black Sparta* (1928) und *The Corn King in the Spring Queen* (1931), in dem die Revolution des Kleomenes den Bezugspunkt sozialistischer S.-Bewunderung bildet und darüber hinaus eine helotenfreundliche Perspektive entwickelt wird [75, 365].

Der junge Victor Ehrenberg (1891–1976) suchte in den 1920er J. am Beginn seiner S.-Forsch. wie manch andere Zeitgenossen, z.B. die Jünger Stefan Georges, nach dem ‚Typus des griech. Menschen'. Ihn wollte er in seinem *Neugründer des Staates* (1925) [14], in dem er Hölderlin beschwor, „aus den Tatsachen des realen Lebens, aus dem Schöpfergeist seiner großen Führer ... nachspürend wieder erstehen lassen" [14, VIII]. Die ‚Neugründer'-These weist die traditionell dem Gesetzgeber *[163]* Lykurg zugeschriebene Reform einem Ephoren des 6. Jh. zu. Bekenntnishafte Züge begegnen bei Ehrenberg nicht nur in dem Rekurs auf die großen Männer, sondern auch im RE-Artikel ‚S.' von 1929, in dem er das

‚Ideal disziplinierter Männlichkeit' von höchster ‚Reinheit' sowie die Opferbereitschaft der Spartaner rühmt [15, 1383].

Nicht weniger bekenntnishaft lehnte Helmut Berve (1896–1973) 1925 die Neugründer-These ab. War doch der ‚eigenartige Kosmos' S. „nicht gemacht, sondern gewachsen aus den letzten zeitlosen Tiefen einer Volksseele" [5, 311]. Berve hat die früh faßbare Idealisierung S. bis zum E. des II. Weltkriegs zu immer neuen Gipfeln geführt. Zu seinem Gesamtbild der griech. Geschichte gehört die Gegenüberstellung von Stammesgruppen, unter denen Dorier und Ionier bzw. deren ‚Wesen' dominieren.

2. *Jugendbewegung*

Schwer abzuschätzen ist, welche Wirkung dieser Umgang mit S. über die Alt.-Wiss. hinaus besaß, wobei natürlich auch die Vermittlungsfunktion des Humanistischen Gymnasiums zu bedenken ist. Ein Reflex darauf ist im Umfeld der Jugendbewegung zu fassen, in deren „antikisierenden Deutungen" [50, 127–133] S. eine große Rolle spielt. So versteht etwa der ‚jugendbewegte' Schweizer Naturwissenschaftler Alfred Schmid (1900–1968), Gründer des ‚Grauen Corps' mit elitärem Anspruch, die Jugendbewegung als eine ‚Auferstehung im Geiste dorischer Jugend' [50, 130]. Nicht zuletzt unter Nietzsches Einfluß wurden ant. Traditionen wie „das ‚Dorertum', die Knabenliebe, der Männerbund, das Dionysische, Apollinische, Tragische" und „heroisches Leben" aufgenommen [50, 133]. Eine Gruppe erlebt „das Hellas der Deutschen" [50, 121] – so die Bildunterschrift [23, Abb. 2] – „unter dem Oelbaum von S.", nimmt ein ebenso ins Bild gesetztes „Bad im Eurotas" [23, Abb. 80f.] und inszeniert unter Bezug auf Thukydides einen Dialog Athen versus S. [23, 79–90]. Für S. steht ‚entsagungsvolle' oder ‚strengste Zucht'. Das „Herrschervolk" stellt die „vollendetsten Krieger", pflegt seinen „Adel" als „Geschenk (des) Blutes", die Erziehung ist von „den Instinkten des wahren Blutadels geleitet". Starke Zustimmung findet die „bewußt hervorgekehrte Zuchtwahl" und die „Verleugnung der Familie" in der Erziehung [23, 84f.]; die in der Jugendbewegung präsente Knabenliebe wird als „Liebe zum Helden" definiert, die in der „Schlacht ihr höchstes Fest" feiert [23, 86f.]. Spartas Untergang wird als ein ‚Verbluten' auf dem Schlachtfeld beschrieben [23, 89]. Hier begegnen durchweg bekannte Elemente des S.-Bildes, darunter auch die im Kontext sozialdarwinistischer und rasseideologischer Konzeptionen bes. aufschlußreiche, zeittypische Rede von der ‚Zuchtwahl'.

3. *Rassentheorie*

Zum ‚Erbe der 20er J.' [70, 89], das die Jugendbewegung nicht nur über Schule und Universität aufgenommen hat, gehört in einer Reihe von Platonbüchern sicherlich auch Hans Friedrich Karl Günthers *[164]* (1891–1968) *Platon als Hüter des Lebens* (1928) [19]. Günther würdigt resümierend die „mehr den Lebensgesetzen verbundene Weisheit" der Spartaner bzw. „die lykurgischen Gesetze mit ihrem Zuchtgedanken" als Vorbild Platons [19, 68]. In Günthers *Rassengeschichte des hellenischen und röm. Volkes* [20] läuft die Geschichte S. (wie diejenige Athens) der pessimistischen Konzeption führender Rassetheoretiker wie

Gobineau und Chamberlain entsprechend als Prozeß der ‚Entnordung' und ‚Entartung' ab. Seine „vorwiegend nordische Herrenschicht" wird unter Bezug auf die Vorstellung von einer ‚sélection militaire' durch Kriege „ausgemerzt" [20, 42; 70, 123].

Ludwig Schemann (1852–1938), der die dt. Gobineaurezeption angestoßen hat, meinte, hinsichtlich ‚Rassenzucht und -hygiene' stünden die Spartaner an der Spitze unter den Griechen – wobei er sich auf K. O. Müllers *Dorier* [33] berief, die im Umfeld der Rassenideologen relativ häufig benutzt wurden [75, 335]. Am Anf. des 20. Jh. stellte Maurice Barrès (1862–1926) in seiner *Voyage de Sparte* [1] deutliche Bezüge zur Rassenlehre her. Unter dem Eindruck der Taygetosschluchten, in denen einst Kinder ausgesetzt wurden, beschwört er die „traditions doriennes, graves et vigoureuses" und beschreibt S. als „un prodigieux haras", ein „wunderbares Gestüt" [1, 198f.; 67, 44]. Griechenland insgesamt vermittelt ihm den Eindruck einer „Gruppierung kleiner Gesellschaften zur Verbesserung der hellenischen Rasse" [1, 234]. Dementsprechend gilt Barrès als eine Art Vorläufer des NS-Spartabildes [67, 43f.; 75, 300].

Wie zahlreiche Titel aus den 20er J. zeigen, sind die Kindesaussetzung in S. und die Erwägungen Platons ein wichtiger Bezugspunkt in den Diskussionen über die ‚Vernichtung lebensunwerten Lebens' [83, 133–161].

Im Dialog mit H. F. K. Günther konzipiert der spätere NS-Reichsbauernführer und Landwirtschaftsminister Richard Walther Darré (1895–1953) sein Werk *Das Bauerntum als Lebensquell der Nordischen Rasse* (1929) [12], in dem S. weniger als ‚Krieger-' und ‚Herren-', sondern als ‚Bauernstaat' vorgestellt wird. Die Möglichkeit, Großgrundbesitz anzuhäufen, führt zum wirtschaftlichen Niedergang der Spartiaten. Damit einher geht ein biologischer Verfallsprozeß, der knapper werdende Boden führt zu einer Beschränkung der Kinderzahl, die wiederum „keine gesundheitliche Ausmerze" mehr zuließ [12, 173]. Deshalb findet die Neuverteilung des Landes durch das spartanische Reformkönigtum Darrés besonderes Interesse. Später begründete er seine ‚Erbhofgesetzgebung' z.T. mit der Geschichte Spartas. Im ‚Kulturverfall durch Abkehr vom Land' – in dieser Position sind antimodernistische und zivilisationskritische Aspekte erkennbar – und nicht in den Untergangsszenarien der Rassenlehre sieht Darré den wichtigsten Niedergangsfaktor [63, 171]. Hitler bewunderte in einer Rede vom 4.8.1929 die spartanische Herrschaftsordnung: In dem „klarste(n) Rassestaat der Geschichte" unterdrückte eine rassisch hochwertige Minderheit von 6000 herrschenden Familien 340 000 Heloten [26, 348]. ***[165]*** In seinen Reden E. der 20er J. und in dem damals unveröffentlichten Zweiten Buch (1928) bekannte er sich unter dem Stichwort ‚Geburtenpolitik' nachdrücklich zur Auslesepraxis S., des ersten ‚völkischen' Staates: „Die Aussetzung kranker, schwächlicher, mißgestalteter Kinder, d.h. deren Vernichtung war menschenwürdiger und in Wirklichkeit tausendmal humaner als der erbärmliche Irrsinn unserer heutigen Zeit, die krankhaftesten Subjekte zu erhalten" [27, 56].

F. Nationalsozialismus

Die in Hitlers Äußerungen erkennbare Radikalisierung des S.-Bildes in der Zeit des Nationalsozialismus markiert einen wichtigen Einschnitt in der ‚Spartan Tradition'. Nach der NS-Machtergreifung verbanden sich mit der Chiffre ‚S.' und den ‚Dorern' zahlreiche Modellvorstellungen. Das zeigt etwa Gottfried Benns Essay *Die Dorische Welt* (1934) [4], zu dem er sich von der *Dorischen Musik* Heinrich Kaminskis (1886–1946) hatte anregen lassen [65, 338]. Vor allem „auf Nietzsches Spuren" konnte Benn „aus Apollon einen präfaschistischen Gott und aus S. ein Nazideutschland avant la lettre" machen [82, 525f.]. Benn beschwört eine männlich geprägte Welt der Dorer: „Ihr Traum ist Züchtung und ewige Jugend, Göttergleichheit, großer Wille, stärkster aristokratischer Rassenglaube, Sorge über sich hinaus für das ganze Geschlecht." Das Ziel der Erziehung waren „Schlachten und Unterwerfung"; Benn verweist auch auf die „erotische Mystik" der dorischen Knabenliebe [4, 836–838].

1. *Wissenschaft*

Der klass. Philologe Werner Jaeger (1888–1961) formt in dem *Paideia*-Buch von 1934 [28] sein S.-Bild aus Pindar. Dort fand er das „Ideal des blonden hochrassigen Menschentypus" und des „hellenischen Rasseadels", eine „Adelspaideia" oder „Adelslehre vom Blut". Tyrtaios lieferte „die Stiftungsurkunde des spartanischen Machtstaates" [65, 337]. Diese aristokratische und rassistische Konzeption steht stark unter dem Eindruck der Pindarübertragung Rudolf Borchardts (1877–1945) von 1929/30, die Jaeger als „Doreroffenbarung" empfand [65, 334]. Die Zeugnisse Jaegers und Borchardts, der zum Umfeld der ‚Konservativen Revolution' und des George-Kreises zählt, belegen eine Ren. der *Dorier* K. O. Müllers in den 30er und 40er J. des 20. Jahrhunderts.

Die Beschwörung S. 1933/34 gehört zum Argumentationsmuster der ‚Programmschriften' über die Gegenwartsbedeutung der Ant., sie korrespondiert mit entsprechenden Bekenntnissen aus dem Kreis der NS-Führungsschicht. So erstellte der gerade ernannte Landwirtschaftsminister R. W. Darré 1933 ein Manuskript über *Sparta. Ein Staatsgedanke aus Blut und Boden (Grundlagen, Aufstieg, Niedergang)* [65, 332]. Albert Speer, der Architekt Hitlers, brach 1935 nach Griechenland auf, um dort „Zeugnisse der dorischen Welt" zu studieren [54, 298].

Die Mehrheit der dt. Althistoriker stellte sich ‚im Sinne volksgebundener Wiss.' der Verpflichtung zu einem ***[166]*** ‚neuen S.-Bild', dessen Ziel „nicht Entwicklungsdarstellung, sondern Wesensdeutung" sein sollte [29, 387]. Der wichtigste Beitrag stammt von Helmut Berve, der 1937 das Bild des ‚aristokratischen Sparta' entwarf, das wesentlicher Ausdruck dorischer Stammesart ist und den ‚Rassengesetzen' verpflichtet war. So konnte es „zu einer blutsmäßigen Vermischung der Einwanderer mit der ansässigen Bevölkerung" nicht kommen, „dazu war der Geist der Dorier zu aristokratisch exklusiv, ihr Instinkt zu rein und stark" [6, 15]. Die schon in Berves *Griech. Geschichte* von 1930/31 angelegten rassengeschichtlichen Bezüge sind stärker betont. Zu dieser Konzeption gehört letzten Endes auch die Rechtfertigung rassenpolitischer Maßnahmen wie die ‚Vernichtung lebensunwerten Lebens'. H. Berve hat als ein führender Repräsentant der Alt.-Wiss. in der NS-Zeit von 1936 bis in die letzten Kriegstage hinein S.-Vorträge vor NS-Organisationen und der Wehrmacht gehalten und angeboten [76, 473; 66, 231]. Berves kleine S.-Monographie eröffnet eine Reihe dt. ‚S.-Produktionen': 1939 erschienen drei von R. W. Darré geförderte Arbeiten: Hans Lüdemanns Monographie *Sparta. Lebensordnung und Schicksal* [30], Jürgen Brakes, *Spartanische Staatserziehung* (= Quellen zur volks-polit. Erziehung) und Theodor Meiers Dissertation *Das Wesen der spartanischen Staatsordnung nach ihren lebensgesetzlichen und bodenrechtlichen Voraussetzungen*. Dazu kam noch Hans Johns *Von dem Sinn des spartanischen Staatsgedankens* und schließlich aus Frankreich Pierre Roussels *Sparte*. Nach Berve fehlte dem frz. Beitrag die wesentliche Voraussetzung für eine S.-Darstellung, „die tiefere innere Anteilnahme an Lakedämon, seiner Art und seinem Geschick" [7, 11].

2. *Nationalsozialistische Pädagogik*

Die NS-Spartakonzeption fand den Weg in die Schulen. Zu behandeln war nach der Vorgabe der Lehrpläne für den Geschichtsunterricht von 1938 ‚Die Gesetzgebung S. in ihrer rassischen und bevölkerungs-polit., soldatischen und sozialistischen Ausrichtung. Der rassische Untergang S." [56, 48, Anm. 203]. Noch genauer hieß es im Hinblick auf die rassen-polit. Anwendung in einem weit verbreiteten Geschichtsbuch unter dem Stichwort ‚Rassischer Staatsgedanke' des ‚sozialistische(n) Kriegerstaat(es) der dorischen Spartaner': „Planmäßige Körperertüchtigung der Jungen und Mädchen, Männer und Frauen, soll nordische Herrenschicht erbgesund erhalten. Erbhofbesitzer dürfen nicht unverheiratet bleiben. Ehe mit Fremdrassigen verboten. Kinderlose Ehen aufgelöst. Schwächliche Kinder ausgesetzt. Kriegstüchtigkeit durch Gemeinschaftserziehung, Körperübungen, Waffenkampf, Abhärtung, Gehorsam, Selbstbeherrschung" [17, 6f.]. Damit sind Hitlers und Darrés Vorgaben umgesetzt.

Eine zentrale Rolle spielt S. in der NS-Eliteerziehung. August Heißmeyer, der Inspekteur der sog. ‚National-polit. Erziehungsanstalten' (Napola), fand 1938 in S., im preußischen Offizierskorps, in den Jesuitenkollegs und den engl. ‚public schools' die klass. Muster ***[167]*** für die „typenprägende Wirkung strenger Gemeinschaftserziehung". 1941 setzte er dann mit der Formel ‚S., Rom, Preußen – Deutschland' einen stärkeren Akzent auf die „soldatische Moral" [84, 99f.].

Für die Adolf-Hitler-Schulen (AHS) stellte die Alt.-Wiss. eine ‚Erziehungshilfe' [65, 347] bereit: In dem von dem Archäologen Otto-Wilhelm von Vacano (1910–1997) 1940 herausgegebenen AHS-Arbeitsheft *Sparta. Der Lebenskampf einer nordischen Herrenschicht* werden Parallelen zw. der Lebensordnung der Spartiaten und den AHS vielfach nahegelegt. Sparta liefert „das Beispiel des Lebenskampfes einer arischen Herrenschicht in fremdem Raum, die nach strahlender Leistung zusammenbricht, weil die Kräfte des Blutes im Einsatz verbraucht und damit auch die von ihm geschaffenen Lebensordnungen sinnlos geworden sind. Was Lakedämons Adel in diesem Kampf an Tugenden entfaltet hat, was er in dienender Zucht gestaltet hat, ist unvergänglich" [43, 25]. In diesem Heft werden die verschiedenen Ansätze der NS-Spartakonzeption zusammengeführt. Zu Wort kommen die ant. Autoren, darunter die von Richard Harder übersetzten ‚Altspartanischen Kampfreden des Tyrtaios', H. Berve, H. Lüdemann und auch die *Dorier* K. O. Müllers [65, 345–347]. Ein Leitmotiv durchzieht das ganze Heft – die Opferbereitschaft der Spartaner in der Thermopylenschlacht (→ Schlachtorte B. 2).

Das Interesse an der Aktualisierung S. blieb im II. Weltkrieg stark: R. W. Darré legte 1940 (!) die Arbeit *Vom Lebensgesetz zweier Staatsgedanken* vor, in der er Lykurg und Konfuzius verglich. Ein ‚interdisziplinäres' Interesse an S. belegt die bei dem NS-Pädagogen Alfred Baeumler (1887–1968) angefertigte Dissertation von A. N. Patriarcheas über *Die Erziehung der Spartanerin in ihrer polit. Wirklichkeit. Prolegomena zu jeder heutigen weiblichen Erziehung* (1943). 1942 entstand die Giessener medizinische Dissertation von W. Schaeffer zum Thema *Die Familie als erbbiologische Grundlage des Staates. Nachgewiesen an der Geschichte S.*, die sich kritisch mit den Thesen des inzw. entmachteten R. W. Darré auseinandersetzt.

3. Thermopylen

Bis in die letzten Kriegstage – wie der Appell des Reichsmarschalls H. Göring an die in Stalingrad eingeschlossenen Soldaten zeigt – wurde immer wieder pathetisch die Thermopylenschlacht beschworen. Am Beispiel des Leonidas orientierte sich noch im Februar 1945 Hitlers ‚Strategie des grandiosen Untergangs' [66, 20]. Das NS-Spartabild trägt unverkennbar einen utopischen Grundzug, der in der Fixierung auf agrarisch strukturierte Gesellschaften urtümlicher Rassereinheit zu fassen ist. Diese Utopie schließt die Möglichkeit zur Verwirklichung ein [63, 311f.]. An der Legitimation der damit verbundenen Herrschaftspraxis haben führende Vertreter der Alt.-Wiss. mitgewirkt.

[168] G. Nach 1945

1. Totalitarismuskritik

Nach den Exzessen der NS-Spartaidealisierung wurde im Kontext mit der wesentlich von Emigranten und Remigranten v.a. in der Politik-Wiss. geführten Totalitarismusdiskussion der Blick für die ‚totalitären' Züge S. geschärft. Diese Diskussion knüpft an Beiträge aus der Zeit des Nationalsozialismus an. So erschien 1946 der 1934 gehaltene Prager Rundfunkvortrag *Ein totalitärer Staat* des 1939 nach England emigrierten Viktor Ehrenberg, in engl. Sprache [55, 217–228]. Anspielungen auf den NS-Staat, wie die Rede von der ‚engen egoistischen Herrenmoral', ‚dem organisierten und straffreien Mord' an den Heloten und den ‚grausamen Methoden spartanischer Eugenik' sind unübersehbar [13, 226, 219 u. 221]. Unter ähnlichen Voraussetzungen äußerte sich der 1937 in die USA emigrierte Klass. Philologe Kurt von Fritz (1900–1985) 1948 in einer „berechtigte(n) Übertragung aus dem Amerikanischen" zu *Totalitarismus und Demokratie im Alten Griechenland und Rom* [16, 47]. Danach lieferte S. „den schlagendste(n) Beweis scharfer Reglementierung des Lebens jedes einzelnen Bürgers durch den Staat ... vielleicht in der ganzen Menschheitsgeschichte", es steht für einen geradezu „lückenlos(en)" Totalitarismus [16, 52].

In dem sich verschärfenden ‚Kalten Krieg' lenkt 1951 der amerikanische Graezist Lucius Rogers Shero (1891–1968) den Blick auf das ‚Totalitarian' Sparta [42, 13]. Zu seinem Vergleichsrahmen gehört die NS-Rassenideologie und die Staatserziehung bzw. -jugend in Hitler-Deutschland und der Sowjetunion. Ein zentrales Element des totalitären S., die Kontrolle aller Lebensbereiche, findet er gewissermaßen auf beiden Seiten des ‚Eisernen Vorhangs' – auch in den McCarthy-Aktivitäten in den USA [42, 13–32].

Die Linien des Systemvergleichs verfolgt – bezogen auf den ‚Kalten Krieg' – der dt. Sachbuchautor Carl W. Weber, wobei die Vorstellung des ‚Eisernen Vorhangs', der sich über S. gesenkt hat, ebenso wichtig ist wie die von ‚Hellas im Kalten Krieg' mit der Rollenverteilung S./UdSSR bzw. Athen/USA [45, 207 u. 325]. Ende der 60er J. stellt Hugh Parry in einem Quellenheft *Ideals of Education: Spartan Warrior and Athenian All-round Man* (1969) auch im Bild Bezüge zw. spartanischer Disziplin und mod. Kadettenerziehung in den USA her [35, 7] und bestätigt so das antithetische Wahrnehmungsmuster.

2. Thermopylenschlacht

In Auseinandersetzung mit einem Hauptmotiv der Kriegserziehung in der NS-Zeit und ihrem S.-Bild wendet Heinrich Böll 1950 mit seiner Kurzgeschichte *Wanderer kommst du nach Spa ...* die Thermopylenszene zum Antikriegsstück: Ein schwerverwundeter Soldat liest in seinem als Notlazarett dienenden alten Gymnasium den Anf. des Epigramms auf die Gefallenen der Thermopylenschlacht. Nach Bölls späterer Interpretation kommt der junge Soldat an „den human. ‚Tatort' zurück, Opfer einer ‚spartanischen' Barbarei". Böll fragt, ***[169]*** welchen Beitrag das human. Gymnasium dazu geleistet hat [64, 211–213].

Die Thermopylenschlacht zählt bis h. zu den bekanntesten ‚Bildern' aus der Geschichte S., die durchaus noch in heroisch-nationalistisch-spartanischem Geist vermittelt werden können. Der 1980 in England herausgebrachte Band *The Year of Thermopylae* von Ernle Bradford (1922–1986) erschien in Deutschland unter dem Titel *Leonidas. Held der Thermopylen* (1984) und sollte dem dt. Publikum, so hieß es im Rückentitel der Ausgaben von 1984 und 1991, „ein leuchtendes Vorbild für Opfermut, Tapferkeit und Treue" oder die „sprichwörtlich gewordenen Tugenden der Tapferkeit und des Patriotismus" nahebringen. Die amerikanische Fassung trägt den Titel *The Battle for the West: Thermopylae* (1980) und stellt den Bezug zum Ost-West-Konflikt her. In diesem Sinne zitiert Bradford aus dem 1965 entstandenen Essay *Hot Gates* des Literaturnobelpreisträgers William Golding (1911–1993), für den Leonidas „zu unserer Freiheit beigetragen" hat: „Ein kleines Stück des Kampfes, den Leonidas geführt hat, verbirgt sich hinter der Tatsache, daß ich gehen kann, wohin ich will und schreiben kann, was ich will" [10, 157]. Dementsprechend resümiert Bradford, daß Leonidas und seine Spartaner dafür gekämpft haben, „daß die individuelle Freiheit im Westen überleben konnte" [10, 264].

Am vorläufigen E. dieser Reihe steht Steven Pressfields inzw. verfilmter, in New York erschienener Roman *Gates of Fire* (1998), der 2001 unter dem neutralen Titel *Sparta* ins Deutsche übertragen wurde. In Verbindung von histor. Fakten und fiktionalen Elementen kommt der einzige Überlebende der Schlacht zu Wort, der u.a. die „Geschichte seiner Unterweisung in der Lebens- und Todesphilos. Spartas“ erzählt [38, 2] – also eher nicht dem alten S.-Bild verhaftet ist. In ähnlichem Sinne wurde ein anderes zentrales Thema, das mit der Erinnerung an S. verbunden ist, in Wolfgang Maria Bauers *Zikadenzüchter* [2] (1992) auf die Bühne gebracht. Darin nimmt sich der Bauer ‚Taygetos‘ der ausgesetzten spartanischen Kinder (der Zikaden) an.

3. Tendenzen der Spartaforschung

Nach dem II. Weltkrieg gab man Athen den Vorzug vor Sparta. Angesichts der Verstrickungen dt. Forscher in der NS-Zeit ist nachvollziehbar, daß das Thema S. nach 1945 gleichsam ‚tabuisiert‘ wurde [56, 49]. Die Betroffenen selbst sahen keinen Anlaß, sich mit ihrem Beitrag zur NS-Spartaideologie (oder ihrer Rolle in der NS-Zeit) auseinanderzusetzen oder sich davon zu distanzieren: H. Berves S.-Buch von 1937 (Ndr. 1944) wurde 1966 sogar in die zweite Auflage seiner Schriftensammlung *Gestaltende Kräfte der Ant.* aufgenommen. Kritische Fragen aus der west-dt. Althistorikerzunft stellte man erst E. der 60er Jahre.

In der → DDR-Althistorie war das Problembewußtsein für derartige Fragen früher entwickelt und stärker ausgeprägt [9, 7–16]. Das zeigt die 1969 erhobene Klage ihres ‚Chefideologen‘ Rigobert Günther (1928–2000), daß „der faschistische Staat ... die Traditionen des altspartanischen *[170]* Staates in geradezu verbrecherischer Weise“ mißbraucht habe [21, 118]. In ihrer Grundaussage ist die Klage fester Bestandteil der Programmatik des sozialistischen Geschichtsbildes. In der internationalen Forsch. wurden die Beiträge der Alt.-Wiss. zum NS-Spartabild durchaus registriert und vereinzelt angesprochen. Relativ früh analysierte Edouard Will in *Doriens et Ioniens. Essai sur la valeur du critère ethnique appliqué à létude de l'histoire et de la civilisation greques* (1956) u.a. die mit der S.-Konzeption Berves verbundenen Voraussetzungen. Arnaldo Momigliano (1908–1987), dessen Familie Opfer der NS-Vernichtungspolitik wurde, zog letztlich Verbindungslinien zw. dieser Vernichtungspolitik und der Konzeption Berves [54, 221]. Die dann seit den 60er J. des 20. Jh. erschienenen Arbeiten sind nüchtern gehalten, man vermeidet die für die S.- Idealisierung konstitutiven Bezüge zum Militärischen und zur Erziehung [54, 408f.]. 1983 erschien dann die erste dt. wiss. S.-Gesamtdarstellung nach 1945 [57]. Aus dem angelsächsischen Bereich sind z.T. von der Tradition Moses Finleys geprägte Arbeiten, v.a. die von Paul Cartledge und Stephen Hodkinson hervorzuheben [51; 52; 53; 61]. Von frz. Seite wurden in den letzten J. zentrale Institutionen S. umfassend untersucht, wie Pierre Carliers *La royauté en Gréce avant Alexandre* (1984), Jean Ducats *Les hilotes* (1990) oder Nicolas Richers *Les* Éphores (1998) zeigen. Generell wächst der Einfluß ethnologischer und anthropologischer Ansätze, von denen her z. B. einzelne Elemente des Erziehungssystems erklärt werden können [77, 305–322].

Der in dem Sammelband *S.: Beyond the Mirage* (2003) programmatisch ausgedrückte und notwendig Perspektiven der Rezeption einschließende Ansatz der internationalen S.-Forsch. [77] zeigt, daß S. den Status eines ‚Sonderfalls‘ zunehmend verliert, er belegt aber auch das Fortleben nationaler S.-Traditionen. Auch von daher ist kaum vorstellbar, daß der Prozeß immer neuer S.-Rezeptionen ein E. findet. Als Chiffre für einen ‚starken Staat' ist S. in polit. und sozialen Bezügen mit eher negativer Konnotation bis h. präsent.

Bibliographie

1 M. Barrès, Le Voyage de Sparte (1906), in: Oeuvres complètes, tome 32, 1923.

2 W. M. Bauer, Zikadenzüchter, 1992.

3 A. Bebel, Die Frau und der Sozialismus, (Zürich 1879) 1929, Ndr. 1979.

4 G. Benn, Dorische Welt, in: Gesammelte Werke, Bd. 3, 1975, 824–856.

5 H. Berve, Rezension V. Ehrenberg, Neugründer des Staates, in: Gnomon 1 (1925) 305–317.

6 Ders., S., 1937, ^{2}1944.

7 Ders., Vier S.-Bücher, in: Gnomon 17 (1941) 1–11.

8 E. Bethe, Die dorische Knabenliebe – ihre Ethik und Ideale, in: A. K. Siems (Hrsg.), Sexualität und Erotik in der Ant., 1988, 17–57.

9 G. Bockisch, Das S.-Bild in der bürgerlichen Lit., in: Miszellen zur Wiss.-Gesch. der Altertumskunde, 1980, 7–16.

10 E. Bradford, Leonidas, Held der Thermopylen, 1984 (Taschenbuch 1991).

11 E. Bux, Zwei sozialistische Novellen bei Plutarch, in: Klio 19 (1925) 413–431.

12 R. W. Darré, Das Bauerntum als Lebensquell der Nordischen Rasse, ^{6}1937.

13 V. Ehrenberg, Ein totalitärer Staat (1934), in: K. Christ (Hrsg.), S. (Wege der Forsch. 622) 1986, *[171]* 217–228, zuerst engl. A Totalitarian State (1946), dt. Übers. 1986.

14 Ders., Neugründer des Staates, 1925.

15 Ders., s.v. S., RE III A 1929, 1373–1453.

16 K. v. Fritz, Totalitarismus und Demokratie im Alten Griechenland und Rom, in: A&A 3 (1948) 47–74.

17 W. Gehl, Gsch. der Ant. in Stichworten, 1938.

18 G. Grote, History of Greece, London 1846–1856, dt. Gesch. Griechenlands, 6 Bde., Berlin 1850–1859.

19 H. F. K. Günther, Platon als Hüter des Lebens, 1928.

20 Ders., Rassengeschichte des hellenischen und röm. Volkes, 1929.

21 R. Günther, Gesch. des Alt. im sozialistischen Geschichtsbild, in: Wiss. Zschr. der Friedrich-Schiller-Univ. Jena 18,4 (1969) 117–120.

22 G. W. F. Hegel, Vorlesungen über die Philos. der Gesch., ed. H. Glockner (Sämtliche Werke), 1961.

23 Hellas. Tagebuch einer Reise. Im Auftrag der ‚Fischer', hrsg. v. E. u. H. Lehmann, 1929.

24 J. G. Herder, Adrastea, Werke in zehn Bdn., Bd. 10, ed. G. Arnold, 2000.

25 Ders., Ideen zur Philos. der Gesch. der Menschheit, Werke in zehn Bdn., Bd. 6, ed. M. Bollacher, 1989.

26 A. Hitler, Reden, Schriften, Anordnungen. Bd. III, Teil 2, hrsg. und komm. V. K. A. Lankheit et al., 1994.

27 Hitlers Zweites Buch. Ein Dokument aus dem J. 1928, hrsg. v. G. L. Weinberg, 1962.

28 W. Jaeger, Paideia, Bd. 1, 1934.

29 E. Kirsten, Die Entstehung des spartanischen Staates, in: Neue Jbb. für Wiss. und Jugendbildung 12 (1936) 385–400.

30 H. Lüdemann, S., 1939.

31 J. C. F. Manso, Sparta. Ein Versuch zur Aufklärung der Gesch. und Verfassung dieses Staates, 3 Bde., Leipzig 1800–1805.

32 Th. More, Utopia, in: E. Sartz, J. H. Hexter (Hrsg.), The Complete Works of St. Thomas More, Bd. 4, 1965.

33 K. O. Müller, Die Dorier, 2 Bde., Breslau ^{2}1844, engl. The History and Antiquities of the Doric Race, 2 vls., Oxford 1830.

34 M. P. Nilsson, Die Grundlagen des spartanischen Lebens, in: Klio 12 (1912) 308–340.

35 H. Parry, Ideals of Education. Spartan Warrior and Athenian All-round Man, 1969.

36 W. Pater, Lacedaemon, in: Ders., Plato and Platonism, Werke Bd. 6, 1925, 197–234.

37 R. v. Pöhlmann, Gesch. der sozialen Frage und des Sozialismus in der ant. Welt, 2 Bde., Ndr. 1984, ^{3}1925.

38 St. Pressfield, S., 2001.

39 J.-J. Rousseau, Considérations sur le Gouvernement de Pologne, Oeuvres complètes, ed. M. Launay, 1971, Bd. 3, 527–567.

40 Ders., Discours sur les Sciences et les Arts, dt.: Über Kunst und Wiss., in: Schriften zur Kulturkritik, ed. K. Weigand, ^{4}1983.

41 F. Schiller, Die Gesetzgebung des Lykurgus und Solon, in: K. Christ (Hrsg.), S., 1986, 73–86.

42 L. R. Shero, ‚Totalitarian' S., in: Crozers Quarterly 28 (1951) 13–32.

43 O.-W. v. Vacano (Hrsg.), Sparta. Der Lebenskampf einer nordischen Herrenschicht, 1940.

44 Ch. Vellay, Discours et Rapports de Robespierre, 1908.

45 C. W. Weber, Die Spartaner. Enthüllung einer Legende, 1977.

46 U. von Wilamowitz-Moellendorff, Staat und Gesellschaft der Griechen, Ndr. 1994.

47 Th. W. Africa, Thomas More and the Spartan Mirage, in: Historical Reflections 6,1 (1979) 343–352.

48 E. Baltrusch, Sparta. Gesch., Ges., Kultur, 1998.

49 N. Birgalias, L'Odyssée de l'éducation spartiate, 1999.

50 H. Cancik, Jugendbewegung und klass. Ant., in: B. Seidensticker / M. Vöhler (Hrsg.), Urgesch. der Moderne. Die Ant. im 20. Jh, 2001, 114–135.

51 P. Cartledge, Agesilaos, 1987.

52 Ders., The Socratics' S. and Rousseaus, in: St. Hodkinson, A. Powell (Hrsg.), Sparta. New Perspectives, 1999, 311–337.

53 Ders., Spartan Reflections, 2001.

54 K. Christ, Hellas. Griech. Gesch. und dt. Geschichts-Wiss., 1999.

55 Ders. (Hrsg.), S., 1986.

[172]

56 Ders., S.-Forsch. und S.-Bild (1986), Ndr. in: Ders., Griech. Gesch. und Wiss.-Gesch., 1996, 9–57 (mit Nachträgen 1996, 219–221).

57 M. Clauss, Sparta. Einführung in seine Gesch. und Zivilisation, 1983.
58 A. Demandt, Der Idealstaat, 1993.
59 Ch. Grell, Le Dix-huitième siècle et l'antiquité en France 1680–1789, Bde. 1–2, 1995.
60 L. G. Guerci, Libertá degli antichi e libertá dei moderni, 1979, 105–139.
61 St. Hodkinson, Property and Wealth in Classical S., 2000.
62 P. Janni, La cultura di Sparta Arcaica. Ricerche I, 1965.
63 F.-L. Kroll, Utopie als Ideologie. Geschichtsdenken und polit. Handeln im Dritten Reich, 1998.
64 G. Lohse, H. Ohde, Mitt. aus dem Lande der Lotophagen. Zum Verhältnis von Ant. und dt. Nachkriegs-Lit. II, in: Hephaistos 5/6 (1983/84) 163–226.
65 V. Losemann, Die ‚Dorier' im Deutschland der dreißiger und vierziger J., in: W. M. Calder III, R. Schlesier (Hrsg.), Zw. Rationalismus und Romantik, 1998, 313–348 [= V. Losemann, Klio und die Nationalsozialisten. Gesammelte Schriften zur Wissenschafts- und Rezeptionsgeschichte, hrsg. v. C. Deglau, P. Reinard u. K. Ruffing, Wiesbaden 2017, 107–136].
66 Ders., Nationalsozialismus und Ant., 1977 [= **Nr. 1**].
66a I. McGregor Morris, To make a new Thermopylae: Hellenism, Greek liberation and the Battle of Thermopylae, in: Greece & Rome 47,2 (2000) 211–230.
67 H. Marrou, Gesch. der Erziehung im klass. Alt., 1957.
68 C. Mossé, L'Antiquité dans la Revolution française, 1989.
69 B. Näf, Deutungen und Interpretationen der griech. Gesch. in den zwanziger J., in: H. Flashar (Hrsg.), Alt.-Wiss. in den 20er Jahren. Neue Fragen und Impulse, 1995, 275–302.
70 Ders., Von Perikles zu Hitler? Die athenische Demokratie und die dt. Althistorie bis 1945, 1986 (Europ. Hochschulschriften, Reihe 3, 308).
71 W. Nippel, Griechen, Barbaren und ‚Wilde', 1990.
72 Ders., Mischverfassungstheorie und Verfassungsrealität in Ant. und früher Neuzeit, 1980.
73 F. Ollier, Le mirage spartiate. Étude sur l'ántiquité grecque, Bde. I–II, 1943, Ndr. 1973.
74 J.-L. Quantin, Traduire Plutarque d'Amyot à Ricard; contribution à l'étude du mythe de Sparte aux XVIIIe siècle, in: Histoire, Économie et Société 7 (1988) 243–259.
75 E. Rawson, The Spartan Tradition in European Thought, 1969.
76 St. Rebenich, Alte Gesch. in Demokratie und Diktatur. Der Fall Helmut Berve, in: Chiron 31 (2001) 457–496.
77 Ders., From Thermopylae to Stalingrad: The Myth of Leonidas in German Historiography, in: A. Powell, St. Hodkinson (Hrsg.), S.: Beyond the Mirage, 2003, 323–349.
78 M. Reinhold, Classica Americana. The Greek and Roman Heritage in the United States, 1984.
79 C. J. Richard, The Founders and the Classics, 1994.
80 V. Riedel, Ant.-Rezeption in der dt. Lit. vom Ren.-Human. bis zur Gegenwart, 2000.
81 Th. Schleich, Aufklärung und Revolution. Die Wirkungsgesch. G. B. de Mablys in Frankreich (1740–1914), 1981.
82 R. Schlesier, ‚Dionysische Kunst'. Gottfried Benn auf Nietzsches Spuren, in: Modern Language Notes 108 (1993) 517–528.

83 M. Schmidt, Hephaistos lebt – Unt. zur Frage der Behandlung behinderter Kinder in der Ant., in: Hephaistos 5/6 (1983/84) 133–161.
84 H. Scholtz, Nationalsozialistische Ausleseschulen, 1973.
85 C. M. Stibbe, Das andere S., 1996.
86 J. L. Talmon, Die Ursprünge der totalitären Demokratie, 1961.
87 O. Taplin, Feuer vom Olymp. Die mod. Welt und die Kultur der Griechen, 1991.
88 E. N. Tigerstedt, The Legend of S. in Classical Antiquity, Bde. I–III, 1965–1978.
89 P. Vidal-Naquet, Die griech. Demokratie von außen gesehen, 2 Bde., 1993–1996 (frz. 1990).

Nr. 10

Originalpublikation in: P. Mauritsch / Chr. Ulf (Hrsg.), Kultur(en) – Formen des Alltäglichen in der Antike. Festschrift für Ingomar Weiler zum 75. Geburtstag (Grazer Universtätsverlag. Allgemeine wissenschaftliche Reihe, hrsg. v. der Karl-Franzens-Universität Graz, Bd. 33 / Nummi et litterae, hrsg. v. P. Mauritsch, Bd. VII), Grazer Universitätsverlag / Leykam, Graz 2013, II 829–850.

Sparta als Kehrseite Griechenlands. Aspekte der literarischen Sparta-Rezeption im ‚Dritten Reich'*

Der Jubilar hat vor geraumer Zeit in seinem Beitrag zur ‚Rezeption des griechischen Sports im Nationalsozialismus'[1] einen genuin – nachgerade klassischen – nationalsozialistischen Sparta-Text mit dem Titel ‚Spartanische Pimpfe' aufgenommen, den ich zuvor auf einer Tagung vorgestellt hatte. Heute kann ich ihm zwei, in der NS-Zeit entstandene literarische Sparta-Texte des Schriftstellers Stefan Andres (1906–1970) präsentieren. Dabei handelt es sich um zwei eher kurze Passagen, die 1935 in einem Zeitschriftenbeitrag und 1939 in Andres' Roman *Der Mann von Asteri* erschienen. Beide Texte sind in unterschiedlicher Ausprägung einem regimekritischen Ansatz verpflichtet, der – v.a. im Falle des zweiten Textes – wohl einzigartig sein dürfte. Es kann hier nur um kurze ‚Ausschnitte' aus Andres' Gesamtwerk, d.h. um seinen Beitrag zur Spartarezeption in der NS-Zeit, gehen.

Was deutsche literarische Sparta-Texte angeht, so sind seit dem 18. Jahrhundert disparate Spuren aufzunehmen. Am Beginn einer unvollständigen Reihe soll hier das preußische Kriegslied *Bei Eröffnung des Feldzugs* 1756 von Johann W. L. Gleim (1719–1803) stehen, das die Formel ‚Berlin sey Sparta' enthält,[2] in der schon früh die Gleichung Sparta / Preußen angelegt ist.[3] Wird Sparta hier als kriegerisches Vorbild angesprochen, so dominiert in Schillers Abhandlung *Die Gesetzgebung des Lykurgus und Solon* (1789) die Spartakritik.[4] Einen frühen Höhepunkt erreicht die deutsche Spartabegeisterung in K. O. Müllers 1824 erschienenem Werk *Die Dorier*, einem Teil seiner unvollendet gebliebenen *Geschichte hel-*

---

* Für wichtige Hinweise danke ich Herrn Wolfgang Keil, dem Präsidenten der Stefan-Andres-Gesellschaft (Schweich-Mosel), deren Archiv ich benutzen durfte. Ferner habe ich Herrn Dr. Christopher Andres für die Abdruckerlaubnis einer Passage aus Stefan Andres' Roman *Der Mann von Asteri* zu danken.

1 Weiler 2001, 283f.

2 **[Vgl. Nr. 11]**.

3 Gleim 2003 (1811), 81.

4 Schiller 1958 (1789), 805–836.

lenischer Stämme und Städte. Bei Müller, dessen Dorier in den 1930er und 40er Jahren eine Renaissance erlebte, firmiert Sparta als der *[830]* erklärte ‚Dorische Normalstaat'.[5] Zum klassischen Inventar literarischer Sparta-Texte gehören schließlich Reiseberichte wie zum Beispiel die Hugo von Hofmannsthals und Gerhart Hauptmanns, die zumeist ausführliche Landschaftsschilderungen einschließen.[6]

In seinem 1907/08 entstandenen *Griechischen Frühling* verknüpft Hauptmann eindrucksvolle Landschaftsbilder mit bemerkenswerten Sparta-‚Imaginationen': Diese rekurrieren auf den ‚rassehygienischen' und sozialdarwinistischen Diskurs um die Jahrhundertwende.[7] Das macht nicht zuletzt die von Hauptmann gewählte Terminologie vom ‚Züchtergedanken' oder von der ‚Zuchtwahl' deutlich.[8] Viel spricht dafür, dass Hauptmann ebenso wie Hugo von Hofmannsthal, für den das sicher belegt ist, unter dem Eindruck von Maurice Barrès' *Le voyage de Sparte* (1906) stand, in der Sparta unter anderem als „un prodigieux haras", ein „Gestüt" bezeichnet wird und von der „Züchtung einer Herrenrasse" die Rede ist.[9]

Wichtige Beiträge zur literarischen Spartarezeption entstanden im Umfeld des George-Kreises. Stefan George selbst würdigte in seinem 1914 entstandenen Gedichtzyklus *Stern des Bundes* den Elegiker Tyrtaios.[10] Im Hyperion-Zyklus (1908) setzte er das Spartanische mit dem Heldenhaften gleich.[11]

Verfolgt man die deutsche Sparta-Tradition im 20. Jahrhundert weiter, so begegnet am Ende der Weimarer Republik erstmals ein nationalsozialistisches Sparta-Konzept. In einer Rede vom 28. Oktober 1928, das ist wohl die früheste Spur, bezog sich Hitler zustimmend auf die ‚Rassenauslese' der Spartaner: „Die Spartaner haben das Lebende, was nicht ganz gesund war, vernichtet. Das war ein grausamer Standpunkt. Dadurch werden die Nachkommen von vielen Krankheiten befreit und den wenigen Einwohnern ein leichtes Dasein ermöglicht".[12] Nicht weniger drastisch hat sich Hitler zu dem Komplex in dem seinerzeit nicht veröffentlichten sog. ‚Zweiten Buch' von 1928 geäußert.[13] Mit diesen Einlassungen beteiligte sich Hitler, das sei hier angesprochen, an einer in der Weimarer Republik intensiv geführten Diskussion, die im Grunde den ‚rassehygienischen' Diskurs um die Jahrhundertwende aufnahm.

In einer Rede vorn 04. August 1929 fand das Herrschaftsmodell Spartas die Bewunderung Hitlers: In dem „klarst(en) Rassestaat der Geschichte unterdrückte eine rassisch hochwertige Minderheit von 6000 herrschenden Familien 340000 Heloten".[14] Hitler sah hier, ebenso wie im frühen ‚Bauernstaat' Rom, in einem agrarisch geprägten Gemeinwe-

5 Losemann 1998, 315.
6 Meid 2012, 75–118.
7 Hauptmann 1966 (1908), 104.
8 Hauptmann 1966 (1908), 104f. – vgl. Losemann 2012, 264–266.
9 Barres 1923 (1906), 134f.
10 Stiewe 2011, 276.
11 Stiewe 2011, 241.
12 Hitler 1994[a], 164.
13 Hitler 1961 (1928), 56.
14 Hitler 1994[b], 348.

sen den archaischen Zustand der Rassereinheit verwirklicht. Die ‚Rassereinheit' *[831]* in Sparta war das Ergebnis ‚planmäßiger Rasseerhaltung', die letzten Endes zur ‚Vernichtung lebensunwerten Lebens' führte.

Nach der ‚Machtergreifung' der Nationalsozialisten verbinden sich mit der Chiffre ‚Sparta' und den ‚Dorern' Modellvorstellungen im politischen Raum. Der Reichsbauernführer und Landwirtschaftsminister Richard Walter Darré fertigte 1933 ein Manuskript zum Thema ‚Sparta. Ein Staatsgedanke aus Blut und Boden' und propagierte damit seine ‚Erbhofgesetzgebung', die er im ‚Bauernstaat' Sparta angelegt sah.[15] In seiner Position sind, wie die Schlagworte ‚Kulturverfall durch Abkehr vom Land' zeigen, antimodernistische und zivilisationskritische Ansätze zu fassen.[16] Eine programmatische ‚Sparta-Beschwörung' lieferte auch der Reichsminister für Erziehung, Wissenschaft und Volksbildung, Bernhard Rust, der im Juni 1933 ein am Vorbild Spartas ausgerichtetes Erziehungsprogramm ankündigte.[17] Den zahlreichen offiziellen Spartabekenntnissen nach der Machtübernahme ist gemeinsam, dass in ihnen die Identität von Nationalsozialismus und ‚Spartanerturn' beschworen wird. Dieses Argumentationsmuster findet sich z.B. in dem Beitrag *Spartanische Jugend*, der 1934 in *Wille und Macht*, dem Organ für die Führung der Hitler-Jugend erschien, in dem Ausdruck „Nationalsozialistische-spartanische Natur".[18]

Bekenntnishafte Beiträge zum NS-Spartadiskurs lieferten auch prominente Altertumswissenschaftler: Der klassische Philologe Werner Jaeger fand, wie aus seinem Paideia-Buch von 1934 hervorgeht, bei Pindar das „Ideal des blonden hochrassigen Menschentypus" und des „hellenischen Rasseadels". Der Elegiker Tyrtaios lieferte Jaeger „die Stiftungsurkunde" des spartanischen Machtstaates.[19] Mit diesen Äußerungen kam Jaeger zumindest terminologisch der NS-Rasseideologie weit entgegen. Der eindrucksvollste literarische Beitrag zur NS-Sparta-Rezeption stammt von Gottfried Benn. Mit seinem bekannten Essay *Die dorische Welt*, der im Juni 1934 zuerst in der *Europäischen Revue* veröffentlicht wurde,[20] erschließt Benn die dorische Welt über „das Männerlager am rechten Ufer des Eurotas" mit seinem ausgeprägten „antiurbanen" Charakter:

> Die Dorer lieben das Gebirge, Apollon ist ihr Nationalgott, Herakles ihr erster König, Delphi das Heiligtum, sie verwerfen die Windeln und baden die Kinder in Wein. Sie sind Träger des hohen Altertums, der alten Sprache, der dorische Dialekt war der einzige, der noch in der römischen Kaiserzeit erhalten war. Ihr Traum ist Züchtung und ewige Jugend, Göttergleichheit, großer Wille, stärkster aristokratischer Rassenglaube, Sorge über sich hinaus für das ganze Geschlecht.

15 Losemann 2005.
16 Losemann 2003, 164 [= **Nr. 9**].
17 Losemann 2012, 277f.
18 Bürgener 1934, 4f.
19 Jaeger 1934, 337.
20 Benn 1934 (1959), 262–294.

[832] Hier kann nicht die idealisierte dorische Welt Benns in ihrer Gesamtheit beschrieben werden. Hervorzuheben ist aber, dass Benn ein körperbetontes Bild Spartas entwirft. Inspiriert von Pindar findet er dorische „Körper zur *Zucht*".[21] Die ‚Körpergeschichte' Spartas entwickelt Benn dann wie folgt:

> ... das Gesetz bestimmte das heiratsfähige Alter und wählte den günstigsten Zeitpunkt und die günstigsten Umstände für eine Schwängerung aus. Man ging wie in Gestüten vor, man vernichtete die schlechtgelungene Frucht. Der Körper zum Krieg, der Körper zum Fest, der Körper zum Laster und der Körper endlich dann zur Kunst, das war die dorische Saat und die hellenische Geschichte.[22]

Nach Helmut Lethen entnimmt Benn der dorischen Welt damit sein „Muster des ‚Neuen Menschen'", der in den ersten Jahrzehnten des 20. Jahrhunderts in vielen Varianten vorgestellt wurde.

Die Passage über das ‚Gestüt Sparta' – hier ist wiederum an Barrès *Le voyage de Sparte* zu erinnern – liest sich wie ein ‚spartanischer Kommentar' zu dem ‚Gesetz zur Verhütung erbkranken Nachwuchses' vom 14. Juli 1933, das am 1. Januar 1934 in Kraft getreten war. Benn distanziert sich von dem Spartabild, das im Zeitalter des Liberalismus entworfen wurde. Mit der für ihn charakteristischen, exzessiven ‚Montagetechnik' hatte Benn u.a. Jacob Burckhardts *Griechische Kulturgeschichte* als ‚Steinbruch' benutzt[23] und mit Versatzstücken anderer Autoren, zu nennen wären Hippolyte Taine und Friedrich Nietzsche, zusammengefügt. „Sparta war", so fasst Benn die Sicht des liberalen Zeitalters bündig zusammen, „eine traurige Kriegerhorde, Soldatenkaste, ohne kulturelle Sendung, Hemmschuh Griechenlands, ‚alles stand gegen die Macht'".[24] Gegenüber ‚moralischen' Einwürfen Burckhardts zeigt sich Benn „immun".[25] Vielmehr ist er von der von Burckhardt gegeißelten ‚Routine des Bösen' in Sparta fasziniert. „So ist die Dorische Welt", nach H. Lethen, „Benns Beitrag zum Kult des Bösen, dem gegen Ende der Republik so mancher Denker des Extrems erlag."[26] „Auf Nietzsches Spuren" konnte Benn „1934 aus Apollon einen präfaschistischen Gott und aus Sparta ein Nazideutschland avant la lettre" machen.[27] Benns Text belegt „Benns rasch verglimmenden Fanatismus für den ‚neuen Staat' der Nationalsozialisten".[28] Nach dieser Abwendung hat Benn das Spartathema nicht wieder aufgegriffen.

Welche Anziehungskraft die Welt der Dorer und Spartaner auf die NS-Führungsschicht ausübte, belegen Zeugnisse Albert Speers, dem ‚Architekten' Hitlers. Seine erste Auslandsreise führte ihn im Mai 1935 „wegen meiner Vorliebe für die dorische *[833]* Welt

---

21 Benn 1934 (1959), 278.
22 Benn 1934 (1959), 278.
23 Losemann 1998, und Lethen 2006, 155.
24 Benn 1934 (1959), 281.
25 Lethen 2006, 155.
26 Lethen 2006, 156.
27 Schlesier 1993, 525f.
28 Schlesier 1993, 525f.

… nach Griechenland"; dort suchte er zusammen mit seiner Frau „vor allem Zeugnisse der dorischen Welt auf …".[29] Auch Hitler selbst, der nach der Erinnerung Speers „mit den Griechen … die Dorer (meinte)",[30] wollte zusammen mit Joseph Goebbels und seinem Leibarzt Karl Brandt, nach Griechenland aufbrechen, musste aber letzten Ende die Reise absagen. Goebbels und Brandt besuchten im September 1936 Sparta und erinnerten sich dabei an die eugenische Praxis der Kindesaussetzung.[31] In jedem Falle belegen diese Reiseeindrücke, dass Sparta für die Nationalsozialisten ein wichtiger ‚Erinnerungsort' war.

Im Frühjahr 1934 begab sich der damals 28-jährige Schriftsteller Stefan Andres (1906–1970) auf eine Reise nach Griechenland und besuchte dabei auch Sparta. Damit hat sich Andres in zwei eher kurzen Passagen in einem Zeitschriftenbeitrag von 1935 und in einer Passage in einem Roman, der 1939 erschien, auseinandergesetzt. Diese bemerkenswerten Texte, die ausführlich präsentiert werden, sind nur auf den ersten Blick als Reiseberichte zu lesen.

Vor dieser ‚Lektüre' ist zunächst der Autor Stefan Andres, der wohl etwas in Vergessenheit geraten ist, vorzustellen. Stefan Andres entstammt einer kinderreichen moselländischen Müllersfamilie nach deren Willen er Priester werden sollte.[32] Die erste Etappe seiner ‚Kloster- und Studienjahre' (1918–1933) absolvierte er in dem von Jesuiten getragenen ‚Collegium Josephinum' in Vaals in den Niederlanden. Im Rückblick vergleicht Andres diesen Ort mit einer Kadettenanstalt, zu dieser passt die „spartanische Atmosphäre", von der sein Biograph spricht.[33] Nach weiteren, von inneren Konflikten begleiteten, Klosterjahren in Trier, Aachen und Krefeld gab Andres 1929 das Ziel, Priester zu werden, auf und begann an der Universität Köln das Studium der Germanistik, Kunstgeschichte und Philosophie. Im Jahre 1931 wechselte er nach Jena und lernte dort die Medizinstudentin Dorothee Freudiger kennen, die er im September 1932 heiratete.

Als Schriftleiter der katholischen Monatsschrift *Der Marienborn* veröffentlichte er ab 1928 Gedichte und Märchen, nach einer Italienreise im Frühjahr 1932, von der Andres tief beeindruckt zurückkehrte, dann Sonette und Erzählungen. Bis 1933 legte er drei frühe Romane vor. Drei „Formkräfte" (M. Braun) stehen für Andres literarisches Schaffen: die bäuerliche Mosellandschaft, die christlich-katholische Religion und – dafür hat ihn nach einem Selbstzeugnis des Autors „Italien geöffnet" – „die lichtfrohe humanistische Welt der Antike."[34]

Aufgrund der jüdischen Herkunft seiner Frau kam es für die Familie mehrfach zu Konflikten mit dem NS-Regime. Im Zusammenhang mit der als bedrohlich empfundenen NS-Machtübernahme zog sich das junge Paar im März 1933 für wenige Monate in das Fischerdorf Positano in der Bucht von Salerno zurück. Im Juli 1933, nach seiner *[834]* Rückkehr nach Deutschland, setzte Andres dann die schon 1932 begonnene Mitarbeit

29 Speer 1969, 76. Vgl. Christ 1998, 297f.
30 Speer 1969, 110.
31 Schmid 2009, 148 und 177.
32 Braun 1997 und Sarkowicz-Mentzer 2000.
33 Braun 1997, 30.
34 Braun 1997, 43f.

beim Kölner Rundfunk fort. Nach mehrfacher Weigerung den ‚Ariernachweis' für seine Frau beizubringen, verlor er Anfang 1935 die Anstellung beim ‚Reichssender Köln'.[35] Es folgen ‚Wanderjahre' in Deutschland, die ihn von März bis Juli 1935 nach Lamnitz (Schlesien) in die Heimat seiner Schwiegereltern (im Riesengebirge) und von dort bis September 1937 nach München führen. Von hier aus schreibt er vor allem für das Feuilleton der *Frankfurter Zeitung* und der *Münchner Neuesten Nachrichten*. Hier waren zunächst die Ausgangslage und die Rahmenbedingungen für das schriftstellerische Wirken von Stefan Andres in den ersten Jahren der NS-Herrschaft zu beschreiben.

Sparta in der Sprache des ‚Temenos' (1935)

Stefan Andres hat 1935 in der traditionsreichen *Neuen Rundschau*, die auch Autoren ‚der inneren Emigration' Raum gab, Eindrücke seiner Griechenlandreise von 1934 unter dem Titel *Sprache des Temenos. Aus meinem griechischen Reisebuch* veröffentlicht.[36] Entstanden ist dieser Beitrag um Ostern 1935, in dem Jahr, in dem sich der Autor „aus Sicherheitsgründen in die ‚Einsamkeit des Riesengebirges' zurückgezogen hatte".[37] Wenn er in diesem Text, d.h. in der ‚Sprache' des heiligen delphischen Kultbezirks, seinen Reisebericht übermittelt, ist das ein Beleg für Andres' christlich-humanistischen Ansatz.[38] Er besucht auf dieser ‚Reise' zunächst ‚Mykene. Die Burg der homerischen Hirten' und dann Sparta. Athen wird unter der Überschrift ‚Die Hochstadt' ausführlicher vorgestellt, ebenso wie Delphi. Am Schluss folgt unter dem Titel ‚Hellas vom Himmel gesehen' die Beschreibung eines Flugs über Griechenland. In unserem Zusammenhang interessiert besonders die relativ kurze Sparta-Passage.[39]

Einleitend fragt der Autor nach dem „Sinn, auf einer Griechenlandreise Sparta aufzusuchen", wo eine „kunstgesättigte Seele" eigentlich nichts mehr finden könne, warnt aber dann doch vor einem leichtfertigen Urteil (71). Das neuzeitliche Sparta stellt er als „Dorf" vor und karikiert das „wirklich spartanische Museum: es gleicht der Speisekammer eines Geizhalses, in der die Ratten zu Gast waren" (71). Weniger drastisch formuliert, das sei hier eingeschoben, dürfte das dem Eindruck vieler heutiger Griechenland-Touristen entsprechen. Auch die modernen Spartanerinnen, auf die Andres im Vorgarten des Museums trifft, haben ein „Identifikationsproblem" mit ihrer antiken Vergangenheit: Sie „beäugen jeden neuen Gast, der ankommt, freundlich und nicht ohne Aufschrift im Gesicht: Sind wir nicht wirklich noch richtige Spartanerinnen?" Andres resümiert: *[835]* „Aber das alles ist nicht Sparta". Dieser Ort ist für ihn – einem traditionellen Zugang vieler bekannter Griechenlandreisender entsprechend – nur über die Landschaft zu entdecken:

---

35 Sarkowicz-Mentzer 2000, 77.

36 Andres 1935, 68–84.

37 Keil, 2008, 32.

38 v. Blumenthal 1999.

39 Andres 1935, 71–73.

> Wer aus Arkadien im Wagen herkommend diese Fahrt durch die Berge gemacht hat und nun für sich still entdeckt, was er so noch nicht wußte, daß diese Landschaft nicht nur gebirgigen, sondern alpinen Charakter hat, und wer nun den Taygetos silbern die Himmelsbläue stützen sieht, diesen wahrhaft einzigartigen Berg mit allen Wachstumszonen von den waldigen Vorhügeln bis in die Schneeregionen, und wer dann den Eurotas in der weiten Talsohle blitzen sieht, die Fruchtbarkeit dieses buntgestreiften Tales ermißt, der begreift besser den Atem dieses harten Volkes, als selbst ein Thucydides ihn vermitteln kann. (71)

Über die eindrucksvolle Landschaft ‚begreift‘ Andres die naturräumlichen Lebensbedingungen der Spartaner:

> Ein Bauernvolk, in den Flanken geschützt von den Bergen, in den Talöffnungen durch das Schwert. Aber zum Verteidigen allein war das Schwert in Kürze zu geübt, verteidigen war überhaupt nicht Sache der Spartaner. Sie wollten keine Stadtmauern haben! Sie sahen es ja, wie in den anderen griechischen Städten durch die sicheren Mauern die Plebs gezüchtet wurde. Sie wollten keine Plebs. So wie der Aufbau des Staates geworden war, eine strenge Hierarchie von Herren, Bauern und Sklaven, so sollte es bleiben. (71)

Hier wird das Bild eines aggressiv agierenden Militärstaates mit einer starren Gesellschaftsstruktur und entschieden antiurbanem Charakter skizziert. Die „strenge Hierarchie von Herren, Bauern und Sklaven“ blieb, wie Andres wiederholend deutlich macht, „der Gipfel ihrer Staatsweisheit“ (71). Das „Schwert in Kürze“ – gemeint ist das spartanische Kurzschwert – steht als Synonym für die Spartaner. Entsprechend figurieren diese bei Andres im weiteren Verlauf auch als die „Kurzschwerter“.

Dieser Blick auf die spartanische Gesellschaft bildet – soviel ist jetzt schon deutlich – einen starken Kontrast zu den nationalsozialistischen Konzeptionen. Hier wäre z.B. auf die schon genannte, vom NS-Agrarideologen R. W. Darré vertretene, Vorstellung von Sparta als einem nordisch geprägten ‚Bauernstaat‘ zu verweisen. Bei Andres spielen die in ein starres System eingebundenen Bauern eine eher untergeordnete Rolle; auch die von dem prominenten NS-Althistoriker Helmut Berve (1896–1979) immer wieder beschworene Modellvorstellung von einer dem Rassegedanken verpflichteten ‚aristokratischen‘ Herrenschicht findet bei Andres keine Entsprechung.

In Fortsetzung seiner durchweg negativen Konnotation attestiert Andres den Spartanern ein „geradezu hausbacken(es) Staatsbewußtsein“, das sich gerade dann zeigt, „wenn es vor Entscheidungen gestellt wird, die über den Eurotas und den Peloponnes hinausragen“ (72). Das belegt für ihn die Entscheidung Spartas gegen die Beteiligung an der Schlacht von Marathon:

> *[836]* Zum großen Tage der Griechen auf dem Schlachtfeld bei Marathon waren seine Hopliten nicht erschienen. Man sah keine Gefahr für Sparta, und daß es leichter sei, Hellas in Ionien als auf dem Peloponnes zu verteidigen, überschritt

> vollends den politischen Horizont dieser ewigen Junker, die stolz waren auf ihr kurzes Schwert, ihre mauernlose Stadt und die von der Wiege her für den Hoplitenberuf gezüchteten Jünglinge. (72)

In der Anspielung auf den begrenzten „politischen Horizont" der „ewig gestrigen Junker" wird das negative Bild der spartanischen Führungsschicht noch stärker konturiert.

Mit dem Terminus von den „gezüchteten Jünglingen" könnte sich unser Autor aktuell auf Gottfried Benn beziehen. In jedem Fall spielt das ‚züchterische' Vokabular in der mit dem Rassegedanken verknüpften Sparta-Ideologie des Nationalsozialismus eine große Rolle. Wenn hier diese Terminologie kritisch anklingt, unterstreicht das die Positionierung des Autors gegen den zeitgenössischen Sparta-Kult. In unserem Kontext begegnet das Wort ‚Rasse' nicht.

Einleitend hatte Andres die natürliche Schutzfunktion des Taygetos und der Berge insgesamt für das Bauernvolk am Eurotas hervorgehoben. Am Schluss der Spartapassage des Temenos verändert sich der Blick, auf diesen ‚Schicksalsberg', wenn mit seiner ‚Natur' der Aufstieg und Niedergang Spartas erklärt wird: Zunächst spricht Andres von der „Tragik, daß auch ein Berg wie dieser Taygetos abschließen kann, der wie ein Aufruf zum Ruhm und zur Unsterblichkeit vor diesem Volke lag ..." (73). Wenn er „mit seinen Wäldern, die lakedämonische Wildheit zum Jagen und Blutvergießen (einlud)", gibt der Taygetos einem barbarischen, zivilisationsfernen Volk seinen Lebensraum in der Geschichte (73).

Das Bild dieses Bergmassivs, das Sparta verkörpert, wird weiter ausgebaut: Der Taygetos übernimmt aktiv die Rolle Spartas, indem er „mit seinen Wölfen alles Kranke und Krüppelhafte aus ihren Geschlechtern herausfraß ..." (73). Ausdrucksstark führt unser Autor metaphorisch die Aussetzung kranker und verkrüppelter Kinder in den Schluchten des Taygetos ein, die zum Kernbestand des antiken und modernen Spartadiskurses gehört. Auf sie bezog sich zustimmend u.a. Ernst Haeckel (1834–1919), der ‚Vater des deutschen Sozialdarwinismus', in dessen Umfeld man für diese Praxis den Terminus ‚Ausmerze' erfand.[40] Darüber hinaus hat man sich an dieser Stelle die oben erwähnten, einschlägigen Äußerungen Hitlers und Benns ins Gedächtnis zu rufen. Mit der Rede von den reißenden ‚Wölfen' kennzeichnet Andres den brutalen und radikalen Charakter der spartanischen Kindesaussetzung. Aufmerksame Zeitgenossen konnten die übermittelte Botschaft, die im Taygetos *versteckt* war, leicht entschlüsseln: Andres bezieht sich hier mit hoher Wahrscheinlichkeit auf das bereits angesprochene ‚Gesetz zur Verhütung erbkranken Nachwuchses' vorn 1. Januar 1934.

Bei der Frage nach den Gründen für den Untergang Spartas rückt die ‚abschließende' Funktion des Taygetos wieder in den Vordergrund: Es war dieser Berg, der zum „Damm gegen die Welt wurde und diesem Volke seine unwiederkehrliche, stolze Selbstgenügsamkeit mitteilte, an der Sparta zugrunde ging." (73) Die Frage nach den Ursachen *[837]* für den Untergang Spartas stellt sich Andres deshalb so nachdrücklich, weil es ihm „unerträglich ist, an dieser Stätte zu denken, wie ein imposantes Volk" – das ist das einzige

40 Losemann 2012, 260.

positive Attribut Spartas in diesem Text – „schier unnütz seine geschichtliche Zeit vertat“ (73).

Die ‚Kulturleistungen‘ Spartas werden an dem Maßstab Athens gemessen, geradezu verhöhnt: „Was bedeutet ein Tyrtäus gegenüber der Geistigkeit Athens! War er doch nichts weiter als ein besessener Feldkaplan!“ (73). Tyrtaios, den Andres hier karikiert, ist uns schon bei Stefan George und Werner Jaeger begegnet. In der systemkonformen Sparta-Literatur der 1940er Jahre wird er weiter aktualisiert: So z.B. in der Übersetzung *Altspartanische Kampfreden*, die der Altphilologe Richard Harder 1940 für das Schulungsheft der Adolf-Hitler-Schulen mit dem Titel *Sparta. Der Lebenskampf einer nordischen Herrenschicht* (hrsg. v. O. W. von Vacano) anfertigte[41].

Alkman, dessen Ruhm für Andres „unbestritten ist, gehört nicht Sparta“ (73). Er fand in dieser – es folgt der stärkste Ausdruck der Sparta-Kritik im Temenos – „konservativen Hölle“ keinen Nachfolger. Am Schluss gibt Andres dann eine zusammenfassende Antwort auf die Frage nach den Gründen für den Untergang Spartas:

> Wenn Geschichte belehren könnte, genügte ein Gang durch das heutige Sparta, um überwältigend zu beweisen, daß ein Volk nicht weiterwirkt, indem es sich selbst verewigen will, sondern indem es sich in die Zeit als Erfüllung hineingibt. Nein, der Taygetos ist nicht allein schuld, sondern die Hybris aus völkischer Selbstgefälligkeit. Sparta wollte sich bewahren und verlor sich. Athen aber verlor sich in die Welt, und seine sichtbare und unsichtbare Akropolis ragt bis in unsere Tage. (73)

Die angesprochene „Hybris aus völkischer Selbstgefälligkeit“ beschreibt deutlich eine Grundposition Hitlers. Mit dem Bild von der „konservativen Hölle“ Sparta, wendet sich der Autor gegen die nationalsozialistische Sparta-Ideologie und damit auch gegen das NS-Herrschaftssystem, das aus der NS-Perspektive, wie gezeigt, dem Vorbild- und Modellcharakter Spartas nahekommen sollte. Mit den ihr inhärenten regimekritischen Zügen hebt sich die Sparta-Passage deutlich von den anderen Orten ab, die Andres in dem Text *Sprache des Temenos* berührt hat. Sparta ist hier – dem geläufigen Interpretationsansatz der Geschichte des antiken Griechenlands entsprechend – dem, in manchen Bezügen lebensvolleren Gegenbild Athens, gegenübergestellt. Wenn die Darstellung Mykenes mit Chr. Meid als „verdeckte Beschreibung des nationalsozialistischen Führerstaats“ zu lesen ist,[42] so muss das in noch stärkerem Maß für den kritischen Ansatz der Spartapassage gelten. Im *Temenos* sind, wie Meid dargelegt hat, „kultur- und technikkritische Positionen mit zum Teil offener Kritik an der Diktatur“ verknüpft, die „durch bewusst ambivalente Zusätze ... ihrer Eindeutigkeit beraubt werden.“[43] Dieses Vorgehen gehört zur Strategie der ‚verdeckten Schreibweise‘.

[838] Andres hat den Temenos-Artikel unter das Motto gestellt: „Die Bildung ist“, so wird Demokrit von Abdera zitiert, „im Glück ein Schmuck, im Unglück eine Zufluchts-

41 Vgl. Losemann 2012, 292.
42 Meid 2012, 303.
43 Meid 2012, 304.

stätte“. Seine Griechenlandreise ist durchaus als eine Flucht in klassische Bildungswelten zu deuten.[44] Sparta indessen war für Andres keinesfalls eine Zufluchtsstätte. Er beschreibt im Temenos eher eine ‚Flucht‘ in ein anderes Griechenland. Am Ende des Textes zitiert Andres aus Hölderlins Elegie *Die Entschlafenen* (1798–1800) die „priesterlichen Worte des Sängers, der nie dieses Land sah und doch seine Wirklichkeit erlebte“.[45] In einer „geistigen Kommunion der Sehnsucht“ (84) vergewissert sich der Autor im Flugzeug über Griechenland des Hölderlinschen Hellas:

> Doch ihr Schlafenden, wacht am Herzen mir, in verwandter Seele ruhet von euch in mir das entfliehende Bild. Und lebendiger lebt ihr dort, wo des göttlichen Geistes Freude die Alternden all, alle die Toten verjüngt.[46]

Die hier beschworene Seelenverwandtschaft mit Hölderlin verweist auf die fundamentale Distanz zwischen dem idealen Griechenland bzw. der Griechenlandutopie von Andres und dem Griechenbild seiner Gegenwart.[47]

Bewusst habe ich hier Stefan Andres ausführlich zu Wort kommen lassen, um seine Arbeitsweise, Eigenart und Darstellungsform zu charakterisieren. Im Rahmen seiner ‚verdeckten‘ Schreibweise entwickelt er aus der Landschaftsschilderung zumindest Ansätze einer ‚Regimekritik‘. Diese zielt nur vordergründig auf das antike Sparta, man kann und muss sie aber auch auf den NS-Staat beziehen!

Die *Sprache des Temenos* darf als ein frühes Beispiel für Andres ‚innere Emigration‘ gelten, für die die ‚verdeckte Schreibweise‘ charakteristisch ist. Zur gleichen Zeit, Anfang 1935, und am gleichen Ort, „in der Einsamkeit des Riesengebirges“, entstand die historische Novelle *El Greco malt den Großinquisitor*, die den Autor bekannt machen sollte und ihn als einen Schriftsteller erkennen läßt, der aus der ‚inneren Emigration‘ schrieb. Zu dem vielfaltigen Repertoire der ‚verdeckten‘ Schreibweise gehören u.a. Versuche historischer Parallelisierungen des NS-Regimes, die – und das hat man auch im Hinblick auf Andres’ *El Greco* gesagt – „das Diktatorische und Terroristische des Regimes spiegeln“ sollen.[48] Seine „Inquisitionsnovelle“, so hat Andres sie genannt, „markiert den ersten wichtigen Wendepunkt“ in [seiner] literarischen Entwicklung und die Ablösung vorn unpolitischen Frühwerk.[49] Zur Charakteristik des lange und kontrovers diskutierten Begriffs der literarischen ‚inneren Emigration‘ gehören u.a., wie am Beispiel des *Temenos* gezeigt wurde, ‚Ambivalenzen‘ und ‚Uneindeutigkeiten‘. Erst *[839]* 1940, darauf ist noch zurückzukommen, gab es für die Zensurbehörden „keinen Zweifel mehr an Andres’ innerer Emigration“.[50]

44 Meid 2012.
45 Hölderlin, 1970, 219.
46 Meid 1935, 84 (= Hölderlin 1970, 219).
47 Meid 2012, 301.
48 Werle 2007, 349.
49 Braun 1997, 53.
50 Ehrke-Rotermund 1999, 482.

Kehren wir nach diesem zeitlichen Vorgriff zu Andres Auseinandersetzung mit Sparta nach dem Erscheinen des Temenos zurück. Dabei ist eine Spur aufzunehmen, die in die Feuilletonredaktion der *Frankfurter Zeitung* führt. In einer auf den ersten Blick lockeren Gesprächsszene entwickelte sich dort im Jahr 1936 ein kleiner ‚Sparta-Diskurs‘.

Der alte Feuilletonchef Benno Reifenberg (1872–1970) und sein Nachfolger Max von Brück (1904–1988) begrüßten Andres als neuen Autor ihrer Zeitung, deren Feuilleton als „ein kulturelles Reduit des passiven Widerstands“ galt.[51] Als man im Zusammenhang von Reifenbergs Reiseeindrücken u.a. auf ‚das klassische Griechenland‘ zu sprechen kam, ergab sich ein kurzer ‚Spartadialog‘, den Max von Brück in seinen *Begegnungen* festgehalten hat:

> Man kam über die SS-Ideologie auf die alten Spartaner, und ich [d.i. Max von Brück] meinte, so schlecht seien sie doch nicht gewesen, ihre Erziehung zur Selbstdisziplin erinnere an spätere Ritterorden; Da funkelte mich Andres an: ‚Blutjunker waren es, wie können Sie an ihnen etwas Lobenswertes finden!‘ Reifenberg lachte, wir stimmten ein und trennten uns im Einvernehmen.[52]

Eher lockeren Charakter trägt diese Szene wohl nur aus der Sicht Max von Brücks. Was Andres angeht, so war seine Haltung gegenüber Sparta kompromisslos. Das zeigt nicht zuletzt seine Rede von den spartanischen ‚Blutjunkern‘, auf die später noch näher einzugehen ist.

Die Verbindung von SS-Ideologie und Sparta, die Max von Brück hergestellt hat, reflektiert zum einen das Selbstverständnis der SS, für das der Ordenscharakter konstitutiv ist.[53] Zum anderen waren höhere SS-Führer schon lange vor Kriegsausbruch auf Spartas Gesellschaftsmodell und Herrschaftsstruktur fixiert.[54] Die Vorstellung vom Orden der Spartaner, oder besser der Spartiaten, und der Vergleich mit den mittelalterlichen Ritterorden gehört zum Repertoire der nationalsozialistischen Sparta-Ideologie. Belege dafür liefert der schon erwähnte Helmut Berve, einer der führenden NS-Althistoriker, in seiner kleinen Sparta-Monographie von 1937 (^{2}1944), in der er sein ‚aristokratisches‘ Sparta vorstellte:

> Einem Orden gleich, dem der geformte spartanische Adel weit eher ähnelt als einem modernen Staat, strebt die Gemeinschaft der edlen Männer danach, ihr Gesetz zu verwirklichen, das göttliche Fügung aufgerichtet hat, und dieses Gesetz verlangt Kriegertum auch *[840]* ohne Kriege, Enthaltsamkeit auch ohne Zwang der Verhältnisse, Gleichheit trotz der tatsächlichen Ungleichheit der einzelnen, ihrer Herkunft und ihres Besitzes.[55]

51 Braun 1998, 63.
52 Brück 1972, 17.
53 Höhne 1967, 127–150.
54 Losemann 2012, 282.
55 Berve 1937, 38.

Dem kurzen Sparta-Diskurs von 1936 in der Feuilletonredaktion der *Frankfurter Zeitung* ist zu entnehmen, dass Andres an dem kurzen Abschnitt über Sparta in seinem Romanprojekt *Der Mann von Asteri* zumindest schon gearbeitet hatte. Nach eigenem Bekunden hat Andres sich nach der Rückkehr von der Griechenland-Reise 1934 sofort an dieses Werk gesetzt.[56] Am 19. Oktober 1935 erschien im Berliner Tageblatt ein kurzer Auszug aus dem Roman mit dem Titel *Der Untergang von Messina*, der auch 1937 und 1938 von anderen Zeitungen abgedruckt wurde.[57]

Am 25. Mai 1937 begann die *Frankfurter Zeitung* einen gekürzten Fortsetzungsabdruck des Romans, der am 5. August 1937 abgeschlossen war. Im Vorabdruck fehlt die regimekritische Passage über Sparta, die erst 1939 (!) in der ersten Buchfassung des ‚Mannes von Asteri' – darauf ist noch ausführlich einzugehen – erschien. Dem verantwortlichen Feuilleton-Redakteur Max von Brück, der an dem ‚Ordenscharakter' positive Seiten der Spartaner entdeckt hatte, war Andres' spartakritische Haltung, wie wir gesehen haben, wohl bekannt. Gegenüber den Ausführungen im *Temenos* hatte sich – soviel sei hier vorweggenommen – die über das Exempel Sparta vorgetragene Regimekritik des Autors Andres erheblich verschärft. Die Herausgeber der *Frankfurter Zeitung*, die „diese Bezüge gesehen haben [mussten]",[58] standen auch unter dem Eindruck der ‚Spartomanie' der NS-Führungsschicht und entschieden sich für eine Streichung der Passage.

Bei Beginn des Vorabdrucks wurde Stefan Andres und sein Werk auf der Titelseite der *Frankfurter Zeitung* in dem Artikel *Der Mann von Asteri und sein Verfasser*, als ein unverdächtiger Roman und Autor vorgestellt. Der Feuilletonchef Max von Brück lobte die „produktive Kraft" des Frühwerks und versprach den Lesern, dass durch den Vorabdruck des „jüngsten und größten Werks des jungen Dichters […] die Bekanntschaft mit einer der stärksten schriftstellerischen Begabungen Deutschlands vertieft werden könne".[59]

Brücks Ankündigung und Beschreibung des Romans ist für die Frage der ‚Literaturpolitik' und der Publikationsmöglichkeiten in der NS-Zeit aufschlussreich:

> Der Roman ist die Geschichte eines Lebens und schildert das Scheitern eines moselländischen Weingutbesitzers, Franz Gratian, der die Heimat verlassen muß, im Purgatorium *von Citta Morta* einer Stadt der ‚Halbtoten und Dreivierteltoten', sich wandelte, der auf dem Hymettos zu sich findet und schließlich den Weg in die Heimat beschreiten kann. Es geht bei diesem Roman um eine von Dumpfheit geläuterte Fruchtbarkeit, die antikisch *[841]* heitere Landschaft des Mittelmeeres ist die Folie der Handlung: Pan, Dionysos, Brot und Wein. Doch ist die naturnahe Schönheit der Mitte des Ganzen ohne das Purgatorium von der in sich zersetzten Reflexion – *Citta Morta* – nicht erreichbar. Der Held muß das Wasser der Trübsal

56 Andres 1955, fol. 19.
57 Klapper 2013, 4.
58 Sarkowicz-Mentzer 2000, 71.
59 v. Brück 1937, 1.

durchschreiten, um zur Heiterkeit zu gelangen. Dies freilich ist der Weg eines Lebens einer ‚Konfession'.[60]

Der damit abgesteckte Rahmen einer ‚Lebensgeschichte' in einer „antikisch heiteren Landschaft" ließ, wie sich später erweisen sollte, auch Raum für mehr oder weniger ‚verdeckte Schreibweisen'. Der wohlwollenden Vorstellung des jungen Autors durch den Feuilleton-Redakteur der *Frankfurter Zeitung* ist die Wahrnehmung der ‚NS-Literaturkritik' an die Seite zu stellen. Aus deren Perspektive wurde Andres' Frühwerk, die zwei Künstlerromane *Bruder Lucifer* (1933) und *Eberhard im Kontrapunkt* (1933) sowie der Roman *Die unsichtbare Mauer* (1934) und die bekannteren Mosellländischen Novellen (1937) „als Zeugnisse eines der völkisch-konservativen Ideologie verbundenen Heimatdichters" bewertet. Hellmuth Langenbucher (1905–1980), einer der einflussreichsten NS-Literaturkritiker und -politiker, fand in Andres' Romanen „wertvolle Gestaltungen bodenständigen Volkslebens". Für die NS-Literaturkritik war ferner wichtig, dass sich der Autor Andres vom „katholischen Glauben ab und der Volksgemeinschaft zugewandt hatte".[61] Diese bis 1937/38 gültige offizielle Einschätzung erklärt den relativ großen Publikationsspielraum, „die poetischen Lizenzen" (Eberhard Lämmert), die Andres nutzen konnte.

Trotz gewisser ‚Spielräume' fühlte sich Andres in seiner schriftstellerischen und familiären Existenz in Deutschland bedroht. U.a. die Enteignung seiner Schwiegereltern und Nachrichten über den KZ-Terror führten zu dem Entschluss im September 1937 mit seiner Familie nach Italien in das uns schon bekannte Fischerdorf Positano im Golf von Salerno zu gehen. Die Ausreisegenehmigung war privaten Beziehungen zu verdanken.[62] Während „seines" – so der treffende Ausdruck von Hans Wagener – „selbstgewählten Halbexils im malerischen Positano",[63] das durch mehrere Deutschlandreisen unterbrochen wurde, bereitete er 1939 u.a. die Buchfassung des Romans *Der Mann von Asteri* vor.[64] In Positano führte Andres ein „Leben am Rande des Existenzminimums", prinzipiell war er auch dort dem Zugriff deutscher Behörden nicht entzogen.[65]

Im Gegensatz zu vielen anderen Exilautoren hatte Andres „bis 1943 gute Veröffentlichungschancen", das belegt nicht zuletzt das Erscheinen des *Mannes von Asteri* im Jahr 1939 im Ulrich Riemerschmidt Verlag Berlin. Wie Andres 1955 anlässlich einer Neuausgabe des *Mannes von Asteri* im ‚kurzen Lebenslauf eines Romans' schrieb, war das Werk wohl noch in Deutschland von einem Verlagsleiter eines „großen Verlags mündlich *[842]* angenommen" worden. Der zweite Verlagsleiter, die Einzelheiten bleiben zu klären, lehnte die Publikation des sehr umfangreichen Romans freilich ab.[66]

60 v. Brück 1937, 1.
61 Sarkowicz-Mentzer 2000, 72.
62 Ehrke-Rotermund 1999, 470.
63 Wagener 1980, 99; vgl. Klapper 2007, 141.
64 Braun 1997, 182f.
65 Klapper 2007, 139.
66 Andres 1955, fol. 19.

Der „enthusiastische" – so charakterisiert ihn Stefan Andres – und sehr junge Verleger Ulrich Riemerschmidt hat auch später 1943 Andres berühmte Novelle *Wir sind Utopia*, die kurz nach ihrem Erscheinen in Buchform verboten wurde, „weiterhin geheim und illegal vom Verlag vertrieben".[67]

In seinem ‚kurzen Lebenslauf eines Romans' von 1955 hat Andres rückblickend die Entstehungsgeschichte und das Konzept des *Mannes von Asteri* beschrieben. Auf seiner Griechenlandreise 1934 in Athen fühlte er sich von einem „kleinen byzantinischen Kirchlein Asteri" auf dem Hymettos angezogen. Er wollte, so erläuterte er damals seiner Begleiterin das Romanprojekt, an diesen Ort

> einen Menschen setzen ..., einen älteren Menschen, welcher mit der Schulter gegen die Welt hin sitze und über sein Leben ins Reine zu kommen trachte, über ein langes und schweres Leben. Es wurde also der Roman eines weltlichen Einsiedlers, mehr wusste ich damals noch nicht. Und die griechische Landschaft müsse in diesem Roman um Asteri herum liegen ... .[68]

Der ‚Spartaexkurs' der 1939 in der Buchfassung des *Mannes von Asteri* aufgenommen wurde, ist gleichsam in die griechische Landschaft, die in diesem Werk eine zentrale Rolle spielt, ‚eingelagert'.

Vor Beginn unserer ‚Lektüre' ist noch die den ‚Spartaexkurs' bestimmende Personenkonstellation zu erläutern: Der Protagonist, der ‚Mann von Asteri', der schuldbeladene frühere moselländische Winzer Franz Gratian ist schon im Fortsetzungsabdruck des Romans von 1937 vorgestellt worden. Er trifft in Athen auf den jungen Hans Bleicher. In ihm erkennt er seinen nichtehelichen Sohn, dieser erkennt seinen Vater. Folgen wir nun dem Vater und Sohn auf ihrem Ritt *durch* Sparta:

Ein Ritt *durch* Sparta

(Abdruck der Sparta-Passage aus Stefan Andres' Roman *Der Mann von Asteri*, Berlin: Ulrich Riemerschmidt Verlag 1939, [456–459])

> [456:] Endlich nahten die ersten niedrig gebauten und weißgetünchten Häuser von Sparta, und Bleicher atmete auf, denn er glaubte, der Vater werde hier Rast machen. Aber der schüttelte den Kopf und sagte: in diesem neuerrichteten Sparta gäbe es so wenig wie in *[843]* dem alten an Herzerquickendem zu sehen; hier solle man eilig durchreiten. Bleicher wollte schon ärgerlich fragen: warum man denn diesen so mühseligen Ritt zurückgelegt habe, aber klüglich verhielt er dann seine Bemerkung; er erinnerte sich nämlich, daß der Vater nie von diesem Ort als Ziel, sondern einzig vom Taygetos und der Ruinenstadt Mistrà gesprochen hatte. So fragte er,

67 Klapper 2007, 140.
68 Andres 1955, fol. 19.

mehr um die eine Rast zu erzwingen, nach dem Museum von Sparta. Doch da lachte der Vater, daß die breite, leere Straße widerhallte: ja, das Museum von Sparta, das habe er sich bei seinem ersten Besuch angesehen: eine Rumpelkammer kleiner Leute! Und er wies auf einen Schuster, der im Hausschatten sitzend soeben einen Leisten in [457:] einen Schuh steckte: „Sieh an, ein spartanischer Leisten! Ein einziger, unverstellbarer; und darüber mußte jeder sich ziehen lassen, der ein Spartaner werden wollte!"

Und dann trieb Gratian sein Pferd an und rief dem Sohne, der nun mit einigem Befremden sich umblickte, über die Schulter zurück: er solle sich eilen! Als der Ort hinter ihnen lag und ein Ölbaumhain mit sprenkligem Schatten sie aufnahm, ließ der Vater sein Pferd dicht an das des Sohnes herankommen. Und in einer seltsam inbrünstigen Kälte begann der Mann, sich den Schweiß wischend, aufs Neue: dieser Ort, der sich selber vom Angesicht der Erde getilgt habe, sei die Kehrseite Griechenlands. Und nur durch das geschwätzige, verantwortungslose Lob von Literaten und Schulmeistern, die kein Brotmesser richtig zu brauchen verständen, dafür umso begeisterter das spartanische Kurzschwert besungen hätten, seien diese Blutjunker noch heute im Geschichtsunterricht der europäischen Völker schulfähig.

Der Hufschlag des müd staksenden Reittieres gab den Worten des eifernden Mannes eine starre, holprige Härte. „Jawohl, Junge, das hat man dir nicht in der Schule gesagt: dieses Sparta ist der Staat der totalsten Sklaverei, wie ihn je die Erde sah. Seine Sklaven waren Kriegsgefangene und Unterworfene! Da aber Sparta nur den Bruderkrieg kannte – die wahrhaft glorreichen Schlachtfelder der Griechen beschickte es nicht! – so waren mithin seine Sklaven nur Blutsverwandte! Wenn diese Blutsverwandten nun anfingen, einem Spartaner ähnlich zu sehen, so mußte der Sklave ob dieser scheußlichen Ähnlichkeit entweder sterben oder verstümmelt werden. Von Zeit zu Zeit durchforstete man seinen Sklavenbestand, wenn er zu bedrohlich anwuchs; und dann tummelte sich das tapfere Kurzschwert im Blutrausch bei Nacht; und es drang in die Häuser seiner Arbeiter ein und mordete, was es da immer auch fand. [458:] Soviel vom Kurzschwert! – Ha, dieser verdammte Gaul! Der schmeißt mich noch, daß ich in ein Spital nach Sparta zu liegen komme! – Ach, und die Ehe, die Fruchtbarkeit, mein Gebiet, paß gut auf, Junge! Die Ehe war ihnen heilig, so mußten wir lernen. – Dabei schlüpften sie sich kunterbunt unter die Decken, und es war alles in Ordnung, wenn nur ein Kind, ein gesunder Spartiate geboren wurde. Wenn aber ein Volk sich um jeden Preis, und auch um einen solchen, vermehren will, dann ist seine Wurzel schon im Absterben. Das soll wahr sein, denn ein zwiefacher Ehebrecher sagt dir das. – Nein, diese Schindmähre, komm, wir steigen ab – und gehen ein wenig, es spricht sich auch besser zu Fuß! – Paß auf: und der Wein? Der war allein da, um an den Sklaven zu demonstrieren, wie ein Betrunkener aussieht. Und die Musik, die war da, um einzulullen, alles und jedes, was noch in einigen an menschlichen Selbstbestimmung da war und ununterbrochen an der Tollwut dicht vorbeistrich. Und die Dichtung? Ja, die *[844]* liehen sie sich, wie auch die Musik, von auswärts, so in Form von Feldpredigern. Die Sprache: die war da, um Befehle zu erteilen und sich in der Kürze des Ausdrucks zu üben und um in langatmigem Spott, wenn das Schwert in der Scheide steckte, gegeneinander loszufahren.

Und was es auch gibt: alles war da für den Staat, und der Staat – für wen war der da? Hm – darüber durften die Spartaner nicht einmal nachdenken, viel weniger Fragen stellen. Denn Sparta, das war das Allerletzte und Höchste, und über seine Schulter konnte und durfte kein Gedanke hinaus."

Der Junge wandte sich mit bleichem, schwitzendem Gesicht dem Vater zu und lächelte, verzerrt vor Anstrengung und Beherrschtheit, er schleppte sich nur noch den Berg hinan.

„Warum, Vater, erzählst du mir das alles, wenn es dich doch [459:] so anstrengt!" Die Stimme des Jungen klang müde, doch es lang ein vertrauliches Pochen darin. Gratian blieb stehen, und dann verhielt auch Bleicher den Schritt. Die Köpfe ihrer Pferde schoben sich zwischen sie.

Gratian schnaufte und schob die Pferdenase fort und blickte forschend in die Augen des Jungen. Und da lachte er, kurz und behaglich: „Das war eine gute Frage, mein Junge! Warum – ich – dir – über diese im Blut verrosteten Kurzschwerter einen Vortrag halte? Hm, nicht wahr, doch wohl nur deshalb, damit du ein Mensch und kein Spartaner wirst!"

Als habe er zuviel gesagt, er zog das Pferd heran und sprang auf; er wartete und dann sah er Bleichers Gesicht über dem Sattel auftauchen: der Junge lächelte ihm offen und unverhohlen zu. „Herrgott!" In einer beinahe ängstlichen Hast stieß der dem Tier in die Flanken und trabte den Berg hinan.

Der Spartaexkurs ist von Andres überwiegend als ein Spartamonolog des Vaters gestaltet, in dem zentrale Punkte der Spartarezeption angesprochen werden. Vergegenwärtigen wir uns den Ablauf und die wichtigsten Elemente:

Vater und Sohn erreichen in glühender Hitze „nach mühseligem Ritt" (456) Sparta. Eine Rast lehnt Gratian mit der Begründung ab, im modernen wie im alten Sparta „gäbe es wenig an Herzerquickendem zu sehen" (456) – damit ist der Grundton der Kritik am modernen und antiken Sparta-Kult angeschlagen. Den Ort Sparta, so erinnert sich der Sohn, hat der Vater bei der Reiseplanung nie „als Ziel" (456) angegeben, da war nur vom Taygetos und von Mistrà, der Ruinenstadt, die Rede gewesen. So war Sparta vom Vater gewissermaßen von der griechischen ‚Landkarte' gelöscht worden. Auch der Versuch des Sohnes scheitert, mit der kulturbeflissenen Frage nach einem Museum eine Rast in Sparta zu „erzwingen". Bei einem ersten Besuch hatte der Vater – wir erinnern uns an die

Karikatur des Sparta-Museums im *Temenos* – diesen Ort als „Rumpelkammer kleiner Leute“ (456) kennengelernt – das zielt auf die Spartaner der Neuzeit.

Gratian erlaubt dem Sohn lediglich einen beiläufigen Blick auf einen Schuster, der einen „Leisten“ (ein Holzmodell des Schuhs) aufzieht. In Sparta gab es, so erläutert er, *[845]* nur einen einzigen und zwar unverstellbaren Leisten, über den, metaphorisch gesprochen, jeder gezogen werden musste, der „»ein Spartaner werden wollte“ (457). Mit der Metapher vom spartanischen Leisten wird die alternativlose ‚Einordnung‘ in ein Modell eines Zwangsstaates angesprochen. Dabei ist immer – auch in der Folge – wieder mitzulesen, dass auch der NS-Staat nach dem Selbstverständnis seiner führenden Repräsentanten den Modellvorstellungen von Sparta entsprach.

Der Vater will keinesfalls *in* Sparta anhalten, will jeden Kontakt mit diesem Ort vermeiden und treibt Pferde sowie den Sohn an, eilig *durch* Sparta zu reiten. Erst als sie den Ort hinter sich gelassen haben, kann, will und muss der Vater über Sparta ‚sprechen‘. Das fällt ihm schwer. Er spricht „in einer seltsam inbrünstigen Kälte“ (457) emotional angegriffen: „Dieser Ort“ – so erklärt er dem Sohn – „der sich selber vorn Angesicht der Erde getilgt habe, sei die Kehrseite Griechenlands.“ (457) Dass diese immer noch im kulturellen Gedächtnis präsent ist, dafür werden kampf-, lebens- und praxisuntaugliche Intellektuelle – in Andres’ Diktion geschwätzige und verantwortungslose „Literaten und Schulmeister“ – verantwortlich gemacht. Mit Begeisterung haben diese „den mit dem Kurzschwert aggressiven Kampfesmut“, d.h. den Militarismus der Spartaner, „besungen“. Deshalb, so heißt es weiter, „seien diese Blutjunker noch heute im Geschichtsunterricht der europäischen Völker schulfähig“ (457). Ausdrücklich und mit Recht ist vom europäischen Geschichtsunterricht und seiner Vermittlerrolle die Rede. Die klassische Studie *The Spartan Tradition in European Thought* von Elizabeth Rawson von 1969 liefert eindrückliche Belege für entsprechende nationale Varianten der Sparta-Rezeption. Über Europa hinaus wäre auch der Geschichts- und Schulunterricht in Nordamerika einzubeziehen.[69] Andres spricht zweifellos auch eigene Schulerfahrungen an – vielleicht die in der schon oben als spartanisch beschriebenen niederländischen Klosterschule.

Während sie mühsam weiter reiten, setzt der Vater Gratian in „eiferndem“ Tonfall erneut an. Seine Worte – auch das kennzeichnet seinen Sparta-Monolog – erhalten durch den „Hufschlag des müd staksenden Reittieres ... eine starre, holprige Härte“. Er beschreibt die brutale Sklaverei, eine Seite Spartas, die man in der Schule des Sohnes übergangen habe, wie folgt: „Dieses Sparta ist der Staat der totalsten Sklaverei, wie ihn je die Erde sah“ (457). Mit der Rede von der „totalsten Sklaverei“ korrespondiert die Vorstellung vom totalen Staat. Der Leser kann die hier verdeckte Schreibweise auch mit dem Bezug auf den modernen totalen Staat und seine „totalste Sklaverei“ leicht entschlüsseln bzw. die „totalste Sklaverei“ und den totalen Staat zusammenfügen.

Das Thema der Sklaverei in Sparta wird breit behandelt. Dabei begegnet nicht die vom *Temenos* bekannte ‚strenge Hierarchie‘ von Herren, Bauern und Sklaven, wobei die Bauern überhaupt fehlen. Andres benutzt auch nicht die ihm sicher geläufige Terminologie

69 Losemann 2011, 139.

von Spartiaten (in diesem Fall gibt es eine Ausnahme), Periöken und Heloten. Stattdessen gebraucht er den bereits oben im Dialog mit Max von Brück erwähnten Ausdruck ‚Blutjunker' und die Rede von „Blutsverwandten". Das sind versklavte Kriegsgefangene und „Unterworfene", die einmal auch als „Arbeiter" eingeführt werden. *[846]* Von „Blutjunkern" oder, wie sie von Andres am Schluss der vorliegenden Passage auch genannt werden, den „im Blut verrosteten Kurzschwertern" muss man deshalb reden, weil sie eine ‚Blutspur' durch die Geschichte Spartas gezogen haben. Andres zeigt dann, wie viel Blut an den Händen der „Blutjunker" klebt. Der blutsverwandte „Sklavenbestand" wird „von Zeit zu Zeit durchforstet ..., wenn er zu bedrohlich anwuchs" (457). Im „Blutrausch" bei Nacht drang „das tapfere Kurzschwert" mordend in die Arbeiterhäuser ein. Andres rekurriert auf die berüchtigte *krypteia*, die als terroristischer Überfall auf die Heloten, aber auch als ‚bevölkerungspolitische Maßnahme' vorgestellt wird. ‚Blut' meint oder ersetzt bei Andres in Verbindung mit dem Begriff ‚Blutsverwandte' den Terminus ‚Rasse', der in seinem Sparta-Diskurs nicht begegnet.

Mit dem Terminus ‚Blutjunker' verschärft Andres den vom Temenos bekannten Begriff der konservativen ‚ewigen Junker'. Damit evoziert der Autor zunächst das Bild preussisch-spartanischer Junkerherrschaft. Von ‚Junkern' ist z.B. im Platonbuch (1918) Ulrich von Wilamowitz-Moellendorffs die Rede,[70] in *Staat und Gesellschaft der Griechen* (1910) begegnet bei ihm dann eine preussisch-spartanische Gutsherrschaft.[71] Der ‚Orden' der SS betrieb, damit wird der Begriff in Andres' Gegenwart aktualisiert, für Offiziersanwärter ‚Junkerschulen'.[72] Für Andres' ‚Blutjunker' prägten die NS-Spartaideologen den Begriff ‚Herrenrasse'. Die Ermordung der ‚Blutverwandten' durch die ‚Blutjunker' liest Uwe Klein, das unterstreicht die Brisanz dieses Textes, als „verdeckte(n) Hinweis auf die Judenverfolgung".[73]

Der Vater kommt dann auf den Komplex Ehe und Fruchtbarkeit zu sprechen. Als „zwiefacher Ehebrecher" reklamiert er, wie er dem Sohn erklärt, diesen Bereich als „sein Gebiet". In Sparta war die Ehe, so hatte es Gratian in der Schule gelernt, „heilig"; dies aber nur dann, wenn aus ihr auch ein Kind hervorging. Andernfalls „schlüpften sie" mit „Zeugungshelfern" – ein Ausdruck, der in der älteren Sparta-Literatur begegnet – „kunterbunt unter die Decken". Und das war in Sparta „in Ordnung, wenn nur ein Kind, ein gesunder Spartiate, geboren wurde" (458). Die enthemmte Moral, insbesondere der Spartanerinnen, wird hier mit einem saloppen Ausdruck beschrieben; aber sofort grundsätzlich moralisch verurteilt: „Wenn aber ein Volk sich um *jeden Preis* [Hervorhebung St. Andres] und auch um einen solchen, vermehren will, dann ist seine Wurzel schon im Absterben" (458). Hier liegt eine Anspielung auf die NS-Geburtenpolitik vor, die z.B. im Umfeld der SS mit dem Ziel der Steigerung der Geburtenrate arischer Kinder in ‚Lebensborn'-Heimen praktiziert wurde. „Um jeden Preis" ging es in Andres' Sparta auch um die Geburt „gesunder Spartiaten". Die Kehrseite dieser modernen Geburtenpolitik,

70 Lohse 2003, 23.
71 Christ 1996, 220.
72 Wegner 1983, 142.
73 Klein 1991, 57.

das ist hier ‚mitzulesen‘, ist die ‚rassehygienisch‘ motivierte ‚Vernichtung lebensunwerten Lebens‘. Ihr entspricht als ein Stereotyp des allgemeinen *[847]* Sparta-Bildes die Aussetzung kranker und verkrüppelter Kinder in den Schluchten des Taygetos, die nicht direkt angesprochen wird.

Die Gefahr, dass in den 1930er und 1940er Jahren Jungen zu ‚Spartanern‘ wurden, war – wie die Programmatik der NS-Eliteerziehung zeigt – real. Der Text *Spartanische Pimpfe* von 1938/39, damit komme ich noch einmal zu meinem Ausgangspunkt zurück, belegt den Erfolg ‚spartanischer‘ NS-Erziehung: Alexander, der von allen bewunderte und verehrte junge „Führer“ und Sieger „darf“ – im Sinne des Erziehungsziels unbedingter Opferbereitschaft- „später an seines Königs Seite kämpfen und sterben“.[74] Das war eine Botschaft, die auch den Eltern der Adolf-Hitler-Schüler in einem ‚Elternbrief‘ vermittelt wurde.

Der Junge in Andres' Spartaexkurs hatte die ‚antispartanische‘ Botschaft seines Vaters verstanden und angenommen. Die – in dem für den Vater anstrengenden, geradezu quälend erfahrenen Spartamonolog – aufgebaute Spannung, wird am Ende durch das offene Lächeln des Sohnes gelöst; er ist nicht in der Gefahr ein Spartaner zu werden.

Andres schreibt mit seinem kurzen Spartaexkurs ‚gegen‘ prominente nationalsozialistische Spartatexte an: Der Kontrast zu Gottfried Benns *Dorischer Welt* oder dem Text *Spartanische Pimpfe* kann kaum einen stärkeren Ausdruck finden. Für sich genommen ist der Spartaexkurs, der hier präsentiert wurde, durchaus ein politischer Text. Stefan Andres hat ihn aus der ‚inneren Emigration‘ unter schwierigen Arbeitsbedingungen geschrieben und auch die Veröffentlichung eines bemerkenswerten Beitrags zur Spartarezeption erreicht. Daher sollte auch der Roman *Der Mann von Asteri* nicht zu Andres' ‚unpolitischen Werken‘ gezählt werden.[75]

Die Publikationsgeschichte dieses Werkes müsste ausführlicher, als das hier geschehen kann, in die Diskussion über die ‚innere Emigration‘ eingebracht werden. Bei der weiteren Auseinandersetzung mit Andres' innerer Emigration sollte die Feststellung von Eberhard Lämmert berücksichtigt werden, mit der ich schließe: „So leicht, wie sich heute über diese Prosa reden läßt, war sie zwischen 1933 und 1945 nicht zu schreiben“.[76]

[848] Literatur:

Stefan Andres: Der Mann von Asteri. Ein Roman, Berlin: Ulrich Riemerschmidt Verlag, 1939.

Stefan Andres: Die Sprache des Temenos. Aus meinem griechischen Reisebuch, in: Die Neue Rundschau XLVI.2 (1935) 68–84.

Stefan Andres: Kurzer Lebenslauf eines Romans. Masch. Ms. Unkel/Rhein 1955 (Stefan Andres Archiv Konvolut ‚Der Mann von Asteri‘ Nr. 34, fol. 19–20).

74 Gebhardt 1938/39, 11.
75 Keil 2008, 28.
76 Lämmert 1975, 421.

Gottfried Benn: Dorische Welt, in: Gesammelte Werke, Bd. I, Essays, Reden, Vorträge, hrsg. v. D. Wellershoff, Wiesbaden: Limes, 1959, 262–294.

Maurice Barrès: Le voyage de Sparte. Œuvres complétes 22, Paris: Club de l'Honnete Homme, 1923.

Helmut Berve: Sparta, Leipzig: Bibliographisches Institut, 1937.

Sieghild von Blumenthal: Christentum und Antike im Werk von Stefan Andres, Phil. Diss. Marburg 1997.

Michael Braun: Stefan Andres. Leben und Werk, Bonn: Bouvier, 1997.

Max von Brück: Begegnungen, in: Utopia und Welterfahrung. Stefan Andres im Gedächtnis seiner Freunde, München: Piper, 1972.

Max von Brück: Der Mann von Asteri und sein Verfasser, in: Frankfurter Zeitung und Handelsblatt 81. Jahrgang Nr. 259 vom 25. Mai 1937, 1 (Titelblatt).

Martin Bürgener: Spartanische Jugend, in: Wille und Macht 2 (1934) 2–5.

Karl Christ: Hellas. Griechische Geschichte und deutsche Geschichtswissenschaft, München: Beck, 1999.

Karl Christ: Spartaforschung und Spartabild, in: ders.: Griechische Geschichte und Wissenschaftsgeschichte, Stuttgart: Steiner, 1996, 9–58, mit Nachtrag 1996, 219–221.

Heidrun Ehrke-Rotermund / Erwin Rotermund: Zwischenreiche und Gegenwelten. Texte und Vorstudien zur ‚Verdeckten Schreibweise' im ‚Dritten Reich', München: Fink, 1999.

Wolfgang Gebhardt: Spartanische ‚Pimpfe', in: Adolf Hitler Schule Weimar. Arbeitsbericht und Elternbrief 1938/39, 11.

Johann W. L. Gleim: Bei Eröffnung des Feldzugs 1756, in: Ausgewählte Werke, Göttingen: Wallstein, 2003, 81–82.

Adolf Hitler: Hitlers Zweites Buch. Ein Dokument aus dem Jahr 1928, hrsg. v. G. L. Weinberg, Stuttgart: Deutsche Verlagsanstalt, 1961.

Adolf Hitler: Reden, Schriften, Anordnungen, hrsg. v. B. Dusik, Bd III,1, München: Saur, 1994[a].

Adolf Hitler: Reden, Schriften, Anordnungen, hrsg. v. K. A Lankheit, Bd. III,2, München: Saur, 1994[b].

Gerhart Hauptmann: Griechischer Frühling. Mit einem Nachwort von Hans Mayer, Frankfurt a. M. / Berlin: Propyläen, 1966.

[849] Heinz Höhne: Der Orden unter dem Totenkopf – Die Geschichte der SS, Gütersloh: Mohn, 1967.

Friedrich Hölderlin: Sämtliche Gedichte, hrsg. v. D. Lüders, Bd. 1, Bad Homburg v. d. H.: Athenäum, 1970.

Werner Jaeger: Paideia. Die Formung des griechischen Menschen, Bd. 1,1, Berlin/Leipzig: De Gruyter Verlag, 1934.

Wolfgang Keil: Wahrheit und Methode – Stefan Andres' Umgang mit der Macht, in: Mitteilungen der Stefan-Andres-Gesellschaft 29 (2008) 28–34.

John Klapper: „Es ist schwer aus einem Ende zu stammen, und doch Anfang zu sein." Stefan Andres – ‚Innere Emigration' und Nachkriegszeit, in: Gerettet und von Scham verschlungen. Neue Annäherungen an die Literatur der ‚Inneren' Emigration, hrsg. v. M. Braun u. G. Guntermann. Frankfurt a. M.: P. Lang, 2007 (= Trierer Studien zur Literatur Bd. 48).

John Klapper: Stefan Andres-Bibliographie. Entnommen aus: http://stefan-andres-gesellschaft.de/?page_id=25 [Zugriff am 11.01.2013].
Uwe Klein: Stefan Andres’ innere Emigration in Deutschland und im ‚Exil‘, Phil. Diss. Mainz, 1991.
Eberhard Lämmert: Beherrschte Prosa. Poetische Lizenzen in Deutschland zwischen 1933 und 1945, in: Neue Rundschau 86 (1975) 404–421.
Helmut Lethen: Der Sound der Väter. Gottfried Benn und seine Zeit, Berlin: Rowohlt, ²2006.
Gerhard Lohse / Martin Schierbaum: Einleitung, in: Aktualisierung von Antike und Epochenbewusstsein, hrsg. v. G. Lohse, München-Leipzig: Saur, 2003, 13–43.
Volker Losemann: ‚Die Dorier‘ im Deutschland der dreißiger und vierziger Jahre, in: Zwischen Rationalismus und Romantik. Karl Otfried Müller und die antike Kultur, hrsg. v. W. Calder III u. R. Schlesier, Hildesheim: Weidmann, 1998, 313–348 [= V. Losemann, Klio und die Nationalsozialisten. Gesammelte Schriften zur Wissenschafts- und Rezeptionsgeschichte, hrsg. v. C. Deglau, P. Reinard u. K. Ruffing, Wiesbaden 2017, 107–136].
Volker Losemann: „Ein Staatsgedanke aus Blut und Boden“: R W. Darré und die Agrargeschichte Spartas, in: Laverna XVI (2005) 67–120 [= V. Losemann, Klio und die Nationalsozialisten. Gesammelte Schriften zur Wissenschafts- und Rezeptionsgeschichte, hrsg. v. C. Deglau, P. Reinard u. K. Ruffing, Wiesbaden 2017, 175–212].
Volker Losemann: Sparta-Diskurse in den frühen USA, in: Antike als Modell in Nordamerika? Konstruktion und Verargumentierung, 1763–1809, hrsg. v. U. Niggemann u. K. Ruffing, München: Oldenbourg, 2001, 137–147.
Volker Losemann: The Spartan Tradition in Germany, 1870–1945, in: Sparta in Modern Thought, Politics, History and Culture, ed. by Stephen Hodkinson and Ian Macgregor Morris, Swansea: The Classical Press of Wales, 2012, 253–314.
Volker Losemann: Sparta I. Bild und Deutung, in: DNP 15/3, 2003, Sp. 153–172 [= **Nr. 9**].
Christopher Meid: Griechenland-Imaginationen. Reiseberichte im 20. Jahrhundert von Gerhart Hauptmann bis Wolfgang Koeppen, Berlin: De Gruyter, 2012.
Hans Sarkowicz / Alf Mentzer: Literatur in Nazi-Deutschland. Ein biographisches Lexikon, Hamburg: Europa-Verlag, 2006.
Friedrich von Schiller: Die Gesetzgebung des Lykurgus und Solon, in: Sämtliche Historische Schriften, Bd. 4, München: Beck, 1958, 805–836.
Ulf Schmidt: Hitlers Arzt Karl Brand: Medizin und Macht im Dritten Reich, Berlin: Aufbau Verlag, 2009.
[850] Albert Speer: Erinnerungen, Berlin: Propyläen, 1969.
Barbara Stiewe: Der ‚Dritte Humanismus‘. Aspekte deutscher Griechenrezeption vom George-Kreis bis zum Nationalsozialismus, Berlin: De Gruyter, 2011.
Hans Wagener: Stefan Andres: Widerstand gegen die Sintflut, in: Stefan Andres. Ein Reader zu Person und Werk, hrsg. v. W. Große, Trier: Spee Verlag, 1980, 90–114.
Bernd Wegner: Hitlers politische Soldaten: Die Waffen-SS 1933–1945. Leitbild, Struktur und Funktion einer nationalsozialistischen Elite, Paderborn: Schöningh, ²1983.
Dirk Werle: Innere Emigration, in: Metzler Lexikon Literatur. Begriffe und Definitionen, Stuttgart: Metzler, ³2007, 348–349.

Ingomar Weiler: Zur Rezeption des griechischen Sports im Nationalsozialismus. Kontinuität oder Diskontinuität in der deutschen Ideengeschichte?, in: Antike und Altertumswissenschaft in der Zeit von Faschismus und Nationalsozialismus. Kolloquium der Universität Zürich 14.–17. Oktober 1998, hrsg. v. Beat Näf, Mandelbachtal/Cambridge: edition cicero, 2001, 267–284.

Nr. 11

Originalpublikation in: S. T. Farrington (ed.), Enthousiasmos. Essays in Ancient Philosophy, History, and Literature. Festschrift for Eckart Schütrumpf on his 80th Birthday, Academia Verlag, Baden-Baden 2019, 297–302.

Berlin sey Sparta. Bemerkungen zur preußischen Spartarezeption

Am 6. April 2003 habe ich, einer Einladung von Eckart Schütrumpf folgend, im Departement of Classics in Boulder einen Vortrag über ‚The Image of Sparta in the Third Reich' – den Titel hatte der Jubilar formuliert – gehalten. Meinem kleinen Beitrag ‚Berlin sey Sparta. Bemerkungen zur preußischen Spartarezeption' stelle ich die Einführung von Eckart Schütrumpf voran, der darin mein eher zeithistorisches Vortragsthema von 2003 in den antiken Rahmen eingeordnet hat und darüber hinaus mir eine im April 2003 sehr aktuelle Notiz aus der New York Times vom 4. April 2003 übergab, die ich hier mit der Abbildung 1 präsentiere. Darin warnt die prominente Kolumnistin Maureen Dowd (Jahrgang 1952) in der Zeit des Irakkriegs vor einem ‚turn' Amerikas (oder G. W. Bush's) „into Sparta". Die Kolumnistin ruft in ihrer Notiz das traditionelle Bild vom aggressiven Krieger- oder Militärstaat Sparta auf.

> In bk. 1 of his Histories Thuc. (10) speculates about the possibility that Sparta might be deserted one day but her temples and the foundations of the other buildings preserved. He predicts that people on the basis oft he surviving evidence will not believe that Sparta ever could have had the power it actually had. Everybody who has visited Sparta can confirm this: the remains of the old city – if we can call a conglomerate of villages a city – do not suggest in any way Sparta's former importance. But nevertheless, Sparta is still powerful in people's mind. Less than a week ago one could read in the editorial pages oft he NY Times:
> *[298]* Obviously, becoming Sparta is not desirebale.
> People did not always think like that. We know that in Classical times some Athenians admired Sparta, and Socrates was probably one of them.
> We will hear today what influence Sparta exercised on Germany during the 12 years of the Third Reich.

Die Parole ‚Berlin sey Sparta' stammt aus dem Siebenjährigen Krieg (1756–1763), in welchem Friedrich der Große mehrfach in kritische Situationen geriet, und sie korrespon-

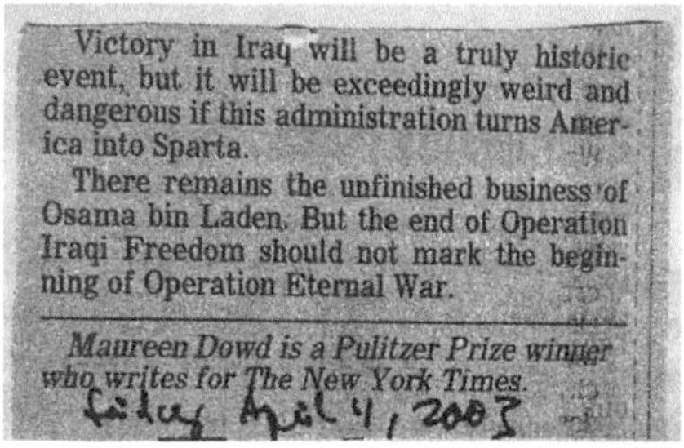
Victory in Iraq will be a truly historic event, but it will be exceedingly weird and dangerous if this administration turns America into Sparta.

There remains the unfinished business of Osama bin Laden. But the end of Operation Iraqi Freedom should not mark the beginning of Operation Eternal War.

Maureen Dowd is a Pulitzer Prize winner who writes for The New York Times.

Friday April 4, 2003

diert mit der Warnung M. Dowd's insoweit, als dass beide Äußerungen auf die Modellvorstellung vom Kriegerstaat Sparta zurückgreifen. Während M. Dowd eindeutig vor diesem Sparta warnt, setzt der 1757 noch anonyme Urheber der Parole ‚Berlin sey Sparta' Hoffnung auf ‚Sparta', das für Berlin bzw. Preußen in Kriegszeiten Rettung oder Erfolg bringen kann oder soll.

Die vier auch im Originaldruck abgebildeten Zeilen entstammen den 1758 zunächst anonym erschienen ‚Preussischen Kriegslieder(n) in den Feldzügen 1756 und 1757 von einem Grenadier' (vgl. Abbildung 2). Die zunächst anonyme Publikation der ‚Grenadierlieder' hat Gotthold *[299]* Ephraim Lessing entscheidend gefördert bzw. betrieben. Hinter dem ‚Grenadier', dem eigentlichen Autor verbarg sich Johann Wilhelm Gleim (1719–1803) aus Halberstadt, dem dortigen Domsekretär und Kanonikus, der im Halberstädter und dem jüngeren Hallenser Dichterkreis wirkte und heute am ehesten als gut vernetzter Literaturmäzen bekannt ist. Dem Briefwechsel zwischen Gleim und Lessing ist die starke Anteilnahme Lessings an dem ‚Grenadier' Gleim und seinen Liedern zu entnehmen: Am 6.2.1758 bat er darum, der anonymen Publikation ein Vorwort beigeben zu dürfen: „Und der Grenadier erlaubt es doch noch, dass ich eine Vorrede dazu machen darf?"[1]

In dem anonym von Lessing herausgegeben ‚Vorbericht' wird der Grenadier zunächst wenig zustimmend mit Horas (deutscher Horaz?) und Pindar verglichen, um dann als ein preußischer Tyrtäus gewürdigt zu werden:

> „Von dem einzigen Tyrtäus könnte er die heroischen Gesinnungen, den Geitz nach Gefahren, den Stolz für das Vaterland zu sterben, erlernt haben, wenn sie einem Preussen nicht ebenso natürlich wären, als einem Spartaner."[2]

Der hier von Lessing eingeführte ‚Wahlpartner' Tyrtaios – um einen Ausdruck eines neokonservativen Autors aus den 1980er Jahren aufzunehmen – spielt in der europäischen und deutschen, und wie hier in der preußischen Spartarezeption eine zentrale Rolle.[3] Der

1 Blitz 2000, Anm. 174.

2 Gleim 1786, Preußische Kriegslieder, Neue Auflage, IV.

3 Rawson 1969, 293.

Grandier Gleim hat die ihm von Lessing zugesprochene zentrale Rolle als „deutsche(r) Tyrtäus“ und „Friedrichs ... Horatz“ angenommen.[4]

Johann Gottfried Herder hat in seinen ‚Frühen Schriften‘ in der auf 1767 datierten Textsammlung ‚Von der Griechischen Literatur in Deutschland‘ Gleim den Abschnitt ‚Tyrtäus und der Grenadier‘ gewidmet.[5] Die ‚Kriegslieder des preußischen Grenadiers‘ rühmt Herder als „Nationalgesänge ..., die keiner unsrer Nachbarn hat, keiner unsrer Nachbarn uns entwenden kann und die vielleicht mehr als Tyrtäisch sind.“[6]

Herder stellt Gleim weit über Tyrtaios: „Plato würde unsrem Landsmann den Titel eines Göttlichen nicht abgeschlagen haben, und wenn die unwissende Zeit seine Werke so ungerecht verzehren sollte, als die meisten *[300]* des Tyrtäus: seine elf Kriegslieder haben mehr Anrecht auf die Unsterblichkeit, als die griechischen viere.“[7] Herders Hymne auf Gleim spiegelt die erstaunliche Rolle, die Gleim in dem ‚Vaterländsdiskurs‘ im Umfeld des Siebenjährigen Krieges zugesprochen wurde. Sein „friderizianischer“ Personenkult und sein ausgeprägter „Preußenenthusiasmus“ fanden erst mit dem preußischen Sieg bei Roßbach am 5. November 1757 Nachahmer und Unterstützer.[8]

Mit seinen ‚Grenadierliedern‘ und der Annahme der Rolle eines ‚Tyrtaios‘ vollzog Gleim vorübergehend einen Wechsel von der Anakreontik zu der „rauheren Tonart“ (Riedel) der Kriegslieder. Seit den 1740er Jahren bis ungefähr 1770 hat er anakreontische Gedichte übersetzt und nachgeahmt.[9] Was seine ‚spartanischen‘ Kriegslieder angeht, so hat sich die oben zitierte Befürchtung Herders bestätigt: Auf längere Sicht wurden Gleims Nationalgesänge in der deutschen Literatur eher „verzehrt“.[10]

Gleim ist gleichwohl in Personalunion als ‚preußischer Tyrtaios‘ an den Beginn einer preußisch-spartanischen Entwicklungslinie in der deutschen Spartarezeption zu setzen. Diese Linie müsste breiter ausgezogen werden, als das hier geschehen kann.

In der deutschen Spartarezeption im frühen 19. Jahrhundert nehmen Karl Otfried Müllers zuerst 1824 erschienene ‚Dorier‘, konzipiert als ‚Geschichte hellenischer Stämme und Städte‘ in Hinblick auf eine durchgängige Spartaidealisierung einen prominenten, wenn nicht den prominentesten Platz, ein. Edouard Will, der 1956 in seiner Studie ‚Doriens et Ioniens‘ die Anwendung ethnischer und rassistischer Kriterien in der deutschen Altertumswissenschaft untersucht hat, charakterisiert den von Müller vorgestellten hierarchisch strukturierten, militärischen Staat der Dorier als einen preußisch-spartanischen Modellstaat: „évidemment la Prusse.“[11]

Stärksten Ausdruck findet die preußisch-spartanische Entwicklungslinie dann in der preußischen Kadettenerziehung: Ein instruktives Beispiel liefert etwa der zuerst 1898 erschiene Teil ‚Spartanerjünglinge. Eine Kadettengeschichte in Briefen von Paul von

4 Riedel 2000, 129, Anm. 40.
5 Herder 1985, 349–351.
6 Herder 1985, 350.
7 Herder 1985, 351.
8 Blitz 2000, 205.
9 Riedel 2000, 128.
10 Herder 1985, 351.
11 Will 1956, 12.

Szczepánski',[12] die im ersten *[301]* Weltkrieg aktualisiert wurde – auch im Hinblick auf den Thermopylenkomplex.[13]

Das Aufnehmen dieser preußisch-spartanischen Entwicklungslinie darf nicht das rassenideologisch radikalisierte und aufgeladene Spartabild Hitlers und prominenter Vertreter der NS-Führungsschicht aus dem Blick verlieren, welches am Ende der Weimarer Republik stärkere Konturen gewinnt.

Dazu haben auch bekannte Klassische Philologen ihren oft übersehenen Beitrag geleistet: So rühmt Werner Jaeger in seiner weit verbreiteten Paideia (1934) die dorische „Herrenrasse", bei Tyrtaios findet er die „Stiftungsurkunde des spartanischen Machtstaates".[14]

Richard Harder präsentiert im Zweiten Weltkrieg in einem für die NS-Eliteerziehung konzipierten Schulungsheft der Adolf-Hitler-Schulen (AHS) mit dem Titel ‚Sparta. Der Lebenskampf einer Nordischen Herrenschicht' (1940 und 1942/43) „Tyrtaios Altspartanische Kampfreden".[15]

Die preußisch-spartanische Entwicklungslinie wird, wie der 1987 erschienene Beitrag ‚Sparta. Huldigung an das altgriechische Preußen' des Publizisten Gerd-Klaus Kaltenbrunner (1939–2011) zeigt, von neokonservativen und in der Gegenwart von rechtsextremen Kreisen wiederaufgenommen. Dieser Zusammenhang muss genauerer Untersuchung vorbehalten bleiben.

Bibliographie:

Blitz, H.-M. 2000. Aus Liebe zum Vaterland. Die deutsche Nation im 18. Jahrhundert, Hamburg: Hamburger Edition.

Gleim, J. W. L. 1786. Preussische Kriegslieder in den Feldzügen 1756 und 1757 von einem Grenadier. Neue Auflage Berlin: Friedrich Maurer; Nachdruck 2018.

Herder, J. G. 1985. ‚Von der griechischen Literatur in Deutschland', in: U. Gaier (Hrsg.), Johann Gottfried Herder, Frühe Schriften: 1764–72, Frankfurt: Deutsche Klassiker Verlag.

Jaeger, W. 1934. Paideia. Die Formung des griechischen Menschen, Bd. 1, Berlin / Leipzig: De Gruyter.

Kaltenbrunner, G.-K. 1987. ‚Sparta. Huldigung an das altgriechische Preußen', in: Criticon 17, Nr. 100/101, 1987, 73–76.

[302] Losemann, V. 2012. The Spartan tradition in Germany, 1870–1945, in: S. Hodkinson / I. McGregor Morris (eds.), Sparta in Modern Thoughts: Politicis, History and Culture, Swansea: The Classical Press of Wales, 253–314.

Rawson, E. 1969. The Spartan Tradition in European Thought, Oxford: Clarendon.

Riedel, V. 2000. Antikerezeption in der deutschen Literatur vom Renaissance-Humanismus bis zur Gegenwart, Stuttgart-Weimar: Metzler.

12 Losemann 2012, 268.
13 Losemann 2012, 269.
14 Jaeger 1934, 138–139.
15 von Vacano 1942/43, 8.

von Vacano, O. W. 1942/43. Sparta. Der Lebenskampf einer Nordischen Herrenschicht, Kempten: Selbstverlag.

Will, E. 1956. Doriens et Ioniens. Essai sur la valeur du critère ethnique appliqué à l'étude de l'histoire et de la civilisation grecque, Paris: Les Belles Lettres.

Teil III:
Register

Ortsregister*

* Belege in den Fußnoten sind mit Sternchen (*) gekennzeichnet.

Personenregister

Antike und mittelalterliche Namen

Neuzeitliche und moderne Namen (in Auswahl)

Sachregister

Philippika. Altertumswissenschaftliche Abhandlungen / Contributions to the Study of Ancient World Cultures

Herausgegeben von / Edited by Joachim Hengstl, Elizabeth Irwin, Andrea Jördens, Torsten Mattern, Robert Rollinger, Kai Ruffing und Orell Witthuhn

158: Anna-Lena Krüger

Hieronische Architektur auf Sizilien

Überlegungen zu einem modernen Forschungskonstrukt

2022. Ca. 256 Seiten, 115 Abb., br
170x240 mm
ISBN 978-3-447-11792-0
⊙E-Book: ISBN 978-3-447-39258-7 je ca. € 78, – (D)

Zur sogenannten hieronischen Architektur zählt die archäologische Forschung nicht nur Gebäude, die auf Initiative des syrakusanischen Königs Hieron II. (275–215 v. Chr.) errichtet wurden, sondern auch zahlreiche Innovationen und regionalspezifische Sonderformen, insbesondere im Bereich des Baudekors. Ihre Entwicklung und gezielte Verbreitung verortete man am Königshof in Syrakus und verknüpfte sie mit herrschaftsideologischen Botschaften. Das Vorkommen der hieronischen Architektur außerhalb Ostsiziliens ordnete man zeitlich nach der Eroberung von Syrakus ein und führte ihre Verbreitung u.a. auf wandernde syrakusanische Handwerker zurück.
Anna-Lena Krüger versteht in ihrem Buch ‚Hieronische Architektur' als ein zumeist implizit verwendetes Interpretationsmodell, das sie ausgehend von drei zentralen Problemfeldern, die sich aus der Anwendung dieses Modells für das Verständnis der Entwicklung der Architektur Siziliens in hellenistischer Zeit ergeben, diskutiert. Neben der Chronologie und den bislang für das hellenistische Sizilien angewendeten Datierungsstrategien wird ausgehend vom Hieron-Altar in Syrakus die Verknüpfung von Bauschmuck und Herrschaftsideologie sowie die Rekonstruktion von Innovations-, Verbreitungs-, und Rezeptionsprozessen in den Blick genommen und kritisch hinterfragt.

159: Robert Rollinger, Kai Ruffing (Hg.)

Josef Wiesehöfer. Iran – Zentralasien – Mittelmeer

Gesammelte Schriften Teil I:
Studien zur Geschichte der Achaimeniden

2022. VIII, 246 Seiten,
5 Abb., 8 Tabellen, br
170x240 mm
ISBN 978-3-447-11825-5
⊙E-Book: ISBN 978-3-447-39272-3 je ca. € 78, – (D)

Josef Wiesehöfer gehört zu den führenden deutschsprachigen Althistorikern und ist ein weltweit renommierter Wissenschaftler, der auf seinen Forschungsgebieten Herausragendes geleistet hat. Entsprechend der Vielfältigkeit seiner Forschungsinteressen insbesondere auf dem Gebiet des Irans und der Iranischen Großreiche sowie der Wissenschaftsgeschichte sind vier thematisch in sich abgeschlossene Bände seiner *Kleinen Schriften* geplant. Diese *Kleinen Schriften* sollen einen Einblick in sein wissenschaftliches Schaffen geben und beinhalten eine Auswahl aus den in über 45 Jahren Forschungstätigkeit verfassten 250 wissenschaftlichen Beiträgen, die Wiesehöfer bislang publiziert hat.
Band 1, herausgegeben von von Robert Rollinger und Kai Ruffing, thematisiert die Geschichte des Achaimeniden-Reiches und versammelt 14 Aufsätze, die teils an entlegeneren Orten veröffentlicht worden sind. Die Beiträge werden durch einen Index erschlossen und wurden darüber hinaus von Josef Wiesehöfer selbst mit einem kleinen Kommentar über den Fortgang der Forschung versehen. Die folgenden Bände werden den Themen Hellenismus und Arsakiden, Sasaniden sowie schließlich der Wissenschaftsgeschichte gewidmet sein.